普通高等教育“十三五”规划教材

有色、稀有与贵金属冶金

贺永东　等编著

机 械 工 业 出 版 社

本书作者长期工作在有色金属冶金科研、生产和教学第一线，既有扎实的理论功底，又有丰富的生产实践经验，本书则是作者多年科研、教学成果和生产实践经验的总结。本书涉猎广泛，内容丰富，编写简明扼要，注重理论联系实际，主要介绍了锂、铷、铯、铍4种稀有金属，有代表性的6种有色金属，8种贵金属，着重论述了它们的冶金原理、生产方法、工艺技术、生产装备和生产实践，并结合产业现状对生产过程的关键技术的发展趋势进行了阐述。对稀有金属、有色金属、贵金属生产过程的资源循环利用、贵金属综合利用、再生金属回收利用以及冶金过程“三废”处理、毒性防护也做了适当介绍。本书可作为有色冶金工程、冶金热能工程、环境工程、材料科学与工程、材料成型及控制工程等专业的教学用书，也可供有色、稀有与贵金属冶金领域的科研人员、工程技术人员及其他从业人员参考使用。

图书在版编目（CIP）数据

有色、稀有与贵金属冶金/贺永东等编著. —北京：机械工业出版社，2019.3

普通高等教育“十三五”规划教材

ISBN 978-7-111-62000-6

Ⅰ.①有… Ⅱ.①贺… Ⅲ.①有色金属冶金-高等学校-教材 Ⅳ.①TF8

中国版本图书馆CIP数据核字（2019）第028499号

机械工业出版社（北京市百万庄大街22号 邮政编码100037）
策划编辑：丁昕祯 责任编辑：丁昕祯
责任校对：郑 婕 封面设计：张 静
责任印制：李 昂
唐山三艺印务有限公司印刷
2019年9月第1版第1次印刷
184mm×260mm · 24.25印张 · 602千字
标准书号：ISBN 978-7-111-62000-6
定价：68.00元

电话服务
客服电话：010-88361066
010-88379833
010-68326294

网络服务
机 工 官 网：www.cmpbook.com
机 工 官 博：weibo.com/cmp1952
金 书 网：www.golden-book.com
机工教育服务网：www.cmpedu.com

前　言

本书所指的有色、稀有与贵金属包括：有代表性的6种有色金属（铝、铜、镍、钴、铅、锌），4种稀有金属（锂、铷、铯、铍），8种贵金属（金、银、铂、钯、钌、铑、铱、锇）。本书介绍了这些金属及其典型化合物的性质、应用与市场，以及相关矿石与矿产资源储量、分布，主要论述了冶金原理和生产实践，对其生产过程的资源综合利用和再生金属的资源循环利用进行了较系统的论述，对生产过程中的“三废”处理、毒性防护也做了适当介绍。

铝是仅次于钢铁的第二大金属，铜是仅次于铝的第二大有色金属，两种金属在工业、农业、国防和航空航天领域均有着极为广泛的应用。锂是近年来研究的热点材料，是极其重要的储能材料，也是21世纪的新能源材料。锂、铷、铯为稀有碱金属，它们在盐湖和矿产资源中往往伴生在一起。铍是稀有碱土金属，锂、铍在科技和军事领域均有着极其重要的应用。铜镍硫化矿中往往伴生钴和金、银、铂、钯等贵金属，铅、锌矿中也伴生金、银等贵金属，因此，在进行金属锂的冶炼提取时，也进行铷、铯的冶炼分离；在进行铜、镍、铅、锌冶炼时，同时进行钴和金、银、铂、钯等贵金属的冶金提取。我国砂金资源已经枯竭，铜、镍、铅、锌矿产伴生金银等贵金属冶炼提取，是我国金、银、铂、钯等贵金属的主要来源。

基于上述原因，本书在编排内容时，体现了冶金材料领域当前的研究热点，兼顾了十种常见有色金属中的六种，重点讲述了多金属伴生矿产资源的综合冶金利用等问题。本书第1章介绍了冶金发展简史、金属分类、冶金方法、有色金属矿产、选矿与资源循环利用。第2章阐述了锂、铷、铯稀有碱金属的资源、国内外发展现状及发展趋势，着重论述生产原理及工艺技术。第3章阐述了稀有碱土金属铍的资源、性质、市场、冶金原理、生产方法、工艺技术以及毒性防护。第4章阐述了铝的性质，在现代交通和航空航天领域及节能减重领域应用，氧化铝、原铝、精铝和高纯铝的冶金原理、生产方法、工艺技术、生产装备和生产实践，铝土矿伴生稀散元素的综合利用。第5章、第6章分别着重论述了铜、镍冶金造锍熔炼的原理、方法、工艺、技术、装备和生产实践，高镍锍分离原理、方法和生产实践，阳极铜、硫化镍、高镍锍、红土矿的湿法冶金原理和生产实践，伴生金属冶金过程的综合利用。第7章阐述了钴及其化合物的性质、钴资源及应用领域，着重论述了钴的火法冶金，湿法冶金原理、方法、工艺、装备和生产实践，对钴冶金的“三废”处理也进行了系统介绍。第8章、第9章简述了铅、锌及其化合物的性质、用途，硫化矿的烧结焙烧原理、方法、工艺、装备和生产实践，焙烧、烧结矿的火法冶金原理、方法和生产实践，铅、锌的湿法冶金原理、方法和实践，铅锌矿伴生金属的综合利用和再生资源的循环利用。第10章阐述了金、银及铂族金属的性质、用途与资源特性，着重论述了金、银及铂族金属的生产原理、方法、工艺、装备和生产实践，对混汞法、氰化法、从矿石中提取金银、从阳极泥中提取金银、从废料中回收金银，铂族金属原料的富集处理、分离、精炼、提纯的原理方法和生产实践进行了系统阐述，对贵金属综合回收利用也做了适当介绍。

本书由新疆大学、金川镍钴设计研究院贺永东等编著；贺永东编写第1、4、5、6、8、9、10章，新疆有色金属研究所支红军、刘力编写第2、3章，贵州轻工职业技术学院胡敏艺编写第7章，金川镍钴设计研究院张鹏参编第5、6、7章。丁汉芹、陈楚参与第2、4章，陈艳华、王兆军、张敏、吴刊锋参与3、5、6、7、8、9、10章的稿件修订工作。全书由贺永东统稿。

由于编者水平所限，书中不妥之处，敬请读者批评指正。

编　者

目　录

第1章 绪 论

1.1 金属与冶金技术发展简史

1.1.1 古代冶金技术

人类发展的历史大致可分为两个时代：石器时代和金属时代，金属时代又分为铜器时代和铁器时代。大约在100万年前，人类进入旧石器时代；一万年前，进入新石器时代。人类由石器时代进入金属时代是以青铜的创造和使用作为重要标志的。铜是人类发现、使用最早的金属之一，考古发现表明：公元前8000~公元前9000年前，伊朗境内就出现铜制饰物；在土耳其恰塔尔许于克发现了公元前6000~公元前7000年前的铜炉渣。1970年，在伊朗的泰佩叶海亚发现了公元前3800年前的铜制小铲、凿子、钻子。1965年，在以色列的特姆纳遗址发现了公元前3500年的炼铜炉，炉渣分析表明：当时已采用氧化铁作为熔剂，以增加炉渣的流动性，炉内温度高达1180~1350℃，说明已采用鼓风设备。大约在公元前3000年，西亚的两河流域地区出现了青铜，西亚出现黄铜的时间晚于中国。公元前1800~公元前1400年前，在巴勒斯坦和塞浦路斯境内出现含锌3%（质量分数）左右的铜器；公元前1400~公元前1200年前，有了含锌23.4%（质量分数）的黄铜。埃及于公元前30年前出现黄铜，这以后黄铜生产很快在罗马世界发展起来。

纯锡的出现比黄铜晚得多，目前发现最早的锡器是公元前1580~公元前1350年前；汞的出现最早发现于公元前1500年前的埃及古墓中，公元前400年，人们开始汞矿开采。

在古老的金属中，铅是最容易冶炼且出现最早的金属之一，1964年，英国考古学家在土耳其发掘出公元前6000年的铅制物品，是迄今发现的最早的铅冶炼产品。金也是人类最早认识和利用的金属之一，远在新石器时代，人们就采集黄金作为装饰品，埃及境内发现公元前4000年前的镶金石刀、金项链等。世界上发现最早的银器是公元前4000年的器物，大约在公元前800年起，印度河至尼罗河广大地区，已用银制作饰物、器皿和货币。在公元前2000年时，乌尔、迈科普等地区就已掌握了灰吹法炼银。据记载，在罗马时期，当铅矿中银含量达到100g/t时，即可提取银。

我国出现最早的青铜器是甘肃马家窑遗址出土的青铜刀，锡含量为6%~10%（质量分数），年代约为公元前2750年。1974年，在山东胶县三里河发掘出黄铜锥，锌含量为23.2%（质量分数），年代约为公元前2400~公元前2000年前。在公元前1652~公元前1066年，我国已出现了高度的青铜文化；公元前722~公元前481年已能熔炼铸铁；公元前403~公元前221年，出现白口铸铁、展性铸铁、麻口铸铁和钢，并用退火、淬火、渗碳改善钢的性能。根据考古发掘，我国其他几种有色金属出现的年代如下：

金、银、铅：公元前21~公元前16世纪；锡：公元前12~公元前11世纪；汞：公元前5~公元前3世纪；锌：公元10世纪（北宋）。

现已发现的大量古代文物表明，我国古代就掌握了精致的冶炼、铸造、锻造和焊接技术，惊人的热处理技术，已经相当准确地掌握了许多金属材料的冶炼方法、工艺性能和使用性能。先秦时代的《考工记》、宋代的《梦溪笔谈》、明代的《天工开物》都是举世公认的、世界最早或者较早的系统的科学技术著作。《考工记》中记载了六种铜合金的配比、性能和用途，与现代青铜几乎一致。据中国冶金史考证：我国在商朝即开始采用退火方法处理金箔，战国时开始用各种方法热处理铸铁，铸铁的热处理柔化技术比之西方早2300年。

1.1.2 近代冶金技术

我国在商代采用大口尊炼铜，周代已采用鼓风炉冶炼。大冶铜禄山古矿区发现10余座春秋早期的炼铜炉，铜的纯度已经达到93%~94%。湿法炼铜源于我国，早在西汉《淮南万毕术》中就有铁置换铜的记载。我国在先秦时期即开始汞的熔炼，宋代周去非《岭外代达》载有汞的冶炼方法。北宋时期，湿法炼铜产量每年已超过500t（100万斤）。明代宋应星《天工开物》载有炼锡炉图和炼锡方法，金、银淘洗方法和锌的冶炼方法。明代陆容《菽园杂记》中记有硫化铅矿、含银铅矿冶炼铅和银的方法。

西方很早就采用硫化矿炼铜，奥地利在公元前1200年就开采硫化铜矿，到14、15世纪时采用“德国法”竖炉炼铜。瑞典采用竖炉焙烧-熔炼方法炼铜，粗铜品位达到90%，是当时产铜最多的国家。1698年，英国采用反射炉炼铜，并用煤炭代替木炭作燃料以降低生产成本。1880年，采用贝塞麦转炉吹炼铜锍，使炼铜冶金进入了新时期。12世纪初期，欧洲锻造业采用氧化熔炼——插树还原的方法提纯铜，与现代反射炉氧化精炼——插树还原的原理一致。16~17世纪时，英国人采用木炭-坩埚-鼓风熔炼方法精炼粗铜，熔炼周期1.5h，每次产出40kg精铜，铜的纯度达到99%。1869年，欧洲出现铜的电解精炼方法，铜的纯度达到了一个新的高度。13~17世纪，欧洲人采用升华法、焙烧法、沉淀法冶炼砷、铋、锑。

1.2 金属及其分类

金属是一种具有光泽、可塑性和优良导电、导热性能的物质。金属的上述特质都跟金属晶体内含有自由电子有关。在自然界中，绝大多数金属以化合态存在，少数金属如金、铂、银、铋以游离态存在。金属矿物多数是氧化物及硫化物，其他存在形式有氯化物、硫酸盐、碳酸盐及硅酸盐。

在目前已发现的109种化学元素中，金属元素有86种，非金属元素有20多种。现代工业习惯把金属分为黑色金属和有色金属两大类。黑色金属是指以铁、铬、锰三种元素为基的金属。黑色金属的单质为银白色，这类金属及其合金氧化后，表面常有一层灰黑色的氧化物，故此得名。有色金属是指除黑色金属以外的所有金属（在国外，通常把黑色金属称作含铁金属，而把有色金属称作非铁金属），其中除少数有颜色外（铜为紫红色，金为黄色），大多数为银白色。有色金属全世界还没有统一的分类标准。在我国，习惯将现有的83种有色金属按密度、价格、在地壳中的储量及分布特性等，分为重金属、轻金属、贵金属、稀有金属和半金属五类。

（1）重金属　一般指密度在4.5kg/cm^{3}以上的有色金属，包括铜、铅、锌、镍、钴、锡、锑、汞、镉、铋。

（2）轻金属　一般指密度在 4.5kg/cm^3 以下的有色金属，包括铝、镁、钠、钾、钙、锶、钡。这类金属的共同特点是密度小（0.53~4.5kg/cm^3），化学性质活泼，与氧、硫、卤素生成化学性质稳定的化合物。

（3）贵金属　贵金属包括金、银和铂族金属（铂、钯、钌、铑、铱、锇）。它们化学性质稳定，且在地壳中含量少，开采和提取比较困难，故价格比一般金属贵，因而得名贵金属。贵金属的特点是密度大（10.4~22.4kg/cm^3），熔点高（916~3000℃），化学性质稳定。除金、银、铂有单独矿物，可从矿石中生产一部分外，大部分要从铜、铅、锌、镍等冶炼厂的副产品（阳极泥）中回收。贵金属广泛应用于电气、电子工业、航空航天工业以及高温仪表和接触器件。

（4）稀有金属　稀有金属通常指那些发现较晚，在工业上应用较迟，在自然界中含量很少，分布稀散或难以从原料中提取的金属。在 80 多种有色金属元素中，大约有 50 种被认为是稀有金属。稀有金属这一名称的由来，并不是由于其在地壳中的含量稀少，而是历史遗留下来的一种习惯性的概念。事实上，有些稀有金属在地壳中的含量比一般普通金属要多。例如，稀有金属钛在地壳中的含量占第九位，比铜、银、镍以及许多其他元素都多；稀有金属锆、锂、钒、铈在地壳中的含量，比普通金属铅、锡、汞多。当然，许多种稀有金属在地壳中的含量确实是很少的，但含量少并不是稀有金属的共同特征。由于稀有金属在现代工业中具有重要意义，有时也将它们从有色金属中划分出来，单独成为一类。而与黑色金属、有色金属并列，成为金属的三大类别。

根据金属的密度、熔点、分布及其他物理化学特性，稀有金属在工业上又可分为：

① 稀有轻金属。包括锂、铷、铯、铍。这类金属的特点是密度小（仅为 0.53~1.859kg/cm^3），化学活性大，其氧化物和氯化物都很稳定，一般都用熔盐电解法或金属热还原法制取。

② 稀有高熔点金属。包括钛、锆、铪、钒、铌、钽、钼、钨、铼，共同特点是熔点高，如钛的熔点 1668℃、钼的熔点 2620℃，钨的熔点 3410℃；硬度高，耐蚀性强以及可与一些非金属生成非常难熔的稳定化合物，如碳化物、氮化物、硅化物和硼化物。这些化合物是生产硬质合金的重要材料。在生产工艺上，一般都是先制取纯氧化物或卤化物，再用金属热还原法或熔盐电解法制取金属。

③ 稀散金属。包括镓、铟、铊、锗。这类金属的共同特点是极少独立成矿，在地壳中几乎是平均分布的，一般都是以微量杂质形态存在于其他矿物的晶格中。如镓存在于铝土矿中；铟存在于有色重金属硫化矿中；锗在地壳中的含量为 0.0007%，比金、银、碘等元素要多。在自然界中没有锗矿，锗以分散状态存在于各种金属的硅酸盐矿、硫化物矿以及煤中。因此，它们多富集在有色金属生产的副产品、烟尘和尾渣中，品位一般在 0.1%以下，需要采用复杂的工艺进一步富集后才能冶炼成金属。

④ 稀土金属。包括钪、钇及镧系元素（从原子序数为 57 的铈到原子序数为 71 的镥），共 17 种元素。共同特点是物理化学性质非常相似，在矿物中多共生，分离困难。冶金上一般先制取混合稀土氧化物或其他化合物，再用溶剂萃取、离子交换等方法分离成单一化合物，最后还原成金属。

⑤ 放射性稀有金属。包括天然存在的钫、镭、钋和锕系元素中的锕、钍、镤、铀，以及人工制得的锝、钷、锕系其他元素和周期表中 104~109 号元素。这类金属的共同特点是

具有放射性，它们多共生或伴生在稀土矿物中。

（5）半金属　半金属又称似金属或类金属，包括硼、硅、砷、碲、硒、钋、砹、锗、锑。半金属性脆，呈金属光泽，导电率介于金属和非金属之间，半金属大都具有多种不同物理、化学性质的同素异形体，广泛用作半导体材料。

1.3 有色金属与人类文明

人类最早利用的金属是铜、金等自然金属，金属的生产和使用开创了人类文明的历史。但是自然金属十分稀少，只有掌握了冶炼技术，能够大量生产金属之后，社会才发生了重大变化。冶炼金属需要高温、还原气氛两个条件。从技术的发展角度看，炼铜是在烧陶的基础上产生的。纯铜强度很低，无法替代石器，只有当冶炼技术发展到一定程度，能够利用各种矿石组合、配比，才能冶炼出强度高、硬度大、铸造性能好的青铜。用青铜制造各种生产、生活工具和武器，改变了人类的生活面貌，推动了氏族社会解体、奴隶社会诞生。在青铜时代，人们掌握铜、锡、金、银、铅、汞的冶炼方法，这些有色金属的开发、利用，使得人类古代青铜文化和生产力水平得到了极大提高。

随着青铜冶炼技术的日益成熟和技术的不断进步，铁的冶炼开始了。西亚两河流域的赫梯民族在公元前1300年左右开始炼铁，我国在公元前600年左右开始炼铁。进入铁器时代以后，有色金属继续得到稳步发展，产量稳步增加，陆续掌握了锌、砷、锑、铋的生产方法，并配制了多种合金。进入18世纪，欧洲发生的产业革命极大地促进了有色金属的发展，新的有色金属元素不断被发现，新的冶炼技术、方法和设备不断被开发、应用，推动着人类社会进入近代、现代文明发展阶段。

1.4 有色金属的资源

1.4.1 矿产资源与金属矿产

矿产资源（Minerals）是指经过地质成矿作用形成的，埋藏在地下（或分布于地表、或岩石风化、或岩石沉积）可供人类利用的天然矿物或岩石资源。矿产资源可分为金属矿产资源、非金属矿产资源、可燃有机矿产资源等类别，是不可再生资源。

金属矿产指从中提取某种供工业利用的金属元素或化合物的矿产。根据我国矿产储量统计分类，将金属矿产分为：黑色金属矿产、有色金属矿产、贵重金属矿产、稀有金属矿产和稀土金属矿产，以及分散元素金属矿产。

黑色金属矿产包括铁矿、锰矿、铬矿、钒矿、钛矿。

有色金属矿产包括铜矿、铅矿、锌矿、铝土矿、镍矿、钨矿、镁矿、钴矿、锡矿、铋矿、钼矿、汞矿和锑矿。

贵重金属矿产包括金矿、银矿和铂族金属（铂、钯、铱、铑、钌、锇）。

稀有金属矿产包括铌矿、钽矿、铍矿、锂矿、锆矿、锶矿、铷矿和铯矿。

稀土金属矿产包括钪矿、轻稀土矿（镧、铈、镨、钕、钜、钐、铕）、重稀土矿（钆、铽、镝、钬、铒、铥、镱、镥、钇）。

分散元素金属矿产包括锗矿、镓矿、铟矿、铊矿、铪矿、铼矿、镉矿、硒矿和碲矿。

金属矿产资源是国民经济、国民日常生活及国防工业、尖端技术和高科技产业必不可少的基础材料和重要的战略资源。钢铁和有色金属的产量往往被认为是一个国家国力的体现。常见有色金属地壳丰度-储量与排序见表 1-1。

表 1-1　常见有色金属地壳丰度-储量与排序

金属	铝	镁	镍	钴	铜	铅	锌	锡	钛	金	银
丰度/$\times10^{-4}$	83000	27640	99	29	68	13	76	2.1	6320	0.005	0.1
地壳丰度排序	3	6	23	31	26	37	25	50	9	—	—
中国储量/万 t	22.7	5×10^4	784	47	6243	3572	9384	407	3.57	0.4265	11.65
中国储量排序	6	—	9	—	4	2	2	1	1	7	6
世界总储量/万 t	250×10^4	24×10^4	1.1×10^4	720	6.41×10^4	1.5×10^4	1.15×10^4	1014	27×10^4	5.58	27

世界有色金属矿产资源分布极不均衡，一半以上储量分布在亚洲、非洲和拉丁美洲，大约 40%的储量分布于工业发达国家，而美国、澳大利亚、加拿大和俄罗斯占据这部分储量的 80%。日本、欧洲的有色金属消费量很大，其资源储量却很少。澳大利亚、美国、中国、智利、几内亚、秘鲁等国的铜、铝、铅、锌矿产储量丰富，智利铜储量占世界铜储量总量的 38%；越南、澳大利亚、几内亚铝土矿储量占世界储量的 60%；铅、锌资源主要集中在澳大利亚、美国、中国、哈萨克斯坦、加拿大、秘鲁、墨西哥等国家；钨、锡、钼、镍资源主要分布在澳大利亚、巴西、加拿大、俄罗斯、美国、南非、印度尼西亚、菲律宾、中国等国家。

我国有色金属矿产资源品种齐全，储量丰富，分布广泛，已探明储量的矿产有 54 种。其中，钨、锡、钼、锑、钛、稀土等资源的探明储量居世界第一位，铅、锌资源储量居世界第二位，铜矿储量居世界第四位，铝土矿储量居世界第六位，镍矿储量居世界第 9 位。我国有色金属矿产资源分布特点如下：①我国有色矿产资源总量虽然很大，但由于人口众多，人均占有资源量却很低，仅为世界资源量的 52%；②贫矿较多。我国钨、钼、锡、锑、稀土等小金属矿产资源较丰富，资源质量较高，储量居世界前列，而需求量较大的铜、铝、铅、锌、镍等大宗金属矿产资源储量占比较低。总的来看，我国有色金属矿产贫矿较多，富矿少，开发利用难度大。如铜矿平均地质品位只有 0.87%，远低于智利、赞比亚等世界主要产铜国家。品位高于 2%的铜矿仅占资源总量的 6.4%，品位高于 1%的铜矿不足资源储量的 36%。资源储量超过 200 万 t 的大型铜矿，品位基本都低于 1%。铝土矿虽有高铝、高硅、低铁的特点，但几乎全部属于难选冶的一水硬铝土矿。③共生、伴生矿床多，单一矿床少。我国 80%的有色矿床中都有共、伴生元素，其中尤以铜、铝、铅、锌矿产多。我国有色矿产资源中，虽然共、伴生元素多，但若能搞好综合回收，可以提高矿山的综合经济效益，同时由于矿石组分复杂，势必造成选冶难度大，建设投资和生产经营成本高。④分布范围广，区域不均衡。各省、市、自治区均有产出，但区域间不均衡。铜矿主要集中在长江中下游、赣东北和西部地区；铝土矿主要分布在山西、河南、广西、贵州地区；铅、锌矿主要分布在广西、湖南、广东、江西、云南、内蒙古、甘肃、陕西和青海等地区；钨、锡、锑主要分布在湖南、江西、云南、广西等地区；钼矿主要分布在海南、吉林和陕西等地。

1.4.2　再生资源

有色金属再生资源是指有色金属生产与应用过程中形成的废品、废气、废水、废渣、废石和尾矿，包括：暂难利用的矿产资源，生产过程排出的废石、废水、尾矿和二氧化硫烟气，铜、铝、铅、锌、镍等再生金属资源，具有再回收利用价值的各种废弃物等。

再生资源是仅次于矿石资源的有色金属重要来源。再生有色金属是有色金属再生资源中极其重要的一类资源。有色金属的废料回收、再生、利用，有利于环境保护和资源的利用，具有投资省、能耗少、冶炼成本低、经济效益显著的特点。世界工业发达国家对“二次资源”利用十分重视，再生有色金属产量在各国总产量中的比重逐年上升。近10年来，世界再生铜产量占原生铜产量的40%~55%，其中美国约占60%，日本约占45%，德国约占80%。世界再生铝产量占原铝产量的35%~50%，其中美国约占50%，日本约占90%，德国约占45%。世界再生铅产量占原生铅产量的40%~60%，其中美国约占75%，日本约占60%，德国约占55%。有色金属冶炼厂排放烟气在工业发达国家受到特别重视，二氧化硫烟气普遍用于制造硫酸，回收利用率95%以上，经济效益和社会效益都十分可观。

再生金属回收利用在我国一直受到重视，根据有色金属行业协会再生金属分会提供的最新数据显示，2015年，我国再生金属铜、铝、铅、锌总产量约为1235万t，2016年，再生金属铜、铝、铅、锌总产量达到1370万t。

有色金属再生资源来自四面八方，往往是多种黑色金属、有色金属、塑料、橡胶以及其他有色金属混杂在一起，在进行再生利用前，需要先进行分类、拆解、分拣、清洗，甚至要进行破碎、焚烧、脱脂处理。不同种类的废金属需要采用不同的方法进行回收、处理。以废杂铜的回收为例，废铜在回收前，先要按照废铜标准进行分类。工业生产过程中产生的一次废铜，如不合规格的阳极、阴极和坯料，对于阳极废品等，这些废料不能进行深加工或出售，通常是将其返回上一步工序，不合规格的铜通常重新返回转炉或阳极炉进行电解精炼，有缺陷的坯料则进行重熔和重铸。

加工过程中产生的边角料或工艺废料，消费者使用后产生的旧废铜等，目前国内外采用两类方法处理：第一类是将高质量的废杂铜直接冶炼成纯精铜或铜合金后供用户使用，称作直接利用；第二类是将废杂铜冶炼成阳极板后经电解精炼成电解铜后供用户使用，称为间接利用。其中间接利用又可分为三种方法，一段法、二段法和三段法。

（1）一段法　它是将杂铜直接加入阳极炉精炼成阳极板后再经电解精炼成电解铜的方法。一段法的优点是流程短、设备简单、投资少，缺点是处理成分复杂的杂铜时产生的烟尘成分复杂，难于处理，同时精炼操作的炉时长，劳动强度大，生产率低，金属回收率低。该方法适合回收紫杂铜、残极、黄铜杂铜。

（2）二段法　第一段将废杂铜投入鼓风炉进行还原熔炼，或投入转炉进行吹炼，产出粗铜；第二段在反射炉内精炼粗铜，产出阳极铜。含锌高的黄铜杂铜、白铜杂铜适用于鼓风炉熔炼，反射炉精炼工艺处理，含铅、锡高的杂铜宜先在转炉中吹炼，使铅、锡进入转炉渣，所产次粗铜入反射炉精炼。该方法适合回收板头、铜线、铸造铜垃圾和含铜废品。

（3）三段法　它是将杂铜加入鼓风炉炼成黑铜，黑铜加入转炉炼成次粗铜，次粗铜再加入阳极炉炼成阳极板后电解精炼成电解铜的方法。三段法具有原料的综合利用好，产生的烟尘成分简单、容易处理，粗铜品位较高，精炼炉操作比较容易，设备生产率也比较高等优点，但又有过程复杂、设备多、投资大且燃料消耗多等缺点。该方法适合回收难于分类或混杂的纯铜杂铜、黑铜。

国家《铝工业“十二五”发展专项规划》明确提出：要大力发展循环经济，发展废杂铝回收再生产业，降低消耗，减少污染，提高铝资源利用率。由废铝再生所耗能源仅相当于电解铝冶炼过程中耗能的5%，国外的回收率大约为80%。电解铝的使用年限平均为15年，2016年，我国电解铝产量3187万t，铝加工材产量5796万t，这部分原铝、铝材将在15年后达到使用寿命，作为废铝资源回收利用。废铝回收再利用，不仅解决了电解铝高耗能的问题，同时有利于发展循环经济。废杂铝再生利用省去了繁杂的采矿过程，而且避免了原生铝生产过程中大量赤泥的产生，也不会破坏生态环境。能耗方面，再生铝所使用的主要燃料为煤、重油和天然气等，几乎没有以电力作为熔炼能源的再生铝企业，再生铝的综合能耗只有电解铝的5%。目前国内外的再生铝熔炼技术包括反射炉、坩埚炉、双室炉、高效循环反射炉、水平回转炉、倾斜式回转炉及感应炉等熔炼技术。使用较普遍的为双膛天然气熔炼炉，这种炉型使有机物在炉内碳化、燃烧，放出的热量导入熔炼过程，避免环境污染并降低熔炼金属烧损。整套设备包括：天然气熔炼炉、静置保温炉、熔体转注与流槽系统、烟气处理与污染物净化系统、工艺过程自动控制系统等。熔炼炉设有预热室与熔化室，从熔炼室流出的热烟气间接加热预热室。静置炉用天然气加热，炉门的开关与炉体倾斜均由液压系统控制，能保持熔体流量与水平稳定，可铸出高质量的铸锭。典型废铝熔渣回收工艺流程如图1-1所示。

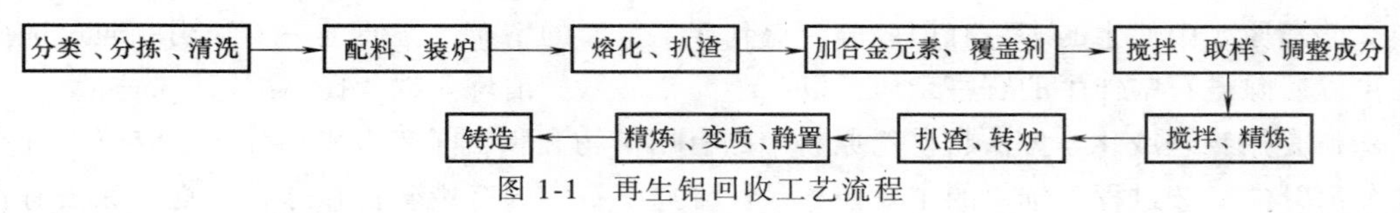

图1-1 再生铝回收工艺流程

1.5 有色金属矿物、矿石、选矿与精矿

矿物是地壳中由于自然的物理化学作用或生物作用，所生成的自然元素（如金、碳、硫磺）和自然化合物（如磁铁矿、黄铜矿、红土镍矿、金红石、绿柱石等）。在自然界中，除少数矿物为液态（如汞、石油）或者气态（如天然气）外，多数矿物为固态。在现代技术经济条件下，能够以工业规模提取国民经济发展所必需的金属或者矿物产品的矿物集合体称为矿石。矿石由有用矿物和脉石矿物组成，能够为人类利用的矿物称为有用矿物，按照目前的工业技术水平，尚不能经济地利用的矿物称为脉石矿物。有用矿物在地壳中的分布是不均匀的，由于地质成矿作用，它们可富集在一起，形成巨大的矿石堆积。在地壳内或地表上矿石大量积聚具有开采价值的区域称为矿床。

一般根据矿石的物质成分、品位的高低、物理性质、结构、构造或氧化程度等不同因素对矿石进行分类，工业上针对不同类型的矿石采用不同的技术方法进行加工。在金属矿石中，按金属存在的化学状态和氧化程度不同可分成自然矿石、硫化矿石、氧化矿石和混合矿石。有用矿物是自然元素的矿石称为自然矿石，例如，自然金、银、铂、元素硫等。硫化矿石的特点是其中有用矿物为硫化物，例如，黄铁矿（FeS_2）、黄铜矿（$CuFeS_2$）、方铅矿（PbS）、闪锌矿（ZnS）等；氧化矿石中有用矿物是氧化物，例如，赤铁矿（Fe_2O_3）、赤铜矿（Cu_2O）、锡石（SnO_2），一般含氧的矿物，如硅酸盐、碳酸盐、硫酸盐等也包括在氧化矿内；混合矿石内则既有硫化矿物，又有氧化矿物。根据矿石结构、构造，可将矿石分为浸染状矿石、致密块状矿石和粉矿等。

矿石是根据从其中得到的金属而确定的，例如，铜矿石、镍矿石、铁矿石、铝土矿、铅锌矿、锡矿石等。只产出一种金属的矿石称为单金属矿石；可提取两种以上金属的矿石，称为多金属矿石，如我国攀枝花的钒、钛磁铁矿，金川铜、镍、钴伴生矿，兰坪金顶铅、锌矿等，都是国内有名的多金属矿石。

矿石中有用成分的含量称为矿石品位，常用质量百分数表示。例如，品位10%的铜矿石，就是矿石中金属铜的质量分数为10%；品位为50%的铁矿石，就是矿石中金属铁的质量分数为50%。对于贵金属，由于它们的含量一般都很低，矿石品位常以每吨矿石中含有贵金属的克数来表示。

按品位高低，金属矿石可分为富矿和贫矿。以磁铁矿为例，品位为50%~55%的为高炉富矿；品位为30%~50%的为贫矿。铜矿石的品位>1%为富矿，<1%为贫矿。矿石品位的下限由资源储量、冶炼技术和经济因素确定，资源枯竭、冶炼技术进步和经济发展需求，使矿石的下限品位不断降低。过去抛弃的尾矿，由于技术进步和国民经济日益增长的需要，尾矿资源得到再生利用。

从矿山开采出来的原矿的品位一般较低，直接冶炼原矿不仅技术困难，在经济上也不可行。在原矿冶炼前需要进行选别处理，选矿不仅能够提高矿石品位，降低冶炼成本，而且可以富集、分离原矿中伴生的多种有用成分，得到伴生金属的精矿，方便进一步利用。通过选矿的方法可以脱除矿石中伴生的有害杂质，以利于简化后续的冶炼流程，提高冶炼产品质量。

选矿是用物理或化学方法将矿物原料中的有用矿物和脉石与有害矿物分开，或将多种有用矿物分离开的工艺过程。选矿的主要任务是：分离矿石中的有用矿物和脉石矿物，除去有害杂质，并尽可能地回收矿石中各种有用成分。选矿产品中，有用成分含量较高、适合于冶炼加工的最终产品称为精矿，如铜精矿、镍精矿、锡精矿、铁精矿等。选矿过程中得到的、尚需进一步处理的矿石产品称为中矿；有用矿物含量很低、不需要进一步处理的矿石产品称为尾矿。

矿石中各种矿物都具有固定的物理性质和物理化学性质，如粒度、形状、颜色、光泽、密度、摩擦系数、磁性、电性和表面润湿性等。选别作业就是根据各种矿物的不同性质，采用适当的选别手段，使有用矿物与脉石矿物分选的工序。选矿方法主要分为两大类，即物理选矿与化学选矿，其中物理选矿包括磁选法、重选法、静电选矿法、摩擦选矿法、粒度选矿法、形状选矿法、手选法等。化学选矿包括浮选法、焙烧法、浸出法等。目前应用最多、最广的选矿方法有重力选矿法、浮选矿法和磁选法。

1.6 有色冶金的概念及冶金方法分类

冶金是一门研究如何经济地从矿石或者其他原料中提取金属或者金属化合物，并用各种加工方法制成具有一定性能的金属材料的科学。用于提取各种金属的矿石具有不同的性质，提取金属要根据不同的原理，采用不同的方法和设备，从而形成冶金的专门学科——冶金学。冶金学以研究金属制取、加工和改进金属性能的各种技术为重要内容，是专门研究冶金过程的理论、工艺、技术、装备、环保与经济等问题的技术学科。研究内容包括：原料的配备与处理；冶金过程的物理化学理论；金属的组织结构、力学性能、物理化学性能；金属冶炼、铸造、加工、热处理和产品质量控制的工艺技术基础；冶炼装备设计、制造、安装、运行与维护技术；冶金过程中间产品与冶炼三废（废气、废水、废渣）综合利用技术；冶炼过程控制；冶炼过程的环境保护与安全防护等。冶金学不断地吸收自然科学，特别是物理学、化学、自动控制、机械制造、热能工程等方面的最新研究成果，引领冶金工艺技术向广度和深度发展。另一方面，冶金生产又以丰富的实践经验，充实着冶金学的内容。就研究领域而言，冶金学分为物理冶金学和提取冶金学两门学科。

物理冶金学是通过成形加工制备有一定性能的金属或者合金材料，研究其组成、结构的内在联系以及在不同工艺技术条件下的组织演化规律的科学，包括金属学、粉末冶金、金属铸造、金属压力加工等。它是研究退火、调幅分解、形核、长大和粒子粗化等过程的原理，成形加工包括金属焊接，金属铸造，金属塑性加工（挤压、轧制、拉拔、锻造）的变形理论，塑性加工对金属组织、结构、力学性能的影响的科学。

提取冶金学是研究从矿石中提取金属或金属化合物，用各种加工方法将金属制成具有一定性能的金属材料的过程和工艺的科学。由于这些生产过程伴有化学反应，又称为化学冶金学。它是研究分析火法冶金、湿法冶金或电冶金等过程方法及原理、设备、工艺与过程控制的科学。也就是说，狭义的冶金学指的是提取冶金学，而广义的冶金学则包括物理冶金学及提取冶金学。冶金学的任务是研究各种冶炼及提取方法，提高生产效率，节约能源，改进产品质量，降低生产成本，扩大品种并增加产量。

作为冶金原料的矿石或精矿，其中除含有所要提取的金属矿物外，还含有伴生金属矿物以及大量的脉石矿物。冶金的目的就是把所要提取的金属从成分复杂的矿物集合体中分离出来并加以提纯。冶金分离和提纯过程常不能一次完成，需要进行多次，通常包括预备处理、熔炼和精炼三个循序渐进的作业过程。

在现代冶金中，由于矿石（或精矿）性质和成分、能源、环境保护以及技术条件等情况的不同，实现上述冶金作业的工艺流程和方法也是多种多样的。根据冶炼金属的不同，通常将冶金分为黑色冶金和有色冶金两大类。黑色冶金是指从矿石中分离提取金属铁、锰、铬的过程，包括炼铁、炼钢、铁合金（如铬铁、锰铁等）和轧钢的生产。现代钢铁联合企业包括采矿、选矿、烧结、焦化、耐火材料、炼铁、炼钢、轧钢、运输、检修、动力等众多生产服务部门，以运输为例，生产1t钢的运输量约为22t。有色冶金系指除黑色冶金之外的所有金属的冶炼，包括铜、镍、铅、锌、铝、镁和其他稀有金属和贵重金属的冶炼和加工。现代冶金技术主要包括火法冶金、湿法冶金以及电冶金。

1.6.1　火法冶金

火法冶金是在高温条件下进行的冶金过程。矿石或精矿中的部分或全部矿物在高温下经过一系列物理化学变化，生成另一种形态的化合物或单质，分别富集在气体、液体或固体产物中，达到所要提取的金属与脉石及其他杂质分离的目的。实现火法冶金过程所需热能，通常是依靠燃料燃烧来供给，也有依靠过程中的化学反应来供给。例如，硫化矿的氧化焙烧和熔炼就无需由燃料供热；金属热还原过程也是自热进行的。火法冶金是提取金属的主要方法之一，其生产成本一般低于湿法冶金，在有色金属冶金过程中，火法冶金产物往往是粗金属，通过湿法冶金来进行进一步的金属提纯。

火法冶金包括：干燥、焙解、焙烧、熔炼、精炼、蒸馏等过程。

1.6.2　湿法冶金

湿法冶金是在溶液中进行的冶金过程。湿法冶金温度不高，一般低于100℃，现代湿法冶金中的高温高压过程，温度也不过200℃左右，极个别情况温度可达300℃。湿法冶金包括：浸出、净化、金属提取等过程。

（1）浸出 用适当的溶剂处理矿石或精矿，使要提取的金属呈某种离子（阳离子或络阴离子）形态进入溶液，而脉石及其他杂质则不溶解，这样的过程称为浸出。浸出液经澄清和过滤，得到含金属（离子）的浸出液和由脉石矿物组成的不溶残渣（浸出渣）。对某些难浸出的矿石或精矿，在浸出前常需要进行预备处理，使被提取的金属转变为易于浸出的某种化合物或盐类。例如，转变为可溶性的硫酸盐而进行的硫酸化焙烧等，都是常用的预备处理方法。

（2）净化 在浸出过程中，常有部分金属或非金属杂质与被提取金属一道进入溶液，从溶液中除去这些杂质的过程称为净化。

（3）金属提取 金属提取是用置换、还原、电积等方法从净化后液中将金属分离出来的过程。

1.6.3 电冶金

电冶金是利用电能提取金属的方法。根据利用电能效应的不同，电冶金又分为电热冶金和电化冶金。

（1）电热冶金 电热冶金是利用电能转变为热能进行冶炼的方法。在电热冶金的过程中，按其物理化学变化的实质来说，与火法冶金过程差别不大，主要区别只是冶炼时热能来源不同。

（2）电化冶金（电解和电积） 电化冶金是利用电化学反应，使金属从含金属盐类的溶液或熔体中析出。前者称为溶液电解，如铜、镍的电解精炼和锌的电积，可列入湿法冶金一类；后者称为熔盐电解，不仅利用电能的化学效应，而且也利用电能转变为热能，借以加热金属盐类使之成为熔体，故也可列入火法冶金一类。

从矿石或精矿中提取金属的生产工艺流程，常常是既有火法过程，又有湿法过程，即使是以火法为主的工艺流程，如硫化铜精矿的火法冶炼，最后也需经过湿法的电解精炼过程；而在湿法炼锌中，还需要用高温氧化焙烧对硫化锌精矿原料进行炼前处理。

复习思考题

1-1 简述金属和冶金技术发展简史。

1-2 简述金属的分类方法，举例说明有色金属可以分为哪几类。

1-3 简述有色金属的地位与作用。

1-4 什么叫矿产资源？简述我国主要有色金属矿产资源的储量与分布特性。

1-5 简述铜、铝的再生方法。

1-6 什么叫矿物、矿石？简述它们的区别。

1-7 什么是选矿，选矿方法有几种？

1-8 冶金学的定义是什么？

1-9 提取冶金学的任务是什么？

1-10 冶金方法可以分为几类，试举例说明。

第2章　锂、铷、铯冶金

2.1　概述

锂、铷、铯属稀有碱金属，同属于元素周期表中ⅠA族。其化合物与合金都具有独特的性能。从19世纪发现至今的近200年，对人类的作用和价值日益显露，也逐渐得到人们的重视。从军事工业到民用工业，从科学尖端技术到人们日常生活都为之开辟了新用途。特别是近年来，随着世界锂、铷、铯资源开发的不断扩大，拓宽了锂，铷、铯的应用领域，如何促进锂、铷、铯工业的发展更成为世界各国普遍关注和研究的课题。

本章着重阐述锂、铷、铯的性质、用途、主要化合物和资源，国内外锂、铷、铯工业发展现状及发展趋势、市场情况，生产及工艺技术等内容。

2.1.1　锂、铷、铯的性质和用途

1. 锂的性质

(1) 锂的物理性质　锂属于周期表ⅠA族，位于碱金属之首，原子序数为3，相对原子质量为6.941，锂是最轻的金属，并为常温固体中最轻的物质，密度约为水的一半，为0.531g/cm^3。金属锂为一种银白色的轻金属；熔点为180.54℃，沸点为1342℃，密度为0.531g/cm^3，莫氏硬度0.6。锂在室温下与水反应，在空气中易被氧化，与氮气反应生成黑色的一氮化三锂晶体，所以须贮存于汽油、煤油或惰性气体中。

金属锂的密度为0.531g/cm^3，是非气态单质中最小的一个。因为锂原子半径小，故比起其他的碱金属，压缩性最小，硬度最大，熔点最高。温度高于-117℃时，金属锂是典型的体心立方结构，但当温度降至-201℃时，开始转变为面心立方结构，温度越低，转变程度越大，但是转变不完全。20℃时，锂的晶格常数为0.35nm，电导率约为银的1/5。锂可以很容易地与除铁以外的其他常见金属发生固溶。

(2) 锂的化学性质　金属锂的化学性质十分活泼，在一定条件下，能与除稀有气体外的大部分金属与非金属反应，但不像其他的碱金属那样容易。锂能同卤素发生反应生成卤化锂，氧族元素能在高温下与锂反应形成相应的化合物，锂与碳在高温下生成碳化锂。在锂的熔点附近，锂很容易与氢反应，形成氢化锂。

新切开的锂有金属光泽，但是暴露在空气中会慢慢失去光泽，表面变黑，若长时间暴露，最后会变为白色。主要是生成氮化锂、氢氧化锂，最后变为碳酸锂。

块状锂可以与水发生反应，粉末状锂与水发生爆炸性反应。盐酸、稀硫酸、硝酸能与锂剧烈反应，浓硫酸仅与锂缓慢反应。

锂能同很多有机化合物发生反应，很多反应在有机合成上有重要的意义。

2. 铷、铯及主要化合物的性质

(1) 铷的物理化学性质　铷，元素符号Rb，基本性质见表2-1。铷是一种极软的银白

色蜡状金属，质软而轻铷的物理化学性质介于钾和铯之间，是碱族元素中第二个最活泼的金属元素（仅次于铯），是自然界所有元素中第四个最轻的元素。铷原子的外电子层构型为[Kr] 5sl，具有体心立方晶体结构。铷和铯一样具有优异的导电性、导热性，最小的电离电位。铷有 20 种同位素，质量数为 79~95。天然铷由稳定同位素 Rb^{85} 和放射性同位素 Rb^{87} 组成，前者占 72.15%，后者为 27.85%。Rb 衰变产生射线和稳定同位素 Sr，半衰期为 5.9×10^{10} ~ 6.1×10^{10} 年。上述反应常被用来确定岩石、古老矿物和陨石的年龄。

铷化学反应活性和正电性仅次于铯。铷在空气中能自燃，与水甚至低于-100℃的冰接触能发生剧烈反应，生成氢氧化铷并放出氢。因此，纯金属铷常存储于真空或者煤油中。在自然界中，铷通常以化合物的形态存在。

表 2-1　铷的基本性质

元素符号	Rb	沸点/℃	688
原子序数	37	密度(固,20℃)/(g·cm^{-3})	1.532
相对原子量	85.4678	密度(液,20℃)/(g·cm^{-3})	1.475
熔点/℃	39	临界温度/K	2100

铷和铯的化学性质较接近，不易分离。常见铷化合价为+1 价，由 $Rb^+ \rightarrow Rb^0$ 的还原电位为-2.924V。金属铷和氧发生剧烈反应，生成一氧化铷（Rb_2O）、过氧化铷（Rb_2O_2）和超氧化铷（RbO_2），铷氧化时放出的热量足以使铷熔化和点燃。

铷的卤化物易和锡、锑、铋、镉、钴、铜、铁、铅、镁、镍、钍、锌等卤化物生成复盐，这些复盐都不溶于水，因此常用于铷的提取分离。

铷由于活性大，生产、使用、储存和运输必须在严密隔绝空气的装置中进行，常见的是玻璃或不锈钢真空封装。

（2）铯的物理化学性质　铯，元素符号是 Cs，铯的基本性质见表 2-2。铯金属是一种软而轻、熔点很低的金属，纯净的金属铯呈金黄色。

表 2-2　铯的基本性质

元素符号	Cs	沸点/℃	669.3
原子序数	55	密度(固,20℃)/(g·cm^{-3})	1.9
相对原子质量	132.90543	密度(液,20℃)/(g·cm^{-3})	1.84
熔点/℃	28.4	临界温度/K	2050

在碱金属中，铯是最活泼的，能和氧发生剧烈反应，生成多种氧化物的混合物。在潮湿空气中，氧化的热量足以使铯熔化并点燃。铯和水，甚至和温度低到-116℃的冰均可发生猛烈反应产生氢气、氢氧化物，生成的氢氧化铯是氢氧化碱中碱性最强的。与卤素也可以生成稳定的卤化物，这是由于它的离子半径大所带来的特点。铯和有机物也会发生同其他碱金属相类似的反应。铯具有活泼的个性，储存要避免与空气和水接触。由于铯的熔点很低，很容易就能变成液体，是除水银之外熔点最低的金属。

2.1.2　锂、铷、铯的主要化合物

1. 锂的主要化合物

（1）氧化锂（Li_2O）　氧化锂（Li_2O）是白色粉末，密度为 2.013g/cm^3。熔点在 1700℃以上，在第 1 族（ⅠA）各元素氧化物中熔点最高，与水反应生成氢氧化锂。氧化锂

可被硅、铝还原为单质锂，在空气中极易吸收二氧化碳和水，高温下腐蚀玻璃和某些金属，可由金属锂和氧气直接合成，用于制备锂盐。

（2）氢氧化锂（LiOH） 氢氧化锂是一种苛性碱，固体为白色晶体粉末，属四方晶系晶体，密度为1.46g/cm^3，熔点为471℃，沸点为925℃，在沸点处开始分解，在1626℃完全分解。它微溶于乙醇，可溶于甲醇，不溶于醚。工业产品一般是单水氢氧化锂（$LiOH \cdot H_2O$），一水合物属单斜晶系晶体，溶解度为22.3g/100g水（10℃），呈强碱性，因而其饱和溶液可使酚酞改变结构，能使酚酞由深红色转变为无色。在空气中极易吸收二氧化碳。氢氧化锂有强的腐蚀性及刺激性，应密封保存。

（3）氮化锂（Li_3N） 氮化锂是红棕色或黑灰色结晶，相对密度为1.3g/cm^3，熔点为845℃。常温下在干燥空气中与氧不反应，加热容易着火，发生剧烈燃烧。在潮湿空气中缓慢分解成氢氧化锂并放出氨。与水反应，遇二氧化碳生成碳酸锂。由金属锂与氮气常温反应就能反应生成氮化锂。其离子电导率高而电子电导率低，是最好的固体电解质之一。还是六方氮化硼转化为立方氮化硼的有效催化剂。

（4）氢化锂（LiH） 氢化锂是锂的氢化物。它是无色晶体，通常带有杂质而呈灰色。氢化锂属于类盐氢化物，熔点很高（689℃）且对热稳定。比热容为29.73J/mol·K，导热性随温度升高而下降，随组成和压力的变化也有不同（5~10W/m·K，400K）。

（5）碳酸锂（Li_2CO_3） 碳酸锂既是一种非常重要的锂盐，又是制备其他锂盐的原料。碳酸锂是无色单斜晶系结晶体或白色粉末，密度为2.11g/cm^3，熔点为618℃，溶于稀酸，微溶于水，在冷水中溶解度比在热水中大。不溶于醇及丙酮。

碳酸锂在水中的溶解度比其他碱金属碳酸盐低，并随着温度的升高而降低，当碳酸钾和碳酸钠存在时，碳酸锂溶解度还会降低，因此工业上采用碳酸钾和碳酸钠来沉淀碳酸锂。若将CO_2通入碳酸锂的水悬浮物中，则生成碳酸氢锂，碳酸氢锂的溶解度远高于碳酸锂，加热时碳酸氢锂又分解重新沉淀出碳酸锂。利用这一性质可清除碳酸锂中的杂质从而提高纯度。

（6）氟化锂（LiF） 氟化锂是一种盐，是碱金属卤化物，白色粉末或立方晶体，熔点为848℃，密度为2.64g/cm^3，难溶于水，不溶于醇，溶于酸。用于核工业、搪瓷工业、光学玻璃制造、干燥剂和助熔剂等，可由碳酸锂或氢氧化锂与氢氟酸在铅皿或铂皿中结晶制得。

（7）正丁基锂［$CH_3(CH_2)_3Li$］ 正丁基锂是锂的烷基衍生物，常用作试剂，能对羰基化合物进行加成反应，还能对活泼氢进行置换反应，以及卤素-锂交换反应，其反应性能比一般格氏试剂要广泛而且多样化，与多种金属有机物形成的金属锂衍生物广泛用于有机合成。

2. 铷、铯的主要化合物

（1）碳酸铷（Rb_2CO_3） 碳酸铷，分子量为230.94，白色结晶粉末，易潮解，具有强碱性，溶于水，不溶于醇。用作分析试剂、合成其他铷盐、制取金属铷和各种铷盐的原料，特种玻璃的生产，微型高能电池和晶体闪烁计数器等。

（2）氯化铷（RbCl） 氯化铷是一种碱金属卤化物，白色结晶性粉末，溶于水，微溶于醇，熔点718℃，沸点1390℃，密度2.8g/mL（25℃）。氯化铷主要从锂工业处理锂云母、盐卤水尾渣中回收，也可从比较富集的含铷光卤石以及富铷的矿泉水中提取。RbCl具有吸湿性，存贮必须和大气中的湿气隔离。

(3) 硝酸铷($RbNO_3$) 硝酸铷是一种无机化合物，常温常压下为白色固体。外观为白色粉末，分子量 147.47，熔点 310℃，密度 3.11g/cm^3，易溶于水。硝酸铷主要用于磁流体发电和制取其他铷盐原料，同时还应用于催化剂、特种陶瓷、导弹推进器及含铷单晶的原材料等领域。

(4) 碳酸铯(Cs_2CO_3) 碳酸铯是一种白色固体，极易溶于水，在空气中放置迅速吸湿。碳酸铯水溶液呈强碱性，可以和酸反应，产生相应的铯盐和水，并放出二氧化碳，是各种铯化合物的原料。可用来制造特殊玻璃陶瓷。

(5) 氯化铯(CsCl) 无色结晶，分子量 168.36，属立方晶系。有吸湿性，易溶于乙醇、甲醇，不溶于丙酮。主要用作分析试剂，如用作显微镜分析、光谱分析试剂。还用于医药工业、铯盐制造、X 射线荧光屏和光电管材料。气相色谱固定液，用于三价铬和镓的点滴分析，二联苯和三联苯的高温色谱分析。用于制取金属铯、铯盐及作为铯单晶的原料。

(6) 硝酸铯($CsNO_3$) 硝酸铯为白色结晶粉末，易潮解，主要用于铯盐制造。对眼睛、皮肤黏膜和上呼吸道有刺激作用。在有机合成中，硝酸铯是甲基丙烯树脂合成用的催化剂，可用作生产光导纤维的添加剂及啤酒酿造剂等。

(7) 碘化铯(CsI) 碘化铯无色结晶或结晶性粉末，易潮解，对光敏感，极易溶于水，溶于乙醇，微溶于甲醇，几乎不溶于丙酮。相对密度 4.51g/cm^3，熔点 621℃，沸点 1280℃，折光率 1.7876。碘化铯在火焰上灼烧会有天蓝色的焰色。是制造红外线光谱仪棱镜、X 射线荧光屏、闪烁计数器、发光材料、光学玻璃等的重要材料。

2.1.3 锂、铷、铯市场与用途

1. 锂的市场用途

(1) 锂的用途 金属锂广泛用于电池工业、陶瓷业、玻璃业、铝工业、核工业及光电行业等新兴应用领域。由于碳酸锂是生产二次锂盐和金属锂的基础材料，其他工业锂产品基本都是碳酸锂的下游产品。手机、便携式计算机和新能源电动汽车是锂电池最大的应用市场。用金属锂生产铝锂及镁锂合金，被广泛用于航空工业中。锂镁合金由于强度高、质量轻、用料少、耐高温，是导弹外壳不可替代的材料，还用于核反应堆的冷却剂，化学工业催化剂，玻璃陶瓷工业的添加剂。

① 电解铝。在铝电解槽熔盐中加入一定量的锂盐可降低熔点 30℃和操作温度 15℃，提高电流效率 1%~3%，降低电耗 8%~14%，降低氟气排放量 22%~38%，有显著的经济效益和环境效益。

② 玻璃陶瓷工业。玻璃配料中加入 0.1%~0.2%的氧化锂，可降低玻璃熔化温度 20~50℃，简化生产工艺，提高玻璃质量、密度、强度、延性、表面光泽和对酸碱的耐蚀性，降低热膨胀系数。陶瓷中加入适量的锂化合物，可降低制品的烧结温度，缩短生产周期，提高成品强度和耐热、耐蚀、耐磨性能以及折射率。并使成品具有经受多次冷热骤变的性能，光泽好，表面洁白。

③ 润滑脂工业。氢氧化锂主要的用途是制取锂基润滑脂。由于锂基润滑脂具有使用温度范围宽(-60~300℃)，稳定性和抗水性能好，使用寿命长等特殊优点，广泛应用于飞机、火车、汽车、冶金、机械和石油化工设备领域。

④ 空调制冷。溴化锂溶液无臭无毒，对大气臭氧层没有破坏作用，广泛应用于空调制

冷剂，以及纺织、化工电子、机械等工业领域需要控制温度和湿度的地方。溴化锂吸收式制冷机的耗电量远小于蒸气压缩式制冷机，如制取 1160kW 冷量，压缩式制冷机约耗电 380kW，而双效溴化锂吸收式制冷机的耗电仅为 30kW。

⑤ 锂电池。锂一次电池因具有比能量高、电池电压高、工作温度范围宽、贮存寿命长等优点，广泛应用于心脏起搏器、电子手表、计算器、录音机，无线电通信设备、导弹点火系统、大炮发射设备、潜艇、鱼雷、飞机及一些特殊的军事用途。已实用化的锂一次电池有六个品种：$Li\text{-}MnO_2$、$Li\text{-}I_2$、Li-CuO、$Li\text{-}SOCl_2$、$Li\text{-}SO_2$ 和 $Li\text{-}Ag_2CrO_4$。锂离子电池是以 Li^+ 嵌入化合物为正、负极的二次电池。锂离子电池以其电压高、能量密度大、循环性能好、自放电小、无记忆效应等突出优点，成为目前综合性能最好的电池体系，被认为是 21 世纪对国民经济和人民生活具有重要意义的高技术产品。

⑥ 铝锂合金。铝锂合金是一种新型的航空航天结构材料。在铝合金中每添加质量分数为 1%的 Li，可降低合金密度 3%，提高弹性模量 6%。用铝锂合金代替常规的铝合金，可使结构减重 10%~15%，刚度提高 15%~20%。铝锂合金的高比强度、高比刚度等优点是其他铝合金难以具有的，而且工业化后，其成本仅为普通铝合金的 2~3 倍，远低于复合材料。

⑦ 核聚变领域。锂用于核反应堆产生聚变燃料氚，在热核反应堆芯的外层装入锂，用作反应堆的冷却剂或用铅锂合金作为反应堆的冷却保护层。据有关资料报道：一个核聚变反应堆需要用量 500~1000 吨金属锂。1kg 的锂可获得相当于 4000t 原煤的热量。核能源的开发必将为锂在核工业的应用展示一个广阔的前景。

⑧ 丁基锂。丁基锂（n-BuLi）是锂系聚合物生产中广泛使用的聚合物引发剂，在工业中主要用于热塑性弹性体 SBS、SIS、SEBS、低顺式聚丁二烯橡胶、溶聚丁苯橡胶、K-树脂等产品生产。此外 n-BuLi 还广泛用于精细化工、医药等行业。工业上通常采用金属锂和氯丁烷反应生成丁基锂，是金属锂的重要用途之一。

⑨ 医药。碳酸锂（Li_2CO_3）对躁狂精神病有治疗作用，对躁郁症的复发有预防作用。金属锂是合成制药的催化剂和中间体。例如，合成维生素 A、B 及 D，合成肾上腺皮质激素，合成抗组织胺药等。

⑩ 水泥。利用锂渣与硅酸盐配比可以制成耐热裂水泥，添加碳酸锂可以形成特种水泥。

（2）锂的市场　国内市场对锂的最大需求是作为原料生产锂电池、金属锂及锂化合物，其次是用于玻璃陶瓷行业和中央空调行业。使用量增长最大的为锂电池行业，传统的用于电解铝行业的碳酸锂数量明显减少。用于锂电池领域的主要是碳酸锂和氢氧化锂，已成为市场最大的需求。在国内外动力锂电池需求带动下，2015 年全球对锂产品需求持续增长。我国已成为名副其实的锂消费大国，2015 年我国锂消费量为 7.87 万 t，碳酸锂产量 4.2 万 t，氢氧化锂 2.2 万 t，世界氢氧化锂产量 3.35 万 t，我国占比 68%。全球锂消费的年均增长率为 6.4%。我国、日本和韩国的消费量占全球锂消费量的 60%，而欧洲和北美分别占 24% 和 9%。

2. 铷、铯市场与用途

（1）铷、铯的主要用途

1）电子工业。铷、铯具有强正电性和光敏性，在一些光电池中用作光导材料。用含铷的光电阴极作光电倍增管，用于探测紫外射线、红外射线、可见光以及 γ 射线，碳酸铯和铬酸铯用于光电管、光电倍增管、摄像管。钠激活碘化铯晶体制造 X 射线影像增强管，用于医用 X 射线机。铊激活碘化铯晶体制造闪烁计数器，用于天文台瞭望宇宙射线的探测。金属铷、铯或铷、铯的合金用于制作铷、铯的空心阴极灯，在原子吸收分光光度计上可做微量铷、铯分析。

2）原子钟。用铷、铯做成的原子钟，其准确度可达万亿分之一，用作航海、远程飞行及宇宙航行的时间标准。铷、铯的共振器也是一种很好的频率标准。铯钟需要纯度为99.9%以上的金属铯，铷钟所用的是同位素 Rb^{85}、Rb^{87}的氯化物。目前，我国已研制出激光冷却铯原子喷泉钟，准确度达到 5×10^{-13}，即600万年误差不到1s。

3）催化剂。铷和铯及其化合物在许多类型的反应中都具有很好的催化性能，在无机和有机合成中作为催化剂和助催化剂，因此在合成氨、硫酸工业、有机合成中都有广泛的应用前景。由于铷、铯的化学活性大，电离电位低，能改善主催化剂的表面性质，从而使催化剂具有很好的活性、稳定性和选择性，在合成催化方面作助催化剂，可以改进催化剂的表面性质，使其具有更好的活性、稳定性和选择性。

4）玻璃和陶瓷工业。在玻璃、陶瓷的生产中，铷、铯的化合物作为配料的添加剂，可使产品具有特殊的性能。在玻璃配料中加入氧化铯或碳酸铯，铯离子代替硅酸盐中的钠离子，可使玻璃的密度、光折射率、热膨胀系数及电阻率得到改善，这是当前很有发展前景的应用。碳酸铷及铯的卤化物用来制备能穿过红外线的光学玻璃棱镜，铷和铯的氧化物已广泛用于制备 pH 计的电极玻璃。铷和铯的化合物还用于制备激光玻璃、光敏玻璃和光导纤维玻璃。在延性陶瓷中，除了加入氟化锂外也用溴化铯，这种陶瓷已用于火箭技术。

5）生物化学和医药。铷、铯及其化合物广泛用于各种生物化学领域。氯化铷和氯化铯用作脱氧核糖核酸（DNA）、病毒及其他大分子超速离心分离的密度-梯度介质。铷、铯的盐类用作镇静剂治疗癫痫病。铷盐可用于抗休克药物，碘化铷可治疗甲状腺肿大眼球突出症及性病。氯化铯可治疗皮肤溃烂、褥疮，还可离析(用离心分离法)病毒和其他分子。

铷、铯放射性同位素在医学上应用极为广泛。Rb^{87}是一种放射性同位素，它发射β粒子并衰变为锶，用于放射性测定，放射性 Rb^{86}可作为药物试验的生物示踪物，以跟踪药物在体内的运行。Rb^{84}（γ，β）可用来确定大脑肿瘤的位置和研究冠状动脉的血液循环，Rb^{81}可用来诊断造血功能病变等。Cs^{137}是一种核裂变产物，半衰期为33年，具有高能量的γ射线（0.60meV），用于研究核放射性治疗。

6）磁流体发电。磁流体发电研究最多的是开环磁流体发电装置，燃气中的铷、铯盐在高温下电离放出电子，通过强磁场产生直流电，燃气再进入蒸气发电系统二次发电，热效率高达70%，是传统火力发电的两倍。铷、铯在这种发电装置中的用量很大，一座600MW的磁流体发电装置，每年需用 Cs_2CO_3 达3175t。美国已在蒙大拿州建成了一座50MW的磁流体发电装置。

7）热电换能器。热离子发电是利用铯等离子的热离子活性，把热能直接转换成电能，目前主要把这种发电装置与反应堆配合使用。美国建造的这种反应堆内热离子发电装置，其功率可达20～100kW。

8）离子推进器。铷、铯离子推进发动装置的研究主要集中在宇宙飞船、地球卫星及星际航行的应用方面，这种推进发动装置比冲大、速度快、质量轻。卫星上使用这种推进发动装置可减轻质量10%～15%，铷、铯离子产生的推动力比任何燃料至少要大140倍左右。一个带有4.54g的铯离子推进发动装置，工作一年需用24kg铯。美国研制的铯离子推进发动机主要用于卫星和宇宙飞船上。

9）激光转换器。激光能转换装置，是利用铯离子的热效应把激光能直接转换成电能。美国宇航局研究设计了这种能量转换装置，为空间轨道站和空间探测器提供电力。

10）铯离子云通信。铯离子云通信是一种新的无线电通信技术，利用人工铯离子云进行电磁波的传播和反射，不受距离、无线电频率、天气变化的限制，适用于军事机密通信和电视。美国曾把 1000kg 铯发射到 80km 的高空，扩散成 50km 的铯原子层，在阳光照射下转化成铯离子，向直径为>1000km 的地面反射信号。把铷用于超亮光脉冲传播和空间孤子形成技术，激光通过铷蒸气时发生共振，形成一种非线性光量子通道，光子与铷蒸气相互作用，形成超亮度脉冲传播光束。

（2）铷、铯的市场情况　目前，全球铷产品产量 10t 左右，主要是德国、日本、中国等国家在生产。国内铷产品年产量 3t 左右。全球各种铯产品年均产量最高时达 390t 左右，但多数时间产量维持在 200t。国外主要的铯生产国是美国、加拿大、日本和德国。我国各种铯产品年均产量约 10t。

2.1.4　锂、铷、铯资源

1. 锂资源

（1）锂矿物　锂在地壳中的含量为 $1.2\times10^{-5}\%\sim6.5\times10^{-5}\%$，按元素丰度排列为第 27 位。锂矿床可分为伟晶岩矿床（含锂矿物）、卤水矿床、温泉矿床、海水矿床和堆积矿床（黏土）。已知的锂矿物有 145 种之多，其中含氧化锂（Li_2O）>2%的有 35 种，包括锂冰晶石（$Li_3Na_3Al_2F_{12}$）、硼锂铍矿［Na（K，Rb，Cs）$Li_4Al_4Be_3B_{10}O_{27}$］、磷铁锂矿［Li（$Fe^{2+}Mn^{2+}$）PO_4］、磷锰锂矿［Li（$Mn^{2+}Fe^{2+}$）PO_4］、磷锂石［Li_3PO_4］、磷铝石［LiAl（F，OH）PO_4］、磷锂铝石［（Li，Na）Al（PO_4）（OH，F）］、锂霞石［$LiAlSiO_4$］、羟磷锂铁石［$LiFe^{3+}PO_4OH$］、锂辉石［$LiAlSi_2O_6$］、锂兰闪石［（Na，K，Ca）Li（Mg，Fe^{2+}）$_3Al_2Si_8O_{22}(OH)_2$）］、锂云母［$K_2(Li, Al)_3(Si, Al)_4O_{10}(F, OH)_2$］等。锂在自然界中具有工业价值的有锂辉石、透锂长石、锂云母、铁锂云母和磷锂招石五种。锂辉石（$LiAlSi_2O_6$）是单斜晶系晶体，常呈断柱状、板状，也有粒状致密块体或粒状、断柱状集合体，颜色灰白、绿、暗绿或黄色，玻璃光泽，半透明到不透明，莫氏硬度 6.5~7.0，密度 3.03~3.229g/cm^3，是目前世界上开采利用的主要锂矿物资源之一。

国外锂矿石的资源主要分布在澳大利亚、津巴布韦、加拿大、南非、刚果（金）、美国和俄罗斯等，主要分布情况见表 2-3。

表 2-3　国外主要锂矿石资源分布表

序号	名称	国家	存在形式	资源量及储量 Li_2O 含量/万 t
1	格林布什 Greenbushes	澳大利亚	锂辉石	2051.42
2	比基塔 Bikita	津巴布韦	锂透长石和磷铝石	79.07
3	伯尼克 Bernic	加拿大	锂辉石和锂透长石	116.13
4	凯诺拉 Kenora	加拿大	锂辉石	15.54
5	卡普 Cape	南非	锂辉石和锂透长石	730
6	马诺诺 Manono	刚果(金)	锂辉石	2992.26

（续）

序号	名称	国家	存在形式	资源量及储量 Li_2O 含量/万 t
7	北卡罗来纳册金斯矿山 Kings Mountain	美国	锂辉石	3380.19
8	内华达 kings Valley	美国	锂蒙脱石	2979.06
9	俄罗斯矿山 Pervomaisky	俄罗斯	锂辉石	1299.69
10	Koralpa	奥地利	锂辉石	130.96
合计				13774.32

我国矿物锂资源主要分布在四川、江西、新疆、湖北、河南、湖南及福建等地，其中伟晶岩型锂辉石是目前最主要的使用资源。四川康定县甲基卡矿石 Li_2O 含量 41.2273 万 t，外围矿石 Li_2O 含量 64.31 万 t，四川雅江县措拉矿石 Li_2O 含量 25.5744 万 t，四川雅江县德扯弄巴矿石 Li_2O 含量 24.3192 万 t，四川马尔康县党坝矿石 Li_2O 含量 66.087 万 t，四川金川县李家沟矿石 Li_2O 含量 51.2185 万 t 等。我国已经探明的 18 座锂辉石矿山矿石 Li_2O 含量 339.75 万 t。

（2）锂盐湖资源　世界上锂盐湖卤水锂占世界锂储量的 66%，盐湖卤水已经成为锂盐生产的主要原料。

全球锂资源量已查明的超过 3950 万 t，储量约为 1350 万 t。其中玻利维亚、智利、阿根廷和我国的储量基础占世界总储量基础的 80% 以上。在世界上大型盐湖锂矿床中，锂资源量超过 100 万 t（卤水含 $Li \geqslant 5\times10^{-4}\%$）矿床有：智利的阿塔卡玛（Atacama）盐湖，玻利维亚的乌尤尼（Uyuni）盐湖和阿根廷的翁布雷穆埃尔托（Hombre Muerto）湖，我国青海的察尔汗盐湖，我国西藏的扎布耶盐湖等。20 世纪 80 年代后期开始各国倾向于从卤水中提锂，该法比露天或地下开采的费用低，导致大部分锂矿关闭或转向开采其他矿物。现在，盐湖提锂已经成为碳酸锂的主要来源。全球碳酸锂及其衍生产品供应量约 70% 来自盐湖卤水提锂，约 30% 来自矿石提锂。世界主要盐湖的卤水组成见表 2-4。

表 2-4　世界主要盐湖的卤水组成　（%）

盐湖	$w(Li)$	$w(Na)$	$w(K)$	$w(Mg)$	$w(Cl^-)$	$w(SO_4^{2-})$	$w(B)$
智利阿塔卡玛	0.16	0.16	1.79	1.0	15.7	1.9	0.07
玻利维亚乌尤尼	0.025	9.1	0.62	0.54			
美国银峰	0.04	6.2	0.8	0.04	10.06	0.71	
美国西尔斯	0.007	10.98	2.69		12.39	4.56	0.35
美国大盐湖	0.006	7.0	0.4	0.8	14.0	1.5	
以色列死海	0.002	3.0	0.6	4.0	16.0	0.05	
青海察尔汗	0.003	2.37	1.25	4.89	18.8	0.44	0.009
青海大柴旦	0.016	6.92	0.71	2.14	14.64	4.05	0.062
青海东台吉乃尔	0.085	5.13	1.47	2.99	14.95	4.78	0.11
青海西台吉乃尔	0.022	8.26	0.69	1.99	16.17	1.14	0.018
青海一里坪	0.021	2.58	0.91	1.28	14.97	2.88	0.031
西藏扎布耶南湖	0.111	10.12	2.44	0.0004	11.98	3.62	40.24
西藏扎布耶北湖	0.146	9.81	2.05	0.002	11.78	4.67	0.200

我国盐湖锂资源主要分布于青藏高原的盐湖中，卤水类型有碳酸盐型、硫酸盐型和卤化物型三种，目前主要开发的盐湖卤水为碳酸盐型和硫酸盐型。碳酸盐型锂资源主要集中于西

藏羌塘中部，即冈底斯板块中北部、那曲-狮泉河公路南侧；硫酸盐型锂资源主要分布于柴达木盆地和藏北碳酸盐型锂资源带的北侧；氯化物型盐湖锂资源主要分布在藏北无人区和青海可可西里地区。

青海盐湖锂的总储量约 200 万 t 以上，其卤水特点为硫酸盐型，含镁高。目前青海柴达木盆地现已查明有 11 个硫酸盐型的盐湖中锂含量达到工业品位。青海可可西里的勒斜武担湖（氯化物型）和西金乌兰湖（硫酸盐型）LiCl 含量分别达 1044.43mg/L 和 614.44mg/L，LiCl 资源量分别为 35.56 万 t 和 99.92 万 t。

西藏地区幅员辽阔，盐湖众多，卤水中 Li、B、Rb、Cs 等的含量都较高，其中噶尔昆沙错卤水锂含量达到 2900mg/L。西藏盐湖湖表卤水平均锂含量为 320.4mg/L，晶间卤水锂平均含量达 424.4mg/L。西藏锂资源主要分布在扎布耶盐湖、班戈—杜佳湖、扎仓茶卡等盐湖中，目前扎布耶盐湖已经成功地进行了锂资源的开发工作。

扎布耶盐湖位于藏北高原南部，海拔 4422m，面积 $242km^2$，是世界上锂资源超百万 t 的特大型盐湖之一。盐湖分南北两区，北湖为卤水湖，南湖为半干湖，锂资源以天然碳酸锂和含锂白云石新变种形式存在。固液相锂储量达 153 万 t，其中液相锂 25 万 t，卤水中锂含量高达 1000~2000mg/L，富含 B、K、Rb、Cs、Br 等有价元素。卤水含锂品位高，镁锂比低（镁锂比 0.03），易于加工。

目前智利和澳大利亚是锂资源开采的主要国家，其次为我国和阿根廷。全球锂生产企业也呈现出高度集中的特点，SQM、Chemetall 和 FMC 为三大国际锂产品供应商，总产能及产量约占全球的一半以上。

2. 铷、铯资源

（1）铷的资源　铷元素在地壳中的分布形式很广，在地壳中的含量 $5.1\times10^{-3}\%\sim3.1\times10^{-2}\%$。按元素丰度排列居第 16 位。存在于花岗伟晶岩、海水、盐湖卤水、地热水以及相应矿物内，没有铷化合物的含量达到足以直接利用的矿物，其主要工业矿物是锂云母。

国外花岗伟晶岩氧化铷资源储量约 17 万 t，其中津巴布韦 10 万 t，占 58%；纳米比亚 5 万 t，占 29%；加拿大 1.2 万 t，占 7%。这三个国家氧化铷合量为 16.2 万 t，占国外铷资源的 95%。

我国铷资源主要赋存于锂云母和盐湖卤水中，锂云母中铷含量占全国铷资源储量的 55%，以江西宜春储量最为丰富，是目前我国铷产品的主要来源。湖南、四川的锂云母矿中也含有铷。青海、西藏的盐湖卤水中含有极为丰富的铷，是有待开发的铷资源。

我国盐湖卤水主要分布在青海、西藏地区，古地下卤水主要在湖北、四川地区。西藏扎布耶盐湖位于日喀则地区仲巴县，扎布耶盐湖中锂资源达 153 万 t，铯 0.211 万 t，铷 0.538 万 t，是世界上第三个超百万吨的超大型盐湖之一，含锂品位居世界第二，铯含量居世界第一。

（2）铯的资源　铯在地壳中的含量为 $1.2\times10^{-4}\%\sim1\times10^{-3}\%$，按元素丰度排列居第 40 位。铯资源主要赋存于花岗伟晶岩、卤水和钾盐矿床中，主要工业矿物是铯榴石。

国外花岗伟晶岩氧化铯资源储量约 18 万 t，其中加拿大 8 万 t，占 44%；津巴布韦 6 万 t，占 33%；纳米比亚 3 万 t，占 17%。这三个国家氧化铯合量为 17 万 t，占国外铯资源的 94%。加拿大是世界上铯榴石矿最丰富的国家，曼尼托巴的伯尼克湖-坦科矿区，铯榴石矿储量达 35 万 t，其平均品位达 23.3% Cs_2O。加拿大钽采矿公司是世界上铯榴石的主要生产厂家，每年产出铯榴石百吨以上。津巴布韦和纳米比亚每年也产出相当数量的铯榴石。加拿大、津巴布韦和纳米比亚还产出一定数量的锂云母。

我国铯资源主要来源于铯榴石、锂云母、铯硅华。我国的铯矿可以划分五种产出类型，即碱性花岗伟晶岩中的铯榴石矿床，铌钽矿床中伴生铯矿，风化沉积铯铌矿，含铯锂卤水以及现代地热区域的含铯硅质盐。新疆地处古亚洲构造成矿带，矿藏资源十分丰富。其铯钽矿储量居西北地区首位，产量为全国第三位。新疆北部的铯榴石含 Cs_2O 18%~24%。江西宜春锂云母中的铯储量占中国铯储量的42.5%，居全国第一。湖南碱性花岗岩型铌钽伴生铯矿，其伴生铯、锂矿产列全国第三位。我国盐湖卤水主要分布在青海、西藏地区，古地下卤水主要在湖北、四川等地区。扎布耶盐湖铯储量0.211万t。我国西藏的热泉型铯硅华是新类型铯矿床，其主要成分为含铯的二氧化硅胶体，称为含铯蛋白石，与已知4种类型的铯矿床相比，是一种不同的成矿类型。其铯的含量高于伟晶岩型铯矿床的工业品位约一个数量级左右。西藏初查氧化铯资源量为3万余t，其远景储量占世界已知铯资源量1/6~1/5。

2.2 锂、铷、铯冶金的基本原理

2.2.1 概述

锂辉石矿石提锂是我国目前基础锂盐最主要的生产方法，生产仍沿用传统硫酸法工艺和传统装备。硫酸法工艺主体路线如下：α-锂辉石经高温焙烧晶型转变成β-锂辉石，与硫酸混合，经酸化焙烧，生成可溶硫酸锂，通过浸出得到硫酸锂溶液，经蒸发浓缩后作为生产不同锂盐产品的中间原料。

锂云母提锂主要工艺有以下几种：石灰石烧结法、硫酸盐焙烧法、氯化钠压煮法、硫酸钠压煮法、石灰压煮法、硫酸焙烧法、硫酸法、氯化焙烧法。其中，石灰石烧结法是最成熟的方法，优点是：①浸出流程短。只有一种渣，洗涤工艺单纯，比较容易选择大型洗涤设备。②浸出体系好，是碱性体系，设备腐蚀小。③氢氧化锂的分离工艺简单，钾、铷、铯的产出率高。这种体系也为钾、铷、铯的分离带来了方便。缺点是：①回收率低，用含4.5%以上的锂云母为原料进行生产，锂的回收率只有62%~65%。②渣量大，1t单水氢氧化锂干渣达40t以上。③渣难以利用。④能耗高，焙烧物料量大，浸出液中氧化锂的浓度低（4g/L左右）。⑤投资比较大。

随着锂盐工业的不断发展，盐湖卤水逐渐替代锂矿石成为趋势。在20世纪末，世界锂产品中来自卤水中的锂已占85%以上。目前世界上有智利、阿根廷、美国、澳大利亚和我国等10余个国家正从事锂资源的提取和开发工作，其中智利、阿根廷和美国主要以盐湖卤水为原料提取碳酸锂。盐湖卤水提锂发展到20世纪末已有近30年的历史，大多采用沉淀、溶剂萃取或吸附工艺，且多以太阳能为主要能源，具有工艺简单、成本低廉（约为矿石提锂成本的一半）等优势，已成为提锂的主要方法。

目前，世界上铯盐工业生产的主要原料是铯榴石和锂云母。用铯榴石生产铯盐多用酸法，包括硫酸法、盐酸法、氢氟酸法、氢溴酸法，以硫酸法和盐酸法最为流行。用碱法处理铯榴石有碳酸钠烧结法、氧化钙-氯化钙烧结法、氯化钙-氯化铵烧结法等。用锂云母生产铷、铯盐时，一般采用氯锡酸盐法、铁氰化物法、BAMBP 萃取法。对于铷、铯含量低的液体矿物，如海水、盐湖卤水、工业母液等，一般采用吸附法和萃取法。

2.2.2　锂冶金原理

锂在自然界中主要以矿石或者在盐湖中以化合物的方式出现，首先需要从矿石或盐湖卤水中提炼制得锂盐，如氯化锂、碳酸锂或一水氢氧化锂，然后根据生产用途转化为包括金属锂及其合金在内的其他产品。

从矿石（锂辉石）生产锂盐的基本原理是 β-锂辉石与硫酸在较低的温度下进行 H^+-Li^+ 交换，生成硫酸锂并保持原来晶格 $H_2O \cdot Al_2O_3 \cdot 4SiO_2$，然后以水浸出，经过净化，以苏打（碳酸钠）沉淀得到碳酸锂。主要反应式为

$$\beta\text{-}Li_2O \cdot Al_2O_3 \cdot 4SiO_2+H_2SO_4 = Li_2SO_4+H_2O \cdot Al_2O_3 \cdot 4SiO_2$$

$$NaCO_3+Li_2SO_4 = Li_2CO_3+Na_2SO_4$$

我国青海盐湖卤水属高镁锂比的硫酸盐型，其卤水特点为硫酸盐型，含镁高，一般 Mg/Li>40，含锂 $2\times10^{-2}\%$，锂镁分离是其难题。代表性的提锂工艺为：盐湖卤水在盐田利用太阳能经日晒、析盐、析钾、加酸二次除镁、蒸发析盐、纯碱沉锂、精制等处理，得到碳酸锂产品，即盐湖卤水-盐田日晒-纯碱法工艺。工艺特点：采用的方法流程较长，需加入盐酸、硫酸钠、石灰乳和纯碱等，但实现了镁锂分离，利用太阳能、水、电等，获得富锂卤水并综合提取钾镁肥、碳酸锂、硼酸等。硫酸盐型盐湖锂制备碳酸锂是往硫酸锂溶液加入纯碱，反应式为

$$Li_2SO_4+Na_2CO_3 = Li_2CO_3+Na_2SO_4$$

西藏的扎布耶盐湖卤水化学类型为中度碳酸盐型，锂以天然碳酸锂形态存在，能够直接从卤水中沉淀出来，且镁含量极低，资源类型独特，在国内外尚属首例。中国地质科学院盐湖与热水资源研究发展中心针对其特殊条件，用冬储卤→冷冻→日晒→集热结晶→水浸碳化提纯新工艺，使碳酸锂从卤水中集中沉淀，并按不同盐类矿物溶解度不同的特点，用淡水选择性富集碳酸锂精矿。特别是采用盐梯度太阳池新技术，可廉价地在当地取得工业化规模的碳酸锂精矿。

碳酸盐型盐湖锂制备碳酸锂主流技术有两大类：

（1）苛化→碳化→除杂　原理是以锂精矿为原料经热洗得到 90%以上碳酸锂，与石灰按一定比例混合苛化，转为氢氧化锂溶液，再用 CO_2 转变为碳酸锂。优点是除杂效果好，特别是除 Mg 效果，缺点是工艺流程较长。反应式为

$$Li_2CO_3+Ca(OH)_2 = 2LiOH+CaCO_3$$

$$2LiOH+CO_2+H_2O = Li_2CO_3+2H_2O$$

（2）直接碳化除杂质的碳酸锂　原理是以锂精矿为原料经热洗得到 90%以上碳酸锂，通入 CO_2 转变为碳酸氢锂，除杂、热分解得到产品。优点是工艺流程短，成本更低，缺点是对压力、反应温度、pH 值控制要求严格。反应式为

$$Li_2CO_3+CO_2+H_2O = 2LiHCO_3$$

$$2LiHCO_3 = Li_2CO_3+CO_2+H_2O$$

碳酸锂进一步加氢氧化钙，得到氢氧化锂。碳酸锂加入盐酸可以得到氯化锂，氯化锂经过电解得到金属锂。当前金属锂唯一的工业生产方法是 1893 年由刚茨（Guntz）提出的，即氯化锂-氯化钾熔盐电解法。电解质中氯化锂为 55%，氯化钾为 45%，电解温度为 720K，电流效

率80%。产出的金属纯度为99%以上，生产1kg金属锂需要6.5kg氯化锂。氯化锂电解的主要电极反应为

$$阴极：Li^{+}+e^{-}══Li(s)$$

$$阳极：Cl^{-}══\frac{1}{2}Cl_2(g)+e^{-}$$

$$电解槽：Li^{+}+Cl^{-}══\frac{1}{2}Cl_2(g)+Li(s)$$

2.2.3 铷、铯冶金原理

由于铷和铯的性质十分相似，所以从矿石中提取并分离铷、铯的工艺比较复杂。不同的原料，要求采用不同的工艺，根据矿物不同可以采用硫酸法、盐酸法、氯锡酸盐法、铁氰化物法、BAMBP萃取法、离子交换法等。

用硫酸浸出可直接得到铯矾［$CsAl(SO_4)_2\cdot 12H_2O$］，再用重结晶法提纯。脱水后的铯矾在900~950℃焙烧分解硫酸铝。分解后的铯矾用水浸出的硫酸铯溶液，通过Dowex-50阳离子交换树脂，铯被吸附，用10%HCl淋洗，硫酸盐转化为氯化物。将氯化铯溶液蒸干后再溶于水至饱和，用过氧化氢和氨处理，调pH值至7，以除去微量金属杂质。再蒸干可得纯氯化铯。硫酸铯溶液也可通过提纯得到硫酸铯产品。

用BAMBP-磺化煤油从混合碱中萃取分离铷和铯，对综合利用锂云母较为合理，可用不同的反萃取剂制取相应的铷、铯化合物。此法流程短，金属回收率高、成本低，便于工业化生产。从原料液到产品实收率在94%以上，铷、铯氯化物纯度高于99.6%。二次萃取氯化铯纯度可达99.99%。

2.3 从锂矿石生产锂盐

2.3.1 从矿石生产碳酸锂

目前从矿石提锂主要是以锂辉石为原料，首先对矿石进行富集得到锂辉石精矿。生产锂辉石精矿的工艺主要有：浮选-磁选工艺、浮选-重选-磁选联合工艺、选矿-化学处理联合工艺和选矿-冶炼联合工艺。由锂辉石生产碳酸锂的方法主要有硫酸法、硫酸盐法、石灰烧结法和氯化焙烧法，其中硫酸法是目前最广泛使用的方法。

1. 硫酸法

使用硫酸法由锂辉石生产碳酸锂是当前比较成熟的提锂工艺，其工艺流程如图2-1所示。此法先将天然锂辉石在高

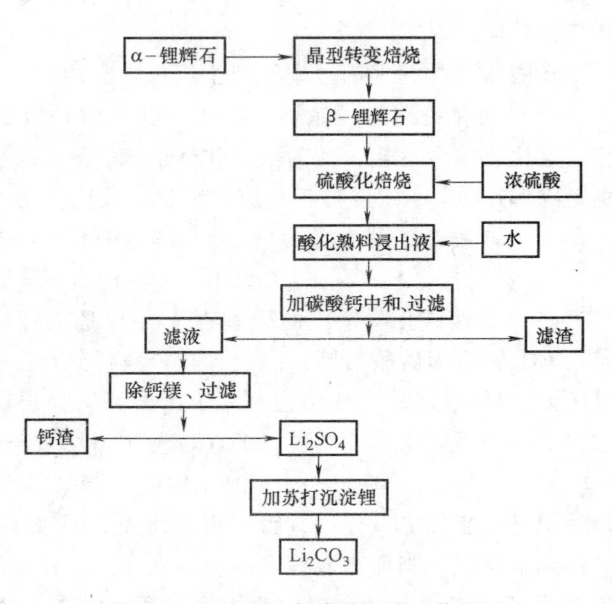

图2-1 硫酸法生产碳酸锂的工艺流程

温下焙烧，使其由单斜晶系的α-锂辉石转变成四方晶系的β-锂辉石，由于晶型转变，矿物的化学活性增加，能与酸碱反应。然后将β-锂辉石进行硫酸化焙烧，硫酸与锂辉石发生置换反应，生成可溶性硫酸锂和不溶性脉石，反应式为

$$\beta\text{-}Li_2O \cdot Al_2O_3 \cdot 4SiO_2 + H_2SO_4 = Li_2SO_4 + H_2O \cdot Al_2O_3 \cdot 4SiO_2$$

在工业上，先将选矿获得的锂辉石精矿粉碎，精矿的 $w(Li_2O)$ 为 5.5%~7.5%。粉碎后的精矿在回转窑中焙烧，焙烧温度为 950~1100℃。冷却后球磨至粒径为 0.125mm 左右颗粒料，然后与足量的硫酸（质量分数为 98%）混合，混合料送入回转炉中进行硫酸化焙烧，焙烧温度 250~300℃，焙烧产物在搅拌槽溶出后，用石灰粉中和过量的硫酸。通过石灰乳调整溶出料浆的 pH 值，可以除去大量钙、镁、铁、铝等杂质，再用纯碱进一步除去钙、镁，得到纯净的硫酸锂溶液。蒸发浓缩后加入 Na_2CO_3 溶液使 Li_2SO_4 溶液转变为 Li_2CO_3。碳酸锂以细小的但易于沉降和过滤的白色晶体沉淀出来，沉淀物经反复洗涤后，经干燥即得到碳酸锂产品，回收率 90% 左右。硫酸法作业简单而实收率较高，副产物主要是价值较低的 Na_2SO_4。

2. 硫酸盐法

硫酸盐法是用硫酸钾与天然锂辉石烧结，使矿石中的锂转变为硫酸锂进入溶液。此法可以处理铝硅酸盐矿、磷酸岩矿。工艺流程如图 2-2 所示。烧结过程伴随着α-锂辉石的晶型转变，同时也存在离子交换反应。该反应是α-锂辉石先转换成结构较疏松且易于和 K_2SO_4 反应的β-锂辉石，相变、烧结、反应过程是一并进行的，化学反应式为

$$\alpha\text{-}Li_2O \cdot Al_2O_3 \cdot 4SiO_2 + K_2SO_4 = Li_2SO_4 + K_2O \cdot Al_2O_3 \cdot 4SiO_2$$

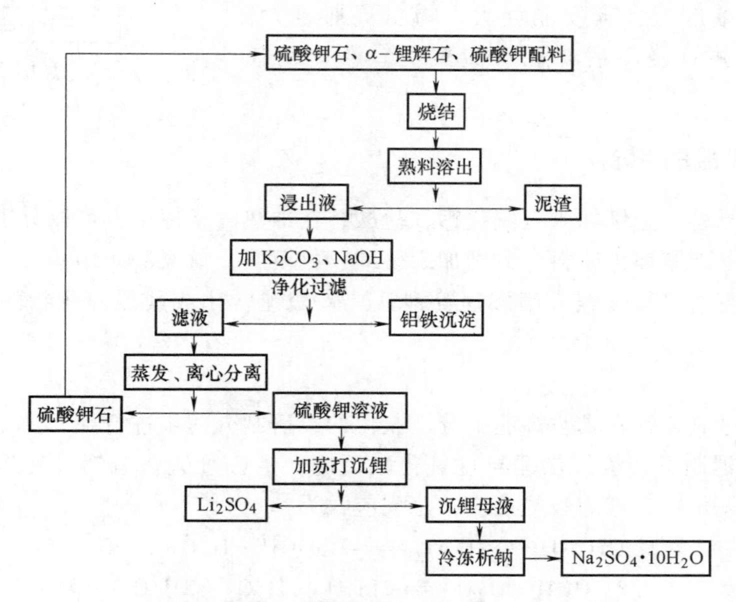

图 2-2　硫酸钾烧结法处理锂辉石的工艺流程

该反应是可逆的，为使反应充分向右进行，需加入过量 K_2SO_4 或采用 Na_2SO_4 部分替代 K_2SO_4。全部用 Na_2SO_4 代替 K_2SO_4 可能会生成锂辉石玻璃，这样会严重影响后续浸出工序。此方法的优点是适用范围广，几乎能分解所有的含锂矿石。缺点是消耗很高的钾盐，导致生产成本较高、产品也常被钾污染。

3. 石灰烧结法

石灰烧结法是用石灰或石灰石与含锂矿石烧结，再将烧结块溶出制取碳酸锂。目前对烧结过程的物理化学反应还缺乏清晰的认识，总的反应式为：

$$Li_2O \cdot Al_2O_3 \cdot 4SiO_2+8CaO = Li_2O \cdot Al_2O_3+4[2CaO \cdot SiO_2]$$

石灰烧结法工艺流程如图 2-3 所示。过程包括生料制备、焙烧、浸出、洗澄、浸出液浓缩、净化、结晶等几个主要工序。石灰石经过细磨后，按锂矿物与石灰石质量比配料，并和一定氧化钙配成合格的生料浆，料浆装入回转窑中。在一定温度下，使锂转化成可溶于水的化合物，通过浸出工序除掉烧结块中不溶杂质，过滤分离即可得到以锂化合物为主的浸出液。向浸出液中通入 CO_2气体、废炉气或者添加碳酸钠，使锂以难溶碳酸盐的形式沉淀析出。经洗涤干燥后得到碳酸锂产品。该过程中 CaO 的加入量越多，烧结块中的锂的浸出率越高，烧结时锂矿石中的碱金属转变为铝酸盐，浸出时铝酸盐转变成水合铝酸钙和原硅酸钙进入沉淀。

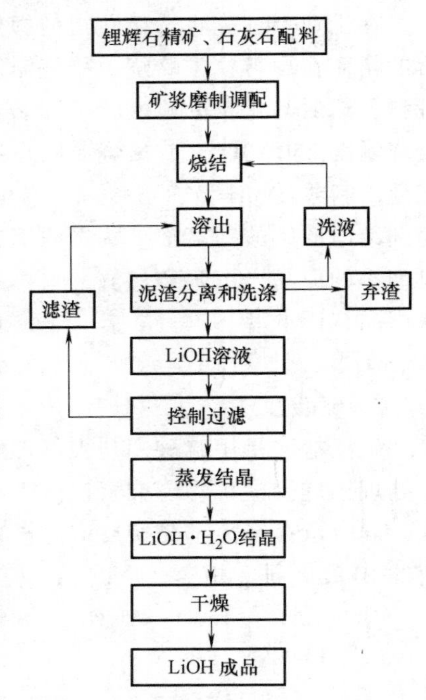

图 2-3 石灰烧结法生产氢氧化锂的工艺流程

石灰石烧结法是古老的锂盐生产方法，主要优点是流程简单，设备腐蚀小，生产成本低，原料易得，常用天然产物石灰石，并且可以利用煤、石油或煤气作为燃料。缺点是溶液浓度低，蒸发能耗大，物料流通量大，锂回收率较低，并且浸出后矿泥有凝聚性，维护设备困难。

2.3.2 其他锂盐的制备

以碳酸锂为原料，分别加入氢氧化钙、盐酸，在加热的条件下，可以分别制备氢氧化锂和无水氯化锂。以碳酸锂为原料，分别加入硫酸、氢溴酸、氢氟酸、硝酸等，可以分别制得硫酸锂、溴化锂溶液、氟化锂、硝酸锂等锂盐。碳酸锂转化成其他锂化物的工艺流程如图 2-4 所示。

1. 氧化锂

氧化锂是由过氧化锂在真空高温下分解获得的，研制分两步进行。

（1）过氧化锂制备　氢氧化锂与过氧化氢反应，生成过氧化氢锂，其为放热反应；氧化氢锂分解成过氧化锂，其为吸热反应，总反应式为

$$2LiOH \cdot H_2O+2H_2O_2 = 2LiOOH \cdot H_2O+2H_2O$$

$$2LiOOH \cdot H_2O = 2Li_2O_2 \cdot H_2O_2 \cdot 2H_2O$$

$$2LiOH \cdot H_2O+2H_2O_2 = Li_2O_2 \cdot H_2O_2 \cdot 2H_2O+2H_2O$$

氧化锂制备工艺流程如图 2-5 所示。操作过程为：将一定量的单水氢氧化锂放入聚四氟乙烯烧杯中，在不断搅拌下，慢慢加入一定量的 H_2O_2，控制温度不要过热，当温度开始下降后，产物颜色由黄变白，加入一定量乙醇，搅拌过滤。用乙醇洗涤沉淀后，将沉淀物在真空下烘干即得到无水过氧化锂。

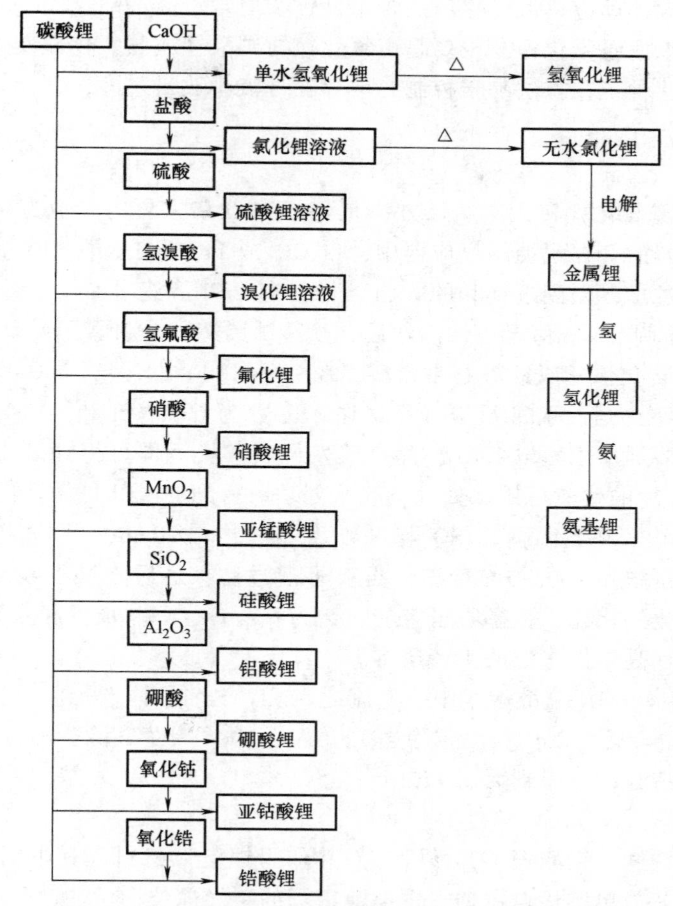

图 2-4　碳酸锂转化成其他锂化物的工艺流程

（2）氧化锂制备　真空加热分解过氧化锂得到氧化锂，其反应为：

$$2Li_2O_2 \cdot H_2O_2 \cdot H_2O \xlongequal{\triangle} 2Li_2O+2O_2+4H_2O$$

为使过氧化锂能较好地分解，第一步先脱出过氧化锂中的结晶水和 H_2O_2，在一定温度和真空下烘干 3h。第二步升温使过氧化锂分解脱氧，真空度 -0.09MPa。产品疏松，呈小颗粒状。

2. 氟化锂

工业氟化锂的生产主要有中和法和复分解法两种方法，目前多采用中和法。将固体碳酸锂或氢氧化锂加入到氟化氢溶液中，使之反应析出氟化锂，过滤、干燥后，在铂皿或铅皿中蒸发至干而制得。此方法虽然操作简单，但存在设备

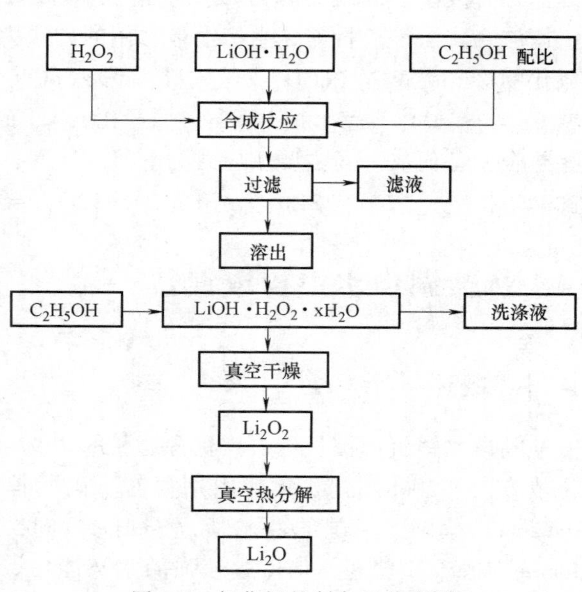

图 2-5　氧化锂的制备工艺流程

造价高、能量消耗大、反应率低、主产品含量低、杂质含量高等缺点。

复分解法生产工业级氟化锂，主要是由氟化铵与碳酸锂或氢氧化锂发生复分解反应，经过滤、干燥而得。此种工艺方法易于控制，但存在母液排放量过多，环保压力较大以及产品中杂质过高等缺点。

3. 氯化锂

（1）碳酸锂或氢氧化锂转化法　该方法是生产 LiCl 最主要的工业方法，我国大部分氯化锂是以此方法生产的。在耐蚀的反应器中，Li_2CO_3或 LiOH 与盐酸（质量分数为 30%）发生反应，盐酸稍微过量，得到近饱和的 LiCl 溶液。向 LiCl 溶液中加入适量 $BaCl_2$以除去硫酸根，过滤后用 LiOH 调节 pH 值至中性。然后，喷雾沸腾造粒或喷雾干燥得到无水氯化锂。

（2）矿石直接转化法　以锂辉石为原料，在 930~1000℃煅烧，使 α-锂辉石转变成 β-锂辉石，再在 1000℃下与熔融 KCl 反应，产出摩尔分数为 60%KCl 和 40%LiCl 的混合物。待其冷却后以醇类为溶剂从中萃取 LiCl 产品，蒸发回收醇类后即可得到 LiCl 产品，纯度达到 99.47%。提取 LiCl 后的残渣可用水处理，脱水处理后得到的 KCl 可循环使用。

（3）硫酸转化法　在室温下 Li_2SO_4与 NaCl 反应，搅拌 30min，反应液加盐酸调 pH 值至中性，所得母液减压浓缩，在-5℃冷冻，再将母液过滤，最后干燥得到氯化锂产品。与碳酸锂或氢氧化锂转化法相比，锂矿石虽容易转化为硫酸锂，原料成本相对较低，但其工艺复杂、能耗大，成本远高于卤水法的生产成本。

（4）氯化法　将 LiOH 分散于水中，逆流通入 Cl_2使之循环，得到 LiCl 母液，副产物 LiClO 经催化加热后也转化为 LiCl，用碱除去 Fe、Al、Mg，用草酸除去 Ca，即得 LiCl 精制母液，母液经干燥、造粒，可得到无水 LiCl 产品。

4. 钴酸锂

钴酸锂与磷酸铁锂、锰酸锂、镍酸锂等一并作为锂电池材料，其中钴酸锂由于电压高、放电平稳、生产工艺简单等优点占据着锂电池市场的主导地位。钴酸锂的制备方法主要包括高温固相合成法、低温固相合成法、溶胶-凝胶法、水热合成法、沉淀-冷冻法、喷雾干燥法、微波合成法等。目前，生产上最常用的方法为高温固相合成法，其原理是将碳酸锂和钴的氧化物［如钴酸锂 $CoCO_3$或碱式碳酸钴 $2CoCO_3 \cdot 3Co(OH)_2 \cdot 3H_2O$、氧化亚钴 CoO、氧化钴 Co_2O_3或 Co_3O_4等］按 Li/Co（原子比）= 1 的比例混合，在空气中 900℃加热 5h 左右，固相热合制备而成。其主要反应式为

$$2Co_3O_4+3Li_2CO_3+12O_2 = 6LiCoO_2+3CO_2\uparrow$$

2.4　从盐湖卤水中提取锂盐

2.4.1　概述

盐湖卤水锂资源储量约占锂资源总量的 70%~80%，因此盐湖卤水提锂将成为锂盐生产的主攻方向。20 世纪 80 年代中期以来，国际锂工业发生了重大变化，智利的阿塔卡玛（Atacama）盐湖，美国的西尔斯（Searles）湖，银峰（SilverPeak）湖地下卤水和阿根廷（Hombe Muerto）盐湖，均形成较强的生产能力。由于卤水提锂技术不断成熟，工艺简单，产品成本大为降低，仅为锂矿提锂成本的一半。目前，全球从卤水中生产的锂盐产品（以

碳酸锂计）已占锂产品总量的 80%以上。

卤水组成复杂，一般均含有大量 Na、K、B、Mg、Ca、Li 等氯化物，硫酸盐，碳酸盐及硼酸盐，且不同盐湖的组成有很大差异，各盐湖提锂所采用的生产工艺也不同。锂在卤水浓缩过程中，按卤水体系的特点，或富集在浓缩的卤水中，或随其他盐类析出。卤水中的锂常以微量形式与大量的碱金属、碱土金属离子共存，由于化学性质相近，使得锂盐分离提取十分困难。镁和锂的化学性质十分相似，卤水中镁含量高时，使锂分离变得更加复杂，成为卤水提锂关键技术难题。

国内外从盐湖卤水中提取锂盐的工艺方法，归纳起来主要有沉淀法、萃取法、离子交换吸附法、碳化法、煅烧浸取法、许氏法和电渗析法等。其中对沉淀法、萃取法、离子交换吸附法的研究较为深入，是盐湖卤水提锂的主要方法。

2.4.2　从盐湖卤水中提取碳酸锂

1. 沉淀法

沉淀法是向盐湖卤水加入碳酸钠等沉淀剂制取碳酸锂的方法，已经实现工业化生产。基本原理是在蒸发池中将含锂卤水蒸发浓缩，酸化脱硼，然后分离剩余硼、钙、镁离子，最后加入碳酸钠等，使锂以碳酸锂的形式沉淀析出，干燥后制得碳酸锂产品。沉淀法主要包括碳酸盐沉淀法、铝酸盐沉淀法和硼镁、硼锂共沉淀法。

（1）碳酸盐沉淀法　碳酸盐沉淀法提锂是最早研究并已在工业上应用的方法，该法是将工业纯碱加入浓缩的盐湖卤水中使锂以碳酸锂形式析出，适用于低镁锂比盐湖卤水提锂。高镁锂比盐湖卤水提取碳酸锂的方法是用日晒蒸发池对盐湖晶间卤水进行自然蒸发浓缩，分段结晶分离，再加入沉淀剂，与 Mg^{2+} 形成难溶盐，液相除镁，料液经调节 pH 值，蒸发浓缩，使 NaCl 结晶析出；再加入纯碱作为沉淀剂，制得碳酸锂产品，工艺流程图如图 2-6 所示。

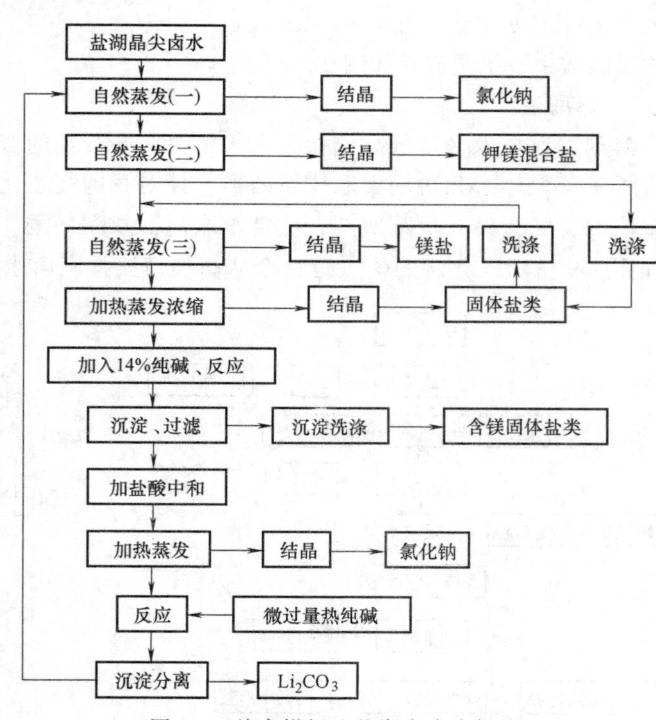

图 2-6　从高镁锂比盐湖卤水中提取碳酸锂的生产工艺流程

也可以用碳酸盐沉淀法从高镁锂比盐湖卤水中提取碳酸锂、碳酸镁混合物。高镁锂比盐湖卤水在 40～100℃控制浓缩达到过饱和浓度，加入碳酸钠，振荡，静置，同步分离出碳酸镁和碳酸锂，脱水，精制。可以在盐湖区一步分离出碳酸锂、碳酸镁，大大减少了运输量，工艺中不用淡水，分离步骤简单、快速，生产成本降低。

（2）铝酸盐沉淀法　铝酸盐沉淀法包括铝酸钠沉淀法和铝酸钙沉淀法。此方法基本原理是无定型铝酸盐对卤水中的锂具有高效选择沉淀作用，形成 $LiCl \cdot 2Al(OH)_3 \cdot nH_2O$ 的复合物，从而达到分离回收锂的目的。所得到的含锂沉淀物，经焙烧浸取获得氯化锂溶液和氧化铝，用石灰乳和纯碱去除氯化锂溶液中的镁、钙等杂质，蒸发浓缩，加入碳酸钠溶液即可制得碳酸锂。利用铝酸钠沉淀法从青海大柴旦盐湖饱和氯化镁卤水脱硼母液中提取碳酸锂的具体生产工艺流程如图 2-7 所示。

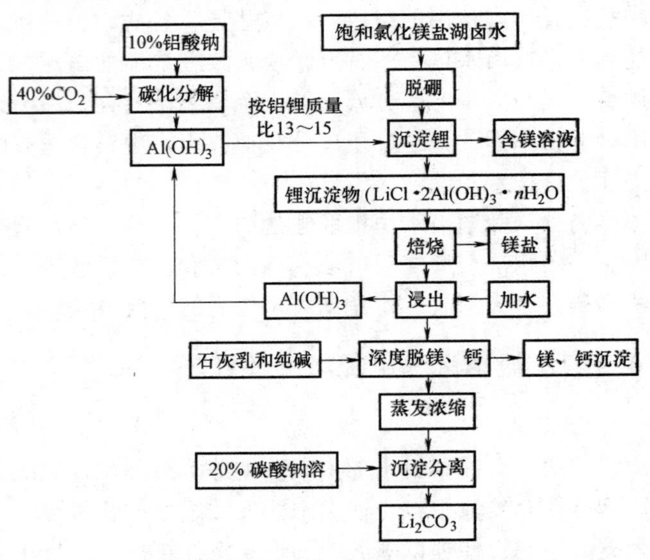

图 2-7　铝酸钠沉淀法从盐湖卤水中提取碳酸锂的生产工艺流程

（3）硼镁、硼锂共沉淀法　硼镁共沉淀法是将盐田析出钾镁混盐后的卤水，再经盐田脱镁，加入氢氧化物或纯碱等沉淀剂，在一定温度、压力和 pH 值条件下使硼镁共沉淀并与锂分离，然后在母液中加入 NaOH 深度除镁，加入 Na_2CO_3 沉淀出碳酸锂，工艺流程如图 2-8 所示。

2. 萃取法

溶剂萃取技术是从低品位盐湖卤水中提取碳酸锂的有效方法，从卤水中萃取碳酸锂的体系有单一萃取体系和协同萃取体系两类。针对我国高氯化镁盐湖卤水体系，国内曾研究过多种萃取剂，如含磷有机萃取剂，胺类萃取剂，双酮、酮、醇、冠醚混合萃取剂等。工艺流程图如图 2-9 所示。此法的优点是适合从高镁锂比盐湖卤水中提取碳酸锂，但萃取工艺处理的

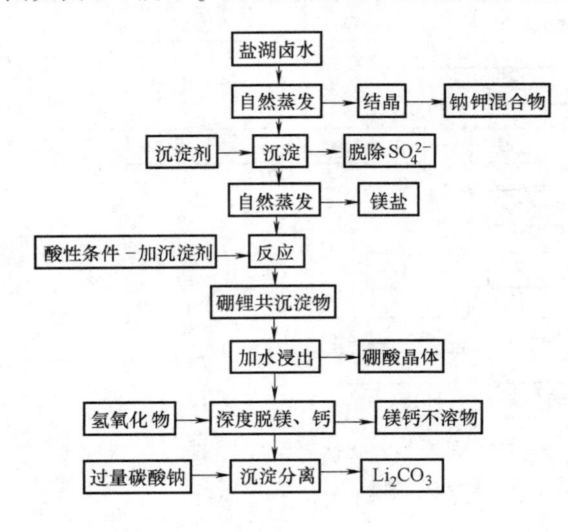

图 2-8　硼镁共沉淀法从盐湖卤水中提取碳酸锂生产工艺流程图

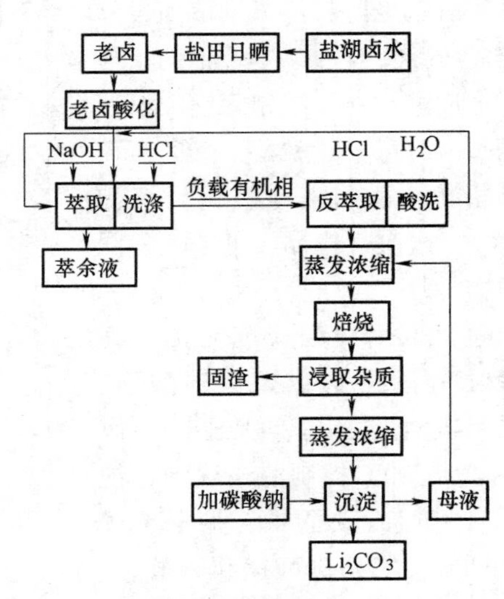

图 2-9　萃取法从盐湖卤水中提取碳酸锂生产工艺流程图

卤水量大，对设备腐蚀性较大，存在萃取剂溶损等问题。应进一步开展优化工艺、萃取设备选型以及萃取剂和盐酸的循环利用等研究，以期尽早实现工业化。

3. 吸附法

吸附法首先是利用有选择性的吸附剂将盐湖卤水中的锂离子吸附，再将锂离子洗脱下来，实现锂离子与其他离子分离，便于后续工序转化利用。吸附法适用于处理锂含量较低的卤水。与其他方法相比，此法具有工艺简单、回收率高、选择性好等优点。吸附法工艺流程如图 2-10 所示。

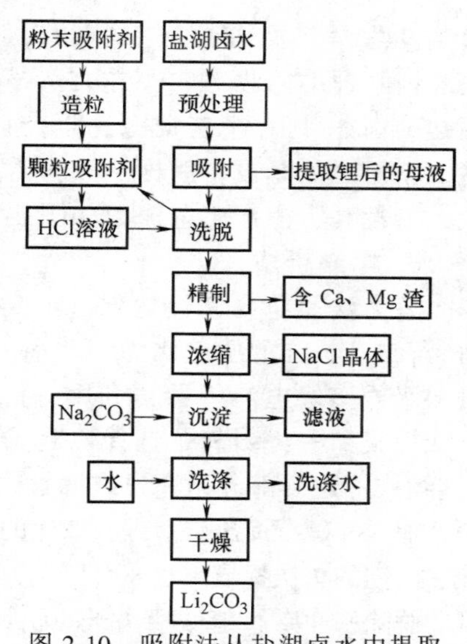

图 2-10　吸附法从盐湖卤水中提取碳酸锂生产工艺流程图

4. 碳化法

碳化法利用碳酸锂和二氧化碳、水反应生成溶解度较大的碳酸氢锂，实现卤水中锂与其他元素分离。碳化法生产工艺流程如图 2-11 所示。

5. 煅烧法

以提取钾、硼后的含锂水氯镁石饱和卤水为原料，蒸发脱水，得到含锂四水氯化镁，喷雾干燥、煅烧后得到含锂氧化镁，加水洗涤过滤浸取锂，用石灰乳除去钙、镁等杂质，将溶

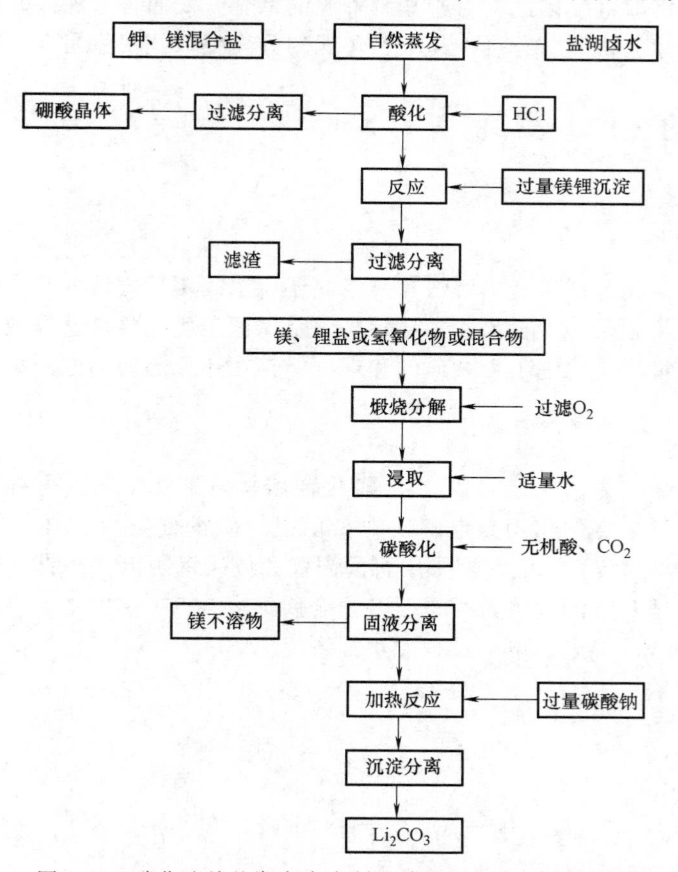

图 2-11　碳化法从盐湖卤水中制取碳酸锂生产工艺流程图

液蒸发浓缩至 $w(Li)$ 为 2%左右，加入纯碱沉淀出碳酸锂，锂的回收率 90%左右。该法有利于综合利用盐湖卤水中的锂镁资源，生产碳酸锂并副产镁砂。不足之处是设备腐蚀严重，需要蒸发的水量较大，能耗高，生产工艺流程如图 2-12 所示。

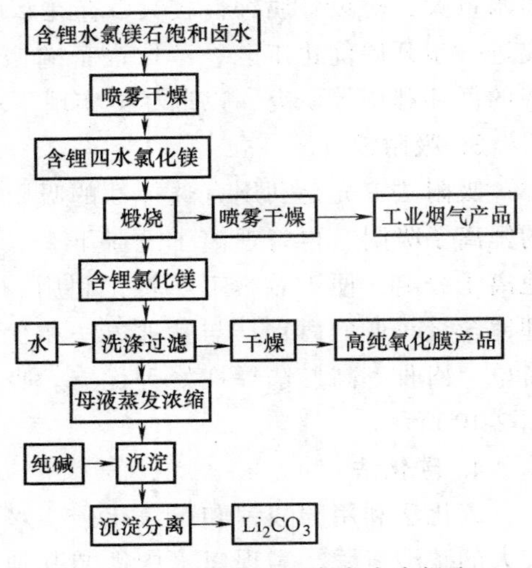

图 2-12　煅烧法从盐湖卤水中提取碳酸锂生产工艺流程图

6. 电渗析法

该方法是将含镁锂盐湖卤水或盐田日晒浓缩老卤［(Mg 与 Li 的质量比为 (1∶1)~(300∶1)］通过一级或多级电渗析器，利用一价阳离子选择性离子交换膜和一价阴离子选择性离子交换膜进行循环(连续式、连续部分循环式或批量循环式) 工艺浓缩锂，加入纯碱沉淀出碳酸锂，产生的母液可循环利用。该法中锂的单次提取率达 80%以上，镁的脱除率 95%，硼的脱除率 99%，硫酸根离子的脱除率 99%，可解决高镁锂比盐湖卤水中锂与镁和其他离子的分离，实现了盐湖锂、硼、钾等资源的综合利用。

一般而言，盐湖卤水中镁锂比的高低决定了利用卤水资源生产锂盐的可行性以及锂盐产品的生产成本和经济效益。因此，对于盐湖资源的综合开发而言，深入开展，对锂镁分离创新工艺技术研究，建立快速、经济、高效、环保的分离提取技术将是今后的工作重点。

2.5　金属锂的生产与提纯

2.5.1　金属锂的生产

金属锂的生产主要包括熔盐电解法和真空热还原法。两种方法各有优缺点：熔盐电解法工艺成熟，但存在流程长、能耗大、环境污染、金属锂杂质主要是钠等缺点；真空热还原法成本低，不污染环境，金属锂不含杂质钠和钾，但存在还原罐使用寿命短、操作工艺难于控制等缺点。

1. 熔盐电解法

金属锂的工业生产方法主要是氯化锂-氯化钾熔盐电解法，以氯化钾-氯化锂为电解质，氯化钾起稳定和降低熔点的作用。电解质中氯化锂的质量分数为 55%、氯化钾的质量分数为 45%，电解温度为 450℃，电解槽采用石墨阳极和低碳钢阴极，在直流电作用下，阳极产生氯气，阴极产生锂。电流效率为 80%，产出金属纯度为 97%~99%，生产 1kg 金属锂需要 6.5kg 氯化锂和 75kW·h 电。电解过程发生如下反应

阴极：
$$Li^{+}+e^{-}=\!=\!=Li(s)$$

阳极：
$$Cl^{-}=\!=\!=\frac{1}{2}Cl_2(g)+e^{-}$$

电解槽：
$$Li^{+}+2Cl^{-}=\!=\!=\frac{1}{2}Cl_2(g)+Li(s)$$

电解工艺流程如图 2-13 所示。电解槽用保温材料和耐蚀砖砌筑，外壳用普通钢板制作。

阳极为石墨棒、阴极为钢制。采用 LiOH 或 Li_2CO_3作为原料，用 HCl 来合成 LiCl，然后按比例配入 KCl 进行电解。电解法的主要问题：①消耗大量的直流电；②电解时阳极产出的 Cl_2 对设备腐蚀严重，对环境污染大，必须加以收集和处理；③要消耗价格很贵的 LiCl，且原料纯度要求较高；④生产成本高。

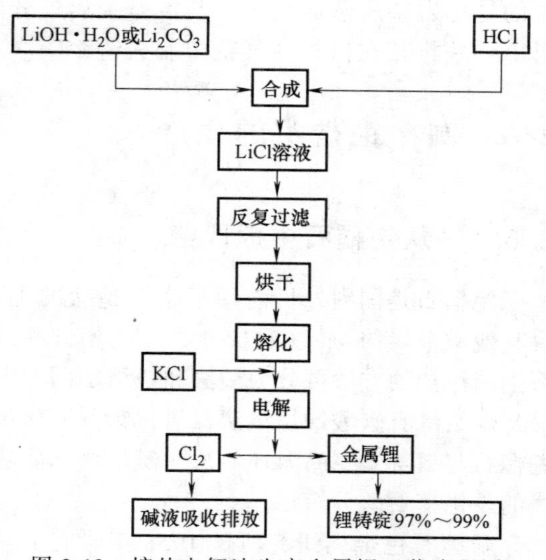

图 2-13 熔盐电解法生产金属锂工艺流程图

2. 真空热还原法

真空冶金对一些低沸点且化学性质活泼的金属具有重要意义，可以利用金属锂的沸点不高（1336℃）的特点采用真空热还原的方法生产金属锂。真空制取锂的反应式为

$$Li_2O(s)+M(s)=\!=\!=MO+2Li(g)$$

式中，M 为还原剂，MO 为还原剂形成的氧化物。真空度越高，温度越高，越有利于反应的进行。

由于真空冶金过程中不产生废水和废气，有利于环境保护，真空热还原的实现，可以大大缩短生产周期，减少工序级原材料消耗，因而可以降低生产成本。如果能够改善设备条件，增大处理量，改善加热方法，使生产连续化，此法将在金属锂的生产工艺中居优先地位。生产工艺流程如图2-14所示。

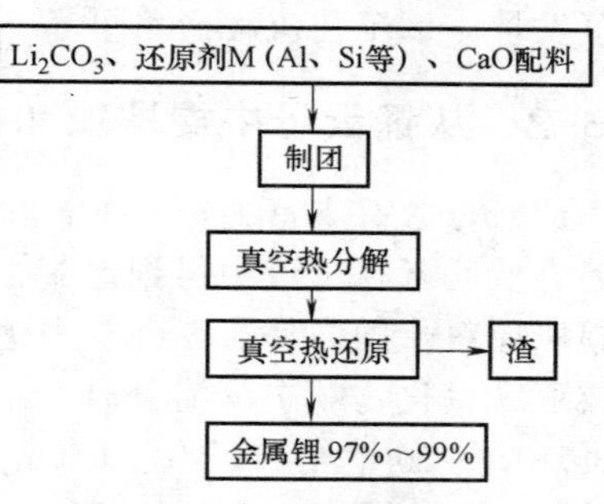

图 2-14 真空热还原法生产金属锂工艺流程

2.5.2 金属锂的提纯

不同的应用领域对金属锂的纯度要求不同。在众多用途中，除有机合成及合成橡胶对锂的纯度要求不高外，其他用锂量较大的锂电池、含锂结构合金以及核能发电等高新技术领域，均要求锂的纯度在 99.9%以上。高纯度金属锂通常是先用电解法提取，获得 97%～99%的工业级金属锂，再通过进一步的提纯获得高纯度金属锂。传统金属锂的提纯主要采用蒸馏法，使杂质元素钠、钾及其他杂质与金属锂分离，将工业级粗锂提纯为纯度 99.9%～99.99%以上的高纯金属锂。采用这种方法的机理是：各种金属元素在一定的温度下，具有不同的蒸气压，利用蒸发速度和冷凝速度的差异特性，从而达到提纯目的。在不同温度下，杂质元素的蒸气压和金属锂的蒸气压之比称为相对挥发速度，用 A 表示。公式为：$A=p_x/p_{Li}$（p_x为杂质元素的蒸气压，p_{Li}为金属锂的蒸气压）。当 $A>1$ 时，杂质元素挥发速度大于金属锂的挥发速度；当 $A<1$ 时，杂质元素的挥发速度小于金属锂的挥发速度；当 $A=1$ 时，杂质元素的挥发速度等于金属锂的挥发速度。在加热原料锂的过程中，控制蒸馏炉内物料温度，可将原料锂中所含的杂质元素分离出来，从而达到蒸馏提纯金属锂的目的。金属锂真空蒸馏提纯方法的原理为：在保护性介质中，将粗锂热熔为液态锂，用真空脱杂方法脱除保护性介质，再通过真空蒸馏使易挥发杂质与金属锂分离。具体操作为对在真空蒸馏炉里的液态锂进行搅拌，在温度 340～380℃、真空度低于或等于 0.1Pa 的条件下，使液态金属锂所

含的易挥发杂质蒸馏出来，与液态金属锂分离，对蒸发物进行冷凝收集，将液态高纯金属锂引出，并将其在保护性气氛中制成铸锭。

2.6 铷、铯盐类的生产

2.6.1 从铯榴石中提取铯

铯榴石是国内外目前用于生产铯盐的主要原料，铯榴石是含铯 25%～30%（质量分数）、含其他碱金属约 4%（质量分数）的铝硅酸盐，组成为 $2CsO \cdot 2Al_2O_3 \cdot 9SiO_2 \cdot H_2O$。用铯榴石生产铯盐的方法可分为酸法和烧结法两大类。酸法有盐酸法、硫酸法、氢氟酸法和氢溴酸法等；烧结法有碳酸钠烧结法、氧化钙及氯化钙烧结法、氯化钙及氯化铵烧结法等。此外，还有铯榴石与石灰真空高温还原法、碱焙烧萃取法生产铯或铯盐等方法。迄今为止，已形成生产规模的是铯榴石酸分解法。

新疆有色金属研究所于 1958 年研究了盐酸法分解铯榴石提取铯盐的工艺，并可小规模生产工业级氯化铯，年产量最高时达 5t 左右。1997 年完成铯榴石硫酸法提铯工艺，该法是用硫酸直接分解铯榴石得到铝铯矾，再经热分解得到硫酸铯，然后通过离子交换转化为其他铯化合物。2000 年对该工艺进行了改造，用化学沉淀法代替了离子交换转型，减少了物料的蒸发量，该工艺流程简单可靠，环境污染小。其工艺流程如图 2-15 所示。

2.6.2 从锂云母中提取铷和铯

锂云母含有丰富的锂、钾、铷、铯等有价元素，采用石灰石烧结法提锂以后，钾、铷、铯等有价元素在母液中得到富集，该母液浓缩结晶后俗称“混合碱”，它是我国主要的铷、铯提取原料。国内外从混合碱中生产铷、铯化合物，大多采用通二氧化碳分离钾，用氯锡酸盐或亚铁氰化物顺次沉淀分离铷、铯的方法。该法分离效率低，流程长，生产成本高，并且污染环境。20 世纪 80 年代以来，国内外开始用萃取法分离钾、铷、铯，主要萃取剂为 4-叔丁基-2（a-甲苄基）苯酚（简称 t-BAMBP）。

江西新余市东鹏化工有限公司对锂云母提取锂之后的混合碱母液，采用北京有色金属研究总院提供的 t-BAMBP 萃取法从混合碱回收铷、铯。萃取基本过程是：萃取设备为聚乙烯混合澄清槽，萃取 17 级，反萃 7 级，有机相为 BAMBP-磺化煤油-二已苯体系，反萃剂为盐酸或其他酸，反萃液蒸发浓缩，冷却结晶。在 400℃焙烧 2h，除去有机物和残留的酸，净化得到纯净的铷、铯产品。铯回收率 98%以上，铷回收率 94%以上。t-BAMBP 萃取工艺目前在国内外都处于领先水平。其工艺流程简图如图 2-16 所示。

t-BAMBP 试剂价格昂贵且有毒，萃取体系的分离系数较小，需反复多次萃取和反萃取才能达到分离的目的。为了降低从混合碱中分离钾、铷、铯的成本，中南大学邓飞跃、尹桃秀等人提出了一种从锂云母提锂母液中分离钾铷、铯的新方法，研究了分离的最佳工艺条件。采用该工艺钾的总回收率达到 99%以上，铷矾、铯矾的纯度大于 99%。工艺流程如图 2-17 所示。

2.6.3 其他铷、铯盐的制取

以铷和铯碳酸盐、硝酸盐、氯化物及矾类作为原料可以制取各种铷和铯盐类。往铷和铯碳酸盐内加入相应试剂，可制取铷和铯的溴化物、氯化物、碘化物、硝酸盐、铬酸盐以及氧化物等产品，由这些产品又可以制取多种铷、铯制剂。工艺流程如图 2-18 所示。

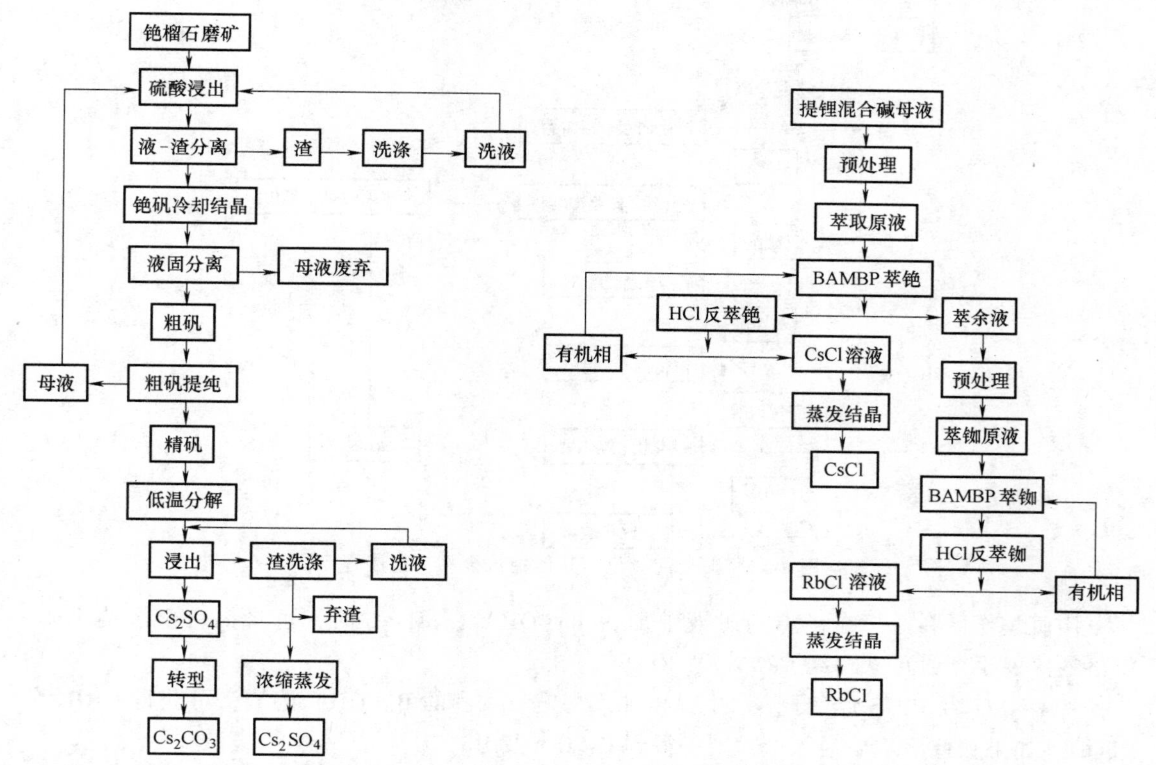

图 2-15　新疆有色金属研究所铯榴石提取铯盐工艺流程简图

图 2-16　t-BAMBP 萃取铷、铯工艺流程

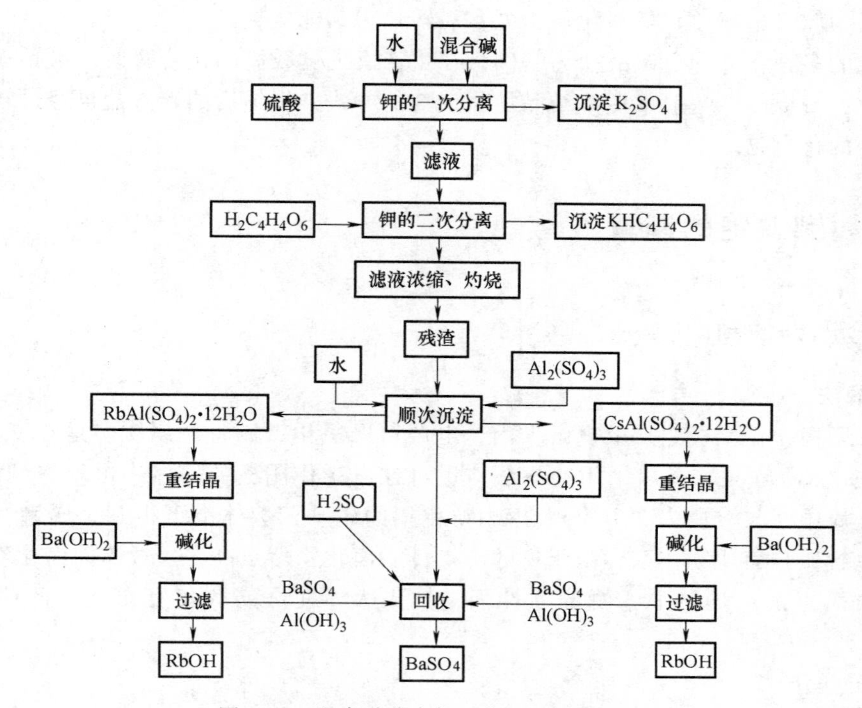

图 2-17　混合碱分离钾、铷、铯工艺流程

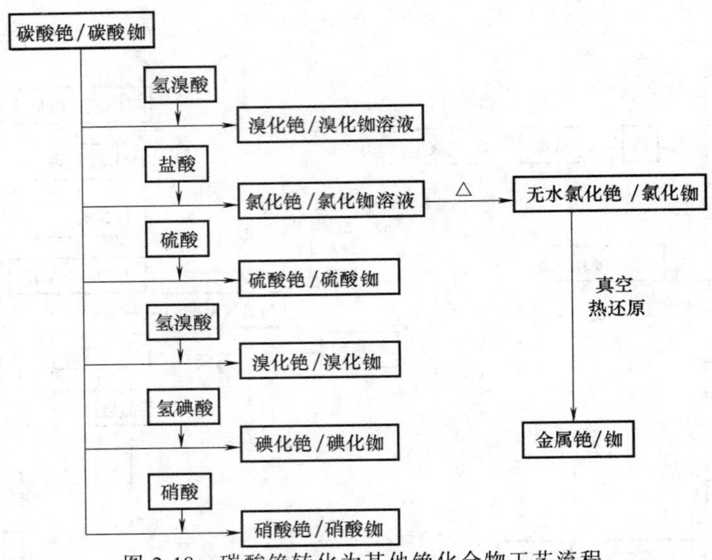

图 2-18　碳酸铯转化为其他铯化合物工艺流程

用矾类作原料时，在煮沸的矾液中加入 $Ba(OH)_2$，pH = 6 时，可将铝完全沉淀出来，将溶液蒸发至干，可获得纯 Cs_2SO_4及 Rb_2SO_4。

将 Cs_2SO_4及 Rb_2SO_4溶于热水中，再加入一定量煮沸的 $Ba(OH)_2$溶液，可获得 CsOH 及 RbOH。如果在此溶液中通入 CO_2则可得到 Cs_2CO_3及 Rb_2CO_3。

用 CsCl、RbCl 作原料时，加入相应的试剂，可获得 $CsNO_3$及 Cs_2CO_3（或 $RbNO_3$及 Rb_2CO_3），与 $AgCrO_4$反应可以获得 $CsCrO_4$及 $RbCrO_4$。由汞阴极电解法，可从 CsCl 制取多种铯盐，因为此时生成单水氢氧化铯，可容易转化为其他盐类。

铷和铯的多种化合物以碳酸盐为基础，在生产出纯度较高的化合物时，可预先对碳酸盐性的化合物进行提纯，一般采用重结晶加除杂剂的方式，提纯后的碳酸盐再经过转型得到各种纯度较高的化合物。

2.7　金属铷、铯的制取

2.7.1　金属铷的制取

1. 电解法

在石墨阳极、铁阴极组成的电解槽内，电解熔融氯化铷制备金属铷，是本森（Bunsen）和契尔科夫（Krichhoff）首次采用的方法，也可在以汞作阴极的熔体中电解得到铷汞金属，再从铷汞金属中回收金属铷。电解溴化铷-溴化铝的硝基苯熔体也可得到金属铷。熔盐电解制备铷的电解质是卤化物体系，由于铷的沸点低，卤化物熔点高，一般需向卤化物中加入能降低电解质熔点的助熔物质，铷的活性强，损失大，使金属收集复杂化，此法未获广泛应用。

2. 热分解法

热分解法是制取少量高纯金属铷的一种方法。用叠氮酸中和碳酸铷，或用叠氮化钡和硫酸铷溶液进行反应而制得叠氮化铷。叠氮化铷性质稳定，加热时容易离解，在 310℃温度左右分解放出氮。将叠氮化铷在 10Pa 真空压力、约 500℃温度下进行热分解，即可得到不含气体的光谱纯金属铷。热分解反应为

$$2RbN_3 = 3N_2 \uparrow + 2Rb$$

另外，也可采用氢化铷热分解制取金属铷。

3. 金属热还原法

金属热还原法是制取金属铷的最简便方法。以氢氧化铷、碳酸铷、卤化铷、硫酸铷、铬酸铷和硝酸铷作原料，用强还原性金属如锂、钠、钙、镁、锆、铝或硅等作还原剂，在高温下还原，还原在惰性气氛或真空中进行。金属铷蒸气在真空抽力下引导至冷凝部位，冷凝成液态进入收集器中。

金属钙真空热还原氯化铷在不锈钢反应管内进行。氯化铷与过量的钙屑或钙粉充分混合，装入反应皿中。将盛混合料的反应皿放入反应管内，连接真空系统并抽真空，然后将混合料加热至 800℃，氯化铷被还原成金属铷。还原反应式为

$$2RbCl + Ca = CaCl_2 + 2Rb$$

还原产出的金属铷呈蒸气状态，在真空下冷凝进入收集器中，得到银白色金属铷。

用镁还原碳酸铷粉也可制得金属铷。反应式为

$$Rb_2CO_3 + 3Mg = 3MgO + C + 2Rb$$

在真空、800℃下，用钠还原锂云母可得到含有钠、钾、铷和铯的碱金属合金。由于铷和铯的蒸气压在相同温度下远大于钠和钾，可用蒸馏法来分离铷和铯。

2.7.2 金属铯的制取

1. 真空热还原法

真空热还原法是制取金属铯的最简便方法。铯的化合物（如卤化物、氢氧化铯、碳酸铯、硫酸铯和硝酸铯等）用强还原性金属（如锂、钠、钙、镁、锆、铝或硅等），在 700~800℃下还原，减压将铯蒸气冷凝收集。其中氯化铯用钙还原是最好的方法。用镁还原氢氧化铯、碳酸铯或铝酸铯（煅烧铯矾的残渣）也可得到金属铯。

铬酸铯的锆还原，用于光电管材料铯的制取，通常在抽真空的管内进行。但锆还原速度快，产生爆炸反应，要求良好的装置和严格控制反应。如将铬酸铯和锆粉按 1：4 混合，在 700℃下于真空中加热，金属铯几乎可以定量地产出。

铬酸铯的硅还原，可以控制铯的蒸气在恒速下排出。这已广泛用于光电管面板沉积铯。

铯榴石经粉碎脱水后，在真空中用理论量过量 2~3 倍的钠或钙分别于 800℃和 900℃进行还原，可得到含钠、钾和杂质较高的粗金属铯。根据钠、钾和铯蒸气压的差别，多次蒸馏后可得到纯度较好的金属铯。

2. 热分解法

叠氮化铯是稳定的，但加热时容易离解，在 350℃附近可放出氮。用叠氮化钡与硫酸铯水溶液置换反应，或叠氮酸中和碳酸铯均可制得叠氮化铯。在真空下 500℃左右进行热分解可获得金属铯。另外，氢化铯热分解也可制得金属铯。

3. 电解法

塞特贝尔格用电解氰化铯-氰化钡熔体首次制得金属铯，加入氰化钡的作用是降低熔体

的熔点。金属铯也可用汞阴极在浓的水溶液中电解生成汞合金，再将汞齐蒸馏回收铯。熔盐电解最适当的电解质应是卤化物体系，但一般应向熔盐卤化物中加入第二种组分，以降低电解质的熔点。用铅作阴极，在670~700℃下，电解熔融氯化铯可制得铯-铅合金，在真空下蒸馏合金即可得到金属铯。

2.7.3 高纯金属铷、铯的制取

1. 高纯金属铷的制取

高纯金属铷的制取，一般使用由还原产出的金属铷在真空中于573K下经再蒸馏的工艺，由于铷的蒸气压在相同温度下远大于钠和钾的蒸气压，在真空下蒸馏，可进一步除去其中的杂质，获得纯度更高的产品。

2. 高纯金属铯的制取

由于金属铯性质活泼，在制取高纯金属铯的过程中容易与其他物质作用，所以最好在金属还原前用重结晶、溶剂萃取或离子变换等方法除去铯盐中的杂质，获得高纯铯盐，然后从高纯铯盐中再制取高纯金属铯。

制取高纯金属铯，要在高真空或纯氩气中操作——控制氧化低温蒸馏法。在高真空下热还原高纯铯盐，可得到纯度较高的金属铯。金属铯中熔点和沸点较低的碱金属，易于用蒸馏法除去。蒸馏过程中，一般以化合物形式存在的杂质或不易挥发的金属杂质较易除去，但蒸气压和铯相近的碱金属微量杂质则较难除去。

碱金属钠、钾、铷、铯的蒸气压在低温下相差较大，但这种差别随温度的升高变得越来越小。根据碱金属蒸气压计算出金属清洁表面的蒸发速度，得到铯和其他一些碱金属在某一温度下的相对挥发度：180℃时，Cs与K为19.8，Cs与Na为1589；200℃时，Cs与K为16.9，Cs与Na为1086。由此可知，在200℃以下温度进行低温蒸馏可使饱和钠、钾分离，但铯和铷的相对挥发度相差小，即使低于125℃，Cs与Rb仅为5.04；在250℃时，Cs与Rb为1.87，所以低温蒸馏分离铷、铯十分困难。

碱金属氧化物的蒸气压一般比相应的主金属要低得多。若使铯中的金属杂质转变为氧化物，则可大大提高金属蒸馏提纯的效果。由碱金属氧化物生成自由能可知，铷对氧的亲和势大于铯对氧的亲和势。若在金属铯蒸馏过程中通入控制数量的氧，则存在于铯中的铷将优先氧化，其反应式为

$$4Rb+O_2 = 2Rb_2O \qquad \Delta G=-574J$$

$$4Cs+O_2 = 2Cs_2O \qquad \Delta G=-527J$$

部分被氧化的铯将会被铷还原，反应式为

$$Cs_2O+2Rb = 2Cs+Rb_2O \qquad \Delta G=-23J$$

生成的氧化铷由于蒸气压低而留在蒸馏残渣中。

复习思考题

2-1 简述锂、铷、铯的性质和典型用途。

2-2 简述锂的主要化合物和锂的市场用途。

2-3 简述锂的冶金原理及其主要反应。

2-4　简述铷、铯冶金原理。

2-5　简述锂辉石生产碳酸锂的方法，画出硫酸法生产碳酸锂流程。

2-6　画出以碳酸锂为原料制备其他锂盐的流程图，写出氧化锂制备流程及其主要反应。

2-7　简述由盐湖卤水提取碳酸锂的方法。

2-8　简述金属锂的生产方法，写出熔盐电解法电极反应，画出熔盐电解生产金属锂流程。

2-9　简述铷、铯盐类生产方法。

2-10　简述金属铷的制取方法。

2-11　简述金属铯的制取方法。

2-12　简述高纯金属铯的制取方法。

第3章 铍冶金

3.1 概述

绿宝石也称祖母绿，翠绿晶莹，光彩夺目，是宝石中的珍品，它含有一种重要的稀有金属铍，绿宝石是绿柱石矿的变种。1798年，法国矿物学家沃克兰观察到祖母绿和一般矿物绿柱石的光学性质相同，法国化学家沃奎林进行化学检测，把苛性钾溶液加入绿柱石的酸溶液之后，得到一种不溶于过量碱的氢氧化物沉淀。因而，他证明这两种物质具有同一组成，并含有一种新元素，元素符号为Be。1828年，德国化学家沃勒与法国化学家比西各自用金属钙和钾分别还原氧化铍和氯化铍获得了金属铍。1898年，韦勒用电解氟化铍和氟化钾或氟化钠熔体方法制出了99.5%~99.8%的金属纯铍。

铍被发现后一个多世纪以来，一直只能进行很少量的提取，直到20世纪20年代，才用多种方法从绿柱石中提取出足够对其进行系统研究和评价的量。世界上铍的冶炼生产，美国开始于1916年，德国始于1929年，法国始于1932年，苏联始于1937年，英国始于1956年。我国和日本1958年才开始铍的生产。

3.1.1 铍及其化合物的物理化学性质

1. 金属铍的物理性质

铍的元素符号为Be，原子序数4，相对原子质量为9.01218，原子半径0.89nm，共价半径（0.96±0.03）nm，范德华半径1.53nm，价电子排布为$1s^2$、$2s^2$，电子在每能级的排布为2、2，核电荷数4，氧化价（氧化物）2、1（两性），晶体结构六角形，晶胞参数：$a=2.2858$nm，$b=2.2858$nm，$c=3.5843$nm，$\alpha=90°$，$\beta=90°$，$\gamma=120°$，外围电子层排布$2s^2$，电子层K-L。致密状的金属铍外观呈银灰色。熔点1283℃，沸点2970℃，汽化热292.40kJ/mol，熔化热12.20kJ/mol，蒸气压4180Pa。金属铍的物理性质如下：

（1）铍的密度低、熔点高　金属铍的理论密度为1.847g/cm³，仅次于镁，是铝的2/3。铍的熔点为1283℃，是所有轻金属中最高的。

（2）核性质优异　铍的主要同位素有Be^6、Be^7、Be^8、Be^9和Be^{10}，可以用铍作为中子源以及中子增殖剂，在原子反应堆里，铍是能够提供大量中子炮弹的中子源（每秒能产生几十万个中子）。此外，铍还具有所有金属中最小的热中子吸收截面（$9\times10^{-31}m^2$）和最大的热中子散射截面（$6.1\times10^{-28}m^2$）。同时，铍核质量小，降低中子速度而不损失能量，因此，铍对快中子有很强的减速作用，可以使裂变反应连续不断地进行下去，所以铍是原子反应堆中最好的中子减速剂。

（3）力学性能　铍的力学性能取决于纯度，含量极少的杂质就会使其变脆。金属铍的弹性模量高达3.03×10^5MPa，约是铝的4倍，钛的2.5倍，钢的1.5倍，铍的比刚度大是铍具有良好尺寸稳定性最主要的原因。铍材具有很高的弹性模量，还具有较高的屈服强度和抗拉强度，且塑性小。金属铍的抗拉强度极限、屈服点及弹性模量与温度的关系如图 3-1 所示。

金属铍室温下典型力学性能见表 3-1。铍的强度不是金属中最大的，但因密度小，故比强度高，约是铝合金的 1.7 倍，在几种主要的金属结构材料中较为突出。挤压的铍是各向异性，粉末冶金和铸造的金属铍中未出现各向异性的现象。

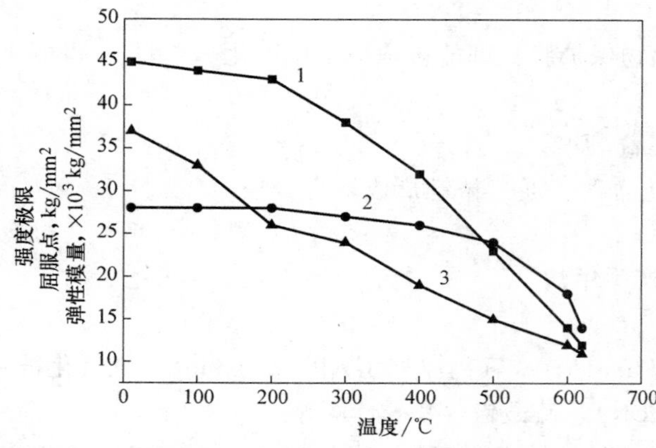

图 3-1 抗拉强度极限、屈服点及弹性模量与温度的关系
1—抗拉强度极限 2—弹性模量 3—屈服点

表 3-1 金属铍室温下典型的力学性能

性能	数值
剪切模量/MPa	1.35×10^5
体积弹性模量/MPa	1.10×10^5
泊松比	0.02
弹性模量/MPa	3.03×10^5
抗拉强度/MPa	380~413
断后伸长率(%)	2~5
断裂韧性/MPa·$m^{1/2}$	8~24

（4）比热容大、导热性好 铍是所有金属中比热容最大的，室温比热容为 1.926kJ/(kg·K)，并且铍的比热容随温度的升高还显著增加，一直保持到铍的熔点。铍的吸热能力相当于铝的 2.5 倍，钛的 4 倍。在吸收相同热量的情况下，别的金属往往已经熔化，而铍仍能保持良好的工作状态。铍的热导率为 216W/(m·K)，与质量相同的其他金属相比，导热性最好。高的比热容和良好的热传导可以降低零件发热所带来的热梯度影响和不均匀膨胀所造成的内应力，因此在环境温度变化时，铍材内部产生的热应力比其他金属小。优良的热性能也是铍具有良好尺寸稳定性的原因之一。

（5）光学性质优异 经抛光的铍表面对紫外线的反射率是 55%，对红外线（10.6μm）的反射率是 99%，特别适合于作光学镜体材料。同时，铍具有密度小、强度高、尺寸稳定性好和良好的热性能等优异性质。因此，在要求轻质高强、能适应昼夜几百度的温差以及要长期稳定运行的太空领域，铍成为首选的镜体以及镜体的支撑材料。

铍对 X 射线几乎是完全穿透的（是相同厚度铝的 17 倍）。被称为“金属玻璃”，因而铍是 X 射线窗口的理想材料。

2. 金属铍的化学性质

（1）铍在高温下的化学活性比较高 铍对氧、卤族、硫、碳等的化学亲和力比较强，因而在高温下要注意防止铍氧化或与其他元素发生反应，这是生产中选用设备、控制工艺条件的基础之一。铍在常温、干燥空气中是稳定的，被加热到 400~500℃时逐渐氧化，800℃以上氧化迅速加剧。900℃以上，铍与氮发生反应生成氮化铍。稍高于熔点的温度，铍与碳发生反应，生成碳化铍，因此不能用石墨坩埚熔炼铍，工业生产中通常用氧化铍坩埚熔炼铍。

（2）耐蚀性 铍的耐蚀性能比较好，在很大程度上是由于氧化铍的稳定性。在室温下经过抛光的铍金属表面轻度变暗，就是由于生成了一薄层氧化铍。铍能溶于任何浓度的盐酸和硫酸中，但不能溶于冷的浓硝酸中。铍可以与碱溶液作用生成铍酸盐。反应为：

$$Be+2NaOH = Na_2BeO_2+H_2$$

在元素周期表中，铍与第 IIIA 族中的铝处于对角线位置，铍的许多化学性质与铝极其相似。

① 标准电极电势相近：都是活泼金属。

② 都是亲氧元素，金属表面易形成氧化物保护膜，都能被浓 HNO_3 钝化。

③ 均为两性金属。氢氧化物也均呈两性。

④ 氧化物 BeO 和 Al_2O_3 都具有高熔点、高硬度。

⑤ $BeCl_2$ 和 $AlCl_3$ 都是缺电子的共价型化合物，通过桥键形成聚合分子。

⑥ 铍盐、铝盐都易水解，水解显酸性。

⑦ 碳化铍 Be_2C 像 Al_4C_3 一样，水解时产生甲烷。

3. 铍的典型化合物及其性质

铍的典型化合物包括氟化铍（Beryllium Fluoride）、氧化铍（Beryllium Oxide）、氢氧化铍[$Be(OH)_2$]、氢化铍（BeH_2）、氯化铍（$BeCl_2$）、硫酸铍（$BeSO_4$）等。

（1）氟化铍　分子式 BeF_2，白色粉末或结晶，熔点552℃，沸点1175℃，密度（25℃）1.9860g/cm³。可以任何比例溶于水，但不溶于氢氟酸、硝酸，略溶于无水乙醇，可溶于浓度90%的乙醇。氟化铍在原子工业的熔盐反应堆中用作熔融盐燃料和二次载热剂的组分，也可用于超耐磨涂层处理，主要用于还原金属铍珠。工业上采用硫酸法从矿石中提取铍。先制备出工业氢氧化铍，再提纯成精制氢氧化铍。然后氟化氢溶解加氨盐析出氟铍酸铵（NH_4）$2BeF_4$结晶，再高温（大于900℃）分解成玻璃体状氟化铍，即可得到纯 BeF_2。BeF_2 溶液的 pH 值随氟盐浓度增大而降低，如图 3-2 所示。

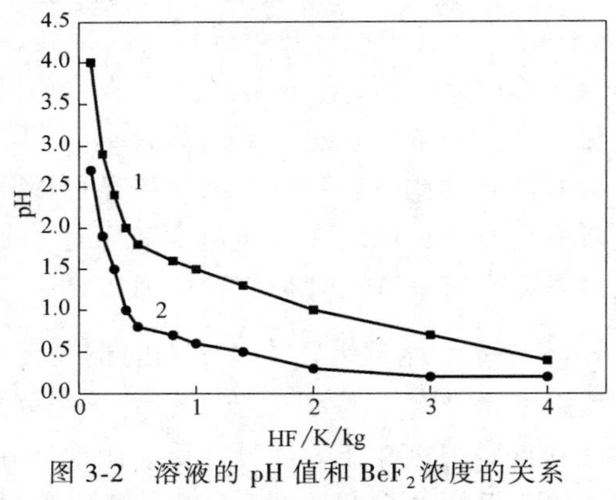

图 3-2　溶液的 pH 值和 BeF_2浓度的关系

1—HF—H_2O 系，2—BeF_2—HF—H_2O 系

（2）氧化铍　分子式 BeO，氧化铍属立方晶系，白色无定形粉末。密度为 3.02g/cm³，熔点为 2530℃ ±30℃，沸点为 4120℃ ±170℃，按矿物学标度的硬度为 9 级。氧化铍十分稳定，即使在氧化、还原和高湿度环境下也不会分解。在接近熔点 2000℃的情况下，氧化铍能被碳还原，生成碳化铍。BeO 为两性氧化物，微溶于水而生成氢氧化铍，新制成的氧化铍易与酸、碱和碳酸铵溶液反应生成铍盐或铍酸盐，但氧化铍与酸或碱液的反应速度取决于煅烧温度，煅烧温度越高，反应速度越慢，在高温下煅烧的氧化铍仅能与氢氟酸反应。反应式为

$$BeO+2HF = BeF_2+H_2O$$

氧化铍具强刺激性，极毒，为致癌物。主要用于制作霓虹灯和铍合金等，并用作有机合成的催化剂和耐火材料等原料，同时也是高导热氧化铍陶瓷材料的原料。先由绿柱石抽提出氢氧化铍，再经热分解制得（400～500℃），或由工业氢氧化铍溶于硫酸生成硫酸铍溶液，再经过滤、沉淀、焙烧而得。

(3) 氢氧化铍 分子式 $Be(OH)_2$，氢氧化铍为白色或黄色粉末。熔点 138℃（分解），密度（25℃）$1.85g/cm^3$，在水中溶解度较小，25℃时为 $2\times10^{-3}g/L$，$Be(OH)_2$ 为两性氢氧化物，能和强酸、强碱反应。溶于硫酸、硝酸和草酸等各类酸，并组成复盐，也溶于氢氧化钠等碱性溶液。加热时失去水，150~180℃下可得到无水氢氧化铍，950℃时转化为氧化铍。1300~1600℃时氧化铍和水蒸气可形成气相氢氧化铍。

$Be(OH)_2$ 与盐酸反应，反应式为

$$Be(OH)_2+2HCl = BeCl_2+2H_2O$$

$Be(OH)_2$ 与氢氧化钠溶液反应，反应式为

$$Be(OH)_2+2NaOH = Na_2BeO_2+2H_2O$$

(4) 氢化铍 分子式 BeH_2，白色无定形固体，熔点 250℃（分解），密度 $0.65g/cm^3$，不溶于大部分有机溶剂。氢化铍是共价型化合物，呈多聚的固体，类似于乙硼烷的结构，在两个 Be 原子之间形成了氢桥键。Be 原子只有两个价电子，氢化铍是缺电子化合物，在 Be—H—Be 桥状结合中，生成"香蕉形"的三中心两电子键。Be 不能与 H_2 直接化合生成氢化铍，用氢化铝锂还原氯化铍可以制得氢化铍。

氢化铍加热至 240℃时可放出较高热量，分解为铍和氢气，常用作固态火箭发动机的燃料。在水中可与水发生反应，产生氢氧化铍和氢气。反应式为

$$BeH_2+2H_2O = Be(OH)_2+2H_2$$

(5) 氯化铍 分子式 $BeCl_2$，无色针状或板状结晶，吸湿性特别强。300℃时能在真空中升华。氯化铍是共价型化合物，无水氯化铍是聚合型的 $(BeCl_2)_2$，密度（25℃）$1.809g/cm^3$，熔点 405℃，沸点（常压）488℃。溶于乙醇、乙醚、吡啶和二硫化碳，不溶于苯和甲苯。易溶于水，同时发热，水溶液呈强酸性，在空气中吸潮并水解而发烟。反应式为

$$BeCl_2+H_2O = BeO+2HCl$$

(6) 硫酸铍 分子式 $BeSO_4$，白色粉末或正方晶系结晶，易溶于水，不溶于有机溶剂，有剧毒，是一种高致癌物，人体吸收后可引起皮炎、溃疡、皮肤肉芽肿等。熔点 270℃（$BeSO_4\cdot4H_2O$），相对密度 1.713（10.5℃），沸点 580℃（分解）。硫酸铍通常以 $BeSO_4\cdot4H_2O$ 形态自其饱和溶液中析出，加热易失去结晶水，400~500℃变成无水硫酸铍。550℃开始分解，1450℃完全分解并生成氧化铍。可以用新析出的氢氧化铍溶解于硫酸中制取。反应式为

$$Be(OH)_2+H_2SO_4 = BeSO_4+2H_2O$$

硫酸铍在水中的溶解度随着温度的升高而增大，工业生产中通常将工业氢氧化铍转化成硫酸铍，再以重结晶的方法提纯。添加硫酸铵，对于硫酸铍在水中的溶解度几乎没有影响，这可以用于从铍中分离铝镁杂质。图 3-3 所示为不同浓度硫酸铵中，硫酸铝、硫酸镁和硫酸铍的溶解度曲线。

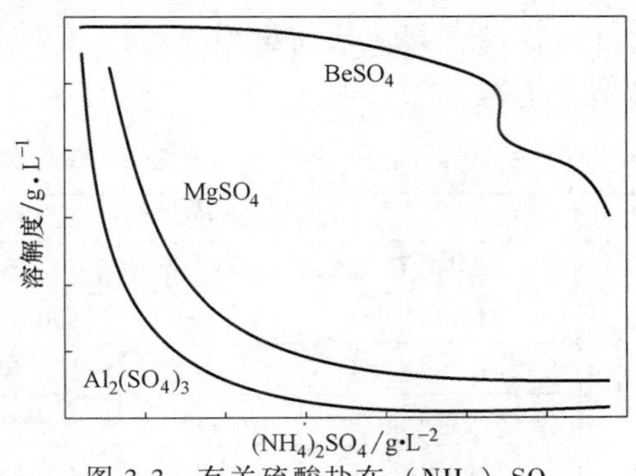

图 3-3 有关硫酸盐在 $(NH_4)_2SO_4$ 溶液中的溶解度

3.1.2 氧化铍陶瓷的性能与用途

1. 氧化铍的性质和用途

氧化铍是最重要的铍化合物之一，分工业氧化铍与高纯氧化铍两个级别。在铍矿石湿法冶金过程中，铍先转化成氢氧化铍，再煅烧成氧化铍。工业氧化铍为白色（或浅黄色）粉末，是铍矿石提取金属铍冶金过程的中间产品，主要用于生产铍铜中间合金，它的前级产品氢氧化铍主要用于生产金属铍和高纯氧化铍。高纯氧化铍主要用于生产氧化铍陶瓷及铍基复合材料。各国生产高纯氧化铍化学成分见表 3-2。

由于绿柱石十分稳定，普通酸碱在常温下对它不起作用，且氧化铍剧毒，使得生产工艺变得十分困难和复杂。长期以来，获得工业应用的有硫酸法、氟化法、硫酸-萃取法和硫酸-水解法。目前，从铍矿石中提取氧化铍的仅有美国 Materion 公司、哈萨克斯坦乌尔巴冶金厂和中国湖南有色铍业有限公司等为数不多的几家企业。

表 3-2 各国生产高纯氧化铍化学成分 （单位：ppm）

国家	Fe	Al	Si	Mg	Cu	Ni	B	Cr	Mn	BeO
哈萨克斯坦	7	18	50	<1	<2	<7				
美国	20	100	110	70	500	<2	<2	2	20	
中国	50	50	100	<3	<3	<3	<3	<3	<3	99.9

2. 氧化铍陶瓷的性质

氧化铍陶瓷属于特种陶瓷或精细陶瓷，氧化铍陶瓷因其具有高热导率、高熔度、强度、高绝缘、低介电常数、低介质损耗以及良好的封装工艺适应性等特点，在微波技术、电真空技术、核技术、微电子与光电子技术领域受到重视和应用，尤其是在大功率半导体器件、大功率集成电路、大功率微波真空器件及核反应堆中，一直是制备高导热元器件的主流陶瓷材料，在军事领域及国民经济中起着十分重要的作用。氧化铍陶瓷最显著的特点是具有优良的导热性，在众多绝缘材料中，氧化铍陶瓷的导热性仅次于金刚石。在当今使用的陶瓷材料中，室温热导率最高，比 Al_2O_3 陶瓷高一个数量级。氧化铍的熔化温度范围为 2530~2570℃，其理论密度为 3.02g·cm^{-3}，在真空中可在 1800℃下长期使用，在惰性气体中可在 2000℃下使用，在氧化气氛中 11800℃才挥发。氧化铍陶瓷的最突出性能是高热导率，与金属铝相近，是氧化铝 6~10 倍，是一种具有独特的电、热和力学性能的介质材料，没有其他任何材料显示出这样全面的综合性能。氧化铍与其他绝缘材料性能对比见表 3-3。

表 3-3 氧化铍与其他绝缘材料性能对比

材料		金刚石	SiC	BeO	AlN	BN	Al_2O_3
高纯单晶	晶体材料	D	Z	W	W	W	刚玉
	德拜温度/℃	220	1080	1280	950		970
	体电/Ω·cm(25℃)	>10	>10		10	10	
	λ/W·(m·K)$^{-1}$	2400	490	370	280~300		35
	ε(25℃)	5.7					
	密度/ΩNaN(25℃)	10	>10	10	2	10	

（续）

材料		金刚石	SiC	BeO	AlN	BN	Al_2O_3
陶瓷	λ/W·m·K^{-1}	2000	200~270	200~250	120~160	4.2	30
	ε(25℃)	10.3(0.5MHz)	40(1MHz)	6.5(0.1MHz)	5~10(8.5MHz)	4.2(1MHz)	6.5(0.1GHz)
	正切δ	1.5(1MHz)	0.05(1MHz)	1(0.1GHz)	1(10GHz)	1(10GHz)	1(1GHz)
	纯度(%)		>92	99	99	>95	99.5
	密度/g·cm^{-3}	3.3	3.2	2.9	3.3		3.9
	弹性模量/km·mm^{-2}		380	300~355	300~310		300~380
	抗折强度/N·mm^{-2}		500	170~230	280~350		250
	莫氏硬度		9	8~9	8		9
	线膨胀系数/℃		3.7	8	4.5		7.3

采用纳米级高纯氧化铍粉体制备的高纯氧化铍陶瓷，比使用传统粉体制备的陶瓷具备更好的性能，其热导率提高了25%以上，微波介质损耗降低30%以上，机械强度等也有显著提高。纳米、高纯氧化铍粉体为白色球形颗粒，无手摸颗粒感，无目视可辨异色和异物，无强团聚颗粒，粉体平均粒度<20nm，氧化铍含量不低于99.8%。用该粉末制备的氧化铍陶瓷室温热导率可达233.4W/(m·K)，体积密度大于2.90g/cm^3。影响氧化铍陶瓷性能的因素很多，纯度、成形、烧结工艺和产品形状、大小等，对氧化铍陶瓷的性能均有影响，不同的测试方法测出的氧化铍陶瓷的性能也不相同。

3. 氧化铍陶瓷的应用

氧化铍陶瓷具有高的耐火度、高的热导率、良好的核性能以及优良的电性能，因而可以用作高级耐火材料、原子能反应堆和高热导率材料，作为高热导率材料的应用主要集中在各种大功率电子器件和集成电路方面等。目前，在电子器件上工业发达国家普遍应用氧化铍含量为99.5%的陶瓷产品，我国较多应用氧化铍含量为99.0%的陶瓷产品。

（1）在高温结构材料方面的应用　氧化铍陶瓷熔点高，比常用陶瓷Al_2O_3、MgO、CaO等高级耐火材料的热导率都高，常用作坩埚和要求导热性能好的隔焰加热炉。氧化铍坩埚的高稳定性特别适合熔制纯度要求高的金属，如：Be、Zr和Ti等。氧化铍陶瓷是熔制高纯度金属铀最好的坩埚材料。使用氧化铍陶瓷坩埚熔制钢、铁，也比使用Al_2O_3坩埚或MgO坩埚熔制的纯度高。几种氧化物熔点见表3-4。

表3-4　几种氧化物的熔点

氧化物	BeO	Al_2O_3	La_2O_3	CaO	ZrO_2	MgO	CeO_2	Y_2O_3	Cr_2O_3
熔点/℃	2570	2050	2320	2570	2700	2800	2820	2400	2050

作为高级耐火材料氧化铍陶瓷最突出的优点在于抗热振性优良，可用于加热元件的耐火支持棒、热偶管、保护屏蔽、炉衬、阴极、热子加热基板和涂层等。氧化铍陶瓷的耐高温、耐蚀和热振性也使其应用于磁流体发电机中的高温、高速电离气流通道，可保证磁流体发电机的起动速度和发电稳定性。氧化铍陶瓷优异的抗热冲击、耐蚀性，使其可用于火箭、导弹的发动机燃烧室内壁、喷嘴。

（2）在原子能反应堆上的应用　氧化铍陶瓷除了具有高的耐火度、独特的高热导率以及良好的热稳定性外，还具有良好的核性能，常用作反应堆的减速剂、反射层和核燃料的弥散剂。氧化铍陶瓷在原子能工业中的应用及其应用优势见表3-5。

表 3-5 氧化铍陶瓷在原子能工业中的应用

使用领域	用途	使用温度/℃	使用要求
原子能反应堆	减速剂	≥1000	吸收中子截面小
	反射层	≥1000	耐辐射损伤
	核燃料弥散剂	≥1600	耐高温，高热导率中子俘获面积小

(3) 在电子工业高热导率材料中的应用　电子工业高热导率氧化铍陶瓷是氧化铍最大的应用市场。半导体器件频率越来越高，功率越做越大，如大型计算机逻辑元件发热密度已达 $1.0W/cm^2$，常用 Al_2O_3陶瓷片不能胜任，采用高热导率氧化铍陶瓷片可解决芯片散热问题，其主要用于微电子器件、真空电子器件、大规模集成电路、大功率电阻基板，电力电子管壳等产品中，在电子信息装备中也有很多应用。

氧化铍陶瓷应用于大功率真空电子器件的输出窗，保证窗内的能量及时输出，防止电磁场强度增加，介质损耗增加，发生击穿、打火以及窗受热等现象。同时，降低了窗内与金属封接处的热和机械过载，保证窗不被破坏。在大功率金属-陶瓷结构的行波管中，也往往用氧化铍陶瓷杆代替 Al_2O_3陶瓷杆。微波大功率真空电子器件用的衰减陶瓷，为了有效保证消极电子对抗，有效防止地面重要军事设施、空中的飞行器和保密的微波隔离室被对方发现、跟踪和袭击，一般选用 BeO、AlN 等，但考虑到热导率和烧结特性，BeO 是性能最佳材料。氧化铍陶瓷应用在氩离子激光器上，因氧化铍陶瓷的导热性好，比常用石英激光器高两个数量级，激光器的效率高，输出功率大。

氧化铍陶瓷的机电特性、热特性是其他陶瓷无法比拟的，因此得到了广泛应用。特别是在一些特殊应用领域，其他陶瓷材料是不可取代的。然而，氧化铍的毒性是不可忽略的，随着世界各国对环境保护的日趋重视，氧化铍陶瓷的使用今后可能会受到一定的限制和影响。

3.1.3 铍及其合金的市场与用途

1. 铍产品的性能与主要市场

金属铍脆性大、有毒且价格昂贵，具体情况如下：

(1) 采冶困难　铍的矿石稀缺，含铍量低，且往往不单独存在，采选困难。目前，仅有两种铍矿物（羟硅铍石与绿柱石）对于铍生产具有商业价值。另外，铍矿石的化学稳定性高，许多化学性质与铝极其相似，这些都给铍的冶炼带来较大的困难。

(2) 脆　由于铍脆，铍坯通常采用粉末冶金成材工艺，生产周期长，成本高。铍材室温伸长率只有 2%~5%，机加工容易发生裂、碎、掉边等问题，造成铍的压力加工工艺复杂，成品率低，加工成本非常高。

(3) 毒　铍的毒性表现在两个方面：一是人的肺部对铍粉尘产生特定免疫反应，造成呼吸系统感染；二是破损的皮肤直接接触铍粉尘后会产生皮炎。因此，在生产过程中需要进行防护，这是造成铍成本高的又一主要原因。

目前只有美国、中国、俄罗斯和哈萨克斯坦拥有生产金属铍的能力。传统的铍材采用粉末冶金工艺生产，工业级铍产品的纯度为 98%~99.5%。美国 Materion 公司最新技术克服了铍的脆性，用高纯铍铸锭轧制铍箔（真空铸锭分两种，一种是传统的镁热还原法所得铍珠，经真空熔炼得到铍铸锭；另一种是电解精炼所得鳞片铍经熔炼得到高纯铸锭）改变了以往铍板箔材只能由真空热压/热等静压（VHP/HIP）坯锭来生产的现状。

美国生产的商业金属铍材按用途可分为核应用、结构级、仪表级、光学级、热学电子级。不同用途对铍材性能要求会有所侧重，在核应用上要求中子截面大，对杂质要求严格；仪表级铍材要求提高微屈服强度和材料各向同性；光学级铍材希望氧化铍含量低，材料尺寸稳定性好；热学电子级铍材对化学成分需要严格控制。铍产业链上目前分布的主要市场产品如图 3-4 所示。从图中可以看出，铍产业链的主要市场产品包括铍化合物、金属铍、铍合金、氧化铍陶瓷和金属铍基复合材料。在这条产业链上，用量少但最重要的是金属铍。

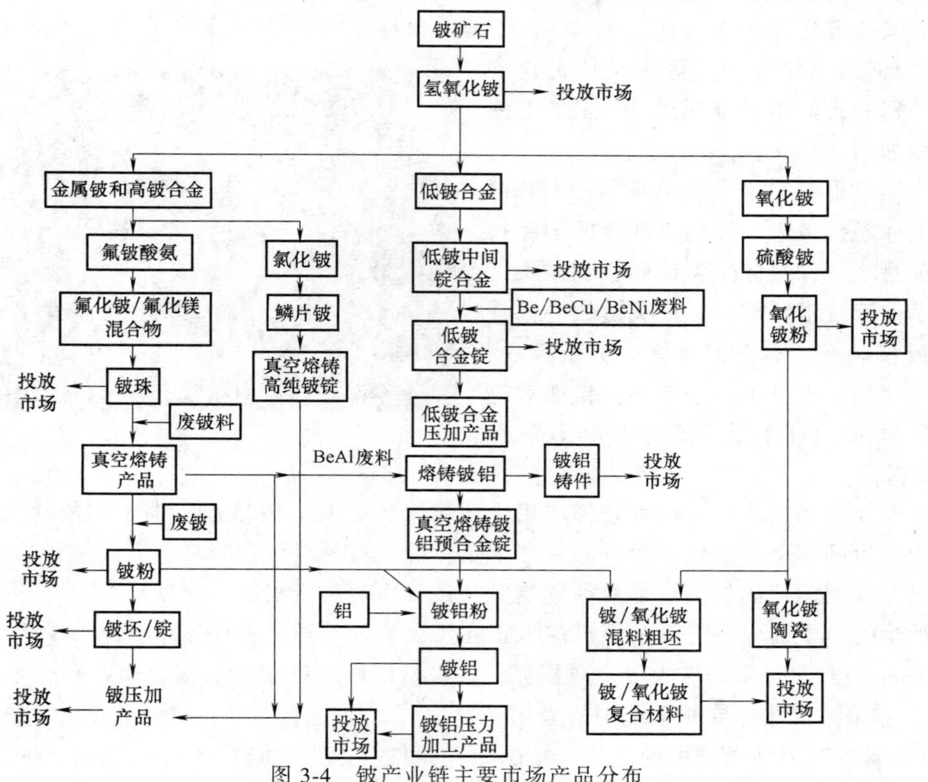

图 3-4 铍产业链主要市场产品分布

2. 金属铍的应用

金属铍价格昂贵，大多只应用于不考虑价格因素的国防和航空航天领域，以及其他材料性能无法满足要求的商业领域。金属铍的应用大致可分七个方面，即核能、惯性导航、光学系统、结构材料、热学、高能物理学和典型商业应用。

(1) 金属铍在核能中的应用　在核应用上，铍相对于其他核材料，如锆、石墨、重水等的优点在于：①金属铍具有所有金属中最小的热中子吸收截面，能有效使中子返回堆芯。在需要考虑体积和质量的反应堆中，铍是首选的反射层材料。再者铍质量轻，也使它成为空间反应堆的首选材料。②铍作为核反应堆的减速剂，与重水相比，不存在 100℃ 下蒸发的相变问题。③铍优良的热性能和力学性能，使从反应堆中稳态移出热的设计变得容易。④铍原子序数低，对堆芯造成的污染小。

铍作为减速材料、反射材料、燃料包壳材料、增殖材料的核应用，冷战时期得到了较大的技术发展。美国原子能委员会曾经给予 Materion 和卡韦基两家公司 5 年期合同，要求每家每年生产约 45t 金属铍。铍还被大量应用于核弹头的反射层和引爆器。

根据国际核安全中心的数据，全世界约 21.5% 核反应堆芯区使用铍反射层。铍在舰载、潜水艇、宇宙飞船、飞机能源系统用轻质小型反应堆和空间反应堆中得到普遍应用。2011 年美国发射核动力木星卫星探测器（JIMO），反应堆的设计由洛斯阿拉莫斯国家实验室完成，采用了铍反射层。美国计划建造月球核反应堆预计也将使用金属铍。

托克马克聚变反应堆是未来战略能源发展目标之一，由于铍的优异核性能，对氧亲和力和吸气作用提高了等离子体纯度，以及原子序数低对等离子体的污染小，使大多数托克马克聚变反应实验堆选择铍作为直接面对等离子体的材料。“欧洲联合环（JET）”使用铍替代氟氯化碳（CFC），作为面对等离子体瓦片和蒸汽器，每一次的用量都超过 3t，JET 上使用的铍板如图 3-5 所示。

图 3-5　JET 上使用的铍板

国际热核聚变实验反应堆项目（ITER）是目前全球规模最大、影响最深远的国际科研合作项目之一，目标是验证和平利用聚变能的科学性和技术可行性，最关键核心部件是由铍板、铜板、不锈钢板构成屏蔽模块，也称第一壁板。铍是第一壁板中直接面对等离子体的材料，ITER 预计需要 1684 块、总计 13t 金属铍。

铍在商业能源反应堆中的大规模应用受到局限，主要原因是铍在中子流的辐照作用下，核反应所产生的氦会导致铍产生肿胀，产生氦脆性，使材料延性降低，大大缩短铍制材料的服役寿命。长期运行的核反应堆必须定期更换铍，而铍的价格高，定期更换是商用能源反应堆无法承受的。现在一些先进的核反应堆正在发展一种等离子喷涂技术，已成功地生产了厚度达到 1cm 以上的高质量铍涂层，对损坏的铍进行维修，有望改变铍定期更换的局面。

（2）金属铍在惯性导航系统中的应用

1）金属铍在惯性导航中的优势。铍制惯性器件有以下优点：①金属铍优异的尺寸稳定性减小了零件变形，大幅度提高惯性仪表精度。②铍质量轻，在同样旋转速度下，惯性力小，材料变形小，加上铍刚度高，可以将零件做得更小更薄。③铍的比热容高和热导率高可减少因零件发热所带来的热梯度和不均匀膨胀造成的内应力，材料变形小，精度提高。④铍无磁可免受其他磁性材料的干扰。⑤铍的辐照稳定性好，可以减少在核爆炸时被辐照破坏的可能性。⑥惯性系统由不同的结构材料组成并在高温下运行，材料之间热性能和热匹配是惯性器件运行稳定的关键，铍与其他结构主材钢、钛合金线胀系数相当，热匹配性好，产生的应力小。⑦质轻可提高运行系统的整体性能，如洲际导弹末级惯性平台减轻 1kg 的质量，发射质量可减少 100kg，从而节省燃料费数万美元，并增加 8km 的射程。

2）金属铍在战略导弹惯性导航系统中的应用。应用铍材作为结构主材的三浮（液浮、磁悬浮、动压气浮）陀螺仪和陀螺加速度计机械式惯性仪，这代表了当今及未来技术发展的最高水平，在陆、海基洲际核战略导弹系统及核潜艇制导和导航应用上具有不可替代的地位。铍在战略导弹惯性导航系统的应用始于 20 世纪 50 年代末。美国研制第二代战略武器要求实现惯性器件小型化、高精度。当时民兵导弹使用铝制 G6 动压陀螺，当转子高速旋转时，转子变形达 1.88μm，使 G6 陀螺精度降低，出现了严重的转子卡死现象。G6 结构材料改为铍后，转子变形减小到 0.3μm，解决了转子变形和连接处热匹配问题。到 1973 年，共生产G6B4型铍陀螺仪5000个。图3-6所示为民兵导弹铍制惯性制导系统。

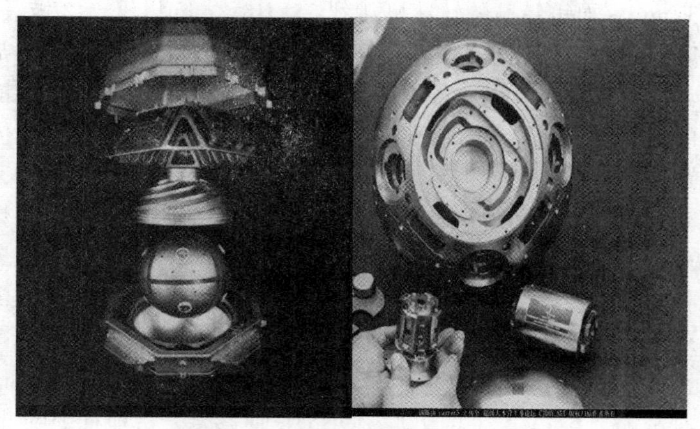

图3-6 民兵导弹铍制惯性制导系统

和平保卫号是美国第四代陆基战略导弹，20世纪70~80年代部署了50枚。和平保卫号使用的惯性导航参考球，约耗用了9kg金属铍。在导弹的第4级使用了金属铍，第4级是弹头，载有8个姿控发动机，发动机的推力室由1kg的铍坯加工而成。美军三代北极星、海神号和三叉戟海基潜射弹道导弹，都是使用铍制惯性导航系统。

3）金属铍在核潜艇惯性导航系统中的应用。铍的应用彻底改变了核潜艇惯性导航精度，如北极星导弹核潜艇用MKlmod0液浮陀螺改用铍材后，精度提高了10倍，质量减轻了75%，废品率降到了3%。美国自从20世纪50年代实现陀螺仪用铍代替铝之后，核潜艇惯性导航器件一直采用铍材制作。1978年，洛克韦尔（Rockwell）完成静电陀螺导航仪工程样机（军用型AN/WSN-3），1979年陆续装备美国三叉戟弹道导弹核潜艇和拉菲特级核潜艇，1985年装备攻击型核潜艇和水面舰艇，截至2005年，美国海军几乎所有的攻击型核潜艇都已换装为AN/WSN-3型静电陀螺导航仪。俄罗斯采用ϕ50mm空心铍球转子静电陀螺仪，并用于静电陀螺监控器中，于1985年装备了“台风”级导弹核潜艇。法国于1993年以自研的静电陀螺监控器，装备法国新一代凯旋号导弹核潜艇。

4）金属铍在航空航天上的应用。在多种战斗机、卫星、运载火箭、长航距民航飞机中，铍制精密惯性导航系统得到了广泛的应用。应用实例有：霍尼韦尔（Honeywell）公司制作的SPN/GEANS（军用型号AN7ASN-136系统）惯性导航系统，用于B-52战略轰炸机和F-Ⅲ隐形战斗轰炸机，使投弹圆概率误差和导弹系统的初始对准误差大大减小。20世纪80年代，该系统改进成为精密惯性测量系统GEO/SPIN，广泛用于海、陆、空大地测量。美国土星运载火箭第一个全铍平台ST-124应用后，导航精度提高了10倍。在阿波罗登月飞船、玛捷拉（Magella）飞行器的导航平台、波音客机707、747、F-15以及F-16、F-18、F-22战斗机上都应用了铍制惯性导航系统。美国航天轨道器企业号和哥伦比亚号上的导航仪表基座也用到了铍。铍制惯性陀螺仪不仅能测量经纬度、高航程以实现导航，还可以精确测量重力异常。

（3）金属铍在光学系统的应用

1）金属铍在光学系统中应用的优点。抛光的铍表面对紫外线的反射率是55%，对红外线（10.6μm）的反射率是99%，特别适合于作为光学镜体材料。光学级铍材需要严格控制氧化铍含量，以利于抛光，得到更好的光学性能。金属铍与其他镜面材料相比具有很多优越性能：

①铍的比刚度高，在受同样冲击情况下，铍最能抵抗变形，减少光路扭曲。如玻璃光学转镜的最高转速为 $10×10^4$r/min，而铍转镜的转速可达到 $35×10^4$r/min 以上。②铍具有最高的比热容、热导率。温度变化时，容易达到热平衡，允许光学系统快速升温或降温，非常适用于太空昼夜变化几百度的温差环境。③相对于碳化硅、玻璃等镜体材料，铍的机加工性能良好，是最有可能制成大尺寸镜体的材料。金属铍是最具竞争力的光学镜体材料，适合作镜体的支撑材料。

2）金属铍在光学系统中的应用。在军事领域，夜视系统和红外照相机，导弹的红外光学系统，雷达和卫星的红外传感器和光学系统，无人驾驶飞行器光学系统，核爆探测器，国家导弹防御计划地基拦截导弹系统红外传感器和光学系统，一般均采用铍镜和铍支撑结构件。

铍材制成的飞行器及坦克的红外光区和激光区导航部件，使战斗机能在漆黑的条件下高速飞行并能躲过雷达跟踪，飞行员在黑暗的低空飞行时也能发现目标。对于战略光学系统，铍是唯一能够满足质量和性能要求的材料。F-15、F-16、F-18、F-22、F-35 和联合攻击战斗机（JSF）等均配备这种战略光学系统。美国陆军 OH58D 侦察直升机桅杆上瞄准器的铍制光具座，用铍总量达到 42. 8kg，消除了直升机马达运行时产生的振动，使传感器能很好地成像。

铍在卫星和太空望远镜红外传感器与光学系统中的应用有广阔市场。美国地球观测卫星（EOS）使用了铍扫描镜，国家海洋和大气局先进超高分辨率辐射计（AVHRR）扫描镜及扫描镜基座均用金属铍制作，TRMM/VIRS、胡斯（Goes）-8 和 ADOES 卫星均使用铍镜体。

在红外天文望远镜中铍镜体的使用也十分常见，如阿波罗望远镜支架上的 X 射线望远镜、旅行者中的红外线天文卫星、史匹哲太空望远镜等。2013 年，美国航空航天局发射詹姆斯韦伯太空望远镜替代老化的哈勃太空望远镜，主镜尺寸达 6. 8m，由 18 块 1. 52m 的铍镜拼接而成，詹姆斯韦伯太空望远镜虽然比哈勃大，但因镜体材料是铍，质量只有 6. 2t，约是哈勃质量的一半。图 3-7 所示为詹姆斯韦伯太空望远镜使用的铍镜体。

（4）金属铍作为结构材料的应用　铍作为结构材料的优势在于比刚度高，使构件的质量体积达到最优化，并保证结构件的自然频率高于某一数值而避免共振。铍的密度低、刚度高，可大幅降低发射成本，铍在空间系统特别受重视，享有空间金属的盛名。

图 3-7　詹姆斯韦伯太空望远镜的铍镜体

美国在航天飞机的各个方面都使用了相当数量的高延性材料部件，如窗框架和门框架系统、风挡隔环、垫圈、脐门、壳体、梁和蒙皮等。在卫星上铍作为结构件的使用更加普遍，包括天线、天线支座、桁架、横梁、蒙皮和壳体等。在美国新近的卡西尼（Cassini）土星探测器和火星漫游者两个太空计划中，为了减轻质量大量使用了金属铍部件。

现代飞机一般都具有很高的速度，为降低阻力和空气动力复合，机翼应该做得很薄，但推进系统噪声引起的颤动，高速引起的高温降低材料弹性模量都会造成机翼不稳定。铍的刚度大于常用结构材料的刚度，并具有良好的高温性能，使飞机具有更高的飞行速度，如 YF-2-3 型飞机腹翼由钛改为铍铝合金后，弦向刚度提高 800%，扭转刚度提高 500%，飞行速度可达声速的 5~8 倍。若刚度相等，用铍来制作机翼，质量不到镁、铝、钛的一半。铍在军用飞机上应用的结构件十分普遍，包括方向舵、侧翼前缘、仪器支撑件和阀门等。

（5）金属铍在热学系统中的应用　铍具有所有金属中最高的热容量，熔点也是轻金属中最高的，热导率也是金属中最大的。铍的热学应用基本可分为两大类：第一类是将铍作为轻质、高效的吸热材料，包括吸热器、热屏蔽零件、散热器、开关部件、火箭发动机喷嘴和控制推进器、电子黑盒以及宇宙飞船的吸热外盖板等；第二类是承受载荷并在高温下具有一定力学性能的结构件。这类应用引出了热学品级的铍材，它们具有严格控制的化学成分，可以改善铍在广泛温度范围内的伸长率，同时避免热脆性造成的断裂问题。热学品级的铍材还具有抗冲击能力，这使得火箭发动机可以重复点火，并在多次循环中保持性能不变。由于铍对于多种常用火箭推进剂及其燃烧产物都是化学惰性的，因此不需要保护性涂层。

（6）金属铍在高能物理学领域中的应用　在高能物理研究领域，金属铍作为同步加速器束流管/束流窗口材料，其优点如下：①铍质量最轻，对信号粒子的多次散射最小，提高了粒子的动量分辨率。②热容大和热导率高，可有效带走粒子对撞后作用于束流管/束流窗口的热量。③强度高，能承受内外腔的真空压差。④无磁性，对聚焦磁场不产生干扰。⑤耐蚀，能承受束流管/束流窗口的冷却介质的腐蚀。因此，铍是同步加速器束流管/束流窗口最佳选择材料。国外高能物理学研究领域，同步加速器上的束流管/束流窗口几乎全部使用铍和铍铝合金。

（7）铍的重要商业用途

1）金属铍在X射线领域的应用。铍对X射线几乎是透过的，用金属铍制作的窗口不易损坏。铍材作为X射线窗口、管等组件得到了广泛的应用，主要有两个市场。一是在医学成像诊断设备中，铍在高分辨率医疗射线摄影装置中作为X射线窗口材料具有垄断性，计算机层析X射线扫描器（CT），超声诊断监视仪等，目前还没有哪一种材料能够替代铍。二是在工业分析设备上，如电子显微镜、工业探伤仪、X射线衍射、X射线荧光分析，安检X射线检查仪、原位分析、计数器等领域，铍制X射线窗口材料既能保证无损探伤又能保证成像的质量和分析能力。

2）金属铍在高端音响中应用。铍具有质轻、刚度高、声速快、频率响应宽等优良特性，非常适合用来制作扬声器振动膜。铍的声速高达12km/s，比钛金属快3倍多，仅次于结晶钻石。虽然铍制扬声器振动膜有很多优点，但由于制作复杂，很少真正投放市场。直到2003年，法国劲浪（JMLAB）与材料供应厂商合作，才掌握了铍振动膜生产工艺。铍音膜是一个正在不断扩大的市场。

3）金属铍在铝合金、镁合金和钛合金中的应用。少量的铍（0.005%~0.050%）添加入铝合金熔体，可在表面形成一层保护性氧化铍薄膜。减少熔渣，提高金属产量和纯度，改善流动性，还能很好地控制镁含量。铍与氧和氮的亲和力大，能高效去除熔体中的气体，得到纯净优质铸件，铸件表面光洁度好，强度和塑性好。铸造时，铍还有助于减少金属与砂型起反应，防止镁优先氧化。往铝基合金中添加0.005%~0.020%铍时，还能改善铝材的抛光和磨光特性。

镁合金遇氧易氧化、燃烧，添加0.001%的铍，使镁燃点温度提高200℃。熔炼时少量的铍添加剂还可使镁损失减至最低程度，可防止浇注时铸模内发生燃烧现象。镁合金加铍还能将铁从熔体中去除。在钛合金中，铍是最有效的晶粒细化剂，加入0.05%铍就能将几百微米的钛铸件晶粒细化到几十微米。

4）金属铍作为高能燃料的应用。铍粉在燃烧时能够放出很高的热量，是几种高能燃料之一。根据理论计算，燃烧1kg金属铍产生72013kJ热量，是铝的2.5倍，磷的3倍，硫的6倍。氢化铍的燃烧热更大。因此，金属铍和氢化铍是火箭和导弹高能固体推进剂及高能燃料的添加剂。

3. 铍铜合金的性质与用途

（1）铍铜合金的性能与牌号　铍铜合金是一种综合性能优良的有色合金弹性材料，具有高强度、高硬度、高导电性、高导热性、耐疲劳、耐蚀、弹性滞后小、无磁性、冲击时不产生火花等优良性能，在所有铜合金中综合性能最好。

铍铜合金按照加工方式，可分成铸造铍铜和加工铍铜两类。铍铜合金成分上的差别决定了它们的加工方法，铍含量越高压力加工越困难，当铍含量超过3%（质量分数）时，对铍铜合金的性能改善不大，却增加了铸造难度和成本。因此，压力加工铍铜的铍含量应控制在2%以下，铸造铍铜一般铍含量控制在2.8%以下。铍铜可以进行冷热压力加工，以各种规格的板、带、管、棒、型材、线材供应给用户。这类合金用量最大，产量占铍铜总产量的70%。铍铜按性能又可分为高强度铍铜和高导电铍铜。高强度合金的铍含量为1.6%～2.0%，代表性应用是通信；高导电合金的铍含量大约为0.3%，代表性应用在汽车市场。高强度铸造铍铜由于铍含量高和含有其他合金元素，塑性很低，不能进行压力加工，以铸件形态供应用户；高导电铸造铍铜能进行压力加工，主要以锻件供应用户。

各国生产的铍铜在成分上有一定差别。美国、日本的第三合金元素是钴，我国是镍，镍和钴对铍铜合金的作用一样，这两种元素主要是抑制铍铜合金时效时产生过时效现象，同时能增加强度，所以加镍或钴都可以。我国钴资源少而贵所以用镍，美国则相反。在铸造铍铜中还要加硅，以提高浇注流动性。中国、美国、日本铍铜合金成分对照见表3-6。

表3-6　铍铜合金牌号及化学成分　（%）

合金类型			合金代号	w(Be)	w(Ni)	w(Co)	其他	Cu
加工铍铜	高强度	日本	C1700	1.6～1.8	0.20			余量
			C1730	1.8～2.0	0.20			余量
		美国	C17000	1.60～1.79	≥0.2	≥0.6	0.20Si，0.2Al	余量
			C17200	1.8～2.0	≥0.2	≥0.6		余量
			C17300	1.8～2.1	≥0.2	≥0.6	0.20～0.60Pb	余量
		中国	QBe2	1.9～2.2	0.2～0.5			余量
			QBe1.9	1.85～2.1	0.2～0.4		0.10～0.25Ti	余量
			QBe1.9-0.1	1.85～2.10	0.2～0.4		0.10～0.25Ti 0.07～0.13Mg	余量
			QBe1.7-0.1	1.60～1.85	0.2～0.4		0.10～0.25Ti	余量
	高导电率	美国	C1750	0.2～0.6	1.4～2.2			余量
			C17500	0.4～0.7		2.4～2.7		余量
			C17410	0.15～0.50		0.35～0.60		余量
			C81300	0.02～0.10		0.6～1.0	0.6～1.0Cr	98.5(max)
			C81400	0.02～0.10			0.6～1.0Cr	98.5(min)
			C81800	0.30～0.50		1.4～1.7	含有Ag，Si，Fe，Al，Sn，Pb，Zn，Cr等	余量

（续）

合金类型			合金代号	w(Be)	w(Ni)	w(Co)	其他	Cu
铸造铍铜	高强度	日本	275C	2.60~2.85		0.35~0.65	0.20~0.35Si	余量
			245C	2.30~2.55		0.35~0.65	0.20~0.35Si	余量
			20C	2.00~2.55		0.35~0.65	0.20~0.35Si	余量
			165C	1.65~1.85		0.35~0.65	0.20~0.35Si	余量
		中国	ZCuBe2	1.90~2.15		0.35~0.65	0.20~0.35Si	余量
			ZCuBe2.4	2.25~2.45		0.35~0.65	0.20~0.35Si	余量
		美国	C82400	1.65~1.75	0.10	0.2~0.4	0.20Fe	余量
			C82500	1.90~2.15	0.20	0.35~0.7	0.20~0.35Si, 0.25Fe	余量
			C82510	1.90~2.5	0.20	1.0~1.2	0.20~0.35Si, 0.25Fe	余量
			C82600	2.25~2.45	0.20	0.35~0.7	0.20~0.35Si, 0.25Fe	余量
			C82800	2.50~2.75	0.20	0.35~0.7	0.20~0.35Si, 0.25Fe	余量
	高导电率	日本	10C	0.55~0.75		2.35~2.74		余量
			50C	0.40~0.65		1.40~1.20	1.0~1.5Ag	余量
			70C	0.1			0.5Cr	余量
		中国	ZCuBe0.6Co2.5	0.45~0.80		2.4~2.7		余量
			ZCuBe0.6Ni2	0.35~0.80	1.0~2.0			余量
		美国	ZCuBe0.6FeAlCoI	0.7~1.2		0.7~1.2		余量
			C82200	0.45~0.8	0.20	2.4~2.7	0.15Si	余量
			C82400	0.35~0.8	1.0~2.0			余量

（2）铍铜合金的应用　用铍铜制成弹簧，弹簧的弹性模量大，成形性好，使用寿命长；制造电子元器件，可抑制过热现象并且耐疲劳；制作带型连接电缆插接件，易加工，电镀性能好，可实现高可靠性与设备小型化；制造电器开关，小而轻且灵敏度高，可反复动作1000万次。铍铜还具有良好的铸造性、导热性和耐磨性，是一种理想的铸锻材料，可用作安全工具、精密铸件、海底通信电缆的中继器结构材料，还可用来制造精度高、构形复杂的塑料成型铸模的模腔。铍的最大用量应用是铍铜合金，大约65%的铍是以铍铜合金的形式消费的，铍铜市场是拉动铍消费的主要应用市场。早期铍铜属于军工产品，应用集中在航空航天、兵器等军工部门，20世纪70年代，铍铜合金开始大规模应用于民用领域。现在铍铜广泛应用于电子、电信、计算机、手机和精密仪器仪表等领域。

1）电气、电子元件方面。铍铜合金的最大应用是在电气、电子元件方面，尤其是弹簧、接触器、开关和继电器。用作计算机接触器，光纤通信设备，连接集成电路板与印制电路板（尤其是用铍铜丝）的插座以及汽车零部件。手机、笔记本计算机等IT设备的高精化要求更小、更轻、更耐久的接触器，这就促使对铍铜元件的需求不断增加。电信方面，铍铜合金涂上贵金属可用作电话连接器的接点。铍铜合金174涂以延性材料Ni已用在蜂窝电池充电器中，也可作为移动电话部件使用。2010年世界电子元器件市场需求达到2800亿美元，我国约350亿美元，占世界电子元器件市场的份额为12.5%。

2）计算机方面。计算机是铍最大应用市场之一，铍铜、铍铝和氧化铍陶瓷在计算机中都有使用。铍铜用作高速计算机零件，弹性元件连接器与开关；铍铝合金用作硬盘驱动臂；氧化铍用作高速计算机中高密度电路基片，氧化铍陶瓷主要用于高速、昂贵机器，如计算机主机的温度控制元件。

3）汽车方面。汽车行业是铍铜带材以电子零件形式应用的一个重要消费领域。汽车中使用铍铜作为电子元件的主要用途之一是用于开关、信号连接器、小型电动机、继电器电连接器和传感器。针对汽车市场的快速增长，Materion 公司开发了一种新的高导电铍铜合金——171 号合金，专门用于汽车行业。随着汽车用量的增长，汽车行业可能会成为铍铜合金需求增长最快的市场之一。

4）模具行业。模具行业主要用于生产塑料、玻璃和金属制品中热塑处理的注模和吹模。铍铜合金具有铸造性能好、高强度、高硬度、耐磨、耐蚀、热导率高、容易焊接修复且强度不受损失、不生锈、容易维修保养等优点，在模具行业需求量相当大。Brush Wellman 公司专门开发了用于塑料加工工业的 Moldmax 和 Protherm 型铍铜合金，Moldmax 用于塑料注模中的颈环、手柄内插件和注射模部件、型腔嵌件、吹模夹断器、热浇道系统注射嘴和集流腔等；Protherm 用于泡沫塑料的加工、热浇道系统和热量的排除，及其他应用中，如重要部位的控制。

5）轴承、轴衬和磨损面方面。铍铜合金的高强度、低摩擦系数特性使其适用于军用和民用飞机的轴承、轴衬和磨损表面。铍铜合金在飞机上最为常见的用途是起落架，起落架使用铍铜部件，能提高可靠性，减少维修的数量，这在军用飞机中尤为重要。在起落架中使用铍铜合金的第一架飞机是 C-141 运输机，更大型的 C5-A 银河（Galaxy）飞机的每个起落架支柱上使用 100 多个铍铜轴承。目前美国空军有 76 架 C5-A 型和 50 架 C5-B 型在役。波音公司在波音 777 飞机起落架上使用铍铜以降低轴承的尺寸和质量。

6）卫星和航天器方面。铍铜合金可以制成现代飞行器所必需的各种截面尺寸，提供目前最高的抗拉强度、疲劳强度和比强度，将部件做得小而轻且抗磨损。如洛克希德马丁导弹及航天公司（LMMS）为国际空间站（ISS）制造的太阳能阵列旋转式连接装置（SARJ）（直径为 3.2m，长约 1m）和热辐射器旋转式（TR-RJ）连接装置（直径和长度都为 1.2m）。该公司制造的极光全球勘测卫星无线电等离子影像仪（RPI），有四根 250m 长的径向天线，每根都是用 0.321mm 厚的铍铜制成。

3.1.4 铍资源的形成及分布

1. 铍矿物和矿床

铍是碱土金属元素，在地壳中含量约为 $2.6\times10^{-4}\%$，丰度排序第 32 位。含铍矿石有 90 多种，常见 20 多种，主要含铍矿石见表 3-7。在自然界中，单一的铍矿床少，共伴生矿床多，储量以共伴生矿床为主。

表 3-7 主要含铍矿石

矿石名称	化学组成	密度/$g\cdot cm^{-3}$	BeO(质量分数,%)
绿柱石(绿宝石)	$Be_3Al_2(Si_6O_{18})$	2.6~2.8	9.26~14.40
硅铍石(似晶石)	$4BeO\cdot 2SiO_2\cdot H_2O(Be_2SiO_4)$	2.0	43.60~45.67

（续）

矿石名称	化学组成	密度/$g\cdot cm^{-3}$	BeO(质量分数,%)
金绿宝石(尖晶石)	$BeAl_2O_4$	3.5~3.8	19.50~21.15
羟硅铍石	$Be_4(Si_2O_7)(OH)_2$	3.0	39.6~42.6
板铍石	Be_2BaSiO_2	4.0	15
磷钠铍石	$Na_2O\cdot 2BeO\cdot P_2O_5$	2.8	20
铍石	BeO	3.0	100
蓝柱石	$Be_2Al(SiO_4)_2(OH)_2$	3.1	17
双晶石	$Na_2O\cdot 2BeO\cdot 6SiO_2H_2O$	2.6	10
硼铍石	$4BeO\cdot B_2O_5\cdot H_2O$	2.3	53
日光榴石	$Mn_8(BeSiO_4)_6S_2$	3.2~3.4	8.0~14.5
白铍石	Na,Ca,Be的含氟硅酸盐	3.0	13
密黄长石	Na,Ca,Be的含氟硅酸盐	3.0	13
香花石	$Ca_3Li_2Be_3Si_3O_{12}(FOH)_2$		15.78~16.30
顾家石			9.49

在所有的含铍矿产中，目前仅有两种铍矿石可用于铍生产，具有商业开采价值。一种是羟硅铍石，理论氧化铍含量39.6%~42.6%，实际开采的高品位矿石氧化铍含量仅有0.69%。羟硅铍石是美国开采的主要铍矿石，羟硅铍石储量占世界首位，以目前的生产能力储量足够维持未来100年的生产。另一种是绿柱石，是其他国家开采的主要铍矿石，氧化铍理论含量14%，实际开采高品位绿柱石氧化铍含量10%~12%。绿柱石是铍矿石中最具商业价值的矿石，巴西有世界上最大的绿柱石集中蕴藏地，绿柱石储量居世界第一，其次为俄罗斯、印度、中国、非洲等。另外，含铍品位较高有可能成为具有工业价值的铍矿石还有：硅铍石、金绿宝石、香花石和日光榴石。图3-8所示为羟硅铍石、绿柱石实物照片。

a) b) c)

图3-8 铍矿石实物照片

a）正长岩体铍矿 b）绿柱石 c）羟硅铍石

铍矿床类型繁多，目前没有系统全面的铍矿床分类方案，铍矿通常划分为五大类：

（1）含绿柱石花岗伟晶岩矿床 主要有绿柱石-白云母伟晶岩和复合稀有金属伟晶岩两个亚类，前者广泛分布于巴西、印度、阿根廷和美国等地，后者主要分布在加拿大、津巴布韦、纳米比亚、扎伊尔、马达加斯加及俄罗斯，比较著名的有加拿大的伯尼克湖，津巴布韦比基塔，纳米比亚卡里布等铍锂铯钽伟晶岩矿床，美国北卡罗来纳州钽锡锂伟晶岩矿床。

(2) 正长岩杂岩体中含硅铍石稀有金属矿床　目前仅在加拿大西北地区发现了索尔湖矿床。

(3) 凝灰岩中羟硅铍石层状矿床　属近地表浅成低温热液矿床。美国犹他州斯波山矿床是该类矿床的典型代表，氧化铍（BeO）探明储量7.5万t，品位（BeO）0.5%，矿山年产铍矿石12万t，美国铍资源几乎全部来自该矿。

(4) 含绿柱石云岩型矿床　巴西的博阿维希塔铍矿床属于此类。

(5) 接触碳酸盐型铍矿床　这类铍矿床主要分布在美国的墨西哥州和阿拉斯加州。

2. 国外铍资源概况

世界铍矿产资源丰富，各地都有分布。据2000年美国公布的数据，世界金属铍量48.1万t，按已探明铍矿产资源量排序为：巴西（29.1%）、俄罗斯（18.7%）、印度（13.3%）、中国（10.4%）、阿根廷（5.2%）和美国（4.4%）。世界铍矿石储量情况见表3-8。

表3-8　世界铍矿石储量

国　家	储量/万t	所占比例(%)	国　家	储量/万t	所占比例(%)
巴西	14.0	29.1	澳大利亚	1.1	2.3
俄罗斯	9.0	18.7	卢旺达	1.1	2.3
印度	6.4	13.3	哈萨克斯坦	1.0	2.1
中国	5.0	10.4	刚果(布)	0.7	1.5
阿根廷	2.5	5.2	莫桑比克	0.5	1.0
美国	2.1	4.4	津巴布韦	0.1	0.2
加拿大	1.5	3.1	葡萄牙	0.1	0.2
乌干达	1.5	3.1	总计	48.1	100
南非	1.5	3.1			

巴西是铍资源大国，含绿柱石的伟晶岩广泛发育于巴伊亚州、塞阿腊州、米纳斯吉拉斯州，已查明有几万条伟晶岩脉。米纳斯吉拉斯州戈韦尔纳多-瓦拉达雷斯伟晶岩矿床的绿柱石矿石储量38.6万t，含氧化铍11.5%，约相当铍金属1.6万t。该州还查明有两个大型独立云英岩矿床（博阿维希塔），矿石氧化铍含量0.3%，已探明氧化铍储量4.14万t。

苏联有27处铍矿床，25处位于俄罗斯，2处位于哈萨克斯坦。苏联的氧化铍储量大约有10万t，其中俄罗斯9万t左右。俄罗斯的大部分铍矿储量是以稀有金属伟晶岩或绿柱石-云母交代矿的形式存在的，这两种类型组成的矿层含有大约80%的铍储量，估测量为7.2万t。

印度是第三铍资源大国，含巨晶绿柱石伟晶岩的矿床分布于拉贾斯坦邦、比哈尔邦、奥里萨邦、安得拉邦和中央邦。在比哈尔邦已知的250多个伟晶岩体中，约有一半以上伟晶岩体的绿柱石具有工业价值，总共约有氧化铍储量2800t。

美国羟硅铍石蕴藏是世界上最丰富的，至2000年已探明储量769万t，矿层平均铍含量0.26%，铍储量主要集中在犹他州斯波山的霍戈斯拜克与托帕兹两个羟硅铍石矿床中。霍戈斯拜克是世界上最大的铍矿床之一，也是目前世界最大的铍矿石产地，其氧化铍探明储量3.56

万t，总储量6.17万t，氧化铍品位0.69%。托帕兹铍矿床铍矿石的推测储量40.7万t，氧化铍品位0.67%。内华达州产在硅化石灰岩中的芒特惠勒铍矿床，铍矿石储量25万t，潜在储量27万~45万t，含铍0.75%。美国已知铍矿床中，还查明有铍资源约6.6万t。

加拿大铍储量主要集中于西北地区耶洛奈夫城东南100km处的索尔湖，为含硅铍石稀有金属矿床。该矿床氧化铍探明储量3.75万t（1989年），矿石氧化铍品位0.66%~1.40%。该矿床还含有钇、锆、铌和稀土等元素。

澳大利亚铍储量一半以上集中在布罗克曼含硅铍石稀有金属矿床中，矿床氧化铍探明储量0.74万t，总储量3.94万t，氧化铍品位0.08%。其余铍储量分布在含绿柱石的伟晶岩中，如南澳欧莱里、西澳皮尔巴拉和布罗肯希尔等地区的含绿柱石的伟晶岩。

1988年9月，挪威地质调查所发现了欧洲第一个具有商业价值的独立铍矿床——赫格蒂夫矿床，位于挪威中部摩城北面，估计硅铍石储量40万t，矿石含铍0.18%。据芬兰地质调查局报道，在芬兰东南部发现一块重达2240克拉（450g）的绿色透明绿柱石，这一发现推动了在该地区寻找绿柱石资源的工作。

3. 我国铍资源概况

我国铍资源分布主要集中在新疆、四川、云南及内蒙古四省区，已探明的铍储量以伴生矿产为主，主要与锂、钽铌矿伴生（占48%），其次与稀土矿伴生（占27%）或与钨伴生（占20%），此外尚有少量与钼、锡、铅锌及非金属矿产相伴生。铍的单一矿产地虽然不少，但规模很小，所占储量不及总储量的1%。截至2001年底，已探明铍矿产资源氧化铍资源储量28万t，基础储量1.92万t，占6.8%；资源量26.35万t，占93.2%；工业储量只有2.1万t，只占已探明储量的7.5%。

我国铍矿主要类型为花岗伟晶岩型、热液脉型和花岗岩（包括碱性花岗岩）型。花岗伟晶岩型是最主要铍矿类型，约占国内总储量的一半，主要产于新疆、四川、云南等地，这类矿床多分布在地槽褶皱带内，成矿年龄为180~391Ma[⊖]。花岗伟晶岩矿床常表现为若干伟晶岩脉聚集的密集区，如在新疆阿勒泰伟晶岩区，已知有10万余条伟晶岩脉，聚集在39个以上的密集区内。矿区内伟晶岩脉成群出现，矿体形态复杂，含铍矿物为绿柱石，大中型矿床矿石中BeO品位为0.02%~0.15%，平均0.055%。由于矿物结晶粗大、易采选，且矿床分布广泛是我国最主要的铍矿工业开采类型。

热液石英脉型铍矿具有规模中等、品位较富、矿物结晶较粗等特点，也是目前开发利用的类型之一，矿床主要分布在中南及华东地区。矿床产于地槽区，成矿时代以燕山期为主，由黑云母花岗岩和二云母花岗岩充填裂隙形成矿脉。矿脉分带性明显，矿物成分复杂，金属矿物以黑钨矿、锡石、白钨矿、辉钼矿为主，铍伴生其中，铍矿物多为绿柱石，也可见羟硅铍石和日光榴石。多形成绿柱石-黑钨矿、绿柱石-锡石和绿柱石-多金属脉型等综合性矿床。

花岗岩型铍矿多见于地槽褶皱带，成矿时代以燕山期为主。含铍花岗岩分为酸性岩和碱性岩两种，岩体规模较小，呈岩株、岩舌、岩盖状，矿体位于岩体顶部或边缘。酸性花岗岩中常形成两种矿物组合：以铍为主，伴生有铌、钽、锂、钨、锡、钼、镓等有用矿产，如新疆青河县阿斯喀尔特铍矿；另一种以钽、铌为主，伴生铍等稀有金属，如江西宜春414矿。含铍矿物为绿柱石，矿化均匀，但矿石品位低。碱性花岗岩中也有两种矿物组合，或以稀土

⊖ Ma为地质年代单位。1Ma=100万年。

为主，或以铍、铌、锆等伴生（内蒙古巴尔哲矿）为主，伴生铍（云南个旧马拉格）。

花岗伟晶岩型铍矿在我国最具找矿潜力，在新疆阿勒泰和西昆仑两个稀有金属成矿带，已划分出成矿远景区数万平方千米，伟晶岩脉近10万条。此外，在川西、滇西、东秦岭等地区也有一定的找铍远景。

从开发利用角度考虑，我国铍矿资源有以下特点：铍矿资源相对集中，有利于开发利用，我国铍工业储量集中在新疆可可托海矿，占全国工业储量的80%；矿石品位低，探明储量中富矿少。国外开采的伟晶岩铍矿，BeO品位都在0.1%以上，而我国都在0.1%以下，这对国内铍精矿的选矿成本有直接影响。铍的工业储量占保有储量比例很小，有待储量升级。

新疆铍矿产资源储量约占全国1/3，已探明铍矿区22处，铍矿资源保有储量为6.7万t（BeO），其中可可托海矿区探明铍储量占新疆铍储量的87%左右。可可托海矿区是国内著名大型稀有金属花岗岩矿床，富含锂、铷、铯、铍、铌、钽等，为全国开发最早的稀有金属矿产资源基地。矿区三号脉是我国稀有金属宝地，铍、锂、钽、铯资源储量居全国首位，其中铍矿石的保有储量1377万t，平均氧化铍含量0.052%，氧化铍保有储量达6.5万t。富蕴柯鲁木特大型锂铍、钽、铌稀有金属矿床26条脉矿，探明铍矿石远景储量4183万t。

位于新疆西北部的和布克赛尔蒙古自治县，已探明铍矿资源储量5.2万t。白杨河铍矿为亚洲最大的羟硅铍石型铍矿床，矿床平均品位为0.1391%，平均厚度为4.58m，氧化铍矿体连续性好，工业矿带延伸稳定。

3.1.5 铍工业的现状与发展趋势

1. 国外铍工业现状

世界上只有美国，哈萨克斯坦和我国具有工业规模的从铍矿开采、提取冶金到铍及合金加工的完整铍工业体系，英、德、法和日本等发达国家都没有铍冶炼工业，仅进口铍半成品进行二次加工。从20世纪80年代起，巴西具有氧化铍、铍铜合金及中间合金生产能力；铍资源丰富的第三世界国家主要是生产和出售铍精矿；印度虽有铍生产，但规模极小。

美国布拉什·威尔曼公司是世界规模最大、最完整的铍制造商，铍产品包括化合物、金属和合金。布拉什·威尔曼公司的铍工业代表了铍的生产技术水平，2000年，布拉什·威尔曼公司铍产量占世界93%。20世纪80年代，美国的铍工业主要依靠军事应用生存，随着冷战结束，铍需求量下降导致布拉什·威尔曼公司为进入其他市场而从事多种经营。20世纪90年代末期，铍的消耗量逐步回升，铍消耗量明显增加主要是电子工业和汽车部件对铍合金需求量增加。

哈萨克斯坦乌尔巴冶金厂是苏联仅有的一家铍冶炼加工厂，铍矿石以前主要由俄罗斯采矿公司供给，乌尔巴冶金厂也加工铀矿以生产核电站用铀燃料，是哈萨克斯坦大型综合性冶金企业。铍的生产从处理矿石开始，生产各种铍材及合金，主要产品有铍型材、铍粉、铍铜中间合金、铍铝中间合金和各种氧化铍制件等，是世界第二大铍生产商。

苏联解体以前，乌尔巴冶金厂所生产的铍产品均用于苏联的国防工业，每年约消耗200t铍材。康帕济特研究与发展公司，是苏联建立的专门研究航天材料的科研生产机构，其中有一部分主要从事铍材、铍合金及其制品的加工工艺与性能研究，并生产相应的铍及铍合金产品，原料由乌尔巴冶金厂提供。康帕济特研究与发展公司铍及其合金部分的加工、检测设备齐全配套，在铍铝合金异形坯精密铸造、铍及铍合金锻造、形变加工、机械加工、表面处理、焊接和铍材显微组织及性能检测方面均具有很强的研究开发实力和生产能力。其典型产品有各类光学镜体、镜架、惯导系统部件、X射线窗口材料、氮化钛涂层铍件等。该公司在采用熔模铸造方法、以铍铝精密铸造件代替纯铍制件方面有独特的造诣，居世界领先水平。

日本铍及铍合金生产以碍子金属公司（NGK）为主，碍子金属公司于1955年开始铍的研究，1956年首次实现从绿柱石中提取铍，1958年开始研究原子能用金属铍及氧化铍，同时开始生产金属铍、铍铜合金及氧化铍陶瓷，是世界第二大铍铜生产厂家。日本是世界上最大的铍、尤其是氧化铍进口国，几乎所有氧化铍都是从布拉什·威尔曼公司进口。

西欧国家和日本，特别是英国，是世界主要铍消费国之一，其原料半成品及成品大多数来自美国，一年大约几十吨，所产生的废料也多返回美国。英国古德飞罗集团、法国铍希尼公司也涉及氧化铍粉、氧化铍陶瓷的研究、制造和销售。

印度于20世纪70年代中期在孟买附近自行设计建造了一个铍试验工厂，最初只生产氧化铍和金属铍，为本国的核工业服务。现在虽也能生产铍铜合金，但规模很小。

巴西是世界最大的铍资源国，多年来一直只出售铍矿石。1987年，巴西核子工程研究院宣布建立铍试验工厂，采用氧化铍镁热还原法生产金属铍，规模为年产金属铍60kg，随后扩大到工业规模。

2. 我国的铍工业现状

我国的铍工业经过几十年的发展，已经形成了从矿石开采、提取冶金到铍金属及合金加工的完整工业体系，实现了从无到有、从小型实验研究到工业化生产，从依赖进口到部分产品出口的快速发展。目前，铍精矿采选能力已达数千吨，工业氧化铍生产能力200t：铍铜中间合金实际产能超过千吨。氧化铍与铍铜中间合金产量除满足本国需要外还有部分出口。

我国的铍冶炼企业有湖南水口山矿务局第六冶炼厂（简称水口山六厂）和新疆富蕴恒盛铍业有限公司两家。水口山六厂始建于1957年，是国内拥有从铍矿石冶炼到氧化铍、金属铍和铍铜中间合金生产完整体系的铍冶炼厂，也是全世界仅有几个具有铍冶炼能力的企业之一。铍的产品系列有：工业氧化铍与高纯氧化铍、氧化铍陶瓷、金属铍珠、铍铜中间合金、铍铜铸造合金和铍铜安全工具等。

富蕴恒盛铍业有限责任公司工艺技术与水口山基本相同，目前产能为工业氧化铍100t/年，铍铜合金800t/年，金属铍珠2.5t/年。

西北稀有金属材料研究院［隶属于中色（宁夏）东方集团有限公司］是我国唯一金属铍生产和研制基地，建有稀有金属铍材行业重点实验室和宁夏特种金属材料重点实验室。经过30多年的发展，自主建立起了独立、完整的铍生产科研体系，具备生产各种用途铍材的能力。

我国进行氧化铍粉和氧化铍陶瓷技术等研究和生产的主要有：湖南有色铍业有限公司（粉体唯一生产者，原湖南水口山第六冶炼厂）、上海飞星特种陶瓷厂、四川799厂和中国电子科技集团公司第十二研究所。在产业化上，以799厂实力最为雄厚，是国内最早从事氧化铍陶瓷研究和生产的企业，军工定点单位，具备热压铸、挤压、轧制、干压等静压工艺及金属化技术，在技术、质量、生产规模上都是国内一流的。

3. 铍工业的发展趋势

目前，全球铍工业的基本状况是发展中国家的铍资源流向美国，美国向世界各发达国家

（主要是西欧各国和日本）提供铍的半成品和精加工产品。总的来看，未来几年铍工业的发展将呈现以下趋势：

（1）世界铍工业三大体系的格局将持续　美国、哈萨克斯坦和我国是目前世界上三个具有从矿石到冶炼加工完整工业体系的铍生产国。尽管世界对铍的需求，特别是对铍合金的需求与市场在逐年增长，市场前景广阔，但目前Materion公司、乌尔巴冶金厂完全能够向世界市场提供充足的铍及铍合金产品，满足市场需要。西北稀有金属材料研究院的产品也能够满足国内市场的需要。

（2）金属铍材料战略地位进一步提高，产业发展依靠国防军工　鉴于金属铍的特殊性能、特殊应用和战略性材料特性，国防军工、航空航天以及战略核能仍将是金属铍的主要应用领域。金属铍产业的发展，尤其是科技进步，仍然依靠国防军工来推动。铍作为一种特殊战略性金属材料，其应用必将得到进一步的提升和增强。

（3）铍合金和氧化铍陶瓷的需求与消费量逐年增长，产业发展前景广阔

1）随着世界经济的发展，铍铜的需求量增长迅速，铍铜产业将引领铍产业的消费市场，带动和拉动铍产业的发展。铍铜合金加工工艺复杂，技术难度大，如何选择最佳的加工工艺制度，保证材料的优异性能，满足不同行业对铍铜合金的使用要求，是铍铜合金研究的主要内容之一。硬化铍铜合金加工材是铍铜合金的发展趋势，铍铜生产技术的研究将集中在如何降低铍铜合金的生产成本上，提高铍铜生产自动化能力上；开发综合性能更优异且成本较低的低铍含量铍铜合金产品，是目前铍铜合金发展的一种趋势。

2）铍铝工业的发展趋势。通过调节铍铝合金的成分，协调性价比。铍铝合金在应用上具有很大的灵活性，与铍往往只能用于不计成本性能至关重要的国防领域不同，铍铝合金在民用领域得到了广泛的应用，铍铝合金比铍更有竞争力。

铍铝合金占铍消耗量的10%。铍铝合金与金属铍和其他航空航天材料相比，铍铝合金有良好的刚度、质量和热学特性，可作为钛合金更新换代的材料。美国空军展示用铍铝合金制造的用于航天器的近净形和净形零部件，同时也证明了电子束焊接铍铝合金的可行性。这两项技术的成功应用使铍铝合金的生产成本降低80%，铍铝合金必将对传统的航空航天材料产生冲击。铍铝合金作为一种新型材料，无论在国防领域还是民用领域都将有广阔的发展空间。

3）氧化铍陶瓷工业的发展趋势。高热导率陶瓷包括氮化铝、氮化硼、碳化硅、金刚石等，氧化铍陶瓷仍是优选材料。我国氧化铍陶瓷的纯度为99.0%，产品在纯度上比国外99.5%陶瓷有一定差距。

（4）含铍新材料正在进入应用市场　目前在铍材料领域，除金属铍，其他产品的应用量均在增加。铍镍合金（包括铍镍钛合金）能够用在比铍铜更加苛刻的环境中，越来越多地进入电子工业领域；铍和氧化铍金属基复合材料也已经在地基和天基电子器件中得到应用。

3.2 铍矿的冶炼

3.2.1 从矿石中提炼氧化铍

由于绿柱石十分稳定，普通酸碱在常温下对它不起作用，且氧化铍剧毒，因此氧化铍的

生产工艺困难且复杂。长期以来，虽已研究了不少从铍矿物制取氧化铍的方法，但获得工业应用的迄今只有氟化法、硫酸法、硫酸-萃取法和硫酸-水解法，其中硫酸-萃取法是较为先进的工艺技术，被美国 Materion 公司技术垄断。

1. 氟化法工艺

氟化法建立在铍氟酸钠能溶于水，而冰晶石不溶于水的原理之上。将绿晶石与硅氟酸钠混合，于750℃下烧结2h，其主要反应式为

$$3BeO \cdot Al_2O_3 \cdot 6SiO_2+2Na_2SiF_6+Na_2CO_3 = 3Na_2BeF_4+8SiO_2+Al_2O_3+CO_2$$

结块磨细，用冷水多级逆流浸出，滤除残渣后，得到含 BeO4～5g/L 的铍氟酸钠溶液。氟化法获得的浸出液比硫酸法的纯度高，不需要专门的净化处理就可以直接用氢氧化钠沉淀出氢氧化铍，反应式为

$$Na_2BeF_4+2NaOH = Be(OH)_2\downarrow +4NaF$$

水解废液中氟化钠浓度较低，不便于蒸发回收，将硫酸铁加入到溶液中，生成铁氟酸钠（Na_3FeF_6）沉淀和硫酸钠，氟化钠得以回收，反应式为

$$12NaF+Fe_2(SO_4)_3 = 2Na_3FeF_6\downarrow +3Na_2SO_4$$

回收的铁氟酸钠返回配料。实际上配料过程中约60%的氟来自回收的铁氟酸钠，其余则需补加硅氟酸钠。

氟化法的流程比较简单，耐蚀条件好，并且还适合处理含氟高的原料，但产品质量稍逊于硫酸法。氟化法处理的矿物是高品位（BeO>10%）绿柱石矿，低品位矿中一般都含有较多的含钙矿物（石灰石、氟石等）。在烧结时，矿物中的钙会生成不溶的铍氟酸钙（$CaBeF_4$）而影响铍的浸出率。氟化法同样也不适高氟铍矿，因为高氟铍矿中的氟主要以氟化钙形式存在。

2. 硫酸法工艺

根据打开矿样的方法不同，硫酸法又分为不加熔剂与加熔剂（碳酸钠或碳酸钙）两种方法。前者是美国曾经使用的流程，后者是德国德古萨流程。我国采用硫酸法处理铍矿石也有30余年的历史，所采用的工艺过程既不同于德古萨公司的方法，也不同于美国的方法，具有独特性，近年来经过许多改进，不仅产品质量已达国际水准，而且能从非绿柱石矿中提取铍。

美国布拉什·威尔曼公司硫酸法打开矿样的原理是基于矿物晶型结构的改变，先将绿柱石变成熔体，迅速水淬，然后再进行热处理。磨细后的物料经浓硫酸酸化以后，铍（硫酸铍）的浸出率可达91%，浸出液含 BeO 36g/L，矿石中的铝变成硫酸铝，其他金属杂质也变成相应的硫酸盐，硅则进入渣中被除去。加氨水中和浸出液，多余的酸变成硫酸铵。温度降到20℃以下时，硫酸铵和硫酸铝生成一种溶解度小的铝铵矾晶体，铝进入铝铵矾渣被除去，反应式为

$$(NH_4)_2SO_4+Al_2(SO_4)_3+24H_2O = (NH_4)_2SO_4Al_2(SO_4)_3 24H_2O$$

向除铝后的溶液中加入络合剂 EDTA 和氢氧化钠溶液，使铍变成铍酸钠（Na_2BeO_2），煮沸时铍酸钠水解出氢氧化铍沉淀。铝酸钠不水解，铁和其他杂质被络合均保留在溶液中。

德古萨硫酸法打开矿样的原理是基于绿柱石和碱（碱土）金属碳酸盐在熔化状态下完全变成了一种能被硫酸浸出的复合硅酸盐，过程主要反应如下：

$$3BeO \cdot Al_2O_3 \cdot 6SiO_2+6CaCO_3 = 3BeO \cdot Al_2O_3 \cdot 6CaSiO_3+6CO_2\uparrow$$

$$3BeO \cdot Al_2O_3 \cdot 6CaSiO_3+12H_2SO_4 = 3BeSO_4+Al_2(SO_4)_3+6CaSO_4+6SiO_2+12H_2O$$

经硫酸酸化浸出后的溶液含 BeO12~15g/L，蒸发到一定的浓度后，加入硫酸铵，冷却。同样溶液中的铝在温度降到 20℃以下时，硫酸铵和硫酸铝生成一种溶解度小的铝铵钒晶体，铝进入铝铵钒渣被除去。与布拉什·威尔曼公司硫酸法不同的是：除铝后不用络合剂，而是用分步沉淀的方法，在 pH=5 时，氧化中和除铁；再提高 pH 值至 7~8，铍生成 $Be(OH)_2$ 沉淀。显然，产品质量比布拉什·威尔曼公司硫酸法差一些，但可以满足铍铜合金生产的原料要求。

无论是布拉什·威尔曼公司硫酸法或德古萨硫酸法，都是以处理高品位绿柱石为基础的。布拉什·威尔曼公司进口绿柱石要求氧化铍含量>11%。德古萨法在处理低品位铍矿时，虽然铍的转化率高，但渣量增大、浸出液含铍低等因素均会使指标降低。如果铍品位低于 9%，回收率将明显下降。对于高氟矿，则由于氟的存在，在铝铵矾结晶阶段，除铝效率下降，较多的铝留在溶液中，最终产品中铝超标。

我国工业氧化铍的生产也是采用硫酸法，是从德国德古萨硫酸法改进而来的，其工艺流程如图 3-9 所示。

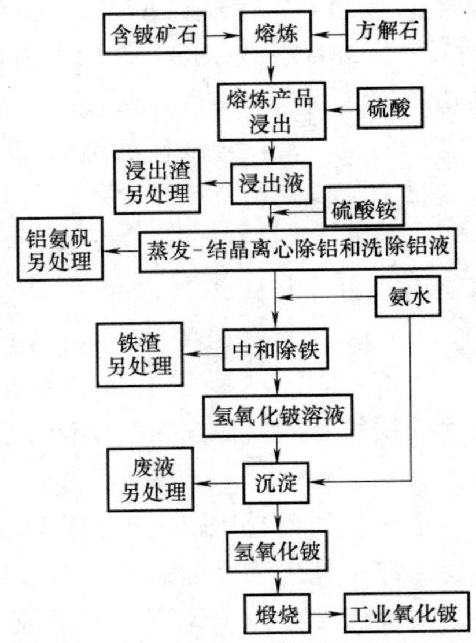

图 3-9 我国工业氧化铍生产流程

以绿柱石为原料加方解石配料混合，装入电弧炉，在 1400~1500℃下进行熔炼，熔体经水淬、球磨成高反应活性的铍玻璃体。其反应式为

$$3BeO \cdot Al_2O_3 \cdot 6SiO_2+2CaO = CaO \cdot Al_2O_3 \cdot 2SiO_2+CaO \cdot 3BeO \cdot SiO_2+3SiO_2$$

湿磨后所得细铍玻璃与浓硫酸混合，剧烈反应可使温度升至 250℃左右，反应过程中硅酸盐脱水，析出 SiO_2，然后用水逆流浸出。液固分离后得到含铍的浸取液。过程主要反应式为

$$4H_2SO_4+CaO \cdot Al_2O_3 \cdot 2SiO_2 = Ca_SO_4+Al_2(SO_4)_3+2SiO_2+4H_2O$$

$$4H_2SO_4+CaO \cdot 3BeO \cdot SiO_2 = CaSO_4+3BeSO_4+SiO_2+4H_2O$$

浸出液中含有铁、铝等杂质，经浓缩后，添加硫酸铵，再冷却结晶，铁、铝形成硫酸亚铁铵和硫酸铝铵矾渣。液固分离后得到含铍除铝液，反应过程为

$$Al_2(SO_4)_3+(NH_4)_2SO_4+24H_2O = 2[(NH_4)Al(SO_4)_2 \cdot 12H_2O](NH_4)Al(SO_4)_2 \cdot 12H_2O$$

$$FeSO_4+(NH_4)_2SO_4+6H_2O = (NH_4)_2Fe(SO_4)_2 \cdot 6H_2O(NH_4)_2Fe(SO_4)_2 \cdot 6H_2O$$

往除铝液中加氯酸钠氧化，以氨水作中和剂，调节 pH 值为 5 左右沉淀铝、铁。铁渣洗涤回收氧化铍后送污水站处理。中和液再加氨水调节 pH 值至 7.5，沉淀出氢氧化铍。氢氧化铍经洗涤、烘干锻烧成工业氧化铍。

我国工业氧化铍的生产工艺是从德国德古萨硫酸法改进而来的，这些改进对氧化铍产量增加、质量改善，都起到了十分重要的作用。虽然流程较长，但金属总回收率达 80%，产品质量较高，特别是化工原料廉价易得，具有成本较低的优势。但工业氧化铍生产工艺存在不能处理高氟铍矿的缺点，对铍矿石品位、粒度、杂质含量要求比较严格，矿石适应能力较差。

近年来，我国用来生产工业氧化铍的绿柱块矿日趋短缺，为了满足铍产品市场和军工产品对铍材的需要，必须寻找替代绿柱石块矿的其他铍矿资源。为此，我国对一些非绿柱石铍矿生产工业氧化铍的工艺进行了大量研究，使工业氧化铍及其他铍产品的生产得以持续和发

展。高氟铍矿石是目前乃至今后铍矿石的主要来源，我国分别研究了铍矿湿法脱氟、硫酸化焙烧脱氟和碱溶水解法等脱氟工艺，取得了好的效果。硫酸化焙烧脱氟可使矿石的F/BeO从30%~100%下降到低于8%，由于焙烧后浸出率提高，氧化铍总回收率提高了2%。

3. 硫酸-萃取法工艺

布拉什·威尔曼公司在硫酸法的基础上研发出硫酸-萃取法工艺，是美国工业氧化铍生产的主要工艺，其工艺流程如图3-10所示。硫酸-萃取工艺不仅可以处理含BeO 8%以上的高品位绿柱石精矿，还可处理含BeO 0.6%~0.7%的羟硅铍石原矿，这使布拉什·威尔曼公司摆脱了对绿柱石资源的依赖。

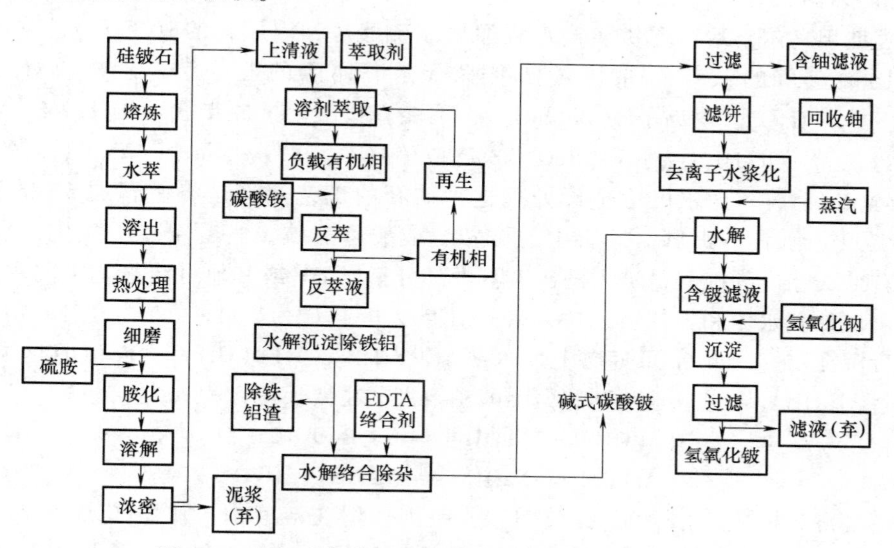

图3-10 美国布拉什·威尔曼工业氧化铍生产工艺流程

羟硅铍石首先经粉碎，将破碎（为避免粉尘飞扬而用水喷淋）后的原矿在带分级机的球磨机中湿磨至<0.07mm，喷淋和湿磨均采用逆流倾注洗涤浓密机的洗水。湿磨后往矿浆中加入10%的硫酸，在液固比为3及温度100℃的条件下搅拌酸浸24h，然后再在逆流倾注洗涤浓密机中逆流沉降，弃去泥浆，所得浸出液含铍0.4~0.7g/L、铝4~7g/L，pH值为0.5~1.0。以膦酸二(2-乙基己基)酯(D2EHPA)-乙醇-煤油作为有机相进行八级逆流萃取，铍及少量铝、铁进入有机相萃余液废弃。该萃取过程的反应式为

$$Be^{2+}(a)+2H_2X_2(o)=\!=\!=BeH_2X_4(o)+2H^+(a)\ (H_2X_2\text{代表 D2EHPA})$$

获得的负载有机相用碳酸铵溶液反萃，铍进入水相中形成铍碳酸铵，铁、铝也进入水相，反萃过程的反应式为

$$BeH_2X_4(o)+2(NH_4)_2CO_3(a)=\!=\!=(NH_4)_2Be(CO_3)_2+2NH_4HX_2(o)$$

反萃后的有机相经硫酸酸化再生后返回萃取工序，反萃液则加热至70℃，使铁、铝水解沉淀而分离；再将除铁、铝后的溶液加热至95℃，并且加入络合剂，使铍碳酸铵溶液水解得到碱式碳酸铍沉淀，过滤后的含铀滤液用于回收铀，而滤饼则用去离子水打浆后再用蒸汽加热至165℃水解。主要反应式为

$$2(NH_4)_2CO_3+BeCO_3=\!=\!=BeCO_3Be(OH)_2+4NH_3+3CO_2+H_2O$$

$$BeCO_3Be(OH)_2+H_2O=\!=\!=2Be(OH)_2+CO_2$$

水解得碱式碳酸铍沉淀和含铍滤液，滤液加碱后沉淀出氢氧化铍，与碱式碳酸铍一同作为产品。

硫酸-萃取工艺是较先进的氧化铍制取工艺，具有如下特点：有机相及反萃沉淀均可返回利用，效率较高；排出的污染物除浸出渣外，只有萃余液和酸洗废液，数量少易于处理；萃取与反萃过程易实现连续化、自动化；可处理杂质锂、氟含量高的矿石并获得质量好的氧化铍产品。2015 新疆有色金属研究所完成了硫酸萃取法半工业试验，成为我国萃取提取铍工艺的首次。

4. 硫酸-水解工艺

哈萨克斯坦乌尔巴冶金厂铍生产流程原属于硫酸法，因原料的改变而发生了很大的变化。乌尔巴冶金厂的铍矿石原料来自俄罗斯赤塔地区的五一镇，矿物成分为硅铍石（$4BeO \cdot 2SiO_2 \cdot H_2O$）和似晶石（$Be_2SiO_4$），不能直接酸溶。原矿含 BeO 1.2%，经选矿后达 8%～9%。精矿的成分为：w(BeO) 8%、w(Al_2O_3) 8.7%、w(Fe_2O_3) 11.7%、w(F) 6.7%、w(Mn) 1.1%。乌尔巴冶金厂处理这种矿石的工艺流程是将矿石加 5% 的碳酸钠在 1350 ℃下熔化，水淬、细磨，矿石中的铍转变成酸可溶铍，然后用硫酸酸化、水浸。铍、铁、铝都转变成相应的硫酸盐进入浸出液，大部分氟以 HF 或其他可溶氟化物同时进入浸出液。将浸出液加氨水中和，使铍、铁、铝分别生成 $Be(OH)_2$、$Fe(OH)_2$、$Fe(OH)_3$、$Al(OH)_3$混合沉淀物。向混合沉淀物中加入氢氧化钠溶液，$Fe(OH)_2$、$Fe(OH)_3$不会溶解，$Be(OH)_2$、$Al(OH)_3$则生成铍酸钠和偏铝酸钠溶液。主要反应方程式为

$$Be(OH)_2+2NaOH = Na_2BeO_2+2H_2O$$

$$Al(OH)_3+NaOH = NaAlO_2+2H_2O$$

将上述溶液煮沸，铍酸钠水解成 $Be(OH)_2$，铝则保留在溶液中，从而实现铍和铝的分离。回收率为 85%左右。该工艺存在成本问题：碱的消耗量大，每吨氧化铍要增加成本 6 万元；另外废水量大，每吨氧化铍约产生 1000t 废水，其处理费用也会给成本带来压力。

3.2.2 氧化铍的提纯

生产高纯氧化铍的方法有硫酸铍结晶法、碱式醋酸铍分解法和水解络合法。

1. 硫酸铍结晶法

硫酸铍结晶法是将硫酸铍结晶析出而使杂质留于溶液中再进行除去的方法，其工艺流程视使用原料的纯度和对产品纯度的要求不同而异。若原料氢氧化铍的纯度较低，而要求产品纯度较高（BeO≥99.9%）时，可采用预精制的办法，先除去部分杂质，然后将硫酸铍溶液蒸发、冷却结晶，最后将硫酸铍结晶分解和煅烧，即获得所需纯度的高纯氧化铍。也可不经过预精制，仅采用硫酸铍重结晶的办法，制得纯度很高的硫酸铍晶体，最后将其在高温下分解煅烧而得所需纯度的高纯氧化铍。在原料氢氧化铍纯度较高（相当于 BeO≥99.0%），或对产品纯度要求较低的情况下，只需将氢氧化铍用硫酸溶解和进行一次蒸发结晶，便可获得所需纯度的高纯氧化铍。

2. 碱式醋酸铍热分解法

碱式醋酸铍热分解法是苏联用来生产核工业用高纯氧化铍的方法。首先将工业氢氧化铍溶解于醋酸中，即发生生成碱式醋酸铍的反应，反应式为

$$4Be(OH)_2+6CH_3COOH = Be_4O(CH_3COO)_6+7H_2O$$

醋酸铍溶液随后在573~673K温度下连续蒸馏，碱式醋酸铍蒸馏挥发并被收集，所有杂质几乎全部留在蒸馏残渣中。再将收集的碱式醋酸铍在密闭反应器中加热至873~973K进行分解，便获得很细的氧化铍粉末。此法的提纯效果好，产品纯度高，完全能满足核反应堆用铍材的要求。但碱式醋酸铍蒸气的毒性很大，防护困难，热分解的技术和设备较复杂。

3. 水解络合法

水解络合法是将工业氢氧化铍经硫酸溶解，加入螯合剂络合、中和沉淀、烘干和煅烧过程，制得高纯氧化铍的方法。水解络合法过程简单，腐蚀小，但产品纯度较低(BeO≥99.50%)。

碱式醋酸铍热分解法最大的优点是产品氧化铍纯度高(BeO≥99.95%)，金属杂质的总含量只有0.001%~0.005%，分散性特高(氧化铍平均粒径为1μm)，但工艺过程难于掌握，设备不易解决，成本高。硫酸铍结晶法对设备腐蚀性大，但操作条件易于掌握，对原料的适应性广，可根据用户的要求，生产不同纯度、不同分散性的高纯氧化铍。

目前国内尚未颁布高纯BeO产品质量标准，常见高纯BeO粉体的技术性能指标见表3-9。

表3-9 高纯氧化铍产品质量标准

成分项目	单位	美国uox	水口山六厂	中国冶金进出口公司	成都保森化工有限公司
BeO	质量分数,%	99.0	99.5	99.5	99.0
Fe	质量分数,10^{-4}%	50	30	300	30
Al		100	25	100	100
Ca		50	15	200	50
Mg		50	10	200	50
Si		100	50	350	100
Na		50	200	150	50
B		3			3
K		50	40		50
比表面积BET	m^2/g	9~12	8.5~11		8.2~12.7
灼失	%	1.0		1.0	1.0
S	质量分数,10^{-4}%	1500	1000		1500
粒度	μm	99%<20μm			

3.3 金属铍的冶炼与加工

3.3.1 金属铍的冶炼

金属纯铍的生产工艺主要有两种，一种是氟化铍镁热还原法，制取的金属铍为珠状，纯度在97%左右；另一种是电解氟化铍或氯化铍，制取的金属铍为鳞片状，纯度可达99%以上。工业规模生产金属铍主要采用氟化铍镁热还原法工艺，哈萨克斯坦、中国、印度均采用此工艺，美国是两种工艺都采用。

1. 氟化铍镁热还原法

氟化铍镁热还原法生产金属铍包括三个主要步骤，第一步是制备出具有一定纯度的氟铍化铵晶体，反应式为

$$Be(OH)_2+2NH_4HF_2 = (NH_4)_2BeF_4+2H_2O$$

第二步是氟铍化铵加热分解成玻璃状的氟化铍，反应式为

$$(NH_4)_2BeF_4 = BeF_2+2NH_4F$$

第三步是用镁将氟化铍还原成金属铍珠，反应式为

$$BeF_2+Mg = Be+MgF_2$$

美国布拉什·威尔曼公司采用氟化铍镁热还原法，其工艺流程如图 3-11 所示。先把中间产品氢氧化铍化学提纯，得无水氟化铍（BeF_2），包括把氢氧化铍溶于氟化氢铵，向所得溶液中加入硫化物净化，将溶液加热到 80℃使之转化成碱性溶液，从而使溶液中的铝从溶液中沉淀出来。进一步净化和过滤之后，溶液中的氟铍酸铵通过在真空中的顺流蒸发作用而形成结晶，所得结晶装入感应加热石墨衬里的炉子经过热分解成为氟化铍。氟化铍流到炉子底部，在水冷铸轮上凝固成为一种玻璃状的产品。在下一阶段，氟化铍与金属镁一起装入一个直径为 610mm 的石墨坩埚，加热源为高频炉，功率 100kW。每次加入约 120kg 氟化铍，43.5kg 镁，反应周期为 3.5h，炉料先慢加热，至 650℃时镁熔化，开始与氟化铍反应。在 803℃时氟化铍熔化反应加快，到 900～1000℃时反应进行完毕，镁和氟化铍并不会挥发。在反应完毕之后物料升温至 1300℃，使熔化的铍分离出来并且浮到炉渣表面。倒出熔融的铍并使之在一个石墨收料缸中凝固，然后装入球磨机中进行破碎和水浸，使铍珠和氟化镁分离，而多余氟化铍则溶于水，细粒的铍被氢氟酸溶解。还原工序的直接回收率为 62%，总回收率为 96%～97%。铍珠的成分是铍 97%，镁 1.5%，其他金属杂质 0.2%～0.5%，碳 0.07%，氧化铍 0.1%。进一步清洗之后所得铍珠含有大约 97%的铍、炉渣和未反应的金属镁。

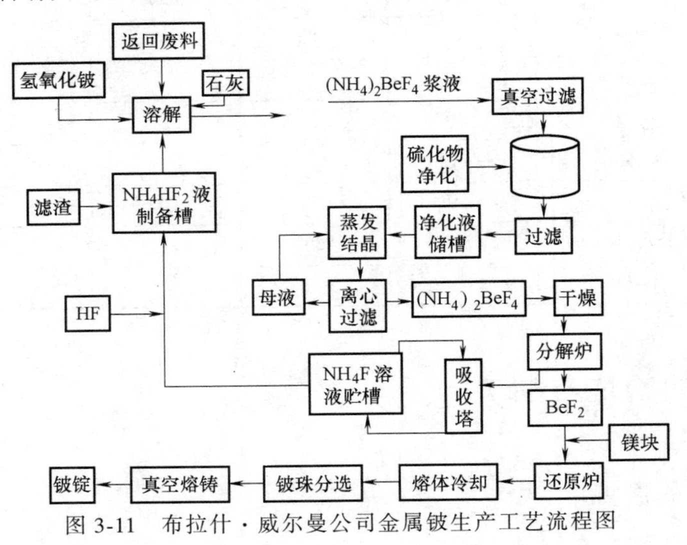

图 3-11　布拉什·威尔曼公司金属铍生产工艺流程图

我国水口山六厂氟化铍镁热还原法工艺流程如图 3-12 所示。工业氢氧化铍经硫酸溶解，EDTA 络合，除去杂质元素后，得到精制 $Be(OH)_2$；加 HF 溶解，得到含 Be 70g/L 的 H_2BeF_4溶液，通入氨气，得到（NH_4）$_2BeF_4$晶体；将（NH_4）$_2BeF_4$在中频炉内分解成 BeF_2

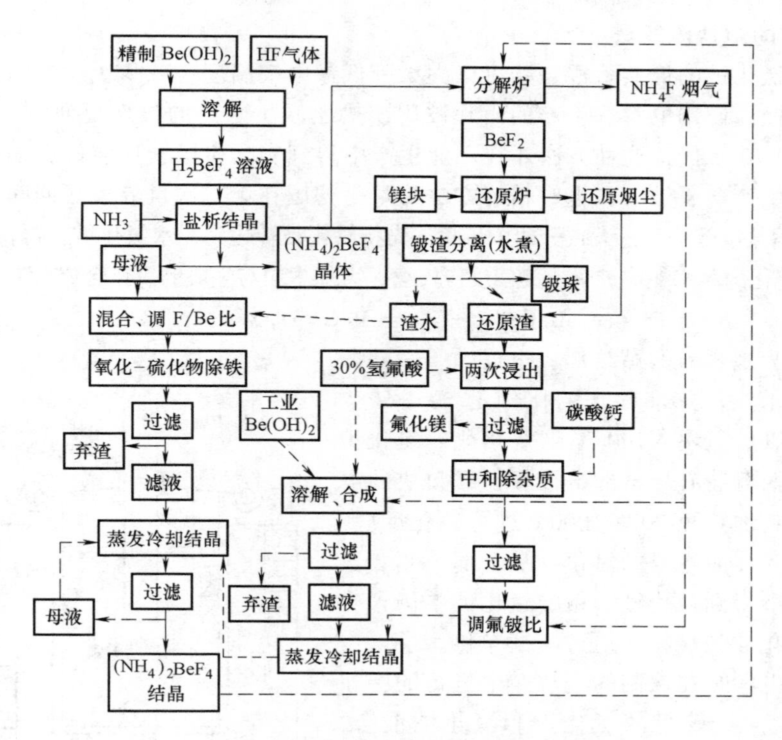

图 3-12　水口山金属铍珠生产流程全图

和 NH_4F，氟化铵进入收尘系统；氟化铍和镁在中频炉内还原，900℃下还原反应顺利进行，最后需将温度提高到1300℃，使金属铍和氟化镁都熔化，铍聚集成块，浮在氟化镁熔体之上，一并倒入铸模，冷却成饼状；将渣饼破碎、煮磨、筛分得金属铍珠和氟化镁。

水口山六厂金属铍的生产自1980年停产，2004年10月金属铍车间经改造后恢复生产。以前金属铍的生产流程是一个不完善的流程，一些含铍物料，如还原烟尘、分解烟尘，因为吸湿性很强，没有找到适宜的回收设备，基本上没有回收。母液、渣水、还原渣中的铍没有实现返回利用，造成含铍物料流失和对环境的污染。改造后的流程选用了先进的收尘设备，使还原烟尘、分解烟尘得以有效地回收。所有回收的物料，包括母液、渣水、还原渣、烟尘等，都建立了相应的回收处理流程。实现了全流程闭路循环。分解、还原收尘技术的进步，既解决了防护的难题，同时也显著改善了铍尘对大气的污染。流程闭路是金属铍生产的重大技术进步，有利于降低成本，提高产品竞争力。

现行金属铍珠的质量标准见表3-10。该标准为 YS/T 221—2011。在此标准中将金属铍珠分为3个级别。

表 3-10　金属铍珠化学成分（YS/T 221—2011）　（%）

杂质元素≤	Be-02	Be-01	Be-1	杂质元素≤	Be-02	Be-01	Be-1
w(Fe)	0.05	0.105	0.25	w(Ni)	0.002	0.008	0.025
w(Al)	0.02	0.15	0.25	w(Cr)	0.002	0.013	0.025
w(Si)	0.006	0.06	0.10	w(Mn)	0.006	0.015	0.028
w(Cu)	0.005	0.015		w(B)		0.0001	
w(Pb)	0.002	0.003	0.005	w(Mg)	1.0	1.0	1.1
w(Zn)	0.007	0.01					

2. 氯化铍的熔盐电解法

氯化铍和氯化钠的低共熔混合物可以大大降低铍电解温度，减少氯化铍的挥发损失并减少对设备的腐蚀。使用电解法生产的鳞片铍比镁热还原法生产的铍珠更便宜、纯度也较高。但直到 20 世纪 70 年代，这种方法才在工业生产中得到实际应用，目前仅有 Materion 公司采用该方法规模生产金属铍。铍电解精炼方法最早是德国在第二次世界大战期间使用的工艺。

氯化铍的熔盐电解法工艺大致分两个步骤，先将氧化铍转化为无水氯化铍，再将氯化铍熔盐电解。将氧化铍转化为无水氯化铍时，为使反应连续，需加木炭与生成的氧化合成 CO。反应式为

$$BeO+Cl_2+C \xlongequal{} BeCl_2+CO\uparrow$$

用焦油作为制团料的黏结剂，也提供了一部分碳。氧化铍、木炭、焦油和水的比例是 50 : 60 : 53 : 53。混合以后压块，1000℃煅烧焦化。氯化炉一般呈方形，两侧装有导电的电极板，靠料块的电阻发热，使炉料加热至 700~1000℃进行氯化反应。氯气从底部通入，而生成的氯化物从上部一侧导至冷凝器中，冷凝得到氯化铍。粗的氯化铍中仍含有一些杂质如氧化铍和炭粉，通过蒸馏净化。

氯化铍的电解是在镍制的电解槽中进行的，如图 3-13 所示。大致等量的氯化铍和氯化钠混合，在坩埚中熔融，保持在 350℃进行电解。镍坩埚本身作为阴极，石墨作为阳极，经改进的方法是在坩埚内放入阴极筐。电解结束后，将带孔的阴极筐从电解槽中取出，电解液从孔中流回到电解槽，将得到的金属铍洗涤、干燥，得到鳞片铍。

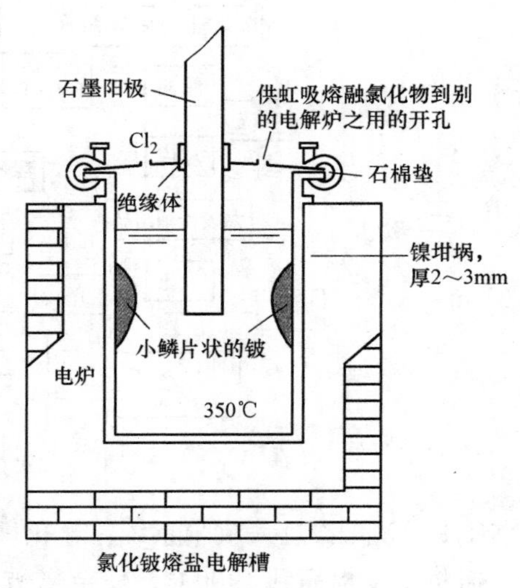

图 3-13　氯化铍熔盐电解槽

3.3.2　金属铍粉末冶金

真空热压和热等静压是铍材成形最常用的方法。铍铸锭晶粒粗大，强度和延性均很差，且各向异性严重，很难用于产品的加工。因此，铍材料一般都采用粉末冶金工艺制备，这几乎是目前获得高强度和满足其他性能要求的细晶粒铍材的唯一方法。铍珠经真空熔炼制成铸锭，将铸锭车（或铣）削成碎屑，然后制粉。铍粉末采用真空热压、冷等静压-热等静压（简称等静压）、冷等静压-真空烧结（简称冷压烧结）、直接热等静压或粉末锻造等粉末冶金工艺，烧结到接近理论密度，获得铍锭坯，然后机械加工或轧制/挤压至产品尺寸和形状。通过提纯铍珠，控制铍粉末的化学成分、粒度组成等特性，合理选择固结温度与压力参数，可以制得各种不同用途与级别的铍材。

1. 金属铍的熔铸

镁热还原法生产的铍珠含有 1.0%~1.5%的镁，一定量的氟化物渣和其他金属杂质，必须经过真空熔炼提纯才能用于生产铍材。由于铍珠中的镁、锌、氟等杂质的沸点低，所以容易在比铍熔点低得多的温度下，通过真空熔炼挥发除去。铍珠中的铁、铝、硅、铬、镍、铜、锰等杂质，在低于铍熔点温度时，蒸气压与铍接近或更低，这些杂质和铍形成金属间化合物或合金，在真空熔炼中不能除去，必须在生产铍珠过程中用化学法除去。真空熔炼铍锭

是铍珠精炼的产品，主要用作制粉原料。

铍是活性很强的金属，铍珠表面极易氧化并形成一层氧化膜。金属铍熔化后不仅易与接触的材料反应，而且易吸附并溶解氧、氮、水、油等气体，因此必须在真空或惰性气氛中熔炼。熔炼用坩埚和铸造模具的材料必须不与液态铍反应，氧化铍不与铍溶液反应，因此通常用氧化铍制造坩埚。略高于铍熔点的铍溶液会与石墨发生碳化反应，但由于注入模内的铍溶液立即冷至固相线温度以下而不发生反应，所以，仍广泛采用石墨铸模。真空中频感应电炉熔炼速度快，生产周期短，操作和维修方便，较适合铍的熔炼，但容易产生辉光放电和熔融物喷溅。图3-14所示为氧化铍坩埚及凝结罩的示意图。

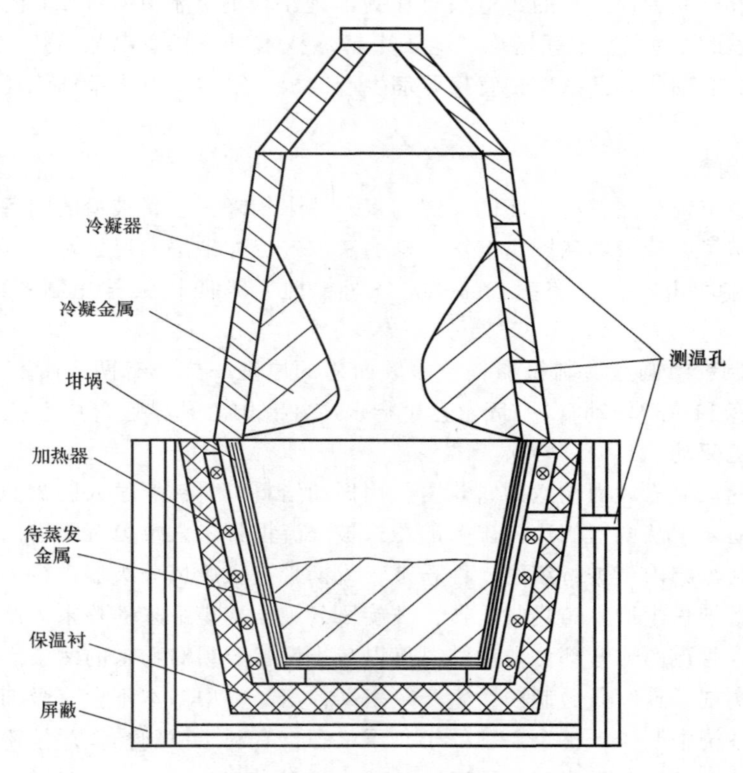

图3-14 氧化铍坩埚和凝结罩示意图

铍的真空熔炼分坩埚制造、真空熔炼和铸锭三步进行。

① 坩埚制造。用粉浆浇注法或捣打法制备氧化铍坩埚。

② 真空熔炼。将氧化铍坩埚置于通水冷却的铜感应线圈中，再将经过淘洗、烘干、磁选、分级处理后的铍珠装入真空中频感应电炉的坩埚内（洁净、干燥的铍珠可直接装入坩埚），然后将炉内压力抽真空到约 1×10^{-2}Pa，加热到1623～1723K温度熔化。为防止辉光放电和熔融物喷溅，大多在79800Pa以下的微氩气中进行熔炼。

③ 将真空熔炼后的铍熔液温度调整到1673～1723K，以约0.36kg/s的速度注入到经充分干燥的石墨铸模内，通过自然冷却凝固成 ϕ160mm×(240～280)mm的铍锭。此法所得铍锭的结晶组织粗大，一般只能供制取铍粉用。一次熔炼铍珠的单炉回收率为80%～93%。熔炼前后铍的杂质变化见表3-11。

表 3-11　铍珠和铍锭在熔炼前后杂质含量

产物	杂质含量(质量分数,%)							
	Fe	Al	Si	Ni	Cr	Mn	Zn	Mg
铍珠	7×10^{-2}	47×10^{-3}	45×10^{-3}	12×10^{-4}	16×10^{-4}	128×10^{-4}	46×10^{-3}	1.038
一次熔炼铍锭	71×10^{-3}	48×10^{-3}	31×10^{-3}					0.115
二次熔炼铍锭	85×10^{-3}	65×10^{-3}	4×10^{-2}	1×10^{-3}	4×10^{-3}	76×10^{-4}	7×10^{-3}	35×10^{-3}

20 世纪 70 年代末，鉴于铍的铸造技术在前 20 年的研究一直没有重大进展，晶粒度一直未获得细化，铍研究者提出铍的铸造只有作为提纯手段时才有用。但 21 世纪以来，美国 Materion 公司开发了铍的真空电弧熔炼、电子束精炼技术以及真空电弧熔炼（VAM），并获得了一定程度的晶粒细化，已从铸锭直接开坯生产铍板、箔材。电子束精炼还能够进一步提高铍的纯度。

2. 金属铍的制粉

铍粉性能是决定铍产品最终性能的关键因素。几十年来，金属铍粉的制备技术得到了不断的发展，共经历了四代，即从圆盘磨法、球磨法、气流冲击法发展到雾化制粉。目前各国工业上仍采用气流冲击法，仅美国 Materion 公司掌握了第四代铍雾化制粉的规模化生产技术。

（1）圆盘磨制粉　圆盘磨制粉和谷粒磨成面粉的原理一样，有两个带有辐射状沟槽的圆盘（一个固定盘和一个转动盘）。固定盘进行水冷并有中心孔，通过中心孔进料，动盘通过水平轴由电动机驱动。

将一定尺寸的铍屑靠风力输送到料斗内，用振动给料机将铍屑送入圆盘磨内，铍屑在两个磨盘间研磨成粉末。从两盘周边流出来的粉末被气流携带进入重力沉降塔内进行一次重力分级，粗粉落入圆盘磨内再进行细磨，细粉被气流携带进入旋风分级器进行第二次分级，离开旋风分级器的微细粉尘进入布袋收尘器，被旋风分级器捕集下来的粉末为产品粉。圆盘磨的关键部位和输送管道的转弯部位使用铍衬里以减小设备磨损对粉末的污染。

圆盘磨工艺实现了连续研磨制粉，生产效率高，产品料中基本不含有微细粉尘，杂质含量较低。在密闭系统中制粉，整个系统处于负压状态，有利于控制操作对铍粉污染。用该方法生产的铍粉破碎形式属基面解理，研磨出的粉末呈片状，其大的扁平面与 {000 1} 基面对应。用它生产出的铍产品的物理和力学性能表现出明显的各向异性，伸长率低。

（2）球磨制粉　球磨法是常见的制粉方法。球磨机转动时，研磨体随筒体回旋上升至一定高度落下，对物料产生冲击或磨削作用将物料粉碎。球磨制粉是最早采用的铍制粉工艺，分湿磨和干磨两种。制取化学纯度较高的铍粉时一般使用铍衬里，而研磨球所使用的材料各种各样，通常取决于允许污染的程度。

球磨制粉处理量大，但操作过程中容易喷粉，造成粉末的损失和环境污染。同圆盘磨一样，球磨法研磨出的铍粉呈片状，生产的铍产品的物理和力学性能表现出明显的各向异性，伸长率低。

（3）气流冲击制粉　气流冲击制粉是利用金属冷脆性发展起来的一种生产粉末的新工艺。它是利用高速、高压气体带着较粗的颗粒通过喷嘴轰击在击碎室内的铍靶上，压力立刻从高压降到大气压，发生绝热膨胀，使铍靶和击碎室的温度降到室温甚至零摄氏度以下，冷却了的颗粒经撞击即被粉碎。气流压力越大，制得的粉末越细。

气流冲击设备对入料粒度有一定要求，粗大的铍屑不能直接冲击制粉，需先采用球磨、棒磨或其他方法制成粉末粒度较小的铍颗粒，最好小于0.175mm（80目）。原料经进料口加入冲击磨内，首先随气流（一般为氩气）进入分级区，经分级轮进行初分级，细粉经出粉口直接进入旋风分级区进行二次分级，细粉落入盛料桶内，超细粉被气流分离出去，进入布袋收尘器中，粗粉被分离出落下来，随高压气流冲击在铍靶上进行破碎，随后再进入分级区进行分级，整个过程是连续的。通过调节分级轮转速和气体流量改变铍粉粒度。

冲击研磨制粉得到的铍粉末成多角块状，粉末择优取向小，且因气流冲击制粉的温度较低，制粉过程采用惰性气体保护，表面不易氧化，纯度较圆盘磨粉高。

（4）惰性气体雾化制粉　惰性气体雾化制粉是将固态铍（包括铍废料）真空熔融后，通过一个小孔流出熔融的铍熔液，然后使用高速氦气气流吹向铍熔液（铍具有高热容，使用氦气才最有可能获得细晶粒铍颗粒和非稳态快速冷凝结构），将铍熔液雾化破碎成很小的小液滴，冷却后获得球形铍粉颗粒。当雾化气体压力增加时，液体金属直径会减小，制取的粉末颗粒尺寸分布会趋向减小。这种方式生产出的铍粉粒度范围为44~110μm，且粉末中的BeO含量很低，粉末的微观结构是多晶的。

雾化制粉取消了传统由熔炼→铸锭→扒皮→切削到研磨成粉末过程中极其繁杂的工序，并且必须解决铍活性强、控制液态金属流在喷嘴处凝结以及铍金属粉末和铍蒸气毒性防护等问题。目前仅Materion公司掌握该方法的生产技术。与气流冲击粉末相比，雾化制粉具有以下优点：

1）气流冲击制粉获得的是多角形铍粉，雾化制粉获得的是球形颗粒粉末，显著减小或消除因粉末各向异性导致的铍坯各向异性。

2）与气流冲击多角形铍粉相比，雾化球形铍粉流动性好，填充密度高，容易实现快速近净形工艺技术（RASF），宜于制取复杂形状的铍异型件，尤其适合做大尺寸光学级元器件。

3）雾化粉末纯度高，表面干净，含有较低的氧化铍，可以改善光泽度。

3. 金属铍的成形固结

铍的固结成形主要有冷等静压-烧结（CIP-S）、真空热压（VHP）、冷等静压-热等静压（CIP-HIP）、直接热等静压（HIP）、粉末锻压、电火花烧结等方法。这些方法都可以达到铍的近理论密度，但产品性能有所差异。真空热压和热等静压法最为常用。

（1）冷等静压-烧结　冷等静压-烧结（简称冷压烧结）工艺是最早应用的铍粉成形固结工艺，其原理是将粉末冷等静压预成形后进行真空高温烧结。同样温度下，真空烧结密度高于在氩气气氛中烧结的密度。影响烧结制品性能的主要因素有烧结气氛，烧结温度及铍粉中Fe、Al、Si等杂质的含量。铍粉的烧结温度一般1200~1245℃，烧结温度过低会导致烧结不致密，但是最高不能超过1250℃，否则容易导致晶粒长大、局部熔化等现象。

冷压烧结铍材相对密度可达97%~99%。抗拉强度为150~230MPa，伸长率在1%左右，接近标准级热压铍材。冷压烧结用于制取形状复杂、各向同性好的铍产品。采用冷压烧结的方法也可生产高孔隙率的多孔铍材。冷压烧结铍材主要用于对力学性能要求不高的场合，如微型反应堆用铍组件侧铍环。烧结成形后的铍坯还可以用来轧制铍板材、薄板和箔材以及挤压成管材等。

(2) 真空热压　真空热压是指将铍粉末或经冷等静压制成的粉坯装入模具内，然后在真空热压炉内加压烧结的方法。热压工艺周期短、成本低，比冷压烧结有晶粒细、性能优良等优点，因而成为铍粉末固结最常用的固结方法之一。

常用的模具是石墨，因为石墨具有小的线膨胀系数，在冷却过程中，铍材只进行单向收缩。真空热压中石墨模具最大直径达到560mm，更大直径的模具则需要用镍合金制作，IN-100合金可以制作1830mm的模具。热压成形工艺、压力等参数根据粉末化学成分及粒度来选择，粉末越纯、粒度越细则需要的温度越高、压力越大。典型的压制温度为1000~1200℃内，压力范围为0.5~14MPa（主要考虑石墨模具因素）。

真空热压铍材多用于对各向同性要求不高的场合，如微型反应堆上下铍块、气象卫星用铍镜，加工制作其他核能工业元器件。真空热压铍锭还用来轧制铍板。

(3) 热等静压　将铍粉充填至软钢包套内，经抽空、脱气处理和封焊之后进行热等静压，也可以先冷等静压，然后再将冷压坯整形放入钢包套中脱气封焊，进行热等静压。铍热等静压工艺参数可选范围较宽，一般760~1100℃都可热等静压成形，得到理论相对密度达99%的材料。热等静压温度一般根据粉末及产品性能选择，较低的热等静压温度能得到较高的强度，但是伸长率有一些损失，相反，较高的温度具有较低的强度但延展性较好。热等静压成形的最大优点是被压制材料在高温作用下有较好的流动性，且各个方向均匀受压，能在较低温度和压力下得到晶粒度细、氧化物分布均匀和各向同性良好的产品。采用热等静压成形工艺可以制备管、壳、棒等形状复杂、中空、薄壁、大长径比的铍制品，以及接近产品最终形状尺寸的异型件即所谓的近净形（NNS）产品。近净形（NNS）产品最大程度地减少了切削加工量，节约了昂贵的铍原料。

(4) 粉末锻造　粉末锻造是指将铍粉或冷压粉坯装入包套，经脱气封焊，然后加热到900~1100℃进行锻造的方法。锻造制品性能处于压制-烧结品和固体锻件之间。粉末锻造法制作零件比由热压锭直接加工零件用料省，热循环时间短，但制作形状复杂的产品则很困难。

3.4 铍铜合金的冶炼与加工

3.4.1 铍铜中间合金的冶炼

铍铜中间合金的生产有熔合法和氧化铍碳还原法。熔合法即将金属铍直接熔入铜中，铍的质量分数为4%~10%。这种方法简单，适用于金属铍废料的回收。大量铍铜中间合金的生产都是采用氧化铍碳还原法，其生产工艺流程如图3-15所示。氧化铍、碳和铜在电弧炉内约2000℃的温度下熔炼，在高温和有铜存在的情况下，C能将BeO还原，生成Be_2C和CO，反应方程式为

$$2BeO+3C = Be_2C+2CO\uparrow$$

当有过量氧化铍存在时，氧化铍与碳化铍反应生成金属铍，反应式为

$$BeO+Be_2C = 3Be+CO\uparrow$$

将熔体倒出，冷却到1200℃，除渣，然后铸锭，铍会溶于铜中生成Be-Cu合金，而Be_2C、CO也会溶解在铍铜合金中。但当铸锭温度降至1000℃时，Be_2C、CO会从合金中沉

淀析出，最终铍铜中间合金的铍含量约为 4%。熔炼铍铜中间合金的电弧炉如图 3-16 所示。

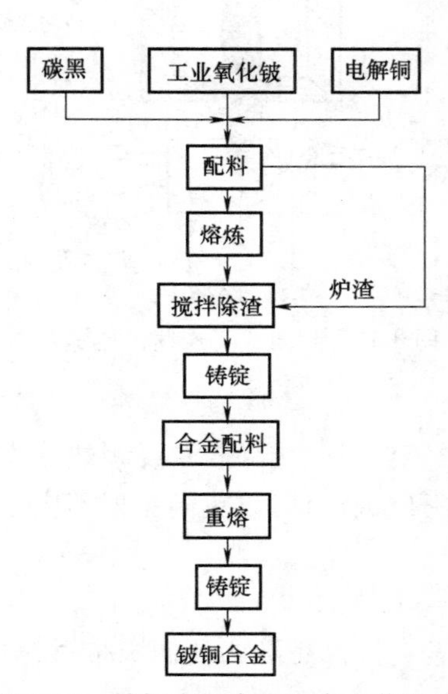

图 3-15　铍铜中间合金生产工艺流程

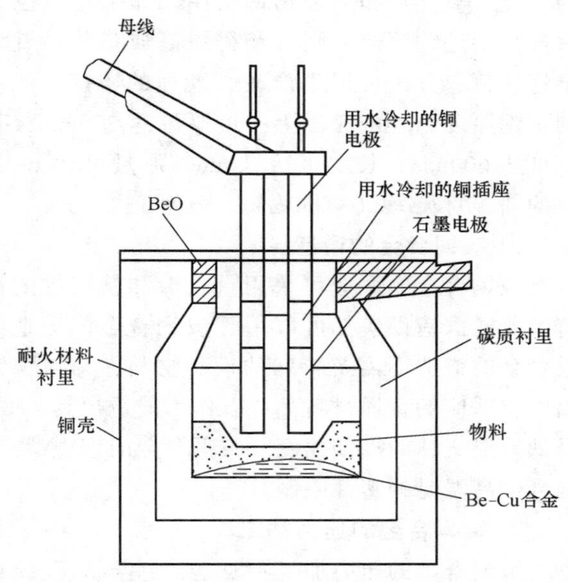

图 3-16　熔炼铍铜中间合金的电弧炉

3.4.2　铍铜合金的加工

1. 铍铜合金的熔铸

铍铜合金的铸锭分为非真空铸锭和真空铸锭。目前在铍铜合金实际生产中使用非真空铸锭方法，包括倾斜铁模铸锭、无流铸锭、半连续铸锭和连续铸锭，前两种方法只在生产规模较小的工厂中使用。要想获得含气量低、偏析小、夹杂量少、结晶组织均匀致密的铍铜合金铸锭，最好的办法是真空熔炼后进行真空铸锭。真空铸锭对控制易氧化元素，如铍、钛的含量有显著效果，必要时还可以通入惰性气体对铸锭过程进行保护。铍铜合金的熔炼一般采用真空中频感应炉，它具有加热熔化速度快，有效减少熔炼过程中铍与金属的氧化损失，有利于负压状态下金属熔体中气体（H_2）的排出，铸造出来的铍铜合金锭质量较高等优点。将电解铜、铍铜中间合金、添加的中间元素在真空中频感应炉中加热到 1300℃，熔化后浇注。铸造工艺有模具铸造、水冷模铸造、无流铸造、半连续铸造和连续铸造五种。模具铸造、水冷模铸造和无流铸造铸锭质量小，内部组织欠致密，铍的偏析程度大，影响后序产品的质量和加工成品率，已逐渐被淘汰。

目前国外铍铜合金大规模生产主要采用半连续铸造或水平式连续铸造，根据熔炼炉装料量和生产所需铸锭尺寸要求，质量可达 200～5000kg/根。其中最常用的是半连续铸造，全称为立式半连续直接水冷铸造。该法的优点是铸锭的组织均匀，湍流与氧化最小，能快速冷却，定向凝固，无严重的 B 相，成品率高，模具费用低，可以拉制圆锭，也能生产扁锭，截面形状取决于结晶器。半连续铸造的最重要工艺参数是金属液温度、冷却强度和铸造机行程速度，三个参数的合理匹配是保证铸造过程顺利进行和铸锭质量的关键。如图 3-17 所示，金属液倒入石墨漏斗，通过石墨管浇注到水冷的结晶器中，石墨管的一端始终浸没在结晶器内的金属液液面之下，金属液慢慢注入结晶器，没有湍流，在强烈冷却下很快凝固并被连续引出，这样就可以生产出组织致密的铸锭，铸锭中的气孔、氧化物和夹杂物都很少。如果是真空熔炼后进行半连续铸造，则可获得更高质量的铸锭。用半连续铸造方法可以生产较大断面的铸锭，如生产的扁锭厚度为 40mm 以上，最厚可达 200mm，其宽度可达 600mm，长度可达 7.6m，质量可达 6t；生产的圆锭直径为 50~760mm，长度可达 6m。

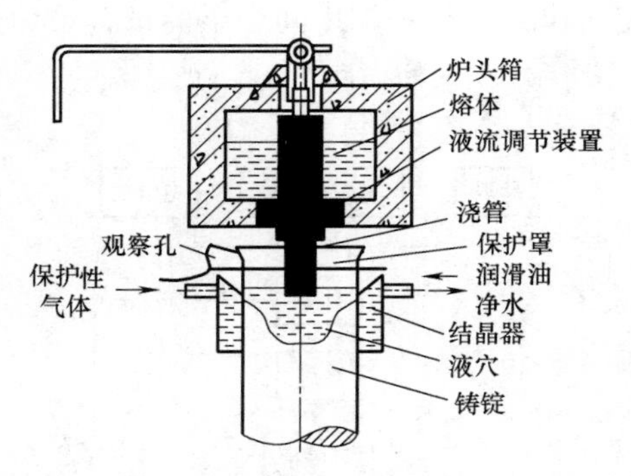

图 3-17　封闭式半连续铸造示意图

2. 铍铜合金的锻造

铍铜合金的锻造可采用自由锻和精密的闭模锻造，普通锻造设备都可以用于铍铜合金的锻造。铍铜合金的锻造不需要特殊的模具材料，与铍铜锻造温度相适应的普通材料都可以作为锻造模具。锻造过程中工模具热传导较快，预热工模具可降低锻造工件的冷却速度。铍铜合金的理想锻造比约为 3~5，有时可以更高，但不应超过铍铜合金高温时的塑性限制。

3. 铍铜合金的压力加工

铍铜合金的压力加工主要是轧制与挤压/拉拔两大工艺，产品也分为轧制板带材，挤压/拉拔管棒材及线丝材。

（1）铍铜合金板带材生产　生产铍铜合金板带材所用坯锭主要为半连续铸锭。首先热轧开坯，一般采用箱式电阻炉或燃油炉将铸锭加热后送到热轧机上开坯。铍铜合金在高温下具有良好的塑性和较低的变形抗力，热轧的生产效率较高，较大的热轧加工也能够使铸锭内部的气孔充分弥合。通常铍铜合金的热轧总加工率控制在 90%以上。

铍铜的热轧采用两辊或四辊轧机进行，热轧前的锭坯加热温度、加热时间和加热炉气氛的控制十分重要。热轧过程中通常还需要考虑终轧温度，终轧温度是控制合金组织性能的重要条件，终轧温度过高会造成材料晶粒粗大，在冷轧时会产生橘皮和麻点，如终轧温度过低，会因加工硬化而增加能量消耗，甚至材料会因不完全再结晶而导致晶粒大小不一、性能不均。热轧后需要在 600℃左右的温度下进行退火处理，消除加工硬化。

冷轧是在铍铜合金再结晶温度以下完成轧制过程，是获得并保证产品品质的关键。由于铍铜合金的冷加工极易产生加工硬化，而且随着变形程度的增加，材料的强度和变形抗力不断增加，而塑性急剧下降，因此铍铜合金的冷加工变形率通常不超过 37%，再大容易造成材料组织不均、脆裂。

在铍铜板带材的实际生产中，中间需穿插多次的退火或淬火热处理，以消除在轧制过程中产生的硬化，并使铍充分溶解，通过系列时效处理达到硬化的目的。热处理后需要进行酸洗，去除氧化层，确保带材的表面质量。

根据最终产品的性能要求，铍铜合金板带材可依据加工率的不同，按标准分为硬态、半硬态、1/4 硬态以及软态四种。这四种不同状态产品在性能和用途上也有着较大的差别。硬态用于要求材料具有高强度的产品，软态用于需要对材料进行深冲或零件形状复杂的产品，半硬态、1/4 硬态性能介于两者之间。

（2）铍铜合金管棒材生产

1）铍铜合金管棒材的挤压。铍铜合金管坯的制备常采用空心铸锭挤压的方法，再经冷轧或冷拉后即可生产出管材；棒材的制造常采用挤压制造方法，然后通过机械加工或多次冷拉等即可生产出棒材。

由于铍铜合金低温变形抗力高，因此必须进行热挤压。一般在最高温度下，以最高的速度完成挤压。但是由于高强度铍铜合金热加工温度范围窄，挤压过程中变形热必须予以考虑，以防止由于温升过高引起的过热或过烧。除了挤压温度之外，模具材料、模具设计、挤压速度、摩擦和挤压比对生产合格的挤压制品均具有重要的影响。挤压比和挤压速度取决于模具设计和控制挤压过程中温升效应，铍铜合金挤压比可达25以上。对于高传导铍铜合金，由于其变形抗力小、热加工温度范围宽，挤压比可以达到更高。原则上对于挤压铍铜合金成品来讲，为了保证挤压制品的组织性能，挤压比不能<4。对于高强度铍铜合金采用半角30°~45°模具效果良好。易切削含铅铍铜合金更难挤压，需要采取特殊的工艺。

润滑剂的选择对于减少挤压不均匀变形、模具磨损、降低挤压力、保证挤压制品表面质量有着至关重要的影响。铍铜合金挤压通常选用石墨基润滑剂，一般不用玻璃润滑剂。为了省去挤压后的单独固溶淬火工序，产品可以在挤压后直接进行淬火，但铍铜合金淬火冷却速度高，通常不采用喷水淬火处理方法。

2）铍铜合金管材的冷轧。将热挤压的铍铜合金管坯通过冷轧变形制得所需规格的管材过程称为冷轧，冷轧工艺生产的管材称为冷轧管。冷轧是铍铜合金管材生产的主要方法。常规的两辊冷轧管机和多辊冷轧管机均适用于铍铜合金管材的轧制。根据冷轧65机的设备能力，应对管坯施以尽可能大的加工变形量，保证变形的均匀性，以利于内部组织的改善。但铍铜合金强度高、变形抗力大、加工硬化快，管材冷轧过程中加工变形量过大，往往会造成产品的表面裂纹，加工率的大小必须参照铍铜合金力学性能与加工率变化的关系进行选择，以保证产品的力学性能符合标准要求。适宜的加工变形量通常控制在65%以内。

3）铍铜合金管、棒材的拉拔。拉拔是管、棒材最常用的加工方法之一，可将经挤压或锻造供给的坯料经过多次冷拉制成管材或棒材。拉拔模具主要是拉伸模和芯头，材质一般选用硬质合金。铜合金普遍采用的拉拔模具同样适用于铍铜合金管、棒材的拉拔。为保证产品的性能，必须参照铍铜合金力学性能与加工率变化的关系选择加工率。铍铜合金棒材拉拔主要是减径拉拔，特殊情况下可以采用扩径拉拔增大棒管坯直径。管材拉拔主要采用短芯头拉拔，较少采用游动芯头拉拔，大直径薄壁管材可采用长芯杆拉拔。

（3）铍铜合金线材的生产　铍铜合金线材生产需多次拉拔完成。模具一般采用硬质合金和金刚石模具，从成本上考虑，直径较小的丝材产品采用金刚石模具比较经济。为了提高生产效率，可以用对焊机将线坯进行挤压对焊加长。焊接线坯由于焊缝强度低，第一道次加工变形量要低，一般控制在10%左右。正常的拉伸过程根据设备能力和材料的塑性，尽可能采用较大的加工率，缩短生产周期。铍铜合金线材总加工率可达到60%以上，丝材可达到70%以上。线材拉拔时一般采用植物油或液状石蜡作为润滑剂。

4. 铍铜合金的热处理

（1）固溶时效处理　铍铜合金是一种沉淀硬化型合金，其热处理过程为固溶时效处理。一般固溶处理的加热温度为780~820℃，对用作弹性组件的材料，采用760~780℃，主要是防止晶粒粗大影响强度。固溶处理炉温均匀度应严格控制在±5℃。保温时间一般可按1h/25mm计算。铍青铜在空气或氧化性气氛中进行固溶热处理时，表面会形成氧化膜，虽然对时效强化后的力学性能影响不大，但会影响其冷加工时工模具的使用寿命。为避免氧化应在真空炉或氨分解、惰性气体、还原性气氛（如氢气、一氧化碳等）中加热，从而获得光亮的热处理效果。此外，还要注意尽量缩短转移时间（如淬水时），否则会影响时效后的力学性能。薄形材料不得超过3s，一般零件不超过5s。淬火介质一般采用水（无加热的要求），形状复杂的零件为了避免变形也可采用油。铍铜合金的固溶温度太低，会导致再结晶不充分，也会造成铍溶解量不足，从而难以获得满意的时效硬化效果。固溶温度太高，会引起晶粒过度长大或发生早期熔化。

（2）铍铜合金的时效处理　铍铜合金的时效温度与Be的含量有关，含$w(\mathrm{Be})<2.1\%$的合金均宜进行时效处理。对于$w(\mathrm{Be})>1.7\%$的合金，最佳时效温度为300～330℃，保温时间1～3h（根据零件形状及厚度）。$w(\mathrm{Be})<0.5\%$的高导电性电极合金，由于熔点升高，最佳时效温度为450～480℃，保温时间1～3h。近年来还发展了双级和多级时效，即先在高温短时时效，而后在低温下长时间保温时效，这样做的优点是性能提高而变形量减小。为了提高铍铜合金时效后的尺寸精度，可采用夹具夹持进行时效，有时还可采用两段分开时效处理。在时效过程中，应严格控制温度与时间，以免发生欠时效与过时效。一旦发生过时效就难以补救，除非进行重复固溶处理；欠时效还可通过补充时效来获得所需的力学性能。

（3）铍铜合金的去应力处理　铍铜合金去应力退火温度为150～200℃，保温时间1～1.5h，可用于消除因金属切削加工、矫直处理、冷成形等产生的残留应力，稳定零件在长期使用时的形状及尺寸精度。时效炉有保护性气氛较好，5%氢的氮保护可促进传热和减少时效后氧化皮的清洗；时效后材料密度会增加，尺寸减少约0.2%；时效可以使用夹具防止热处理变形扭曲，盐浴炉可对短时高温时效减少扭曲并缩短周期；时效后某些变形产生的残留应力可以采用（150～200）℃×2h回火加以处理，不会造成硬度损失。

3.5　铍金属的毒性与防护

3.5.1　铍的毒性

铍及其盐类都具有较大的毒性，其毒性大小除与分散度和溶解度有关外，也与铍化合物的种类和进入体内途径的不同而有很大的差异。一般可溶性铍的毒性大，难溶性的铍毒性小，浸入血液时毒性最大，呼吸道次之，消化道及皮肤浸入毒性最小。氧化铍、氟化铍、氯化铍、硫酸铍和硝酸铍等都是毒性较大的物质，而金属铍的毒性相对小一些。铍进入人体后，难溶的氧化铍主要贮存在肺部，可引起化学性支气管炎和肺炎。可溶性铍化合物主要贮存在骨骼、肝脏、肾脏和淋巴结等处。在肺和骨中的铍可能是致癌物。

铍化合物还可与血浆蛋白作用，生成铍蛋白复合物，使组织发生增大变化，从而引起脏器或组织的肉芽肿病变，铍从人体组织中排出去的速度极其缓慢。急性铍中毒和慢性铍中毒的发病机制可能不同，急性铍中毒的主要表现是机体对刺激物质的中毒反应，而慢性铍中毒则属于免疫病的范围，可能是一种变态反应。

铍及其化合物对人体的毒害取决于多种因素，例如，铍化合物的种类，空气中铍的浓度，接触时间，人体的敏感性，重复作用，大气条件，个人卫生等。毒性最大的可溶性铍化合物是硫酸铍、氯化铍、含氧氟化铍、氟化铍、草酸铍、醋酸铍和乳酸铍。

铍中毒是由于铍及其化合物侵袭肺并累及其他器官的全身性疾病。临床上分为急性铍中毒和慢性铍中毒。急性铍中毒为短时间吸入高浓度可溶性铍盐所致，一般经数小时或数天即出现呼吸道和皮肤症状。慢性铍中毒为长期吸入低浓度难溶性铍化合物所致，潜伏期数月或数年甚至数十年，一般呈渐进性发病。

（1）急性中毒　短时间接触较大量的铍尘或吸入可溶性铍化合物可引起急性铍中毒，临床表现为急性化学性肺炎。急性铍中毒初发时出现全身酸痛、头痛、发热、胸闷和咳嗽等症状。经数天至两周后出现气短、咳嗽加剧、胸痛、痰中带血、心率增快及青紫等症状，还常伴有肝区肿痛，甚至出现黄疸。急性中毒还可表现为急性皮炎、结膜炎，接触大剂量的铍可能引起急性肝炎。急性中毒患者必须立即脱离铍接触，并采取对症治疗措施，症状可在 1 个月左右消失，肺部病变则需 1~4 个月才能完全吸收，也有个别患者转变成慢性铍肺。

（2）慢性中毒　接触少量铍及其化合物的粉尘或烟雾者可引起慢性铍中毒，发病的潜伏期可长达 20 年以上。慢性铍中毒的发病在一定条件下并不完全决定于吸入量，而与个人对铍的敏感程度有关。美国曾报道过铍工厂周围居民中毒的病例，称为“近邻病”。慢性中毒患者的肺部形成特有的肉芽肿，称为“铍肺”或铍病，它对人体的危害最严重。临床表现主要为明显的消瘦、无力、食欲不振，常伴有胸痛、气短和咳嗽，晚期并发肺部感染、自发性气胸和胸心病，呼吸困难、青紫、下肢水肿等右心衰竭体征。当铍进入皮下时，会在皮肤深处形成肉芽肿。肉芽肿长期不愈，只能手术切除。慢性铍中毒除肺和皮肤会发生病变外，肝、肾、淋巴结、骨骼肌、心肌、脾、胸膜等也都可能出现细胞浆、细胞浸润以及纤维化反应或肉芽肿。病程不可逆，潜伏期长和明显的个体差异是慢性铍中毒的主要特征。

（3）铍中毒治疗　急性铍中毒应卧床休息、吸氧等对症处理。口服泼尼松，症状好转逐渐减量，疗程 2~4 周不等。皮肤局部治疗，接触性皮炎用炉甘石洗剂或肾上腺皮质激素软膏；铍溃疡的主要处理是洗洁创面；皮肤肉芽肿或皮下结节可行手术切除。

3.5.2 铍的职业接触限值

职业接触限值（Occupational Exposure Limit，OEL）是职业性有害因素的接触限制量值，指劳动者在职业活动过程中长期反复接触对机体不引起急性或慢性有害健康影响的允许接触水平。化学因素的职业接触限值可分为时间加权平均允许浓度、最高允许浓度和短时间接触允许浓度三类。

时间加权平均允许浓度是指以时间为权数规定的 8h 工作日的平均允许接触水平。最高允许浓度是指工作地点、在 1 个工作日内、任何时间均不应超过的有毒化学物质的浓度。短时间接触允许浓度是指 1 个工作日内，任何一次接触不得超过的 15min 时间加权平均的允许接触水平。

我国的铍职业接触限值在 1992 年之前一直沿用苏联的标准，但没有形成国家的或行业的标准，直到 1992 年，中国有色金属工业总公司发布了《铍生产防尘防毒技术管理规程》，才有了行业标准。该规程从 1993 年 1 月 1 日起实施，规定职业接触限值仍是沿用了苏联的标准，主要规定有：

1）铍作业车间空气中铍的最大允许浓度为 $1\mu g/m^3$，紧急职业浓度为 $25\mu g/m^3$（30min 内）。

2）厂区辅助车间空气中铍的最高允许浓度为 0.1μg/m^3。

3）厂外监测地带及居民区空气中铍的月平均最高允许浓度为 0.01μg/m^3。2007 年，我国发布了新的国家标准 GBZ 2.1—2007《工作场所有害因素职业接触限值》。该标准规定了工作场所空气中铍的职业接触限值为 8h 加权平均允许浓度 PC-TVVA 不超过 0.5μg/m^3，短时间（15min）接触允许浓度 PC-STEL 不超过 1μg/m^3。该标准与美国现行职业接触标准 PC-TCVA 不超过 2μg/m^{3}相比要严格得多。

2002 年 5 月 1 日《职业性铍病诊断标准及处理原则》开始实施。国家规定的几种能引起职业病金属最高允许浓度见表 3-12，从表中可以看出铍是控制最为严格的一种，远比引起“水俣病”的汞和“痛痛病”的镉的允许浓度低得多。

表 3-12　几种有毒金属最高允许浓度

项目分类		铍(Be)	汞(Hg)	镉(Cd)	铅(Pb)	砷(As)
空气	车间空气中浓度/μg·m^{-3}	1	10	100	30~50	300
	局面区空气中浓度/μg·m^{-3}	0.01	0.3		0.7	3
	排放筒高度/m	45~80	20~30		100	
	排放口处空气浓度/mg·m^{-3}	0.015	0.01~0.02		34~47	
工业废水	排放条件	废水净化后	车间排口			
	废水浓度/mg·L^{-1}	0.01	0.05	0.1	1.0	0.5
地面水浓度/μg·L^{-1}		0.2	1.0	10	100	45

GB 8978—1996《污水综合排放标准》规定含铍废水排放最高允许浓度为 5μg/L；GB 16297—1996《大气污染物［铍及其化合物（换算成铍）］综合排放》规定：

1）最高允许排放浓度（通过烟囱）：① 0.015mg/m^3，适用于 1997 年 1 月 1 日前设立的污染源；② 0.012mg/m^3，适用于 1997 年 1 月 1 日起设立的污染源。

2）无组织排放监控浓度限值：①0.001mg/m^3，适用于 1997 年 1 月 1 日前设立的污染源；②0.0008mg/m^3，适用于 1997 年 1 月 1 日起设立的污染源。

3.5.3　铍毒的防护

由于铍的毒性大，空气中的铍允许浓度极低，为了达到安全标准，铍工厂必须建立完善的防护设施和防护制度。在建设铍厂和生产铍时必须切实做好以下九方面的环境保护和工业卫生工作。

1）铍工厂的厂址要选择在人少的偏僻地区，在居民区的下风向和下水向，切忌将厂址设置在火电站和大量燃煤的锅炉附近，因煤烟尘中含有少量的铍，会加重环境中铍的污染。

2）厂房的布置要采取三区制，即生活区、通过区和污染区。尽量将铍厂房设计成全封闭式，防止铍尘外溢。厂房内表面要光滑，减少积尘面和便于湿式清扫。

3）要选用有利于防护的生产工艺流程，如在选择氧化铍生产方法时，由于硫酸盐法生产氧化铍比氟化物法生产氧化镀的毒害较小，故多采用前者。

4）尽量采用机械化、自动化和密闭程度高的设备，减少人与含铍物料的接触。

5）配备良好的通风设施是铍工厂防护的关键。对可能溢出铍尘或铍烟雾的设备，都要采取可靠的局部排风，排风口或排风罩要经过周密设计，确保全部铍尘的排出；整座铍生产厂房最好进行全面通风换气，换气次数视污染程度而定；要使气流由清洁区向污染区流动，并使厂房内保持轻度的负压。

6）必须有完善的三废处理设施。所有排出的含铍气体都要经过仔细过滤，然后经排气筒排放；废水应全部集中到专门的污水处理站，按规定的工艺处理、检验合格后再排出；废渣用专门容器收集，定期掩埋到专用的渣库或报废的矿井中。

7）从事铍作业的人员必须首先进行安全教育，严格遵守铍作业的安全规程及个人卫生制度，绝不允许将污染区的物品携至清洁区或居民区，以防止二次污染。

8）经常监测空气中的铍浓度。对车间操作区的各部位及附近居民区的空气均要定期采样检测，如发现超过标准，要立即查清原因，采取有效改进措施，达到规定指标后方可恢复铍的生产。

9）严格的医学监督。工作人员从业前要进行健康检查，凡患有肺、心、肾、肝及皮肤疾患的人均不能从事铍作业；从业人员进行定期的体格检查，发现有明显的消瘦、疲乏、干咳及胸闷等症状者要及时进行全面的体格检查；配备熟悉铍生产工艺及铍毒特征的工业卫生医师，建立全部从业人员的健康档案，并进行动态观察，这是铍工业卫生不可缺少的组成部分。

铍毒的防护是一门综合性的科学，任何一个环节都不能忽视和出现失误。多年的实践表明，尽管需要付出很大的代价，但世界各个铍的生产国还是能较好地解决铍毒的防护问题。例如，在含铍物质的生产中，用工业机器人代替人工操作，能有效地避免铍与人体接触，就是一种很好的防护方法。

铍工业的发展一直受着铍毒的制约。随着人类对环境保护要求的日趋严格，加之近年来某些学者认为铍可能是一种致癌物质，因此，进一步提高铍的防护和环境保护标准的呼声日益增高。美国职业防护与保健局（OSHA）于1975年提出将空气中铍的平均浓度标准由$2\mu g/m^3$降至$1\mu g/m^3$，瞬时最高浓度由$25\mu g/m^3$降至$5\mu g/m^3$。由于经济技术方面的综合原因，上述标准一直未被通过。铍毒的防护问题并未彻底解决，仍然是困扰铍工业发展的重要因素。今后，除继续提高铍防护技术、进一步降低空气中铍的含量外，还有待于在医学上对铍中毒的机理、早期诊断及治疗等方面取得新的突破。

复习思考题

3-1　简述铍的物理化学性质。

3-2　简述铍的典型化合物及其性质。

3-3　简述氧化铍陶瓷的性能与用途。

3-4　简述铍产品存在的三个不足，画出简单的铍产业链主要市场产品分布图。

3-5　简述铍的主要应用领域，举出3~4个应用实例。

3-6　简述铍铜合金的性质及其主要应用领域。

3-7　简述主要铍矿石名称（至少列出8种），写出目前商业应用的两种铍矿石名称、化学组成、密度及氧化铍含量。

3-8 简述从矿石中提炼氧化铍的工艺方法，写出氟化法工艺的主要化学反应。

3-9 简述工业纯铍的生产方法，所生产的产品形貌和纯度，氟化铍镁热还原法生产金属铍主要步骤和主要反应。

3-10 简述金属铍的成形固结方法。

3-11 简述铍铜中间合金冶炼方法，写出碳热还原法主要反应，画出铍铜中间合金生产工艺流程。

3-12 简述铍铜合金的加工方法。

3-13 铍毒防护要做好哪几个方面的环境保护和工业卫生工作。

第4章 铝 冶 金

4.1 概述

自1825年丹麦科学家厄尔斯泰德（Oersted）发现铝以来，迄今已有190多年的历史。铝的制备也经历了化学法、电解法两个阶段。1825~1827年，丹麦Oersted、德国Wohler先后用钾汞和金属钾还原无水氯化铝制取金属铝。1854年，法国Deville用金属钠还原NaCl-$AlCl_3$络合盐制取金属铝。1865年，俄国БеКеТоЬ提议用镁还原冰晶石生产金属铝。1886年，美国霍尔和法国埃鲁特先后发明冰晶石-氧化铝熔融电解铝生产工艺（Hall-Heroult法），为铝的工业生产和应用创造了条件。1888年，美国匹兹堡电解厂开始用冰晶石-氧化铝熔盐电解法生产铝。与化学法相比，电解铝质量较好、成本较低。1890年，全球电解铝产量180t，2018年，世界电解铝产量为6434.1万t，其中，我国电解铝产量为3648.8万t。

4.1.1 铝的性质、性能与用途

1. 铝的物理性质

铝是一种银灰色金属，在室温下，密度为2698.72kg/m^3。在常压下，纯度为99.996%高纯铝熔点为660.37℃，沸点为2476.85℃。室温时，铝的热导率为237W/(m·K)，电导率为64.94%IACS，纯铝的导电、导热能力约为铜的60%。纯铝无光电效应，低温时，纯度在99.996%及以上的高纯铝，在1.1~1.2K时具有超导性能。纯铝属于弱磁材料，磁化率与铝的纯度、温度有关，与晶面的原子密度、晶粒尺寸有关。固态时，铝为面心立方晶体结构，具有良好的冷、热加工性能，可以用任何一种方法进行铸造成形。易于与硅、镁、锰、铜、锌、铁、锂、钪等形成合金，可以用固溶强化、加工硬化、热处理和形变热处理强化等手段提高铝合金强度，高性能铝合金的比强度可以与优质合金钢媲美。纯铝的主要物理性质见4-1。

表4-1 纯铝的主要物理性质

名称	单位	数值	名称	单位	数值
原子半径	pm	143	密度(20℃)	kg/m^3	2698.72
Al^{3+}半径	pm	57	热导率(20℃)	W/(m·K)	237
熔点	℃	660.37	电导率(20℃)	%IACS	64.94
沸点	℃	2476.85	体膨胀系数	$m^3/(m^3·K)$	$68.1×10^{-6}$
熔化潜热	kJ/mol	10.67	线膨胀系数(25℃)	1/℃	0.5
汽化热	kJ/mol	290.8	黏度(669℃)	MPa·s	1.1603
超导临界温度	K	1.175	泊松比	0.345	
弹性模量	GPa	70.6	晶体结构	面心立方体	

2. 铝的化学性质

铝是元素周期表第3周期ⅢA族元素，元素符号Al，原子序数13，相对原子质量为

26.98154。铝原子外围电子构型为 $1s^2 2s^2 2p^6 3s^2 3p^1$，铝在常温下氧化态为+3 价，低价铝离子在低温下不稳定，在高温下有稳定的+1 价化合物。

铝的化学活性很强，能与大气环境中的氧、水蒸气、二氧化碳反应。在空气中铝的表面生成一层连续致密的氧化铝薄膜，厚度约为 2×10^{-5}cm，能阻止内层金属继续氧化，是铝具有良好耐蚀能力的原因。铝粉或铝箔在空气中加热、燃烧生成氧化铝。铝与氧、水蒸气、二氧化碳反应的反应式为

$$2Al(s)+1.5O_2(g)=\!=\!=(\alpha\text{-}Al_2O_3)(s)-1676.56kJ/mol$$

$$2Al(s)+3H_2O(g)=\!=\!=(\alpha\text{-}Al_2O_3)(s)+3H_2\uparrow-395.7kJ/mol$$

$$2Al(s)+1.5CO_2(g)=\!=\!=(\alpha\text{-}Al_2O_3)(s)+1.5C(s)-546.48kJ/mol$$

在水溶液中，当温度较低时，铝表面生成的水合氧化铝层为拜耳石（$Al_2O_3\cdot3H_2O$），超过 70℃时，产物为一水软铝石（$Al_2O_3\cdot H_2O$）。

铝在高温下能够还原金属氧化物并放出大量热量，利用铝热反应可以制取金属或者母合金，例如，锰、铬、铁、铝钛、硅铝钛和铜钛等。铁路工人以铁矿石、铝粉为原料，利用铝热反应焊接钢轨，铝还原金属氧化物的反应式为

$$2Al(s)+3MeO(s)=\!=\!=Al_2O_3(s)+3Me(l)\text{（Me 为金属）}$$

在 2000℃左右的高温条件下，铝能与碳反应生成碳化铝（Al_4C_3）；在 1100℃以上的温度条件下，铝能与氮反应生成氮化铝（AlN）。反应式为

$$4Al(s)+C(s)=\!=\!=Al_4C_3(s)$$

$$2Al(s)+N_2(g)=\!=\!=2AlN(s)$$

铝同卤素反应生成挥发性的卤化物（AlF_3、$AlCl_3$、$AlBr_3$、AlI_3）。铝可溶于含有溴的乙醇中，利用这一特性，可以分析铝中 Al_2O_3 含量。反应式为

$$2Al+3F_2=\!=\!=2AlF_3\uparrow$$

$$2Al+3Cl_2=\!=\!=2AlCl_3\uparrow$$

铝是两性金属，可溶于盐酸、硫酸和碱溶液，但对冷硝酸和有机酸在化学上是稳定的。热硝酸与铝发生强烈反应，反应式为

$$2Al(s)+6HCl(l)=\!=\!=2AlCl_3(l)+3H_2(g)\uparrow$$

$$2Al(s)+3H_2SO_4(l)=\!=\!=Al_2(SO_4)_3(l)+3H_2(g)\uparrow$$

$$2Al(s)+2NaOH(l)+2H_2O=\!=\!=2NaAlO_2+3H_2(g)\uparrow$$

$$Al(s)+6HNO_3(l)=\!=\!=Al(NO_3)_3+3NO_2+3H_2O(g)\uparrow$$

3. 铝的用途

铝是产量和消费仅次于钢铁的第二大金属，在国民经济与国防建设中具有极其重要的战略地位。铝的密度小，比强度高，导电、导热性优良，冷热加工性能俱佳，在工业、农业、国防、航空航天、电力电子、交通运输、建筑装饰、产品包装等行业获得了广泛的应用。

铝合金的密度约为钢的 1/3，工业化合金材料的强度可达 700MPa，相当于高碳钢甚至合金钢的强度级别。使用铝合金制造装备，可有效降低结构件的质量，提高效率，节约能源，因此，铝合金是现代航空航天、武器装备等领域发展的关键结构材料。美国的大力神系列火箭筒体材料为 2014 合金，我国的长征系列火箭主干材料为铝合金。奋进号航天飞机副油箱采用 1420 铝锂合金制造，大型客机、运输机、一至三代战机的骨架和蒙皮材料等均为铝合金，占飞机质量的 50%~80%。现代坦克的反应装甲为铝合金材料。铝在不同领域应用

如图4-1所示，大型运输机和客机不同部位铝合金应用如图4-2所示。现代交通运输工具普遍要求减重增效，以适应节能、减排、环保的发展趋势，正越来越多地采用铝合金材料制造，如高铁车体已全部采用铝合金制造，欧美95%的货车车体也已采用铝合金制造，高档汽车、新能源汽车也越来越多地采用铝合金制造，并且正在向中档乘用车扩展应用。随着《中国制造2025》发展高端装备制造业的国家战略的实施，铝合金在高端装备制造中也将迎来更加广阔的应用前景。

铝合金可以简单地生产出钢铁无法生产的各种复杂断面结构型材，在汽车轻量化领域获得广泛应用。铝合金板带材、挤压型材和锻造材在汽车上用于车身面板、车身骨架、发动机散热器、空调冷凝器、蒸发器、车轮、装饰件和悬架系统零件等。铝合金铸件主要应用于发动机缸体、缸盖、活塞、进气歧管、摇臂、支架、连杆、离合器壳体、车轮等零件。

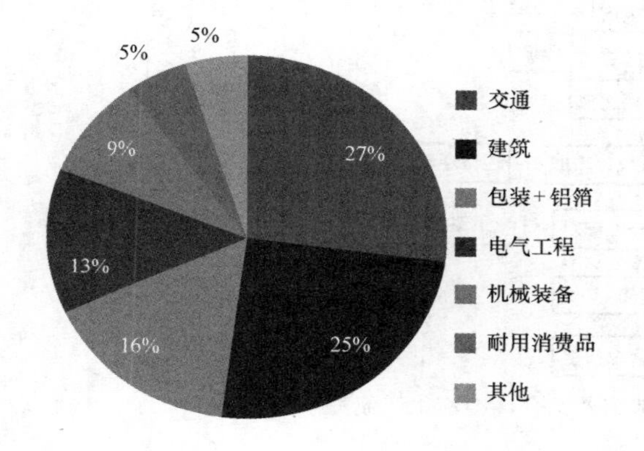

图4-1 铝在不同领域应用

图4-2 大型客机不同部位铝合金应用牌号

4.1.2 炼铝原料

铝在地壳中的含量约为8%，仅次于氧和硅，是地壳中分布最广的金属元素。自然界中极少发现单质铝，含铝的矿物总计有250多种，常见的是硅酸盐族以及它们的风化产物——黏土，其余的重要化合物有水合氧化物。目前，用于工业提炼金属铝的矿石只有铝土矿、霞石 [$(Na,K)_2O \cdot Al_2O_3 \cdot 2SiO_2$]、明矾石 [$(Na,K)_2SO_4 \cdot Al(SO_4)_2 \cdot 4Al(OH)_2$]、蓝晶石、高岭土（$Al_2O_3 \cdot 2SiO_2 \cdot 2H_2O$）等。

铝土矿中主要含铝矿物有三水铝石、一水软铝石和一水硬铝石。三水铝石分子式为$Al(OH)_3$和$Al_2O_3 \cdot 3H_2O$，一水软铝石分子式为γ-AlOOH和γ-$Al_2O_3 \cdot H_2O$，一水硬铝石分子式为α-AlOOH和α-$Al_2O_3 \cdot H_2O$。三水铝石在无机酸和碱性溶液中溶解能力最强，一水硬铝石溶解能力最差。对于生产氧化铝来说，衡量铝土矿质量标准通常用氧化铝含量、矿石铝硅比和矿石类型来评价。铝土矿是生产氧化铝最主要的矿石资源，Al_2O_3的质量分数一般为40%～70%。

铝电解的主要原料为氧化铝、阳极碳素材料，辅助原料为冰晶石、氟化铝、氟化钠、氟化钙、氟化镁、氟化锂和碳酸钠。

4.1.3 铝的生产方法

自从霍尔-埃鲁特发明冰晶石-氧化铝熔融电解法以来，该法与拜耳法联用，大大提高了铝的产量，扩大了铝的应用范围，至今仍是工业原铝的唯一生产方法。工业原铝的生产包括从铝矿石中提炼工业氧化铝、冰晶石-氧化铝熔盐电解生产原铝、原铝铝液炉前铸造三个主要过程。现代铝工业生产铝的原则流程如图 4-3 所示。

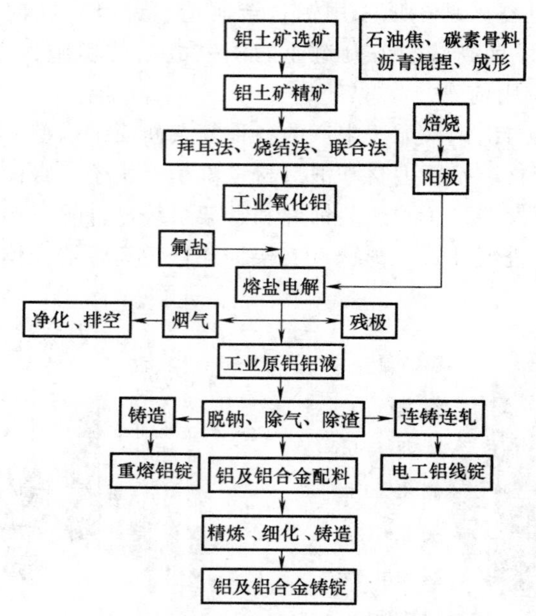

图 4-3　工业原铝与炉前铸造铝及铝合金铸锭生产流程

4.2　铝冶金原料——铝土矿

4.2.1　铝土矿分布

1. 世界铝土矿分布

世界上首次发现铝土矿始于 1821 年。各国找矿与勘查工作证明，铝土矿资源分布遍及五大洲 50 多个国家，资源丰富，储量巨大。根据美国国家地质调查局（USGS）2014 年发布的最新统计，截至 2013 年底，全球已探明铝土矿资源量约为 550 亿～750 亿 t，储量约为 200 亿 t。铝土矿主要分布在非洲（32%）、大洋洲（23%）、南美洲及加勒比地区（21%）、亚洲（18%）及其他地区（6%）。储量最丰富的国家是几内亚、澳大利亚、越南、巴西、牙买加，五国储量约占全球总储量的 70%，五国资源储量 443 亿 t，约占全球总资源储量的 72%。

世界铝土矿储量资源具有以下特点：

1）储量丰富，静态开采服务年限约为 146 年，基础储量静态保证年限约为 209 年。

2）分布极不均衡。拥有铝土矿资源的国家达 50 多个，但排在世界前 5 位的国家就占了资源储量总量的 70%以上。

3）分布格局不断变化。印度尼西亚、委内瑞拉、沙特阿拉伯、越南、老挝等国也已成为世界上重要的铝土矿资源国。

4）除铝土矿外，非铝土矿中蕴藏的铝资源也相当巨大，包括霞石、拉长石、红柱石、白榴石、钠明矾石、钠铝石、钙长石和高岭土。美国矿业局开展从非铝土矿资源中提取铝的研究，我国利用高铝粉煤灰提取氧化铝也取得了实质性进展。

2. 我国铝土矿资源概况

我国铝土矿的普查找矿工作始于1924年，铝土矿大规模开发利用是在中华人民共和国成立以后。1958年开始，先后在山东、河南、贵州等省建设了501、502、503三大铝厂，进入20世纪80年代，新建和扩建了以山西铝厂、中州铝厂为代表的一批大型铝厂。截至2016年，我国已探明铝土矿矿区310处，分布于全国19个省、自治区。铝土矿储量9.52亿t。我国铝土矿分布高度集中，山西、贵州、河南和广西四个省（区）的储量合计占全国总储量的90.9%，其余15个省、自治区的储量合计仅占全国总储量的9.1%。山西探明铝土矿储量居全国第一，河南探明铝土矿储量居全国第2位，贵州探明铝土矿储量居全国第3位，广西探明铝土矿储量居全国第4位。山东探明铝土矿储量占全国总储量的3%。此外，海南、广东、福建、云南、江西、湖北、湖南、陕西、四川、新疆等省（区），也有铝土矿矿床。

我国铝土矿资源具有高铝高硅、铝硅比低的特点，一水硬铝石型矿石占全国总储量的98%以上，铝土矿质量较差，加工耗能大。我国铝土矿一直供应不足，严重依赖进口。

4.2.2 铝土矿选矿

铝土矿是氧化铝工业的重要原料，不同的生产工艺对矿石铝硅比要求不尽相同。拜耳法要求铝硅比大于8，联合法要求铝硅比为5~7，烧结法要求铝硅比为3.5~5。铝土矿选矿的任务是提高矿石的铝硅比，同时脱除矿石中有害的硫、硅、铁、钛等元素。

1. 高岭石-三水铝石型铝土矿

苏联学者很早就对高岭石-三水铝石型铝土矿进行选别研究。在20世纪70年代，针对高岭石-三水铝石、高岭石-一水软铝石铝土矿制订如图4-4、图4-5所示的选矿工艺，并取得了良好的选矿效果。高岭石-三水铝石型铝土矿选别指标见表4-2。

2. 高岭石-一水软铝石型铝土矿

高岭石-一水软铝石型铝土矿矿石微细分散，用常规浮选法有可能获得高铝硅比铝土矿精矿，但产率极低。采用如图4-6所示的选别流程处理，采用粗粒机械碎解-细粒选择性絮凝流程工艺，可以获得较好的选矿效果，高岭石-一水软铝石铝土矿选别指标见表4-3。

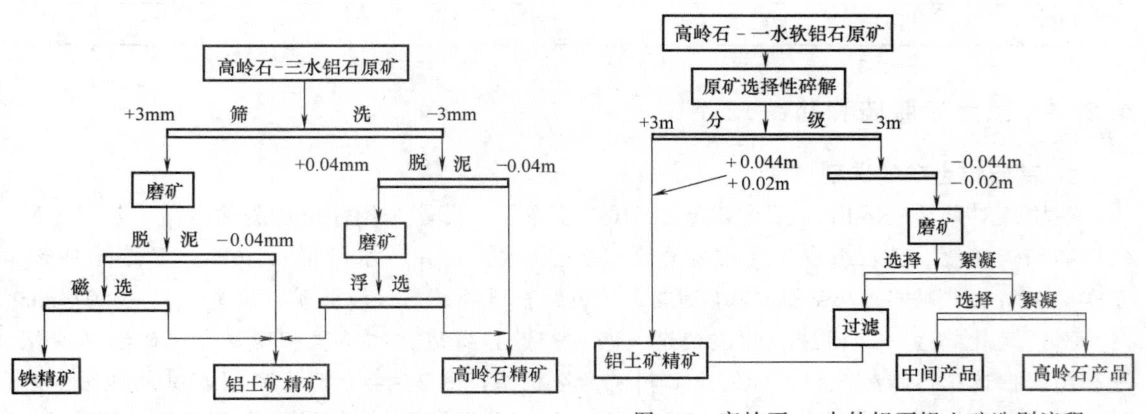

图4-4 高岭石-三水铝石铝土矿选别流程　　图4-5 高岭石-一水软铝石铝土矿选别流程

表 4-2　苏联某高岭石-三水铝石型铝土矿选别指标

矿物名称	产物组成（质量分数，%）	Al_2O_3（质量分数，%）		SiO_2（质量分数，%）		Fe_2O_3（质量分数，%）		铝硅比
		品位	回收率	品位	回收率	品位	回收率	
铝土矿精矿	50.10	49.80	58.80	5.95	32.70	14.00	40.10	8.4
高岭石精矿	21.80	39.30	24.00	21.80	59.10	24.00	16.30	1.8
含铁产品	25.10	30.70	18.20	2.97	8.20	30.40	44.60	10.3
原矿	100.00	24.40	100.00	9.13	100.00	17.53	100.00	4.7

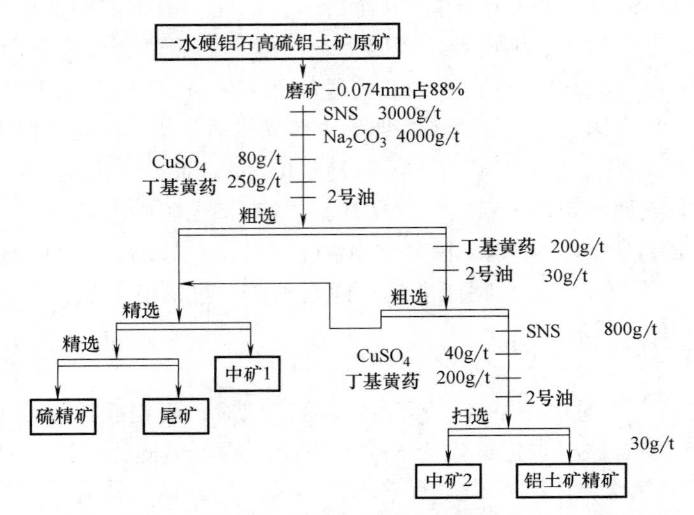

图 4-6　一水硬铝石高硫铝土矿浮选脱硫选别流程

表 4-3　某高岭石-一水软铝石型铝土矿选别指标

矿产名称	产物组成（质量分数，%）	品位（质量分数，%）		回收率（%）		铝硅比
		Al_2O_3	SiO_2	Al_2O_3	SiO_2	
铝土矿精矿	50	62.4	10.2	58.1	29.2	6.2
中间产品	30	54.0	24.0	30.2	41.2	2.3
高岭石产品	20	31.2	25.9	11.7	29.6	1.2
原矿	100.0	54.5	17.5	100.0	100.0	4.1

4.2.3　铝土矿脱硫和除铁

1. 高硫铝土矿的选别

杂质硫对拜耳法溶出、沉降和蒸发工序产生危害，苏联采用浮选法脱除南乌拉尔铝土矿硫化物和碳酸盐。矿石组成为（质量分数）：一水软铝石和一水硬铝石 46%，方解石 19%，赤铁矿 12%，高岭石 6.6%和黄铁矿 4%。矿石经三段碎矿、三段磨矿，磨矿粒度-0.074mm占 94%。硫化物经一次粗选、两次精选、两次扫选，得硫化物精矿和尾矿。尾矿经两次精选和两次扫选，得碳酸盐精矿和铝土矿精矿，选别指标见表 4-4。铝土矿精矿供拜耳法生产氧化铝，碳酸盐精矿供烧结法炼铝，硫精矿作氧化镍矿熔炼的硫化剂，矿石得到综合利用。

表 4-4　浮选法脱除高硫铝土矿硫化选别指标

矿产名称	矿产组成（质量分数，%）	品位（质量分数，%）					回收率（%）				
		Al_2O_3	SiO_2	Fe_2O_3	CO_2	S	Al_2O_3	SiO_2	Fe_2O_3	CO_2	S
硫精矿	8.42	27.90	4.54	29.86	5.09	28.68	5.86	5.67	19.60	4.46	86.02
碳酸盐矿	27.26	19.42	4.01	4.99	27.17	0.69	14.19	16.23	10.60	77.07	8.47
铝精矿	64.32	50.49	8.18	14.95	2.76	0.19	80.95	78.10	69.80	18.47	5.51
原矿	100.0	40.12	6.74	12.83	9.61	2.22	100.0	100.0	100.0	100.0	100.0

江西理工大学采用如图 4-6 所示工艺，浮选脱除一水硬铝石高硫铝土矿硫化物，原矿磨矿至粒度-0.074mm 占 88%，采用 SNS 作为调整剂进行矿浆分散及铝硅矿物抑制，采用 Na_2CO_3作为 pH 值调整剂，矿浆 pH 值为 9，2 号油为起泡剂，进行浮选脱硫。通过两次粗选、两次精选、一次扫选，获得铝土矿的硫含量为 0.25%，符合氧化铝工业对硫的质量要求，硫精矿品位 24.05%，产出率达到 10.94%。浮选脱硫选别指标见表 4-5。

表 4-5　一水硬铝石高硫铝土矿浮选脱硫选别指标

扫选次数	产品名称	产率（%）	品位（质量分数，%）			A/S 比	回收率（%）	
			Al_2O_3	Si	S		S	Al_2O_3
1	铝精矿	71.16	56.75	5.36	0.25	10.59	5.00	74.85
	硫精矿	10.94	20.40	9.78	24.05	3.81	73.89	4.14
	尾矿	7.58	47.00	11.35	2.66	8.77	5.66	6.60
	原矿	100	53.95	6.57	3.56	7.63	100.00	100.00
2	铝精矿	71.57	57.00	6.57	0.23	8.68	4.62	75.62
	硫精矿	8.44	17.50	9.07	29.30	2.66	69.43	2.74
	尾矿	2.64	42.00	12.51	4.38	6.39	3.25	2.05
	原矿	100.00	53.95	6.57	3.56	7.63	100.00	100.00

北乌拉尔铝土矿采用筛分-光电拣选-浮选联合流程，原矿为一水硬铝石，铝硅比 15，硫和碳酸盐含量分别为 1.5%和 4.5%～4.6%，硫分布于黄铁矿和杂色矿石中，CO_2集中于碳酸盐矿石中。碎矿后硫和碳酸盐绝大部分集中在+200mm 粒级，-200mm 粒级矿石符合拜耳法生产氧化铝要求。粗粒级进行光电拣选和浮选，精矿供拜耳法生产氧化铝，尾矿浮选脱硫，浮选尾矿用烧结法生产氧化铝。该流程利用硫化物、碳酸盐在矿石中分布不均匀和光学特性差异，采用简单的筛选和光电选别，取得了良好的技术经济指标，光电拣选指标见表 4-6。

表 4-6　北乌拉尔粗粒级铝土矿光电拣选指标

矿物名称	产率（%）	品位（质量分数，%）				A/S 比	回收率（%）			
		Al_2O_3	SiO_2	CO_2	S		Al_2O_3	SiO_2	CO_2	S
精矿	67.20	62.50	2.60	3.60	0.45	30.20	73.64	58.36	30.19	20.32
尾矿	32.80	38.50	3.80	16.0	3.40	10.10	26.36	41.64	69.81	79.68
原矿	100.0	46.80	2.95	7.50	1.47	15.90	100.0	100.0	100.0	100.0

2. 高铁铝土矿选矿

根据原矿铁矿含量、种类和嵌布特点，采用强磁选、焙烧磁选、浮磁过滤等方法，可以降低铝土矿中的 Fe_2O_3、TiO_2 含量。L. Y. 萨德勒提出：将碎矿煅烧后还原矿石中的铁，使磁性增大 40~100 倍，可以提高磁选分选效率。当原矿含铁 2.7%（质量分数）时，可以回收 95%的铝土矿精矿，精矿赤铁矿含量小于 1.6%。

对山西阳泉特级耐火铝矾土，将矿石磨矿至-0.037mm 占 94%，添加六偏磷酸钠分散剂，进行高梯度磁选，Fe_2O_3、TiO_2 含量由原矿 1.48%、2.83%降至精矿的 0.701%和 1.77%。中南大学对广西平果铝土矿矿石采用原矿直接磁选，可使 Fe_2O_3 含量下降到 6.97%~8.59%，铝精矿回收率 78.25%~82.62%，铝硅比相应提高到 11.06~11.63。

保加利亚甘特低质铝土矿，原矿成分为（质量分数）：Al_2O_3 56.17%、Fe_2O_3 18.44%、SiO_2 10.28%，磨矿至-0.315mm，固液比为 1∶4，盐酸浓度 11%~15%，温度 70~90℃，原料中的铁浸出后，所得精矿可以作为制备氧化铝的原料。

4.2.4 高硅铝土矿选矿

1. 浮选法脱硅

浮选法脱硅是目前国内外提高铝土矿铝硅比的有效方法。研究表明：浮选铝矿物的有效捕收剂有脂肪酸和磺酸盐类；调整剂有六偏磷酸钠、水玻璃、腐殖酸钠、丹宁酸、焦磷酸钠、苏打和碳酸钠等。以胺类捕收剂进行反浮选，在矿浆 pH=7~12.5 时，进行调浆浮选，可有效选出铝土矿中硅酸盐矿物，同时六偏磷酸钠有助于矿浆的分散。

山西孝义铝矿、广西平果铝矿分别进行了浮选脱硅试验，磨矿至-0.04mm 占 90%，以碳酸钠和硫化钠为调整剂，六偏磷酸钠为抑制剂，用氧化石蜡皂和塔尔油（或癸二酸下脚料的脂肪酸）为捕收剂，使铝矿石铝硅比由 5 左右提高到 8 以上。对山东澧水和辽宁小市等低铝硅比矿石（铝硅比为 2~2.6）试验结果也证明，精矿铝硅比可提高到 4.0~4.5，Al_2O_3 回收率可达 50%~70 %，使低质铝土矿可作为烧结法炼铝原料。浮选脱硅试验结果见表 4-7。

表 4-7 浮选脱硅试验结果（质量分数） （%）

矿样名称	Al_2O_3			SiO_2		
	原矿	精矿	尾矿	原矿	精矿	尾矿
孝义矿	66.04	76.25	55.96	13.07	7.85	23.17
小关矿	64.07	71.34	50.23	13.97	7.73	26.35
平果矿	62.33	76.13	34.40	9.06	6.13	22.81
阳泉矿	62.76	73.50	56.79	17.50	6.88	23.36

2. 絮凝分选法脱硅

对于细粒嵌布的一水铝石型铝土矿，含混 SiO_2 较多时可用选择性絮凝分选法脱硅。以六偏磷酸钠为分散剂，将矿石细磨至-5μm 占 30%~40%，添加苏打、苛性钠、六偏磷酸钠调整剂，使用水解聚丙烯胺聚合物［水解度 85%~88%，分子量 $(2.1\sim2.2)\times10^5$］进行选择性絮凝分选，可以使铝硅比为 3 的低品级高岭土，获得铝硅比为 6 左右、产出率为 50%~55%的铝土矿精矿。

3. 细菌浸出脱硅

由于铝土矿中高铝硅比包裹体矿物细小，机械富集受到一定限制，Grondeva V.I 采用环胞芽孢杆菌、黏液芽胞杆菌破坏铝代硅酸盐的结构，将高岭土分子分解成为氧化铝和二氧化硅，使 SiO_2 转化为可溶物，从而使氧化铝不溶物得以分离。5 天内从 5 种不同的矿物中浸出 12.5%~73.6%的硅，脱硅效果明显。国外某矿原矿属三水铝土矿，原矿磨至-0.074mm，进行分级脱泥，细泥和磁性产品进行细磨浸出，浸出温度 30℃，液固比 1∶5，浸出时间 9 天，浸液用沸石吸附氧化铝，再分选使铝硅分离。

4. 化学法脱硅

对含硅矿物为含水铝代硅酸盐，用常规方法难以选别，可采用化学法处理。化学法脱硅主要是预先焙烧（或未经焙烧），然后浸出（脱去硅、铁），其工艺包括预焙烧、溶浸脱硅、固液分离等工序。

4.2.5 尾矿综合利用

铝土矿经选矿后，尾矿成分、产量随原矿成分及选矿方法不同而异。通常，尾矿产量约占原矿投料量的 35%~38%；尾矿成分为 Al_2O_3、SiO_2 以及钙、镁 、铁的氧化物。尾矿可作耐火材料，建筑、水泥配料，瓷砖等生产的原料。如河南东大矿业 50 万 t 铝土矿废渣与尾矿综合利用工程，尾矿铝硅比<1.5，利用选后铝土矿尾矿制砖。山西阳泉尾矿含 $w(Al_2O_3)$ 56.79 %、$w(Fe_2O_3)$ 1.74%，利用尾矿制造耐火材料。广西平果铝土矿尾矿含 $w(Al_2O_3)$ 34.40%、$w(SiO_2)$ 22.81%、铁含量高，利用尾矿制造水泥、建筑用砖等。

4.3 氧化铝生产

氧化铝是生产电解铝的主要原料，2017 年世界氧化铝产量为 12599.9 万 t，我国氧化铝产量为 6901.7 万 t，占世界氧化铝产量的 54.8%。目前，我国仍然是世界最大的氧化铝净进口国。

4.3.1 铝电解生产对氧化铝的质量要求

铝电解生产要求氧化铝中杂质含量和水分要低，氧化铝中的二氧化硅、氧化铁等杂质在电解过程中被还原成硅和铁，降低了铝的纯度和品位。氧化钙和氧化钠等杂质使冰晶石分解，改变电解质成分和摩尔比。原料中的水分使氟盐水解，生成污染环境的卤化物。溶解于电解液中的水分参与电解过程，降低电流效率，造成铝液污染，恶化材料加工性能。因此，工业氧化铝中 Al_2O_3 含量应大于 98.2%。氧化铝中杂质电解、氟盐水解与水分电解反应式为

电解：

$$Fe_2O_3+C=\!=\!=Fe+CO_2\uparrow$$

$$SiO_2+C=\!=\!=Si+CO_2\uparrow$$

$$H_2O=\!=\!=H_2\uparrow+O_2\uparrow$$

R 和 T 的氧化物与氟盐反应，反应式为

$$3R_2O+2AlF_3=\!=\!=6RF+Al_2O_3$$

$$3TO+2AlF_3=\!=\!=3TF+Al_2O_3$$

氟盐水解：

$$3H_2O+2AlF_3 \!=\!=\!= 6HF+Al_2O_3$$

反应式中，R代表碱金属元素，T代表碱土金属元素。铁、硅降低电解铝液的品位，碱金属、碱土金属使电解质的摩尔比（NaF：AlF_3之摩尔比）升高，破坏了正常电解条件。AlF_3水解造成氟盐损失，水电解降低铝电解电流效率，造成铝液污染，降低铝制产品质量。为保证电解铝质量，我国铝工业对氧化铝质量要求见表4-8。

表4-8　中国有色金属行业标准YS/T 619—2007规定的氧化铝质量要求

牌号	化学成分(质量分数,%)				
	Al_2O_3（不小于）	杂质含量(不大于)			
		SiO_2	Fe_2O_3	Na_2O	灼减
AO-1	98.6	0.02	0.02	0.5	1.0
AO-2	98.4	0.04	0.03	0.6	1.0
AO-3	98.3	0.06	0.04	0.65	1.0
AO-4	98.2	0.08	0.05	0.7	1.0

除化学成分外，铝电解生产对氧化铝的物理性质也有严格要求，如粒度、安息角、α-Al_2O_3含量、真密度、容积密度、比表面积等。根据这些物理性质的不同，铝工业通常将氧化铝分成砂型、中间型和粉型三种。为保证氧化铝在干法净化系统中的吸附性能，并确保氧化铝在电解液中的溶解能力，现代铝电解通常采用对氟化氢吸附性能好、在电解液中溶解迅速的砂状氧化铝作为铝电解的原料。利用砂状Al_2O_3吸附电解烟气，实现烟气除氟，反应原理为

$$Al_2O_3+6HF \!=\!=\!= 2AlF_3+3H_2O$$

现代铝工业对砂状氧化铝要求包括：氧化铝颗粒呈球状，安息角小，流动性好，α-Al_2O_3含量一般在10%~20%，γ-Al_2O_3含量较高，比表面积大（50~60m^2/g），具有较大的表面活性，对氟化氢气体吸附能力强。容重稳定在0.95~1.05g/cm^3。平均颗粒粒度60~70μm，粒度小于40μm的低于10%，粒度大于150μm的高于5%，磨损系数<10%。砂状氧化铝的这些物理性能决定了其在电解液中的溶解性能好，便于风动输送和电解槽自动加料，壳面保温性能好，能够严密覆盖在阳极炭块上，防止阳极炭块在空气中氧化，减少阳极消耗。

4.3.2　氧化铝生产特点

自然界已知的含铝矿物有258种，其中常见的矿物约43种。实际上，由纯矿物组成的铝矿床是没有的，一般都是共生分布，并混有杂质。用于提炼工业氧化铝的主要有一水硬铝石、一水软铝石或三水铝石组成的铝土矿，化学成分主要为Al_2O_3、SiO_2、Fe_2O_3、TiO_2、H_2O，五者总量占成分的95%以上，次要成分有S、CaO、MgO、K_2O、Na_2O、MnO_2、有机质、碳质等，微量成分有Ga、Ge、Nb、Ta、Ti、Co、Zr、V、P、Cr、Ni等。

工业上使用的氧化铝生产方法有酸法和碱法两大类。碱法有拜耳法、烧结法和联合法。目前世界上90%以上的氧化铝是用拜耳法生产的，只有我国、俄罗斯、乌克兰、哈萨克斯坦采用烧结法。

氧化铝生产流程是能量及碱液的闭路循环过程，工厂的前半部是原料处理系统，后半部为纯化工过程，是溶液的闭路循环过程。拜耳法工厂一般分成5个主要生产车间、35个主要工

序；烧结法工厂一般也分成5个主要生产车间、22个主要生产工序；联合法工厂一般分成6个主要生产车间、42个主要生产工序。受原料复杂性的影响，氧化铝生产具有方法多样、工艺流程长的特点。每生产1t氧化铝要消耗新水10~15t、耗电350~500kW·h、耗煤1t。

4.3.3　拜耳法

拜耳法是奥地利人拜耳于1887~1892年发明的一种生产氧化铝的方法，用于处理低硅铝土矿，特别是用于处理三水铝石型铝土矿时，流程简单，作业方便，产品质量高，其经济效果远非其他方法所能媲美。拜耳法包括两个主要过程，也就是拜耳提出的两项专利。一项是：在常温下，Na_2O与Al_2O_3摩尔比为1.8的铝酸钠溶液，只要添加氢氧化铝作为晶种，不断搅拌，溶液中的Al_2O_3便可以呈氢氧化铝析出，直到溶液中$Na_2O:Al_2O_3$的摩尔比提高到6。这就是铝酸钠溶液的晶种分解过程。另一项是：已经析出了大部分氢氧化铝的溶液，在加热时，又可以溶出铝土矿中的氧化铝水合物，这就是利用种分母液溶出铝土矿的过程。交替使用这两个过程就能够一批批地处理铝土矿，溶出纯的氢氧化铝产品，构成所谓拜耳法循环，拜耳法生产氧化铝的工艺流程如图4-7所示。

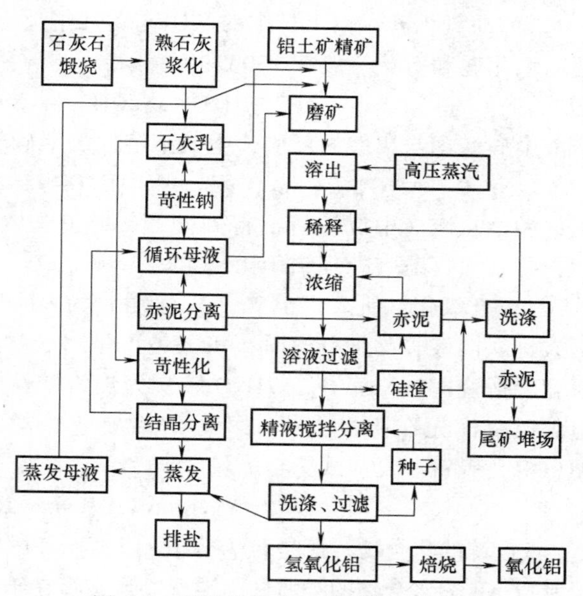

图4-7　拜耳法生产氧化铝的工艺流程

拜耳法的本质就是用氢氧化钠溶液溶出铝土矿，得到的铝酸钠的反应在不同条件下朝不同方向交替进行。首先是，高温下在压煮器中用氢氧化钠溶出铝土矿，将其中的氧化铝水合物溶浸出来，得到铝酸钠溶液，杂质进入残渣中。向分离赤泥后的铝酸钠溶液中添加晶种，析出氢氧化铝。分解母液再返回溶出下一批铝土矿。反应为

$$Al_2O_3 \cdot (1或3)H_2O+2NaOH+aq \underset{种分}{\overset{溶出}{\rightleftharpoons}} 2NaAl(OH)_4$$

拜耳法的生产工艺主要由溶出、分解和煅烧三个主要阶段组成，主要加工工序为矿浆制备、矿浆溶出、浆液稀释、赤泥分离、洗涤、粗液精制、晶种分离、氢氧化铝分离、洗涤、分解母液蒸发等。将铝土矿破碎至15mm粒度，碎矿石送下一工序湿磨。控制指标是：每七天的供矿量加权平均值A/S（铝硅比）波动在±0.5范围内。进行铝土矿、石灰、循环碱液三组分配料，使得到的原矿浆满足高压溶出要求。湿磨石灰加入量为干铝矿量的7%，循环碱液α_K（苛性化系数）为1.55；磨矿细度为+170号筛<15%，+100号筛<5%。

1. 铝土矿溶出

溶出的目的：将铝土矿中的氧化铝充分溶解成为铝酸钠溶液。铝土矿中氧化铝水合物存在状态不同，要求的溶出条件也不同，三水铝石（$Al_2O_3 \cdot 3H_2O$）的溶解温度为105℃，一水硬铝石（α-$Al_2O_3 \cdot H_2O$）的溶解温度为220℃，一水软铝石（γ-$Al_2O_3 \cdot H_2O$）的溶解温度为190℃。在工厂中，根据铝土矿原料类型，通过实验确定最适宜的溶出条件。

（1）铝土矿各组分在浸出时的行为

1）氧化铝水合物。在三水铝石型铝土矿中，Al_2O_3主要以 $Al(OH)_3$形态存在，浸出时，矿物与 NaOH 反应，反应式为

$$Al(OH)_3+NaOH = NaAlO_2+2H_2O$$

在一水软铝石型和一水硬铝石型铝土矿中，Al_2O_3分别以 γ-AlOOH 及 α-AlOOH 形态存在，浸出时分别发生如下的反应，反应式为

$$\gamma\text{-}Al_2O_3+2NaOH = 2NaAlO_2+H_2O \qquad \alpha\text{-}Al_2O_3+2NaOH = 2NaAlO_2+H_2O$$

反应生成的 $NaAlO_2$进入溶液中，杂质呈固相沉积于赤泥中。

2）三氧化二铁。氧化铁是铝土矿的主要成分之一，其含量可达 7%~25%。在铝土矿溶出条件下，Fe_2O_3以固相进入残渣，使溶出渣呈粉红色，称为赤泥。

3）二氧化硅。铝土矿中的 SiO_2与苛性钠反应，产物以硅酸钠的形式进入溶液，游离态的二氧化硅和石英一般在 150℃以上开始于与碱液反应，反应式为

$$SiO_2 \cdot nH_2O+2NaOH = Na_2O \cdot SiO_2+(n+1)H_2O$$

溶液中硅酸钠与铝酸钠反应，生成不溶性的铝硅酸钠，反应式为

$$Na_2O \cdot Al_2O_3+2(Na_2O \cdot SiO_2)+4H_2O = Na_2O \cdot Al_2O_3 \cdot 2SiO_2 \cdot 2H_2O+4NaOH$$

铝硅酸钠从溶液中沉淀析出得到硅渣，硅渣进入赤泥中，造成苛性钠和氧化铝的损失，因此，拜耳法仅适宜处理铝硅比>7 的铝土矿。

4）五氧化二钒。铝土矿中 V_2O_5含量为 80×10^{-6}~370×10^{-6}，浸出时约有 1/3 以钒酸钠形式进入溶液，晶种分解时，钒酸钠可呈水合物 $Na_3VO_4 \cdot 7H_2O$ 与 $Al(OH)_3$一同析出。氢氧化铝煅烧时，$Na_3VO_4 \cdot 7H_2O$ 转变为焦钒酸钠 $Na_4V_2O_7$，由于钒是比铝更正电性的金属，电解时钒优先在阴极上析出，导致铝导电性剧烈下降，氧化铝生产时，通常用热水洗涤 $Al(OH)_3$脱钒。反应式为

$$V_2O_5+6NaOH = 2Na_3VO_4+3H_2O$$

5）镓的化合物。镓是极为分散的元素，独立的镓矿物极为少见。镓与铝化学性质相似，经常以 Al_2O_3水合物的类质同晶混合物形态存在于铝土矿中，含量为 70×10^{-6}~150×10^{-6}（局部最高达到 1%），是镓的主要来源。浸出时，铝土矿中的镓以 $NaGaO_2$形态进入溶液，$Ga(OH)_3$的酸性比 $Al(OH)_3$强，溶液中的 $NaAlO_2$浓度大大超过 $NaGaO_2$的浓度，在晶种分解或碳酸化分解过程中，大部分 $NaGaO_2$都留在溶液中，溶液中的 $NaGaO_2$逐渐积累到一定程度，可以提取金属镓。目前，世界上 90%以上的镓是在生产氧化铝的过程中提取的。反应式为

$$NaOH+Ga(OH)_3 = NaGaO_2+2H_2O$$

6）二氧化钛。铝土矿含有 2%~3%的 TiO_2。在拜耳法生产过程中，TiO_2也是有害的杂质，能引起 Na_2O 的损失和 Al_2O_3溶出率下降。溶出时添加石灰是消除 TiO_2危害的有效措施。

7）碳酸盐。碳酸盐是铝土矿中常见杂质，以方解石（$CaCO_3$）、菱镁矿（$MgCO_3$）、菱铁矿（$FeCO_3$）等形式存在，含量可达 4%。高压浸出铝土矿时，碳酸盐与 NaOH 反应生成碳酸钠。反应式为

$$CaCO_3+2NaOH \rightleftharpoons Ca(OH)_2+Na_2CO_3$$

$$MgCO_3+2NaOH \rightleftharpoons Mg(OH)_2+Na_2CO_3$$

$$FeCO_3+2NaOH = Fe(OH)_2+Na_2CO_3$$

浸出铝土矿时，OH^-浓度很高，碳酸盐的溶解度超过相应氢氧化物的溶解度，反应使 NaOH

变成 Na_2CO_3，此反应称为反苛性化作用。溶液中的碳酸钠在母液蒸发阶段全部以 $Na_2CO_3 \cdot H_2O$结晶析出，一水碳酸钠与溶液分离后，经苛性化处理返回生产流程。

8）有机物。铝土矿中含有腐殖质、沥青等有机物，絮凝剂也为有机物，这些物质的氧化物、树脂化产物在溶液中积累，会破坏各工序的正常进行，并使循环碱液的蒸发过程复杂化。通常从循环析出的碳酸钠中系统地清除有机物。

（2）铝土矿的溶出实践　铝土矿的溶出过程一般是在高压（高温）条件下进行，采用高温、高压的目的是：提高铝土矿中氧化铝的溶出速率，工业生产中用循环母液溶出铝土矿。添加石灰，并将铝土矿、石灰、循环母液磨制成矿浆，有利于进一步提高溶出速度。循环母液（含有大量铝酸钠的返回碱液）的成分复杂，而苛性系数（$\alpha_{苛}$或 α_K，即溶液中所含苛性碱对所含 Al_2O_3的摩尔比）是影响循环母液成分稳定性的关键。一般而言，循环母液的苛性系数低于 1.40 时，铝酸钠溶液水解分解出氢氧化铝沉淀，苛性系数越低，铝酸钠溶液水解分解的倾向越大。循环母液的苛性系数的计算如下：若循环母液中含有 130g/L 苛性碱和 130g/L Al_2O_3，则溶液的苛性系数为

$$\alpha_{苛}=\frac{Na_2O_{苛}}{Al_2O_3}=\frac{130\times102}{130\times62}=1.65$$

式中，62 和 102 分别为 Na_2O（溶液中以 $NaAlO_2$及 NaOH 状态存在的 Na_2O 的量）与 Al_2O_3 的分子量。

高压溶出是拜耳法的核心工序，铝土矿溶出反应属于多相反应，反应过程发生在矿粒与碱液的界面上，对溶出一水硬铝石型矿石而言，目前有三种高压溶出的形式：管道化预热及停留溶出（即全管道化）；管道化预热及机械搅拌溶出；压煮罐预热、新蒸汽加热、停留化预热、熔盐加热及停留罐溶出。溶出工序控制的主要技术条件是：原矿浆要先经常压脱硅，以免管道预加热矿浆时产生管壁“结疤”；溶出温度 260～280℃；溶出时间 15～60min。

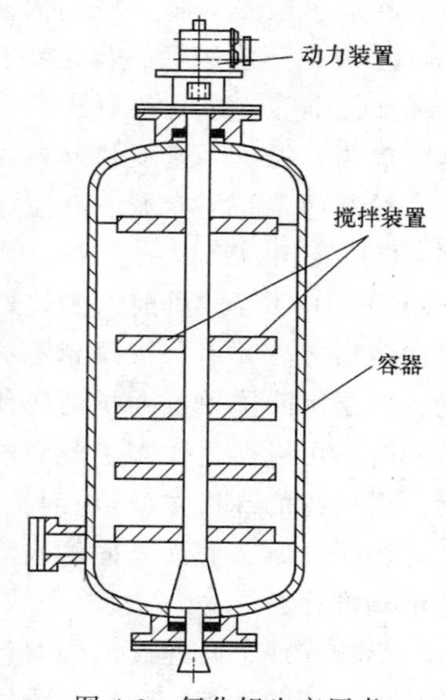

图 4-8　氧化铝生产压煮器结构示意图

铝土矿的溶出是在超过溶液沸点的压煮器中进行，难溶铝土矿溶出温度达到 250～280℃。压煮器是一种能承受温度 250℃时所产生的高压的钢制容器（筒体和封头材质为 A48CPR，法兰材质为 16Mn）。采用蒸汽间接加热的压煮器如图 4-8 所示。在压煮器中，蒸汽由下向上供入，加热并强烈地搅拌矿浆，压煮器内的矿浆经由垂直管卸出。工业压煮器的容积为 25～1350m^3，直径 1.6～4.6m，高 14.5～19m。压煮器作业可以是单个压煮器间断操作，也可以在串联压煮器组中进行连续作业。工程上是将若干个预热器、压煮器和自蒸发器依次串联成为一个压煮器组实行连续作业。

图 4-9 所示为山西铝厂引进的法国单管预热-高压釜溶出流程。原矿浆先在套管预热器内由自蒸发蒸汽间接预热至 177℃后进入预热压煮器，预热至 242℃后进入预热压煮器，由新蒸汽间接加热至溶出温度（267℃）。然后料浆再依次流过其余各个压煮器，料浆停留时间就是浸出时间。由最后一个压煮器流出的料浆进入自蒸发器。自蒸发器内压力逐渐降低，

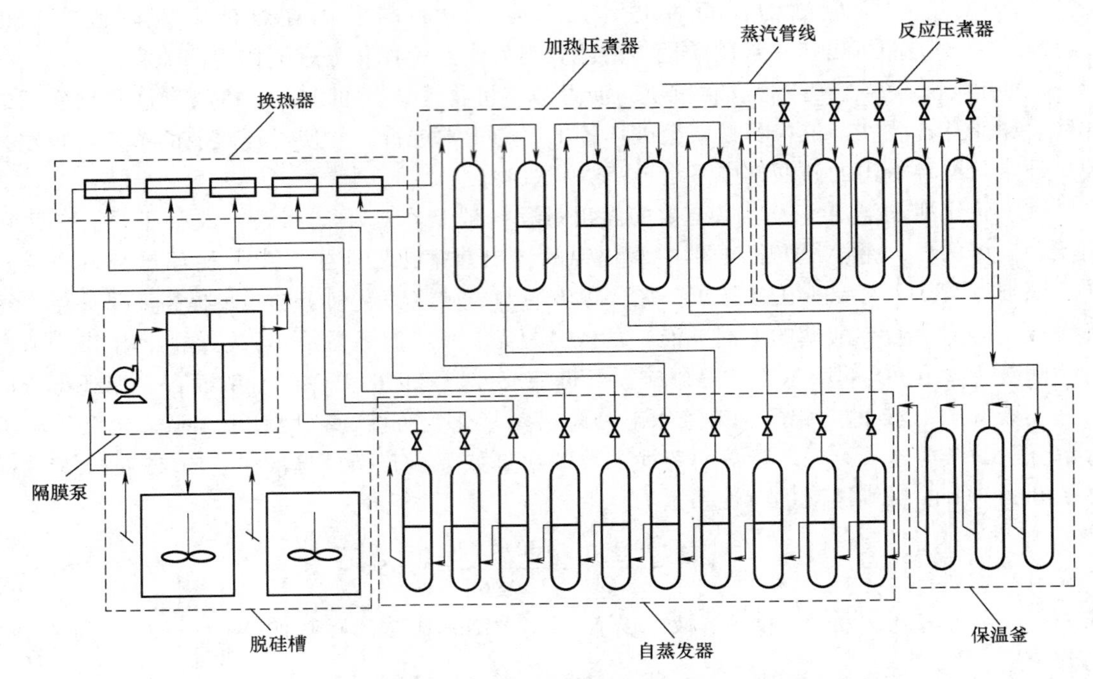

图 4-9 山西铝厂引进的法国单管预热-高压釜溶出流程

浆液在那里激烈沸腾，放出大量蒸汽。水分蒸发时消耗大量的热，使浆液温度降低。经过 10~11 级自蒸发以后，温度已经降到溶液的沸点、含 Na_2O300g/L、$Al_2O_3$270~280g/L，在分离赤泥前需先进行稀释，其作用是降低溶液浓度便于晶种分解，使铝酸钠溶液进一步脱硅，提高赤泥沉降速度和分离效率。

稀释通常是用赤泥洗液在装有搅拌器的稀释槽中进行。稀释以后的矿浆，液固比一般为 15~37。液相为铝酸钠、NaOH 和 Na_2CO_3溶液；固相为赤泥、$2CaO \cdot TiO_2$、$Na_2O \cdot Al_2O_3 \cdot 2SiO_2 \cdot nH_2O$ 等。目前大多数氧化铝厂采用沉降槽分离和洗涤赤泥，沉降槽类型较多，有单层和多层之分，单层沉降槽有大有小，多层沉降槽分双层、多层等多种。与单层沉降槽相比，多层沉降槽单位面积消耗和投资较小，单层沉降槽生产操作和控制比较简便，其他条件相同时，可以获得比多层沉降槽低的底流液固比和较高的单位面积溢流量。沉降槽面积固定后，增加槽的高度对产能有利。分离沉降槽的溢流是产品粗液，经控制过滤后得到的精制液送去种子分解；底流是固体残渣（称赤泥），经 4~6 次沉降并反向洗涤回收其附液中的碱后送堆场堆存。

影响赤泥沉降速度的因素包括矿石品位和组成，赤泥浆液的液固比，赤泥细度，赤泥浆液温度，铝酸钠溶液浓度，添加絮凝剂等因素。分离后的赤泥用热水清洗，赤泥分离和洗涤的目的是减少氧化铝和氧化钠的化学损失，得到粗制的铝酸钠溶液——粗液。拜耳法赤泥分离洗涤流程包括：浆液稀释、赤泥沉降分离、赤泥反向洗涤、赤泥浓缩过滤等过程。

赤泥沉降分离洗涤工序控制的主要技术条件是：工艺过程中物料温度在 67℃ 以上；分离沉降槽的底流固体质量分数为 38%，溢流中悬浮物含量为 185mg/L；末次洗涤沉降槽的底流固体质量分数为 45%，每吨干赤泥带走的 Na_2O 为 3kg。分离后的赤泥经多次洗涤以后送往堆场，分离赤泥后的铝酸钠溶液送晶种分解。

2. 铝酸钠溶液晶种分解

晶种分解是指在降低溶液温度并加入晶种的条件下，使饱和铝酸钠溶液分解而析出氢氧化铝，同时得到摩尔比较高的种分母液作为溶出铝土矿的循环母液。晶种分解是拜耳法生产氧化铝的主要工序之一，对产品的产量和质量有重要的影响。衡量种分作业效果的指标是AH-晶种质量、分解率和分解槽产能。

在有晶种加入时，过饱和的铝酸钠溶液按下式分解

$$xAl(OH)_3(\text{晶种})+Al(OH)_4^- = (x+1)Al(OH)_3+OH^-$$

种子即为 $Al(OH)_3$，晶种的数量和质量是影响分解速度的重要因素。通常用晶种系数表示添加晶种的数量，其定义是添加晶种中 Al_2O_3 含量与溶液中 Al_2O_3 含量的比值。

（1）氢氧化铝质量　氢氧化铝质量包括纯度和物理性能两个方面，主要杂质是 SiO_2、Fe_2O_3、Na_2O，只要控制送去分解的铝酸钠溶液中的杂质含量，即可保证所获得氢氧化铝的质量要求。氧化铝的机械强度和粒度分布一般取决于氢氧化铝的强度和粒度分布，一般要求氢氧化铝的粒度较粗且分布均匀。

（2）分解率　分解率是指铝酸钠溶液中氧化铝分解析出的比率（%），可以根据溶液分解前后的摩尔比计算分解率

$$\eta=\left(1-\frac{a_a}{a_m}\right)\times 100\%$$

式中，η 为种分率，（%）；a_a为分解原液摩尔比；a_m为分解母液摩尔比。
由上式可知，当原液摩尔比一定时，母液摩尔比越高，分解率越高，但要提高分解率，须延长分解时间，使分解槽产能下降，且分解后期易于出现细颗粒氢氧化铝。

（3）分解槽单位产能　分解槽单位产能指单位时间内从分解槽单位体积中分解出来的氧化铝的量，提高分解过程速度可以提高槽的单位产能。

（4）影响种分分解过程的主要因素　分解和溶出是同一个可逆反应朝不同方向进行的两个过程，凡是使溶液过饱和度增大的因素（即使溶液稳定性减小）都能够加速分解过程。

（5）分解原液浓度和摩尔比　当其他条件相同时，中等浓度的铝酸钠溶液稳定性最小，分解速度最快。原液摩尔比为 1.5~1.63 时，分解初温 62℃，终温 42℃，分解时间 64h。原液氧化铝浓度接近 100g·L 时，分解速度和分解率最高。提高或者降低浓度，分解速度和分解率均降低。原液摩尔比降低，分解速度、分解率和分解槽单位产能均显著提高。

（6）温度制度　一定成分的铝酸钠溶液，随着温度降低，分解速度提高。当其他条件相同时，可以获得较高的分解率和分解槽单位产能。工业生产过程常采用将溶液逐步降温的变温分解制度，使整个分解过程比较均衡。

（7）晶种数量和质量　添加的晶种数量通常用种子比（晶种系数）或者固含（晶种的绝对量）来表示。种子比是指添加的晶种含量与溶液中氧化铝含量的比值；固含是指每升溶液中氢氧化铝种子的质量（g）。晶种的质量指其活性的大小，取决于晶种的制备方法和条件，保存时间以及结构和粒度等。

（8）搅拌速度　分解原液浓度较低时，搅拌速度对分解的影响不大，分解原液浓度达到 160~170g/L，分解速度随搅拌速度增加而显著提高。

(9) 杂质　铝酸钠溶液中有机物积累到一定程度，可使分解速度降低，分解产物粒度变细；硫酸钠和硫酸钾使分解速度降低；氟、钒使分解产物粒度变细，甚至破坏晶种；磷有助于获得较粗的分解产物。

3. 氢氧化铝的煅烧

煅烧的目的是在一定温度下把氢氧化铝的附着水和结合水脱除，并发生分解反应形成氧化铝，进行晶型转变，得到具有一定物理和化学性能的氧化铝产品。氢氧化铝在煅烧过程中的物相、结构和性质变化是选择煅烧作业条件的依据。氢氧化铝含有10%～15%的附着水，其摩尔组成为$Al(OH)_3(Al_2O_3 \cdot 3H_2O)$。煅烧是在900～1250℃下进行的，当温度达到100～120℃时，附着水即被完全蒸发掉，继续提高温度则发生结晶水的脱除，以及无水氧化铝的晶型转变。煅烧反应式如下

100～120℃：

$$2Al(OH)_3+吸附水 = Al_2O_3 \cdot 3H_2O+H_2O\uparrow$$

200～250℃时，失去两个结晶水转变为一水软铝石（$Al_2O_3 \cdot H_2O$），反应式为

$$Al_2O_3 \cdot 3H_2O = Al_2O_3 \cdot H_2O+2H_2O\uparrow$$

500℃左右，一水软铝石转变为无水γ-Al_2O_3，反应式为

$$Al_2O_3 \cdot H_2O = \gamma\text{-}Al_2O_3+H_2O\uparrow$$

900℃以上转变为α-Al_2O_3，反应式为

$$\gamma\text{-}Al_2O_3 = \alpha\text{-}Al_2O_3$$

影响氢氧化铝煅烧的因素有：煅烧温度、氢氧化铝粒度和强度、矿化剂、燃料及燃烧。

煅烧所用的设备是回转煅烧窑、循环煅烧炉。回转煅烧窑能耗较高，飞扬损失大，对氧化铝的磨损大，已逐渐被淘汰。目前煅烧主要采用循环煅烧窑，其结构示意图如图4-10。

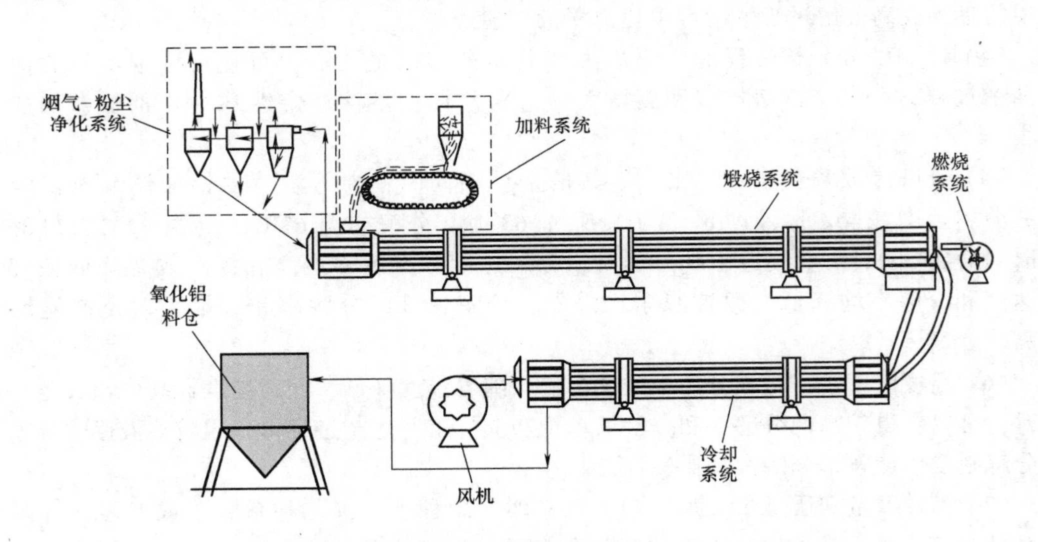

图4-10　氢氧化铝煅烧窑装置结构示意图

循环煅烧炉也称沸腾煅烧炉，是由煅烧炉和一个直接与煅烧炉连在一起的旋风器及U形料密封槽组成。以重油、煤气作为燃料，燃料燃烧产生的燃烧气体提供煅烧过程所需热能，燃气也是煅烧物料的沸腾介质。煅烧后的氧化铝冷却后送往储仓或电解车间。

4. 返回母液的蒸发与苛性化

铝酸钠分解以后，将浆液送入浓缩槽，进行溶液和氢氧化铝的分离。氢氧化铝在分级机中分级，细颗粒氢氧化铝返回作为种子；大颗粒氢氧化铝经过洗涤、过滤后送煅烧工序，分解母液则送蒸发站处理。蒸发的目的一是提高溶液的浓度，以满足高压溶出对碱浓度（Na_2O180～230g/L）的要求；二是排除生产过程中积累的 Na_2CO_3 及 Na_2SO_4；三是排除生产过程中积累的有机物，一般有机物随 Na_2CO_3 及 Na_2SO_4 的析出而析出。蒸发是在高效真空蒸发器中完成的。我国采用外加热式自然循环蒸发器蒸发种分母液，国外多采用膜式蒸发器。

（1）返回母液的蒸发　拜耳法生产氧化铝时，赤泥洗涤、氢氧化铝洗涤、加热蒸汽凝结等过程中水分会进入溶液，导致循环母液碱液浓度降低，不能满足生产要求时，必须用蒸发过程来平衡水量。生产1t氧化铝需要蒸发的水量，取决于生产方法、铝土矿类型与质量、采用的设备及作业条件等因素。我国处理一水硬铝石型铝土矿，采用间接加热溶出器，生产1t氧化铝的蒸发水量达4.5t以上。

（2）碳酸钠的苛化回收　在拜耳法生产过程中，溶液中的苛性钠和空气中的 CO_2 反应，导致碱溶液中有一部分苛性钠转为碳酸钠，必须进行苛性化处理使之恢复为苛性碱。碳酸钠的苛性化采用石灰苛化法，石灰乳与碳酸钠发生如下的苛化反应

$$Na_2CO_3 + Ca(OH)_2 = 2NaOH + CaCO_3 \downarrow$$

（3）技术经济指标　拜耳法是处理铝土矿生产氧化铝的方法中流程最短，最经济的生产方法，生产能力占世界氧化铝总产量90%以上。我国拜耳法厂处理的铝土矿为一水硬铝石型，Al_2O_3 为62.2%，Al/Si = 14.2。工厂生产能力：80万t/a氧化铝。产品质量：砂状氧化铝，+125μm占15%，−45μm占12%。铝土矿单耗1.85t/t（干矿）；苏打单耗50kgNa_2O/t；石灰单耗200kgCaO/t；新水单耗4.6t/t；电力消耗257kW·h/t；煅烧热耗4.2MJ/t；其他热耗6.2MJ/t。

4.3.4　碱石灰烧结法

碱石灰烧结法的实质是将铝土矿与一定量的苏打、石灰（或石灰石）配成炉料进行烧结，使氧化硅与石灰合成不溶于水的原硅酸钙（$2CaO \cdot SiO_2$），而氧化铝与苏打化合成可溶于水的铝酸钠（$Na_2O \cdot Al_2O_3$），将烧结产物（通称烧结块或熟料）用水浸出，铝酸钠进入溶液而与 $2CaO \cdot SiO_2$ 分离，再用二氧化碳分解铝酸钠溶液，便可以得到氢氧化铝。碱石灰烧结法生产氧化铝基本流程如图4-11所示。

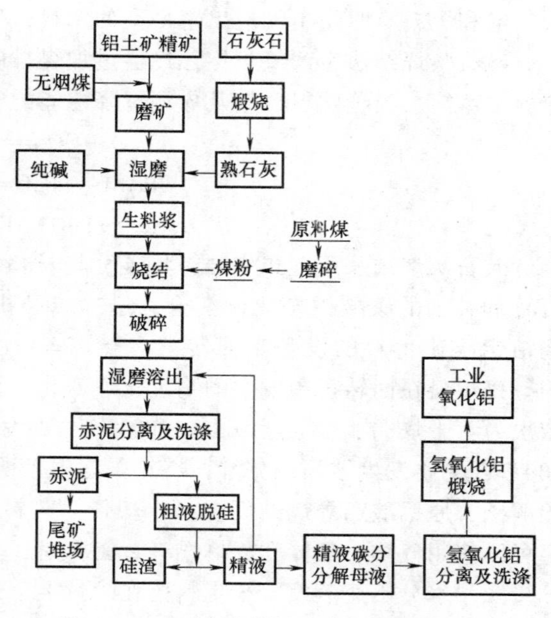

图4-11　碱石灰烧结法生产氧化铝流程图

1. 铝土矿的碱石灰烧结

烧结铝土矿生料的目的在于将生料中的氧化铝尽可能完全地转变为铝酸钠，而氧化硅变为不溶解的原硅酸钙（$2CaO \cdot SiO_2$），Fe_2O_3 与纯碱反应生成能够水解的铁酸钠（$Fe_2O_3 \cdot Na_2O$）。实践证明，决定烧结最后

产品成分的主要因素是：烧结温度和生料的原始成分。若生料配制适当而又有合适的烧结温度，实际上可以完全地使氧化铝变为铝酸钠，氧化硅变为原硅酸钙。由铝土矿、苏打、石灰（或石灰石）组成的炉料中，主要成分为 Al_2O_3、Na_2CO_3、Fe_2O_3、SiO_2和 CaO（$CaCO_3$）。各成分间的主要反应分述如下。

（1）Na_2CO_3与 Al_2O_3之间的反应　炉料烧结的目的是使铝土矿中的氧化铝尽可能地转化为可溶性的铝酸盐。纯碱（Na_2CO_3）与铝土矿中的 Al_2O_3反应时生成可溶性的偏铝酸钠（Na_2O 与 Al_2O_3），因此生料中每 1mol 的 Al_2O_3就要配 1mol 的苏打。反应式为

$$Na_2CO_3+Al_2O_3 = Na_2O \cdot Al_2O_3+CO_2\uparrow$$

该反应在室温下即可发生，在 800℃时反应完全，提高温度，反应速度加快。烧结时过剩的 Na_2CO_3依然保持原来形态。

（2）Na_2CO_3与 Fe_2O_3反应　氧化铁在铝酸盐炉料烧结过程中的行为与氧化铝相似，反应产物是 $Na_2O \cdot Fe_2O_3$，反应式为

$$Na_2CO_3+Fe_2O_3 = Na_2O \cdot Fe_2O_3+CO_2\uparrow$$

（3）$CaCO_3$和 SiO_2之间的反应　CaO 与 SiO_2能生成四种化合物：$CaO \cdot SiO_2$、$3CaO \cdot 2SiO_2$、$2CaO \cdot SiO_2$和 $3CaO \cdot SiO_2$，其中 $2CaO \cdot SiO_2$是 CaO 与 SiO_2反应时最初产生的化合物。实验证明，1200℃以下时，$CaCO_3$和 SiO_2之间的反应产物为 $2CaO \cdot SiO_2$，提高反应温度，生成的 $2CaO \cdot SiO_2$或与 CaO 或与 SiO_2反应，生成 $3CaO \cdot SiO_2$，或者 $3CaO \cdot SiO_2$与 $CaO \cdot SiO_2$的硅酸盐。$CaCO_3$与 SiO_2反应式为

$$2CaCO_3+SiO_2 = 2CaO \cdot SiO_2+2CO_2\uparrow$$

在烧结炉料（生料）中，当 Na_2CO_3和 $CaCO_3$的配入量按：$Na_2O/(Al_2O_3+Fe_2O_3)=1.0$ 或 $CaO/SiO_2=2.0$ 计算时（均为摩尔比），这种配料称为饱和配料；而 $Na_2O/(Al_2O_3+Fe_2O_3)<1.0$ 或 $CaO/SiO_2<2.0$，称为不饱和配料。饱和配料能保证 $Na_2O \cdot Al_2O_3$、$Na_2O \cdot Fe_2O_3$和 $2CaO \cdot SiO_2$的生成，具有最好的烧结效果。在实际生产条件下，烧结反应十分复杂，饱和配料有时得不到溶出率最高的熟料，生产中最适宜的配料比常通过实验确定。

碱石灰烧结法生产氧化铝往往通过加煤排硫，同时达到降低碱耗、强化烧结过程、提高熟料窑产能、改善熟料质量及赤泥沉降性能的目的。加煤排硫的反应式如下

$$Fe_2O_3+CO = FeO+CO_2\uparrow$$

$$Na_2SO_4+4CO = Na_2S+4CO_2\uparrow$$

$$Na_2S+FeO+Al_2O_3 = Na_2O \cdot Al_2O_3+FeS\downarrow$$

碱石灰烧结采用湿式烧结，将碳分母液蒸发到一定浓度后，与铝土矿、石灰（或石灰石）和补加的碳酸钠按比例配合，送入球磨机中混合磨细，制成合格的生料浆进行烧结。烧结铝土矿生料的设备是回转窑，规格有：ϕ4.35m×72.4m，ϕ4.2m×100m，ϕ3.8m×51m 等。按炉料在回转窑中发生的物理化学变化，可将回转窑从窑尾到窑头划分为四个作业带，依次为：干燥带，温度为 65~120℃，主要发生吸附水蒸发；预热分解带，温度为 120~600℃，主要发生结晶水分解；烧结带，温度为 1000~1300℃，发生石灰分解铝硅酸钠生成铝酸钠、原铝酸钙等烧结反应；冷却带，熟料由二次空气冷却至 1000℃左右的区段。回转窑可以使用气体、液体和固体燃料。工作时，生料浆从冷端喷入窑内，雾化的料浆与烟气充分接触，水分迅速蒸发，干生料落在炉衬上，逐渐受热并向高温带（1210~1300℃）移动使炉料烧结，烧结产物主要是由铝酸钠、铁酸钠和原硅酸钙组成的块状多孔的熟料。熟料经冷

却、破碎后送溶出工序；炉气经除尘净化后供给碳酸化过程，作为CO_2的来源。碱石灰烧结窑装置结构示意图如图4-12所示。

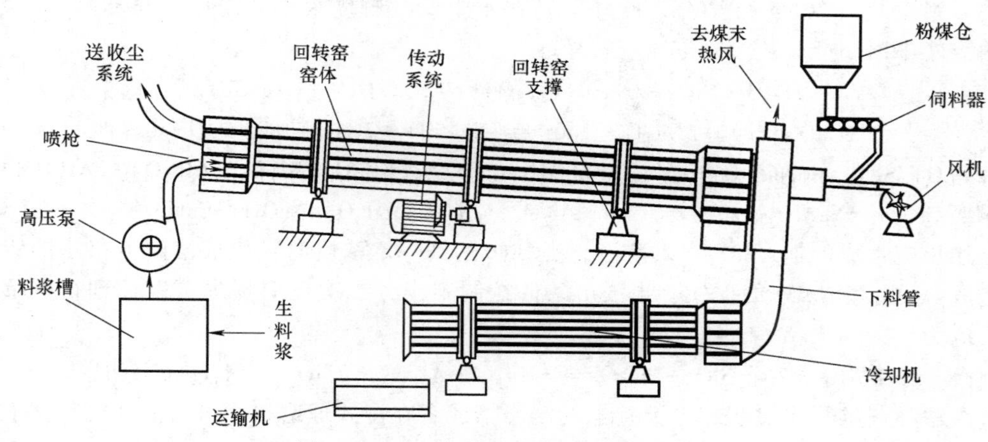

图4-12 碱石灰烧结窑装置结构示意图

2. 熟料的溶出

溶出的目的是使熟料中的铝酸钠尽可能完全地进入溶液，尽可能避免其他成分溶解，以获得与不溶残渣分离的铝酸钠溶液。熟料溶解时，铝酸钠（$Na_2O \cdot Al_2O_3$）以$NaAl(OH)_4$形态溶解于水和稀碱液中，铁酸钠（$Na_2O \cdot Fe_2O_3$）易水解生成氢氧化钠和Fe_2O_3，熟料溶出效果用Al_2O_3和Na_2O的净溶出率表示，Al_2O_3净溶出率可以用$\eta_{A净}$表示

$$\eta_{A净}=\frac{Al_2O_{3熟}-Al_2O_{3泥}\times CaO_{熟}/CaO_{泥}}{Al_2O_{3熟}}\times 100\%$$

式中，$Al_2O_{3熟}$、$Al_2O_{3泥}$、$CaO_{熟}$、$CaO_{泥}$分别表示熟料和赤泥中的Al_2O_3、CaO含量（质量分数,%）。

炉料在不同温度下烧结2h，以3℃/min的速度冷却，熟料用碳酸钠溶液溶出时，氧化铝的溶出率见表4-9。

表4-9 不同烧结温度下铝土矿熟料溶出率

烧结温度/℃	650	850	940	1055	1150	1250	1400
Al_2O_3溶出率(%)	17.3	44.6	85.1	88.5	90.17	90.22	78.74

（1）铝酸钠（$Na_2O \cdot Al_2O_3$） 铝酸钠很容易溶解于热水以及NaOH溶液中。在100℃时，用NaOH溶液溶出固体$Na_2O \cdot Al_2O_3$成为Al_2O_3，当最终溶液的苛性系数$\alpha_K=1.6$，而浓度为100g Al_2O_3/L时，在3min内可完成溶解过程。由Na_2O-Al_2O_3-H_2O相图可知，Al_2O_3在氢氧化钠溶液中极限浓度可达350~380g/L，这与拜耳法溶出过程完全不同。降低温度，铝酸钠溶解速度减小；浸出液苛性系数过低，铝酸钠溶液会发生水解，造成Al_2O_3的损失。反应式为

$$2NaAl(OH)_4 = 2NaOH+2Al(OH)_3\downarrow$$

（2）铁酸钠（$Na_2O \cdot Fe_2O_3$） 铁酸钠不溶于苏打、苛性碱、铝酸钠溶液，水解生成赤泥渣，反应式为

$$Na_2O \cdot Fe_2O_3+2H_2O = 2NaOH+Fe_2O_3 \cdot H_2O\downarrow$$

浸出温度和烧结块粒度对铁酸钠分解速度都有影响，35℃以下分解非常缓慢，在铝酸盐熟料中，铁酸盐与铝酸盐形成固溶体，溶出所需的氧化钠浓度不高，水解速度大为加快。反

应生成的 NaOH 转入溶液中，增加了铝酸钠溶液的稳定性。生产中，当烧结块内含有大量铁酸钠时，确定浸出时间是以铁酸钠分解完全为依据的。

（3）硅酸钙（$2CaO \cdot SiO_2$） 原硅酸钙在水中的溶解度很小，浸出时与苏打、苛性碱、铝酸钠溶液作用，反应式为

$$2CaO \cdot SiO_2+2NaOH+H_2O = 2Ca(OH)_2+Na_2SiO_3$$

$$2CaO \cdot SiO_2+2Na_2CO_3+aq = Na_2SiO_3+2CaCO_3+2NaOH+aq$$

$$3(2CaO \cdot SiO_2)+6NaAlO_2+15H_2O = 3Na_2SiO_3+2(3CaO \cdot Al_2O_3 \cdot 6H_2O)+2Al(OH)_3$$

$$4(2CaO \cdot SiO_2)+4NaAlO_2+aq = CaO \cdot Al_2O_3 \cdot 2SiO_2 \cdot nH_2O+4NaOH+3CaO \cdot Al_2O_3 \cdot 6H_2O+aq$$

上述反应生成的 Na_2SiO_3进入溶液，当 SiO_2达到一定浓度时，生成溶解度很小的铝硅酸钠，造成 Al_2O_3和 Na_2O 的损失。当浸出条件控制不当，二次反应损失可以达到很严重的程度，反应为

$$2NaAlO_2+2Na_2SiO_3+4H_2O = Na_2O \cdot Al_2O_3 \cdot 2SiO_2 \cdot 2H_2O+4NaOH$$

烧结法熟料的浸出过程在带搅拌器的浸出槽或者在湿式球磨机中进行。我国根据低铁熟料的特点研究出低苛性系数两段磨料浸出流程，减少了二次反应损失。两段磨料浸出的优点：一段湿磨是开路作业，返砂不再进行一段湿磨，避免了赤泥过磨，提高了一段磨的产能。一段返砂经二段湿磨后进入赤泥洗涤系统，提高了氧化铝和氧化钠的净溶出率。

（4）铝酸钙 铝酸钙是极难溶出的化合物，当溶出温度较低时，必须维持很高的氧化钠浓度才能防止水合铝酸钙生成，提高温度将加剧硅酸钙分解。在溶出含硅酸钙熟料时，需提高溶液碳酸钠浓度。

（5）铁酸钙 铁酸钙在溶出时可能发生下列反应

$$3(2CaO \cdot Fe_2O_3)+aq = 2(3CaO \cdot Fe_2O_3 \cdot 6H_2O)+Fe(OH)_3+aq$$

$$3(2CaO \cdot Fe_2O_3)+4NaAl(OH)_4+aq = 2(3CaO \cdot Al_2O_3 \cdot 6H_2O) \cdot 4NaOH+6Fe(OH)_3+aq$$

$$3Ca(OH)_2+2Fe(OH)_3+aq = 3CaO \cdot Fe_2O_3 \cdot 1.5H_2O+4.5H_2O$$

铁酸钙和铝酸钙在熟料溶出时还将转化为水化石榴石或者水化铁石榴石。浓度和温度提高会增加铁酸钙的分解，增大氧化铝损失。

3. 铝酸钠溶液脱硅

碱石灰烧结熟料中约含有 30% 的硅酸钙，串联法熟料和霞石熟料中的硅酸钙含量分别可达 40%、70%。原硅酸钙在一定条件下可以与铝酸钠溶液反应，使已经溶解的 Al_2O_3 和 Na_2O 重新析出而损失。原硅酸钙水化时生成针硅酸钙石（$2CaO \cdot SiO_2 \cdot 1.17H_2O$），阻碍水化反应进行。

拜耳法中铝酸钠溶液的脱硅在高压浸出时即已发生，在铝酸钠溶液稀释和赤泥分离过程中，脱硅作用仍在进行。自动脱硅的结果，溶液的硅量指数（即溶液中 Al_2O_3与 SiO_2的质量比）一般达到 200~250，完全能满足晶种分解对溶液硅含量的要求。烧结法没有这种自动脱硅机制，在碳酸化分解时，要求尽可能地提高分解率，而分解率的高低取决于溶液的硅量指数，提高分解率必须相应地提高溶液的硅量指数，才能保证 $Al(OH)_3$硅含量合格。为了达到 90% 的分解率，溶液的硅量指数必须为 400 左右。因此，在烧结法生产中，铝酸钠溶液的脱硅成为了单独工序。脱硅的基本方法有两种：

1）加热溶液，促使生成微溶性的铝硅酸钠，反应式为

$$2NaAl(OH)_4+2(Na_2O \cdot SiO_2) = Na_2O \cdot Al_2O_3 \cdot 2SiO_2 \cdot 2H_2O+4NaOH$$

铝硅酸钠析出并沉淀，即为一次脱硅反应。

2）在缓冲槽中加入石灰乳，使溶液中的SiO_2转变为溶解度更小的铝硅酸钙，从溶液中沉淀析出，称为二次脱硅，反应式为

$$Na_2O \cdot Al_2O_3 + 2(Na_2O \cdot SiO_2) + Ca(OH)_2 + 4H_2O \xlongequal{\quad} CaO \cdot Al_2O_3 \cdot 2SiO_2 \cdot H_2O \downarrow + 6NaOH$$

上述两种方法脱硅都与铝酸钠溶液浓度有关，提高温度和延长时间均可促进脱硅。脱硅在采用间接蒸汽加热的压煮器中进行，温度145～165℃，时间2～4h，脱硅后的硅量指数为400～500。脱硅后铝酸钠溶液与白泥从压煮器放出，送去浓缩。经压滤分离白泥后，铝酸钠溶液送碳酸化分解，白泥送去烧结。

4. 铝酸钠溶液碳酸化分解

烧结时，以含CO_2的炉气处理铝酸钠溶液，而从脱硅精液中析出氢氧化铝，此即碳酸化分解方法。CO_2的作用是使溶液的苛性系数降低，降低溶液稳定性，引起溶液分解。碳酸化初期发生中和反应，反应式为

$$2Na(OH)_2 + CO_2 \xlongequal{\quad} Na_2CO_3 + H_2O$$

当苛性碱结合为苏打后，铝酸钠溶液的稳定性降低，发生水解反应而析出氢氧化铝，反应式为

$$Na_2O \cdot Al_2O_3 + 4H_2O \xlongequal{\quad} 2NaOH + Al_2O_3 \cdot H_2O$$

由于分解时生成的苛性碱不断被CO_2中和，因此铝酸钠溶液有可能完全分解。

SiO_2在碳分过程中的行为与氢氧化铝有所不同。在碳酸化初期，氢氧化铝与二氧化硅大约有相同的析出率，随后，氢氧化铝大量析出，溶液中二氧化硅含量几乎不变。当碳酸化继续深入到一定程度，二氧化硅析出速度又急剧增加。产生这种现象的原因是由于碳酸化初期析出的氧化铝水合物具有极大的分散度，能吸附SiO_2，吸附作用随$Al(OH)_3$结晶长大而减弱，氢氧化铝继续析出时，SiO_2含量还会相对减少。直到分解末期，溶液中的Al_2O_3浓度降低，SiO_2达到介稳状态，再通入CO_2使$Al(OH)_3$继续析出时，SiO_2也剧烈析出。用控制分解深度的办法可以得到含SiO_2很低、质量较好的氢氧化铝；也可用添加晶种的办法改善氢氧化铝的粒度组成，以防止碳分初期SiO_2析出。

生产上常用体积分数为10%～14%的CO_2炉气，在带链式搅拌机的碳酸化分解槽中进行碳酸化，温度控制在71～80℃，按晶种系数0.8～1.0添加晶种。二氧化碳从槽的下部通入，经槽顶的气液分离器排出。碳酸化后，分离苏打母液与氢氧化铝，前者返回配料，后者经洗涤、煅烧制成氧化铝。

烧结法生产氧化铝有如下特点：采用低碱高钙配方，生料加煤排硫，低苛性系数、两段湿磨粉碎溶出、深度脱硅，高浓度二氧化碳气体分解，石灰法从母液中提取金属镓，赤泥生产水泥。烧结法生产氧化铝工艺包括：生料浆制备，烧结，溶出后矿浆稀释，液固分离，脱硅，精液碳酸化分解，氢氧化铝洗涤与煅烧，分解母液蒸发浓缩七个工序。生产过程中应重点控制：碱比、钙比、铝硅比、铁铝比、生料浆液固比和溶出液固比。

4.3.5 拜耳-烧结联合法

生产氧化铝的各种基本方法都有自己的优点、缺点和适应性。拜耳法流程简单、能耗低、产品质量好。随矿石铝硅比降低，拜耳法在经济上的优越性也将随之下降。烧结法流程比较复杂、能耗高、产品质量不如拜耳法，但烧结法能有效地处理高硅铝土矿。采用拜耳法和烧结法的联合流程，可以兼得两种方法的优点，取得比单一方法处理更好的效果，使铝矿

资源得到更充分的利用。联合法有并联、串联两种基本流程，原则上都以拜耳法为主，才能取得更好的经济效益，烧结法系统的生产能力一般只占总能力的10%~20%。

1. 并联法

在并联法中，拜耳法和烧结法是两个平行的生产系统。拜耳法处理高品位铝土矿，烧结法处理低品位铝土矿或霞石。烧结法的溶液汇入拜耳法，补充拜耳法系统的苛性碱损失。图4-13所示为并联法生产氧化铝流程。

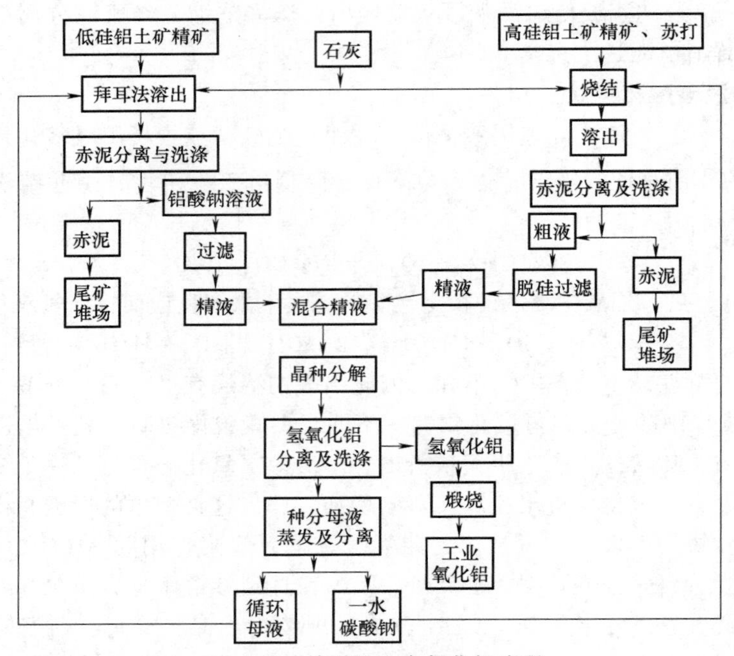

图4-13 并联法生产氧化铝流程

并联法的主要优点：

1）可以在处理优质铝土矿的同时处理高硅铝矿，充分利用当地矿石资源。

2）拜耳法析出的一水碳酸钠直接送烧结法系统配料，取消了苛化、碱液蒸发工序。一水碳酸钠吸附的有机物可在烧结过程中烧掉，减轻有机物对拜耳法的积累和危害。

3）碱损失可以用廉价的碳酸钠补充。

4）烧结法溶液 α_K 低，汇入拜耳法溶液后有利于制取砂状氧化铝。

并联法的烧结系统并不限于处理高硅铝土矿，也可以烧结霞石、黏土等其他铝矿。

并联法的主要缺点是工艺流程比较复杂，用铝酸钠溶液代替苛性碱补偿碱损失，使拜耳法系统的循环碱量有所增加。由于烧结法系统的产能仅限于补偿碱损失，因此只占总产能的10%~15%，一些生产工序可以简化或取消（如脱硅及碳分）。

2. 串联法

对于中等品位的铝土矿（如铝硅比为5~7的一水铝石矿）或品位虽然较低但为易溶的三水铝石型矿，采用串联法往往比烧结法有利。该法先以较简单的拜耳法提取矿石中的大部分氧化铝，再用烧结法回收拜耳法赤泥中的 Al_2O_3 和碱，所得铝酸钠溶液补入拜耳法系统，从蒸发母液中析出的一水苏打返回烧结系统，用以配料。串联法生产氧化铝流程如图4-14所示。

串联法具有并联法的主要优点。由于矿石经拜耳法、烧结法两次处理，Al_2O_3总回收率高，碱耗降低。矿石中大部分 Al_2O_3 是由加工费和投资都较低的拜耳法提取的，每吨产品的熟料量比单纯的烧结法大为减少，总成本降低。同时，对于拜耳法的溶出条件和要求也可以适当放宽，产品质量高于烧结法。

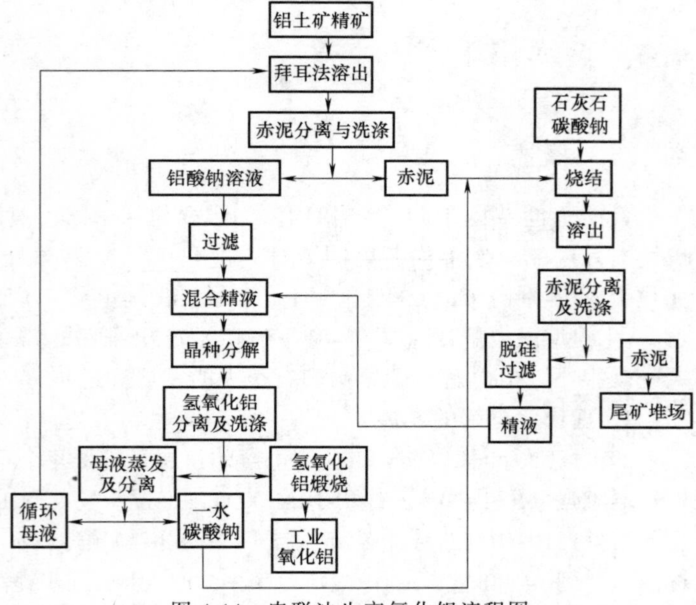

图 4-14 串联法生产氧化铝流程图

串联法的主要缺点是：

1）拜耳法赤泥炉料的烧结往往比较困难，烧结过程能否顺利进行以及熟料质量好坏是串联法的关键。当矿石中 Fe_2O_3 含量低时，需要添加矿石才能解决补碱的问题，矿石中 Fe_2O_3含量过高则使赤泥炉料的烧结特性变差。

2）拜耳法和烧结法两个系统生产的均衡稳定受两系统互相影响的程度比并联法大，给生产控制带来一定困难。

3）拜耳法赤泥由烧结法处理，进入流程的 Na_2SO_4少了一次排除机会。

串联法适于处理中等品位铝土矿，我国大多数铝土矿是中等品位的一水硬铝石型矿石，故串联法对于我国的氧化铝工业是很有意义的。除并联法和串联法之外，还有混联法（图 4-15），它是将拜耳法和同时处理拜耳法赤泥与低品位铝土矿的烧结法结合在一起的联合法，是处理高硅低铁原料的有效方法。

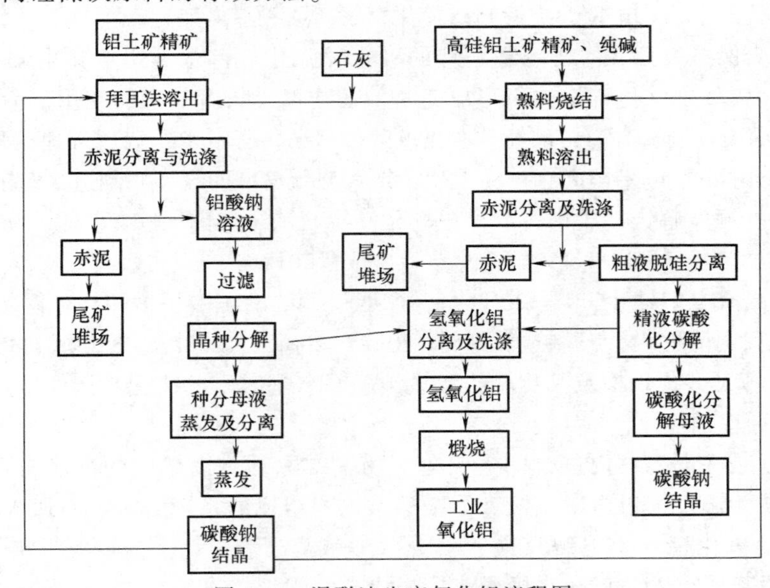

图 4-15 混联法生产氧化铝流程图

4.4 金属铝生产

4.4.1 概述

目前全世界共有44个产铝国家，主要包括中国、澳大利亚、俄罗斯、加拿大、阿联酋、巴西、几内亚、牙买加、美国、日本、印度、委内瑞拉、苏里南、哈萨克斯坦和希腊等。2017年世界原铝产量6340.3万t，其中，我国电解铝产量3227.3万t。这些铝都是用冰晶石-氧化铝熔融电解法（霍尔-埃鲁法）生产出来的。霍尔-埃鲁电解法自诞生以来其基本理论变动很小，但电解槽的结构却有很大的发展和进步。

1. 现代铝电解的发展

20世纪80年代以前，工业铝电解的发展经历了几个重要阶段，其标志性的变化包括：铝电解电流强度由1~8kA、经历10~100.5kA，逐步发展到160kA；槽型的发展经历了1~8kA小型预焙槽、10~100.5kA自焙槽、75~150kA中型预焙槽阶段；电能消耗由吨铝22000kW·h/t逐渐降低到14500kW·h/t；电流效率由70%~80%逐步提高到88%~90%。进入80年代，采用磁场补偿技术，铝电解技术突破了175kA壁垒，配合点式下料和电阻跟踪的过程控制，电解槽能够在氧化铝浓度波动很窄的范围内工作，电解质成分得到改进、优化，电解质初晶温度降低使电解温度显著降低，为降低铝电解的电能消耗、提高电流效率创造了条件。吨铝综合交流电耗（包括整流机组、线路分摊和电解辅助操作电耗）降低到12900~13200kW·h/t。进入20世纪90年代，电解槽容量进一步增大，铝电解生产技术体现了以下特点：

① 电流效率达到96%以上。

② 铝电解过程的能量效率接近50%。

③ 碳素阳极净消耗降低到397kg/t Al。

④ 尽管槽型设计和槽内衬材料方面取得了很大的进步，但电解槽侧部内衬仍然需要保护性的炉帮存在，否则，电解铝质量和槽使用寿命都要受影响。

⑤ 在热平衡保持方面，需要控制合理的极距并强化底部保温以维持电解的热平衡并保持生产的稳定，需要加强侧部散热以形成完整的炉帮，延长电解槽的使用寿命。

⑥ 在电解槽设计制造方面，已经掌握铝电解槽多场仿真技术，能较好地处理电解槽磁场、热场、电场、流场与热-电平衡问题，为大型、特大型预焙槽的设计和制造奠定了坚实的基础。

自1954年抚顺电解铝厂投产，我国电解铝工业已有65年历史，取得了巨大的成就。自2001年至今，电解铝产量连续18年居世界第一位，2018年产量占世界铝产量的56.7%。截至2007年，我国有电解铝生产厂120余家，产能最大的山东宏桥集团，电解铝产量超过400万t/a。目前，我国能够设计、制造容量为180kA、200kA、280kA、320kA、350kA、400kA、500kA、600kA等大型预焙槽及其配套工程设施，是名副其实的产铝大国和电解铝生产强国。

2. 铝电解过程描述

铝电解过程是在电解槽内进行的。铝电解的基本原理是以熔融的冰晶石-氧化铝为电解质，以预焙炭块为阳极，以电解铝液和阴极碳素内衬组成的系统为阴极，通入直流电流，溶解于电解液中的氧化铝发生电解反应，络合状的氧离子（O^{2-}）在阳极析出，生成二氧化碳；络合状的铝离子（Al^{3+}）在阴极析出，形成电解铝液。直流电经过电解液发生两个过程，其一是使氧化铝电解，得到阳极产物和阴极产物；其二是依靠电流的焦耳热效应维持电解液温度在920~960℃。电解铝液用真空抬包抽出，净化澄清之后，浇注成重熔铝锭或者合金锭，重熔铝锭的纯度一般达到 w(Al)99.50%~99.85%。重熔铝锭销售给下游加工企业，经过重熔、合金化、铸造，铸锭加工成各种铝制品。槽内排放的阳极气体和粉尘通过槽罩捕集，送干法净化处理，达到环保要求后直接排空。现代铝电解系统实例如图4-16所示。

图4-16　现代铝电解系统实例

3. 铝电解用原、辅材料

铝电解用原、辅材料包括氧化铝、阳极碳素材料、冰晶石、氟化铝、氟化钠、碳酸钠、氟化钙、氟化镁等。铝电解生产对氧化铝质量的要求见4.3.1节。铝电解生产所用的氟化盐主要是冰晶石、氟化铝，此外，还有一些改善和调整电解液性能的添加剂，包括氟化钠、氟化钙、氟化镁、氟化锂和碳酸钠等。

（1）冰晶石　冰晶石分为天然冰晶石和人造冰晶石两种。天然冰晶石（Na_3AlF_6）产于格陵兰岛，属于单斜晶系，无色或雪白色，密度为2.95g/cm^3，莫氏硬度2.5，熔点1008.5℃。由于天然冰晶石资源已经枯竭，铝工业均采用人造冰晶石为原料。人造冰晶石实际上是正冰晶石（$3NaF\cdot AlF_3$）和亚冰晶石（$5NaF\cdot 3AlF_3$）的混合物，摩尔比（工业生产上称分子比）2.1左右，属酸性，呈白色粉末，略黏手，微溶于水，人造冰晶石质量标准见表4-10。

表4-10　人造冰晶石质量标准

等级	化学成分(质量分数,%)									烧减量(550℃,30min)
	≥		≤							
	F	Al	Na	SiO_2	Fe_2O_3	SO_4^{2-}	CaO	P_2O_5	H_2O	≤
特级	53	13	32	0.25	0.05	0.7	0.10	0.02	0.4	2.5
一级	53	13	32	0.36	0.08	1.2	0.15	0.03	0.5	3.0
二级	53	13	32	0.40	0.10	1.3	0.20	0.03	0.8	3.0

（2）氟化铝　氟化铝为白色粉末，属针状晶系，密度2.88~3.13g/cm^3，升华温度1272℃。氟化铝难溶于水，727℃时可与水蒸气发生水解反应，生成氧化铝和氟化氢。在铝电解生产过程中，氟化铝是添加剂，消耗较大，用于降低摩尔比和电解质初晶温度。氟化铝是一种人工合成产品，生产工艺有干法和湿法两种。铝电解用氟化铝质量标准见表4-11。

表4-11　铝电解用氟化铝质量标准

等级	化学成分(质量分数,%)								H_2O(550℃,1h)
	≥		≤						
	F	Al	Na	SiO_2	Fe_2O_3	SO_4^{2-}	CaO	P_2O_5	≤
特一	61	30.0	0.5	0.28	0.10	0.5	0.10	0.04	0.5
特二	60	30.0	0.5	0.30	0.13	0.8	0.15	0.04	1.0
一级	58	28.2	3.0	0.30	0.13	1.1	0.20	0.04	6.0
二级	57	28.0	3.5	0.5	0.15	1.2		0.04	7.0

（3）氟化钙　氟化钙是白色粉末或立方体结晶，密度为3.18g/cm^3，熔点为1402℃，沸点为2500℃，不溶于水，能溶于无机酸。天然氟化钙俗称萤石。氟化钙是冰晶石-氧化铝

熔体的一种添加剂，能降低电解质的初晶温度，增大电解液与铝液之间界面张力。缺点是略微降低氧化铝在冰晶石中的溶解度，降低电解液电导率。

（4）氟化镁　无色四方晶体或粉末，无味，难溶于水和醇，微溶于稀酸，溶于硝酸。密度为 3.148g/cm^3，熔点为 1248℃，沸点为 2263℃。我国铝工业自 20 世纪 50 年代开始采用氟化镁作为电解液添加剂，氟化镁对电解液性能的影响与氟化钙相似，在降低电解质初晶温度、改善电解质性质方面比氟化钙更显著。

（5）氟化钠　氟化钠是一种白色粉末，微溶于水，主要用于新槽启动初期调整电解质摩尔比，补偿电解槽内衬吸钠损失。铝电解工业用氟化钠质量标准（氢氟酸或硅氟酸与碳酸钠制备的氟化钠）见表 4-12。

表 4-12　铝电解工业用氟化钠质量标准

等级	化学成分(质量分数,%)≥						
	NaF	SiO_2	Na_2CO_3	SO_4^{2-}	HF	水不溶物	H_2O
一级	98	0.5	0.5	0.3	0.1	0.7	0.5
二级	95	1.0	1.0	0.5	0.1	3	1.0
三级	84	—	2.0	2.0	0.1	10	1.5

（6）碳酸钠　碳酸钠（Na_2CO_3）俗称纯碱、苏打，白色粉末，易溶于水，是电解质的一种添加剂，其作用与氟化钠相似，主要用于新槽启动初期调整电解液摩尔比。碳酸钠来源广泛、成本低廉，比氟化钠更易溶解，在铝工业中得到了广泛应用。

（7）氟化锂　室温下为白色晶体，难溶于水，熔点为 848℃，相对密度为 2.635，沸点为 1681℃（1100~1200℃挥发），水中溶解度为 2.7g/L，1047℃时饱和蒸气压为 0.133kPa。难溶于水、酒精和其他有机溶剂；常温下，易溶于硝酸、硫酸，但不溶于盐酸。氟化锂在铝电解质中的主要作用是降低电解质初晶温度，提高电解质电导率，降低电解液密度和蒸气压。缺点是价格较高，降低氧化铝在电解液中的溶解度。

（8）阳极碳素　铝电解对碳阳极的要求：耐 960℃氟盐侵蚀，有良好的导电性能，较高的纯度，较高的机械强度和良好的热稳定性能，透气率低，在电解温度下抗二氧化碳和空气氧化性能好。铝电解槽阳极分自焙阳极和预焙阳极两种，目前，自焙阳极铝电解槽已经全部关停，我国目前在用的铝电解槽均为大型预焙阳极铝电解槽。

预焙阳极碳素是以石油焦、沥青焦为骨料，煤沥青为黏结剂，经混捏、成形、煅烧后得到阳极炭块。预焙阳极一般由多个阳极炭块组组成，每个阳极炭块组包括 2~4 个阳极炭块、钢爪和阳极导杆。预焙阳极多为间断作业，每组碳阳极工作周期为 18~28 天，当阳极炭块剩下原有高度的 20%~25%时，为避免阳极钢爪溶化，需要更换阳极炭块。由于预焙炭块经过预先煅烧，在工作过程中没有沥青烟害，易于机械化作业，利于实现电解槽的大型化。我国在用的碳素阳极质量标准（YS/T 285—2012）见表 4-13。

表 4-13　我国在用的碳素阳极质量标准

牌号	灰分(%)	电阻率/μΩ·m	线膨胀系数(%)	CO_2反应性/mg·h^{-1}·cm^{-2}	耐压强度/MPa	体积密度/g·cm^{-3}	真密度/g·cm^{-3}
	≤				≥		
TY-1	0.50	55	0.45	45	32	1.5	2.00
TY-2	0.80	60	0.50	50	30	1.5	2.00
TY-3	1.00	65	0.55	55	29	1.48	2.00

4.4.2　铝电解理论基础

1. 铝电解质物理化学性质

电解质是铝电解时溶解氧化铝的介质，是氧化铝电解过程的反应介质，铝电解过程中所发生的电化学、物理化学、热、电、磁等耦合反应过程，均发生于槽膛内的电解液内。一百多年来，人们在改良、替代传统铝电解质方面做了大量的研究工作，但冰晶石一直是铝电解质的主体。采用冰晶石作为铝电解质的优点有：冰晶石对氧化铝的溶解度大，质量分数可达10%；物理化学性质稳定，不易分解、升华；易于存放、不吸水、不潮解。缺点是：熔点高，作为氟化物的资源相对紧缺，生产成本较高，生产过程中产生有害的含氟废气，对环境和操作人员均有一定的危害。铝电解过程对电解质提出以下要求：

1）电解质化合物中不含有析出电位比铝更低的元素。

2）在熔融状态下，对氧化铝有较强的溶解能力，例如，对氧化铝的溶解度>10%。

3）初晶温度略高于铝熔点，使产出的铝为液体状态，熔点最好在700～800℃。

4）电解液应有较好的导电性能，以利于降低极间欧姆压降，降低电解电能消耗。

5）密度比铝液低10%左右，以利于铝液电解液分层，确保电解液对铝液提供覆盖保护。

6）黏度小，以保证电解液的循环流动性能；对碳素阳极有良好的润湿性能，以利于阳极气体排出；沸点高，不易升华、挥发，固-液状态下均不吸湿潮解。

目前，完全满足以上要求的铝电解质尚未找到。现代铝电解质组成包括以下类型：

1）传统型。基本沿用老式自焙电解槽电解质组分，只在少数添加剂上有所增减，主要特点是含过剩 AlF_3 的量为3%～7%。

2）改进型。在老式自焙电解槽或中小型预焙槽电解质基础上改进，主要特点是在添加剂上有所增减，含过剩 AlF_3 量为2%～4%；加入LiF2%～4%或 MgF_2 2%～4%，或两种均加。

3）低摩尔比型。点式下料预焙阳极铝电解槽使用的电解质，在添加剂上有所增减，含过剩 AlF_3 的量为8%～14%。

4）高摩尔比型。仅在东欧和俄罗斯等国使用，国内20世纪80年代在60kA预焙槽上也有使用，电解质摩尔比3.3左右。优点是氧化铝的溶解度大、加料沉淀少、电解质电导率高、挥发损失小、电解槽生产平稳。缺点是电解质初晶温度高、电流效率低（84%～86%）、电解槽使用寿命相对较短。

（1）NaF-AlF_3二元系相图　冰晶石是氟化铝、氟化钠的络合物，NaF-AlF_3二元系相图如图4-17所示，具有以下特点：

1）冰晶石是NaF-AlF_3二元系中的一个化合物，其位置在NaF 75%～AlF_3 25%（摩尔比）处，或者 w NaF 60%～w AlF_3 40%处，熔点1008.5℃。冰晶石在熔化时部分地发生热分解，其显峰并不尖锐。

2）亚冰晶石在NaF-AlF_3二元系相图中处于隐峰的位置，成分是NaF62.5%～$AlF_3$37.5%处或者 w(NaF) 45.6%、w(AlF_3) 54.4%处，在735℃时，由冰晶石晶体和液相发生包晶反应生成：

$$Na_3AlF_6(\text{晶体})+L(\text{液相})\!=\!=\!=Na_5Al_3F_{14}(\text{亚冰晶石晶体})$$

在包晶点735℃以下，亚冰晶石是稳定的，在735℃以上，亚冰晶石熔化并发生分解。

3）单冰晶石（$NaAlF_4$）的位置在成分NaF50%～$AlF_3$50%（摩尔比）处，单冰晶石在热力学上是不稳定的，在127～427℃时是介稳定相，在427～627℃时分解为 $Na_5Al_3F_{14}$ +

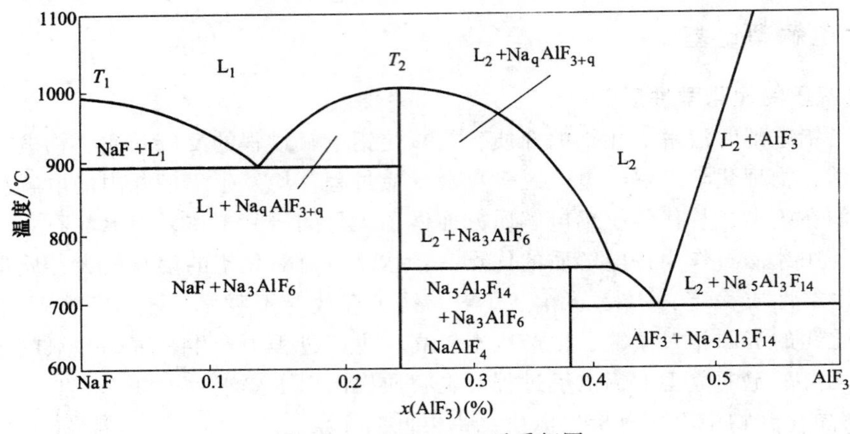

图 4-17　$NaF-AlF_3$二元系相图

AlF_3，由冰晶石晶体和液相发生包晶反应生成。

（2）$Na_3AlF_6-Al_2O_3$系熔度　冰晶石-氧化铝熔体是铝电解质的主体，在铝电解过程中，随氧化铝浓度变化，$Na_3AlF_6-Al_2O_3$熔体的性质也随之变化。$Na_3AlF_6-Al_2O_3$二元系相图如图 4-18 所示。$Na_3AlF_6-Al_2O_3$二元系为共晶系，共晶点在 $w(Al_2O_3)$ 10%处，随着温度升高，氧化铝在二元系中的溶解度增大。工业生产中，电解质处于过热状态，电解生产温度往往高于相图（平衡状态下的温度）所示温度 10～15℃，电解质对氧化铝的溶解能力也高于平衡状态下电解质对氧化铝的溶解能力。

现代大型预焙槽采用计算机控制、点式下料方法，电解液中氧化铝浓度一般控制在 1.5%～3.5%（质量分数），处于相图的亚共晶相区。在两次下料的间隙，电解液中氧化铝浓度经历由低到高再到低的周期性变化，电解液的性质也同步发生周期性变化。为保证电解生产平稳进行，工业生产采用缩短下料周期、降低单次下料量的方法，减小氧化铝下料对电解液性质的影响。

（3）工业铝电解质的物理化学性质　铝电解质以 $Na_3AlF_6-Al_2O_3$二元系为基础，添加氟化钙、氟化镁、氟化锂、氟化钠等添加剂，形成十分复杂的电解质体系。添加剂对电解质的熔度（初晶度）、黏度、密度、电导率等均产生十分复杂的影响。

1）熔度（初晶度）。熔度（初晶度）是指熔盐以一定的速度冷却时，熔体中出现第一粒固相晶粒时的温度。熔度对电能消耗（电解质的电阻率与温度有关）以及物料消耗（AlF_3的升华损失）都有重大影响。通常电解过程的实际温度要高于电解质熔度 10～15℃。这种过热温度有利于电解质较快地溶解氧化铝，有助于控制侧部炉帮、底部结壳的生成与熔化。氟化铝、氟化钙、氟化镁、氟化锂等添加剂均能降低电解质的熔度，所有的添加剂在降低熔度的同时，也会降低电解质对氧化铝的溶解度。电解质的初晶温度 T（℃）与 $w(AlF_3)$%、$w(LiF)$、$w(CaF_2)$、$w(MgF_2)$ 的关系可以表示为：

$$T=1011-0.072\times w(AlF_3)^{2.5}+0.0051\times w(AlF_3)^3+0.14\times w(AlF_3)-10\times w(LiF)+0.736\times w(LiF)^{1.3}+0.063\times[w(AlF_3)\times w(LiF)]^{1.1}-3.19\times w(CaF_2)+0.03\times w(CaF_2)^2+0.27\times w[(AlF_3)\times w(CaF_2)]^{0.7}-5.2\times w(MgF_2)\ ℃$$

2）电导率。电导率是电解质最重要的物理化学性质，会影响极间电压降的大小，通常极间电压降占槽电压的 35%～39%，与电解铝直流电耗直接相关。AlF_3、LiF、KF、CaF_2、

MgF_2、Al_2O_3等添加剂对电解质电导率的影响如图 4-19 所示。由图可知，添加氧化铝、氟化铝、氟化钙、氟化镁后电解质电导率下降，添加氟化锂后电解质电导率上升，添加氟化钾电解质电导率略为下降。

3）密度。冰晶石-氧化铝熔体与金属铝的密度差，关系到铝电解过程的金属损失。NaF-AlF_3二元系的密度在冰晶石成分附近出现一个极大值，在冰晶石中加入氧化铝，由于形成了体积庞大的络合物离子，熔体密度降低；加入氟化铝、氟化锂后，熔体密度明显降低；加入氟化钠对熔体密度影响不明显；加入氟化钙、氟化镁增加冰晶石-氧化铝熔体的密度。

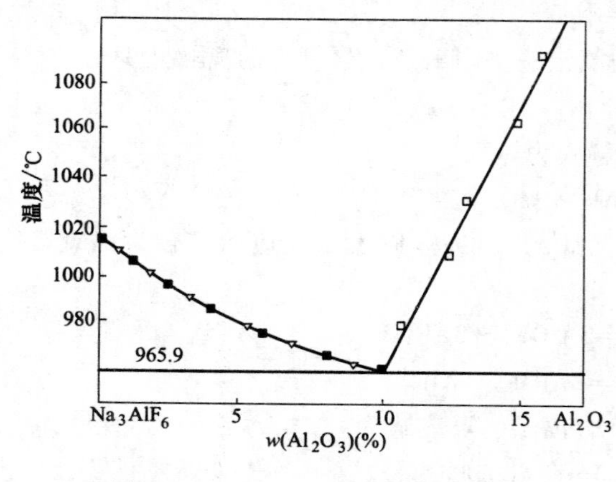

图 4-18　Na_3AlF_6-Al_2O_3二元系相图

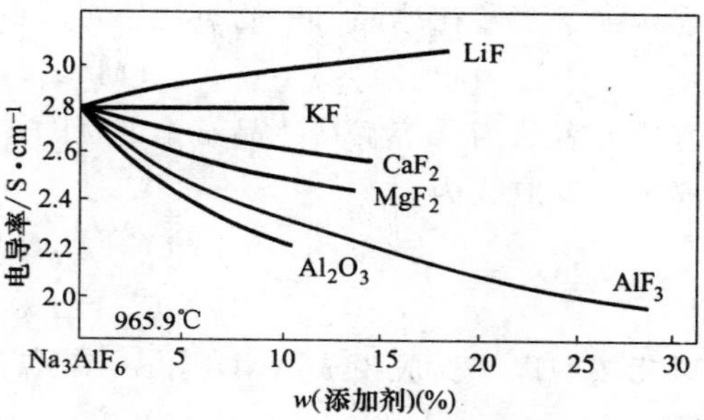

图 4-19　添加剂对电解质电导率的影响

4）黏度。黏度是影响电解质流体力学行为的关键参数，电解质的循环特性、氧化铝颗粒的沉降行为、铝珠和碳粒的输运行为、阳极气体的排放行为等均与黏度有关。黏度影响电解过程的金属损失和铝电解生产的电流效率。研究表明：冰晶石中加入氧化铝、氟化钙均会增加熔体黏度，添加氟化锂、氯化钠、锂冰晶石等会降低熔体黏度。

5）界面张力与接触角。电解质的界面性质影响电解过程和二次反应，影响阴极碳素内衬对电解质的选择性吸收，影响碳渣在电解液中的分离行为。在电解液-铝液界面上，界面张力影响金属铝的溶解速率和电流效率。电解液与碳素阳极之间的界面张力也是影响阳极效应发生的重要因素。界面张力与接触角之间的关系如图 4-20 所示。研究表明：氧化铝浓度越高，接触角越小，电解液与碳素材料之间的界面张力越小；添加氟化锂、氟化钙、氟化镁均增大电解液与碳素材料之间的界面张力。

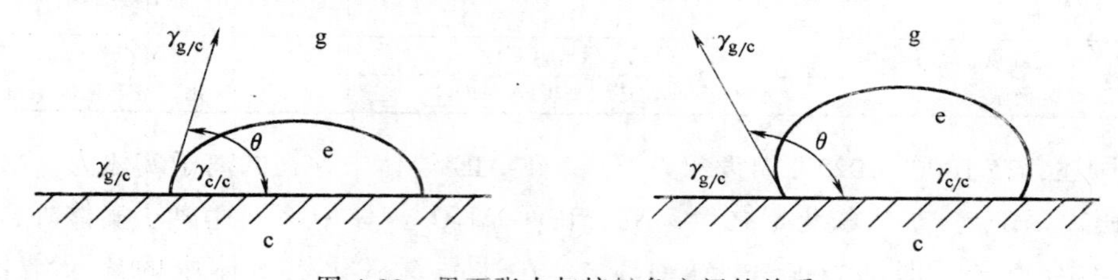

图 4-20　界面张力与接触角之间的关系

（4）氧化铝在工业电解质中的溶解行为　加入电解槽中的氧化铝主要有三个去向，即溶解、生成面壳和侧部炉帮、形成炉底沉淀。氧化铝在电解液中的溶解是一个强烈的吸热过程，根据计算，溶解 1%的氧化铝能使电解液温度降低 14℃。不同性状的氧化铝在电解液中具有不同的溶解行为，γ-Al_2O_3溶解速度比 α-Al_2O_3快 33%左右。γ-Al_2O_3形状不规则，有很多难于被熔融电解液进入的缝隙，缝隙中储存有空气，比表面积大以及储存的空气受热排放，是 γ-Al_2O_3溶解较快的原因。

2. Na_3AlF_6-Al_2O_3系熔盐的结构

根据现代熔盐结构理论，单个盐的液态结构与固态结构近似。研究熔盐结构首先应该研究其固态结构。在冰晶石中，由于 Na^+—F^-离子键较长，结合力较弱，受热熔化时，Na^+—F^-离子键将首先断开，原有的短程序结构将消失。冰晶石熔化时，离解式为

$$Na_3AlF_6 = 3Na^+ + AlF_6^{3-}$$

AlF_6^{3-}离子还会部分地离解为氟离子和更简单的氟铝酸络阴离子，最可能的离解式为

$$AlF_6^{3-} = AlF_4^- + 2F^-$$

研究认为，溶解在冰晶石中的氧化铝可能的离解式为

$$Al_2O_3 = Al^{3+} + AlO_3^{3-}$$

也有研究者认为，溶解在冰晶石中的 Al_2O_3由于和 AlF_6^{4-}以及 F^-发生反应而结合为铝氧氟络合离子，反应式为

$$4AlF_6^{3-} + Al_2O_3 = 3AlOF_5^{4-} + 3AlF_3$$

$$2AlF_6^{3-} + Al_2O_3 = 3AlOF_3^{2-} + AlF_3$$

还可能按照以下反应生成 $Al_2OF_8^{4-}$和 AlO_{10}^{6-}型络合离子，反应式为

$$4AlF_6^{3-} + Al_2O_3 = 3Al_2OF_8^{4-}$$

$$6F^- + AlF_6^{3-} + Al_2O_3 = AlO_{10}^{6-}$$

Al_2O_3浓度高时，新离子可能是 AlO_2^-，即

$$Al_2O_3 + 2F^- = AlOF^- + AlO_2^-$$

$$Al_2O_3 + AlF_6^{3-} = AlOF_2^- + AlO_2^- + AlF_4^-$$

按 Al_2O_3浓度差别排列的冰晶石-氧化铝熔体中各种离子结构形式见表 4-14，由表可见，随 Al_2O_3浓度不同，离子形式有所不同。

表 4-14　Na_3AlF_6-Al_2O_3熔体的离子结构

Al_2O_3(质量浓度,%)	离子形式	工业电解过程特点
0	Na^+, AlF_6^{4-}, AlF_4^-, F^-	发生阳极效应
0~2	Na^+, AlF_6^{4-}, AlF_4^-, (F^-)	临近发生阳极效应
	$Al_2OF_{10}^{6-}$, $Al_2OF_8^{4-}$	
2~5	Na^+, AlF_6^{3-}, AlF_4^-, (F^-)	正常电解
	AlO_5^{4-}, ($AlOF_3^{2-}$)	
5%至电解温度下溶解度极限	Na^+, AlF_6^{3-}, AlF_4^-, (F^-)	熔液导电性降低，氧化铝溶解速度缓慢
	$AlOF_3^{2-}$, (AlO_5^{4-}), $AlOF_2^-$, AlO_2^-	

综上所述，在 1000~1025℃温度条件下，NaF-AlF_3熔体中存在的离子实体为：Na^+、F^-、AlF_4^-、AlF_5^{2-}、AlF_6^{3-}。加入氧化铝之后，Na_3AlF_6—Al_2O_3熔体中除上述离子实体外，还出现 Al—O—F 络合离子，即 $Al_2OF_4^{2-}$、$Al_2O_2F_4^{2-}$。在冰晶石氧化铝熔体中的离子结构包括：Na^+、AlF_6^{3-}、AlF_5^{2-}、AlF_4^-、F^-、$Al_2OF_4^{2-}$、$Al_2O_2F_4^{2-}$，其中 Na^+是单体离子，Al^{3+}结合在络合离子中。

3. 铝在电解质中溶解与电流效率

了解电解过程析出的铝在电解质中的溶解损失过程、原因与机理，有助于提高铝的实收

率，降低电能消耗。金属与熔盐的相互作用可以分为：金属与含有本身金属离子的熔盐相互作用，金属与不含本身金属离子的熔盐的相互作用两种情况。铝在电解液中的溶解损失过程属于前者。纯净的冰晶石、冰晶石-氧化铝熔体均为无色透明的液体，铝在冰晶石熔体中的溶解过程可以用肉眼直接观察，在铝液与冰晶石熔体的界面上可以看到灰色的雾状体从界面上展开，金属雾在静态的电解液和铝电解过程中均能观察到。在电解初期，由于金属雾的存在，电解质变得不透明，经过较长时间电解以后，由于金属雾与溶解的阳极气体反应，电解液重新变成透明体。通常有两种方法测定铝在电解液中的溶解度。直接取电解液试样分析或者采用质量法测定金属损失。

（1）铝溶解　金属在熔盐中溶解形成金属溶液，其溶解机理主要有两种理论：一是化学理论又称原子-离子溶液理论，认为金属与熔盐作用生成低价化合物或者二聚离子体；二是色心理论，也称为离子-电子溶液理论。化学理论提出：金属在熔盐中溶解的实质是由于金属与熔盐发生了化学相互作用，生成低价化合物或者低价离子发生二聚作用，在溶液中形成稳定的低价复合离子。在铝电解过程中，在冰晶石-氧化铝熔体界面上，既生成了铝，又析出了钠，溶解的铝和钠在铝液-电解液界面上可以建立以下平衡

$$Al+3NaF=\!=\!=3Na+AlF_3$$

研究认为：溶解的钠是以游离的金属钠的形式存在，溶解的铝是以单价离子形态 AlF_2^- 存在。铝的溶解反应为

$$2Al+AlF_3+3NaF=\!=\!=3AlF_2^-+3Na^+$$

铝在冰晶石-氧化铝熔体中的溶解度为0.1%~0.2%（1000℃时），铝在电解液中的溶解度与温度、氧化铝含量、电解液摩尔比有关。溶解度随温度的升高而增大，随氧化铝浓度升高而降低，随电解液摩尔比增大而增大。金属在熔盐中溶解产生金属损失，引起电子导电，造成电流效率损失。工业电解槽上铝的溶解损失过程按以下四个步骤进行：①阴极铝液在两液界面上发生溶解反应。②溶解的铝从铝-电解液界面层向电解液扩散。③溶解的铝进入电解液本体。④溶解的铝与溶解的阳极气体反应生成氧化铝。

上述四个环节中，铝的溶解过程速度最慢，是反应的控制环节。

（2）电流效率　电流效率是电解槽单位时间内的产铝量与理论产铝量的比值，是铝电解最重要的技术经济指标，通式为

$$CE=\frac{w_{实}}{w_{理}}100\%$$

式中，$w_{实}$ 为电解槽单位时间的产铝量［kg/(kA · h)］，$w_{实}=0.3356It$；$w_{理}$ 为理论产铝量；I 为通入电解槽的电流强度，(kA)；t 为电解槽通电时间，(h)；0.3356为铝的电化学当量，是指1A的电流，通电1h所产生的铝量（g/A · h）。

工业铝电解槽电流效率很难超过98%，造成电流效率损失的原因包括以下几个方面：①阴极铝液溶解与阳极气体反应造成铝二次损失。②铝电解过程中Na析出。③在炉底氧化铝蜂窝沉淀中发生的生成碳化铝的反应。④电子导电造成的电流空耗。⑤原料带入的杂质铁、硅、钛、钒、磷、锌等析出。⑥因铝液波动引起阴极与阳极瞬时短路造成电流空耗。

影响工业电解槽电流效率的因素包括：电解温度、电解质组成、电解槽设计、铝电解生产操作。电解温度是影响电流效率最重要的因素，研究表明：温度降低5~6℃，电流效率可

以提高1%，电解质过热度增加10℃，电流效率降低1.2%~1.5%。过热度低时，电流效率高的原因是：低过热度有利于电解槽形成规整的炉帮，缩小阴极表面积。一般认为，当阴极截表面积与阳极截面积大致相当，阴极电流密度与阳极电流密度大致相等时，电解槽电流效率最高。采用低摩尔比电解质有助于提高电流效率；添加1%的氟化锂可以降低电解质初晶温度9℃，提高电解质的电导率，可以增大极距，有利于提高电流效率。在电解槽设计方面，减小大面操作面积有利于提高阴极电流密度，提高电流效率；截面尺寸相对较小的阳极有利于阳极气体排放，有利于提高电流效率。在磁场设计方面采取补偿措施，可以增加铝液的安静性，减小铝液扰动和电解铝溶解损失，提高电流效率。采用点式下料方法，有助于电解槽始终在优化工艺条件下运行，有助于提高电流效率。

电流效率测定方法包括：铝液盘存法、阳极气体分析法、示踪原子法、氧平衡法等。生产中在应用较多的方法是阳极气体分析法、铝液盘存法。

4. 铝电解的理论电耗与节能

当前，铝电解生产面临的重大问题，仍然是降低铝电解生产的能源消耗。按照现有生产技术水平，生产每吨铝需要消耗的能量约为13000kW·h。这些电能主要用于加热原料、分解氧化铝、补偿电解槽散热损失、补偿导电线路电能损失以及阳极气体带走的热损失，铝电解的能量利用率仍然不足50%。依据美国能源局统计资料，2000年，美国铝生产商每生产1t铝，原材料生产所需要的能耗为8200kW·h，约占原铝生产的总能耗的28%，各项原材料生产所需能耗构成如下：铝土矿采矿320kW·h/tAl，氧化铝生产7270kW·h/tAl，碳素阳极生产660kW·h/t Al。

（1）氧化铝分解电压　氧化铝分解电压是指将组分氧化铝进行长时间电解并析出电解铝所需要的外加最小电压，当外加电压等于分解电压时，两级上的电极电位分别称为各自产物的析出电位。即不考虑超电压和去极化作用，分解电压等于两个平衡电位之差，即：

$$\Delta E_{\mathrm{T}}^{0}=\varphi_{平衡}^{+}-\varphi_{平衡}^{-}$$

分解电压可以用热力学数据计算，依据是：化合物分解所需的电能在数值上等于它在恒压下的生成自由能，但符号相反

$$\Delta G_{\mathrm{T}}^{\ominus}=-nFE_{\mathrm{T}}^{\ominus}$$

式中　n——氧化铝分解时化合价价数改变（$n=6$）；

$E_{\mathrm{T}}^{\ominus}$——分解电压（V）；

F——法拉第常数，为96484（C/mol）；

$\Delta G_{\mathrm{T}}^{\ominus}$——恒压下，由元素铝和氧生成氧化铝的自由能改变值（J/mol）。

计算氧化铝分解电压要考虑两种不同的电极材料，惰性电极材料和活性电极材料，反应的标准自由能变可以用Gibbs-Helmholtz方程求出，即

$$\Delta G_{\mathrm{T}}^{\ominus}=\Delta H_{\mathrm{T}}^{\ominus}-T\Delta S_{\mathrm{T}}^{\ominus}$$

根据公式，采用惰性电极时，计算得到的氧化铝分解电压为

$$\Delta E_{\mathrm{T}}^{\ominus}=2.772-5.4\times10^{-4}T$$

在950℃温度条件下，采用惰性电极材料时，氧化铝理论分解电压为2.224V。

在活性电极条件下，考虑生成液态铝时，氧化铝的分解电压与反应生成的产物有关，产物为CO时，分解电压为1.086V；产物为CO_2时，分解电压为1.196V。在工业电解槽上，氧化铝浓度为0.6%~12.0%时，氧化铝的分解电压为1.225~1.173V。

（2）铝电解最低理论能耗　最低理论能耗是指理论上生成单位质量金属铝所需要的电能。铝电解的一次反应如下

$$Al_2O_3+3/2C \longrightarrow 2Al+3/2CO_2\uparrow$$

进行该反应所需要的能量包括：分解氧化铝所需的能量；将氧化铝从室温升温至反应温度（950℃）所需的能量；将阳极碳素材料从室温升温至反应温度所需的能量。铝电解生产熔融金属理论最低能耗是通过热力学计算获得的。

分解氧化铝的能量：

$$\sum\Delta H^{\ominus}_{1233}=-1.5\times395.3\text{kJ/mol}-(-1684.4)\text{kJ/mol}=1091.5\text{kJ/mol}$$

加热氧化铝所需的能量：α-Al_2O_3从 298K 升温到 1233K 发生的焓变为 109.6kJ/mol。

加热阳极碳素所需的能量：将阳极碳素从 20℃升温至 950℃所需的能量为 26.1kJ/mol。

以上三项相加，得到反应所需的能量 1227.2kJ/mol，折合为电能 6.32kW·h/kg Al。这是活性阳极材料条件下的理论电耗。该电耗是在假定：铝电解的电流效率为 100%，所用原料氧化铝和碳素均为纯物质，电解过程无散热损失等条件下得出的。

采用惰性阳极条件下的铝电解反应为

$$Al_2O_3 \longrightarrow 2Al+1.5O_2\uparrow$$

该反应式反应物、生成物的焓变为 1684.4kJ/mol，氧化铝升温所需的能量为 109.6kJ/mol，两者合计 1794kJ/mol，折合为电能 9.24kW·h/kg Al。也就是说，采用碳素电极比采用惰性电极节约 3kW·h/kg Al。可见，碳素电极在铝电解过程中，起到了“电厂”的作用。

设铝电解生产的实际能耗为 13.5kW·h/kgAl，则铝电解生产的能量利用率为 46.2%。可见，铝电解过程中，大约有 53%的电能白白浪费了，电解生产的节电潜力巨大。

当电流效率不足 100%时，理论电耗率增大，此时，假定阳极气体中二氧化碳的含量为 N，一氧化碳的含量为 $1-N$。此时，铝电解的总的反应式为

$$Al_2O_3(S)+\frac{3}{1+N}C \longrightarrow 2Al+\frac{3N}{1+N}CO_2+\frac{3(1-N)}{1+N}CO$$

依据 pearson-waddington 电流效率（γ）方程，$\gamma=0.5+0.5N$，即 $N=2\gamma-1$，上式可写成

$$\frac{1}{2}Al_2O_3(S)+\frac{3}{4\gamma}C \longrightarrow Al+\frac{3}{4}\left(2-\frac{1}{r}\right)CO_2+\frac{3}{2}\left(2-\frac{1}{\gamma}-1\right)CO$$

理论电耗率与电流效率的关系可以写成

$$W_{理论}=4.87+\frac{1.45}{\gamma}$$

式中，$W_{理论}$为理论电耗率（kW·h/kg Al）

（3）节电途径　工业铝电解槽的槽电压（U）包括：反电动势、阳极电压降、阴极电压降、电解质电压降、线路电压降、效应分摊电压等部分。根据槽电压，设电解生产的电流效率为 γ，可以计算铝电解生产的吨铝直流电能消耗为

$$W=\frac{U}{0.3356\gamma}$$

式中，W 为实际电耗率（kW·h/kg Al）。

根据上式，提高电流效率，可以降低铝电解生产电能消耗。假定槽电压 3.95V，电流效率由 92%升高到 93%，吨铝节电 137.6kW·h。降低槽电压可以降低电解生产吨铝电能消耗。例

如，将槽电压从 3.95V 降低到 3.85V，在维持电流效率 92%不变的条件下，吨铝节电 323kW·h。未来铝电解的节电方向包括：采用惰性阳极、采用惰性阴极、采用多室式铝电解槽和采用低温铝电解技术等。

4.4.3 电解槽的结构

铝电解槽是炼铝的主体设备，现代铝电解工业已经淘汰了自焙阳极电解槽，大型预焙铝电解槽的容量已经达到600kA。从160kA预焙槽到600kA预焙槽，其结构通常分为：阴极结构、上部结构、母线结构和电气绝缘四大部分。

1. 阴极结构

铝电解槽的阴极包括电解槽中的铝液和盛放铝液的容器（包括铝液、钢制槽壳、槽内衬等部分），电解槽内衬包括电解槽侧部炭块、侧部炭块与钢制槽壳之间的保温层、电绝缘层、底部炭块、阴极钢棒、炭块间黏结胶泥、钢棒糊、碳素底垫、底部防渗层、底部保温层、底部绝缘层等部分。铝电解槽筑炉所用的黏土质耐火砖、黏土质保温砖均可采用通用耐火、保温材料。铝电解槽所用干式防渗料理化性能应满足要求见表4-15。

表4-15 铝电解槽所用干式防渗料理化性能

项目		指标
$w(Al_2O_3+SiO_2)$		≥85
耐火度/℃		≥1630
松散密度/(g/cm^3)		≥1.5
堆积密度/(g/cm^3)		≥1.9
抗冰晶石渗透 960℃×96h/mm		≤15
热导率	65℃/[W/(m·K)]	≤0.35
	300℃[W/(m·K)]	≤0.40

按照所用材料和生产工艺不同，铝电解槽阴极炭块可以分为以下四类：第一类为半石墨质炭块，采用半石墨质材料为骨料，沥青为黏结剂，混捏成形后，在1200℃温度条件下煅烧得到半石墨质炭块；第二类为半石墨化炭块，采用两步加热工艺，第一步是将混捏成形的炭块在煅烧炉内煅烧；第二步是将煅烧后的炭块送2300℃石墨化炉热处理，得到半石墨化炭块；第三类为石墨化炭块，生产工艺与第二类相同，所不同的是采用2600~3000℃的石墨化热处理温度，使炭块整体完全石墨化；第四类是无烟煤质炭块（又称无定形碳质炭块），骨料为无定形碳（煅烧后成无烟煤），或者添加部分石墨质材料，混捏成形后在1200℃煅烧得到无烟煤质炭块。半石墨化阴极炭块理化性能指标见表4-16。

表4-16 半石墨化阴极炭块理化性能指标

名称	牌号	灰分(%)	电阻率/μΩ·m	电解膨胀率(%)	耐压强度/MPa	体积密度/g·cm^{-3}	真密度/g·cm^{-3}
		不大于			不小于		
底部炭块	BLS-1	7	42	1.0	32	1.56	1.90
侧部炭块	BLS-1	8	45	1.2	30	1.54	1.87

电解槽筑炉时，底部炭块之间、底部炭块与钢棒之间采用炭糊捣打连接，以GH牌号钢棒糊为例，其理化性能指标见表4-17。

表 4-17　钢棒糊理化性能指标

名称	灰分（%）	挥发分（%）	固定碳（质量分数，%）	体密度 /g·cm³	耐压强度 /MPa	电阻率 /μΩ·m
钢棒糊	≤3	≥9～13	≥84	≥1.55	≥25	75

槽壳是用于加固槽内衬砌体的钢制结构，槽壳不仅用于盛装内衬材料，加固槽内衬砌体，而且可以抵消槽内衬在高温条件下膨胀产生的热应力和化学应力。钢制槽壳的结构可以分为框架式槽壳和托架式（也称摇篮式）槽壳两大类，其结构如图 4-21 所示。

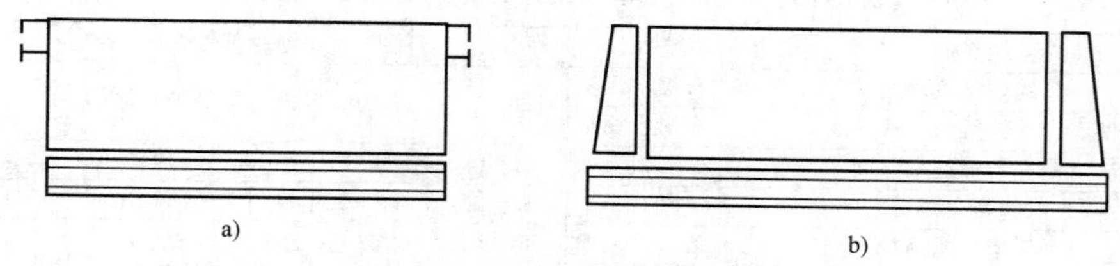

图 4-21　框架式槽壳和托架式槽壳结构示意图

a）框架式槽壳　b）托架式槽壳

铝电解槽的阴极结构对电解槽使用寿命有决定性影响，阴极结构与阴极、阳极母线配置方案影响电解槽电场、磁场、温度场、熔体流场分布，进而影响电解生产的技术经济指标。

2. 上部结构

电解槽槽体（金属槽壳）以上部分统称为上部结构，上部结构包括：承重桁架、阳极提升装置、打壳下料装置、阳极母线、阳极组件、集气排烟装置等部分。承重桁架为钢制结构件，上部为钢制桁架，下部为门式支架，承重桁架起到支撑上部结构和碳素阳极全部重力的作用。国内预焙槽阳极提升装置分为两种，一种是螺旋起重式升降机构，由螺旋起重机、减速机、传动机构和电动机等部分组成，单台预焙电解槽需要使用多台螺旋起重机，安装时很难保证多台螺旋起重机处于同一直线，影响齿轮啮合。另一种是滚珠丝杆三角板式升降装置，单台电解槽采用两套涡轮蜗杆减速器、两套滚珠丝杆、八个三角板，具有加工制造简单、成本低廉、传动效率高、操作维护方便等优点。

3. 打壳下料装置

20 世纪 80 年代以来，大型预焙电解槽普遍采用点式下料系统，它由氧化铝料箱和点式下料器组成。料箱上部与槽上风动溜槽或者原料输送管相连，氧化铝通过浓相输送系统输送至槽上氧化铝料箱，点式下料器按照工艺要求，定期对电解槽压壳、下料（添加氧化铝）。我国大型预焙槽普遍采用筒式下料器，目前国内已经开发 4.5L、1.8L、1.2L 三种筒式下料器，通过计算机控制下料器操作。

4. 阳极母线和阳极炭块组

阳极母线既导电，又承受阳极炭块的质量。每台电解槽有两组阳极母线，母线的两端和中间的进电位置用铝板焊接在一起，形成母线框，悬挂在阳极升降机构的丝杆上，阳极炭块组通过卡具卡套在阳极母线上。

阳极炭块组由炭块、钢爪、铝质阳极导杆组成，有单炭块组和双炭块组之分。设计阳极炭块高度时，需要考虑阳极换极周期、阳极电压降、阳极保温，电解槽上部结构的高度和承重能力，阳极电流分布以及电力价格等因素。我国预焙阳极高度一般为 540～600mm，少数企业采用高度为620mm的炭块。阳极炭块的长度、宽度同样受多方面因素制约，一般要考虑阳极气体的排放、阳极换极周期、阳极电流分布、铝液中水平电流密度、阳极钢爪的数量与排布等因素。我国大型预焙阳极炭块宽度为660mm，长度一般为1400~1600mm。

大型铝电解系列的直流电压在数百伏特至上千伏特，一旦短路会导致人身和设备事故。电解槽利用强大的直流电电解氧化铝，利用380V的动力电源提供照明和动力，利用24V或者36V直流电进行伺服、信号控制，交流、直流互串易导致人身、设备事故。电解槽上许多部位需要进行电气绝缘处理，160kA电解槽绝缘材料和绝缘部位分配情况见表4-18。

表 4-18　160kA 电解槽绝缘材料和绝缘部位分配

序号	绝缘部位	绝缘材料	序号	绝缘部位	绝缘材料
1	母线与母线墩之间	石棉水泥板	11	螺旋起重机与阳极母线之间	环氧酚醛层压玻璃布板
2	槽底支撑钢梁与支撑柱之间	石棉水泥板			
3	槽壳与摇篮架之间	石棉板	12	回转计与上部钢结构之间	胶木绝缘板
4	支烟管与主烟道之间	玻璃钢管	13	脉冲发生器与上部结构之间	胶木绝缘板
5	风动溜槽与主溜槽之间	玻璃钢型槽	14	门式支柱与槽壳之间	石棉板
6	槽前空气管与槽上部结构之间	橡胶管	15	打壳气缸与上部结构之间	
7	槽前操作风格板与槽壳之间	石棉水泥板	16	打壳锤头与集气罩之间	
8	阳极升降电动机与上部结构之间	胶木绝缘板	17	阳极导杆与上部结构之间	
9	阳极升降电动机与传动轴之间	环氧酚醛层氯玻璃连接	18	槽罩与上部结构、槽壳之间	
10	端头槽风格板与地坪之间	石棉水泥板	19	短路口螺杆与母线之间	

大型预焙铝电解槽结构如图4-22所示。

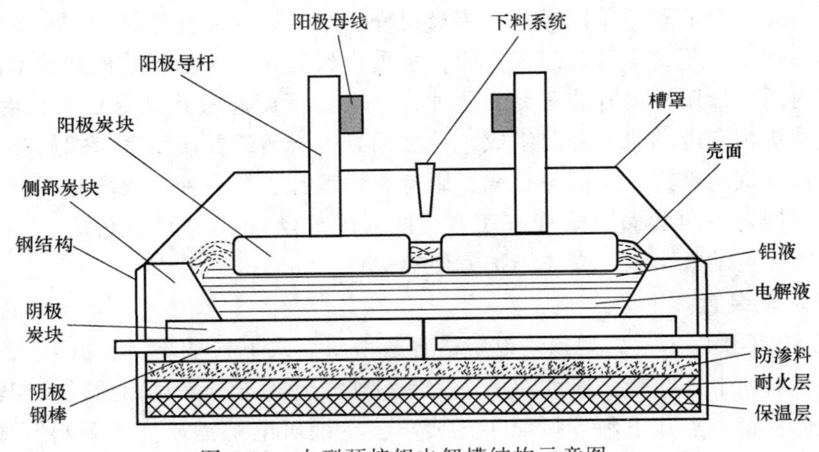

图 4-22　大型预焙铝电解槽结构示意图

4.4.4　铝电解的电极过程

铝电解的电化学反应是在阳极和阴极上发生的，了解铝电解过程中阳极、阴极上发生的电化学反应，对于理解两级产物的生成和去向，保证电解过程平稳运行，提高电流效率、降低电能消耗具有非常重要的指导作用。铝电解的电极过程包括阴极过程和阳极过程。

1. 阴极过程

（1）铝在阴极上优先析出　前已述及，冰晶石-氧化铝熔体中存在的主要离子包括：Na^+、AlF_6^{3-}、AlF_5^{2-}、AlF_4^-、F^-、$Al_2OF_4^{2-}$、$Al_2O_2F_4^{2-}$，其中Na^+是单体离子，Al^{3+}结合在络

合离子中。在正常的电解条件下，可以确认 Al 比 Na 优先电解析出。冰晶石-氧化铝熔体主要组分是：Al_2O_3、MgF_2、NaF、CaF_2等。根据捷里马尔斯基（U. K. Delimarsky）研究，该组分在氟化物熔盐中的分解电压为：Al_2O_3（1000℃），2.121V；NaF（1000℃），2.54V；CaF_2（1400℃），2.40V；MgF_2（1400℃），2.25V。

上述组分中，Al_2O_3分解电压最小，铝的电负性最正，Al_2O_3首先电解析出铝。在铝电解环境条件下，Na 的析出电位比 Al 更负 250mV。维邱科夫（M. M. Vetyukov）研究了工业电解槽内铝中钠含量、电解温度、电解质摩尔比、氧化铝浓度之间的关系，结果表明：温度升高、钠析出电位差值急剧降低；氧化铝浓度降低，钠析出加剧；电解质摩尔比增大，铝中钠含量也随之增加；阴极电流密度增大，铝中钠析出量增加。

（2）阴极过电压　研究表明：在970~1000℃温度条件下，阴极电流密度为0.4~0.7A/cm^2情况下，阴极过电压为50~100mV。即阴极过电压是一种浓差过电压，由传质过程控制。通过搅拌熔体，可以大大降低阴极过电压。邱竹贤等测定了不同摩尔比和温度对阴极过电压的影响，结果表明阴极过电压随摩尔比和温度降低而增加。在工业电解槽上，由于电解液和金属铝液的界面总是在波动，安放参比电极困难，很难测定到满意精确度的过电压。

（3）钠析出后的行为　阴极上钠析出的条件前已述及，阴极上钠的析出可以视为阴极的副反应。在高温下，阴极上析出的钠有四个去向：①蒸发、遇空气燃烧；②进入电解液；③进入铝液；④被阴极内衬吸收。以铝中钠含量为例，Tingle 等研究了电解液摩尔比与铝中钠含量的关系，结果表明：电解液摩尔比为 2.2~2.7 时，铝液中 w(Na) 为 0.006%~0.130%，添加氟化锂后铝中钠含量降低。钠的主要去向是向阴极碳素内衬渗透，碳素内衬吸钠后会发生体积膨胀，导致内衬开裂。研究表明：400℃时，钠原子嵌入石墨的层间，引起石墨晶格参数改变，晶格参数由 0.335nm 增大到 0.46nm，因石墨体积膨胀引起阴极碳素内衬隆起、剥落。钠对碳素内衬的渗透随电解液摩尔比的升高而增大，槽底存在氧化铝沉淀时，钠对阴极的渗透加剧。

（4）阴极的其他副反应　阴极副反应除钠析出外，还生成碳化铝、碳钠化合物和氰化物。碳化铝是一种黄色粉末，遇水反应生成氢氧化铝和甲烷。碳与铝之间的化学反应为

$$3C+4Al \xlongequal{} Al_4C_3$$

阴极上生成碳化铝与铝的析出同时发生，生成碳化铝存在两种机理：①在有冰晶石存在时，冰晶石能够溶解铝液表面的氧化膜，使金属铝与碳直接接触发生化学反应，生成碳化铝。②在阴极碳素表面出现含氧化铝、电解液的微电池，铝液为阳极，炭块为阴极，在阳极上生成氧化铝，阴极上生成碳化铝。生成的碳化铝主要分布在炭块表面和缝隙中。

在新槽启动期间，钠的析出非常强烈，一部分析出的金属钠通过碳素中的微细缝隙渗透，生成嵌入式的碳钠化合物 $C_{64}Na$ 或者 $C_{12}Na$。由阴极钢棒缝隙中渗透的空气与炭块、金属钠反应，生成氰化钠。氰化钠剧毒，遇水分解生成 HCN。在电解槽停槽大修时，禁止向内衬浇水，防止生成的氰化物造成工人中毒。

2. 阳极过程

阳极是铝电解槽的心脏，阳极工作是否正常是影响铝电解槽工作正常与否的关键。阳极过程十分复杂，研究内容包括：阳极反应、阳极过电压、阳极效应、阳极上电催化作用等。

（1）阳极反应产物　阳极反应产物与阳极材料有关，当采用惰性材料作阳极时，阳极反应产物为氧气，反应式为

$$2Al_2O_3 = 4Al + 3O_2 \uparrow$$

在1000℃条件下，此反应的电动势为-2.200V，与理论计算结果相符。当用碳作阳极时，反应产物为二氧化碳，反应式为

$$2Al_2O_3 + 3C = 4Al + 3CO_2 \uparrow$$

在960℃条件下，反应的反电动势为-1.186V。电解过程中，碳素阳极同时与二氧化碳和空气中的二氧化碳发生布氏反应，生成一氧化碳，反应式为

$$C + CO_2 = 2CO \uparrow$$

此外，溶解于电解液中的二氧化碳也能与铝反应生成一氧化碳，反应式为

$$2Al + CO_2 = 4Al_2O_3 + 3CO \uparrow$$

（2）阳极过电压　铝电解过程的基本反应为

$$2Al_2O_3 + 3C = 4Al + 3CO_2 \uparrow$$

该反应标准可逆电势为 $E_{标准} = E_0 + RT/nF\ln a_{Al_2O_3}$，$a_{Al_2O_3}$ 为 Al_2O_3 活度，960℃时，$E_{极化} = -1.186V$。为了使反应顺利进行，需要比可逆电势略高的电压 $E_{极化}$，二者的差值 η 即为过电压

$$\eta = E_{极化} - E_{标准}(V)$$

在工业电解槽上，阳极电流密度为0.6～1.0A/cm²时，阳极极化电位为1.5～1.8V，970℃时可逆电势为-1.2V，阳极过电压为0.3～0.5V。现场测试结果表明：阳极过电压为0.72（5%Al_2O_3）～0.86V（2%Al_2O_3）。一般认为：阳极过电压由阳极极化过电压和阳极浓差过电压组成，其中，阳极浓差过电压为0.01V，阳极极化过电压为0.7～0.8V。阳极过电压随阳极电流密度增大而增大，随电解质中氧化铝浓度的升高而增大。

（3）阳极反应机理与阳极气体

1）阳极反应机理。电解质中存在 Na^+、AlF_6^{3-}、AlF_5^{2-}、AlF_4^-、F^-、$Al_2OF_4^{2-}$、$Al_2O_2F_4^{2-}$ 等离子，一般认为：含氧的络合离子在阳极放电的步骤为

$$Al_2OF_x^{1-x}(电解液) = Al_2OF_x^{1-x}(电极)$$

$$Al_2OF_x^{1-x} + C = C_xO + AlF_x^{3-x} + 2e$$

$$Al_2OF_x^{1-x} + C_xO = CO_2 + AlF_x^{3-x} + 2e$$

2）阳极气体。铝电解过程中，阳极上的反应有两种情况，反应式为

$$Al_2O_3 + 3/2C = 2Al + 3/2CO_2 \uparrow \tag{4-1}$$

$$Al_2O_3 + 3C = 2Al + 3CO \uparrow \tag{4-2}$$

1000℃下，式（4-1）、（4-2）反应的可逆电势分别为-1.169V、-1.065V，在温度升高时，式（4-2）强烈地向右移动生成一氧化碳，同时，受布氏反应影响，阳极气体的组分为 CO_2、CO的混合物。阳极碳素中的S、P等与含氧络合离子反应生成二氧化硫、五氧化二磷，以及原料携带水与氟化铝反应生成氟化氢等，也是阳极气体的组成部分。

（4）阳极效应　阳极效应是采用碳阳极进行熔盐电解时的一种特殊现象，阳极效应在所有的卤素熔盐电解过程中均能发生。铝电解槽阳极效应的特征包括：在埋入电解液的阳极四周发生明亮的小火花，并发出噼噼啪啪的响声；阳极与电解液界面上的气泡不再大量析出，电解液停止沸腾；阳极气体的组分除含有 CO_2、CO外，还含有 CF_4、C_2F_6。阳极效应期间槽电压迅速升高至30～70V，电解液内氧化铝浓度低，碳素阳极附近 F^- 离子浓度高，含氧的络合离子浓度低；碳素阳极电位升高到氟离子放电电位，析出 CF_4、C_2F_6 气体；电解液

与碳素阳极之间形成一层气膜阻挡层。阳极效应的发生可以用临界阳极电流密度表征，当阳极电流密度达到或者超过临界阳极电流密度时，电解槽发生阳极效应。

阳极效应的机理：一般认为，阳极效应是由于电解液中氧化铝缺乏引起的电流阻塞过程。当电解液中氧化铝浓度降低时，电解液与碳素材料之间的润湿性变差，电解析出的阳极气体聚集在碳素与电解液之间的界面上，随着界面层上汇集的气泡逐渐增多，小的气泡逐渐汇集长大成较大的气泡，最终形成连续的气膜，阻碍电流通过，阳极效应随之发生。根据阳极效应产生的机理，工业上采用向电解液中补充新鲜氧化铝，通过提高电解液中氧化铝浓度改善电解液对阳极的润湿性能，同时向铝液中通入压缩空气或者向铝液中插入湿木条或者插入竹条等方法，利用木材、竹条裂解产生大量的气体，或者利用空气与铝液反应放热使气体温度急剧升高，气体体积急剧膨胀而搅动铝液，使铝液与碳素阳极发生短路，达到熄灭阳极效应的目的。

（5）阳极上的电催化作用　电催化反应是指电化学反应中，可借助改变电极材料和电极电位来控制该反应的方向和速率，而电极本身不发生改变的反应。电催化反应是发生在电极/电解质界面上的多相催化反应。在冰晶石-氧化铝熔盐电解过程中，碳素阳极上过电压很高，造成很大的电能消耗。在采用碳素阳极条件下，1000℃时，铝电解反应的标准可逆电势为1.169V，而在工业电解槽上实测的极化电势为1.65~1.80V，减去阴极过电压，阳极过电压为0.40~0.60V。通过对碳素阳极进行掺杂改性，可以降低碳素阳极的过电压。例如，在自焙电解槽阳极糊中掺杂碳酸锂、烟道灰等，可以降低阳极过电压，取得了显著的节能效果。

4.4.5　电解铝生产操作

现代大型预焙槽的生产管理大致包括以下几个阶段：电解槽煅烧、启动与后期管理，电解槽的正常生产操作，破损电解槽的维护。

1. 电解槽煅烧、启动与后期管理

（1）铝电解槽煅烧　新电解槽在进入正常生产前，要经过煅烧、启动。煅烧是利用电解槽阴极、阳极之间的发热物质，使阴极、阳极温度升高，并实现下列目的：使阴极炭块之间、炭块与钢棒之间、炭块与侧部炭块之间的碳糊烧结、焦化，与阴极炭块形成一个整体。通过煅烧将阴极内衬、碳素阳极升温到900℃以上，为启动电解槽创造条件。

铝电解槽的煅烧方法可以分为两类：电煅烧和燃料煅烧。电煅烧又可以分为铝液煅烧、焦粒煅烧两种。

1）铝液煅烧。铝液煅烧是在煅烧前向电解槽灌入一定数量的铝液，使铝液覆盖在阴极炭块上并与阳极接触形成回路，通入直流电流后，利用电流的热效应煅烧电解槽。在灌入铝液之前，先用电解质块在槽底四周砌筑电解质墙，以减小铝液对槽侧伸腿的热冲击，并缩小铝液面积。将阳极炭块组安放在阴极炭块上，并保持阴极、阳极之间2~2.5cm的间隙，向电解槽灌入铝液。灌入的铝液铺满阴极槽底并包裹住阳极，厚度4cm左右。在阳极炭块之间、阳极炭块与侧部阴极之间装入冰晶石、槽达。随后给电解槽通电，一般大型电解槽通电煅烧时间为7~8昼夜。送电初期，槽电压6~8V，随后电压逐步降低，至第六昼夜，槽电压自然降低到1.5V左右时，需要人工将槽电压调高到2.0V，以确保煅烧效果。煅烧期间，铝液温度由600℃逐渐升高到980℃左右。经过8昼夜的煅烧，电解槽阴极、阳极、内衬等区域温度达到启动温度要求，电解槽可以转入启动作业。

2）焦粒煅烧法。焦粒煅烧法是在阴极、阳极之间铺一层煅后石油焦作为电热体，石油焦粒度为1~3mm，铺设厚度为10~20mm。大型预焙槽需要采用4~7级送电，20~25min时送满全电流。经过60~70h煅烧，槽电压从送电初期的4~6V，逐渐降至2V左右，阴极表面温度升高到940~980℃，中缝、阳极炭块之间缝隙装填的冰晶石熔化，电解液高度达到10~20cm。电解槽完成煅烧，具备转入启动生产条件。

（2）电解槽启动　电解槽启动是使电解槽在联通电流条件下，形成电解反应所需具备的技术条件，包括形成一定高度电解质液、铝液，电解槽主要技术参数满足电解生产的基本要求，包括电解液和铝液的温度、电解质成分、槽电压、极距、氧化铝浓度等。铝电解槽启动方法有湿法启动、干法启动两种。干法启动只在新电解厂投产时，第一台、第二台电解槽投产时使用。在正常生产的电解系列中启动新槽，一般采用湿法启动。电解槽启动必须具备一定的条件，一般要求电解槽阴极面积55%~80%的区域达到900℃以上，对于湿法启动的电解槽，还要求阴极区内有10~20cm的电解液。

1）干法启动。干法启动是利用阴极、阳极之间产生的高温电弧熔化电解质或者冰晶石，形成液体电解液。提升阳极时，阳极、阴极脱离接触并形成高温电弧，向极间加入固体电解质或者冰晶石，当阴极、阳极之间形成一定高度的电解液之后，引发阳极效应，加速电解质熔化。待电解液达到一定高度（一般需要持续烧效应60~120min），产生氧化铝熄灭效应。控制槽电压6~9V并保持24~36h，随后灌入液体铝，电解槽转入启动后期维护管理阶段。干法启动时，电解槽需要承担极大的热电冲击，启动初期阳极抬升太快，易于引发槽内衬崩爆和电解槽早期破损，甚至引发意外的设备安全事故。提升阳极时，控制槽电压10~16V，槽电压摆动幅度过大时，停止提升阳极。待槽电压稳定后，方可继续提升阳极，直至电解液水平达到启动要求。

2）湿法效应启动。湿法效应启动是向电解槽中灌入一定量的液体电解质，同时提升阳极引发人工效应。效应期间，将槽四周冰晶石、电解质块推入极间熔化。并不断向槽大面、中缝、炭块之间补加冰晶石，直至电解液高度达到启动规范要求。效应电压维持在20~35V，单次效应持续时间30~40min。待电解液达到一定高度（因槽型与槽容量而不同），加氧化铝熄灭效应。人工熄灭效应后，需保持较高的槽电压，一般槽电压控制在6~9V，保持时间24~36h，随后向槽内灌入一定量的液体铝，以利于电解槽形成规整的炉膛。加强阳极覆盖保温，电解槽转入启动后期维护阶段。

（3）启动后期管理　电解槽启动结束转入后期管理的初期，电解槽具有槽温高、槽电压高、电解液水平高、摩尔比高等特点。灌入铝液后，电解槽四周逐渐形成炉帮，炉帮的主要成分为高摩尔比电解质与α-Al_2O_3、氟化钙、氟化镁等组成的混合物。调节、控制电解槽各项工艺参数，建立稳定、规整的槽膛内形是启动后期管理的首要任务，是实现电解槽长周期稳定运行的关键。转入启动后期维护的电解槽，要着重加强以下方面的管理工作：

1）电解质成分管理。新槽启动期间，电解槽内衬具有强烈的吸钠倾向，建立稳固的槽膛也需要高摩尔比电解质。因此，转入后期管理阶段的电解槽需要添加一定量的氟化钠，以补充槽衬吸钠和建立炉帮的需要。同时加入一定量的氟化钙，以利于建立稳定的槽膛。氟化钙是γ-Al_2O_3转化为α-Al_2O_3的矿化催化剂，电解槽建立炉帮时需要消耗电解液，需要向电解槽补充冰晶石以维持电解液水平。启动后的第2个月，电解液摩尔比下降到2.4~2.6，第3个月，电解质摩尔比降至正常生产水平。

2）下料管理。采用控制下料的操作方法，防止电解槽产生沉淀，并保持1~2次的效应系数。灌铝之前，下料时间间隔比正常电解槽延长一倍，灌铝之后，下料间隔仍需维持在正常下料时间间隔1.5倍左右。

3）槽电压管理。槽电压控制由人工进行调节，灌铝之前，槽电压由6~8V逐渐调节至5~6V，一般每隔30min手动调节一次。灌铝之后，槽电压逐步调节到4.3~4.6V。三天以后，槽电压调整到4.1~4.2V。

4）槽温管理。灌铝以后到第一次出铝，槽温逐步由1000℃降至970~980℃。新槽启动期间，电解槽温度高，表面结壳不完整，侧部炉帮尚未形成，槽侧部热损失大，电解液液面下降快。在此期间，需要加强阳极保温和壳面维护。

5）电解质高度管理。转入后期维护的电解槽要特别关注电解液下降速度，维持电解液液面在26cm左右。若电解液液面下降过快，应加强阳极保温，并降低电压下降速度，同时添加一定量的冰晶石补充电解质。待形成了稳定槽膛，应将电解液液面逐渐降低至20~22cm。

6）清理碳渣。采用焦粒煅烧的电解槽，转入启动后期后，要加强碳渣清理。碳渣增大电解液电阻率，热槽时会导致电解质含碳，甚至使电解槽转入热行程（病槽）。

7）效应系数管理。正常生产的电解槽效应系数在0.2~0.3，新槽第一个月效应系数0.8~1.5，第二个月效应系数下降到0.5~1.0，第三个月效应系数调至正常。

2. 铝电解槽的主要生产操作

铝电解槽需要由人工完成的主要操作包括：换极、出铝、效应熄灭、抬阳极母线等。

（1）换极作业　预焙阳极需按一定周期进行更换，换极周期与炭块高度之间满足下式：

$$D=(H-H_1)/h_1$$

式中，D为换极周期（天）；H为阳极炭块高度（cm）；H_1为残极高度（cm）；h_1为阳极高度消耗速度（cm/天）。

根据换极周期、阳极组数即可知道阳极更换顺序。阳极更换作业的主要工作包括：残极在电解槽中空间位置标定，拔除阳极四周保温料，砸壳面、吊出残极，捞碳渣、摸槽底，安装新极，收边整形，添加阳极保温料等。

（2）出铝　出铝作业是定期抽出电解槽内积存的铝液，送铸造部铸造成产品。国内中、小型电解槽每2~3昼夜出一次铝，大型预焙槽每日出铝。出铝的原则是确保每次抽铝量等于电解槽产铝量。出铝的工具是引射式真空台包，利用虹吸原理抽出铝液。

（3）熄灭效应　采用计算机控制的电解槽，在程序中设置了效应监控、效应报警装置，部分电解槽还设置了效应自动加料、自动熄灭效应功能。但自动熄灭效应的方法成功率不高（60%~80%），易出现跑电解质的现象，我国多采用人工熄灭效应方法。效应熄灭操作包括：确认效应槽、检查设备绝缘情况、进行效应加工、烧效应1~4min、利用效应棒（木条、竹条等）熄灭效应，调整电解槽电压并跟踪、管理槽电压30~40min。

（4）抬阳极母线　阳极导杆固定在阳极大母线上，随阳极不断消耗，大母线位置不断下移，当母线接近上部结构底部罩板时，必须进行抬母线作业。抬母线周期与阳极消耗速度、母线下移速度有关，可根据阳极母线总行程、阳极消耗速度计算抬母线周期。抬母线作业是利用桥式起重机使阳极质量改由夹具-框架-横架支撑。阳极不动，母线上升至设定位置，将阳极固定在母线上，吊出阳极框架，完成抬母线作业。

3. 铝电解生产工艺参数测量

铝电解槽工艺技术参数是体现电解槽运行状态，反应电解生产技术经济指标的重要尺度。现代大型电解槽均采用计算机控制，部分技术参数可由计算机自动完成检测工作，大部分工艺参数需要人工辅助完成检测，以作为掌握电解槽运行状态，调整和优化电解生产技术条件、操作方法的依据。同时，为电解生产技术改进积累资料。大多数电解技术参数检测简便，可由一线操作工人辅助完成。主要检测内容包括：铝液高度、电解液高度测量（也称两液水平测量），主要测量工具为钢钎、直尺和水平仪；电解温度测量（电解液温度）的，主要测量工具为热电偶和数显温度计；阳极电流分布测量的主要测量工具为数字万用表和等距压降测定杆，测量方法为在阳极导杆相同位置测量等距离压降；阳极压降测量的测量工具为电压表或者数字万用表；阳极保温料高度测量、阳极残极形状测量的测量工具为直尺、水平仪；极距测量的测量工具为直尺、水平仪、极距钩；炉帮形状测量的测量工具为炉帮厚度测定杆、伸腿高度测定杆和伸腿长度测定杆；炉底隆起高度测量、测量工具包括测定杆、直尺、大钩等；炉底压降测量的测量工具为数字万用表、测定钢棒；阴极钢棒电流分布测量的测量工具为数字万用表和等距压降测定杆，测量方法为测量等距离压降；阴极钢棒温度测量的测量工具为手持温度计；电解质成分和铝液成分检测需要专用设备和专业化验分析人员完成。

4. 氧化铝物料输送与烟气净化作业

（1）氧化铝物料输送　氧化铝物料需要定期输送至每一台电解槽上，输送方式有机械输送、气力输送两大类。气力输送是利用压缩空气为动力，将氧化铝物料由集中料仓输送至电解槽高位储仓，分为稀相、浓相、超浓相输送三种。超浓相输送的基本原理如图 4-23 所示。

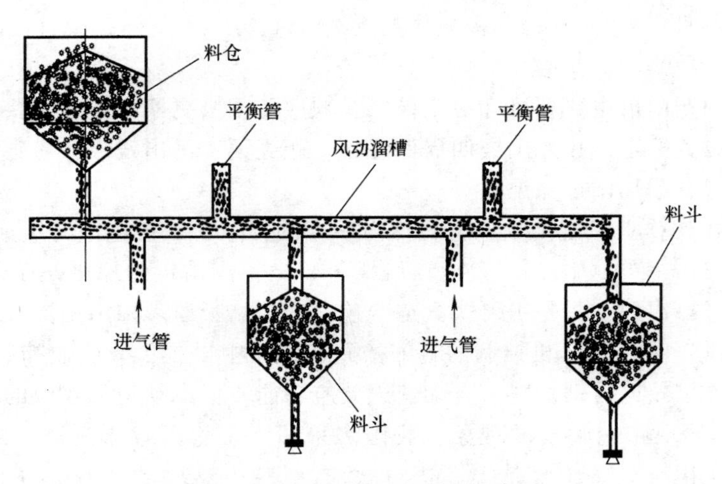

图 4-23　超浓相输送的原理示意图

（2）烟气净化　预焙槽铝电解厂均采用氧化铝化学吸附干法净化技术处理铝电解烟气。与湿法净化相比，干法净化没有污水二次污染。但是，干法净化也存在杂质循环问题，影响铝的质量并降低电流效率。干法净化是采用密闭的槽罩收集烟气，由排烟支管将烟气输送至排烟总管，通过文丘里管反应器、氧化铝沸腾床吸附烟气中的氟化物，布袋除尘器进行气固分离，净化后的烟气直接排空，由风动溜槽将载氟氧化铝输送到氧化铝储槽，供电解生产使用。烟气干法净化设备包括：烟气捕集与输送设备、气固混合设备、气固分离设备和净化烟气排空设备等。干法净化的流程示意图如图 4-24 所示。

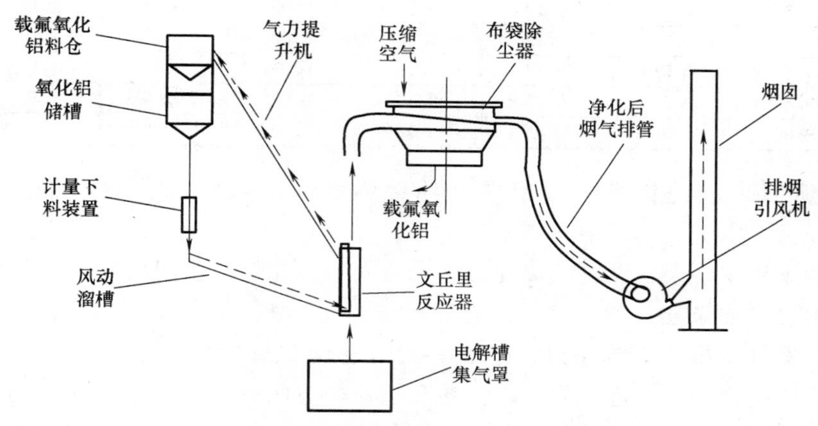

图 4-24 烟气干法净化的流程示意图

5. 铝电解的主要技术经济指标

铝电解生产的技术经济指标见表 4-19。

表 4-19 铝电解生产的技术经济指标

项目	每吨铝消耗指标	项目	每吨铝消耗指标
电解温度/℃	920~970	电耗/kW·h	12000~14500
阳极电流密度/(A·cm^{-2})	0.7~0.85	氧化铝消耗/kg	1910~1930
极距/cm	4~6	冰晶石/kg	5~15
槽电压/V	3.8~4.5	氟化铝/kg	15~30
电流效率(%)	91~95	添加剂/kg	5
原铝质量 w(Al)(%)	99.0~99.85	阳极碳耗/kg	410(净耗)

4.5 铝的精炼与提纯

4.5.1 铝液精炼

1. 铝液精炼概述

按照纯度不同，纯铝可以分为以下四类：

（1）工业原铝　工业原铝即工业纯铝。通常是指冰晶石-氧化铝融盐电解法制取的铝，纯度一般为 99.00%~99.85%（质量分数）。工业原铝化学成分标准见表 4-20。

（2）精铝　精铝一般来自三层液精炼电解槽。在精炼槽内，原铝和铜配成的合金作为阳极，冰晶石-氯化钡熔盐作为电解液，精铝在阴极上析出，纯度通常为 99.950%~99.995%。

（3）高纯铝　高纯铝是工业原铝经三层液电解精炼和区域熔炼联合工艺制取的纯铝，也可用有机铝化合物电解与区域熔炼相结合的方法制取高纯铝。纯度通常在 99.9960%~99.9999%。

表 4-20 工业原铝化学成分标准

牌号	化学成分(质量分数,%)							
	Al≥	杂质≤						
		Fe	Si	Cu	Ga	Mg	其他每种	总和
Al99.85	99.85	0.12	0.08	0.005	0.030	0.030	0.015	0.15
Al99.80	99.80	0.15	0.10	0.01	0.03	0.03	0.02	0.20
Al99.70	99.70	0.20	0.13	0.01	0.03	0.03	0.03	0.30
Al99.60	99.60	0.25	0.18	0.01	0.03	0.03	0.03	0.40
Al99.50	99.50	0.30	0.25	0.02	0.03	0.05	0.03	0.50
Al99.00	99.00	0.50	0.45	0.02	0.05	0.05	0.05	1.00

(4) 超纯铝　超纯铝是由精铝或高纯铝经多次区域熔炼获得的铝，纯度通常在99.9999%以上。

原铝中的杂质主要来自原料（氧化铝、冰晶石、氟化铝、炭阳极等），部分来自电解槽内衬结构材料，主要杂质是铁、硅，此外还有镓、钛、钒、铜、钠、锰、镍、锌、钠、钙、镁、碳、氢、氧等杂质，通常比铁、硅小 1~2 个数量级。精铝的主要杂质仍然是铁、硅，锌、铜、镁、钠的含量也接近铁的含量，甚至超过硅。区域熔炼法制备的高纯铝，铬、猛、钛、钒等元素难以精炼分离，或者趋向于富集在精炼产物中，成为主要杂质。原铝、精铝以及高纯铝中各种杂质名称和含量，见表 4-21。

表 4-21 不同提纯方法生产的纯铝杂质含量（质量分数）(10^{-6})

杂质	不同提纯方法生产的纯铝杂质含量				
	工业原铝	凝固提纯	三层液精炼	有机物电解	区域熔炼
Li	1~10		0.003~0.020		
Na	0.1~500		0.01~10.0		0.01~1.00
Mg	5~50	2~10	1~20		0.1~0.3
Ca	0.1~50	1~10	0.1~0.2	0.05~0.30	0.02~2.00
Ba	0.1~10		0.05~2.00	0.006	0.001~0.030
Ti	10~100	10~20	0.01~10.00		0.05~0.50
Zr	10~40	10~25	0.01~2.00	0.04	0.01~0.04
V	5~100	10	0.01~0.40		0.03~0.50
Cr	2~50	2~10	0.01~0.40	0.004	0.01~0.50
Mn	5~50	<10	0.01~1.00	0.0008~0.0300	0.006~0.600
Fe	400~2000	10~40	1.5~30.0	0.5~3.0	0.01~0.60
Ni	1~20	<10	0.02~3.00	<0.03	0.001~0.300
Cu	5~100	5~10	0.4~5.0	0.25~0.35	0.0006~0.4000
B	0.1~2.0	<10	0.001~0.100		<0.01
Ga	10~200	10~30	0.005~2.000	0.1~40	0.0001~0.0500
Si	200~1000	20~40	1~30		0.1~0.8
Pb	1~50	10	0.01~10.00		0.004~0.250
O	1~100		1~10		0.5
S	0.2~20.0		0.2~15.0		0.06~1.10
N	1~7	1~10	<2~20		0.1~0.2
P	1~30		0.1~10.0		0.04
C	0.1~100.0		1~2		0.2~2.0
F	3~5		<0.1		<0.1

铝的纯度是从100%减去所分析的杂质总和后得到的，已经鉴定的含量较多的杂质元素有15~25种（仍有少数含量低于0.005%或0.001%杂质元素未作鉴定）。铝的纯度对熔点、沸点、密度、热导率、导电性等物理性能产生重要影响。纯度为99.996%纯铝的熔点为660.4℃，纯度在99.99%以下的纯铝，熔点一般低1~2℃，纯度越低，熔点越低。铝的沸点随纯度的升高而降低。杂质元素对铝的密度影响较复杂，铁、铜、锌、锰、钒、铬等元素使铝的密度增大，锂、硼、镁等元素使铝的密度减小。杂质元素会降低铝的热导率、电导率、光反射性能，增大铝的线胀系数和导磁性能。纯度对铝的加工性能也有重要影响，杂质元素增高，铝的强度增大、伸长率降低，塑性加工性能降低。

从工业电解槽中抽出的原铝，通常先作静置处理，然后进行除气、除渣处理，再铸成商品铝锭。原铝精炼有两种基本类型，按精炼部位分类，可分为炉内精炼、浇包精炼、在线精炼三种；按精炼方法分类，铝液净化方法可以分为：熔剂净化法、气体净化法、陶瓷过滤法、真空处理、电解精炼以及区域熔炼法等。

2. 熔剂净化法

熔剂净化法是利用熔剂吸附、溶解非金属夹杂物。所用的熔剂由钾、钠、铝的氟盐和氯盐组成，包括氯化钠、氯化钾、冰晶石、氯化钙、氯化镁、六氯乙烷、氟硅酸钠等组成的混合物。熔剂通过气体介质输入到铝液内，熔化的熔剂液滴通过溶解、吸附、浮选等原理，净化金属铝液，浮渣漂浮在铝液表面，采用金属工具从铝液表面扒出浮渣，每吨铝熔剂用量2~6kg。典型铝液净化用熔剂的化学组分见表4-22。

表4-22 典型铝液净化用熔剂的化学组分

序号	熔剂组分名称与含量(质量分数,%)				熔点/℃
	Na_3AlF_6	NaCl	KCl	$MgCl_2$	
1	45	30	25		660
2		45	45	10	600
3	10	40	40	10	600

3. 真空处理法

真空净化法包括静态真空净化和动态真空净化两种，静态真空净化是在真空处理时，在熔体表面撒上一层熔剂，利用熔剂溶解铝液表面的氧化膜，以利于氢气从铝液中脱除。动态真空净化是先抽真空，再将铝液喷入真空包内，钠和液体金属中的氢能快速从铝液中扩散出去。用真空处理铝液时，铝中的钠、镁、钙的含量可降低到10^{-7}以下。

4. 电磁分离法

电磁净化是近年发展起来的一种铝液净化方法，利用金属与非金属夹杂物导电性和所受电磁力不同，实现分离非金属氧化物的目的。有稳恒磁场、交变电磁场、行波磁场、旋转磁场和高频磁场等分离方法。

5. 气体净化

气体净化分惰性气体净化和活性气体净化两类。惰性气体净化是利用铝中溶解的气体在惰性气泡与铝液中分压差，使溶解于铝液中的氢不断地通过铝液-气体界面扩散，扩散过程一直持续到铝液中的氢分压与气泡中的氢分压相等时为止，进入气泡中的氢随气泡上浮排入大气。气泡上浮过程中，还可以通过界面浮选作用将悬浮在铝熔体中的非金属夹杂带出液面造渣，达到除气、除渣的目的。活性气体净化是氯气等活性气体与铝液、铝液中的氢、钠、钙、镁等反应生成挥发性的氯化铝、氯化氢以及氯化钠、氯化镁，而净化铝液。采用氯气精炼时，铝熔体中的氢含量可以降至 0.04～0.08mL/100g，氧化铝夹杂物可以降至 0.05mm²/cm²。而采用氮气精炼，铝中氢含量和氧化铝夹杂含量分别可以降低到 0.15～0.20mL/100g 和 0.10mm²/cm²。

6. 陶瓷过滤法与炉外连续精炼

过滤是让铝熔体通过中性或者活性材料制造的过滤器，以分离悬浮在铝熔体中的固态夹杂物。按过滤材质，铝合金过滤方法分为网状材料过滤（玻璃丝布、金属网）、块状材料过滤（如松散颗粒填充床、陶瓷过滤器、泡沫陶瓷过滤器）和液体层过滤三类。陶瓷过滤是利用多孔刚玉陶瓷过滤氧化夹杂，过滤精度通常用透过多孔陶瓷最大固体夹杂物尺寸表示，孔径越小，过滤精度越高，过滤速度越慢。国产陶瓷过滤器过滤精度为 5～50μm。图 4-25 所示为铝液气体精炼与陶瓷过滤连续净化处理装置 。陶瓷过滤装置隔板将过滤室分隔为前后两室，陶瓷过滤板安装在前室，铝液在前室过滤后汇集于后室，在后室进行气体精炼处理。陶瓷过滤具有一定的压头损失，目前设计的全部工作压头有 100mm 和 200mm 两种。泡沫陶瓷过滤是美国康索尼达德铝公司研制的一种具有海绵状结构的过滤器材，我国已普遍推广使用。泡沫陶瓷的流量特性取决于空隙特性和陶瓷板尺寸。对于尺寸为 305mm×305mm×51mm、孔洞数为 30 孔/in[㊀] 的泡沫陶瓷板，过滤铝熔体的主要参数为：过滤精度 2μm，过滤效率 99%，起始压头 50～150mm，有效工作压头 50mm。

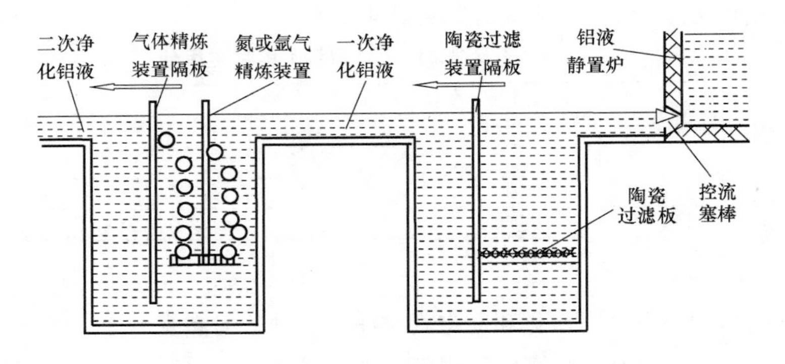

图 4-25　铝液气体精炼与陶瓷过滤连续净化处理装置

20 世纪 60 年代以来，国外铝液净化技术有了很大的发展，其主要趋势是从炉内精炼向炉外精炼发展，从单一精炼向复合精炼发展。比较典型的炉外复合精炼工艺有英国的 FILD、美国铝业公司的 Alcoa469、美国联合碳化物公司 SNIF、美国联合铝业公司 MINT、法国普基铝业的 ALPUR 等方法。图 4-26 所示为 FILD 铝液连续净化处理装置，它是由英国铝公司研制的一种铝液除气、除渣净化装置，精炼装置分隔墙将精炼室分隔为两个室，进液侧的铝液表面覆盖有液体熔剂层，并设置有通入惰性气体的精炼管。过滤床上设置有直径为 20mm 的氧化铝过滤球，进液侧过滤球表面涂覆有精炼剂。该装置将熔剂精炼、气体精炼、深床过滤三种净化方法融为一体，铝液处理后气体含量为 0.05～0.16mL/100g，钠含量为 5×10^{-6}，金属损失约为 0.2%～0.4%。

㊀　1in＝0.025m。

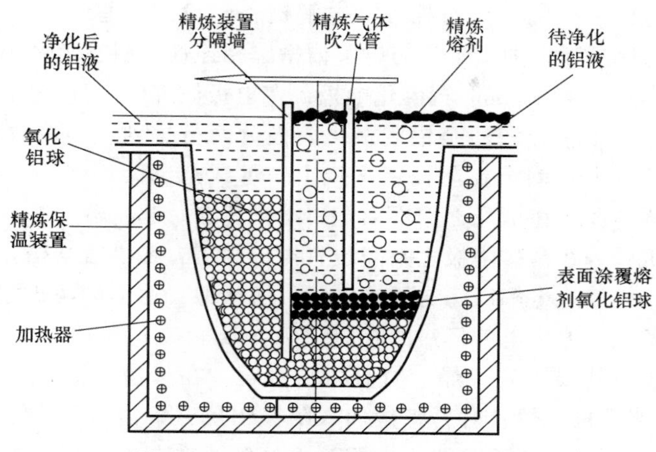

图 4-26 FILD 铝液连续净化处理装置

4.5.2 铝的提纯

1. 三层液电解法制取精铝

工业上常用三层液电解法制取精铝（质量分数为 99.99%）。三层液电解精炼法系 Hoopes 于 1901 年发明，因电解槽内有三层液体而得名。其下层液体是阳极合金，由 $w(\mathrm{Cu})$ 30%与 $w(\mathrm{Al})$ 70%组成，密度为 3.4~3.78/cm^3。中层液体为电解质。在用的电解液体系可分为纯氟化物系和氯氟化物系，密度为 2.7~2.88/cm^3。最上层是精炼出来的铝液，用作阴极，密度为 2.38/cm^3。因此，三层液体依密度差别而上下分层。图 4-27 所示是三层液电解精炼槽结构示意图。

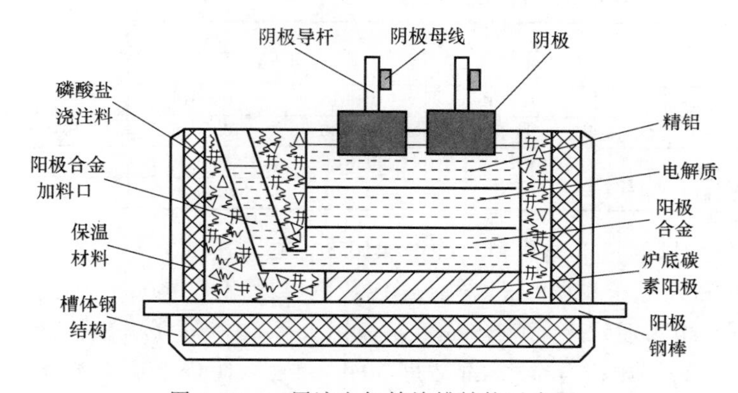

图 4-27 三层液电解精炼槽结构示意图

现代铝精炼电解槽电流强度达到 75kA，电流密度（阳极与阴极电流密度相同）与电解槽容量有关：根据电解槽热平衡，容量越大，电流密度越小，现代精铝电解槽电流密度为 0.50~0.60A/cm^3。精铝槽阳极结构与原铝电解槽相似，在钢制槽壳内安装有炭块槽底，借助铸铁浇注的铁棒向其供电。槽膛侧部由镁砖砌成，镁砖侧壁不导电，以免阳极与阴极短路。

为减小侧壁对电解质和阴极铝的污染，精炼过程应在侧衬表面上生成电解质结壳的条件下进行。槽膛深度为 700~900mm。侧壁和底部的绝热内衬用耐火砖砌成。为增加耐火砖和外壳内壁之间的热阻，一般铺一层石棉板。电解槽一端设加料室，由石墨化碳素材料管制成，它用一个通过槽底平面上的水平沟与电解槽槽膛相连通，料室上部用盖子保温。

阴极为直径500mm、高360mm石墨化电极，在电极侧部、上部浇注厚50mm保护铝层，以防止石墨氧化，或采用精铝浇注全铝阴极。阴极分两行排列，阴极数目与电解槽容量有关。阴极铝导杆用凸轮卡具固定在阴极铝母线上。母线与钢梁连在一起，共同组成移动框架，框架通过起重器与固定在槽壳上的不动金属结构相连。起重器、减速机、电动机一起构成阴极框架的提升机构。在两排阴极之间安装有拱形铝盖，在拱盖与槽壳之间、阴极上方用可移动的铝盖密闭。铝精炼电解厂房与原铝电解厂房相似，通常为两排配置、串联连接，运输、通风和其他设备也与原铝电解厂房的相应设备类似。

制备电解质的原料盐要预先干燥，防止熔盐水解，在母槽中预熔原盐，母槽电压保持10~20V，温度高于普通槽。熔盐时，将盐加入阴极铝层，熔盐自动流至电解液层。原料熔化后，电解4~5h，通过电化学净化除去电解液中的铁、硅杂质，用真空包将制备好的电解液抽出，转注入新开启的电解槽内，或注入需要调整电解液水平的生产槽。阳极合金在母槽内制备。

每48h出一次高纯铝，出铝时避免搅动高纯铝，以免与下层阳极合金混合。出铝前，清除高纯铝表面电解质和铝皮；出铝后，通过特制的石墨套筒仔细注入经过净化的电解液至电解槽电解液层；以细流将原铝注入料室，同时用石墨搅拌器搅拌，使阳极合金组成均匀化。如果不搅拌，新加原铝比上层电解液轻，容易进入最上层高纯铝中，造成高纯铝污染。电解槽运行2~3个月后，阳极合金中金属间化合物达到相当高的浓度，富集铜、铁、硅和锰的金属间化合物会偏析出来，其组成为：w(Cu)20%~25%，w(Fe)8%~15%，w(Si)5%~10%，w(Mn)1%~2%，其余为铝。可用漏勺取出偏析沉淀物。精铝国家质量标准见表4-23。

表4-23　精铝国家质量标准（GB/T 1196—2008）　（%）

代号	品号	含铝≥	含杂质不少于			
			Fe	Si	Cu	杂质总和
AB0000	高一号铝	99.996	0.0015	0.0015	0.0010	0.0040
AB000	高二号铝	99.99	0.0030	0.0025	0.005	0.010
AB00	高三号铝	99.97	0.015	0.015	0.005	0.030
AB0	高四号铝	99.93	0.040	0.040	0.015	0.070

三层液电解精炼槽的技术参数和经济指标如下：

电流强度20~75kA；工作电压5.5~6.0V；电解质温度760~810℃；电解质电流强度0.57~0.70A/cm^2；电解质水平12~15cm；阴极铝水平12~16cm（出铝前）；阳极合金水平25~35cm（加原铝前）；阳极合金中Cu浓度30%~40%；阴极电流效率93%~96%；电能消耗率17~18kW·h/kg铝（直流）。

原材料消耗量：氯化钡35~40kg/t铝；氟盐（按F计算）16~21kg/t铝；石墨12~13kg/t铝；原铝1020~1030kg/t铝；铜10~14kg/t铝。

三层液精炼铝电耗比原铝电耗高3~5kW·h/kg铝，其原因是：为获得高纯度铝而采用高极距，防止阳极合金污染阴极产物。

三层液精炼电解质：广泛采用的两类电解质组成如下：

（1）纯氟化物体系　质量分数：48% AlF_3、18% NaF、18% BaF_2、16% CaF_2；密度（液态）约2.8g/cm^3，熔点680℃，操作温度740℃。

（2）氯氟化物体系 质量分数：23% AlF_3、13%~17% NaF、60% $BaCl_2$、4% NaCl；密度（液态）约 2.78/cm^3，熔点 700~720℃，操作温度 760~800℃。

ФИРСаНОВа 研究了上述两类电解质在各种 NaF/AlF_3 摩尔比下的初晶点、密度和电导率。氯氟化物电解质的最低熔点在 NaF/AlF_3 摩尔比 = 1.8 附近，熔点和密度都比纯氟化物低，但电导率高出 20%，缺点是吸水性较强。添加锂盐可改善电解质物理化学性质，添加 5% LiF 可降低初晶点 50℃左右，提高电解质电导率 20%。常用电解质成分（质量分数,%）为：冰晶石 27~35，氟化铝 8~10，氯化钡 55~60，氯化钠 2~4，熔点 670~730℃，730℃时密度 2.72g/cm^3，电导率 1.470$\Omega^{-1} \cdot cm^{-1}$。在工业生产下，因水解作用，电解质消耗大，每吨铝消耗氯化钡 40kg、冰晶石 22kg、氟化铝 20kg。

2. 偏析法制取精铝

三层液精炼制取精铝时能耗极高，人们因此研制了产量大、能耗低、成本低的偏析法。此法依据相图的原理提纯金属。设有杂质含量为 4x 的合金，相图如图 4-28 所示，A 为合金基体组分（A_1），x 为杂质组分。当杂质含量为 x_0 的熔融合金从高温下缓慢冷却，达到液相线温度 t_1 时，结晶出杂质含量为 x_1 的晶体，$x_1 \ll x_0$；继续降低温度到 t_2，结晶出杂质含量为 x_2 的晶体，$x_2 > x_1$，但 $x_2 \ll x_0$。这些晶体便是所求的偏析法产物，其中杂质含量均远小于原始 4x 合金所含杂质，因而可提取或制取得到纯度更高的 A。工业生产表明，可从 99.8% 的原铝中提取纯度为 99.95% 的铝，提取率约为 5%~10%。目前，世界各国均采用三层液电解法和偏析法制备精铝，1992 年日本几家公司制备精铝的方法和产量见表 4-24。

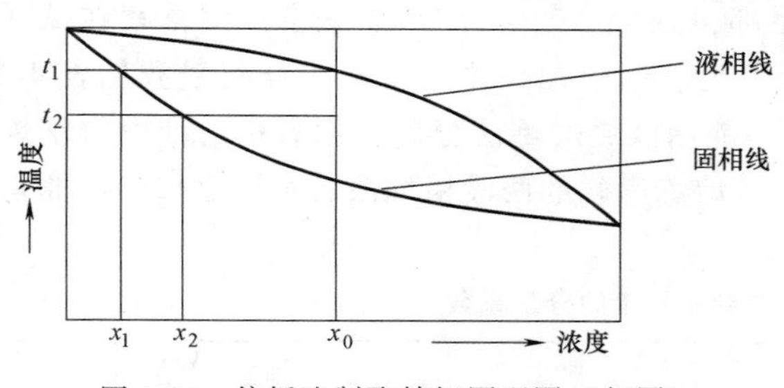

图 4-28 偏析法制取精铝原理图（相图）

表 4-24 1992 年日本几家公司制备精铝的方法和产量（单位：t）

公司名称	三层液法	偏析法	总产量
住友化学	5200	4000	9200
日本轻金属	1200	1700	2900
昭和化学		8000	8000
三菱化学		5000	5000
九州三井		3600	3600
合计	6400	22300	28700

法国彼施涅公司很早就应用偏析法提纯铝，将经过净化的原铝在石墨槽中熔化，往石墨槽冷却管内通冷却气体，纯度很高的铝便在冷却管壁上结晶出来，抽动冷却管外面的活塞套管，可将管壁上的铝粒刮下来，使之沉到槽底，同时将铝液排出槽外。然后再注入新的原铝铝液，进行下一轮提纯。如此反复操作，可获得 99.98%~99.99% 的精铝。

3. 有机溶液电解法制取高纯铝

Ziegler 等人电解氟化钠与三乙基铝的络合物 $[NaF \cdot 2Al(C_2H_5)_3]$，在铅阳极上得到汽油精铅 $Pb(C_2H_5)_4$，在铝阴极上得到高纯铝（质量分数为 99.999%），反应为：

阳极：
$$12(C_2H_5^-)+3Pb = 12e+3Pb(C_2H_5)_4$$

阴极：
$$4Al(C_2H_5)_3+12e = 4Al+12(C_2H_5)^-$$

电解的电流效率为 98%~99%，电压在 1V 以下，电能消耗率仅为 2~3kW·h/kg 铝。副产物汽油精铅可用作防爆剂。已知烷基铝 AlR_3（如上述的三乙基铝）是典型的非电解质，电导率只有 $10^{-6}\Omega^{-1} \cdot cm^{-1}$。但当与氟化钠构成络合物时，电导率增大到 10^{-3}~$10^{-2}\Omega^{-1} \cdot cm^{-1}$。两者之间的摩尔比以 0.5 较为适宜。

Hannibal 等人研究了三乙基铝有机溶液电解，他们把 $NaF \cdot 2Al(C_2H_5)_3$ 络合物溶解在甲苯（$CH_3C_6H_5$）中，溶液中络合物含量为 50%。在 100℃ 时，电导率为 $10^{-2}\Omega^{-1} \cdot cm^{-1}$ 数量级。此种电解质适用于在 100℃ 时电解，槽电压 1～1.5V，电流密度 0.003～0.005A/cm^2，采用铝电极，极距 2～3cm。铝在阳极上溶解，并在阴极上析出高纯铝。阴极电流效率接近 100%。在 0.003A/cm^2 时，单位面积上的铝产量为 10g/($m^2 \cdot h$)。早期的电解试验在玻璃电解槽内进行（图 4-29），经过较大规模的实验室试验之后，最终达到半工业生产。有若干台电解槽，每台可盛置数百升电解液，并安设数平方米的阴极板。阳极泥用纸质隔膜承接。电解槽用油热恒温器间接加热，用氮气保护电解质。

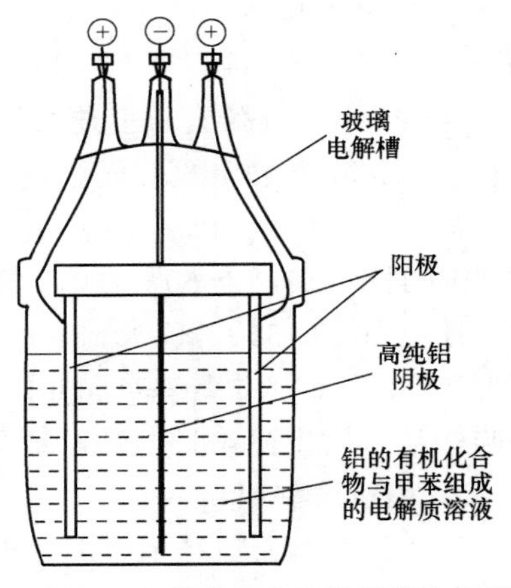

图 4-29　铝的有机化合物精炼电解槽

4. 区域熔炼法制取高纯铝

区域熔炼法制取高纯铝的原理：在铝的凝固过程中，杂质在固相中的溶解度小于在熔融金属中的溶解度，当金属在熔融状态下凝固时，大部分杂质将汇集在熔区内。如果逐渐移动熔区，则杂质会跟着转移，最后富集在试样尾部。区域熔炼法分离杂质元素的效果取决于各元素的分配系数。所谓分配系数，是指杂质元素在固相和液相中的浓度分配比率。分配系数<1 的杂质元素，在区域熔炼中富集在试样的尾部；分配系数>1 的杂质元素，则富集在试样的头部；而分配系数≈1 的杂质元素，则难于分离。铝中几种伴生元素的分配系数见表 4-25。由表可知，Mn 和 Sc 的分配系数约为 1，故不能用区域熔炼法分离，用有机溶液电解精炼法可以分离它们。采用有机溶液电解精炼与区域熔炼串联的两段精炼法，可以制取纯度非常高的铝。

表 4-25　铝中某些杂质元素的分配系数

Ni	0.009	Sb	0.09	Ag	0.2	Sc	1	V	3.7
Co	0.02	Si	0.093	Zn	0.4	Cr	2	Ti	8
Fe	0.03	Ge	0.13	Mg	0.5	Mo	2		
Ca	0.08	Cu	0.15	Mn	0.9	Zr	2.5		

区域熔炼法采用可装 30kg 铝条的区域熔炼设备（Elphiac 公司出品）生产，该设备由支架和石英管组成，石英管内通入保护性气体。感应线圈 8000Hz、12000W，装置移动速度 0.01～10mm/min。

预先经过有机溶液电解精炼的铝，在多道区域熔炼之后，达到的最高纯度≥99.99995%（质量分数），金属杂质含量≤0.5×10^{-6}。当试片尺寸为 0.3mm×6mm 时，电阻率比值为 15000。区域熔炼所得铝晶粒很大，不适用于直接加工，必须在高纯石墨坩埚内再熔，然后铸锭备用。

复习思考题

4-1　简述铝的性质和典型用途。

4-2 简述拜耳法生产氧化铝的基本原理和工艺流程。
4-3 简述铝酸钠溶液晶种分解的实质与影响分解的因素。
4-4 简述烧结法生产氧化铝的基本原理和影响因素。
4-5 如何生产出砂状氧化铝?
4-6 简述生料浆配制的原则。
4-7 简述拜耳-烧结联合法的优缺点。
4-8 简述铝电解阴极过程、阳极过程。
4-9 简述铝电解的原理。
4-10 简述铝电解阳极效应产生的原因及消除方法。
4-11 简述铝电解生产的日常作业。
4-12 简述铝液精炼方法。

第5章 铜 冶 金

5.1 概述

人类应用铜的历史迄今已有8000~9000年，我国在夏代就进入了青铜时代，距今已达5000年，早在2500~2700年前，我国就出现了高炉炼铜。湿法炼铜也源于我国。1698年英国采用反射炉炼铜，1865年欧洲出现铜的电解精炼，1880年出现转炉吹炼铜锍，1920年大量采用鼓风炉炼铜。随后，反射炉炼铜占主导地位，1960年后，以闪速熔炼为代表的新型冶炼工艺，逐渐取代了反射炉炼铜。我国现代铜冶炼工业起步于1950年，历经60余年的发展，我国现代铜冶炼技术已跃居世界前列。

5.1.1 铜及其化合物的性质

1. 铜的物理化学性质

铜是一种银白色的金属，因表面覆盖一层透明、致密、玫瑰色的氧化亚铜而呈红色。铜是一种面心立方金属，具有良好的导电、导热性能和极佳的塑性加工性能。铜的导电性仅次于银，铜的一些物理性质见表5-1。

表5-1 铜的物理性质

名称	单位	数值	名称	单位	数值
原子半径	pm	127.8	电导率(20℃)	Ω·cm	1.673×10^{-6}
熔点	℃	1083.6	线膨胀系数(20℃)	$\mu m/(m\cdot K)^{-1}$	17×10^{-6}
沸点	℃	2567	抗拉强度	MPa	209
熔化潜热	kJ/mol	13	泊松比	0.326	
汽化热	kJ/mol	306.7	晶格常数	nm	$a=3.6149$
密度(20℃)	kg/m^3	8960			$b=3.6149$
弹性模量	GPa	119			$c=3.6149$
热导率(25℃)	$W/(m\cdot K)$	401	晶体结构	面心立方体	

铜在高温时能溶解氢，溶解的原子氢对铜加工性能、使用性能、制品质量均有影响。

铜能与O_2、CO_2、SO_2、水蒸气等反应，在含有CO_2的潮湿空气中，铜的表面会氧化生成碱式碳酸铜薄膜，俗称铜绿。铜在空气中加热至185℃以上时开始氧化，表面生成一层玫瑰红色的氧化亚铜，当温度高于350℃时，氧化亚铜进一步氧化成黑色的氧化铜。铜属正电性元素，不溶于盐酸，但能溶于硝酸、浓硫酸或有氧化剂存在的硫酸中。铜能溶于氨水，能被氧、硫及卤素等元素直接氧化。

2. 铜的化合物

铜的化合物有数百种，典型的化合物包括硫化物、氧化物和各种铜盐。

（1）硫化铜（CuS）与硫化亚铜（Cu_2S） 硫化铜呈墨绿色，以铜蓝矿物形态存在于自然界中，密度4.68g/cm^3，熔点1110℃。硫化铜在中性或还原性气氛中加热时，分解为硫化亚铜，反应式为

$$4CuS = 2Cu_2S + S_2$$

硫化亚铜呈蓝黑色，在自然界以辉铜矿形态存在，密度 5.785g/cm^3，熔点 1130℃。在常温下，Cu_2S 几乎不被空气氧化，加热到 200～300℃ 氧化成 CuO 和 $CuSO_4$，加热到 330℃ 以上氧化成 CuO 和 SO_2，加热到 1150℃ 时氧化产物为铜和二氧化硫，反应式为

$$Cu_2S + O_2 = 2Cu + SO_2 \uparrow$$

H_2 可以使 Cu_2S 缓慢还原，Cu_2S 与 FeS 及其他硫化物共熔时形成铜锍。

（2）氧化铜（CuO）与氧化亚铜（Cu_2O）　氧化铜呈黑色，在自然界以黑铜矿形态存在，密度 6.3～6.48g/cm^3，熔点 1447℃。CuO 呈碱性，不溶于水，但能溶于硫酸、盐酸等酸中。在高温（超过 1000℃）下，CuO 可分解成暗红色的氧化亚铜和氧气，反应式为

$$4CuO = 2Cu_2O + O_2 \uparrow$$

致密的氧化亚铜呈玫瑰红色，有金属光泽，粉状 Cu_2O 呈洋红色。在自然界中，Cu_2O 以赤铜矿形态存在。密度 5.71～6.10g/cm^3，熔点 1230℃。在高温下 CuO、Cu_2O 易被 H_2、C、CO 等还原成 Cu。

（3）硫酸铜（$CuSO_4$）　硫酸铜在自然界以胆矾（$CuSO_4 \cdot 5H_2O$）形态存在，失去结晶水后为白色粉末，易溶于水，水溶液易被铁、锌等置换还原。

（4）铜的硅酸盐　铜的硅酸盐有孔雀石（$CuSiO_3 \cdot 2H_2O$）和透视石（$CuSiO_3 \cdot H_2O$），在高温下分解成稳定的硅酸亚铜（$2Cu_2O \cdot SiO_2$），硅酸亚铜易被 H_2、C 或 CO 还原。

5.1.2　铜的合金

铜能与多种元素形成合金，从而大大改善铜的性能，铜合金易于进行冷、热加工，并增加抗疲劳强度和耐磨性能。目前已能配制 1600 多种铜合金，主要的系列有：

（1）黄铜　铜锌合金，含 $w(Zn)$ 4%～50%，若黄铜含第三合金组元，即为复杂黄铜。如含 $w(Al)$ 为 2%、含 $w(Zn)$ 23%，称为铝黄铜；含 $w(Sn)$ 为 1%，含 $w(Zn)$ 为 29%，称为锡黄铜。这两类合金耐蚀能力强，广泛用于火电机组、船舶制造领域。

（2）白铜　铜与镍能够无限互溶，以镍为合金元素的铜合金称为白铜。如含镍 10% 的 B10 白铜。除镍外含有第三合金组元的白铜为复杂白铜。如白铜中含锰称为锰白铜，白铜中含锌称为锌白铜，白铜中含铁称为铁白铜。白铜中含铝为铝白铜。铁白铜 BFe10-1-1 是火电、核电、潜艇、舰船以及海水淡化领域最重要的冷凝管合金。

（3）青铜　除黄铜和白铜之外，其他元素与铜形成的合金均称为青铜。如铜锡合金称为锡青铜，铜磷合金称为磷青铜，铜铍合金称为铍青铜，铜硅合金称为硅青铜。

5.1.3　铜的用途

铜的用途十分广泛，是电子、通信、电气、五金、建筑、机械、交通运输、火电核电、海水淡化、航空航天、潜艇舰船等领域不可缺少的重要材料。

铜是电子、电力、电气、通信的主干材料，在电厂、海水淡化、汽车水箱、变压器上用作热交换器材料，在潜艇舰船用作水道管体。铜是卫浴器材的主要材料，石化炼油行业用青铜作操作工具，在化学工业中用来制造真空器、阀门等。硫酸铜、氯化铜等化合物是电镀、电池、农药、颜料等工业不可缺少的重要原料。

据统计目前铜在各领域的应用情况大致为：电气工业 48%～49%，通信工程 19%～20%，

建筑 14%～16%，运输 7%～10%，家用及其他 7%～9%。

5.1.4 铜冶金原料

铜在自然界以自然铜、氧化矿、硫化矿等形式存在，已发现的含铜矿物有 200 多种，但重要的矿物仅 20 余种，主要有原生硫化铜矿和次生氧化铜矿，具有工业开采价值的铜矿物包括：辉铜矿（Cu_2S）、铜蓝（CuS）、斑铜矿（Cu_5FeS_4）、砷黝铜矿（$Cu_{12}As_4S_{13}$）、黝铜矿（$Cu_2As_4S_{13}$）、黄铜矿（$CuFeS_2$）、赤铜矿（Cu_2O）、黑铜矿（CuO）、蓝铜矿 [$2CuCO_3 \cdot Cu(OH)_2$]、孔雀石 [$CuCO_3 \cdot Cu(OH)_2$]、胆矾（$CuCO_3 \cdot 4H_2O$）等。原矿中铜含量一般都很低，需经选矿富集后才能用于提取铜。我国某些铜矿厂所产硫化铜精矿的化学成分见表 5-2。

表 5-2 国内某些铜矿厂的硫化铜精矿成分（质量分数） （%）

元素 \ 单位	Cu	Fe	S	SiO_2	CaO	Al_2O_3	MgO
永平铜矿	16.27	34.10	41.20	2.40	0.53	1.63	0.33
铜陵凤矿	20.14	20.83	30.28	3.88	1.82	0.85	0.48
白银公司	16.29	28.64	30.79	7.82	2.08	1.20	0.64
胡家峪	24.92	28.26	24.90	1.58	0.72	1.38	7.76
云南狮子矿	29.10	20.70	23.50	3.86	2.32	2.74	11.98
东乡矿	17.46	39.38	34.89	0.15	0.15	1～2	3～5
德兴矿	25.00	28.00	30.00	7.0			
铁山矿	13.21	38.76	38.06	1.98	0.67		

5.1.5 铜冶金方法

用铜矿石或铜精矿生产铜的方法较多，概括起来有火法和湿法两大类。

火法冶金是生产铜的主要方法，目前世界上 80% 的铜是用火法冶金生产的。硫化铜矿基本上全是用火法处理。火法处理硫化铜矿的主要优点是适应性强，冶炼速度快，能充分利用硫化矿中的硫，能耗低。图 5-1 所示为火法处理硫化铜矿提取铜的工艺流程。

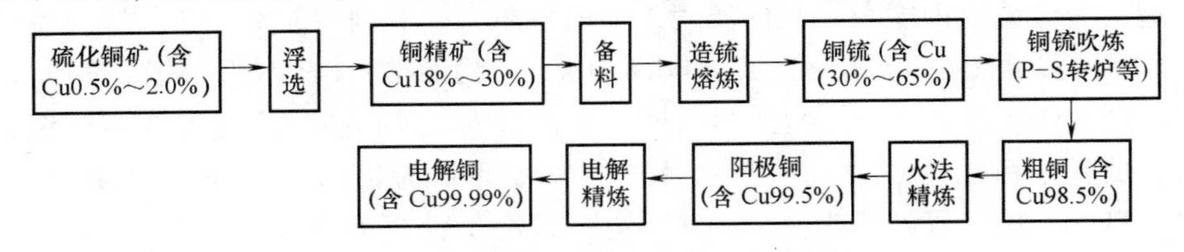

图 5-1 硫化铜矿火法冶炼工艺流程

目前世界上 20% 左右的铜是用湿法提取的，该法是用溶剂浸出矿石或焙烧矿中的铜，经过净化分离杂质，用萃取-电积法提取铜。氧化矿和自然铜矿一般用溶剂直接浸出；硫化矿一般经焙烧、浸出。湿法生产铜的原则流程如图 5-2 所示。

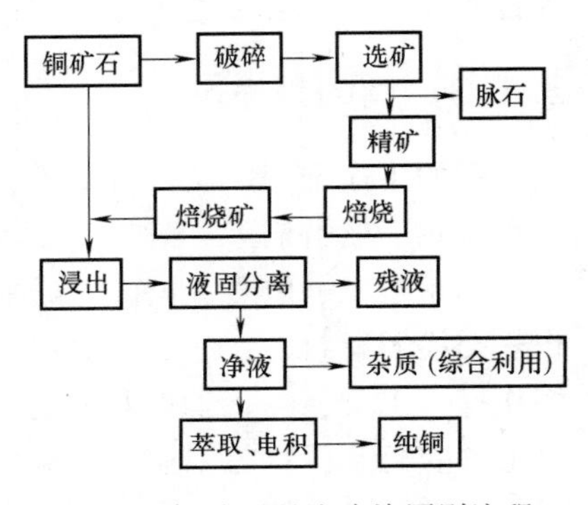

图 5-2 铜矿石湿法冶炼原则流程

5.1.6 国内外铜冶金技术进展

近 60 年来，世界铜冶金的发展表现在：冶炼过程大大强化，世界上约 66 家工厂（占大型炼铜厂的 2/3）采用新的强化工艺生产铜。闪速熔炼、各种熔池熔炼已成为主流炼铜工艺；广泛采用富氧熔炼，富氧浓度最高已达90%；炼铜装备水平、自动化程度、工艺参数检测精度得到大幅度提高。实行四高（高投料量、高富氧浓度、高热强度、高锍品位）操作方法，单炉生产能力和全员劳动生产率均得到大幅度提高，冶金环境得到极大改善。

新型顶吹浸没熔池熔炼（包括艾萨法和澳斯麦特法）迅速推广，推广速度超过了原有的诺兰达法和特尼恩特法。艾萨炉［印度思特来特公司采用艾思达（Xstrata）公司的艾萨法］采用的富氧浓度达78%~80%，产出锍品位65%，精矿投入速度达137t/h。单炉产铜能力达到30×10^4t/a。三菱法是世界上唯一的真正的连续炼铜法，1998年印尼投产了一座年产20×10^4t铜的设备后，世界上已有4座三菱法工厂在运转。

贵金属冶金闪速炉熔炼已采用中央精矿喷嘴，实行常温富氧熔炼和四高操作，锍品位从50%提高到63%，富氧浓度从50%提到70%，精矿投入量已从1128 t/h提高到3488 t/h，矿铜生产能力已达30×10^4 t/a。云铜用艾萨法取代了电炉熔炼，金川公司、侯马冶炼厂、五鑫铜业已采用澳斯麦特法生产铜。世界上已有20%的铜用湿法生产，湿法工艺不仅可以处理难选的氧化矿、表外矿、铜矿废石，也可以处理硫化矿，并获得较好的效益。智利是世界上最大的湿法炼铜生产国，产量在1169kt/a以上。我国德兴铜矿用细菌浸出废铜矿石产出高纯阴极铜，为我国低品位硫化铜矿的处理闯出了一条新路。

5.2 铜精矿造锍熔炼的基本原理

5.2.1 造锍熔炼的基本原理

造锍熔炼是在1150~1250℃的高温下，使硫化铜精矿和熔剂在熔炼炉内进行熔炼，炉料中的铜、硫与未氧化的硫化亚铁形成以Cu_2S-FeS为主，并溶有Au、Ag等贵金属和少量其他金属硫化物和微量铁氧化物的共熔体（铜锍），炉料中的SiO_2、Al_2O_3和CaO等脉石成分与FeO一起形成液态炉渣。铜锍与炉渣不互溶，且炉渣的密度小，从而实现锍渣分离。

造锍熔炼的原则是：在适当的温度和气氛（氧势）下，使铜富集到铜锍中，脉石富集到炉渣中，有价元素依其物理化学性质不同分别富集到铜锍、炉渣和烟尘中；确保烟气中有足够的SO_2浓度，以利回收利用；保持熔体温度适当过热。造锍熔炼的原则流程如图5-1所示。

造锍熔炼的原料为硫化铜精矿、渣精矿、返料、再生铜料等的混合料，造锍熔炼所需熔剂为石英石（SiO_2）和石灰石（$CaCO_3$）。

1. 造锍熔炼的主要物理化学反应

主要物理化学反应包括：水分蒸发、硫化物分解-氧化、造锍反应、造渣反应。

（1）水分蒸发　除闪速熔炼、三菱法等处理干精矿外，其他方法处理精矿的水分较高（6%~14%），精矿进入高温区后，水分将迅速挥发进入烟气。

（2）硫化物分解-氧化　铜精矿中的黄铁矿（FeS_2）、黄铜矿（$CuFeS_2$），造锍时按下式分解，反应式为

$$FeS_2 = 2FeS + S_2$$

$$2CuFeS_2 = Cu_2S + 2FeS + 0.5S_2$$

在中性或还原性气氛中，FeS_2在300℃以上分解，$CuFeS_2$在550℃以上分解。在大气中，FeS_2在565℃分解。产出的Cu_2S和FeS将继续氧化或形成铜锍，硫氧化成SO_2进入烟气，反

应式为

$$S_2+2O_2 = 2SO_2\uparrow$$

在强化熔炼条件下，高价硫化物可能被直接氧化，反应式为

$$2CuFeS_2+5/2O_2 = Cu_2S\cdot FeS+FeO+2SO_2\uparrow$$

$$2FeS_2+11/2\ O_2 = Fe_2O_3+4SO_2\uparrow$$

$$3FeS_2+8O_2 = Fe_3O_4+6SO_2\uparrow$$

$$2CuS+O_2 = Cu_2S+SO_2\uparrow$$

$$2Cu_2S+3O_2 = 2Cu_2O+2SO_2\uparrow$$

在高氧势下，FeO 可继续氧化成 Fe_3O_4，反应式为

$$3FeO+1/2O_2 = Fe_3O_4$$

（3）造锍反应　上述反应产生的 FeS 和 Cu_2O 在高温下反应，反应式为

$$FeS+Cu_2O = FeO+Cu_2S$$

在熔炼炉中只要有 FeS 存在，Cu_2O 就会变成 Cu_2S，进而与 FeS 形成锍。

（4）造渣反应　有 SiO_2存在时，炉料中的 FeO 将按下式反应形成铁橄榄石炉渣，反应式为

$$FeO+SiO_2 = (FeO\cdot SiO_2)$$

炉内的 Fe_3O_4在高温下也能与 FeS 和 SiO_2作用生成炉渣，反应式为

$$FeS+3Fe_3O_4+5SiO_2 = 5(2FeO\cdot SiO_2)+SO_2\uparrow$$

2. M-S-O 系化学势图

M-S-O 系化学势图是用于表征金属硫化物 MS，在氧化气氛下的一种热力学平衡状态图。当 M-S-O 系达到平衡时，在一定温度下，氧势与气相中氧平衡分压的对数 $\ln p_{O_2}$成正比，硫势与气相中硫平衡分压的对数 $\ln p_{S_2}$成正比。以 $\lg p_{S_2}-\lg p_{O_2}$为坐标的 M-S-O 系平衡状态图，也称化学势（硫势、氧势）图，如图 5-3 所示。图上每一条线表示一平衡反应的平衡条件，如线 2 表示下面的平衡反应式，反应式为

$$M+O_2 = MO_2$$

$$K=\frac{1}{p_{O_2}},\ \lg K=-\lg p_{O_2}$$

图上的每一区域表示体系中各种物相的热力学稳定区。如线 1、线 2、横轴、纵轴所包围的区域是 M 相稳定存在的区域。*a* 点是 MS、M、MO 三相共存点。

3. 铜熔炼硫势-氧势图

20 世纪 60 年代，矢泽彬（Yazawa）提出造锍熔炼硫势-氧势状态图（Cu-Fe-S-O-SiO_2系），如图 5-4 所示，图中 *pqrstp* 区为锍、渣和炉气平衡共存区，*pt* 为 $p_{SO_2}=10^5$ Pa 等压线，是造锍熔炼 SO_2分压极限值，*rq* 是造锍熔炼 SO_2分压最小值，即 $p_{SO_2}=0.1$ Pa。空气熔炼条件下，$p_{SO_2}\approx 10^4$ Pa，硫化铜精矿氧化过程可视为沿 *ABCD* 线进行。*A* 点是造锍熔炼起点，锍的品位为零。随氧势（$\lg p_{O_2}$）升高，硫势（$\lg p_{S_2}$）降低，锍品位升高，当过程进行到 *B* 点位置时，锍品位升高到 70%；显然 *AB* 段即为造锍阶段。从 *B* 点开始，随氧势继续升高，锍品位升高幅度不大，可以认为从 *B* 点开始转入锍吹炼第二周期（造铜期），当氧势升高到 *C* 点时，炉中开始产出金属铜。超过 *C* 点进入粗铜火法精炼氧化期，*ABCD* 直线表示从铜精矿到精铜的全过程。

在如图 5-4 所示基础上，斯吕德哈（R. Sridhart）等人对世界上 42 家炼铜厂铜锍中的铁含量、硫含量与氧势，炉渣中 Fe_3O_4 含量与氧势，以及渣含铜的关系，提出了一种新型的氧势-硫势图，又称 STS 图，如图 5-5 所示。图中标示的熔炼区，硫势的变化范围 $\lg p_{S_2}$ 值为 2.5～3.0，氧势的变化范围 $\lg p_{O_2}$ 值为 −5.2～−4.2。熔炼区中的符号标示了几种熔炼方法所处的硫势与氧势的位置。利用此图可以较准确地预测和评价造锍熔炼过程。

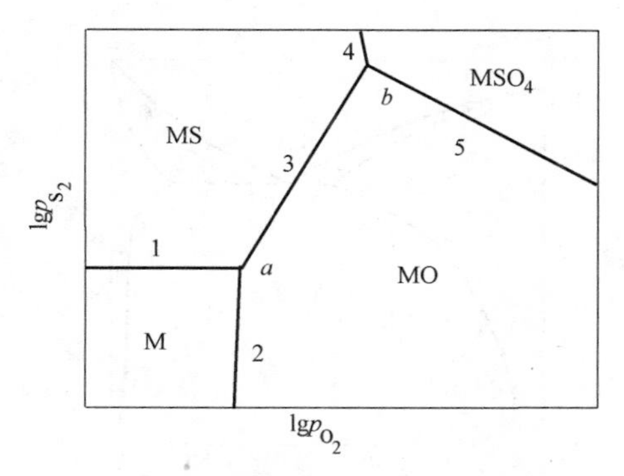

图 5-3　在一定温度下 M-S-O 系化学势图

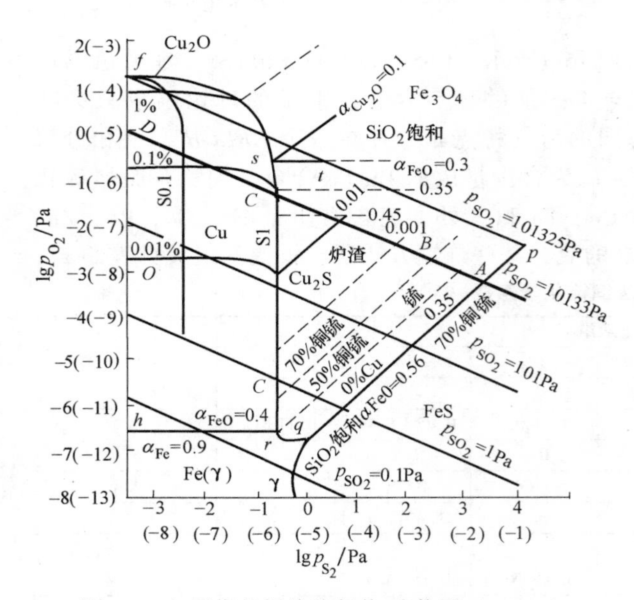

图 5-4　矢泽彬的铜熔炼氧势-硫势图（1573K）

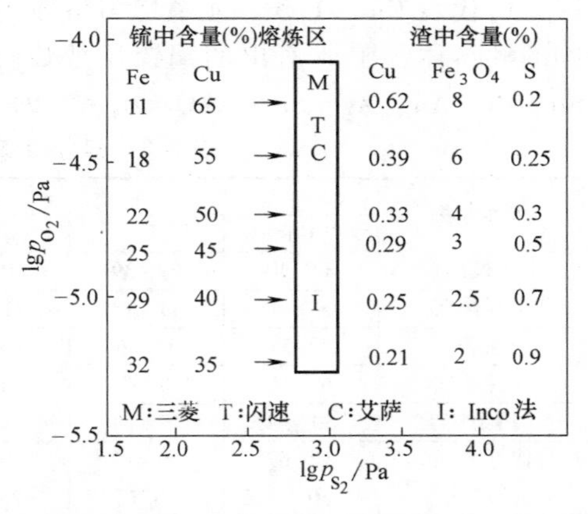

图 5-5　铜熔炼的氧势-硫势图（STS）（t=1300℃）

5.2.2　造锍熔炼产物

造锍熔炼主要有四种产物：铜锍、炉渣、烟尘和烟气。

1. 铜锍的形成与组成

在高温熔炼条件下造锍反应可表示如下

$$[FeS]+(Cu_2O)═══(FeO)+[Cu_2S] \qquad \Delta G^{\ominus}=-144750+13.05T \quad (J)$$

$$K=\frac{a_{FeO}\cdot a_{[Cu_2S]}}{a_{[FeS]}\cdot a_{(Cu_2O)}}$$

在 1250℃时，该反应的平衡常数 lg K 为 9.86，只要体系中有 FeS 存在，Cu_2O 就将转变为 Cu_2S，而 Cu_2S 和 FeS 便会互溶形成铜锍（$FeS_{1.08}$-Cu_2S），相平衡关系如图 5-6 所示。在熔炼温度 1200℃时，两种硫化物完全互溶为均质溶液。FeS 能与许多金属硫化物共溶，FeS-MS 共熔的这种特性，是铜矿原料造锍熔炼的重要依据。

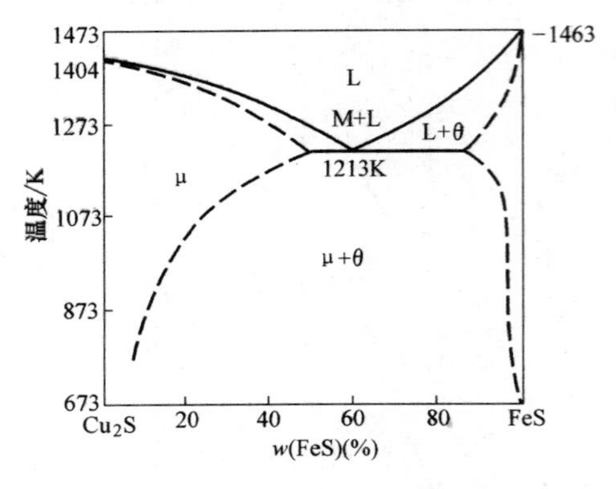

图 5-6　Cu_2S-FeS 二元系相图

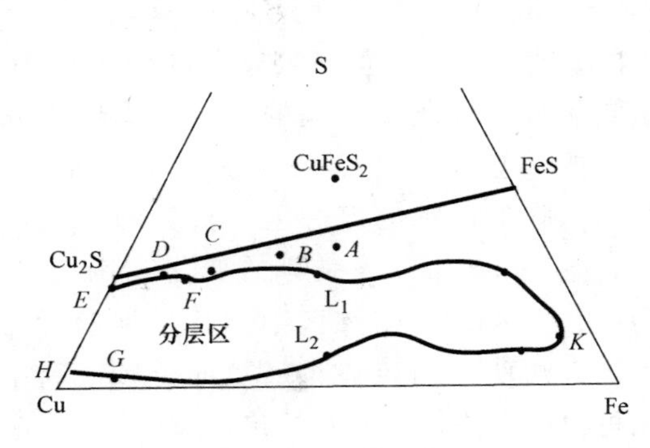

图 5-7　Cu -Fe -S 系简化状态图

铜锍主要组成是 Cu、Fe、S 三元系，如图5-7所示。CuS、FeS_2或 $CuFeS_2$等在造锍温度（1200~1300℃）下都会分解，只有 Cu_2S 与 FeS 能够稳定存在，铜锍的理论组成只会在 Cu_2S-FeS 连线上变化。Cu-Fe-S 三元系状态图的另一特点是，存在一个 *EFKGH* 二液相分层区，L_1代表 Cu_2S-FeS 二元系均匀熔体铜锍，L_2为含少量硫的 Cu-Fe 合金。铜锍是金属硫化物的共熔体，工业产出的铜锍主要成分除 Cu、Fe 和 S 外，还含有少量 Ni、Co、Pb、Zn、Sb、Bi、Au、Ag、Se 和 SiO_2等，含 2%~4%的氧，某些炼铜方法所产铜锍的组成见表 5-3。

表 5-3　部分熔炼方法铜锍化学组成（质量分数）　　（%）

熔炼方法	化学组成						厂名
	Cu	Fe	S	Pb	Zn	Fe_3O_4	
密闭鼓风炉	32~40	28~39	20~24				
奥托昆普	58.64	11~18	21~22	0.3~0.8	0.28~1.40	0.1(Bi)	贵冶
闪速熔炼	52.55	18.66	23.46	0.3	1.8		东予
诺兰达法	69.84	6.08	21.07	0.64	0.28		大冶
白银法	50~54	17~19	22~24		1.4~2.0		白银
澳斯麦法	41~67	29~12	21~24				侯马
艾萨法	50.57	18.76	23.92	0.03(Ni)	0.16(As)		云铜
三菱法	65.7	9.2	21.9				直岛

2. 铜锍的性质

根据成分不同铜锍的熔点为950~1130℃。铜锍的密度与铜含量有关，铜含量越高，密度越大。对于铜质量分数为30%~40%的液态铜锍，密度为 4.8~5.3g/cm^{-3}。铜锍的比热容与成分、温度有关，一般为 0.586~0.628J/(g·℃)。铜锍的黏度约为 0.004Pa·s。铜锍与炉渣熔体间的界面张力约为 0.02~0.06N/m，其值很小，故铜锍易悬浮于熔渣中。

铜锍除上述性质外，还有两个特别突出的性质，一是对贵金属有良好的捕集作用，二是熔融铜锍遇潮会爆炸。铜锍对贵金属的捕集主要是由于 Cu_2S 和 FeS 对 Au，Ag 具有良好的溶解作用，1200℃时，每吨 Cu_2S 可溶解金 74kg，而 FeS 能溶解金 52kg。铜锍遇潮产生 H_2、H_2S 等气体，产生气体与 O_2作用引起爆炸，操作中要特别注意安全。反应式为

$$Cu_2S+2H_2O = 2Cu+2H_2+SO_2\uparrow$$

$$FeS+H_2O = FeO+H_2S\uparrow$$

3. 炉渣组成

炉渣是炉料和燃料中各种氧化物，主要为 SiO_2和 FeO，其次为 CaO、Al_2O_3和 MgO 等相

互熔融而成的共熔体。固态炉渣由 $2FeO \cdot SiO_2$、$2CaO \cdot SiO_2$ 等硅酸盐复杂摩尔组成。熔渣由 Na^+、Ca^{2+}、Mg^{2+}、Mn^{2+}、Fe^{2+}、O^{2-}、S^{2-}、F^- 等离子和 SiO_2 等组成。典型造锍熔炼工艺所产炉渣的化学组成见表 5-4。

表 5-4　典型熔炼炉渣的化学成分（质量分数）　　（%）

熔炼方法	化学成分							
	Cu	Fe	Fe_3O_4	SiO_2	S	Al_2O_3	CaO	MgO
密闭鼓风炉	0.42	29.0		38.0		7.5	11	0.74
诺兰达炉	2.6	40.0	15.0	25.1	1.7	5.0	1.5	1.5
瓦纽柯夫炉	0.5	40.0	5.0	34.0		4.2	2.6	1.4
白银炉	0.45	35.0	3.15	35.0	0.7	3.8	8.0	1.4
艾萨炉	0.7	36.61	6.55	31.48	0.84	3.64	4.37	1.98
澳斯麦特炉	0.65	34	7.5	31.0	2.8	7.5	5.0	
三菱法	0.60	38.2		32.2	0.6	2.9	5.9	

4. 炉渣的性质

炉渣的性质对熔炼作业有十分重要的意义，炉渣的性质主要包括：熔度、黏度、密度、电导率、表面张力等。

（1）黏度　熔炼过程都希望得到黏度小的炉渣，黏度随 SiO_2 含量的增加而增大，加入碱性氧化物 CaO、FeO 等可破坏炉渣的网状结构，可使黏度降低。有色冶金炉渣的黏度一般在 0.5Pa·s（5 泊）以下，1Pa·s（10 泊）以上其流动性便很差。

炉渣黏度随固相成分析出而显著增大，添加氟化物（如 CaF_2）对降低黏度非常有效。MgO、ZnS 在炉渣中的含量虽然不高，但也能升高熔点、增大黏度。少量的 ZnO 和 Fe_2O_3（Fe_3O_4）会使炉渣黏度有降低的趋势，过多的含量则会显著提高黏度。

（2）炉渣碱度　炉渣的酸碱性过去多用硅酸度表示，它的含义是

$$炉渣硅酸度=\frac{渣中酸性氧化物中氧的质量和}{渣中碱性氧化物中氧的质量和}$$

近年来国外许多冶金学家认为不能只考虑 SiO_2，Al_2O_3 也应归入酸性氧化物，建议用碱度来表示炉渣的酸碱性，渣的碱度计算式如下

$$渣的碱度(K_v)=\frac{(FeO)+b_1(CaO)+b_2(MgO)+(Fe_2O_3)}{(SiO_2)+a_1(A_2O_3)}$$

式中，(FeO)、(CaO) 等是渣中各氧化物的含量（质量分数,%），a_1、b_1 等是各氧化物的系数。工厂中常把 CaO、MgO 等分别简化为 FeO 和 SiO_2，则碱度简化为铁硅比：Fe/SiO_2 比（或 FeO/SiO_2 比）。该比值是铜冶金炉渣性质的重要参数。$K_v=1$ 的渣称为中性渣，$K_v>1$ 的渣称碱性渣，$K_v<1$ 的渣称为酸性渣。在 1200~1300℃，碱度 $K_v>1.5$ 时，工业炉渣黏度都低于 0.2Pa·s。

（3）电导率　炉渣的电导率对电炉作业有很大意义，电导率与黏度有关，黏度小的炉渣具有良好导电性。含 FeO 高的炉渣除了有离子传导以外，还有电子传导而具有很好的导电性。

（4）表面张力　炉渣的表面张力可由 $(0.7148\sim3.17)\times10^{-4}\times(T_s-273)$ 求得，其单位为 N/m。实测的熔锍-熔渣系的界面张力依铜锍品位而异，为 0.05~0.2N/m，远小于铜-渣系界面张力（0.90N/m）。这表明锍易分散在渣中，是造成金属损失的原因之一。

（5）熔度　炉渣的熔度是由组成炉渣的各种组分相互作用所形成的低熔点共晶、化合物和固溶体决定的，一般为 1050~1090℃。炉渣是一种玻璃态物质，通常在某一温度区间范

围内熔化。SiO_2通常扩大熔化温度区间，而 FeO、CaO 等则缩小熔化温度区间。

5. 炉渣含铜损失

炉渣含铜损失占铜总质量的1%~2%，炉渣铜含量一般为0.2%~0.4%。炉渣中铜的损失量主要与铜锍品位和炉渣量有关。铜锍品位越高、炉渣量越大，炉渣中铜的损失量越大。铜在炉渣中的损失可以分为：物理损失、化学损失和机械损失三类。物理损失是指铜及其硫化物溶解于熔渣中所造成的损失。通过降低炉渣中 FeO 含量、提高炉渣碱度或者添加 CaO 等可以降低物理损失。化学损失是 Cu_2O 参与造渣引起的铜的损失，通过控制熔炼气氛，铜锍中保持足够的硫含量，可以控制并降低炉渣中铜的化学损失。机械损失是铜锍以液滴形式混入炉渣中造成的损失，通常情况下，机械损失约占铜损失的50%以上。炉渣熔点过高、黏度过大，熔渣与熔锍之间澄清不充分，化学反应不完全以及操作不当等都会增大机械损失。

6. 炉渣选择

为降低造锍熔炼金属损失，优化熔炼过程技术经济指标，降低熔炼能耗和生产成本，在进行熔炼工艺设计和选择渣型时，应考虑以下因素：

1）炉渣熔点要适当低，一般控制在1050~1100℃。炉渣熔点太低会影响造锍反应正常进行，太高又会增大熔炼能耗和生产成本。

2）炉渣黏度要小，便于流动和渣锍分离，减小熔渣中金属损失。

3）炉渣与熔锍之间要保持足够的密度差，一般控制锍渣之间密度差为1~2g/cm^3。

4）熔渣与熔锍之间要有足够大的界面张力，方便熔渣与铜锍分离，减小金属机械损失。

5）铜锍在熔渣中的溶解度要小，减小金属溶解损失。

6）尽量利用精矿携带的脉石或者选择含贵金属的溶剂造渣，尽量少加或者不加其他造渣溶剂，有利于降低熔炼能耗，减少渣量和渣中的金属损失。

5.2.3 造锍熔炼的方法

根据造锍熔炼的方法不同，可以将铜锍的造锍熔炼分为：鼓风炉熔炼、反射炉熔炼、电炉熔炼、闪速熔炼和熔池熔炼。上述几种熔炼方法可以概括为两类：一类是悬浮熔炼，如奥托昆普闪速熔炼，加拿大国际镍业富氧闪速熔炼，KHD 公司连续顶吹旋涡熔炼法等。另一类是熔池熔炼，如诺兰达熔池熔炼，三菱法，艾萨法，瓦纽科夫熔池熔炼和白银炼铜法等。这些熔炼方法的特点是：设备自动化水平高、运用富氧技术强化熔炼过程，利用炉料含硫自热熔炼降低能源消耗，回收高浓度 SO_2制酸等。具有劳动生产率水平高、环境保护好、经济效益显著的特点。

5.3 铜精矿的闪速炉熔炼

5.3.1 闪速熔炼的原理

闪速熔炼是将干精矿（含水<0.3%）、石英熔剂与富氧空气或热风，通过精矿喷嘴以很快的速度（80~120m/s）喷入反应塔内，使炉料颗粒悬浮在高温氧化性气流中迅速氧化、熔化。反应塔内平均气流速度为1.4~4.7m/s时，气体在塔内停留时间为1.4~4.7s。由于精矿颗粒与气流之间传热、传质条件优越，硫化矿物在2~3s内完成分解、脱硫、氧化、熔

化、造渣等反应，并放出大量的反应热。在反应塔内形成的铜锍和炉渣汇入沉淀池，进一步完成造锍和造渣过程，熔锍与炉渣通过澄清分离，分别从放锍口和渣口放出。炉渣经贫化处理后弃去，烟气经净化后制酸。闪速熔炼过程中，铜精矿发生的主要反应如下：

（1）硫化物分解反应　主要包括黄铁矿、黄铜矿等高价硫化物的分解，反应式为

$$FeS_2 = FeS + 1/2S_2$$

$$Fe_nS_{n+1} = nFeS + 1/2S_2$$

$$2CuFeS_2 = Cu_2S + 2FeS + 1/2S_2$$

$$2CuS = Cu_2S + 1/2S_2$$

（2）硫化物氧化反应　硫化物氧化反应是闪速熔炼期间的代表性反应，主要包括

$$CuFeS_2 + 1.5O_2 = 0.5(Cu_2S \cdot FeS) + FeO + SO_2\uparrow, \Delta H^{\ominus}_{298} = -(3.3\times10^5)\,kJ/(kg \cdot molCuFeS_2)$$

$$FeS + 1.5O_2 = FeO + SO_2\uparrow, \Delta H^{\ominus}_{298} = -(4.8\times105)\,kJ/(kg \cdot mo1FeS)$$

$$2FeO + SiO_2 = 2FeO \cdot SiO_2\uparrow, \Delta H^{\ominus}_{298} = -(0.42\times105)\,kJ/(kg \cdot mol\ SiO_2)$$

（3）高价硫化物直接氧化和造渣反应，其反应式为

$$2CuFeS_2 + 3.5O_2 = Cu_2S \cdot FeS + 2SO_2\uparrow + FeO$$

$$2FeS_2 + 3.5O_2 = FeS + FeO + 3SO_2\uparrow$$

$$2FeO + SiO_2 = 2FeO \cdot SiO_2\uparrow$$

由于硫化物粒子的氧化反应非常迅速，有一部分 FeS 氧化为 FeO 后可进一步氧化为 Fe_2O_3 和 Fe_3O_4，有一部分铜被氧化为 Cu_2O。氧化产物中的 Fe_3O_4、Fe_2O_3 和 Cu_2O 的数量，取决于铜锍品位与原料中的 SiO_2 含量。生成的 Fe_2O_3 在有硫化物存在时容易转化为磁性氧化铁，反应式为

$$10Fe_2O_3 + FeS = 7Fe_3O_4 + SO_2\uparrow$$

$$16Fe_2O_3 + FeS_2 = 11Fe_3O_4 + 2SO_2\uparrow$$

控制氧化气氛就可以控制硫的氧化，保证获得适当品位的铜锍。氧化气氛通常用氧和硫、铁供给数量的比值百分数来表示，比值越大，氧化程度越大，铜锍品位越高，反之越低。通常控制氧和硫、铁的数量比为48%～50%。

如图5-8所示，闪速熔炼反应在距入口0.5m附近有燃烧峰面，反应一般在离喷嘴1.5m以内迅速进行。闪速炉反应塔中心线处气相和颗粒温度的分布（图5-9）表明，硫化矿粒子的反应大部分在距入口1.5m以内进行，反应塔上部颗粒温度比气相温度要高。

在反应塔内，由于炉料停留时间很短，各组分之间接触不良，Fe_3O_4 不能完全被还原，而溶解于炉渣和铜锍中一同进入沉淀池。炉料中 FeS 的存在能阻止铜进入炉渣。由反应塔降落到沉淀池的铜锍与炉渣，在沉淀池内澄清和分离。分离过程中，铜锍中的硫化物与炉渣中的氧化物还进行如下反应，从而完成造铜锍和造渣过程，反应式为

$$Cu_2O + FeS = Cu_2S + FeO$$

$$2FeO + SiO_2 = 2FeO \cdot SiO_2$$

$$3Fe_3O_4 + FeS + 5SiO_2 = 5(2FeO \cdot SiO_2) + SO_2\uparrow$$

（4）闪速熔炼炉渣中含铜较高　闪速炉炉渣中含铜高的原因是由于：

① 反应塔内氧势高，熔炼脱硫率高，产出铜锍品位高，渣中的含铜量也高。

② 闪速熔炼，原料多为高硫、高铁精矿，而配加的石英熔剂少，渣中铁硅比高，这种炉渣密度较大且对硫化物有较大的溶解能力。

③ 闪速炉烟尘率高，熔池表面难免有烟尘夹带，这无疑也会增加渣中铜含量。

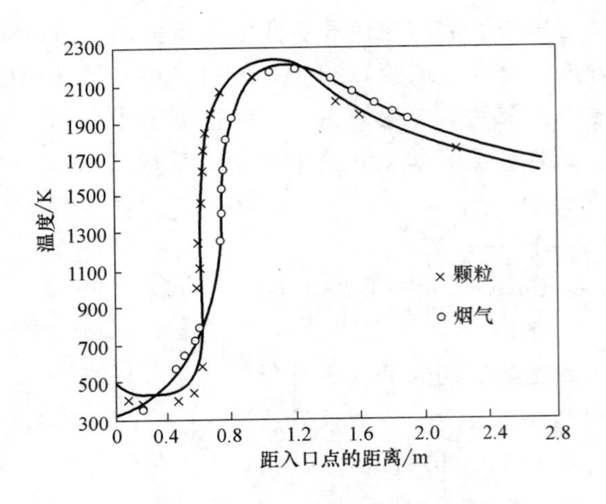

图 5-8　颗粒和气相温度沿塔高度变化

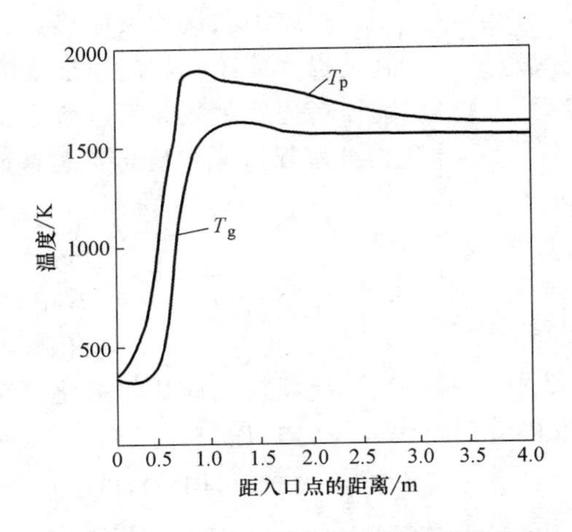

图 5-9　反应塔中心线气相和颗粒温度分布

5.3.2　奥托昆普闪速炉熔炼

1. 工艺流程

奥托昆普闪速熔炼工艺通常包括配料、炉料干燥、熔炼、烟气冷却、供氧、空气预热、余热发电、炉渣处理、烟气净化和制酸等环节。工艺流程如图 5-10 所示。

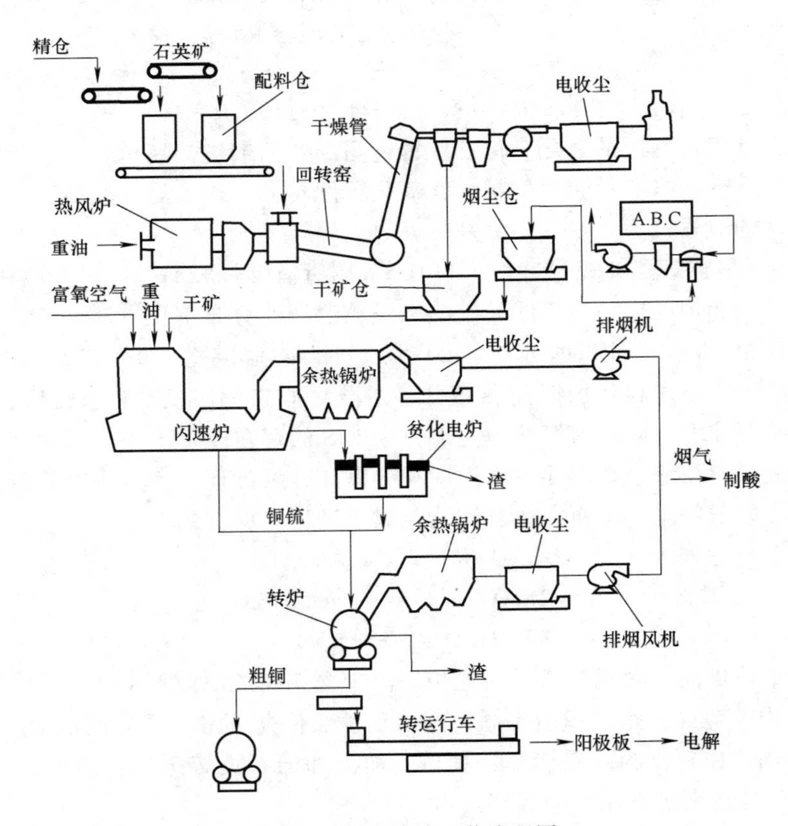

图 5-10　闪速熔炼工艺流程图

2. 奥托昆普闪速炉结构

奥托昆普闪速炉是一种直立的 U 形炉，包括垂直的反应塔、水平的沉淀池、垂直的上升烟道和喷嘴等部分，如图 5-11 所示。典型闪速炉炉体各部位结构如下：

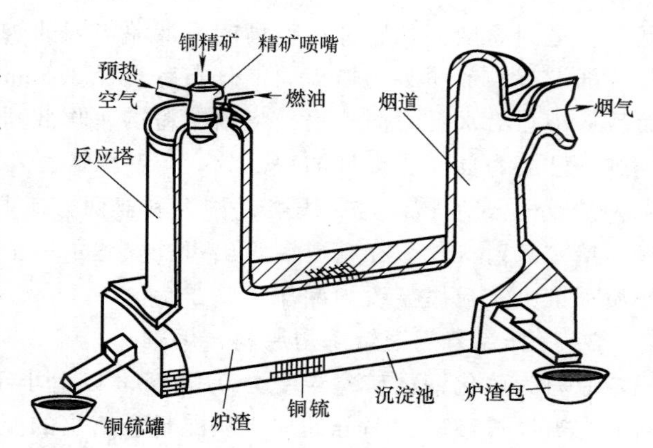

图 5-11　奥托昆普闪速熔炼炉剖视图

（1）反应塔顶　反应塔顶有拱顶和吊挂顶两种结构，拱顶密封性好，但砖体维修困难；吊挂顶密封性较差，但可以在热态下更换部分砖体。随着富氧浓度的提高，越来越多的冶炼厂采用吊挂顶。

（2）反应塔壁　反应塔壁受带尘高温烟气和高温熔体的冲刷，几乎没有任何的耐火材料能够承受反应塔内的苛刻条件。反应塔采用水冷结构，冷却装置有喷淋冷却和立体冷却两种。喷淋冷却结构简单，便于反应塔检修，炉使用寿命可达 8 年左右。立体冷却系统由铜水套和水冷铜管组成。反应塔壁被铜水套分成若干段，水套之间砌砖，在砖外侧安装有水冷铜管，形成对耐火材料的三面冷却。这种结构能适应富氧浓度、熔炼能力和热负荷提高后对反应塔冷却的要求，而且热损失小，操作费用低，炉使用寿命可达 10 年左右。

（3）沉淀池　沉淀池顶一般为平吊挂顶或拱吊挂顶，池顶冷却有 H 梁冷却和垂直水套冷却，H 梁安设在砌体中。沉淀池渣线区域易被熔体侵蚀，这一区域设垂直铜水套或倾斜水套冷却，强化了以渣线为中心，高度方向约 600mm 范围内耐火砖的冷却。渣线区域选用电铸铬镁砖，气流区域选用高温烧制铬镁砖，铜锍区域选用普通烧制铬镁砖。

（4）上升烟道　上升烟道是闪速炉中夹带着渣粒、烟尘高温烟气的排出通道。对上升烟道结构上的要求是：防止熔体粘附而堵塞烟气通道；尽量减少沉淀池的辐射热损失。上升烟道有垂直圆形、椭圆形和断面为长方形的倾斜形，侧墙有重油烧嘴孔、操作孔、点检孔。

（5）连接部　闪速炉反应塔与沉淀池及沉淀池与上升烟道的连接部都易遭破坏。为提高这些部位的使用寿命，必须提高其冷却强度。连接部的结构比较复杂，主要结构为：不定形耐火材料中埋设水套铜管，水套断面有 L 形、T 形、倒 F 形不同结构。

（6）闪速炉精矿喷嘴　在闪速炉中，精矿喷嘴的好坏实际上会影响整个熔炼炉的运行。20 世纪 70 年代以前，精矿喷嘴都是文丘里型喷嘴，随后，闪速炉开始实行富氧熔炼，反应塔鼓风量越少，文丘里型喷嘴不足以使富氧空气和精矿粉充分混合，达不到富氧熔炼的效果。为此各国便开发出了多种适用于富氧熔炼的喷嘴。

① 中央扩散型精矿喷嘴。这种喷嘴是芬兰奥托昆普公司研制成功的，结构如图 5-12 所示。该喷嘴由壳体、料管、风管、混合室等组成。炉料从中央料管流入混合室，富氧空气则从空气管以一定的速度喷入混合室内。

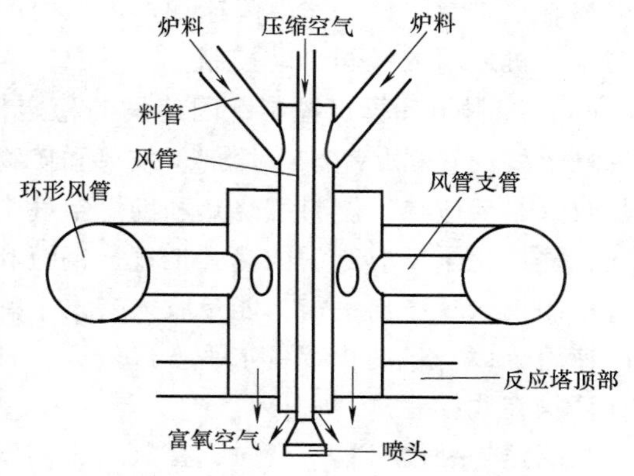

图 5-12　中央扩散型精矿喷嘴示意图

混合室呈圆筒型，其底部在喷嘴的最下端与闪速炉顶相接。在精矿喷嘴中心安装一根小管，其端部设有锥形喷头，喷头周围分布有直径3.5mm的许多小孔。压缩空气由中间小管通入，而后从小孔沿水平方向喷出，将精矿粉迅速吹散到整个反应塔内。该型精矿喷嘴经过不断的改进，已成为标准化设计的一部分。

② 分配式喷嘴。这种喷嘴是澳大利亚西方矿业公司 Kalgoorlie 冶炼厂开发的。运用了全新的精矿散射方式，在精矿溜管出口处安置了一个大散射锥，使精矿粉与空气更好混合。另外喷嘴锥由文丘里型改为漏斗形。

3. 奥托昆普闪速熔炼用原料、熔剂

原料为硫化铜精矿，粒度为0.074mm以上小于10%；石英熔剂粒度小于1mm；各种返回料均需经过破碎、筛分处理。从配料仓给出的混合炉料，送到干燥系统进行三段气流干燥或蒸汽干燥。三段气流干燥的干燥率大致是：回转干燥窑20%~30%，鼠笼破碎机50%~60%，气流干燥管20%~30%，炉料水分由10%降至0.3%以下。

闪速炉所用的原料有粉煤、焦粉、重油、柴油或者天然气，由于烟气用于制酸，对原料含硫量没有特殊要求。

4. 奥托昆普闪速熔炼技术管理

（1）给料　干燥后的炉料及返回料分别贮于炉顶料仓，入炉物料一般采用粉体流量计或料仓压力传感器计量，再经过可调速刮板运输机送至精矿喷嘴，由喷嘴吹入闪速炉内。风速为100~150m/s，中间氧枪供给工业纯氧（含氧95%以上）。

（2）供氧与供热　闪速熔炼热能消耗一般为2092~2510kJ/kg炉料，除利用氧化、造渣反应热外，可以补加燃料或者采用氧气自热，前者称为奥托昆普闪速熔炼，后者称为氧气闪速熔炼。奥托昆普闪速熔炼又分为预热空气和预热富氧空气两种形式，空气一般预热到500~950℃，富氧空气含氧27%~29%。氧气闪速熔炼是用工业氧（95%~97% O_2）助燃，依靠氧化反应热足够维持反应进行，烟气含 SO_2 高达80%，可直接制成液体 SO_2 出售。

（3）温度与压力　铜锍和炉渣控制温度与铜锍品位和炉渣成分有关。铜锍温度一般控制在1150~1240℃，炉渣温度控制在1190~1300℃。铜锍温度采用一次性热电偶检测，通过调整反应塔助燃空气和燃料量调整。

生产上主要控制反应塔出口、沉淀池出口及上升烟道出口三处烟气温度。通常反应塔出口烟气温度为1350~1400℃，沉淀池出口烟气温度控制在1400~1420℃，上升烟道出口烟气温度控制在1300~1350℃。闪速炉炉内压力一般控制沉淀池拱顶为微负压。通过设于电收尘器与排风机之间的蝶阀自动控制。

（4）配料与计算机控制　闪速炉的稳定作业是建立在物料和能量平衡基础上的，闪速熔炼最重要的物料是精矿、熔剂、鼓风和矿物燃料，主要产品是铜锍、炉渣、烟气等。主要的热收入是反应热、燃料燃烧热和助燃空气带入的显热。热支出包括：物料升温、熔化吸收的热，提供化学反应所需的热，烟气、铜锍和炉渣带出的显热，闪速炉和管道散失的热等。通过控制投入、产出平衡，能量收入支出平衡，可以保持闪速炉长周期稳定作业。目前国内外闪速熔炼设备自动化装备水平普遍较高，日本东予厂、金川集团公司、贵溪冶炼厂等均采用计算机在线控制。

当闪速炉处理料量不变时，控制产出的铜锍品位、温度和炉渣铁硅比（Fe/SiO_2）三个参数稳定，就可以使熔炼、吹炼、制酸生产稳定。计算机在线控制时，通过调节石英熔剂比率控制炉渣铁硅比（一般 Fe/SiO_2 = 1.15 左右）；通过调节反应塔送风总氧量控制铜锍品位；通过调节闪速炉反应塔的燃料给入量或鼓风氧浓度来控制铜锍的温度。

（5）废热利用　闪速炉烟气量为 20000～80000m^3/h，出炉烟气温度 1300～1350℃，含二氧化硫 10%以上，并含有 50～100g/m^3熔融状态的烟尘。为回收烟气余热，捕集烟气中的烟尘，必须设置余热锅炉将烟气冷却到 350℃左右，经收尘后送制硫酸厂。

5. 熔炼产物

闪速熔炼的主要产物是铜锍、炉渣和烟气。

（1）铜锍　闪速炉产出的铜锍品位较高，通过调整鼓风量，可在较大范围内调整铜锍品位。从降低燃料消耗、减少转炉吹炼铜锍量以及稳定烟气制酸条件考虑，应选取较高品位的铜锍为宜，受转炉吹炼热平衡及操作水平限制，通常铜锍品位为 50%～65%，高时可达 73%，甚至直接产出粗铜，闪速炉熔炼铜锍成分见表 5-5。

表 5-5　闪速炉熔炼铜锍成分（质量分数）　　　　（%）

工厂	化学成分							
	Cu	Fe	S	Pb	Zn	As	Sb	Bi
贵溪	58～64	11～18	21～22	0.3～0.8	0.28～1.40	0.15～0.20	0.08	0.10～0.12
日本东予	52～55	18.66	23.46	0.3	0.8			

（2）炉渣　闪速炉由于产出的铜锍品位高及炉渣含四氧化三铁较高，炉渣含铜也较高，闪速炉炉渣成分实例见表 5-6。

表 5-6　闪速炉熔炼铜炉渣成分（质量分数,%）

工厂	Fe/SiO_2	化学成分（质量分数,%）					
		Cu	Fe	S	Pb	Zn	SiO_2
贵溪	1.15	0.9	38.6	1.0			33.6
日本东予	1.13	0.8	38.0				31.0

（3）烟尘　闪速炉烟尘成分与原料所含易挥发元素 Pb、Zn、As、Sb、Bi、Cd 等有密切关系，与返回转炉及闪速炉烟尘数量有关。由于烟尘含杂质成分高，铜锍以及之后的粗铜杂质含量也高。为避免杂质随烟尘的返回而不断积累，含杂质高的烟尘不应全部返回闪速炉，应另行综合回收处理。我国贵溪在烟尘基本全部返回的情况下，最终阳极铜含 0.07%～0.10%As，0.037%～0.042%Sb，0.037%～0.045%Bi。

（4）烟气　闪速炉烟气中的二氧化硫一般为 10%～20%，最高可达 40%。炉料经过深度干燥，烟气水分 4%～8%，烟气含尘浓度 50～120g/m^3。闪速炉烟气量、烟气成分与精矿成分、燃料及送风含氧浓度有关。某厂烟气成分见表 5-7。

表 5-7　某厂烟气及成分

精矿成分（质量分数,%）		烟气成分（体积分数,%）				
Cu	S	SO_2	CO_2	H_2O	O_2	N_2
14.3	34.2	10.95	4.08	6.77	1.14	77.06
25.0	30.0	8.66	5.94	8.15	1.35	75.90
22.5	30.8	18.42	3.42	5.73	1.18	71.23
25.0	30.0	17.97	3.46	5.78	1.20	71.58

6. 炉渣贫化

闪速炉产出的炉渣含铜较高，炉渣一般采用电炉贫化法、浮选贫化法或直接弃渣法处理。

(1) 电炉贫化法 贫化电炉是利用电能加热熔融炉渣，将渣中Fe_3O_4还原成FeO，降低熔渣黏度，以利于铜渣分离，使炉渣中铜含量达到排放要求。贫化电炉的技术管理包括：控制渣层、锍层厚度；分批加入冷料；调节电炉功率。

1）控制渣层、锍层厚度。渣层厚度一般应不少于400mm，渣层太薄澄清不充分，弃渣含铜会升高。贫化电炉容积一定，锍面增高会增加弃渣铜含量，生产中以保证400mm以上的渣层为目标，进行锍面控制。

2）分批加入冷料。应尽量在放完锍后的低液面时加冷料，使固体物料有充分熔化和分离时间。冷料要分批加入，不能一次加入过多。

3）调节电炉功率。贫化电炉操作功率是根据入炉渣温、侧墙及炉底温度、固体冷料与块煤加入量和保温功率等综合因素确定的。固体冷料熔化耗电350kW·h/t，块煤发热值26MJ/kg，燃烧热效率50%，保温电功率为800~1300kW。功率调节是通过改变二次电压和电极插入渣层深度来进行的。典型贫化电炉尺寸为长10m、宽5m、高2.5m，炉型为椭圆形或长方形，功率3000~3500kW。熔池深度900~1100mm，渣层厚度500~800mm，炉膛温度1200℃左右，熔渣温度控制在1250~1300℃。采用连续操作制度贫化炉渣时，平均液体炉渣能耗60~80kW·h/t，铜回收率60%~75%。采用间断操作制度时，需加入一定数量的添加剂，液体炉渣平均耗电150~350kW·h/t，铜回收率75%~85%。

(2) 浮选贫化 基于铜的硫化物与炉渣中其他组分可选性的差别，以硫化铜精矿的形式回收铜。浮选贫化的关键是熔融炉渣必须缓冷（约24~48h），细磨至90%的均小于50μm的粒度。当渣含铜超过4%时，在细磨前需经磁选，优先回收白铜锍和金属铜。采用浮选法处理的闪速炉渣一般$w(Fe)/w(SiO_2)=1.4\sim1.5$，炉渣含$w(Fe_3O_4)$为20%，含$w(SiO_2)$为25%~30%，渣含$w$(铜) 1.5%~2.5%。浮选所得精矿铜品位20%~35%，返回闪速炉；产出的尾矿含铜0.4%左右。浮选法处理1t炉渣耗电量约70~80kW·h，浮选药剂约消耗400~500g。浮选闪速炼铜炉渣时，铜回收率90%左右。

(3) 闪速炉直接弃渣法 日本玉野冶炼厂闪速炉用焦粉作燃料，并加入具有一定粒度的碎焦，碎焦不完全燃烧，带入沉淀池浮于熔体表面形成还原性气氛。控制反应塔排出烟气含一氧化碳浓度0.5%左右，并将炉渣$w(Fe)/w(SiO_2)$比值调整到1.2，得到渣含铜低于0.65%，可以直接弃去不作处理。

7. 技术经济指标

一般冶炼厂闪速炉铜锍品位控制在50%~65%，炉渣含铜0.8%~1.5%，须贫化处理后方可废弃。奥托昆普闪速熔炼炉主要技术经济指标见表5-8。

表5-8 奥托昆普闪速熔炼炉主要技术经济指标

指标名称	单位	贵溪冶炼厂	金隆公司	东予冶炼
精矿处理量	t/d	3314	1728	2303
鼓风含氧量	体积分数,%	40~60	52~57	40~50
铜锍品位	质量分数,%	58~63	58	60~64
干矿水分	质量分数,%	<0.3	<0.3	<0.2
烟尘率	%	6.5	6	4.5
渣含铜	质量分数,%	1~2	0.8~1.4	0.8~1.5
烟气SO_2含量	体积分数,%	11		11.5
电耗(干矿)	kW·h/t	45		30

8. 闪速熔炼的优缺点

与传统炼铜方法相比，闪速熔炼具有以下优点：

1）将硫化铜精矿的焙烧、分解、氧化和造锍等熔炼过程，在反应塔内瞬时完成，生产流程短，生产效率高，反应塔处理能力高达100t/(m^2·d)。

2）充分利用精矿中硫和铁的反应热，实现半自热熔炼，燃料消耗少，热效率高。

3）采用富氧或者纯氧助燃，烟气中SO_2浓度高，硫到硫酸的产品回收率达95%，有效地防止冶炼烟气污染大气。

4）采用富氧或者纯氧助燃，减少无用的氮气入炉，烟气量小，配套的余热锅炉、电收尘和制酸设备规模缩小，一次性投资大大降低。

5）通过控制奥托昆普闪速炉反应塔供氧总量就可以控制铜锍的脱硫率和铜锍品位。

6）贫化电炉直接利用闪速炉液体炉渣，减少炉渣转运成本和节约了炉渣重熔能耗。

7）可以通过计算机实现配料、铜锍品位、铜锍温度、渣中铁硅比、渣温等参数控制，实现生产过程的自动化。

闪速熔炼的不足是：

1）炉料准备工作复杂，精矿要干燥，熔剂必须粉碎，辅助设备多，辅助工艺复杂。

2）炉内易生成四氧化三铁炉结，给生产操作带来不便。

3）渣含铜高，必须进一步贫化处理，延长了生产流程，增加了生产工序。

4）烟尘率高，给余热锅炉等设备的操作、维护带来困难。

5）产能高，一次性投资大，辅助设备多，仅限于大型工厂使用。

9. 闪速熔炼的发展趋势

20世纪80年代以后，所有旧闪速炉改造和新建闪速炉，均是沿着提高生产能力、提高铜锍品位、提高富氧浓度和提高冶炼热强度的方向发展。围绕“四高”的发展方向，闪速炼铜的发展趋势主要体现在以下几方面：①炉型大型化。大型闪速炉每天处理的铜精矿在3000t以上，电铜生产能力达到30万~40万t/a。②计算机自动控制。大型闪速炉普遍采用计算机在线控制配料过程、铜锍品位、铜锍温度、炉渣铁硅比、控制空气消耗系数、控制炉压等，以实现优化生产。③富氧技术的应用。从20世纪70年代起奥托昆普炼铜闪速炉就采用富氧熔炼，所用富氧的氧气浓度逐步提高，有的已超过60%；富氧熔炼提高了炉子的生产能力，纯氧熔炼可以实现自热熔炼，大大减小余热锅炉和排烟系统的规模。④简化流程。在闪速炉沉淀池插电极或增设电热贫化区，把炉渣贫化作业合并到闪速炉内完成；既简化了生产流程，又可处理含难熔物料较多的原料。⑤提高铜锍品位、实现直接炼铜。奥托昆普炼铜闪速炉铜锍品位已从20世纪70年代的45%~50%提高到20世纪80年代的50%~65%，甚至接近白铜品位达到78%。在闪速炼铜发展过程中，涌现出一大批新工艺、新技术、新装备。体现在：①精矿蒸汽干燥技术，用低压蒸汽法取代传统的三段干燥法。②干矿密相气流输送（气固比10：1），代替原来的稀相流态化输送（气固比100：1），气流速度降低90%，管道磨损减小。③闪速给料计量装置，炉料计量准确。④密集型干矿仓和智能给料器应用。⑤新型精矿喷嘴应用。⑥闪速炉炉体冷却更趋科学、合理。

5.4　诺兰达熔池熔炼

诺兰达熔炼法是由加拿大诺兰达矿业公司发明的。1964年开始研发，1968年建立试验生产线，1973年，建设处理精矿726t/d诺兰达工业炉，冶炼产品粗铜，1975年，将冶炼产品改为高品位铜锍。到20世纪90年代初，诺兰达炉生产能力达到200kt/a铜。诺兰达熔炼法成为一种成熟、先进的铜熔炼方法。

5.4.1 诺兰达熔炼原理

诺兰达炼铜法设想将焙烧、熔炼、吹炼过程于一炉，但产出的粗铜含硫高达2%，杂质砷、锑、铋等含量也较高，给电解精炼作业带来困难，于1975年改为生产高品位铜锍。诺兰达炉是一种水平圆柱形反应炉，用高速抛料机将含铜精矿、返料和熔剂加入炉内，通过侧风口鼓入富氧空气使熔炼熔池内铜锍和熔渣处于搅动状态，精矿中的铁和硫与氧发生氧化放热反应，提供熔炼所需的主要热量，不足的热量由配入炉料中的煤或碎焦补充，或用燃烧装置烧煤或油补充。铜锍产品由锍口间断放入铜锍包，送转炉吹炼；炉渣从渣口放出，到贫化电炉进行贫化处理，贫化炉铜锍送转炉吹炼回收铜。炉渣经缓冷送选矿厂选出渣精矿，渣精矿作为原料返回诺兰达炉。烟气经回收余热降温、净化后送硫酸厂制酸。诺兰达生产原理示意图如图5-13所示。

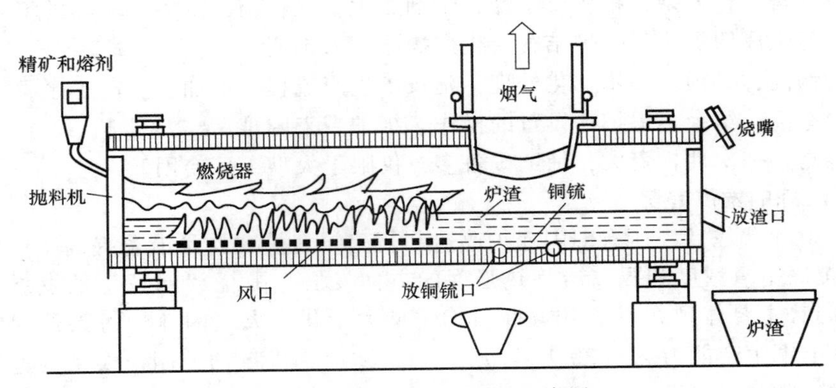

图5-13 诺兰达生产原理示意图

1. 诺兰达熔池熔炼铜锍与炉渣形成过程

诺兰达熔炼是一种典型的富氧强化侧吹熔池熔炼。如图5-14所示，富氧空气由炉体一侧风口鼓入熔池，受熔体阻碍形成若干小流股和气泡，与熔体发生动量交换，并夹带熔体上浮。抛入熔池的混合炉料被强烈翻动的熔体迅速加热、熔化，并进行氧化和造渣，形成的铜锍和炉渣在沉淀区进行澄清分离。

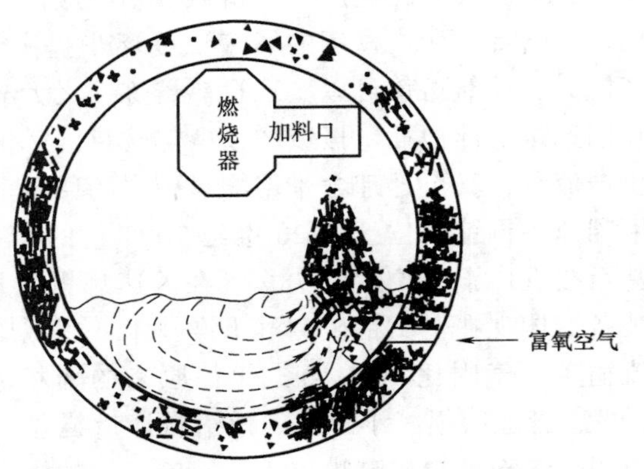

图5-14 诺兰达熔炼炉内的流体运动示意图

诺兰达熔炼过程是悬浮颗粒与周围介质进行热、质传递的过程，悬浮粒子处在强烈搅动的液-气介质中，受液体流动、气体流动以及动量交换等因素的作用，气体、铜锍、炉渣液体间的反应速率非常高。据资料报道，氧气鼓入量为$8m^3/s$时，反应速率可达$290m^3/s$，氧的利用率高达98%。在熔池中发生的主要化学反应有高价化合物的分解、硫化物氧化、MS与MO之间的交互反应、Fe_3O_4的还原分解、MS 造锍和 MO 造渣等。

2. 诺兰达熔炼过程主要物理化学反应

炉料加入到诺兰达炉后，首先发生脱水、分解过程，然后炉料熔化，最后发生硫化物分解、造锍、造渣反应。

(1) 分解反应 炉料的脱水和分解反应主要为

$$FeS_2 = FeS+1/2S_2$$

$$Fe_nS_n+1 = nFeS+1/2S_2$$

$$2CuFeS_2 = Cu_2S+2FeS+1/2S_2$$

$$2CuS = Cu_2S+1/2S_2$$

$$2Cu_3FeS_3 = 3Cu_2S+2FeS+1/2S_2$$

(2) 铁的高价氧化物和硫化物之间反应

$$FeS_2+16Fe_2O_3 = 11Fe_3O_4+2SO_2\uparrow$$

$$FeS+10Fe_2O_3 = 7Fe_3O_4+SO_2\uparrow$$

该反应在 500~600℃时开始反应，生成的 Fe_3O_4 不与 FeS 直接反应，在有二氧化硅存在时，反应很容易进行：

$$3Fe_3O_4+FeS+5SiO_2 = 5(2FeO\cdot SiO_2)+SO_2\uparrow$$

(3) 铜的氧化物与 FeS 的反应

$$Cu_2O+FeS = Cu_2S+FeO$$

5.4.2 诺兰达熔池熔炼工艺

诺兰达炉类似于铜锍吹炼转炉，沿长度将炉内空间分为反应区和沉淀区。精矿、熔剂和固体燃料经带式输送机送往抛料机，由抛料机从炉头加料口抛往炉内熔池反应区。富氧空气由炉体一侧风口鼓入反应区熔池，氧化反应和造渣反应释放出来的大量热能使炉料熔化生成高品位铜锍和炉渣。使用重油或柴油为反应补充热量。铜锍从铜锍放出口放入铜锍包，熔炼渣（含 Cu5%左右）在炉内初步沉淀后排入渣包，送渣场缓冷、破碎，再选出铜精矿（即渣精矿）和铁精矿返回熔炼系统。烟气经回收余热、收尘、净化后，送硫酸系统生产硫酸。转动诺兰达炉使风口在熔池面上，可使熔炼过程停止。停炉期间由烧嘴供热保温，反应炉转动到鼓风位置立即能恢复熔炼过程。诺兰达熔炼工艺流程如图 5-15 所示。

5.4.3 诺兰达反应炉结构

诺兰达炉为卧式圆筒形结构，圆形筒体材质为 16Mn 钢，用 50mm 厚钢板卷制而成，内衬镁铬质耐火砖。炉体支撑在托轮上，可在一定范围转动。整个炉子沿炉长分为反应区（或吹炼区）和沉淀区。反应区一侧装设一排风口。加料（又称抛料口）设在炉头端墙上，并设有气封装置和燃烧器。沉淀区设有铜锍放出口、排烟口和熔体液面测量口。渣口开设在炉尾端墙上，装有备用燃烧器。在炉口、放渣口、放锍口、排烟口等处装有风冷设施。炉体基本结构如图 5-16 所示。目前已建成的几台诺兰达炉的直径为 4.5~5.1m，长度为 17.50~21.34m。内衬耐火材料厚度一般为 381mm，在风口、放渣口端墙等部位加厚至 457mm。大冶诺兰达反应炉各部分砌筑耐火材料种类依次为：在加料端端墙、风口区、炉底上层、炉顶

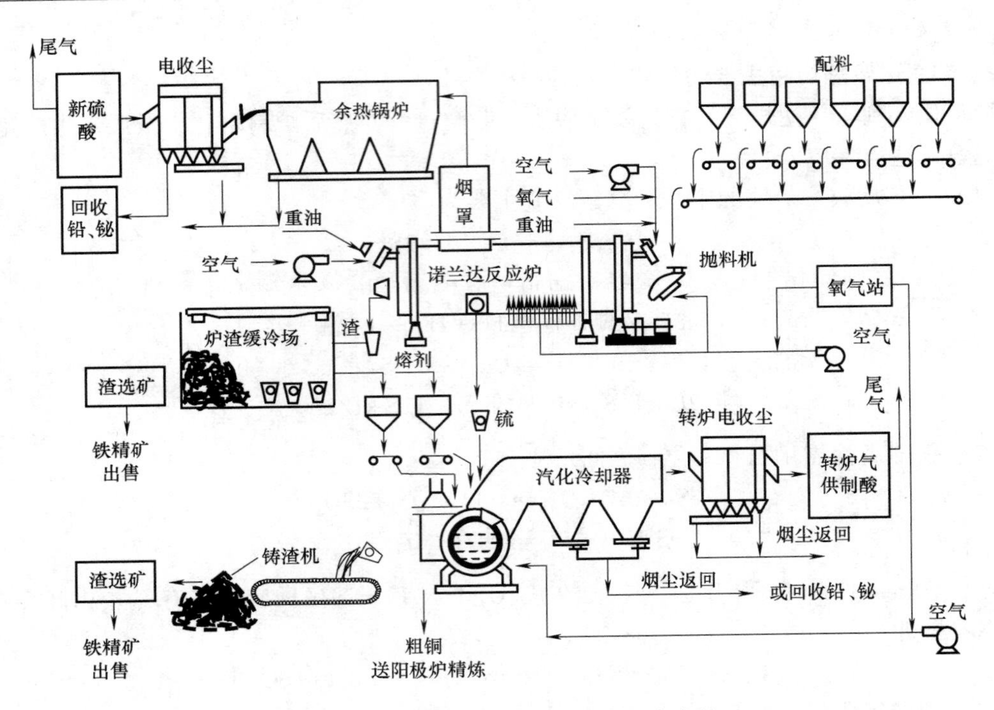

图 5-15　大冶冶炼厂诺兰达熔炼工艺流程

等部位采用直接结合镁铬砖；在渣端端墙、渣线区采用再结合镁铬砖；在铜锍放出口及溜槽区采用熔铸镁铬砖；炉底下层采用高铝砖。主要附属装置包括：密封烟罩、支撑及传动机构、供风系统、配料及定量给料系统、捅风口机、泥炮等部分。

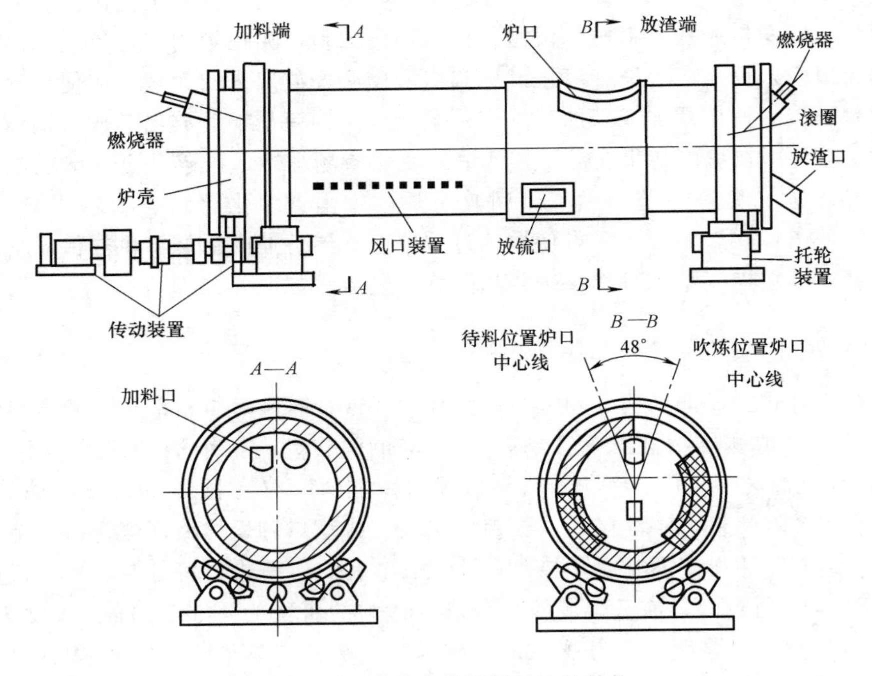

图 5-16　大冶冶炼厂诺兰达炉结构

5.4.4　诺兰达熔池熔炼生产实践

1. 原料和燃料

诺兰达工艺对物料粒度和水分要求不严，霍恩厂控制精矿水分低于 15%，块矿、杂铜料和返回料粒度小于 100mm，熔剂粒度不大于 20mm，固体燃料粒度 6~50mm。大冶厂入炉精矿含水 7%~10%，均能正常生产。

（1）配料原则　诺兰达炉原料包括铜精矿、渣精矿、废杂铜、含铜料、各种返回料、烟尘、熔剂与固体燃料。入炉前需要对各种物料进行配料。配料要求：S/Cu≥1，铁和硫占精矿总量 50%以上。根据杂质情况进行合理搭配，避免杂质特别是挥发性杂质对生产过程和产品质量产生较大影响。控制炉料中 Fe/SiO_2≥2.0。

（2）熔剂　采用石英溶剂调节渣型，大冶厂现使用河沙调节渣型，霍恩厂使用单质硅作部分熔剂。大冶厂使用的渣精矿、烟尘和熔剂的典型化学成分见表 5-9。

表 5-9　大冶厂渣精矿、烟尘、熔剂的典型化学成分（质量分数）　　（%）

物料	Cu	Fe	S	SiO_2	Pb	Zn	As	Bi
渣精矿	30.55	24.61	11.12	13.57				
锅炉尘	32.42	19.83	13.32	7.18	2.93	1.14	1.17	0.49
电收尘	18.95	12.23	9.6	3.33	14.82	6.62	5.86	3.00
熔剂		6.73		61.87	CaO:2.11, Al_2O_3:9.01			

（3）燃料　诺兰达炉需要燃料补充热量，固体燃料可以是烟煤、无烟煤、焦炭，同时作为还原剂还原渣中 Fe_3O_4。燃料和炉料一起加入炉内，霍恩厂使用煤和焦炭，大冶厂使用石油焦。燃烧器使用天然气、柴油、重油作为燃料。

2. 生产操作

诺兰达熔炼过程主要控制四项工艺指标：铜锍品位、炉温、渣型和熔体液面。

（1）铜锍品位的控制　诺兰达炉通过计算精矿氧化反应耗氧量确定吹炼过程供氧量，通过调节吹炼供氧量控制铜锍品位，典型操作铜锍品位为 65%~73%。炉料供氧量计算只考虑铁和硫的氧化，并假设炉料中的铜全部变成铜锍。几种精矿混在一起添加，各精矿需氧量独立计算，按混合精矿组分百分含量累加计算混合精矿需氧量。操作时，可以在输入氧量保持定值的情况下，通过增加或减少精矿量实现铜锍品位控制。定时从风口取铜锍分析样，根据分析结果调整配料比和加料速度来调节铜锍品位。

（2）炉温的控制　炉温是诺兰达熔炼重要工艺参数。炉温过高，耐火炉衬冲刷、侵蚀加重，并增加能耗；炉温过低，炉料反应不全，排渣操作困难。一般控制炉温 1220~1230℃。诺兰达炉炉温测量使用风口高温计与辐射高温计。辐射高温计只能测量炉渣的表面温度，风口高温计只能测量主要反应区熔池温度。

（3）渣型控制　诺兰达炉通过控制熔剂率将 Fe/SiO_2 控制在 1.5~1.9，优点在于需要熔剂少，减少了渣量和渣中铜损失。在生产中，炉渣 Fe/SiO_2 往往会偏离标定值，调整熔剂率可以调整渣型，根据经验，熔剂率增（减）1%，铁硅比升（降）0.1。

（4）液面控制　在反应炉顶部设液位测量孔，用钢钎测量液面高度。控制铜锍液面高度是为了保证氧气利用率并防止鼓风进入渣层引发喷炉，大冶厂控制铜锍液面 970~1100mm，总液面<1650mm；霍恩冶炼厂控制铜锍液面 970~1170mm，总液面<1500mm。

霍恩冶炼厂诺兰达炉主要生产操作指标见表5-10。

表5-10　霍恩冶炼厂诺兰达炉主要生产操作指标

项目名称	单位	参数(平均值)	项目名称	单位	参数(平均值)
精矿处理量	t/d	2494	渣产量	t/d	1692(52包)
风口平均鼓风量	m^3/h	76000	炉渣 Fe/SiO_2		1.7~1.8
平均富氧浓度(O_2)	体积分数,%	36.8	渣含 SiO_2 量	质量分数,%	21~22
风口鼓风压力	kPa	215	烟尘率	%	4~5
加煤量	t/d	49	炉口烟气速度	m/s	10~17
熔剂 SiO_2 含量	(质量分数,%)	65~80	操作温度	℃	1230~1250
熔剂 Al_2O_3 含量	(质量分数,%)	1~2	铜锍液面高度	mm	最低970
					最高1170
铜锍产量	t/d	806(44包)	渣层厚度	mm	最低220
					最高330

3. 熔炼产物

(1) 铜锍　诺兰达炉产出的铜锍品位由操作风料比进行控制，可产出任意品位的铜锍直至粗铜。一般控制铜锍品位为65%~73%，诺兰达炼铜典型铜锍成分见表5-11。

表5-11　诺兰达法各工厂的铜锍成分（质量分数）　(%)

工厂	Cu	Fe	S	Pb	Zn	As	Sb	Bi
霍恩冶炼厂	72.4	3.5	21.8	1.8	0.7			
南方厂	69.33	5.96	20.76	1.28	0.43			
大冶厂	69.84	6.08	21.07	0.64	0.28	0.05	0.04	0.03

(2) 炉渣　大冶诺兰达炉炉渣成分为：w(铜) 4.57%、w(硫) 1.71%、w(铁) 42.14%、金1.01g/t、银24.1g/t、w(二氧化硅) 23.38%、w(氧化钙) 5.25%、w(氧化镁) 2.74%、w(氧化铝) 2.52%、w(锌) 0.57%。

(3) 烟气与烟尘　诺兰达炉烟尘率为干炉料量的2.3%~4.8%，随炉料成分、水分及粒度、炉膛压力不同而波动。与闪速熔炼相比，其烟尘要低得多，这是该法的一大优点。某厂采用空气鼓风，反应炉炉口处烟气体积分数实测值为 SO_2 77%，O_2 0.7%，N_2 74.2%，CO_2 6.1%，H_2O 11.3%。大冶厂与霍恩冶炼厂的烟尘成分见表5-12。

表5-12　大冶厂与霍恩冶炼厂的烟尘成分（体积分数）　(%)

单位名称	Cu	Fe	S	SiO_2	Pb	Zn	As	Sb	Bi
霍恩冶炼厂烟尘	14.0	4.6	12.1	1.0	27.6	7.7			
大冶锅炉尘	34.42	19.83	13.32	7.2	2.93	1.14	1.17	0.08	0.49
大冶电收尘	18.95	12.23	9.6	3.33	14.82	6.62	5.86		3.0

5.4.5　诺兰达炉生产过程的物料平衡及热平衡

1. 诺兰达熔炼过程物料平衡实例

诺兰达熔池熔炼物料平衡可根据下列三个方程及给定的有关参数确定：

精矿铜量+渣精矿铜量=锍中铜量+渣中铜量

精矿铁量+渣精矿铁量=锍中铁量+渣中铁量

（精矿-渣精矿-石英铁量之和-锍中铁量）/（精矿-渣精矿-石英 SiO_2 量之和）= Fe/SiO_2

大冶诺兰达熔池熔炼物料平衡如图 5-17 所示。

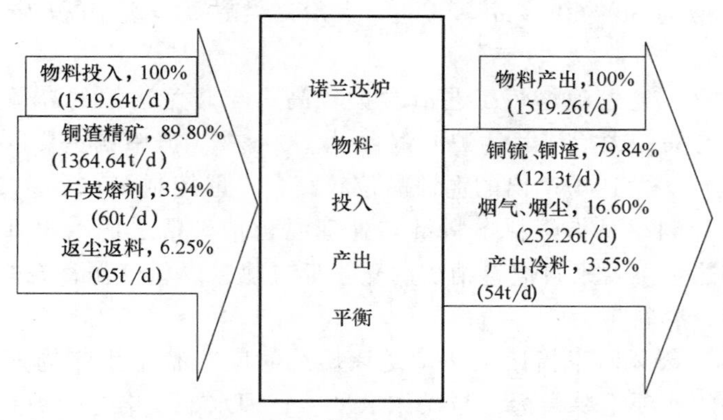

图 5-17　诺兰达炉物料投入产出平衡示意图

2. 大冶诺兰达炉热平衡实例

大冶诺兰达炉热平衡如图 5-18 所示。

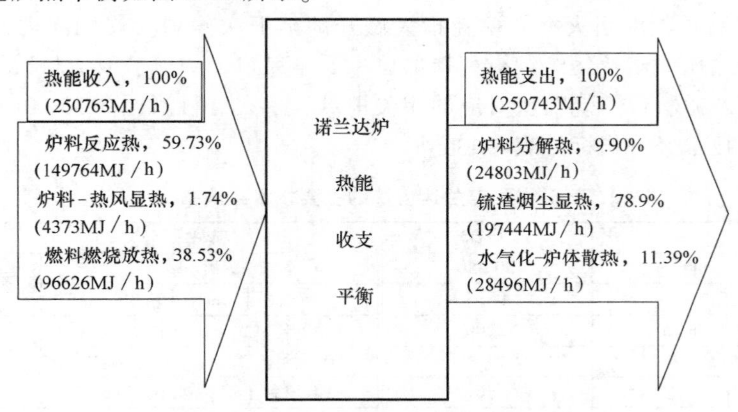

图 5-18　诺兰达炉热平衡示意图

5.4.6　诺兰达炉生产控制过程自动化

大冶诺兰达熔炼系统采用 MAX1000DCS（分散式计算机网络系统）加冶金模型优化计算机进行生产工艺管理。MAX1000DCS 系统设熔炼、余热锅炉、制酸、制氧和调度五个工作站。控制的大致过程是：利用 X 射线分析仪炉前快速分析，计算机采集来自 X 射线分析仪的精矿、熔剂、返料及铜锍、炉渣的组分数据，同时采集来自 DCS 系统的精矿、石油焦、熔剂、返料的给料量及炉体给料端烧嘴和风口中供风、供氧等实时参数，根据冶金物理化学反应理论，完成氧平衡、硅平衡和热平衡这三项，通过调节生产工艺可调控的物料（铜精矿、熔剂、燃料、返料、空气、氧气等）进行诺兰达反应炉的反馈、前馈控制，实施对主要工艺参数铜锍品位、炉渣铁硅比和炉温的控制。

5.4.7　诺兰达炉熔炼主要技术经济指标

诺兰达炉主要技术经济指标包括：床能力、渣含铜、铜锍品位、燃料率、鼓风时率、铜直收率、耐火材料单耗等。

(1) 床能力　床能力指一昼夜每平方米炉床面积上处理的精矿量。诺兰达炉床能力按熔池面积计算，一般为 30~50t/(m^2·d) [大冶诺兰达炉熔池面积为 42.8m^2，床能力为 1284~2142t/(m^2·d)]。

(2) 渣含铜　诺兰达熔池熔炼工艺渣含铜较高，与诺兰达炉的高锍品位、高铁渣型及反应炉结构等因素有关。大冶诺兰达炉渣铜含量 3%~5%。渣中铜主要以硫化物形态存在。

(3) 铜锍品位　诺兰达炉产出的铜锍品位较高，一般控制在 63%~73%。

(4) 燃料率　燃料率是指消耗燃料量与处理混合精矿量之比，用百分数表示。诺兰达熔池熔炼工艺所需热量主要来自混合精矿的化学反应热，燃料仅作补充热源。大冶诺兰达炉使用石油焦作燃料，燃料率为 2%~3%。

(5) 鼓风时率　鼓风时率指诺兰达炉送风熔炼时间占整个生产周期的百分率，是反映诺兰达炉生产能力的一项重要指标，与操作水平、管理水平及诺兰达炉系统本身等诸多因素有关。大冶诺兰达炉鼓风时率为 82%~87%。

(6) 铜直收率　铜直收率指铜锍中铜的量与同期投入物料中总铜的量之比。诺兰达熔池熔炼工艺渣含铜量较高，直收率一般不到 80%。

(7) 耐火材料单耗　耐火材料单耗指大修开炉至下次停炉大修期间内，耐火材料消耗量与所产铜锍量之比。诺兰达炉炉衬易损部位主要是风口、炉口、放渣口端墙与沉淀区两侧的上下圆周炉衬及抛料口与烧嘴所对应的相关炉衬。耐火材料消耗 0.35~0.55kg/t 精矿。某厂诺兰达炉主要技术经济指标见表 5-13。

表 5-13　诺兰达熔炼的主要技术经济指标

项目	指标	项目	指标
床能力/t·(m^2·d)$^{-1}$	30~50	炉龄/d	400
铜回收率(%)	98.5	氧气消耗/m^3·t 精矿$^{-1}$	100~150
年鼓风小时数/h	7200	电耗/kW·h·t 精矿$^{-1}$	32
燃料率(%)	2~3	耐火材料消耗/kg·t 精矿$^{-1}$	0.35~0.55
脱硫率(%)	76	泥炮用黏土消耗/kg·t 精矿$^{-1}$	0.7
烟尘率(%)	2.3~4.8	烧眼用氧气管/支·kg 精矿$^{-1}$	3

5.4.8　诺兰达熔池熔炼的特点与不足

诺兰达熔池熔炼作为一种先进的炼铜工艺，具有如下特点：

1) 床能力高。诺兰达熔池搅拌状态强烈，传热、传质迅速，冶金反应剧烈，床能力可达 20~30t/(m^2·d)。

2) 对原料、燃料适应性强。可处理粉矿、块矿，对物料水分要求不严；可处理高硫精矿、低硫含铜物料，包括废杂铜、各种返料、渣精矿和其他含铜物料。

3) 诺兰达富氧熔炼是自热熔炼，补充燃料率仅 2%~3%，可使用液体燃料和固体燃料，燃料适应性强，燃料消耗率低。

4) 脱硫率高，铜锍品位高。诺兰达熔池熔炼脱硫率在 72%以上，可以缩短铜锍在转炉吹炼时间；熔炼产出烟气 SO_2 浓度高，有利于后续制酸，提高硫的利用率；可利用硫化物反应热实现自热熔炼，综合能耗与闪速熔炼相当。

5) 生产操作简便。诺兰达反应器结构简单，炉体可以转动，给料、放锍、放渣操作简便，开炉、停炉容易掌握。

诺兰达熔炼不足：炉子使用寿命低，炉渣含铜高，烟罩漏风率大，作业率低，风口氧气浓度不宜过高，风口机噪声大，抛料机粉尘重，放锍、放渣时烟气浓烈，环境状况需改善。

诺兰达熔炼是强化造锍熔炼的一种方法，可作为传统炼铜法老厂改造时的选择方案。

5.5　铜精矿的艾萨/奥斯麦特熔炼

5.5.1　艾萨/奥斯麦特熔炼原理

艾萨/奥斯麦特熔炼炉工作原理如图5-19a所示。炉体为圆柱体结构，内衬耐火材料，喷枪从炉顶插入炉内的熔渣层中，将燃料和富氧空气吹入熔池内，炉料（包括铜精矿、熔剂、返料等）从加料口加入强烈搅动的熔池内，炉料被迅速熔化，并与吹入的氧反应生成炉渣和铜锍。块煤等补充燃料与炉料同时加入炉内，粉煤或燃油或气体燃料通过喷枪喷入熔池。炉内熔池反应区域示意图如图5-19b所示。反应生成的炉渣、铜锍混合物自流至沉降炉，在沉降炉内澄清，实现渣锍分离。铜锍送转炉吹炼成粗铜，炉渣水淬后送渣场。锍渣混合物也可以直接送贫化电炉进行澄清分离，同时向贫化炉中加入还原剂，回收炉渣中的铜。烟气经上升烟道排出，送余热锅炉回收余热，净化处理后，送硫酸车间制酸。

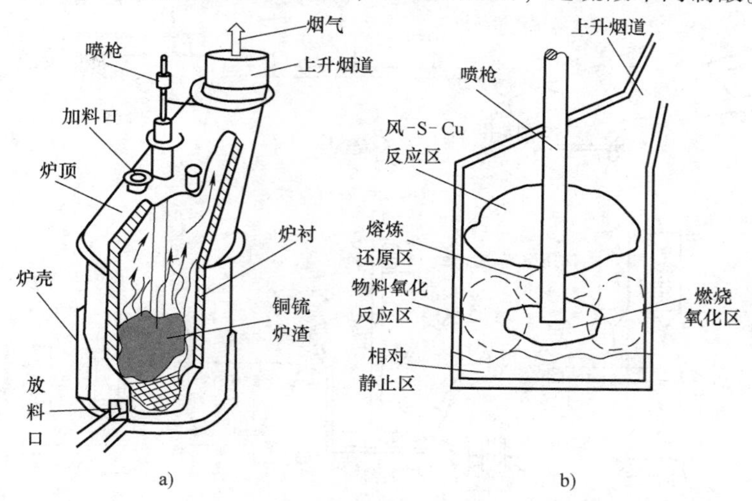

图5-19　艾萨/奥斯麦特炉工作原理示意图

a）艾萨/奥斯麦特炉工作原理示意图　b）炉内熔池反应区域示意图

5.5.2　艾萨/奥斯麦特熔池熔炼工艺

图5-20所示为艾萨炉造锍熔炼原理工艺流程，图5-21所示为金川集团有限公司奥斯麦特炉造锍熔炼原则工艺流程。

5.5.3　艾萨/奥斯麦特反应炉结构

艾萨/奥斯麦特炉的结构均是由炉壳、炉体、喷枪、喷枪升降装置、加料装置以及产品放出口等组成。炉壳为钢板焊接的圆柱体结构，上部炉体钢板厚25mm，熔池部分钢板厚约

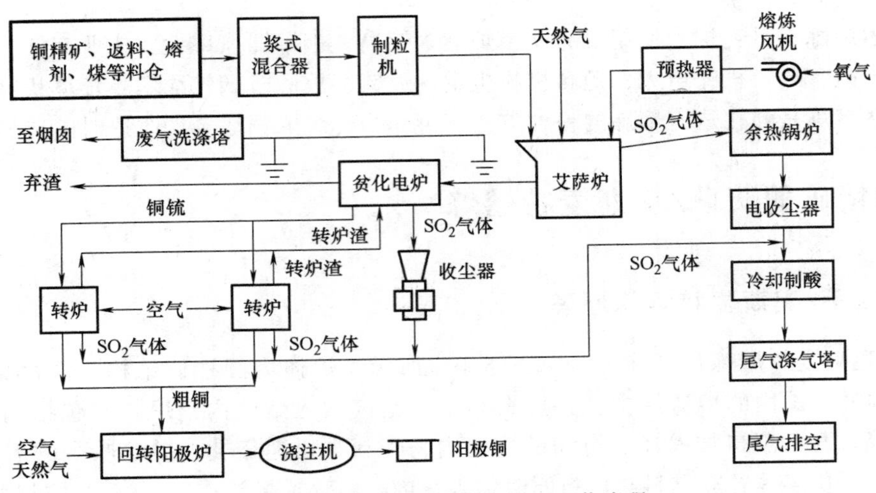

图 5-20 艾萨炉造锍熔炼原理工艺流程

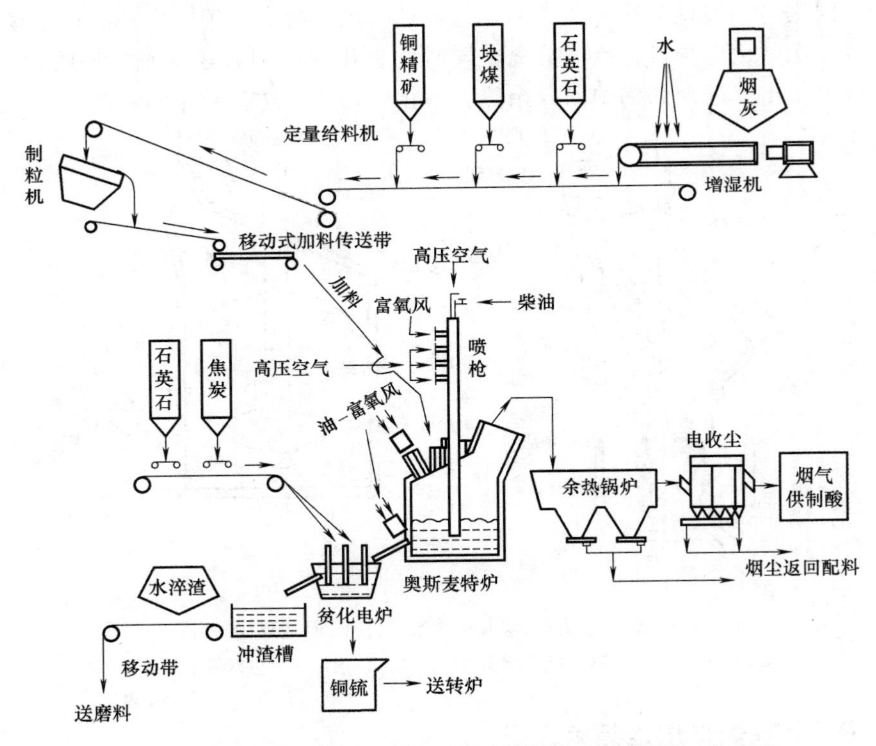

图 5-21 金川集团有限公司奥斯麦特炉造锍熔炼原则工艺流程

40mm。艾萨/奥斯麦特炉的炉型结构多为筒球形，艾萨炉炉顶为平顶，奥斯麦特炉采用倾斜炉顶，炉顶的一端设上升烟道，炉顶中部设喷枪孔、加料孔、烘炉烧嘴孔等。炉底为球缺形或反拱结构。熔池由圆柱体炉身与球缺两部分组成。喷枪是艾萨/奥斯麦特熔炼法的核心技术，采用多层同心套管结构，中心管送燃料，第二层送氧气，第三层送助燃空气。熔炼时，喷枪头部插入渣层，易于损坏，使用寿命为5~7天，长度一般为800~2000mm。艾萨/奥斯麦特炉是竖式炉，喷枪长度一般为 13~16m，喷枪固定在滑架上，并与相应的油气管路连接，依靠升降机完成升降作业。上升烟道的结构形式有倾斜式和垂直式两种。

艾萨炉和奥斯麦特炉的炉型结构相近，工作原理相同。两者的区别主要体现在：

（1）喷枪结构不同　艾萨炉采用三层结构，内层输送燃油，第二层输送雾化风，第三层输送富氧空气。奥斯麦特炉采用五层结构，从内向外依次输送：燃料、雾化风、氧气、空气和套筒冷却风。两者的工作压力也有区别，艾萨炉喷枪出口压力在 50kPa 左右，而奥斯麦特喷枪出口压力在 150~200kPa。

（2）出料方式不同　艾萨炉采用间断放流方式，奥斯麦特炉采用溢流的方式连续出料。

（3）炉衬结构设计不同　艾萨炉在炉衬设计上采用强化保温的设计理念，除锍渣排放口加装冷却水套外，炉体其他部位均不设冷却设施。奥斯麦特炉采用强化炉衬散热的方法，使炉渣附着在炉衬内壁，利用挂渣的方法保护炉衬。炉衬采用高热导率材料砌筑，外侧钢板设置冷却水套或者直接喷水冷却。艾萨炉、奥斯麦特炉炉型结构示意图如图 5-22 所示。

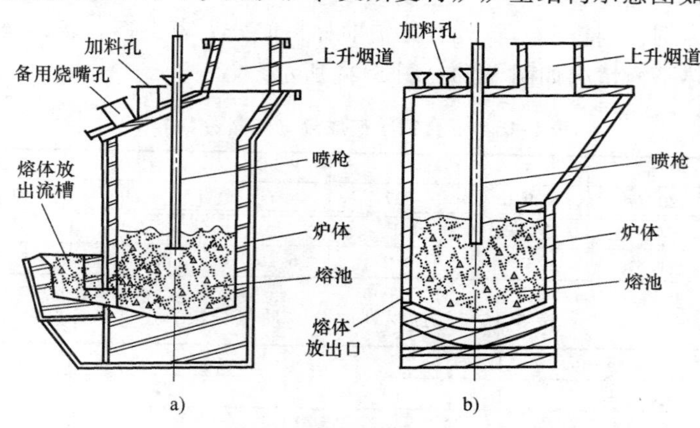

图 5-22　顶吹熔池熔炼炉结构示意图

a）奥斯麦特炉　b）艾萨炉

5.5.4　艾萨/奥斯麦特熔池熔炼生产实践

奥斯麦特炉生产控制的关键参数是：熔池温度、铜锍品位、渣成分、给料速率、烟气量和成分、套筒风的速率。熔炼温度为 1180℃，渣还原和沉降电炉温度为 1250℃。可以通过改变炉料、块煤的加料速率，改变喷枪燃料给料速率，改变富氧浓度调整熔炼温度。铜锍品位一般为 58%~65%。炉渣 Fe/SiO_2 比值控制在 1~2。给料速率控制的原则是：应使炉子的生产率最大，并确保铜锍品位控制在 58%~65%范围内。国内外顶吹浸没熔炼法生产厂技术经济指标见表 5-14。

表 5-14　国内外顶吹浸没熔炼法生产厂技术经济指标

项目	单位	迈阿密公司	芒特公司	中国金昌
工艺流程		艾萨炉→贫化电炉→P-S 炉	艾萨炉→贫化电炉→P-S 炉	奥斯麦特炉→贫化电炉→P-S 炉
燃料率	%		煤 5.5	煤 7.07
处理精矿量	t/h	平均 76.46	98	48
喷枪供风量	m^3/min	425~566	840	454
富氧浓度(O_2)	%	47~52	42~52	40

（续）

项目	单位	迈阿密公司	芒特公司	中国金昌
烟气量	m^3/h	76000		51502
熔池温度	℃	1161～1171		1180
炉使用寿命	月	>15	>18	
喷枪头周期	d	15		5～7
烟气 SO_2浓度	%	12.4		10.8
锍品位	%	56～59	57.8	50
炉渣含铜	%	0.5～0.8	0.59	0.6～0.7
炉渣 Fe/SiO_2		1.35～1.45	1.1	1.43
喷枪出口压力	kPa	50	50	200

5.5.5 艾萨/奥斯麦特炉生产过程的物料平衡及热平衡

以金川冶炼厂为例，铜精矿、石英石等辅助材料成分见表5-15、表5-16，奥斯麦特炉造锍熔炼物料平衡与热平衡情况如图5-23、图5-24所示。

表5-15 混合铜精矿成分（质量分数）

成分	Cu	Fe	S	SiO_2	CaO	MgO	Al_2O_3
%	20.27	29.0	27	6.1	3.0	0.8	1.2
成分	O_2	As	F	Au	Ag	H_2O	其他
%	1.8	<0.2	0.02	6.25g/t	175.3g/t	8～10	9.25

表5-16 辅助材料成分（质量分数）　（%）

材料名称	SiO_2	Fe	CaO	其他
煤灰	43	13	12	32
石英石	85		3	
石灰石		3	50	46(CO_2)

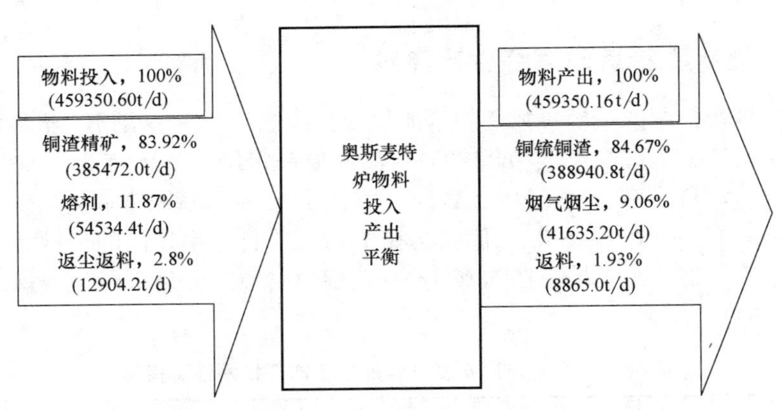

图5-23 奥斯麦特炉物料投入产出平衡示意图

5.5.6 艾萨/奥斯麦特熔池熔炼的特点

艾萨/奥斯麦特熔炼法具有以下优点：

1）对炉料有较大的适应性，对炉料制备要求低，含水10%以下的炉料可直接入炉。

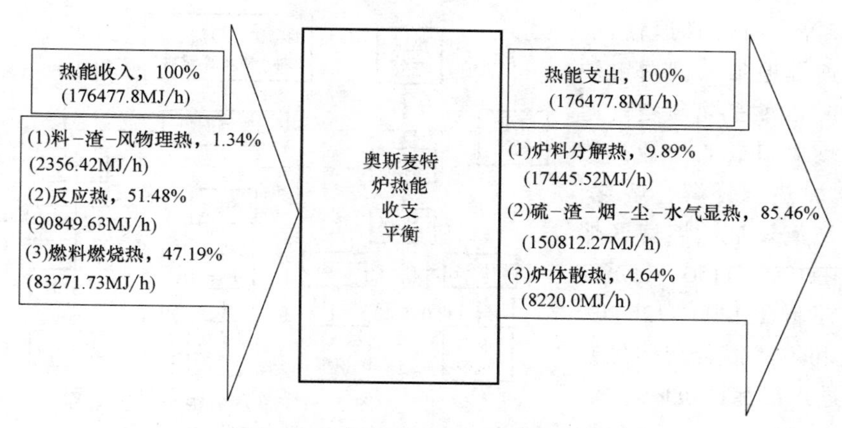

图 5-24　奥斯麦特炉热平衡示意图

2）熔炼过程中，熔池剧烈搅动，极大地增强了反应过程的传质和传热强度，大大提高了反应速度，热效率高，床能力大。

3）熔炼过程中充分利用炉料中硫和铁的氧化反应热，需补充的热量很少，燃料率低，而且可以用一般煤作为燃料。

4）同传统的熔炼工艺相比，艾萨炼铜炉脱除各种次要元素的速度很高。

5）炉子结构简单，不转动，占地小，投资低。

6）采用顶吹喷枪，操作方便，不存在侧吹、底吹熔炼炉与风口有关的各种问题。

7）烟气稳定，烟尘率低，烟气中 SO_2 浓度高，有利于硫酸厂制酸，硫的回收率高，制酸厂尾气可达标排放。

8）采用浸没式顶吹，鼓风压力低，动力消耗较小。

5.6　其他熔炼新方法

5.6.1　白银炼铜法

白银炼铜法是中国白银有色金属公司等单位于 1972 年开始研制的一种铜锍熔池熔炼方法，该方法经历了空气熔炼、富氧熔炼和自热熔炼三个发展阶段。1985 年前，白银炉均为单室炉型，随后进行了白银双室炉型工业试验。1987 年，开始白银炉富氧熔炼应用研究，富氧浓度达到 31%~32%，熔炼床能力提高了 56%。1990 年，$100m^2$ 白银双室炉型投入生产，富氧氧浓度 47.07%，实现自热熔炼，白银炉熔炼床能力达到 $33t/(m^2 \cdot d)$，熔炼区烟气 SO_2 浓度达到 21%，粗铜综合能耗达 0.657t 标煤/t · Cu，铜熔炼回收率达到 97.82%。白银炼铜法有单室炉和双室炉两种工艺流程，单室炉生产工艺如图 5-25 所示。

白银炉主体结构由炉基、炉底、炉墙、炉顶、隔墙和内虹吸池及炉体钢结构等部分组成。炉顶设投料口 3~6 个，炉墙设放铜锍口、放渣口、返渣口和事故放空口。炉膛中部设隔墙，将熔池分为熔炼区和沉淀区。随隔墙结构不同，白银炉分单室和双室两种炉型。图 5-26所示为双室白银炉结构示意图。

白银炼铜法生产操作过程为：含水 8%左右的硫化铜精矿配以返料、熔剂（石英石和石灰石）、烟灰等，由带式运输机、圆盘给料机连续地加入到白银炉熔池中，21%～50%的富氧空气通过熔炼区侧墙风口鼓入熔池，使炉料被迅速加热、分解、熔化，发生造锍及造渣反应，熔炼区熔池温度控制在1050～1150℃，沉淀区熔体温度控制在1200～1250℃。产出的铜锍和炉渣混合熔体经隔墙下部通道进入沉淀区沉降分离，渣层厚度250～350mm，产出的铜锍由虹吸放铜口间断放出供转炉吹炼，炉渣由排渣口排出，渣含铜5%左右，炉渣经贫化处理后送渣场。产出的高温烟气经余热锅炉、旋风收尘和电收尘后，送制酸车间生产工业硫酸。100m²双室白银炉主要技术经济指标为：风口数量19～20个，熔炼总风量21816m³/h⁻¹，富氧浓度47%，床能力32.89t/(m²·d)，铜锍品位50%，粗铜熔炼回收率97.9%，烟尘率<3%。

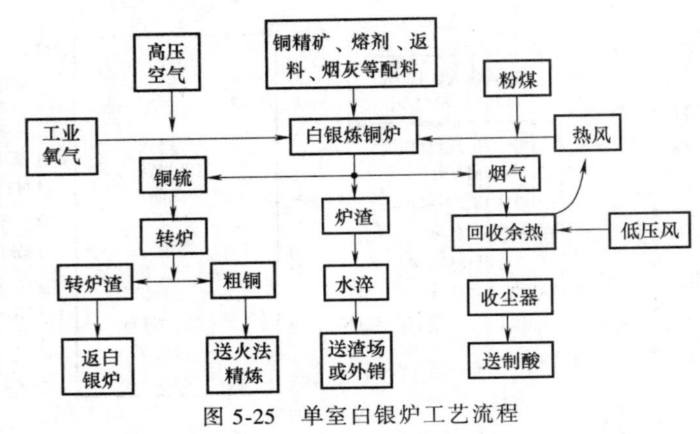

图5-25　单室白银炉工艺流程

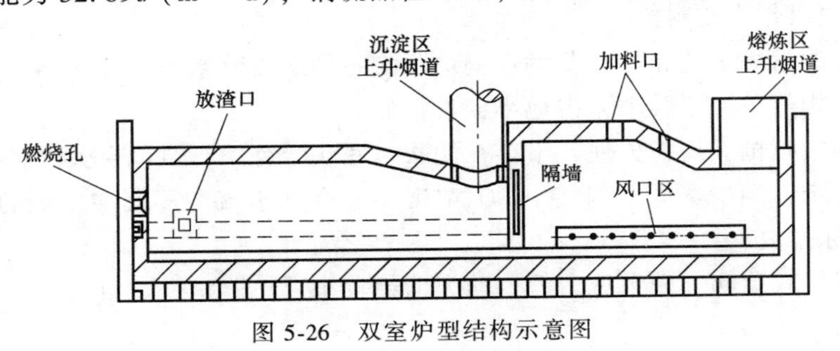

图5-26　双室炉型结构示意图

5.6.2　瓦纽科夫炼铜法

瓦纽科夫炼铜法是苏联莫斯科钢铁与合金研究院A.V.瓦纽科夫教授于20世纪50年代发明的一种炼铜方法，研究工作从1956年开始，1987年在巴尔哈什、诺里尔斯克和乌拉尔炼铜厂分别建成了48m²瓦纽科夫熔炼炉。

瓦纽科夫炉的结构如图5-27所示。该炉是一个具有固定炉床、横断面为矩形的竖炉。炉缸、铜锍虹吸池和炉渣虹吸池以及部分炉墙用铬镁砖砌筑，侧墙、端墙和炉顶均为水套结构，风口设在侧墙水套上。铜锍虹吸池和炉渣虹吸池分别设在前后端墙处，在熔炼区和贫化区炉顶上设加料口，上升烟道设在炉顶上。熔池总深度2～2.5m，渣层厚度1.6～1.8m。熔炼操作

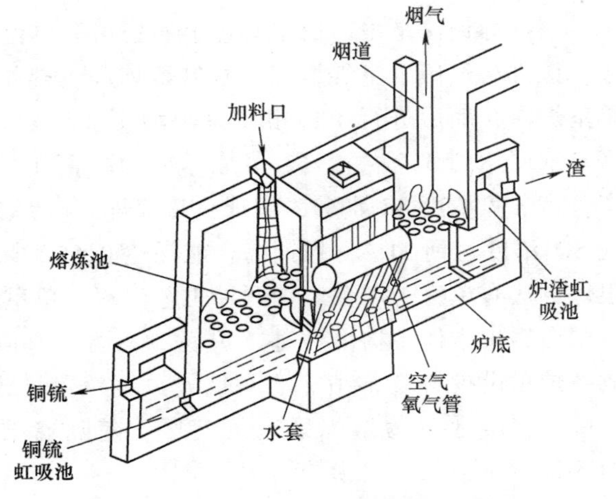

图5-27　瓦纽科夫炉结构示意图

时，富氧空气通过风口鼓入渣层，从炉顶加入的炉料落入泡沫渣层后迅速熔化，并发生剧烈的分解、氧化、造渣和造锍反应，生成铜锍和炉渣。铜锍和炉渣在风口以下1m深的静止渣层中澄清分离，到达炉缸后分成铜锍和炉渣两层，分别从两端的虹吸池连续放出。铜锍送转炉吹炼。炉渣经贫化处理后，产生的贫铜锍逆流返回熔炼区，贫化后的炉渣从渣池放入渣罐送到渣场。烟气经降温净化后送硫酸厂制酸或回收单质硫。铜锍品位45%~50%，炉渣Fe/SiO_2为1.25~1.0，渣含铜0.45%~0.75%，床能力50~80t/(m^2·d)，富氧浓度55%~80%，铜锍中铜回收率97%。

瓦纽科夫炼铜法与诺兰达、白银炼铜法均属于侧吹式熔池熔炼方法。诺兰达和白银法炼铜的富氧空气吹入铜锍层，瓦纽科夫炼铜法的富氧空气吹入渣层，有利于水套挂渣，并减少热损失。与其他炼铜方法相比，瓦纽科夫炼铜法备料简单，对炉料适应性强，可以同时处理任意尺寸的块料与粉料，熔炼烟尘率低（0.8%）；生产能力高，床能力达到60~80t/(m^2·d)；硫化物在渣层氧化，放出的热能得到了充分利用，基本实现自热熔炼。

5.6.3　特尼恩特炼铜法

特尼恩特（Teniente）炼铜法是EL特尼恩特公司研发的一种炼铜方法。1973年中东战争爆发，引发了全球性的能源危机，严重影响智利国营Codelco公司生产经营正常进行，为增加产量，减少反射炉熔炼能耗，所属的EL特尼恩特公司于1974年开始研究替代反射炉的新型铜熔炼方法，于1977年投入工业生产，目前全世界共有11台特尼恩特炉。特尼恩特法关键设备是特尼恩特转炉，结构与P-S转炉相似。经过不断地改进与完善，改进成一种全新的自热熔炼工艺。以智利卡列托尼炼铜厂为例，生产设备与过程如下：

主要生产设备：两台流态化干燥炉，两台直径5.5mTMC改良转炉，4台P-S转炉，5台贫化转炉和3个制氧站（1200t/d）。

主要生产过程：铜精矿经流态化干燥（含水量降至0.25%），干精矿通过侧吹喷嘴喷入熔池（34%的富氧空气），通过设置在端墙上的料枪向炉内加入部分湿精矿、熔剂、返回料，铜锍、炉渣分别从锍口、渣口间断放出。单台特尼恩特炉日处理精矿1.8~2.0kt，该厂精矿处理能力1600kt/a。熔炼产出铜锍品位75%~78%，铜锍吊运至P-S转炉吹炼成粗铜（Cu99.4%）。特尼恩特炉炉渣含铜4%~8%，炉渣FeO/SiO_2为0.6~0.7，炉渣送贫化炉处理，贫化炉采用燃油加热，贫化处理温度1250~1280℃，产出铜锍品位72%~75%，贫化炉炉渣铜含量低于0.85%。烟气SO_2浓度18%~35%，烟气经回收余热和净化处理后，送硫酸车间制酸。

5.6.4　三菱法连续炼铜

三菱法连续炼铜是由日本直岛炼铜厂于1974年研制成功的。三菱法生产设备包括一台熔炼炉（S炉）、一台贫化电炉（CL炉）和一台吹炼炉（C炉），三台炉子之间用溜槽连接，铜精矿连续经过三台炉子熔炼→贫化→吹炼，产品为粗铜。目前，加拿大、韩国、印度尼西亚和澳大利亚等几家炼铜厂采用该技术。生产原理如图5-28所示。

三菱连续炼铜法主要生产设备与相关过程：

（1）熔炼炉（S炉）　S炉为圆形结构，直岛冶炼厂S炉直径8.25m、熔池深1.1m，内衬铬镁砖和熔铸镁砖，喷枪安装在炉顶，干精矿、返渣、烟灰、熔剂、粉煤以及富氧空气等，通过喷枪混合，然后以 140~150m/s 高速喷入熔池，炉料在高温熔池内分解、氧化、造锍、造渣，锍渣混合物汇集于熔池内，通过自流方式进入炉渣贫化电炉（CL 炉），烟气经回收余热、净化后制酸。

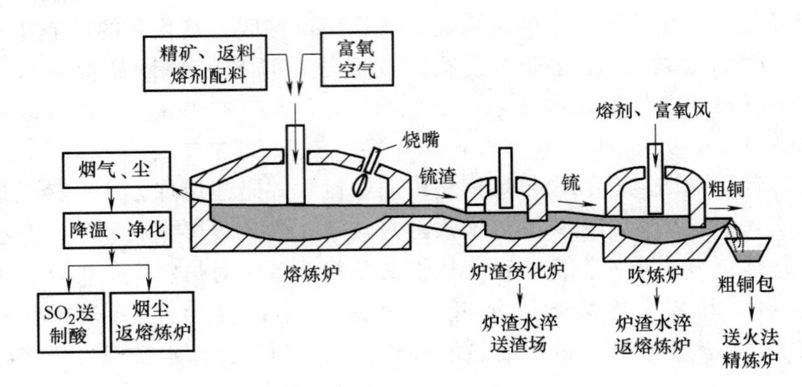

图 5-28　三菱法连续炼铜工艺流程

（2）炉渣贫化电炉（CL 炉）　CL 为椭圆形结构，直岛冶炼厂 CL 炉短径 4.2m，配置三根石墨电极，容量 1200kW。锍渣经 1h 澄清分层后，渣含铜 0.5%~0.6%，渣水淬后送渣场堆存。铜锍自流或虹吸流出，送吹炼炉。

（3）吹炼炉（C 炉）　C 炉为圆形结构，直岛冶炼厂 C 炉内径 6.65m、熔池深 0.75m，喷枪设置在炉顶，富氧空气、石灰熔剂通过喷枪加入铜锍熔体，形成 Cu_2O-CaO-Fe_3O_4 三元系吹炼渣，渣中铜含量 15%~20%，渣铜分离后，粗铜经虹吸法抽出并送阳极炉，吹炼渣水淬后返回 S 炉，烟气经回收余热、净化后制酸。

三菱连续法炼铜 S 炉产铜锍成分为（质量分数）：Cu65%，Fe11%，S22%。炉渣（质量分数）含铜 0.5%，$SiO_2$30.2%，CaO4.2%，$Al_2O_3$3.3%。吹炼渣（质量分数）含铜 15%，Fe44%，CaO15%。阳极铜（质量分数）含铜 99.4%。

三菱法炼铜的优点为：生产效率高、烟气含尘低、S 炉渣含铜低；生产能耗低、硫回收利用率高、生产成本较低；冶炼过程连续，冶炼产品为粗铜。缺点是溜槽需要外部加热，粗铜含杂质高。

5.6.5　北镍法（氧气顶吹自热熔炼）

20 世纪 70 年代，苏联国家镍钴锡设计院和北镍公司共同开发出北镍法熔池熔炼技术，用于硫化铜镍矿自热熔炼，1986 年投入生产。北镍公司的氧气顶吹自热熔炼炉为圆柱形，高 11.4m，外径 6m，熔池面积 18.8m^2。铜镍矿和熔剂通过水冷料枪加入熔炼炉，装在炉顶的氧气喷枪插入炉内，氧枪喷头距液面 1m，氧枪通氧压力 1.1MPa 左右，生产能力达40t/h，年处理湿矿砂 210kt。1990 年，中国有色金属进出口总公司从俄罗斯引进该技术，用于金川公司二次铜精矿熔炼，1994 年建成投产。氧气顶吹竖炉为圆柱形结构，采用单孔氧枪，炉体外径 4.0m，炉床面积 2.54m^2，年处理二次铜精矿 45kt。金川公司氧气顶吹自热熔炼炉，使用二次铜精矿成分（质量分数,%）为：Cu67%~69%、Ni4%、Fe3%~4%、S21%~22%。熔炼后产出铜镍合金成分（质量分数,%）为：Cu87.37%、Ni5.69%。铜镍合金送卡尔多转炉吹炼脱镍产粗铜成分（质量分数,%）为：Cu98.5%，Ni0.5%。

金川公司氧气顶吹自热熔炼二次铜精矿，工艺流程如图 5-29 所示。

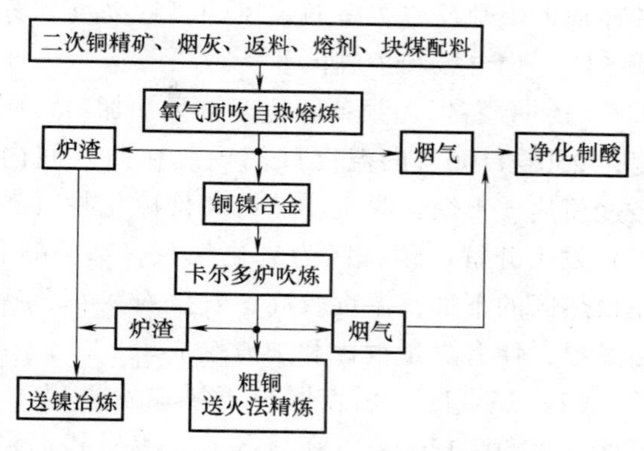

图 5-29 北镍法氧气顶吹自热熔炼工艺流程

北镍法氧气顶吹自热熔炼具有以下优点：充分利用化学反应热、燃料消耗低；熔炼炉生产率高，炉床生产能力可达 50t/(m^2 · d)；采用纯氧吹炼、脱硫率高、烟气量少、SO_2 浓度高；对精矿含水量无特殊要求，备料工序简单，对原料的适应性强。北镍自热熔炼的缺点主要为：吹炼压力高、熔体喷溅严重、烟道系统容易堵塞；采用工业纯氧吹炼，易过氧化产生泡沫渣而引起冒炉事故；炉渣金属含量高，需贫化回收有价金属；高温熔体对炉衬侵蚀强烈，炉衬使用寿命低。

5.7 传统炼铜方法

造锍熔炼方法炼铜已有 200 多年的历史，其传统方法最早是鼓风炉熔炼。19 世纪末，由于浮游选矿技术的开发应用，矿山开始以细粒浮选精矿提供炼铜原料，从而相继发展了反射炉熔炼和电炉熔炼，到 20 世纪中叶，几乎全世界粗铜产量都是用这三种传统方法生产的。

随着环保、能源形势日趋严峻和科学技术及冶炼工艺的不断进步，传统炼铜方法逐渐被闪速熔炼和熔池熔炼方法取代。目前在我国鼓风炉熔炼仍在一些中、小铜厂应用；反射炉熔炼只在个别厂家应用，且准备改造；电炉熔炼已成为历史。

5.7.1 铜精矿密闭鼓风炉炼铜

鼓风炉熔炼是一种古老的炼铜方法，它是在竖式炉子中依靠上升热气流加热炉料进行熔炼，20 世纪 30 年代以前一直是世界上主要的炼铜方法，早期的炼铜鼓风炉炉顶是敞开的，只能处理块矿或烧结块。20 世纪 50 年代开始，国内外相继开发了料封式密闭鼓闭炉，并采用了富氧熔炼技术。

1. 鼓风炉熔炼原理

铜精矿密闭鼓风炉熔炼属半自热熔炼，炭燃烧和熔炼反应放热提供熔炼过程所需的热量。炉料由铜精矿、烟尘、熔剂、转炉渣、焦炭组成，粉料加水后混捏成精矿泥，由给料机从炉顶的加料口加入，炉料的入炉顺序为焦炭→转炉渣→熔剂→镍精矿。密闭鼓风炉为竖式矩形结构，炉体由炉缸、炉身和炉顶等部分组成。炉顶设置加料口，排烟口设在端墙的上部。炉料在进入鼓风炉时，块料和焦炭向两侧滚动，精矿在鼓风炉中心形成料柱。由于混捏精矿、块料、熔剂和焦炭的块度不同，在鼓风炉断面上的炉料分布是不均匀的，炉料分布不均匀造成了炉气沿炉子水平断面分布不均匀。炉两侧焦炭和块料较多，炉气阻力较小；炉中心料柱密度较大，对炉气的阻力较大。这种炉料、炉气分布状况，有利于料柱的烧结，为直接熔炼铜精矿创造了有利条件。鼓风炉工作原理与炉料、炉气分布如图 5-30 所示。

2. 鼓风炉熔炼的物理化学过程

鼓风炉熔炼时，炉料从上向下运动，炉气自下向上运动，炉料与炉气相遇时，先后发生各种物理化学反应，按照鼓风炉料柱高度划分，依次分为预备区、焦点区和炉缸区。

(1) 预备区　预备区位于鼓风炉加料口附近区域，温度在250~1100℃的温度区间内。在此区间内，炉料首先经过预热、干燥、脱水，然后高价硫化物（黄铁矿和黄铜矿）发生分解。预备区为氧化气氛，部分硫化物被氧化；在预热区的下部，温度较高，发生石灰石分解和铜精矿烧结过程，伴有少量铜锍和炉渣生成。

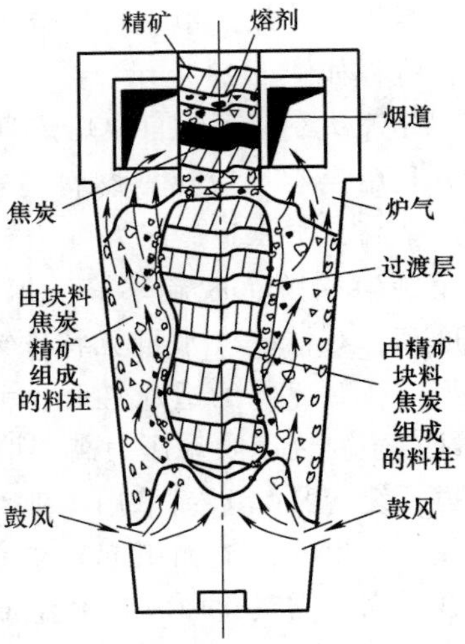

(2) 焦点区　焦点区位于风口水平以上约1m区域，温度为1250~1300℃，在该区域，焦炭和铜精矿发生强烈氧化过程，炉料完全熔化，同时完成造渣和造锍过程。主要反应如下

$$C+O_2 = CO_2\uparrow$$

$$2FeS+3O_2+SO_2 = 2FeO\cdot SiO_2+2SO_2\uparrow$$

$$3Fe_3O_4+FeS+5SiO_2 = 5(2FeO\cdot SiO_2)+SO_2\uparrow$$

$$FeS+Cu_2S = Cu_2S\cdot FeS$$

图5-30　铜密闭鼓风炉熔炼原理与炉料、炉气分布示意图

(3) 本床区　本床区位于焦点区下部，温度为1200~1250℃，这里主要是汇集熔炼产物炉渣和铜锍，同时调整成分，使在炉内少量被氧化的Cu_2O硫化进入铜锍。

$$Cu_2O+FeS = Cu_2S+FeO$$

炉缸中汇集的液体产物，连续或间断地流入前床，进行澄清分离。

3. 鼓风炉熔炼技术经济指标

以铜陵第二冶炼厂鼓风炉为例，主要技术经济指标如下：精矿含w(铜) 20%~28%，块料率35%~45%，铜锍品位35%~40%，渣含w(铜) 0.28%~0.32%，床能力45~55t/($m^2\cdot d$)，焦炭8%~9%，烟尘5%~7%，烟气SO_2浓度5%~7.2%。

4. 密闭鼓风炉熔炼优点与不足

密闭鼓风炉熔炼的优点为：

1) 生产工艺简单，炉渣含铜低，不需要贫化处理工序，基建投资小，生产规模的选择性较大。

2) 炉内热交换较好，出炉烟气温度较低，简化了烟气的冷却过程。

密闭鼓风炉熔炼工艺存在的缺点为：

1) 在空气鼓风熔炼时，床能力和脱硫率较低；铜锍品位低，烟气中SO_2浓度低，不适宜制酸。采用富氧能够提高烟气中SO_2浓度，尾气仍需进行处理才能使SO_2排放达到环境保护的标准。

2) 不适用于处理含脉石高的铜精矿，精矿含SiO_2在15%以上时炉渣熔点高，焦炭消耗高。

5.7.2 铜精矿反射炉炼铜

反射炉炼铜始于1879年，是传统的火法炼铜方法，适合处理粒度3~5mm的粉状物料。该法具有生产稳定、炉体使用寿命长、适合大规模生产等优点。到20世纪60年代，反射炉炼铜产量占世界铜总产量的70%。由于反射炉熔炼存在能耗高、环境污染严重问题，特别是1973年中东战争引发的全球性能源危机，以闪速熔炼为代表的低能耗、高效率、低污染的现代熔炼方法迅速崛起，反射炉熔炼逐渐被新的炼铜方法取代。

1. 反射炉熔炼的原理

反射炉熔炼一般采用长焰烧嘴，使火焰沿料坡和炉长分布，以形成较长的高温辐射区，熔炼所需要的热量主要来源于燃料（天然气、粉煤、重油）燃烧。利用燃料燃烧、高温炉衬辐射形成的高温辐射能加热和熔化炉料，铜精矿熔融产物在料坡上和熔池中发生物理化学反应，在熔池中形成铜锍和炉渣，澄清、分层后，分别从铜锍口和渣口放出。烟气离开反射炉的温度一般为1250~1350℃。反射炉熔炼时，炉内热传递主要依靠火焰、炉顶和炉墙对炉料的辐射传热，在单位时间内，炉料表面积吸热量 Q 可用下式计算

$$Q=C\left[\left(\frac{T_1}{100}\right)^4-\left(\frac{T_2}{100}\right)^4\right]F$$

式中，C 为辐射传热系数［$kJ/(h\cdot m^2\cdot K^4)$］；T_1 为火焰、炉顶和炉墙的热力学温度（K）；T_2 为炉料表面的热力学温度（K）；F 为炉料受热表面积（m^2）。

由此可见，炉料吸热量与火焰、炉顶和炉墙表面热力学温度的四次方成正比，与炉料表面换热面积成正比，与炉料表面热力学温度的四次方成反比，与炉料表面状况和炉气组分有关（决定辐射传热系数）。

2. 熔炼过程的主要物理化学反应

料加入到反射炉料坡后，首先发生脱水、分解过程，然后发生熔化、造渣、造锍反应。

（1）分解反应　炉料的脱水和分解过程仅对生精矿的熔炼过程有意义，生精矿中高价硫化物的分解反应为

$$FeS_2 = FeS+1/2S_2$$

$$Fe_nS_{n+1} = nFeS+1/2S_2$$

$$2CuFeS_2 = Cu_2S+2FeS+1/2S_2$$

$$2CuS = Cu_2S+1/2S_2$$

$$2Cu_3FeS_3 = 3Cu_2S+2FeS+1/2S_2$$

（2）铁的高价氧化物和硫化物之间的反应

$$FeS_2+16Fe_2O_3 = 11Fe_3O_4+2SO_2\uparrow$$

$$FeS+10Fe_2O_3 = 7Fe_3O_4+SO_2\uparrow$$

该反应在500~600℃时开始进行，在有二氧化硅存在时，反应速度加快，反应式为

$$3Fe_3O_4+FeS+5SiO_2 = 5(2FeO\cdot SiO_2)+SO_2\uparrow$$

（3）铜的氧化物与FeS的反应

$$Cu_2O+FeS = Cu_2S+FeO$$

（4）锌的化合物的反应　硫化锌为难熔物料，熔炼时硫化锌分配于铜锍和炉渣产品中，使炉渣熔点升高，黏度增大；硫化锌容易随温度降低而结晶析出，妨碍铜锍澄清和放出。

3. 反射炉熔炼工艺

反射炉熔炼工艺与原料、燃料种类有关，图5-31所示为以生精矿、粉煤为原料的反射炉熔炼工艺流程。

4. 反射炉结构

反射炉一般由炉基、炉底、炉墙、炉顶、外围钢结构及烟道六部分组成，炉型是矩形断面结构，炉体直接建造在地面或者混凝土地基上，以型钢、钢板焊接成的外壳作为炉体支撑的骨架，炉衬由优质耐火材料砌成。炉子的一端设有燃烧器，烟气从炉子的另一端排出。炉料从炉顶两侧的若干加料孔加入，在炉膛内的两边侧壁上堆积成料坡，典型铜熔炼反射炉结构如图 5-32 所示。

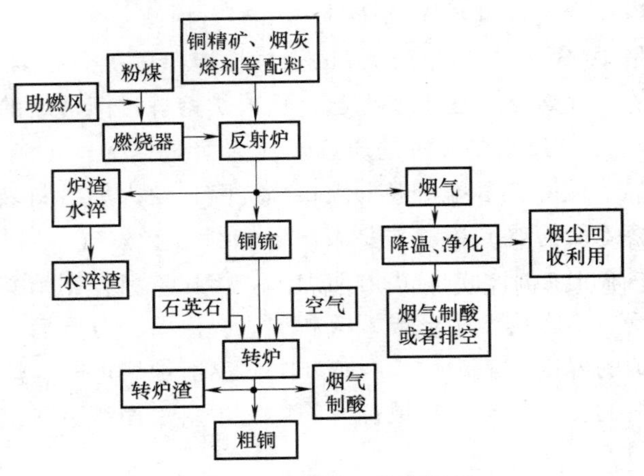

图 5-31 反射炉工艺流程图

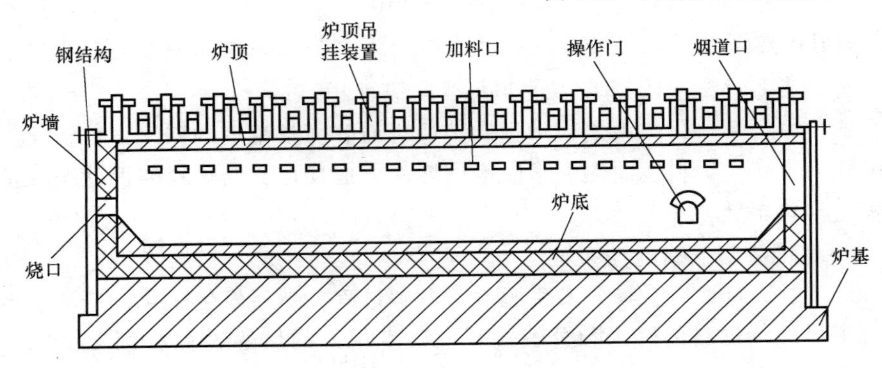

图 5-32 反射炉本体结构

5. 反射炉技术经济指标

反射炉熔炼的主要技术经济指标有床能力、燃料率和金属回收率等。

（1）床能力 床能力是指单位炉床面积上一昼夜熔炼的固体炉料量。熔炼焙砂时的床能力一般为 4~7.5t/(m^2·d)，熔炼生精矿的床能力为 2.5~4.5t/(m^2·d)。影响反射炉床能力的因素主要有供热、炉料性质和生产操作等。

（2）燃料率 燃料率是指燃料消耗量与熔化固体料量的百分比。反射炉燃料率随炉料耗热量、单位燃料产物量及废气温度的增加而升高；随燃料低热值、单位燃料燃烧所需空气量和燃烧空气温度的增加而降低。以粉煤作为燃料时，熔炼生精矿的燃料率为 14%~20%；熔炼焙烧矿的燃料率为 9.5%~14.0%。以重油为燃料时，熔炼焙烧矿为 7%~12%，熔炼生精矿为 10%~16%。

（3）铜的回收率 铜的回收率因精矿品位不同而不同，富精矿 [w(Cu) 30%~40%] 为 98%~99%，中等品位精矿 [w(Cu) 10%~20%] 为 94%~97%，而贫精矿 [w(Cu) 2%~5%] 为 80%~90%。

反射炉炼铜法存在的主要问题是硫化铜精矿的反应热利用率低，燃料消耗高，烟气 SO_2 浓度低，回收利用困难，环境污染严重。由于技术进步和工艺日趋完善，自 20 世纪 70 年代以来，反射炉熔炼方法已在一些工厂被闪速熔炼和熔池熔炼取代，在一些特定地区，反射炉炼铜法仍在继续发挥作用。

5.8 铜锍的吹炼

铜锍是硫化铜精矿经造锍熔炼产出的一种中间产物，主要成分（质量分数,%）为：Cu30%~65%，Fe10%~40%，S20%~25%，还富含贵金属金与银。铜锍送转炉吹炼的目的是将铜锍中的硫和铁氧化脱除而得到粗铜，金、银及铂族元素等贵金属熔于粗铜中。目前广泛使用的铜锍吹炼转炉俗称P-S炉，是皮尔斯（Peirce）和史密斯（Smith）于1909年开发的一种铜锍吹炼方法。

5.8.1 转炉吹炼的原理

铜锍吹炼是周期性的间歇作业，液体铜锍吹炼要经历装料、吹炼、排渣等操作环节，直至产出粗铜才算完成吹炼过程。每个吹炼过程分为两个周期，第一周期为造渣期，完成FeS的氧化造渣，获得Cu_2S熔体（白冰铜），造渣期发生的化学反应是

$$2FeS+3O_2 = 2FeO+2SO_2+935.484kJ$$

$$2FeO+SiO_2 = 2FeO\cdot SiO_2+92.796kJ$$

第二周期为造铜期，Cu_2S被氧化成Cu_2O，Cu_2O与熔体中Cu_2S反应生成金属铜（粗铜），造铜期不产生炉渣。造铜期发生的化学反应式有

$$Cu_2S+1.5O_2 = Cu_2O+SO_2\uparrow$$

$$Cu_2S+2Cu_2O = 6Cu+SO_2\uparrow$$

总反应方程式为

$$Cu_2S+O_2 = 2Cu+SO_2\uparrow$$

造铜期吹炼过程可以用图5-33所示$Cu-Cu_2S-Cu_2O$体系状态图来说明。从图5-33可以看出，从A点开始，Cu_2S氧化生成的金属铜溶解在Cu_2S中，形成均一的液相L_2，熔体组成在AB范围内变化。随着吹炼过程的进行，Cu_2S相中溶解的Cu相逐渐增多，当达到B点时，溶解的铜量达到饱和状态。超过B点后，熔体组成进入BC段，熔体为两相共存（Cu_2S溶解Cu的L_2相和Cu溶解Cu_2S的L_1相），两相互不相溶，密度大的L_1相沉底，密度小的L_2相浮于上层。随着吹炼过程继续进行，L_1相越来越多，L_2相越来越少。当吹炼进行到C点位置，L_2相消失，体系内只有溶解有少量Cu_2S的金属L_1铜相。进一步吹炼，L_1相中的Cu_2S进一步氧化，铜的纯度进一步提高，直到含铜品位达98.5%以上，吹炼结束。

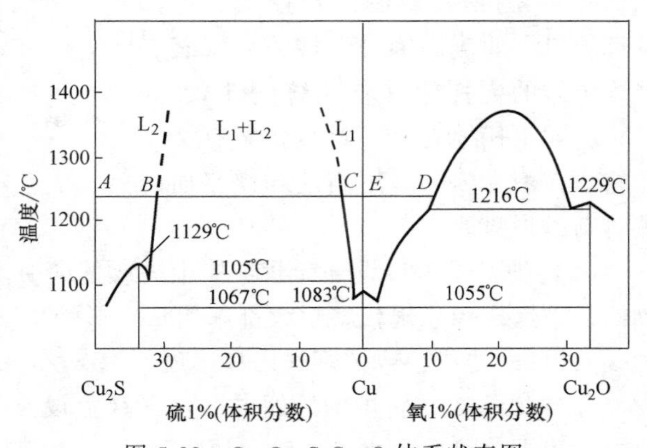

图5-33 $Cu-Cu_2S-Cu_2O$体系状态图

在造铜期末期，必须准确地判断造铜期的终点，否则容易造成金属铜氧化成氧化亚铜（Cu_2O），造成铜过吹。吹炼过程是自热过程，正常吹炼温度为1250~1300℃，温度过低，熔体有凝固的危险，但温度过高，转炉炉衬使用寿命降低。

5.8.2 转炉吹炼工艺

在造渣期作业时，从风口向铜锍熔体鼓入空气或富氧空气，铜锍中的硫化亚铁（FeS）被氧化生成氧化亚铁（FeO）和二氧化硫气体：氧化亚铁与二氧化硅（SiO_2）熔剂进行造渣反应。由于铜锍与炉渣相互溶解度很小，而且密度不同，停止送风时熔体分成两层，上层炉渣定期排出，下层金属称为白锍，继续对白锍进行吹炼，进入造铜期。在造铜期，Cu_2S 与鼓入空气中的氧反应，生成粗铜和二氧化硫。粗铜送往下道工序进行火法精炼，铸造合格的阳极板。吹炼生产的烟气（SO_2）经余热锅炉回收余热后，进入重力收尘和电收尘器收尘，处理后的烟气送去制酸。铜锍转炉吹炼的工艺流程如图 5-34 所示。

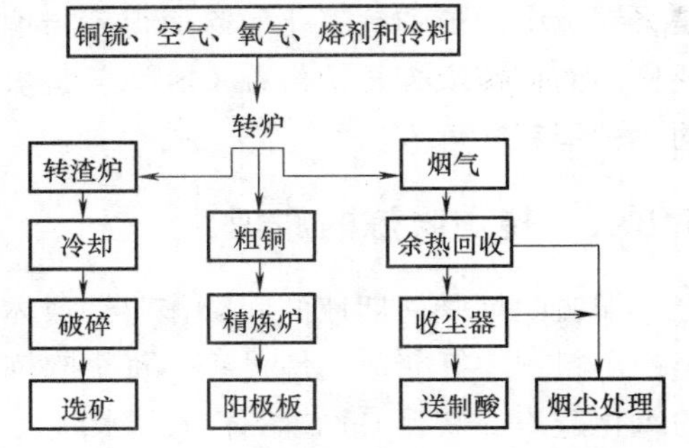

图 5-34 转炉吹炼工艺流程

5.8.3 转炉结构

目前铜锍吹炼普遍使用的是卧式侧吹（P-S）转炉，P-S 转炉除本体外，还包括送风系统、倾转系统、排烟系统、熔剂系统、环集系统、残极加入系统、铸渣机系统、烘烤系统、捅风口装置、炉口清理等附属设备。转炉本体包括炉壳、炉衬、炉口、风口、大括轮、大齿圈等部分。图 5-35 为 P-S 卧式转炉结构示意图。

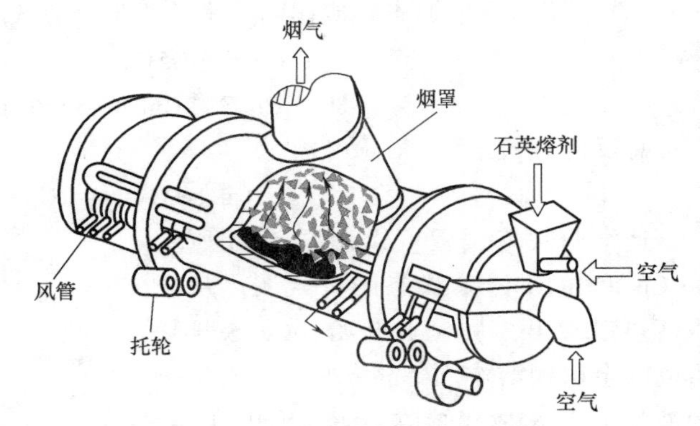

图 5-35 P-S 卧式转炉示意图

转炉炉壳为卧式圆筒状结构，采用 40~50mm 的钢板卷制焊接而成，上部设有炉口，两侧焊接弧形端盖并安装有支撑炉体的大托轮（整体铸钢件），大托轮由 4 组托架支撑，每组托架有 2 个托轮。在炉壳内部多用镁质和镁铬质耐火砖砌成炉衬。

（1）炉口　炉口设于筒状炉体中央或偏向一端，一般为整体铸钢结构，供装料、放渣、放铜、排烟之用。现代转炉大都采用长方形炉口，炉口面积可按转炉正常操作时熔池面积的 20%~30%来选取，或按烟气出口速度 8~10m/s 来确定。我国已成功采用水套炉口。

（2）风口　在转炉的后侧同一水平线上设有一排紧密排列的风口，压缩空气由此送入炉内熔体中。风口由水平风管、风口底座、风口三通、弹子和消声器组成。风口是转炉的关键部位，其直径一般为 38~50mm。在炉体大托轮上均匀地标有转炉的角度刻度标尺，一般 0°位置是捅风眼的位置，60°为进料和停风的角度，75°~80°为加氧化渣的角度，140°为出铜时摇炉的极限位置。吹炼时，风口浸入熔体的深度为 200~500mm 时，可以获得良好的吹炼效果。

（3）送风系统　送风系统由风机、防喘振装置、放风阀、总风管、支风管、送风阀、万向接头、三角风箱、U 形风管、软管、风口组成。

（4）倾转系统　转炉倾转装置通过电动机→制动轮和万向节→减速机→齿轮万向节→

小齿轮→大齿圈而使炉体倾转。

(5) 排烟系统 排烟系统由烟罩、余热锅炉、球形烟道、鹅颈烟道、沉尘室、电收尘、水平烟道、排风机等组成。转炉多设有密封烟罩，以减少漏风，提高烟气中 SO_2浓度，改善劳动条件。

(6) 加熔剂系统 加熔剂系统包括中继料仓、板式给料机、带式运输机、装入带、活动溜槽和加料挡板等。

(7) 加残极系统 加残极系统主要由油压装置、整列机、装料运输机、投入设备和检测器组成。

(8) 铸渣机系统 转炉渣有多种处理方式，可以返回熔炼系统、进行缓冷处理或者进行铸渣。铸渣机就是把转炉炉渣铸成渣块，冷却后运往选矿车间进行处理。其构成有浇包倾转装置、溜槽、铸渣机本体及头部切换溜槽。国内使用的铸渣机型号为帕特森型。其连杆上安装有盛渣的铸模，连杆安在轨道上，两端分别设置链轮。铸渣机靠电动机驱动头部链轮，使铸模移动。

(9) 转炉用的耐火材料 转炉吹炼温度为1100~1300℃，在转炉上大量使用的耐火材料是电熔再结合镁铬砖，在风口区使用熔铸镁铬砖。

5.8.4 转炉吹炼实践

铜锍吹炼的造渣期在于获得足够数量的白铜锍（Cu_2S），但是生产中并不是注入第一批铜锍后就能立即获得白铜锍，而是分批加入铜锍，逐渐富集白铜锍。在吹炼操作时，将炉子转到停风位置，装入第一批铜锍，装入量视炉子大小而定，一般是在吹炼时风口浸入液面下200mm 左右为宜。旋转炉体至吹风位置，边旋转边吹风，吹炼数分钟后加入石英熔剂。当温度升高到1200~1250℃后，将炉子转到停风位置，加入冷料。随后将炉子转到吹风位置，边旋转边吹风。再吹炼一段时间，当炉渣造好后，旋转炉子放渣. 之后再加铜锍。依此类推，反复进行进料、吹炼、放渣，直到炉内熔体所含铜量满足造铜期要求时为止。这时开始筛炉，即指最后一次除去熔体内残留的 FeS，倒出最后一批渣的过程。为了保证在筛炉时熔体能保持在1200~1250℃的高温，以便使第二周期吹炼和粗铜浇注不致发生困难，有的工厂在筛炉前向炉内加少量铜锍。这时熔剂加入量要严格控制，同时加强鼓风，使熔体充分过热。

在造渣期，应保持低料面薄渣层操作，适时适量加入石英熔剂和冷料。炉渣造好后应及时放出，不能过吹。判断白铜锍获得（筛炉结束）的时间，是稀渣期操作的一个主要环节，是决定铜的直接回收率和造铜期是否能顺利进行的关键。过早或过迟进入造铜期都是有害的。过早地进入造铜期的危害与石英熔剂量不足的危害相同，过迟进入造铜期，会使 FeO 进一步氧化成 Fe_3O_4，使已造好的炉渣变黏，同时 Cu_2S 氧化产生大量的 SO_2烟气使炉渣喷出。筛炉后继续鼓风吹炼进入造铜期，这时不向炉内加铜锍，也不加熔剂。当炉温高于所控制的温度时，可向炉内加适量的残极和粗铜等降温。出铜时，转动炉子加入一些石英，将炉子稍向后转，然后再出铜，以便挡住氧化渣。倒铜时应当缓慢均匀。出完铜后迅速捅风口，清除结块，然后装入铜锍，开始下一炉次的吹炼。

铜锍吹炼产物包括粗铜、烟尘和转炉渣，粗铜的主要组成为 w(Cu) 98.5%~99.5%，w(Pb)0.3%，w(Zn) 0.005%，w(Fe) 0.1%，w(S) 0.02%~0.10%，$O_2$0.5%~0.8%。烟

尘含 Cu8%~40%，Pb4%~40%，Zn1%~10%，Fe2%~8%，S11%~14%。转炉渣含 w(Cu) 0.5%~1.6%，w(Fe) 10%~35%，$w(SiO_2)$ 20%~30%。

铜锍吹炼的主要技术经济指标见表 5-17。

表 5-17　铜锍吹炼的主要技术经济指标

名称	转炉容量/t		
	50	80	100
铜锍品位(%)	20~21	50~55	55
送风时率(%)	85	70~80	80~85
直收率(%)	90	93.5	94
耐火材消耗/kg·t 铜$^{-1}$	45~60	4~5	25
炉使用寿命/t·炉期$^{-1}$	2200	26400	
电耗/kW·h·t 铜$^{-1}$	650~700	50~60	40~50

5.8.5　其他吹炼方法

我国富春江冶炼厂开发的反射炉式连续吹炼炉为小型铜冶炼厂开辟了铜锍吹炼的新途径。邵武冶炼厂、烟台鹏晖铜业有限公司、红透山矿冶炼厂、滇中冶炼厂等相继采用了这种炉型进行铜锍吹炼。正常作业时，铜锍由密闭鼓风炉间断加入吹炼炉内，石英由炉顶水套上的气封加料口加入炉内吹炼区，压缩空气通过安装在炉墙侧面的风口直接鼓入熔体内，熔体、压缩空气、石英三相在炉内进行良好的接触及搅动，使氧化、造渣反应进行得很快，直到炉内熔体铜含量达到 77%，接近白铜锍，吹炼时间 4~5h，这一过程被称为造渣期。在不加铜锍熔剂的情况下，继续大风量吹风 1~2h（现场叫空吹），白铜锍还没有全部转变为粗铜时，即粗铜层大约 150mm 左右，开始放粗铜铸锭。

连续吹炼炉每个吹炼周期包括造渣、造铜和出铜三个阶段。操作周期为 7~8h。连续吹炼炉避免了炉温的频繁急剧变化，并采用水套强制冷却炉衬，炉寿命一般为 750~1500t/炉次。

1995 年，世界上第一台闪速熔炼——闪速吹炼的炼铜厂在美国犹他冶炼厂顺利投产后，将固态铜锍粉喷入闪速炉反应塔进行闪速吹炼，改变了传统的铜锍的液态吹炼方式。犹他冶炼厂是世界上最清洁的冶炼厂。全厂硫的捕收率达 99.9%，SO_2的逸散率<2.0kg/t；只要铜锍品位适中吹炼过程可以实现自热；耗水量减少 3/4。除犹他冶炼厂以外，目前还有秘鲁的依罗冶炼厂也采用闪速吹炼。

从熔炼炉放出的熔锍［含 w(Cu) 68%~70%］首先进行高压水淬，经干燥与细磨($100\times10^{-6}\sim150\times10^{-6}$m，粒度<0.15mm 的锍粉不应少于 80%)，经风力输送到闪速吹炼炉的料仓，然后与需要加入的石灰熔剂和返回的烟尘一道，用含氧 75%~85%的富氧空气或工业氧气将其喷入反应塔内，反应后从闪速吹炼炉的沉淀池放出硫含量仅为 0.2%~0.4%的粗铜；用石灰作熔剂，产出含 w(铜) 约 16%、含 w(CaO) 为 18%左右的吹炼渣，吹炼渣返回熔炼炉处理。产出的烟气含 SO_2高达 35%~45%，经余热锅炉与电收尘冷却净化后送去制酸，收下的烟尘可返回闪速吹炼炉或闪速熔炼炉处理。

在闪速反应塔中反应产生的金属铜是不多的，约占所产金属铜的 10%，大部分的铜锍粉在反应塔中有的被过氧化为 Cu_2O，有的欠氧化仍为 Cu_2S。当它们落于沉淀池的熔体中后，继续发生造铜反应：

$$Cu_2S+2(Cu_2O)=\!=\!=6Cu+SO_2\uparrow$$

$$Cu_2S+2(Fe_3O_4)=\!=\!=2Cu+6(FeO+SO_2)\uparrow$$

犹他冶炼厂现采用闪速熔炼-闪速吹炼工艺流程，所产铜锍成分为（质量分数）：Cu71%，Fe5.3%，S21.4%。粗铜含 S0.3%，Pb0.016%～0.067%，As0.24%～0.35%，Sb0.018%～0.027%，Bi0.009%～0.015%。

5.9 粗铜的火法精炼

粗铜铜含量一般为98.5%～99.5%，其力学性能、导电、导热性能均不能满足应用要求。火法精炼的目的是要除去粗铜中的铁、铅、锌、铋、镍、砷、锑、硫等杂质，使铜的纯度超过99.95%。经火法精炼的粗铜浇注成表面光滑平整、厚薄均匀的铜阳极板，作为电解精炼的阳极。

5.9.1 粗铜火法精炼的原理

粗铜的火法精炼过程是在1150～1200℃的温度下向铜熔体中鼓入空气，使杂质与氧发生氧化反应，以氧化物的形态进入渣中，然后用还原剂脱除铜液中的氧。火法精炼包括氧化与还原两个主要过程。

1. 火法精炼的氧化过程

氧化精炼是在1150～1200℃的高温下，将空气通入铜液，铜被氧化成 Cu_2O。从图5-36所示的 $Cu-Cu_2O$ 系相图可知，生成的 Cu_2O 溶于铜液中，溶解度随温度升高而增大。1200℃时，Cu_2O 在铜液中的溶解度可达12.4%。铜液中的铁、铅、锌、铋、镍等杂质与 Cu_2O 反应，反应式为

$$[Cu_2O]+[Fe]=\!=\!=2[Cu]+FeO,\quad [Cu_2O]+[Pb]=\!=\!=2[Cu]+PbO$$

$$[Cu_2O]+[Zn]=\!=\!=2[Cu]+ZnO,\quad [Cu_2O]+[Ni]=\!=\!=2[Cu]+NiO$$

$$5[Cu_2O]+2[Bi]=\!=\!=10[Cu]+Bi_2O_5,\quad 5[Cu_2O]+2[As]=\!=\!=10[Cu]+As_2O_5$$

$$5[Cu_2O]+2[Sb]=\!=\!=10[Cu]+Sb_2O_5,\quad 5[Cu_2O]+2[Sn]=\!=\!=10[Cu]+SnO_2$$

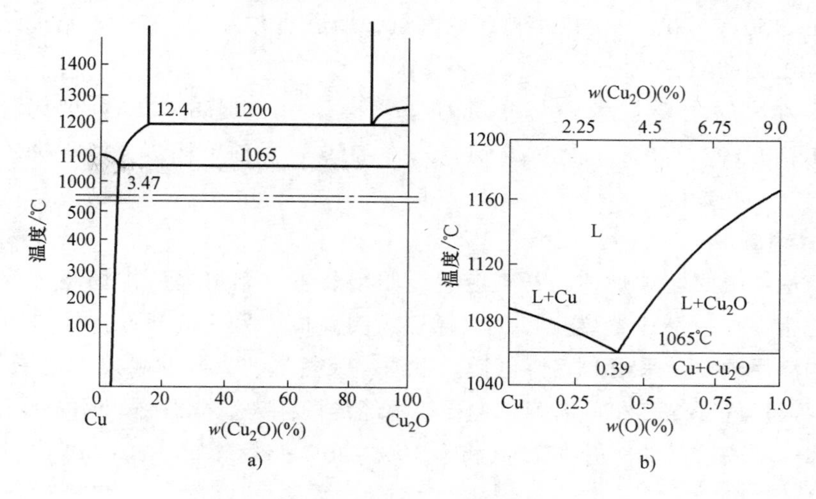

图5-36 $Cu-Cu_2O$ 系相图

生成的 FeO、PbO、ZnO 等氧化物不溶于铜液，形成单独的渣相浮于铜液表面而从铜中脱除。通过加入石英、苏打发生等熔剂，使生成的 As_2O_5、Sb_2O_5、SnO_2 等与石英、苏打发生反应，生成硅酸铅、砷酸钙、砷酸钠等造渣脱除。此外，As，Sb，Bi 等元素具有很高的蒸气压，可以利用蒸馏的原理使其挥发脱除。粗铜中一般溶有 0.05%S 和 0.5% O_2，硫与氧反应，在阳极板内形成 SO_2 气泡，影响电解精炼过程。脱硫是在氧化过程中进行的。向铜熔体中鼓入空气时，熔于铜中的氧和硫发生如下反应

$$[S]+2[O]=\!=\!=SO_2\uparrow$$

2. 火法精炼的还原过程

还原过程用重油、天然气、液化石油气和丙烷等作还原剂，还原脱除铜液中溶解的氧。我国多用重油还原脱氧。重油受热裂解生成 H_2、CO 等还原剂，其还原 Cu_2O 的反应为

$$Cu_2O+H_2=\!=\!=2Cu+H_2O\uparrow$$

$$Cu_2O+CO=\!=\!=2Cu+CO_2\uparrow$$

$$Cu_2O+C=\!=\!=2Cu+CO\uparrow$$

$$4Cu_2O+CH_4=\!=\!=8Cu+CO_2\uparrow+2H_2O\uparrow$$

还原后的铜液中控制氧含量为 0.05%~0.2%，铸成的阳极板氧含量为 0.03%~0.05%。

5.9.2 粗铜火法精炼的实践

精炼操作分为加料、熔化、氧化、还原和浇注等几个工序，粗铜火法精炼过程可以在反射炉、回转炉或倾动炉中进行。

1. 反射炉精炼

反射炉是传统的火法精炼设备，结构简单，操作方便。缺点是热效率低，操作环境和劳动条件差。精炼反射炉的形式及结构与熔炼反射炉相近，反射炉通常建立在钢筋混凝土炉基上，炉墙用镁砖、铝镁砖或铬镁砖砌筑，炉顶用铝镁或铬镁砖砌筑。反射炉精炼的氧化操作要点是增大烟道抽力（80~100Pa），提高空气过剩系数（$\alpha=1.2\sim1.4$），使炉内呈氧化性气氛，并用直径为 $\phi18\sim\phi50$mm 的铜管向熔体内鼓入 0.3~0.5MPa 的压缩空气。氧化期铜液温度为 1150~1180℃，熔体中氧化亚铜含量 0.8%~10.0%。氧化结束后，采用重油还原，铜液温度控制在 1150~1180℃，炉内维持还原气氛，烟道抽力为 10~30Pa。还原结束时，铜液中的残氧量为 0.03%~0.05%。

铜精炼反射炉的主要技术经济指标如下：操作总炉时 8~18h；炉床能力 5~10t/($m^2\cdot d$)；渣率 0.1%~5.0%，渣含 w(铜) 11%~35%；重油单耗 74~120kg/t；还原油用量 5~20kg/t。

2. 回转式精炼炉

回转式精炼炉由回转炉炉体、托辊装置、驱动装置、燃烧器、排烟装置等组成，如图 5-37 所示。通常在炉一端设置燃烧口、取样口、测温口，另一端开设排烟口，在炉体中部开设加料和倒渣用炉口。采用的燃料包括：重油、天然气、煤气和粉煤，还原剂包括：氨、液化石油气、天然气、煤气和重油等。主要技术经济指标为：操作总炉时 7.1~24h；炉子容量 70~380t/炉；渣率 3.5%，炉渣含 w(铜) 30%~40%；燃料单耗 20~80kg/t；还原剂单耗 4~11.5kg/t。

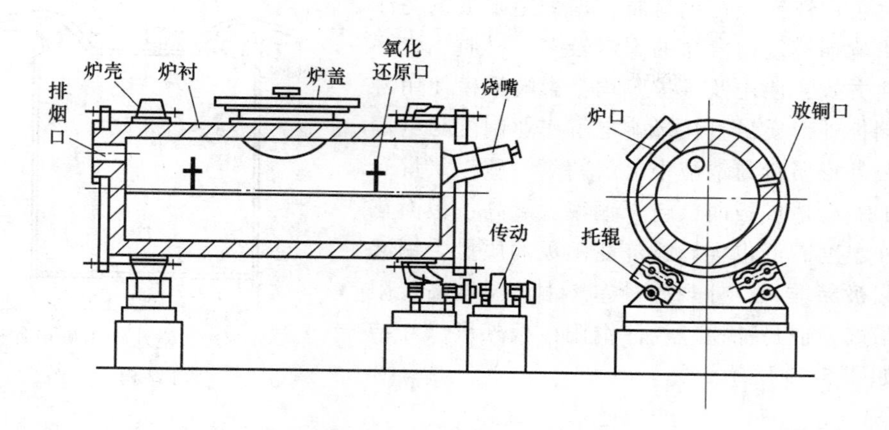

图 5-37 回转式精炼炉结构示意图

3. 倾动炉精炼

倾动炉由炉基、摇座、炉体、驱动装置、燃烧装置、排烟装置组成。炉基由耐热钢、混凝土筑成，用工字钢、槽钢和钢板焊接成的结构件作为炉体支撑。在炉基上装设钢结构摇座、滚轮，液压缸装在炉基上，伸缩液压缸带动炉体倾转，倾转角±30°。炉底用铬镁砖和黏土砖砌筑，炉底弧度为30°~45°。侧墙用镁砖筑成圆弧形。吊挂炉顶为圆弧形，用铬镁砖砌筑，弧度为45°。在侧墙上开设加料门，安设氧化、还原风管，炉尾开设放渣口。后侧墙设出铜口。端墙开设燃烧孔，另一端墙开有排烟孔，倾动炉的结构如图5-38所示。

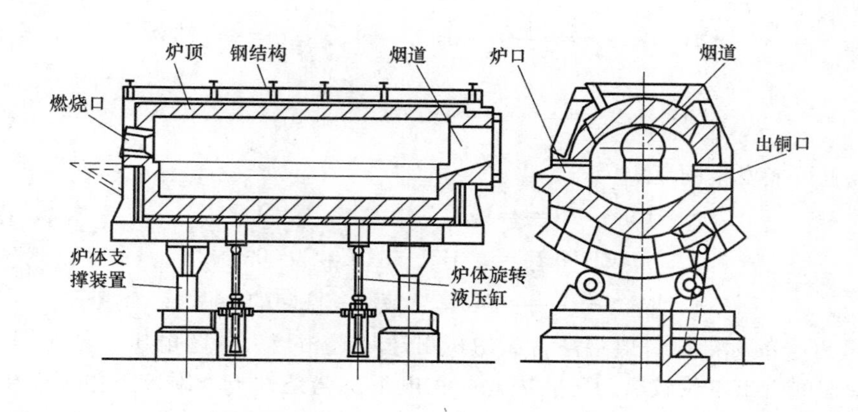

图 5-38 150t 倾动式阳极炉结构示意图

某厂采用倾动炉处理纯铜与残极，主要参数如下：容量（铜液）：250t；熔池尺寸（长×宽×深）：11962mm×5000mm×950mm；浇注侧倾转角度（最大）28.5°；精炼倾转角度（最大）15.0°~17.0°；加料侧倾转角度（最大）10.0°

4. 阳极浇注

阳极生产有两种工艺：铸模浇注和连注，铸模浇注分为圆盘型和直线型。圆盘型浇注可用于铸阳极或线锭，浇注机较稳定，容易保证铸件质量，容易维修，但占地面积大、投资大。直线型浇注机结构简单，占地面积小，投资少，但阳极质量差，仅被小型工厂采用。阳极铸模，过去用铸铁或铸钢材质，现采用阳极铜浇注的铜模。影响铜模使用寿命的因素较多，材质、浇注温度、浇注方式，使用及维护等均会影响铜模使用寿命。阳极铜板外形质量直接影响电解作业制度与电铜质量。阳极外形质量与铜液中溶解的氢、硫、氧量有关，SO_2和H_2会造成板面鼓包，铜液含氧高，板面花纹粗。铜液温度高低也会影响浇注阳极的质量，铜液温度低，阳极易堆积，外观质量差。铜液温度高，阳极外观质量好，但易黏模。浇注铜阳极板外形尺寸结构示意图如图 5-39 所示。

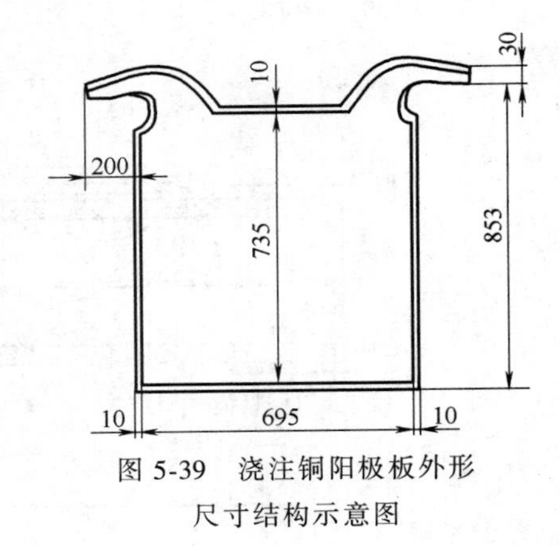

图 5-39　浇注铜阳极板外形尺寸结构示意图

5.10　铜的电解精炼

铜的电解精炼是指以阳极铜为阳极，硫酸铜-硫酸水溶液为电解液，铜始积片或 304L 不锈钢板为阴极，通入直流电后，阳极铜溶解，电解液中的铜离子在阴极中析出获得阴极铜。

5.10.1　电解精炼的原理

铜的电解液中主要存在以下几种离子：Cu^{2+}、SO_4^{2-}、H^+、OH^-，在直流电的作用下，各种离子作定向运动，在阳极上可能发生下列反应

$$Cu-2e = Cu^{2+}, \quad \varphi^{\ominus}_{Cu^{2+}/Cu} = +0.34V$$

$$H_2O-2e = \frac{1}{2}O_2+2H^+, \quad \varphi^{\ominus}_{O_2/H_2O} = +1.23V$$

$$SO_4^{2-}-2e = SO_3+\frac{1}{2}O_2, \quad \varphi_{O_2/SO_4^{2-}} = +2.42V$$

在阴极上可能发生的反应为

$$Cu^{2+}+2e = Cu, \quad E^{\ominus}_{Cu^{2+}/Cu} = 0.34V$$

$$2H^+ +2e = H_2, \quad E^{\ominus}_{H^+/H} = 0V$$

$$Me^{2+}+2e = Me, \quad E^{\ominus}_{Me^{2+}/Me} > 0.034V$$

H_2O 和 SO_4^{2-}的标准电位值很高，氧的析出还具有相当大的超电压，氢在铜上析出的超电压很高，铜的析出电位较氢为正，因此，在电解工艺条件下，阳极上主要发生铜的溶解，阴极上主要发生铜离子析出。电极电位比铜更负的杂质金属以离子形态留在电解液中，贵金属以阳极泥形态沉积槽底，从而实现了铜与杂质的分离。

铜的阳极板是一种含有多种元素的合金，通常阳极铜中的杂质分为以下四类：

1）比铜显著负电性的元素，如锌、铁、锡、铅、钴、镍，电解时均溶于电解液中，铅进一步生成难溶的硫酸盐沉淀进入阳极泥；锌、铁以硫酸盐的形式进入溶液；锡形成碱式盐、砷酸盐沉淀。定期抽出一部分电解液进行净化，可以消除溶液中积累的杂质对电解铜质量的影响。

2）比铜显著正电性的元素，如银、金、铂族元素全部进入阳极泥，阳极泥是回收金、银等贵金属的原料。

3）砷、锑、铋电位接近铜，当其在电解液中积累到一定的浓度时，便会在阴极上放电析出，使电解铜的质量降低。

4）其他杂质，如氧、硫、硒、碲、硅等，以 Cu_2S、Cu_2O、Cu_2Te、Cu_2Se、AgSe、AgTe 等形态存在，电解时自阳极板上脱落进入阳极泥。

5.10.2 电解精炼设备

电解槽是电解生产的主体设备，分为生产槽、种板槽与脱铜槽。电解槽为长方形结构，槽中依次交替吊挂着阳极和阴极。电解槽内附设有进液管、排液管、出液斗的液面调节堰板等。槽体底部常做成约 3%的斜度，并开设阳极泥放出管、放液管，管孔配有耐酸陶瓷或嵌有橡胶圈的硬铅塞子，以防止漏液。用钢筋混凝土构筑的典型铜电解槽结构如图 5-40 所示。

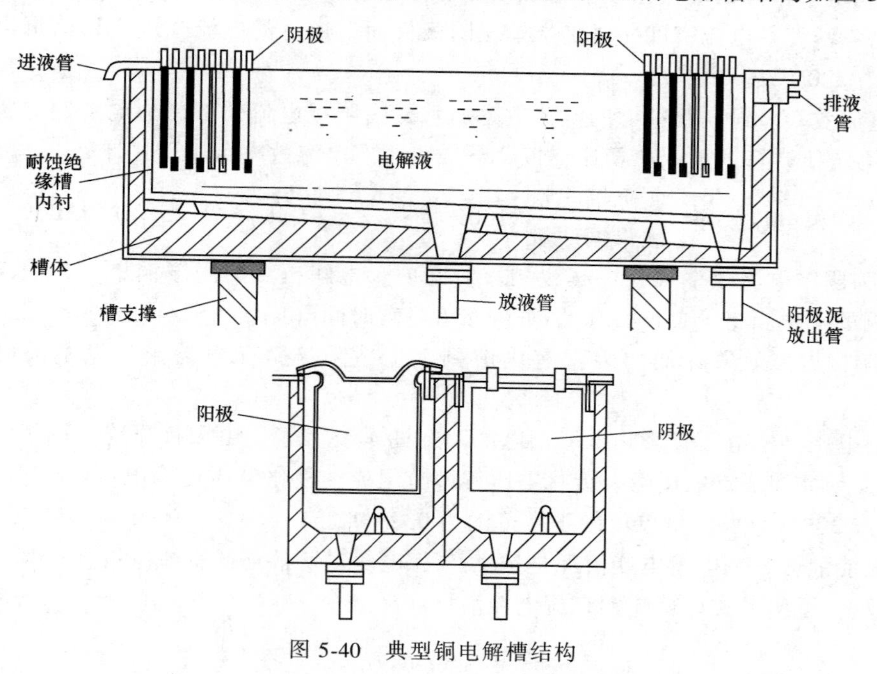

图 5-40 典型铜电解槽结构

5.10.3 电解精炼实践

铜电解精炼通常包括极片的生产、始极片加工制作、阳极加工、电解、净液等工序。生产中首先利用种板槽生产铜始极片，始积片经剥离、整平、压纹、钉耳等加工后，作为电解铜生产的初始阴极使用，产出最终产品阴极铜。为使电解液中不断升高的铜离子浓度降下来，并除去积累在电解液中的杂质镍、砷、锑、铋等，电解液需要净化、除杂。

（1）电解液成分　铜电解液的主要组分为 $CuSO_4$ 和 H_2SO_4，含有少量的杂质和有机添加剂。通常铜离子浓度为 40~55g/L，硫酸浓度为 160~240g/L。杂质离子的浓度控制在：砷 <7g/L、锑 <0.7g/L、铋 <0.5g/L、镍 <20g/L。

（2）添加剂　铜电解精炼所采用的添加剂多为表面活性物质。目前，国内铜电解厂普遍采用的添加剂有胶、硫脲、干酪素、盐酸等。胶质添加剂包括骨胶、明胶，是铜电解精炼过程中最主要、最基本的添加剂。胶在电解生产过程中易分解失效，要求将胶均匀、连续地加入，以避免造成电解液中有效胶浓度的急剧变化。硫脲是国内外铜电解厂普遍采用的添加剂，能促使阴极极化增加，有利于获得细粒光洁的阴极铜沉积物。一般硫脲用量按每吨电解铜 20~70g 加入。干酪素是我国各电解铜厂曾广泛应用的复合添加剂，国外几乎不应用。氯离子是国内外铜电解厂普遍采用的复合添加剂之一，通常以盐酸（HCl）或食盐（NaCl）形式加入，一般控制氯离子含量为 10~60mg/L。

（3）电解液温度　提高温度有利于降低电解液黏度，使阳极泥易于沉降，增加离子扩散速度，提高电解液的电导率，降低槽电压，降低电解生产电能消耗。电解液温度一般保持在 50~65℃。过高的电解液温度会给电解生产带来不利的影响，包括使明胶和硫脲分解速度加快，电解液的蒸发损失增大，劳动条件恶化，蒸汽消耗增加等。

（4）铜电解精炼的电流密度、电在效率、槽电压和电能消耗

1）电流密度。电流密度一般是指单位阴极板面上通过的电流强度。目前铜电解的电流密度一般为 220~270A/m^2。

2）电流效率。铜电解精炼的电流效率通常是指阳极电流效率，为电解铜的实际产量与按照法拉第定律计算的理论产量比，以百分数表示。电流效率可用下式计算：

$$\text{阴极电流效率}=\frac{\text{实际铜产量}}{\text{理论铜产量}}\times100\%,\qquad \eta_i=[G/(q\cdot I\cdot t\cdot N)]\times100\%$$

式中，η_i 为阴极电流效率（%）；G 为在 t 时间内，电解析出的阴极铜量（g）；N 为电解槽数；q 为铜的电化当量，1.186g/(A·h)；t 为电解时间（h）。

引起阴极电流效率降低的因素有电解副反应、阴极铜化学溶解、设备漏电、极间短路等。

3）槽电压。槽电压是影响电解铜电能消耗的重要因素，由阳极压降、阴极压降、电解液电压降、导体和节点电压降、极化电压等部分组成。极化电压占槽电压的 25%~28%，电解液电压占 30%~67%，槽电压的正常范围为 0.2~0.25V。

4）电能消耗。铜电解电能消耗是按生产 1t 电解铜所消耗的直流电进行计算，或是按交流电耗计算，可用下式计算吨铜直流电能消耗：

$$W=\frac{843.17E}{\eta}$$

式中，W 为直流电消耗［kW·h/(L·Cu)］；E 为电解槽的槽电压（V）；η 为电流效率（%）。

5.10.4 永久阴极电解

永久阴极电解技术是继周期反向电解、极板自动化作业线等技术发展之后，铜电解技术的又一重大进步。由于其显著的优越性，从其问世伊始，就引起了铜冶金行业的巨大关注。永久阴极电解铜技术的特征是使用不锈钢阴极取代传统的始极片，这一工艺包括不锈钢阴极制作与阴极铜剥离两部分。目前世界上有四种永久阴极电解方法，永久性阴极电解技术产出的铜量占世界总产量的 40%左右。

1. 艾萨法

1978 年，由澳大利亚 Mountlsa 公司的 Townsville 冶炼厂，研制成功铜电解永久阴极技

术，并投入生产，称为艾萨（ISA）电解法。目前，ISA 法生产的电解铜占全世界产量的 1/3，我国最早引进该技术的是江铜贵溪冶炼厂。艾萨法不锈钢阴极由不锈钢母板、导电棒以及绝缘边条三部分组成。母板由 316L 不锈钢制造，极板厚为 3~3.75mm，以 3.25mm 居多，极板底边为Π形导电棒有两种：

1）导电棒截面为中空长方形，两端封闭，材质为 304L 不锈钢，与槽间导电板接触的底边被加工成圆弧形，焊在阴极母板上，并镀上铜，镀层厚度为 1.3~2.5mm，以 2.5mm 为最佳，而且镀层覆盖全部焊缝，并延伸至阴极板面，使导电棒具有良好的导电性和延伸性。

2）导电棒为工字形 304L 不锈钢，工字形底边为圆弧形，圆弧半径 80mm，镀铜层厚 2.5mm。上述两种导电棒的阴极板在电解槽中会自然垂直，而与槽间导电排呈线性接触，底边和导电棒中心线的偏差不超过 5mm，紧靠导电棒在阴极板面开有两个方形窗口，供阴极起吊时挂钩用。阴极板的两侧垂直边采用聚氯乙烯挤压件包边绝缘，防止阴极铜析出造成阴极铜剥离困难。包边绝缘用硬聚氯乙烯材料时，装槽前需在接缝处喷涂熔融的高温蜡密封，防止包边缝隙内析出电铜。高温蜡的熔点为 84℃。剥离过程洗涤下的蜡可以回收重复使用。绝缘边的使用寿命为 3~4 年。艾萨不锈钢阴极结构如图 5-41所示。

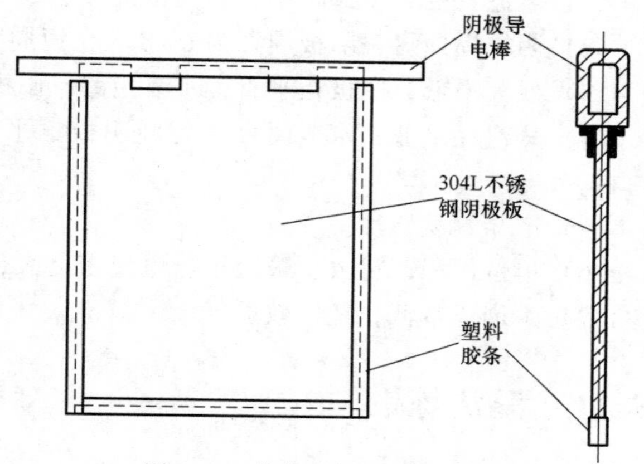

图 5-41　艾萨不锈钢阴极结构

2. Kidd 法

1986 年，加拿大鹰桥公司 Kidd Creek（基德·克里克）冶炼厂也开发了一种永久阴极生产工艺，称为 Kidd 法。铜陵金隆公司采用此工艺。Kidd 法不锈钢阴极由母版、导电棒以及绝缘边三部分组成。母板材料为 316L 不锈钢，厚为 3.25mm，导电棒为纯铜棒，与不锈钢阴极之间采用双面连接焊接，导电性能比艾萨法更好。Kidd 法阴极的底边开有 90°的 V 形槽，入槽前底边不蘸蜡。所以 Kidd 工艺剥离下的两块铜底边呈 W 形相连，其目的是捆扎时可以压紧。Kidd 法阴极的绝缘包边为 PVC 塑料夹条和张紧棒，阴极板比阳极板的长和宽各增加 30mm，阴极采用低温洗涤，包边使用寿命较长，年替换率不到 4%，主要的损伤为机械损伤。

3. OT 泰法

OT 泰法是芬兰奥托昆普公司开发的一种永久阴极生产工艺，山东阳谷祥光铜业公司在采用此工艺。OT 泰法阴极板导电棒内部为实心铜棒，外部为不锈钢，导电棒两头下部露出铜以便与槽间导电棒接触，吊耳与板面之间用激光焊接，耐蚀能力强。OT 泰法采用槽面双触点导电排。每两个槽中间有一个无线发射装置，可以发射槽电压、短路、温度、电流等信息到控制中心。OT 泰法不锈钢边沿开小孔，包边条与板面采用机械方法粘附，熔塑挤压。

4. EPCM 法

EPCM 公司成立于 1980 年，下属的子公司 Cobra 是 Kidd 工艺的唯一制造商，由于鹰桥公司于 2006 年被 XSTRATA 收购，双方未能达成合作协议，于 2007 年终止合作。于是开始自主开发了 EPCM 工艺，包括高性能阴极板（SP）和机器人剥片机组。山东阳谷祥光铜业公司和中国瑞林给紫金矿业设计的 20 万 t 铜电解运用了此工艺。EPCM 采用实心纯铜导电棒，铜棒部分用不锈钢套牢牢裹住，强度高；不锈钢板与铜棒用铜焊料焊接；不锈钢套和铜焊缝间的缝隙用密封胶密封。包边由聚丙烯材料经压铸成形并进行热处理，加工成两边开槽形状，一边卡住不锈钢板，另一边套入聚丙烯棒增加夹紧力，夹边条与不锈钢之间粘一层胶带。

经历近 40 年的发展，永久阴极已经发展成为三种不同的工艺，即：艾萨法、Kidd 法、OT 泰法。虽然工艺名称不同，但基本原理相同。阴极均采用不锈钢 316L 材质，不生产始积片，阴极在电解槽中一步电解成成品阴极铜，利用剥片机组剥离阴极。与传统法相比具有以下优点：

1）电流密度高、极距小，电流密度可达 350 左右，极距在 100cm 左右。

2）阴极周期短，阴极周期为 6~8 天，短周期可以减少阴极长粒子的机会。

3）残极率低，阴极板平直，不易短路，阳极溶解均匀，提高了阳极利用率。

4）蒸汽耗量低，永久阴极法每吨阴极铜平均蒸汽消耗量在 0.4t 以下，传统法为 0.6t 左右。

5）产品容易清洗。

6）单位面积产量大，极距小，电流密度大，无始极片生产车间，单位面积产量大。

7）生产成本低，经济效益好。

5.11 湿法炼铜

5.11.1 概述

湿法炼铜是指用溶剂浸出铜矿石中的铜，从含铜溶液中回收铜，用于处理低品位铜矿石、氧化铜矿和一些复杂的铜矿石。1968 年，美国亚利桑那州兰乌矿建成了世界上第一个浸出-萃取-电积工厂，目前此法生产的铜产量占全球矿产铜量的 20%。智利是世界上最大的湿法炼铜生产国，1998 年产量达到 116.9 万 t。1997 年智利建成世界上最大的浸出-萃取-电积法炼铜工厂，生产能力为 22.5 万 t/a。

5.11.2 矿石浸出的原理

铜矿石中的铜常以氧化物、硫化物、碳酸盐、硫酸盐、砷化物等化合物形式存在，需要选用适当的浸出剂体系和浸出方式（制取余同），常用的浸出溶剂有硫酸、氨、硫酸高铁溶液等。铜矿石的浸出规律可以用图 5-42 所示的电位-pH 图说明。图中给出了 25℃、100℃、150℃的 $Cu-H_2O$ 系电位-pH 图。从图上可以了解到铜、氧化铜（CuO）、氧化亚铜（Cu_2O）稳定存在的区域，从而可以选择铜氧化矿物原料的湿法冶金条件。从图 5-42 所示可见，对于 Cu_2O 的浸出应加一定的氧化剂使溶液保持一定的氧化电势。

1. 酸性浸出

常用的浸出剂有硫酸、盐酸和硝酸，硫酸是最主要的铜矿浸出剂。用硫酸浸出氧化铜矿的主要反应如下

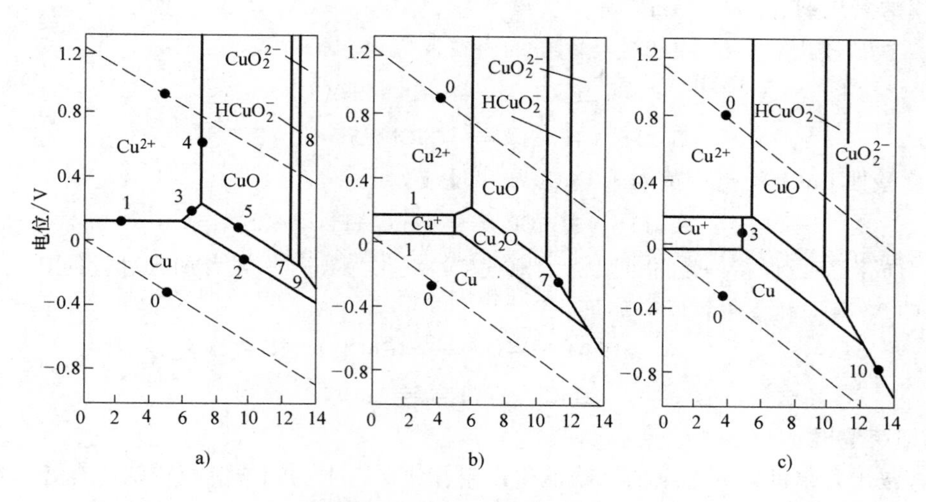

图5-42 Cu-H_2O系电位-pH图

$$Cu+H_2SO_4 = CuSO_4+H_2O$$

$$CuCO_3 \cdot Cu(OH)_2+2H_2SO_4 = 2CuSO_4+CO_2\uparrow+3H_2O$$

$$CuSiO_3 \cdot 2H_2O+H_2SO_4 = CuSO_4+SiO_2+3H_2O$$

$$2CuCO_3 \cdot Cu(OH)_2+3H_2SO_4 = CuSO_4+2CO_2\uparrow+4H_2O$$

$$Cu_2O+H_2SO_4 = CuSO_4+Cu+H_2O$$

$$2CuSiO_3 \cdot Cu(OH)_2+3H_2SO_4 = 3CuSO_4+2SiO_2+4H_2O$$

矿石中的褐铁矿、氧化铝一类杂质也会被酸溶解，反应式为

$$Fe_2O_3 \cdot nH_2O+3H_2SO_4 = Fe_2(SO_4)_3+(3+n)H_2O$$

$$Al_2O_3+3H_2SO_4 = Al_2(SO_4)_3+3H_2O$$

当酸度下降时，硫酸盐分解，以氢氧化物沉淀形式进入渣中，反应式为

$$Fe_2(SO_4)_3+6H_2 = 2Fe(OH)_3\downarrow+3H_2SO_4$$

$$Al_2(SO_4)_3+6H_2O = 2Al(OH)_3\downarrow+3H_2SO_4$$

2. 碱性浸出

氧化铜矿氨浸的主要反应如下

$$CuCO_3 \cdot Cu(OH)_2+6NH_3+(NH_4)_2CO_3 = 2Cu(NH_3)_4^{2+}+2CO_3^{2-}+2H_2O$$

$$CuSiO_3 \cdot 2H_2O+2NH_3+(NH_4)_2CO_3 = Cu(NH_3)_4^{2+}+H_2SiO_3+CO_3^{2-}+2H_2O$$

$$CuO+2NH_3+(NH_4)_2CO_3 = Cu(NH_3)_4^{2-}+CO_3^{2-}+H_2O$$

$$Cu_2O+2NH_3+(NH_4)_2CO_3 = 2Cu(NH_3)_2^{+}+CO_3^{2-}+H_2O$$

硫化铜矿氨浸的主要反应如下

$$Cu_2S+6NH_3+(NH_4)_2CO_3+2.5O_2 = 2Cu(NH_3)_2^{+}+SO_4^{2-}+CO_3^{2-}+H_2O$$

$$2CuFeS_2+12NH_3+2H_2O+9.5O_2 = 2Cu(NH_3)_3^{+}+Fe_2O_3+4SO_4^{2-}+4NH_4^{+}$$

可见，硫化矿的浸出必须有足够的氧，以促进硫和低价铜的氧化。

3. 盐类浸出

对于硫化铜矿，单纯用酸几乎不能浸出，盐浸是指用电势较高的盐类做氧化剂进行浸出，常用的氧化剂有 Fe^{3+}、Cu^{2+}等。

（1）铁盐浸出　$FeCl_3$浸出硫化铜矿的主要反应为

$$CuS+2FeCl_3 = CuCl_2+2FeCl_2+S^o$$

$$CuFeS_2+4FeCl_3 = CuCl_2+5FeCl_2+2S^o$$

（2）酸性 $CuCl_2$浸出　黄铜矿 $CuCl_2$浸出反应如下：

$$CuFeS_2+3CuCl_2 = 4CuCl+FeCl_2+2S^o$$

CuCl 易形成沉淀，保持一定的酸度，通氧使 Cu^+氧化为 Cu^{2+}；或者加入过量的 Cl^-，使 CuCl 生成 $CuCl_2$络离子键，主要反应如下

$$4CuCl+4HCl+O_2 = 4CuCl_2+2H_2O$$

$$CuCl_{(S)}+Cl^- = CuCl_2^-$$

4. 细菌浸出

细菌浸出是借助某些细菌的生物催化作用，使矿石中的铜溶解，特别适合处理贫矿、废矿、表外矿及难采、难选、难冶矿的堆浸和就地浸出。目前世界各国通过生物浸出法生产的铜约为 100 万 t，其中美国 25%的铜产自细菌浸出法。细菌浸出时主要使用化学自养能微生物，应用最多的为硫化细菌中的硫杆菌，可以浸出辉铜矿、铜蓝、黄铜矿和斑铜矿等。

细菌的催化作用有直接作用和间接作用两种方式。

（1）直接作用　细菌吸附于矿物上直接催化、氧化反应，反应式为

$$4FeS_2+15O_2+2H_2O = 2Fe_2(SO_4)_3+2H_2SO_4$$

$$4CuFeS_2+17O_2+2H_2SO_4 = 4CuSO_4+2Fe_2(SO_4)_3+2H_2O$$

$$2Cu_2S+O_2+4H^+ = 2CuS+2Cu^{2+}+2H_2O$$

（2）间接作用　上述反应产生的 $Fe_2(SO_4)_3$是硫化物的强氧化剂，可使硫化物氧化为硫酸盐，反应为

$$FeS_2+Fe_2(SO_4)_3 = 3FeSO_4+2S$$

$$CuFeS_2+2Fe_2(SO_4)_3 = CuSO_4+5FeSO_4+2S$$

生成的 $FeSO_4$及 S 又可被细菌催化氧化为 $Fe_2(SO_4)_3$和 H_2SO_4：

$$4FeSO_4+O_2+2H_2SO_4 = 2Fe_2(SO_4)_3+2H_2O$$

$$2S+3O_2+2H_2O = 2H_2SO_4$$

5. 浸出方式

湿法炼铜的浸出方法有：就地浸出，废矿或矿石堆浸、池浸和搅拌浸出等。露天剥离或地下矿采掘的低品位矿石采用堆浸；氧化铜富矿适宜用搅拌浸或池浸；含碱金属多的氧化铜矿适宜用氨浸；露天矿坑的边坡矿、老矿的采空崩落区、巷道内残矿以及采用爆破松动的含铜矿体适宜用就地浸出。选用哪种方法，主要考虑矿石品位、含铜矿物的存在形态及其可溶性，耗酸的共生脉石含量以及生产规模等。

5.11.3　铜的电积

目前湿法炼铜的工艺流程主要有堆浸—萃取—电积和硫酸化焙烧-浸出-电积两种流程，也可采用铁屑置换法，用铁将铜从溶液中置换出来，得到铜粉再进一步提纯。浸出得到的含铜溶液铜含量仅为 1~5g/L，湿法炼铜厂都采用萃取—电积法从含铜贫溶液中提取铜。

1. 萃取工艺

铜的浸出液萃取系统有多种配置方式，主要取决于溶液中的 Cu、Fe、H_2SO_4、Mn、NO^{3-}和 Cl^-等的含量。在堆浸和废矿石的浸出时，常得到含铜为 1~7g/L 的浸出液，采用二级萃取加一级反萃的萃取系统配置，萃取流程如图 5-43 所示。

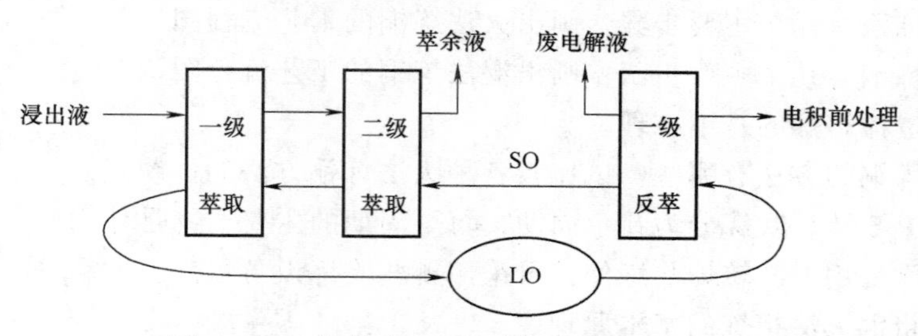

图 5-43 二级萃取+一级反萃流程配置示意图

萃取设备同时具有使两相充分混合接触和充分分离的功能。在铜溶剂萃取工厂中普遍使用混合-澄清室，其工作原理如图 5-44 所示。

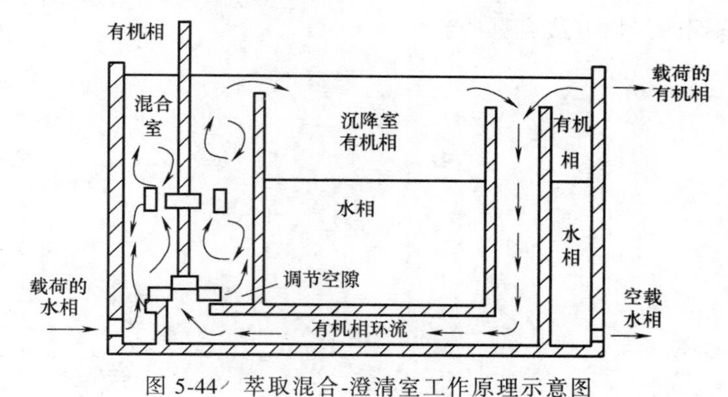

图 5-44 萃取混合-澄清室工作原理示意图

2. 铜电积

萃取得到 Cu^{2+}浓度为 40~60g/L 的铜溶液，可以直接经电解沉积得到电积铜。采用铅或者钛基过氧化铅涂层阳极，阴极反应与电解精炼相同，阳极反应为水解放出氧，反应式为

$$H_2O\text{-}2e \longrightarrow \frac{1}{2}O_2\uparrow +2H^+,\qquad \varphi^{\ominus}_{O_2/H_2O}=1.23V$$

总反应式为

$$Cu^{2+}+2H_2O \longrightarrow Cu+\frac{1}{2}O_2\uparrow +2H^+$$

电积过程反应的标准电动势为

$$E=E^{\ominus}-\frac{RT}{2F}\ln\frac{a^2_{H^+}}{a^-_{Cu^{2+}}}$$

当电解液含 Cu^{2+}为 30~50g/L 时，在温度 45℃ 条件下，计算得到铜电积理论分解电压 0.92V。考虑氧的超电压（约 0.5V），实际分解电压为 1.4~1.5V。考虑电解液、导电线路欧姆压降，实际槽电压将达 1.8~2.5V。铜电积的槽电压高，吨铜电耗 1700~2700kW·h/t，约为铜电解精炼的 10 倍，所以降低电解电能消耗是努力的目标之一。

复习思考题

5-1　炼铜原料有哪些？
5-2　火法炼铜有几个主要步骤？画出火法炼铜的工艺流程图。
5-3　湿法炼铜有几个主要步骤？画出湿法炼铜的工艺流程图。
5-4　简述造锍熔炼的基本原理。
5-5　火法炼铜的方法有哪些？试比较各种火法炼铜方法的优缺点。
5-6　铜锍 P-S 转炉吹炼分为几个周期，每个周期的主要产物是什么？
5-7　铜锍除采用 P-S 转炉吹炼外，可采用哪些吹炼设备？
5-8　简述粗铜火法精炼的基本原理。
5-9　粗铜火法精炼分为几个步骤，主要的火法精炼设备有哪些？
5-10　简述铜电解精炼过程中各杂质的行为。
5-11　湿法炼铜的浸出剂有哪些，其浸出原理是什么？
5-12　湿法炼铜的浸出方法有哪些？

第6章 镍 冶 金

6.1 概述

人类使用镍的历史可以追溯到公元前300年，早在春秋战国时期，我国就开始使用含镍的青铜器。1751年，瑞典科学家克朗斯塔特首次制取到金属镍。1825~1826年，瑞典开始镍的工业化生产。

6.1.1 镍的性质和用途

1. 镍的物理性质

镍是一种银白色金属，元素符号Ni，20℃时密度8.902g/cm^3，电阻率$6.8\times10^{-6}\Omega\cdot cm$（20℃），热导率90.7W/(m·K)（25℃），熔化焓17.6kJ/mol，熔点1453℃，沸点2732℃。镍是过渡族金属，原子序数28，相对原子质量58.71，原子半径0.1246nm。镍是元素周期表中三种磁性金属之一，纯镍为面心立方金属，具有良好的塑性加工性能和较高的硬度。

2. 镍的化学性质及其主要化合物

镍是第4周期Ⅷ族过渡族元素，在元素周期表中的位置决定了镍及其化合物的物理化学特性与钴、铁近似；在亲氧和亲硫性方面又较接近铜。镍原子的外层电子构型为$3d^84s^2$，在形成化合物时容易失去外层4s轨道上的2个电子，也可失去次外层3d轨道上的电子，镍具有+2、+3和+4等价态。

镍易于与氧等作用形成NiO致密保护薄膜，阻止内层金属进一步氧化，在大气中不易生锈，能抵抗苛性碱和所有有机化合物的腐蚀。在500℃以下，氯气对镍无显著作用；镍在稀盐酸和硫酸中溶解很慢，但稀硝酸能与镍发生作用。

镍的化合物在自然界中有三种基本形态，即镍的氧化物、硫化物和砷化物。

镍有三种氧化物：即氧化亚镍（NiO）、四氧化三镍（Ni_3O_4）及三氧化二镍（Ni_2O_3），只有NiO在高温下稳定。NiO的熔点为1650~1660℃，易被C或CO所还原，氧化亚镍能溶于硫酸、亚硫酸，在盐酸和硝酸等溶液中形成绿色的两价镍盐。与石灰乳反应形成绿色的氢氧化镍［$Ni(OH)_2$］沉淀。

镍的硫化物有：NiS_2、Ni_6S_5、Ni_3S_2、NiS，在冶炼高温下只有Ni_3S_2稳定。硫化亚镍（NiS）在高温下不稳定，在中性和还原气氛下受热时按下式离解

$$3NiS = Ni_3S_2 + 1/2S$$

镍的砷化物有砷化镍（NiAs）和二砷化三镍（Ni_3As_2），前者在自然界中为红砷镍矿，在中性气氛中按下式离解

$$3NiAs = Ni_3As_2 + As$$

镍在40~100℃时，可与一氧化碳形成羰基镍［$Ni(CO)_4$］，温度升高至150~316℃时，羰基镍分解为金属镍，这个反应是羰基法提取镍的理论基础。反应式为

$$Ni+4CO = Ni(CO)_4+163.6kJ$$

$$Ni(CO)_4 = Ni+4CO\uparrow$$

镍的盐类多为二价，如 $NiSO_4$、$NiCl_2$等。

3. 镍的用途

镍具有高度的化学稳定性，加热到700~800℃时仍不氧化；镍在碱液等化学试剂中稳定；镍能与许多金属组成合金，含镍合金包括工业纯镍、高温合金、耐蚀合金、磁性合金、膨胀合金、弹性合金、精密合金、电热合金和热双金属等。单位体积的镍能够吸收4.15体积的氢，黑镍（NiOOH）用作镍氢电池（NiMH）的正极材料。镍的用途可分为六类：①用作合金材料，包括膨胀合金、耐热合金、精密合金等3000多种合金，占镍消费量的70%。典型的用途包括：不锈钢，发动机高温端用材料，杜美芯丝合金等。②用于电镀，其用量约占镍消费量的15%。③用于石油化工氢化过程中的催化剂。④用于化学电源，是制作电池的材料。⑤制作颜料和染料。⑥制作陶瓷和铁素体材料。

6.1.2 镍资源与炼镍原料

镍在地壳中的含量约为0.02%，居已知元素的第24位，但富集成可供开采的镍矿床则廖廖无几。镍矿通常分为三类：即硫化镍矿、氧化镍矿和砷化镍矿。氧化镍矿约占世界镍储量80%，是未来镍的主要原料来源。现代镍中约有70%产自硫化镍矿，30%产自氧化镍矿。

已知的镍矿物有60种以上，具有工业价值的主要有六种硫化矿和三种氧化矿。镍的硫化矿包括镍黄铁矿［$(Fe, Ni)_9S_8$］、紫硫镍铁矿［$(Fe, Ni)_3S_4$］、针硫镍矿NiS、辉铁镍矿3NiS·FeS、钴镍黄铁矿（$(NiCO)_3S_4$或闪锑镍矿（Ni, SbS)。硫化镍矿常含有以黄铜矿形态存在的铜、钴（为镍量的3%~4%）和铂族金属。铜镍硫化矿可以分为两类：致密块矿和浸染碎矿。含镍高于1.5%，而脉石量少的矿石称为致密块矿；含镍量低、脉石量多的贫矿称为浸染碎矿。浸染碎矿需经选矿处理才能进行冶炼，而致密块矿经过磁选富集后送去冶炼，镍含量超过7%的铜镍矿石可直接送去冶炼。

氧化镍矿包括暗镍蛇纹石［$4(Ni, Mg)_4\cdot 3SiO_2\cdot 6H_2O$］、硅镁镍矿［$H_2(Ni, Mg)SO_4\cdot xH_2O$］、含镍红土矿［$(Fe, Ni)O(OH)\cdot nH_2O$］。氧化镍矿分为三类：位于石灰岩与蛇纹石之间矿床的矿石、位于石灰岩上的层状矿石、含少量镍的铁矿（即镍铁矿石）。第一类矿的特点是含镍高，但矿石成分变化很大；第二类矿的特点是矿床规模大，成分较均匀，但镍含量很低；第三类是镍铁矿，当含铁较高时，则直接送冶炼得到镍铁合金。氧化矿中几乎不含铜和铂族元素，但常常含有钴，其中镍与钴的比例一般为（25~30)：1。

含镍砷化矿发现很早（1865年），在炼镍史上起过重要作用，后来没有发现这一类型的大矿床，从含镍砷化矿中提炼镍仅限于个别国家。含镍的砷矿物有红砷镍矿NiAs、砷镍矿（$NiAs_2$）和辉砷镍矿（NiAsS)。

我国金川自产铜镍硫化矿含镍3.5%~5.0%、铜1.6%~2.5%、钴0.14%~0.20%，还含有金、银及铂族金属，金川镍精矿矿物组成为镍黄铁矿、磁黄铁矿、黄铜矿、黄铁矿、墨铜矿等。

6.1.3 镍的生产方法

镍的生产方法分为火法和湿法两大类，硫化矿的火法冶炼是通过造锍熔炼、吹炼制取镍锍和高镍锍。氧化镍矿火法冶炼是利用电炉还原熔炼镍铁，或用鼓风炉还原硫化产出镍锍。

氧化镍矿典型的火法冶炼流程包括：

① 鼓风炉还原硫化熔炼→吹炼→电炉还原→粗镍。②电炉还原熔炼→镍铁。③回转窑粒铁熔炼→含镍粒铁。④高炉熔炼→镍磷铁。

硫化镍矿典型的火法冶炼流程包括：①鼓风炉熔炼→转炉吹炼→分层熔炼→熔铸→电解精炼→电镍。②反射炉熔炼→转炉吹炼→磨浮分离→熔铸→电解精炼→电镍。③电炉熔炼→磨浮分离→熔铸→电解精炼→电镍。④闪速炉熔炼→磨浮分离→熔铸→电解精炼→电镍。通过火法冶炼，利用羰基法可以制取镍丸或镍粉。

硫化镍矿的湿法冶炼通常采用硫酸选择性浸出-电解沉积、氯化浸出-电解沉积、加压氨浸三种流程处理。氧化镍矿的湿法冶炼通常采用还原焙烧-氨浸和高压酸浸的流程。

氧化矿典型的湿法冶炼流程包括：①高压酸浸→硫化氢还原→硫化镍精矿。②还原焙烧→氨浸出→氢还原→镍粉、镍块。

硫化镍矿典型的湿法冶炼流程包括：①常压酸浸→还原熔炼→电解精炼→电镍。②高压氨浸→氢还原→镍粉。

我国镍冶金目前采用的两种典型的工艺流程如图6-1所示。

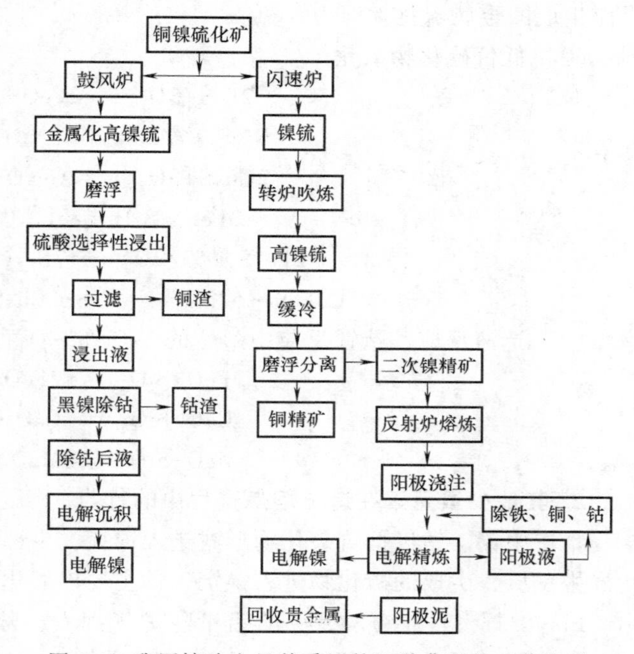

图6-1　我国镍冶金目前采用的两种典型的工艺流程

6.2　造锍熔炼

6.2.1　造锍熔炼概述

造锍熔炼是有色金属冶炼中一个重要的冶金过程。将硫化物精矿、部分氧化焙烧的焙砂、返料及适量溶剂等物料，在一定温度下（1200~1650℃）进行熔炼，产出两种互不相溶的液相——熔锍和熔渣的过程称为造锍熔炼。造锍熔炼的原理是基于主体金属对硫的化学亲和力大于其对氧的化学亲和力，从而使金属与硫或几种金属硫化物之间相互熔合为锍。造锍反应的目的是将炉料中待提取的有色金属和贵金属聚集于锍中。原矿和精矿都可以进行造锍熔炼，造锍熔炼的产物为低镍锍、炉渣、烟气和烟尘等。

6.2.2　镍锍熔炼的理论基础

1. 主要矿物在熔炼过程中发生的主要反应

造锍熔炼时，铜镍硫化矿和熔剂等物料在熔炼炉中发生一系列物理化学变化，形成烟气

和互不相溶的镍锍和炉渣，主要的化学反应如下

（1）高价硫化物分解

$$Fe_7S_8 = 7FeS + 1/2S_2$$

$$2CuFeS_2 = Cu_2S + 2FeS + S_2$$

$$FeS_2 = FeS + 1/2S_2$$

$$3(FeNi)S_2 = 3FeS + Ni_3S_2 + S_2$$

$$(Ni,Fe)_9S_8 = 2Ni_3S_2 + 3FeS + S_2$$

反应生成的金属硫化物即为镍锍。

（2）低价硫化物氧化

$$2FeS + 3O_2 = 2FeO + 2SO_2 \uparrow$$

$$Ni_3S_2 + 7/2O_2 = 3NiO + 2SO_2 \uparrow$$

$$2Cu_2S + 3O_2 = 2Cu_2O + 2SO_2 \uparrow$$

$$3FeS_2 + 8O_2 = Fe_3O_4 + 6S_2$$

$$2Fe_7S_8 + 53/2O_2 = 7Fe_2O_3 + 16SO_2 \uparrow$$

$$CuFeS_2 + 5/2O_2 = FeS \cdot Cu_2S + FeO + 2SO_2 \uparrow$$

（3）造渣反应　造锍反应中产生的 FeO 在 SiO_2 存在的条件下，按下列反应形成炉渣

$$2FeO + SiO_2 = 2FeO \cdot SiO_2$$

$$CaO + SiO_2 = CaO \cdot SiO_2$$

$$MgO + SiO_2 = MgO \cdot SiO_2$$

2. 其他少量元素在造锍熔炼过程中的行为

精矿中铜、钴以低价硫化物形式进入镍锍，少部分被氧化成氧化物，氧化物与铁的硫化物发生反应，生成的硫化物进入镍锍。锌主要以氧化物形态进入炉渣，部分锌蒸发随炉气排出。PbS 的挥发性很强，20%的铅量随炉气挥发，部分 PbS 氧化、造渣，大部分铅进入镍锍。砷和锑以硫化物和氧化物形态存在，硫化锑在熔炼时的变化与方铅矿相似，但更易挥发。铋、硒、碲等金属以氧化物形式挥发除去。金、银等贵金属主要以金属状态溶入镍锍。

6.2.3　硫化镍矿的造锍熔炼方法

根据造锍熔炼的方法不同，可以将硫化镍矿的造锍熔炼分为：鼓风炉熔炼、反射炉熔炼、电炉熔炼、闪速熔炼和熔池熔炼。

1. 闪速熔炼方法

（1）闪速熔炼概述　闪速熔炼是现代火法炼镍比较先进的技术，有奥托昆普闪速熔炼炉、因科纯氧闪速炉两种。奥托昆普闪速炉是将经过深度脱水（含水<0.3%）的粉状硫化镍精矿，在喷嘴中与富氧空气混合后，以 60~70m/s 的速度从反应塔顶部喷入反应塔内，精矿颗粒处于悬浮状态，在 2~3s 内完成硫化物的分解、氧化和熔化过程。硫化物、氧化物混合熔体汇入沉淀池，继续完成造锍、造渣过程，熔锍与炉渣通过澄清分离，炉渣经贫化处理后弃去，烟气净化、制酸。

（2）闪速熔炼炉结构、原理与处理流程　镍熔炼闪速炉系统包括物料制备系统、闪速熔炼炉、吹炼转炉等主系统和制氧、供水、供电、供风、供油、炉渣贫化、余热回收、烟气净化和制酸等辅助系统。图 6-2 所示为硫化镍精矿闪速炉熔炼工艺流程。闪速熔炼炉是闪速

熔炼系统的核心设备，由反应塔、沉淀池、上升烟道和贫化区等部分组成。反应塔是完成闪速熔炼造锍过程的关键部位，塔内反应温度高达1650℃，需要长期承受高速粉状物料冲刷和高温熔体化学浸蚀。原料在反应塔内的反应包括：高价硫化物分解、低价硫化物氧化等反应过程。沉淀池是指反应塔下部至上升烟道下部的熔池，炉料在沉淀池内完成最终的造锍过程和锍、渣分离。在沉淀池中，各种硫化物与氧化物以液-液接触的方式进行造渣反应和造锍反应。

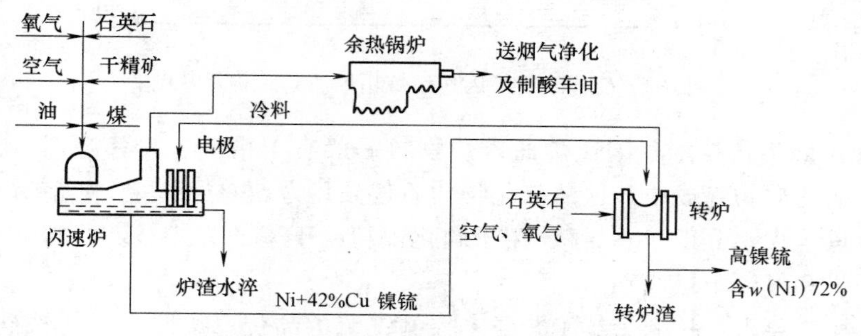

图6-2 硫化镍精矿闪速炉熔炼工艺流程

① 造渣反应。进入沉淀池内的铁有FeS、FeO和Fe_3O_4，其中FeS在沉淀池内氧化、造渣，生成$2FeO \cdot SiO_2$炉渣；由于Fe_3O_4熔点高、密度大，使炉渣与冰镍分离不好，使金属损失变大，当Fe_3O_4过高时可加生铁还原，生成的FeO造渣。发生的反应为

$$3Fe_3O_4+FeS \xlongequal{} 10FeO+SO_2\uparrow$$

$$Fe_3O_4+Fe \xlongequal{} 4FeO$$

$$3Fe_3O_4+FeS+5SiO_2 \xlongequal{} 5(2FeO \cdot SiO_2)+SO_2\uparrow$$

铜镍精矿中的脉石，主要是$MgCa(CO_3)_2$，在反应塔中分解为MgO、CaO，在沉淀池造渣。要求渣含MgO不超过7%，MgO含量每增加1%，渣温度提高9~10℃，MgO超过8%时，每增长1%，渣温提高35~40℃。

② 造锍反应

$$2FeS(l)+2NiO(S) \xlongequal{} 2/3Ni_3S_2(l)+2FeO(l)+1/3S_2$$

$$FeS(l)+Cu2O(l) \xlongequal{} Cu_2S+FeO(l)$$

$$FeS(l)+CoO(s) \xlongequal{} CoS(l)+FeO(l)$$

在反应塔及沉降池内发生反应生成的Ni_3S_2、Cu_2S、CoS和FeS相互溶解生成铜镍锍，其中也溶解有贵金属、金属以及Fe_3O_4。

贫化区的炉墙、炉底与沉淀池联为一体，贫化区加热保温采用矿热电炉电极加热方式，烟气量较少，炉膛温度较低。贫化区的作用是使渣中的有价金属（氧化物形式存在）更多地还原、沉积在镍锍中，以提高金属回收率。同时处理一部分含有价金属的冷料。方法为用两个电极加热，提高炉渣温度，插入干木棒，使金属氧化物还原为金属，进入镍锍中。

上升烟道是高温烟气出炉进入余热锅炉的通道，由砖砌体、铜液套、钢板外壳及钢骨架组成。精矿喷嘴是闪速炉的关键设备，精矿、石英、烟灰等粉状炉料以及风、氧、油等物料通过喷嘴输入反应塔内。图6-3所示为闪速熔炼炉结构示意图。

闪速熔炼将精矿的焙烧与熔炼结合成一个过程，炉料与气体密切接触，在悬浮状态下与气体进行传热和传质，反应过程完全、迅速。

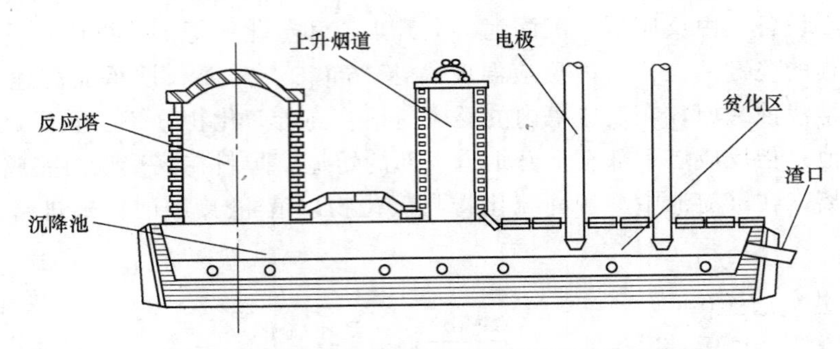

图 6-3　硫化镍精矿闪速熔炼用闪速炉结构示意图

(3) 闪速熔炼生产技术　闪速炉的入炉物料一般有干精矿、粉状溶剂，粉煤、混合烟灰等。铜镍精矿的矿物组成中，铁的硫化物的质量分数为 55%~85%。如前所述，闪速熔炼的物料必须干燥至含水分低于 0.3%，用于硫化镍精矿干燥的方法有：回转窑干燥、喷雾干燥、流态化干燥和气流干燥四种。

闪速熔炼生产要求：按照后续工艺要求控制镍锍的品位；按照合适的铁硅比产出炉渣；产出的镍锍和炉渣具有合适的温度。为达到上述目的，闪速炉生产技术要围绕配料比、镍锍温度、镍锍品位、渣中铁硅比、贫化区还原剂控制、贫化区电能消耗等进行控制。

(1) 配料比　闪速炉的入炉物料包括从反应塔加入的干精矿、石英粉、烟灰，从贫化区加入的石英石、块煤。其中，从反应塔加入的物料配比决定了炉渣的成分、镍锍品位。闪速炉的配料过程主要由计算机完成，以 50t/h 熔炼能力的闪速炉配料过程为例，配料成分与炉渣成分、镍锍成分见表 6-1。

表 6-1　配料成分与炉渣成分、镍锍成分（质量分数）　　(%)

炉料	精矿	烟灰	石英	产物	
Ni	7.54~8.03	7.84~8.37		镍锍成分	Ni:28.93~34.20
Cu	3.73~3.80	3.73~3.97			Cu:13.4~14.06
Co	0.20~0.21	0.23~0.24			Co:0.61~0.65
Fe	38.59~38.86	39.00~39.80	1.08~1.17		Fe:29.12~30.36
S	26.88~27.27	3.52~4.38			S:24.13~24.86
SiO_2	8.22~8.57	17.12~18.19	94.77~96.63	渣成分	SiO_2:33.57~36.65
MgO	6.21~6.46	6.42~6.68	0.22~0.23		MgO:7.79~8.12
CaO	1.02~1.03	39.00~39.80	0.21~0.48		CaO:1.20~1.22
配比	100	15~16	18~20	渣铁硅比	1.15~1.25

(2) 镍锍温度控制　闪速炉操作温度控制十分严格，温度过低，则熔炼产物黏度高、流动性差，渣与镍锍分层不好，渣中进入的有价金属量增大；若操作温度过高，则会对炉体的结构造成大的损伤。闪速炉的操作温度是炉子技术控制的关键。在实际生产中，通过稳定镍锍品位、调整闪速炉的重油量、鼓风富氧浓度、鼓风温度等来控制镍锍温度的。

(3) 镍锍品位控制　镍锍品位是指低镍锍中镍和铜含量之和。镍锍品位是闪速炉技术控制的一个重要的控制参数，对闪速炉、转炉、贫化电炉三个工序连续稳定、均衡生产及产品指标控制起着决定性作用。闪速炉镍锍品位越高，在闪速炉内精矿中铁和硫的氧化量越大，获得的热量也越多，可相应减少闪速炉的重油量。但镍锍品位越高，镍锍和炉渣的熔点越高，为保持熔体应有的流动性所需要的温度越高，不仅对炉体结构不利，进入渣中的有价金属量越多，损失也越大。闪速炉镍锍品位越低，在闪速炉内铁和硫的氧化量越少，获得的热量也越少，需相应增加闪速炉的重油加入量；镍锍品位低，镍锍产出率相应要增大。转炉吹炼过程中，冷料处理量增大，但渣量也会增大，生产难以连续均衡进行。在实际生产中，镍锍品位是通过调整每吨精矿耗氧量来进行的。

（4）炉渣铁硅比　闪速炉熔炼过程要求所产生的炉渣有良好的渣型，表现为：

① 有价金属在渣中溶解度低。

② 镍锍与炉渣分离良好，流动性好，易于排放和堵口。

渣型的控制是通过对渣的 Fe/SiO_2 比的控制来实现的。在生产过程中，通常控制渣 Fe/SiO_2 为 1.15~1.25，控制反应塔熔剂/精矿量=0.23~0.25，贫化区熔剂量根据返料加入量成分的不同适当加入。

采用闪速炉进行造锍熔炼时，贫化电炉可以与闪速熔炼炉分开设置，也可以将二者做成一体结构。国内某知名镍生产公司，在硫化镍精矿闪速熔炼炉上设置炉渣贫化区，镍精矿采用气流干燥，采用低温富氧鼓风制度，计算机控制闪速炉熔炼过程，主金属回收率为：镍 97.16%、铜 98.48%、钴 65.46%、硫高于 95%。

2. 电炉熔炼方法

（1）电炉熔炼概述　铜镍冶金中所用的电炉属于矿热电炉，电炉熔炼的优点：对炉料的适应范围宽，可处理杂料、返料、含难熔物较多的物料；熔池温度易于调节，渣含有价金属较低；炉气温度低，热利用率高；烟气量较小，烟气浓度高，便于回收利用。操控性能好，易于实现机械化和自动化。电炉熔炼的不足是：电能消耗大，能源成本高；对炉料含水分要求严格（不高于 3%）；脱硫率低（16%~20%），处理含硫高的物料时，需在熔炼前采取脱硫措施。加拿大鹰桥、诺里尔斯克、俄罗斯北镍和我国金川等国际知名企业都曾经利用电炉熔炼镍精矿。流态化焙烧-电炉熔炼-转炉吹炼低镍锍的典型处理流程如图 6-4 所示。

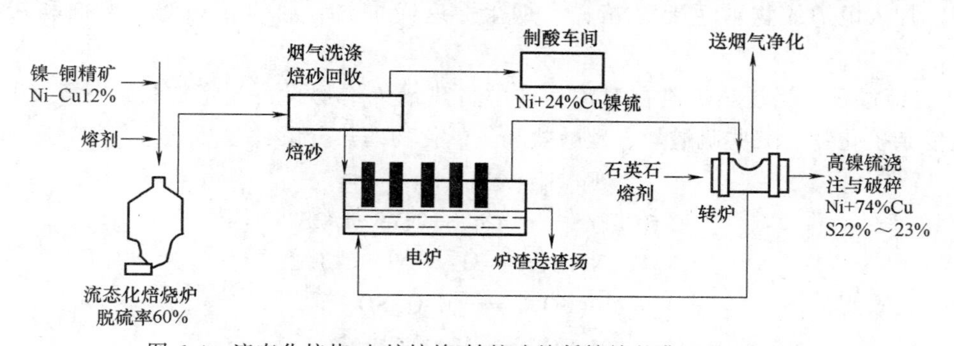

图 6-4　流态化焙烧-电炉熔炼-转炉吹炼低镍锍的典型处理流程

（2）硫化镍精矿焙烧　电炉熔炼处理硫含量高的炉料时，需预先采用流态化炉或者回转窑焙烧脱硫。流态化焙烧脱硫一般在 600~700℃ 条件下进行，硫化矿焙烧过程放出大量的热，依靠自热能维持温度在 600~700℃。通过控制供风量、硫化矿给料量、适当配入返回料、往流化床喷水降温等措施，可以控制床层温度波动范围在 ±20℃ 以内。床层高度在 1.5m 左右时，床能力达到 $130t/(m^2 \cdot d)$，烟尘率 30%~90%。

（3）电炉熔炼的原理　电炉熔炼实质上可分为两个过程：热工过程（电热转换、能量分布等）和冶炼过程（炉料熔化、造锍造渣、锍渣分离等）。电流在电炉内的流通路径有两种：一种是由电极通过炉渣→低冰镍→炉渣→电极的星形负载路径；另一种是由一根电极通过炉渣流向另一根电极的三角形负载。当电极之间距离不变时，负载大小取决于渣层厚度、料坡大小和电极插入渣层的深度。当电极插入深度不大时，三角形负载可达总负载的70%，随插入深度增加负载逐渐降低；当电极插入很深时，负载降为30%~40%。随电极插入深度增加，星形、三角形负载电流成正比增加，星形负载电流增长速度大于三角形负载。

电炉熔炼过程中，炉渣对流运动是电炉中最重要的工作过程，是确保电炉熔池热交换和物料熔化的关键。电极-炉渣的接触区温度可达1500~1700℃，过热的炉渣在温差、密度差的作用下向上运动，将热量传递给漂浮着的固态炉料，使固态炉料熔化，液体炉料汇入渣池，在这里低冰镍和炉渣进行分离。电炉熔炼过程示意图如图6-5所示。

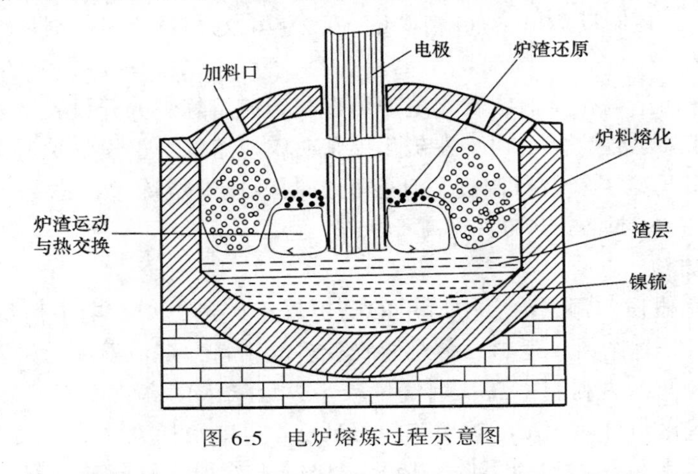

图6-5　电炉熔炼过程示意图

1）熔炼反应。电炉熔炼的物理化学反应主要发生在熔渣和炉料的接触面上，炉气几乎不参与反应。因此电炉熔炼以液相和固相的相互反应为主，可以一次完成造渣和造冰镍的化学反应。加入电炉的物料主要是精矿、烟尘、返回炉料、液体转炉渣、熔剂和炭质还原剂等。

① 造锍过程。当过热炉渣在对流运动中将热量传给物料，并将物料加热至1000℃时，便发生复杂硫化物、某些硫酸盐、碳酸盐和氢氧化物的热分解，包括

$$Fe_7S_8 = 7FeS+1/2S_2$$

$$2CuFeS_2 = Cu_2S+2FeS+1/2S_2$$

$$3(Fe,Ni)S_2 = 3FeS+Ni_3S_2+1/2S_2$$

$$Me(SO_4) = MeO+SO_3\uparrow$$

$$MeCO_3 = MeO+CO_2\uparrow$$

$$Me(OH)_2 = MeO+H_2O$$

当物料加热到1100~1300℃时，除发生上述热分解反应外，硫化物和氧化物之间还发生造锍反应，反应式为

$$Cu_2O+FeS = Cu_2S+FeO$$

$$3NiO+3FeS = Ni_3S_2+3FeO+1/2S_2$$

$$CoO+FeS = CoS+FeO$$

$$2Cu_2O+Cu_2S = 6Cu+SO_2\uparrow$$

$$2Cu+FeS = Cu_2S+Fe$$

$$CuO+Fe_2O_3+Cu_2S+FeS = 3Cu+Fe_3O_4+S_2$$

上述反应生成的 Ni_3S_2、Cu_2S、FeS、CoS 的液态混合物即为低镍锍，低镍锍中溶解有少量的 Fe_3O_4及贵金属。

② 造渣过程。碱性氧化物（FeO、CaO、MgO 等）与酸性氧化物（SiO_2）反应，生成 mMeO · $n$$SiO_2$型硅酸盐，熔融硅酸盐互相混合生成炉渣，主要反应如下

$$10Fe_2O_3+FeS = 7Fe_3O_4+SO_2\uparrow$$

$$3Fe_3O_4+FeS+5SiO_2 = 5(2FeO\cdot SiO_2)+SO_2\uparrow$$

$$2FeO+SiO_2 = 2FeO\cdot SiO_2$$

$$CaO+SiO_2 = CaO\cdot SiO_2$$

$$MgO+SiO2 = MgO\cdot SiO_2$$

上述反应产物 2FeO · SiO_2、CaO · SiO_2、MgO · SiO_2以及 Fe_3O_4熔融混合物即炉渣。熔融状态的低镍锍和炉渣在熔池中因密度不同而分开。

2）熔炼产物。电炉熔炼硫化铜镍精矿时，其产品包括低镍锍、炉渣、烟气、烟尘。

① 低镍锍。冶炼的中间产品，主要由硫化镍（Ni_3S_2）、硫化铜（Cu_2S）、硫化铁（FeS）组成，低冰镍中还有一部分硫化钴、贵金属、游离金属及合金。在低镍锍中还溶解有少量磁性氧化铁。低镍锍送转炉工序进一步富集。

② 炉渣。炉渣因含贵金属很低而废弃。

③ 烟气。烟气经收尘、制酸后排入大气。

④ 烟尘。收得的烟尘则返回电炉熔炼。

（4）电炉结构　硫化铜镍精矿熔炼电炉一般采用矩形结构，电炉由本体和附属设备构成。

电炉炉体由耐火砖砌体、钢结构、加料装置、排烟系统、渣-锍放出装置、供电装置、温度控制装置等部分组成，耐火砖砌体包括炉顶、炉墙、炉底等部分。电炉结构示意图如图 6-6 所示。

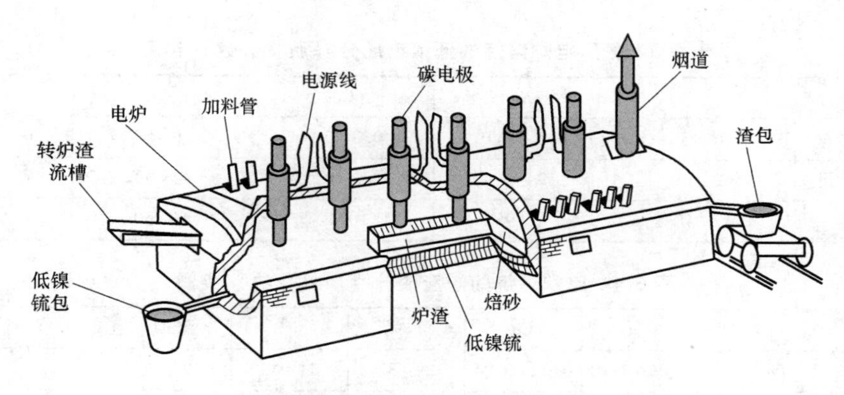

图 6-6　电炉结构示意图

炉底采用反拱结构，材质为黏土耐火材料、镁质耐火材料，两层耐火材料之间为 30～50mm 的镁砂层。炉墙外壳为 30～40mm 的钢板，熔池区炉墙为镁砖或铬镁砖砌筑。炉顶采用高铝砖砌筑。在电炉的一侧设置 2～4 个低镍锍放出口。在电炉的另一侧设置 2～4 个炉渣放出口。排烟系统设旋风收尘和电收尘系统，烟气净化后送制酸车间。炉顶设置料仓、配料

和加料装置，在炉底和导电铜排等区域设有冷却装置。电炉熔炼技术经济指标见表 6-2。

表 6-2 硫化铜镍精矿电炉熔炼主要技术经济指标实例

项目			贝辰加公司	诺里尔斯克公司	金川公司
生产率/t·d^{-1}			760	1000	450~550
电耗/t·(kW·h)$^{-1}$			710~730	600~625	600~650
金属回收率(%)	镍锍中	Ni	96.2	96.4	88~90
		Cu	95.4	94.4	88~90
		Co	79.5	78.8	
	炉渣中	Ni	2.1	2.4	
		Cu	2.9	4.3	
		Co	9.58	20.8	
	烟尘中	Ni	0.2	0.2	
		Cu	0.2	0.3	
		Co	0.12	0.1	
辅材消耗	电极糊/kg		3.6		
	耐火砖/kg		0.65	2.4	7
	淬渣用水/t		16		
炉子利用功率(%)			92.5		89.8

电炉熔炼的主要技术经济指标包括：炉子生产率、电能单耗、炉渣镍含量、镍锍成分、炉渣成分、辅助材料消耗。电炉生产率取决于变压器功率、炉料物理化学性质、备料质量、加料制度、供电制度等。影响电能消耗的因素包括：炉料成分（特别是氧化镁含量）、炉料物理化学性质、炉料粒度、作业条件（熔炼过热温度控制）、炉渣放料温度等。电炉熔炼的渣量是固体炉料量的 1~1.2 倍，渣含镍的高低直接影响熔炼过程中金属回收率。生产中，通过控制炉渣成分，在炉料中添加碳质还原剂，控制低镍锍品位，采用合理的作业制度等措施降低渣含镍量。电炉熔炼产出的低镍锍成分实例见表 6-3，电炉熔炼炉渣成分实例见表 6-4。

表 6-3 各厂电炉熔炼的低镍锍成分（质量分数）实例 （%）

企业名称	S	Ni	Cu	Co	Fe
贝辰加公司	7~13	4.5~11.0	0.3~0.5	50~54	25~27
诺里尔斯克公司	12~16	9~12	0.40~0.55	47~49	22~26
金川公司	12~18	6~9	0.4	46~50	24~27

表 6-4 电炉熔炼的炉渣成分（质量分数）实例 （%）

企业名称	Ni	Cu	Co	FeO	SiO_2	MgO	CaO	Al_2O_3
贝辰加公司	0.08~0.11	0.05~0.10	0.03~0.04	28~32	41~43	12~25	3~5	8~10
诺里尔斯克公司	0.09~0.11	0.05~0.10	0.03~0.04	28~32	41~43	12~24	6~8	8.5~12.0
金川公司	0.14~0.18	0.1	0.06	30	41	16~19	3	

3. 鼓风炉熔炼方法

（1）鼓风炉熔炼概述　鼓风炉是一种竖炉，使用的炉料包括：高品位的块矿、烧结矿、焦炭还原剂、熔剂和转炉渣。生产时，炉料从炉顶加入，空气自风口鼓入炉内。炉料与炉气逆向运动，实现硫化镍精矿的预热、焙烧、熔化、反应过程。根据矿石组成、熔炼热源不同，硫化镍精矿的鼓风炉熔炼可以分为自热熔炼和半自热熔炼。半自热熔炼是依靠焦炭、硫化矿氧化和造渣反应热提供熔炼所需能量，进行硫化镍精矿造锍熔炼。

鼓风炉熔炼时，入炉硫化矿首先被加热到200~400℃，炉料受热脱水；温度升高到400~500℃，部分高价硫化物发生分解析硫反应；温度升高到500~700℃，硫化物氧化、着火燃烧；温度升高到700℃时，焦炭开始着火燃烧。温度升高到1050~1250℃，矿石中的硅酸盐、硫化物开始熔化、反应、造硫、造渣，反应式为

$$FeS+Cu_2O=\!=\!=FeO+Cu_2S$$

$$3FeS+3NiO=\!=\!=8FeO+Ni_3S_2+1/2S$$

在鼓风炉的风口区域，温度升高到1300~1400℃，该区主要发生磁铁矿、硫化亚铁氧化造渣反应。鼓风炉炉床区域温度为1250~1300℃，在炉床内发生锍、渣分离。

（2）鼓风炉结构　鼓风炉截面一般为矩形，宽度一般为1~1.5m，长度由生产规模决定。按工艺要求不同，鼓风炉分有炉缸和无炉缸（设前床）两种，炉腹部为水套结构，上部炉体为砖砌结构。风口面积一般为炉床面积的5%~6%，风口倾角0~10°。炉缸或前床的作用主要为澄清和分离镍锍与炉渣。熔炼硫化镍精矿的鼓风炉结构如图6-7所示。

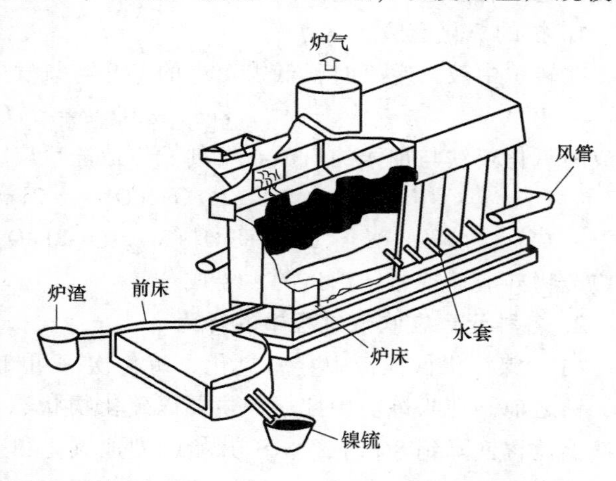

图6-7　熔炼硫化镍精矿的鼓风炉示意图

（3）鼓风炉熔炼技术指标与熔炼产物　鼓风炉技术经济指标包括：焦炭消耗量、炉床生产能力、脱硫率、金属回收率、低镍锍品位和炉渣金属含量。焦炭消耗量与矿石种类（氧化矿或硫化矿）、矿石硫含量、矿石氧化镁含量、助燃风氧含量等因素有关，一般焦炭消耗约占烧结矿投料量的10%~18%。炉床生产能力与矿石种类、矿石成分、炉渣成分、风压及熔炼温度有关，一般为40~50t/(m²·d)。鼓风炉脱硫率与矿石硫化物价态、风压等因素有关，依矿石种类不同，脱硫率为35%~60%。

鼓风炉熔炼产物为低镍锍和炉渣，低镍锍的矿物组成为：硫化镍、硫化亚铜和硫化亚铁，低镍锍成分为（质量分数）：（Ni+Cu）为12%~25%，S为22%~26%。炉渣为FeO、SiO_2、CaO的混合物。

6.3　低镍锍的吹炼

在闪速炉、电炉、鼓风炉等冶炼设备中生产的低镍锍，其成分组成不能满足镍精炼工艺的要求，必须进行吹炼提纯处理。低镍锍的吹炼一般在卧式转炉中进行，吹炼时，以石英为造渣剂，以空气为氧化介质，吹炼结束后，FeS氧化造渣；部分硫和其他挥发性杂质氧化、挥发，并随烟气排出；镍、铜、钴等有价金属进一步富集在成高镍锍，贵金属溶解于高镍锍中。转炉渣含有价金属较低，密度小于高镍锍，二者在转炉中分层，浮于上层的转炉渣被排除。

6.3.1 低镍锍吹炼原理

低镍锍的主要成分是 FeS、Fe_2O_3、Ni_3S_2、PbS、Cu_2S、ZnS 等，如果以 MeS 代表金属硫化物，MeO 代表金属氧化物，则硫化物氧化可沿下列几个反应进行

$$MeS+2O_2 = MeSO_4$$

$$FeS+3/2O_2 = MeO+SO_2\uparrow \tag{6-1}$$

$$MeS+O_2 = Me+SO_2\uparrow$$

在 1230~1280℃温度条件下，硫酸盐不能稳定存在；金属镍的吹炼温度为 1650℃，卧式转炉也不能吹炼出金属镍。反应式（6-1）为低镍锍吹炼的主要反应。

铁、钴、镍、铜与氧的亲合力依次减小，与硫的亲合力依次增强，吹炼时，铁最先氧化造渣，由于低镍锍中钴的含量少，在钴氧化除去的时候，镍也开始氧化造渣除去，因此，必须在铁还没有完全氧化造渣除去之前，就结束造渣吹炼。

1. 铁的氧化造渣

在转炉中鼓入空气时，低镍锍中的 FeS 与氧发生造渣反应，反应式为

$$FeS+3/2O_2 = FeO+SO_2\uparrow$$

生成的氧化亚铁与加入的石英石熔剂发生造渣反应，反应式为

$$2FeO+SiO_2 = 2FeO\cdot SiO_2$$

$$2FeS+SiO_2+3O_2 = 2FeO\cdot SiO_2+2SO_2\uparrow$$

反应产物硅酸亚铁是转炉渣的主要成分。

2. 各种元素在吹炼过程中的行为

（1）镍　由低镍锍中金属氧化、硫化次序可知，镍的氧化在铁、钴之后，硫化性能在铁、钴之前。在吹炼前中期，镍主要以硫化物状态存在，少部分以氧化物状态损失于渣中；当低镍锍含铁降到 8%时，Ni_3S_2开始剧烈地氧化和造渣。在生产中，镍锍含铁吹炼到不低于 20%开始放渣，并接收新的一批镍锍。如此反复进行，直到炉内具有足够数量的富镍锍时，进行筛炉操作，将富镍锍中的铁吹炼到 2%~4%后放渣出炉，得到含镍 45%~50%的高镍锍。在转炉吹炼的风口区域，部分硫化镍氧化成氧化亚镍，镍锍中的硫化亚铁能将氧化亚镍硫化，高镍锍中的镍主要以 Ni_3S_2形式存在，反应式为

$$Ni_3S_2+7/2O_2 = 3NiO+2SO_2\uparrow$$

$$9NiO+7FeS = 3Ni_3S_2+7FeO+SO_2\uparrow$$

（2）铜　铜的硫化物不易被氧化，在低镍锍中含量较低，在吹炼过程中，铜主要以金属硫化物状态存在，少部分氧化后又被硫化或还原，反应式为

$$Cu_2S+3/2O_2 = Cu_2O+SO_2\uparrow$$

$$Cu_2O+FeS = Cu_2S+FeO$$

$$Cu_2S+2Cu_2O = 6Cu+SO_2\uparrow$$

铜能够还原硫化镍中的金属镍，生成的单质镍与单质铜形成固溶体合金，反应式为

$$4Cu+Ni_3S_2 = 3Ni+2Cu_2S$$

（3）钴　低镍锍中的 FeS 大量氧化造渣以后，CoS 开始氧化。当镍锍含铁在 15%左右时，钴在镍锍中的含量最高，此时钴得到最大程度的富集。当镍锍含铁吹炼到 10%以下时，钴开始剧烈氧化造渣。在生产中，为防止钴过早地剧烈氧化，在吹炼中前期控制镍锍含铁不

低于15%，当炉内具有足够量的富镍锍时，将铁一次吹炼到2%~4%，以减少钴在渣中的损失。钴在镍锍和渣中的分配主要取决于镍锍中铁的含量。

（4）硫　硫在低镍锍中以化合态存在。转炉吹炼时，硫被氧化生成二氧化硫气体随烟气排出并制酸。低镍锍含硫在27%左右，高镍锍含硫在21%~22%，一般控制高镍锍含硫量在19%以上，不仅缩短了转炉吹炼时间，提高转炉的生产能力，也能减少有价金属在渣中的损失。

（5）锌　锌在低镍锍中主要以硫化锌的形态存在，由于锌的含量低，锌的氧化次序在铁之后，反应式为

$$ZnS+3/2O_2 = ZnO+SO_2\uparrow$$

$$ZnS+FeO = ZnO+FeS$$

$$ZnS+2ZnO = 3Zn+SO_2\uparrow$$

实践证明，不加石英熔剂空吹炼时，锌容易脱除。

（6）铅　铅在低镍锍中以硫化铅的形态存在。铅氧化先于FeS，因含量少，故同FeS、ZnS同时进行，反应式为

$$PbS+3/2O_2 = PbO+SO_2\uparrow$$

$$PbS+2PbO = 3Pb+SO_2\uparrow$$

PbS可直接挥发，PbO可以与石英熔剂造渣，二者反应生成的金属铅进入合金相中。

（7）金、银等贵金属　在低镍锍中，金、银主要以金属形态存在，部分以AuS或AuSe、AuTe存在。铂族以Pt_2S形态存在。在低镍锍吹炼过程中，金、银等贵金属富集于高镍锍中。

由上可见，低镍锍的吹炼过程是硫化亚铁造渣的过程，当低镍锍吹炼到含铁2%~4%时，吹炼过程结束，转炉吹炼的最终产品是Ni_3S_2而不是金属镍。

6.3.2　低镍锍吹炼的生产实践

转炉吹炼是富集生产高镍锍的主要方法，具有生产效率高、生产工艺简单、生产成本低且易于操作等优点。转炉生产操作包括：进料、吹风、加熔剂、加冷料、排渣等工艺过程。转炉吹炼前，第一次进料约30t左右（低镍锍），送风吹炼十几分钟，使低镍锍中的铅、锌等杂质氧化挥发。该过程为自热升温的过程，当炉温升高到1200~1260℃时，加入冷料和石英造渣。冷料和石英分批错开加入，每次加料4t左右。石英、冷料的加入原则是：勤加、少加、均匀加，以保证合适的炉温和良好的渣型。转炉的吹炼周期为60min左右，炉渣熔点比高镍锍熔点高200℃左右。转炉吹炼时，由硫化镍精矿到高镍锍的金属回收率为：Ni为92.6%，铜为93.2%，钴为55.1%。

6.3.3　转炉渣的电炉贫化

转炉渣中含有钴、镍、铜等有价金属，对转炉渣进行贫化处理，对提高钴、镍、铜等有价金属回收率具有重要意义。

（1）有价金属在转炉渣中的存在形式　在转炉渣中，钴主要以氧化物状态分布在铁橄榄石相和磁铁矿相中，以硫化物状态存在甚少（主要是机械夹杂进去）。40%~50%的镍以氧化物状态分布在铁橄榄石相和磁铁矿相中，其余也以硫化物状态存在，铜基本上呈硫化物状态存在。铁主要是铁橄榄石和磁铁矿状态，而磁铁矿相占炉渣量的13%~30%。

（2）从转炉渣中回收有价金属的方法　破坏磁性氧化铁、使镍、钴的氧化物还原硫化

的复杂过程是从转炉渣中回收钴、镍、铜等金属的基础。在液体转炉渣贫化过程中，钴及其他金属硫化物，大约在1325℃时即可沉淀进入冰铜中，而以氧化态存在的钴等有价金属则需要经过还原硫化，生成铁质合金，主要反应式为

$$Fe_3O_4+C=3FeO+CO\uparrow$$

$$Fe_3O_4+FeS=10FeO+SO_2\uparrow$$

$$CoO\cdot Fe_2O_3+FeS=CoS+Fe_3O_4$$

$$FeO+C(CO)=Fe+CO(CO_2)$$

$$CoO+C=Co+CO\uparrow$$

$$CoO+Fe=FeO+Co$$

$$CoO+FeS=CoS+FeO$$

$$2Fe+Co_2SiO_4=Fe_2SiO_4+2Co$$

转炉渣的贫化可在几种设备中进行，电炉贫化液体转炉渣是较好的方法。电炉贫化转炉渣的流程有一段、两段和多段流程等方法，应用最广泛的是一段贫化法。这种方法采用浮选精矿或硫化矿石作为硫化剂，与石英熔炼，得到含 $w(SiO_2)$ 为32%~34%，$w(Fe)$ 为38%~40%的炉渣，其操作方法和条件与矿热电炉类似。

6.4 高镍锍的磨浮分离

硫化镍矿一般为铜镍伴生矿，硫化镍矿冶金通常存在铜、镍分离的问题，硫化铜镍矿提取冶金的铜、镍分离过程，一般在产出高镍锍之后进行。

6.4.1 铜、镍分离与提取精练的方法

高镍锍是火法熔炼的主要产品，其铜、镍分离技术有以下几种：分层熔炼法、磨浮分离法、选择性浸出法。

1. 分层熔炼法

在熔融状态下，硫化铜易溶于 Na_2S，而硫化镍不易溶解。硫化铜和硫化镍密度为5300~5800kg/m^3，Na_2S 密度仅为1900kg/m^3。当高镍锍和 Na_2S 混合熔化时，硫化铜大部分溶入 Na_2S 相，溶有硫化铜的硫化钠熔体因密度差与硫化镍分层，硫化钠浮在上层，硫化镍留在底层。当温度下降到凝固温度时，二者彻底分离，将分离后的硫化镍和硫化铜分别进行分层熔炼，直至成分满足工艺要求。分层熔炼法工艺复杂、劳动条件差、生产成本高，现已基本淘汰。

2. 磨浮分离法

高镍锍的磨浮分离法始于1948年加拿大国际镍公司铜崖冶炼厂。即高镍锍由转炉倒出后，在特定的铸模中缓慢冷却，高镍锍的各组分在缓冷的过程中以硫化亚铜、硫化镍、铜镍合金的形式先后析出，成为彼此分离的独立晶粒，然后用选矿的方法进行铜、镍分离。该方法因具有工艺设备简单、金属回收率高、环境污染小、劳动条件好的特点而被广泛采用，是迄今为止最重要的高镍锍铜、镍分离方法。

3. 选择性浸出法

20世纪60年代以来，先后发展出了几种新型高镍锍湿法处理方法。比较著名的有奥托

昆普哈贾伐尔塔精炼厂采用的硫酸选择性浸出法，加拿大鹰桥克里斯蒂安松精练厂采用的氯化浸出法和加拿大舍里特-高尔顿公司采用的加压氨浸法，这其中以硫酸选择性浸出方法发展较快。与硫化镍电解精炼相比，硫酸选择性浸出法利用浸出工序代替缓冷、磨矿、选矿、焙烧。电炉还原熔炼等若干工序，工艺流程短，生产成本也较低。加压氨浸法不具选择性，镍、铜钴均被浸出，甚至某些贵金属也能少量溶解，其应用受到限制。

6.4.2　磨浮分离法应用

1. 高镍锍磨浮分离的理论依据

高镍锍在由1205℃降温至927℃过程中，熔体中的铜、镍和硫还完全混熔。当温度降至920℃时，硫化亚铜（Cu_2S）首先结晶析出；继续冷却至800℃，铂族金属捕集剂——铜镍铁合金开始析出. β-Ni_3S_2的结晶温度为725℃，且大部分在共晶点575℃时结晶凝固，以充填物的形式分布于Cu_2S枝晶中。在β-Ni_3S_2晶体中固溶6%左右的铜。高镍锍冷却到520℃时，铜在Ni_3S_2中的固溶度降低到2.5%左右，过饱和的铜与Cu_2S从Ni_3S_2晶体中扩散析出；温度降低到390℃，铜的固溶度低于0.5%，在此温度以下，Ni_3S_2中不再有明显的铜析出，Cu_2S晶粒尺寸达到几百微米，合金晶粒为易剥离的等轴晶粒，晶粒尺寸达到50～200μm。合金晶粒具有强磁性，可采用磁选方法分离。共晶体中的微粒晶体完全消失，只剩余粗大、易解离和选别的合金、Cu_2S、Ni_3S_2晶体。

2. 高镍锍磨浮分离操作

缓冷用的铸模可以由耐火砖砌筑、捣打料捣打或用耐热铸铁铸成，铸模断面形状可为梯形，铸模深度根据铸锭大小、保温缓冷要求确定，一般为600mm左右。为方便冷却后的铸锭吊运作业，在浇注时，5t以下的铸锭可在铸模高镍锍熔体内预埋吊钩。为达到高镍锍缓冷的目的，铸模上配有保温盖，保温盖用钢板焊制，内衬保温材料。在浇注高镍锍铸锭前，将铸模豁口用黄泥封死，在铸模内壁刷涂泥浆以便铸锭脱模，然后对铸模进行烘烤。烤干铸模内壁湿气以免浇注时放炮，防止铸模因热应力作用胀裂。浇注时，应避免高镍锍熔体产生过大的飞溅损失。浇注完成后，盖好铸模保温盖。缓冷结束，用吊钩将铸锭吊起脱模。

高镍锍缓冷作业直接影响到铸锭相变和后续选矿分离效果。缓冷质量取决于保温冷却工艺，现场要求保温时间为72h。影响缓冷质量的因素包括：高镍锍冷却速度、铸模散热面积、铸锭质量、保温措施及环境温度等。为控制铸锭冷却速度，铸模一般预埋于地坑内。地坑内铸模散热可视为常数，影响高镍锍缓冷的关键因素是保温罩、环境温度及空气对流状况。在此条件下，将高镍锍缓冷至390℃以下大约需要55～60h。图6-8所示为高镍锍铸锭缓冷过程中的温度-时间曲线。

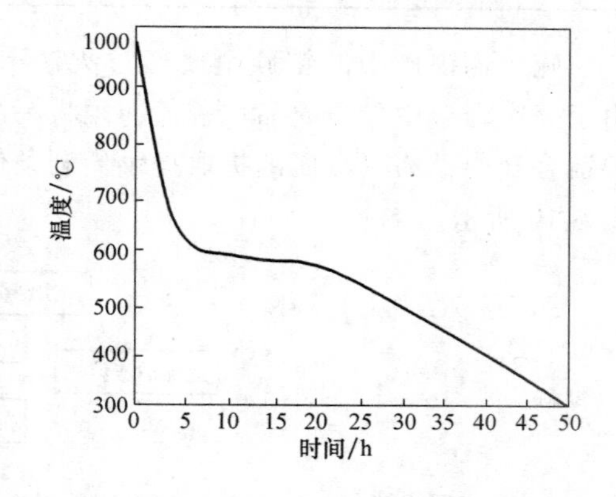

图6-8　高镍锍铸锭缓冷温度-时间曲线

3. 高镍锍磨浮分离工艺

高镍锍的磨浮分离包括高镍锍缓冷、磨矿、磁选、浮选等主要过程。某公司采用一次粗选、两次扫选、六次精选工艺对缓冷高镍锍进行铜、镍分离，其工艺流程如图6-9所示。缓冷高镍锍铸锭经过粗碎、中碎、细碎后，粒度达到-25mm左右，经磨矿、浮选、磁选作业得到铜精矿、镍精矿和铜镍合金三种产品。

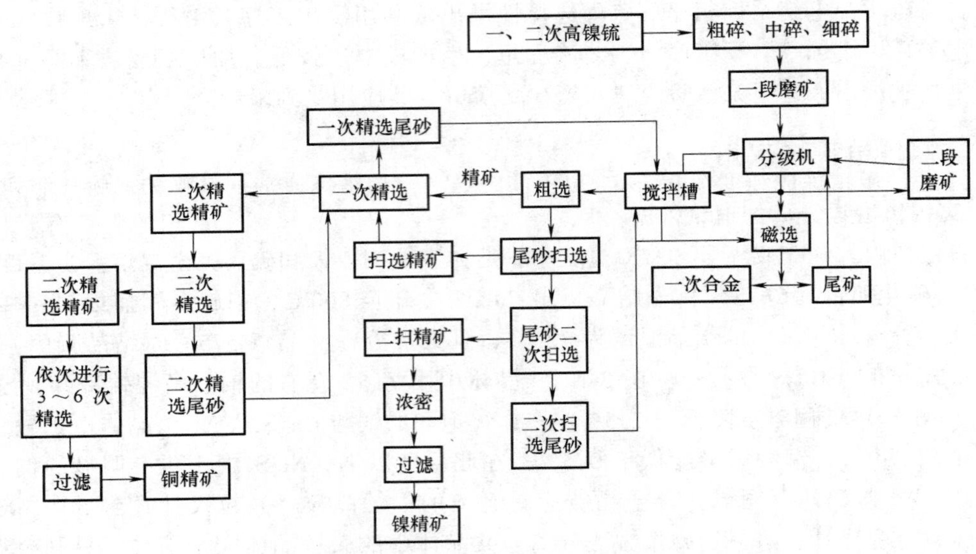

图6-9　我国某镍冶炼企业高镍锍选矿系统工艺流程

4. 磨浮法的产物

磨浮分离法获得的铜精矿、镍精矿和铜镍合金产品成分见表6-5。

表6-5　某公司磨浮产品成分（质量分数）　（%）

产品	Ni	Cu	Fe	S
铜精矿	3.4～3.6	69～70	3	21
镍精矿	63～64	3.3～3.5	4	21
合金	68	17	8	5

硫化铜镍矿中的铂族金属经过火法冶炼、磨浮分离后，汇集于铜镍合金（一次）中。由于一次合金中贵金属品位较低，须将一次合金硫化、吹炼，使贵金属进一步富集于二次高镍锍合金中，为贵金属的提取提供便利条件。一次铜镍合金硫化、富集二次合金工艺流程如图6-10所示。

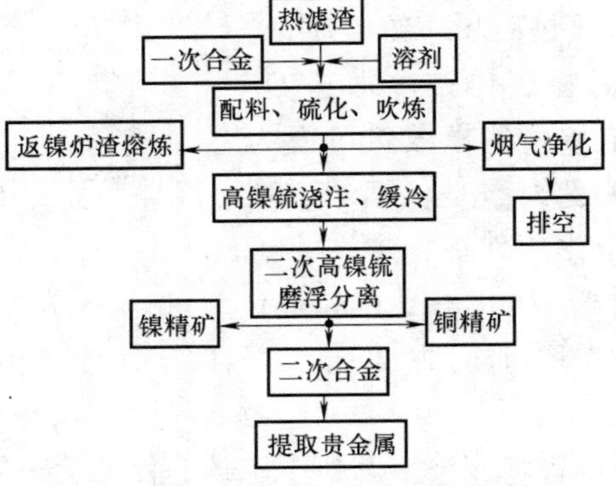

图6-10　一次合金硫化工艺流程

6.5 硫化镍电解精炼

6.5.1 镍电解精炼方法

高镍锍经磨浮分离后获得的硫化镍精矿（质量分数）：含镍 62%～63%，含铜 3.3%～3.6%，需进一步精炼成纯度在 99.96%以上的纯镍。镍的精炼通常有电解法、羰基法和浸出精炼法。电解法可分为可溶阳极电解与不溶阳极电解。可溶阳极电解所用的阳极有硫化镍、粗镍和镍基合金三种，电解液为硫酸镍和氯化镍的混合弱酸性溶液或者氯化镍弱酸性溶液。

（1）粗镍阳极电解精炼　粗镍阳极电解精炼始于 20 世纪初，该工艺具有阳极杂质含量低、电耗低、阳极液净化流程简单等优点。制备粗镍阳极需对高镍锍进行焙烧、还原熔炼，工艺流程复杂、生产成本高、基建投资大。

（2）硫化镍阳极电解精炼　硫化镍阳极电解起源于 20 世纪五六十年代。由于取消了高镍锍焙烧与还原工艺，从而简化了镍精炼流程，减少了建厂投资和生产消耗。硫化镍阳极含硫较高（一般含硫 20%～25%），存在电解能耗高、残极返回量大、阳极极板易破裂等不足。由于阳极杂质含量高，需要采用隔膜电解法才能获得高质量的电镍。目前，硫化镍阳极隔膜电解工艺占我国电镍总产量 90%以上。隔膜电解就是用帆布等制作隔膜袋，阴极放在袋内，阳极置于袋外，隔膜袋内液面比袋外液面高 50～100mm，保证阴极电解液通过隔膜的滤过速度大于铜、铁等杂质离子从阳极向阴极迁移速度，从而保证阴极室电解液的纯度。镍电解精炼过程示意图如图 6-11 所示。

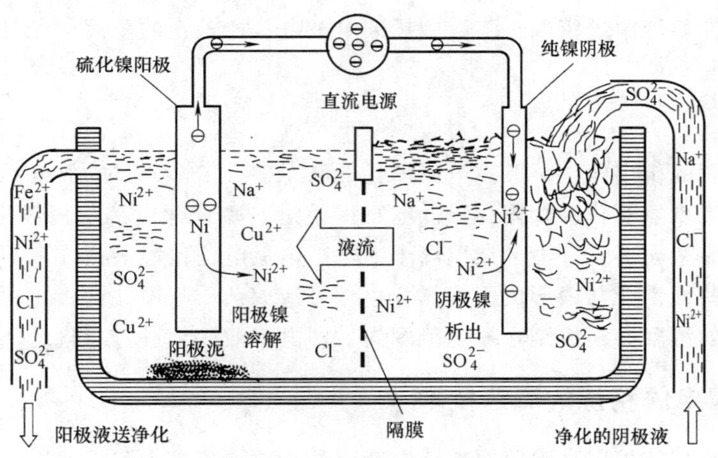

图 6-11　镍电解精炼过程示意图

阳极区电解液不断从电解槽流出，送深度净化后，再送到阴极区——隔膜袋内，进行电解提镍。硫化镍电解精炼特点是：采用隔膜电解工艺，电解液必须深度净化，电解液酸度低，通过造液补充电解液镍离子。

6.5.2 硫化镍电解精炼电极反应

1. 阳极过程

硫化镍阳极主成分为 Ni_3S_2，少量的贵金属、铜镍合金以及铜、铁、钴的硫化物。电解

时，阳极发生以下反应

$$Ni_3S_2-2e=\!=\!=Ni^{2+}+2NiS$$

$$2NiS-4e=\!=\!=2Ni^{2+}+2S$$

总反应为

$$Ni_3S_2-6e=\!=\!=3Ni^{2+}+2S$$

由于电解过程控制的电位较高，已经还原的单体硫可进一步氧化为硫酸，还可能伴随有析氧过程，其反应为

$$Ni_3S_2+8H_2O-18e=\!=\!=3Ni^{2+}+2SO_4{}^{2-}+16H^+$$

$$4OH^--4e=\!=\!=O_2\uparrow+2H_2O$$

上述造酸反应消耗5%~7%的阳极电流，并且使阳极液的酸度变大。造液反应是引起硫化镍电解阳极液、阴极液中Ni^{2+}浓度不平衡的原因之一。

在硫化镍阳极溶解的同时，阳极中合金与铜、铁、钴的硫化物也发生溶解进入溶液，反应式为

$$Cu_2S-4e=\!=\!=2Cu^{2+}+S, Co-2e=\!=\!=Co^{2+}$$

$$FeS-2e=\!=\!=Fe^{2+}+S, Ni-2e=\!=\!=Ni^{2+}$$

$$CoS-2e=\!=\!=Co^{2+}+S$$

2. 阴极反应

采用硫酸盐-氯化物体系进行硫化镍电解时，阴极上主要进行的是Ni^{2+}还原反应：

$$Ni^{2+}+2e=\!=\!=Ni$$

镍电解是在微酸性溶液中进行的，溶液中标准电极电位比镍正的氢离子有可能在阴极上放电析出：

$$2H^++2e=\!=\!=H_2\uparrow$$

在生产条件下，氢的析出电位一般占电流消耗的0.5%~1.0%。H^+的放电不仅消耗电能，还使阴极表面附近出现氢氧化镍胶体，降低电解镍质量。硫化镍电解阴极液中含有少量的铜、铁、钴、锌等有害杂质离子，由于杂质离子的标准电极电位比镍更正或者与镍接近，并且镍超电压较大，有些元素能与镍形成固溶体合金，可造成杂质与镍共同析出。因此，电解液中的这些杂质离子的浓度必须控制在一定范围内，即电解液必须进行净化。

6.5.3 硫化镍电解精炼的工艺技术

硫化镍阳极电解技术以高镍锍磨浮分离获得的二次镍精矿为阳极，以钛种板、不锈钢或者镍始积片为阴极，以弱酸性的硫酸镍-氯化镍水溶液体系为电解液，阳极安放在隔膜袋内，通入直流电后，硫化镍阳极溶解，阳极液送净化系统深度脱除铁、铜、钴、锌等杂质，得到纯净的阴极液返回电解槽阴极室，阴极液中的镍离子沉积在始积片上，其产品为阴极电解镍。硫化镍阳极电解工艺的工艺流程如图6-12所示。

1. 硫化镍阳极和阴极始积片制备

以二次镍精矿为原料，将二次镍精矿投入反射炉内熔化，液体硫化镍浇注入铸模内缓冷，得到具有一定尺寸规格的阳极板，作为电解生产阴极镍的阳极。浇注后的阳极板在铸模内冷却至650~700℃，置于保温坑内缓冷48h，阳极板降温至150~200℃后，在空气中冷却

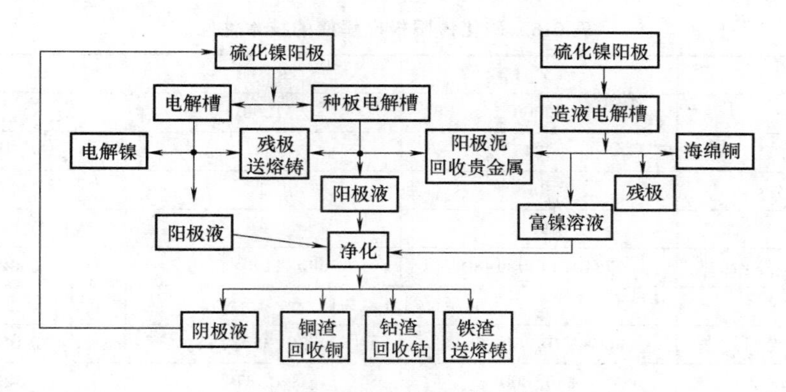

图 6-12　硫化镍阳极电解工艺流程

至室温。硫化镍阳极电解的阳极残极率约为 25%，残极、浇包结壳和反射炉熔炼产生的烟灰等均作为原料返回反射炉。反射炉以粉煤、重油、煤气或者天然气为燃料，熔炼温度为 1350℃左右，采用微负压、微氧化气氛熔炼，熔铸炉渣量占入炉物料量的 6%~10%，烟尘量占入炉物料量的 3%~4%，熔铸每吨阳极板的重油消耗为 165kg/t 左右，镍总回收率超过 98%。某厂硫化镍阳极形状、尺寸如图 6-13a 所示。

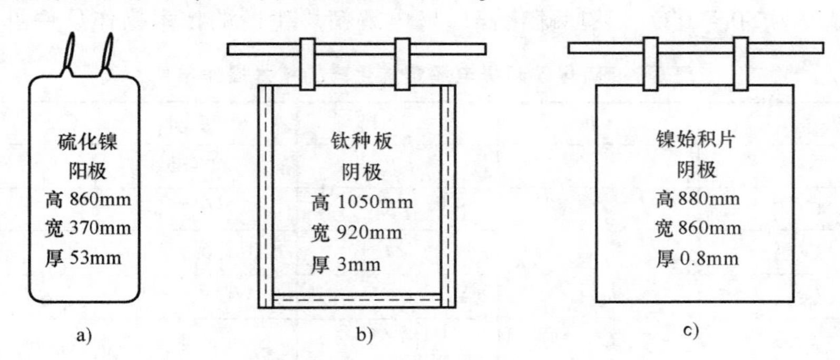

图 6-13　镍电解阳极-阴极-种板结构示意图

种板槽的作用是生产镍电解阴极的始积片，种板的材质一般为钛板，四周镶嵌塑料胶条，方便镍始积片剥离。钛种板形状、尺寸如图 6-13b 所示。硫化镍电解槽系列中种板槽的数量约占电解槽数量的 10%，阳极周期 5~6 天，阴极周期 12~24h。从钛种板上剥离下来的镍始积片的厚度为 0.8~1.2mm，始积片经过压平、切边、制耳和浓盐酸烫洗后，即可作为镍电解始积片使用。某厂成品镍始积片形状、尺寸如图 6-13c 所示。

2. 硫化镍电解主要技术条件与设备

硫化镍阳极电解槽为长方体结构，槽体材质为钢筋混凝土结构，内衬环氧树脂或者生漆麻片作为耐蚀、绝缘层，槽底设置阳极泥排放口。隔膜袋材质为涤棉，隔膜架材质为圆钢，外衬环氧树脂防腐层。造液电解槽的材质、尺寸、形状与硫化镍电解槽相同，但造液槽不设隔膜架和隔膜袋。镍电解槽内电路联接采用复联法，单台电解槽内的阳极全部并联联接，阴极也是采用并联联接方式；上一台电解槽与下一台电解槽之间采用串联联接方式。某厂硫化镍阳极电解槽技术性能见表 6-6。

表 6-6　硫化镍阳极电解槽的技术性能

项目	工厂Ⅰ	工厂Ⅱ	工厂Ⅲ
产量/t·a^{-1}	40000	1200	600
槽数/台	384	44	17
种板槽数/台	38	2	1
造液槽数/个	96		
槽尺寸/mm(长×宽×深)	7340×1150×1480	3680×1170×1320	1600×700×1200
电解槽材质	混凝土衬环氧树脂		混凝土衬生漆麻布
阳极/mm(长×宽×厚)	860×370×(50~55)	730×350×35	470×650×(25~30)
阴极/mm(长×宽)	880×860	850×870	490×670
阳极数/片·槽$^{-1}$	38×2	19×2	41
阴极数/片·槽$^{-1}$	37	18	40
同极中心距	190	190	190~200

硫化镍电解槽电解工艺一般采用硫酸镍-氯化镍混合盐水溶液体系电解液。电解液中Ni^{2+}浓度一般控制为70~75g/L，Cl^-浓度一般控制为50~90g/L，Na^+浓度一般控制在45g/L以上。阴极液的pH值为4.6~5.0，硼酸加入量为5~20g/L。阴极电流密度为180~250 A/m^2，电解温度为50~70℃。某厂硫化镍阳极电解精炼生产的技术操作条件见表6-7。

表 6-7　硫化镍阳极电解精炼生产的技术操作条件

项目		单位	工厂Ⅰ	工厂Ⅱ	工厂Ⅲ
阴极液组成	Ni	g/L	>70	60~65	60~70
	Cu	mg/L	<3	0.3	<0.3
	Fe		<4	0.6	<0.5
	Co		<20	1.5	<1
	Zn		<0.35	0.3	<0.3
	Pb		<0.3	0.08	<0.05
	Cl^-	g/L	>70	70~90	120~130
	Na^+		<40	45~60	<50
	H_3BO_3		4~6	>5	8~15
	有机物		<0.7	<1	1
	pH		4.6~5.0	2~2.5	2~2.5
电流强度		kA	13.5~13.8	4.1	5
电流密度		A/m^2	250	180~210	170~200
电解液温度		℃	65	60~65	65
同极中心距		mm	190	190	190~200
循环量		m^3/t	0.065	0.08	0.085
阳极周期		天	9~10	9~10	6~9
阴极周期		h	30~50	3	6~7
阴、阳极液面差		mm	4~5	30~50	50~60
掏槽周期		月	4~5	2~3	3

3. 硫化镍电解产品

硫化镍电解的产品包括电解镍、阳极泥、阳极液。我国电解镍化学标准见表6-8。

表6-8　电解镍的化学成分

牌　号			Ni9999	Ni9996	Ni9990	Ni9950	Ni9920
化学成分（质量分数）（%）	镍钴总量≥		99.99	99.96	99.9	99.5	99.2
	钴≤		0.005	0.02	0.08	0.15	0.10
	杂质含量不大于	C	0.005	0.01	0.01	0.02	0.50
		Si	0.001	0.002	0.002		
		P	0.001	0.001	0.001	0.003	0.02
		S	0.001	0.001	0.001	0.003	0.02
		Fe	0.002	0.01	0.02	0.20	0.50
		Cu	0.0015	0.01	0.02	0.04	0.15
		Zn	0.001	0.0015	0.002	0.005	
		As	0.0008	0.0008	0.001	0.002	
		Cd	0.0003	0.0003	0.0008	0.002	
		Sn	0.0003	0.0003	0.0008	0.0025	
		Sb	0.0003	0.0003	0.0008	0.0025	
		Pb	0.001	0.001	0.001	0.002	0.005
		Bi	0.0003	0.0003	0.0008	0.0025	
		Al	0.001				
		Mn	0.001				
		Mg	0.001	0.002			

硫化镍电解阳极泥率约占阳极质量的25%~30%，阳极泥组成包括元素硫、未溶解的硫化物和贵金属，其中元素硫含量为80%、镍含量为4%，阳极泥一般作为提取贵金属的原料。某厂硫化镍电解阳极泥率及其化学成分见表6-9。

表6-9　硫化镍电解阳极泥率及其化学成分（质量分数）　（%）

名称	S	Ni	Cu	Co	阳极泥率
Ⅰ工厂	75~80	4.0	0.7	0.08	30
Ⅱ工厂	80	4~6	0.4~1.0		25~27
Ⅲ工厂	约70	2~3	0.25	0.02~0.03	25~30

阳极液中含有H^+离子和铜、铁、锌、钴等杂质离子。

国内有关硫化镍电解工厂的主要技术经济指标见表6-10。

表 6-10　国内有关工厂硫化镍电解生产的主要技术经济指标

厂名	总回收率(%)	直收率(%)	残极率(%)	电耗/$kWh \cdot t^{-1}$	电流效率	备注
1	97.63	64.76	22.08	5407		硫化镍电解
2	98.29	78.26	18	4940	98.33	
3	99.15	72.77	19.25	2054	98.22	粗镍电解
4	97.79	75.61	19.4	1708	96.26	

6.5.4　硫化镍电解阳极液的净化

阳极电解液净化的目的主要是除去铁、钴、铜、铅、锌等杂质，并保持溶液体积和钠离子平衡。净化工艺流程如图 6-14 所示。

1. 净化除铁

除铁的方法很多，有中和水解法、黄钠（钾）铁矾法、萃取法、离子交换法等，各种方法都有自己的使用范围和条件。在镍电解生产中，阳极液铁含量通常在 0.1~0.5g/L，一般用中和水解沉淀法除铁。操作时，将电解液加热到 333~343K，鼓入空气，把 Fe^{2+} 氧化成 Fe^{3+}，加入 $NiCO_3$ 调节溶液 pH 值至 3.5~4.2，使 Fe^{3+} 水解生成 $Fe(OH)_3$ 沉淀除去。反应如下

$$2Fe^{2+}+O_2+2H^+ = 2Fe^{3+}+H_2O$$

$$2Fe^{3+}+6H_2O = 2Fe(OH)_3\downarrow +6H^+$$

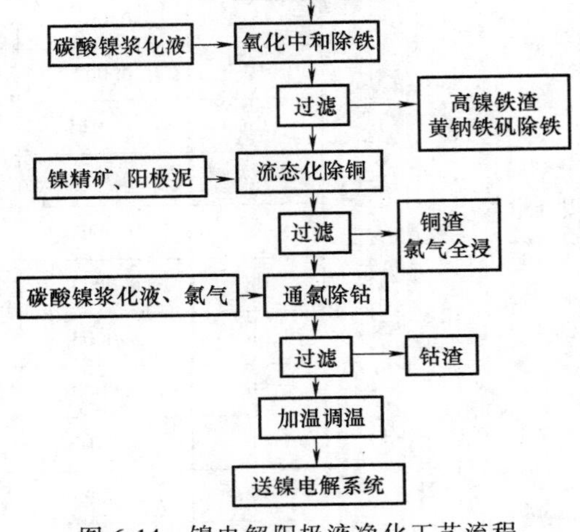

图 6-14　镍电解阳极液净化工艺流程

总反应为

$$2Fe^{2+}+O_2+5H_2O = 2Fe(OH)_3\downarrow +4H^+$$

除铁过程有 H^+ 生成，须在鼓风同时加入 $NiCO_3$ 作除铁中和剂，反应式为

$$4H^+ +2NiCO_3 = 2Ni^{2+}+2CO_2\uparrow +2H_2O$$

提高反应 pH 值可以加速除铁反应，但 pH 值过高会引起渣含镍升高。某公司净化除铁技术操作条件如下：反应温度 65~75℃，反应时间 1.5~2h，终点 pH 值 3.5~4.0，除铁后阳极液含铁<0.01 g/L。

2. 净化除铜

铜在镍电解体系中的含量一般为 0.1~1g/L，通常采用置换沉淀法、硫化沉淀法、镍精矿加阳极泥等方法除铜。国外通常采用镍粉置换法除铜，优点是既除掉了铜，又补充了镍。通常加入硫黄加速除铜过程，反应式为

$$Ni+Cu^{2+} = Cu\downarrow +Ni^{2+}$$

$$Cu^{2+}+S+Ni = CuS\downarrow +Ni^{2+}$$

国内采用的方法主要为硫化氢除铜和镍精矿加阳极泥法除铜。硫化沉淀法一般以 H_2S 作沉淀剂，溶液的 pH 值为 1.8~2.5，反应式为

$$Cu^{2+}+H_2S = CuS\downarrow +2H^+$$

Na_2S 也可作沉铜剂，反应机理与 H_2S 相同，但因会引起体系 Na^+ 升高，故一般不采用。

除 Cu 过程溶液温度>60℃，H_2S 反应室负压值 0~2.5×10^{-2}MPa，H_2S 发生器温度 33~55℃。除 Cu 前溶液含 Cu<1g/L，除 Cu 后溶液含 Cu≤0.005g/L。H_2S 气体有剧毒，泄露易造成人身事故。

金川公司利用 CuS 与 NiS 之间巨大的溶度积差异，采用二次镍精矿进行电解液除铜，主要反应式为

$$Ni_3S_2+Cu^{2+} = CuS\downarrow+NiS+2Ni^{2+}$$

在加入镍精矿的同时加入适量的硫黄可以提高脱铜效率，反应式为

$$Ni_3S_2+3Cu^{2+}+S = 3CuS\downarrow+3Ni^{2+}$$

3. 净化除钴

钴的性质与镍相近，对镍的性质并无太大的影响，由于钴是一种极有价值的金属，一般将钴富集起来，为下一步提钴创造条件。镍电解体系中除钴方法一般有：中和水解法、溶剂萃取法及黑镍氧化水解除钴法等。

水解法除 Co 的原理与除 Fe 相似，但 Co^{2+} 较难氧化，Co^{3+} 较难水解沉淀，因此除 Co 要用氯气作氧化剂。如采用纯硫酸盐体系为电解质，则常用黑镍（NiOOH）除钴。水解除钴时，常加入碳酸镍提高沉钴效率，反应式为

$$2CoSO_4+Cl_2+3NiCO_3+3H_2O = 2Co(OH)_3\downarrow+2NiSO_4+NiCl_2+3CO_2\uparrow$$

影响除钴的因素包括：通氯方式、溶液 pH 值控制、中和剂的使用等。净化除钴技术操作包括：反应温度 60~70℃，通氯前溶液 pH 值 4.5~5.0，除钴终点溶液 pH 值 4.5~5.0。

4. 共沉淀法除微量铅、锌

镍电解除微量铅、锌的工艺有：共沉淀法、离子交换法、萃取法等。共沉淀分为两种：吸附共沉淀法和结晶共沉淀法。镍、钴冶炼中多采用吸附共沉淀脱除杂质。在氯气氧化中和水解除钴过程中，钴被氧化的同时，铅和部分镍也被氧化，生成 PbO_2 和 $Ni(OH)_3$ 共沉淀而除去。在氯气除钴过程中，将除钴终点 pH 值提高到 5.5~5.8，锌也能与镍的水合物以同晶形共沉淀的方式从溶液中除去。共沉淀法除铅、锌与除钴在一个工序内完成，缺点是渣量大，渣含镍高。

6.5.5 造液过程

在硫化镍电解过程中，由于阳极电流效率（86%左右）低于阴极电流效率（97%左右），使得电解液中 Ni^{2+} 浓度不断贫化。为了维持正常生产，必须补充由于电效差造成的 Ni^{2+} 的损失，电解造液是补充电解液中镍离子的有效方法之一。造液过程是在不带隔膜的电解槽中进行，用铜皮作阴极，电解液为经 HCl 与 H_2SO_4 调节后的阳极液。造液过程不仅可以补充镍离子，电解液中的铜离子也会在阴极上与氢一起析出，形成海绵铜而脱铜。造液过程中阳极过程与正常电解相同，阳极材料包括：硫化镍阳极，合金阳极或生产槽带来的较完整的残极。造液过程的反应式为

阴极：　$2H^++2e = H_2\uparrow$，$Cu^{2+}+2e = Cu$（海绵铜）

阳极：　$Ni_3S_2-6e = 3Ni^{2+}+2S$，$Cu_2S-4e = 2Cu^{2+}+S$

某厂酸性造液电解槽技术条件包括：电流强度 8~10kA，起始溶液含酸 50~55g/L，最终溶液含酸 4~7g/L，最终溶液含镍大于 80g/L，电解液温度为常温，同极中心距 210mm。

6.6 高冰镍的湿法精炼

工业上已经应用的高冰镍湿法精炼方法有硫酸浸出-电积（氢还原）、氯化浸出-电积（氢还原）、加压氨浸-氢还原三种工艺，氯化浸出与硫酸浸出是镍精炼的发展方向。高冰镍的硫酸选择性浸出-溶液净化-电积工艺，始于20世纪70年代，该方法具有电镍产品质量高、成本低等特点。

6.6.1 硫酸选择性浸出生产方法

我国硫酸选择性浸出工艺试验始于1983年，基本过程是：高镍锍经水淬、细磨后采用常压和加压结合的方法进行分段浸出。第一段常压浸出时，镍、钴进入浸出液，铜、铁、贵金属进入浸出渣。浸出液富含镍、钴，几乎不含铜、铁等杂质，采用黑镍（NiOOH）脱除浸出液中的钴。一段浸出液经镍钴分离后，脱钴后浸出液为硫酸镍溶液，用电解沉积法或氢还原法生产金属镍，硫酸钴溶液作为提钴原料。第二段加压浸出，镍、钴、铁进入浸出液，经开路净化除铁，浸出终渣主要成分为硫化铜、贵金属。终渣直接熔铸成铜阳极板，供铜电解生产电解铜，贵金属进一步富集于铜阳极泥，作为提取贵金属原料。与镍电解精炼法相比，硫酸选择性浸出法的生产流程比较短，用一个浸出工序代替了高镍锍磨浮、焙烧、电炉还原熔炼等若干工序，因而基本建设投资较省；由于生产流程短、药剂用量少，生产成本也较低。

1. 常压浸出过程及其主要化学反应

高镍锍主要由铜镍合金、Ni_3S_2和Cu_2S三相组成。镍主要存在于合金相和Ni_3S_2相，铜存在于Cu_2S和合金相，铁和钴存在于合金相。硫酸选择性浸出由二段常压浸出或一段常压连续浸出与一段加压浸出组成。

常压浸出时，金属相基本上能全部溶解，而Ni_3S_2相中的镍部分溶解，Cu_2S相不溶解。浸出原料为粉状高镍锍，浸出液为电解系统返回的废液，主要反应如下

$$Ni+H_2SO_4 \xlongequal{} NiSO_4+H_2\uparrow$$

$$Ni+H_2SO_4+1/2O_2 \xlongequal{} NiSO_4+H_2O$$

合金相中的钴也发生上述类似的反应：

$$Co+H_2SO_4+1/2O_2 \xlongequal{} CoSO_4+H_2O$$

合金相中铜与氧、硫酸反应，生成的二价铜作为镍、钴和硫化镍的氧化剂，反应式如下

$$Cu+H_2SO_4+1/2O_2 \xlongequal{} CuSO_4+H_2O$$

$$Ni+CuSO_4 \xlongequal{} NiSO_4+Cu$$

$$Co+CuSO_4 \xlongequal{} CoSO_4+Cu$$

$$Ni_3S_2+2Cu^{2+} \xlongequal{} NiS+2Cu^{+}+Ni^{2+}$$

$$Ni_3S_2+H_2SO_4+1/2O_2 \xlongequal{} NiS+NiSO_4+H_2O$$

Ni_3S_2相中的镍有1/3被溶解，Cu_2S相不溶解，合金相中的铁发生以下溶解反应，反应式为

$$Fe+H_2SO_4 \xlongequal{} FeSO_4+H_2\uparrow$$

$$2FeSO_4+1/2O_2+H_2SO_4 \xlongequal{} Fe_2(SO_4)_3+H_2O$$

当溶液的pH值大于2时，则生成针铁矿沉淀，反应式为

$$Fe_2(SO_4)_3+4H_2O \xlongequal{} 2\alpha\text{-}FeOOH+3H_2SO_4$$

当溶液 pH 值大于 3.9 时，水溶液中的铜会按下式生成碱式硫酸铜沉淀，反应式为

$$3CuSO_4+4H_2O \xlongequal{} CuSO_4 \cdot 2Cu(OH)_2\downarrow+2H_2SO_4$$

常压浸出液的净化主要是除铅和钴，加氢氧化钡使 $PbSO_4$ 和 $BaSO_4$ 一起沉淀。采用黑镍（NiOOH）除钴，其原理是利用 NiOOH 将 Co^{2+} 氧化成 Co^{3+}，调节 pH 值，使之形成 $Co(OH)_3$ 沉淀除去。净化后的硫酸镍溶液利用电积法或氢还原法生产金属镍。

阴极反应为：
$$Ni^{2+}+2e \xlongequal{} Ni$$

阳极反应为：
$$2H_2O-4e \xlongequal{} 4H^++O_2\uparrow$$

2. 滤渣高压浸出

常压浸出后的滤渣再进行高压浸出，使镍、钴达到尽可能高的浸出率，同时浸出部分的铜供常压浸出工序使用，将高镍锍中大部分铜和贵金属抑制于浸出渣中。高压浸出在加压釜内进行，在氧化气氛下，金属和硫化物发生下列溶解反应

$$Cu_2S+H_2SO_4+1/2O_2 \xlongequal{} CuS+CuSO_4+H_2O$$

$$Cu+H_2SO_4+1/2O_2 \xlongequal{} CuSO_4+H_2O$$

$$Ni_3S_2+H_2SO_4+Cu_2O \xlongequal{} NiSO_4+2NiS+2Cu+H_2O$$

$$NiS+CuSO_4 \xlongequal{} NiSO_4+CuS\downarrow$$

$$Cu_2O+NiS+H_2SO_4 \xlongequal{} NiSO_4+Cu_2S+H_2O$$

高压浸出时，钴发生的反应与镍大致相同。高压浸出浸出液返回常压浸出段，作常压浸出段的浸出液。浸出渣中残存的镍大部分呈硫化镍状态，铜以 Cu_2S 和 CuS 的形式存在。浸出渣熔铸铜阳极板，供电解生产电解铜，贵金属进一步富集于阳极泥中。

3. 浸出生产实践

新疆有色集团阜康冶炼厂采用硫酸选择性浸出高镍锍-黑镍沉钴-电积方法生产电积镍，其原料来自喀拉通克铜镍矿水淬金属化高镍锍。水淬高镍锍经过湿磨、分级、脱水、过滤后，得到粒度为-0.045mm、含水 8%～10% 高镍锍滤饼。滤饼经浆化、通入空气氧化、酸浸，控制终点 pH 值为 5.5～6.3。滤液加碳酸钡沉铅、黑镍沉钴等净化工艺后，得到含镍 80～90g/L，pH 值为 2.5～3.5 溶液，采用不溶阳极、隔膜电解，得到电积镍产品。一段浸出渣在 150℃、0.80MPa 空气压力下酸浸，浸出渣为含贵金属的铜精矿。阜康冶炼厂采用硫酸选择性浸出的原则工艺流程如图 6-15 所示，高镍锍硫酸选择性浸出技术条件及结果见表 6-11，镍电积主要技术条件见表 6-12，国内外镍电解沉积技术经济指标实例见表 6-13。

表 6-11 阜康冶炼厂高镍锍硫酸选择性浸出技术条件及结果

项目	常压浸出	加压浸出	项目	常压浸出	加压浸出
液固比/$m^3 \cdot t^{-1}$	12～13	11～12	浸出液/$g \cdot L^{-1}$		
浸出温度/℃	65～75	140～150	Ni	75～96	70～100
总压力/MPa	0	0.6	Co	0.15～0.42	
氧分压/MPa	0.02	0.05	Cu	0.001～0.005	4～6
充气量/$m^3 \cdot t^{-1}$	2000	500	Fe	0.002～0.007	0.2～0.3
浸出时间/h	4	2	浸出渣(%)		
终点 pH		1.8～2.8	Ni		4～5
镍浸出率(%)	28	94.2	Cu		56～70

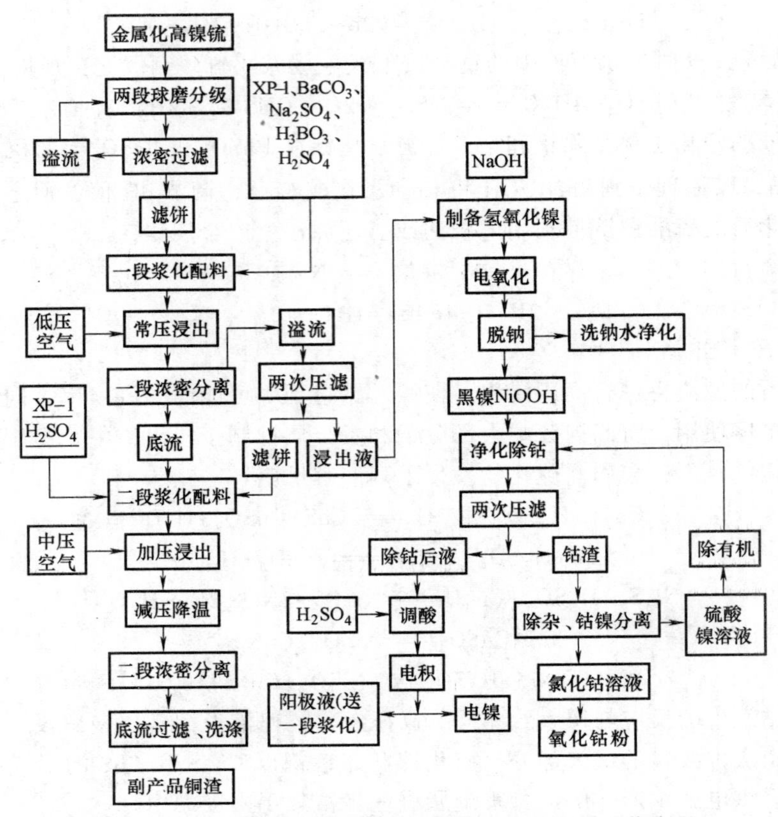

图 6-15 某冶炼厂高镍锍硫酸选择性浸出的原则工艺流程

表 6-12 镍电积主要技术条件

项目	数值	项目	数值
电解液温度/℃	60~65	种板周期/h	11~12
槽电压/V	3.3~3.8	阴极周期/d	5~7
电流强度/A	5800~6500	阴极液流量/$mL \cdot min^{-1} \cdot 袋^{-1}$	130~170
阳极尺寸/mm	600×1020	阴、阳极液面差/mm	10~30
阴极尺寸/mm	660×820	溶液循环量/$m^3 \cdot t^{-1}$镍	40
阴极数/片	26	阴、阳极液镍浓度差/$g \cdot L^{-1}$	≥25
同极距/mm	140	电流密度/$A \cdot m^{-2}$	200~230

表 6-13 镍电解沉积技术经济指标实例

项目	单位	奥托昆普(芬)	I厂(试验)	II厂(试验)
镍回收率	%		99.7	
电流效率	%	96.5	98	99.5
槽电压	V	3.6	3.7	3.3
直流电耗	kW·h/t	3400	3500	3050

6.6.2 氯化浸出电解精炼生产方法

氯化浸出是在水溶液介质中，使高镍锍中的镍、钴、铜等有价金属呈氯化物形态溶出的过程。由于氯的化学活性很高，常温、常压下，氯化浸出就能达到其他介质加温、加压下才能达到的技术指标。依据氯化介质种类不同，氯化浸出可分为：盐酸浸出、氯气浸出、氯盐浸出和电氯化浸出四种。

1. 浸出过程

氯化浸出可分为两个不同的过程，第一个过程是在强氧化条件下，借助 Cu^{2+} 离子的电催化作用，氯气将 Ni_3S_2 氧化浸出；第二个过程是溶液中的 Cu^{2+} 离子与 Ni_3S_2、NiS、Ni 之间发生的置换反应过程。浸出工序包括控电氯化、保温浸镍析铜两个过程。浸出过程化学反应如下

$$Ni_3S_2+Cl_2 = 2NiS+2Ni^{2+}+2Cl^-+S$$

$$2NiS+Cl_2 = 2Ni^{2+}+2Cl^-+2S$$

$$2Cu+Cl_2 = 2Cu^{2+}+2Cl^-$$

$$Ni_3S_2+2Cu^{2+} = Ni^{2+}+2Cu^++2NiS$$

$$2Cu^{2+}+NiS = 2Cu+Ni^{2+}+S$$

$$Cu_2S+Cu^{2+} = CuS+2Cu^+$$

在氯化浸出过程中，溶液中二价铜离子对 Ni_3S_2 的氧化溶解反应起到催化作用。高镍锍中的 FeS、Cu_2S 等与硫化镍一道溶解进入溶液。氯化浸出采用常压低酸操作，浸出化学反应速度快，镍、钴回收率高，通过一次浸出液可实现铜、镍的深度分离，具有流程短、回收率高、加工费用低等优点。

2. 浸出液净化与电积

浸出物的净化包括化学净化、萃取净化两个过程。加拿大鹰桥公司采用中和氧化除去铁、砷，采用萃取分离镍、钴。日本新居浜厂采用氧化中和沉淀分离铁、钴。法国勒阿佛耳精炼厂采用 TBP、T10A 萃取分离铁、镍、钴。某冶炼厂采用针铁矿法除铁，采用 N235、C272、APT6500 等萃取分离铜、镍、钴。萃取分离的氯化镍经过除有机溶剂、除铅，得到氯化镍净液直接电积，氯化镍电积反应过程如下

阳极：
$$2Cl^- - 2e = Cl_2\uparrow$$

阴极：
$$Ni^{2+}+2e = Ni$$

$$2NiCl = 2Ni+Cl_2\uparrow$$

在阳极上产生的氯气可以返回浸出工序重新利用，镍电积槽电压相对较低、能耗低、电镍质量高。某厂氯气浸出-电积提镍-脱铜工艺流程如图 6-16 所示。

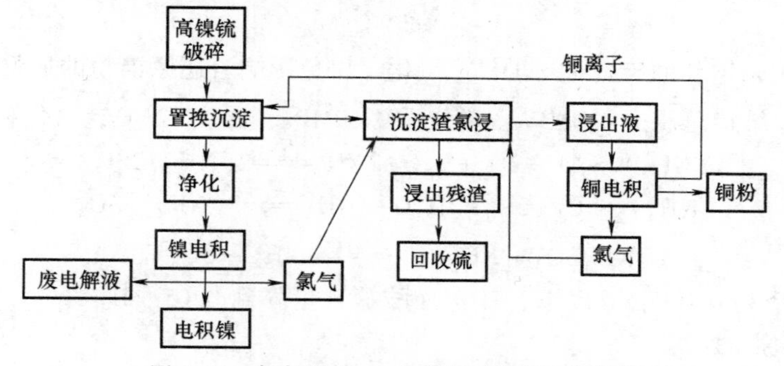

图 6-16 氯气浸出-电积提镍-脱铜工艺流程

6.6.3 高压氨浸法

高镍锍加压氨浸法具有工艺简单、环境污染小等优点，生产过程包括：加压氨浸、蒸氨除铜、氧化水解、液相氢还原和镍粉压块、烧结等工序。

1. 高镍锍加压氨浸原理

在一定温度、压力和氧化介质存在条件下，高镍锍中的金属硫化物溶解于氨的水溶液，主要反应如下

$$NiS+2O_2+6NH_3=\!=\!=Ni(NH_3)_6SO_4$$

$$CoS+2O_2+6NH_3=\!=\!=Co(NH_3)_6SO_4$$

钴氨配合物不稳定，温度高于 200℃时急剧分解；Cu^{2+}对镍的溶解过程起到催化剂的作用，铁的络合物不稳定，转变为氧化铁进入渣，反应式为

$$4FeS+9O_2+8NH_3+4H_2O=\!=\!=2Fe_2O_3+4(NH_4)_2SO_4$$

金属硫化物中的硫经过一系列的反应最终转化为硫酸盐和氨基磺酸盐，主要反应为

$$2(NH_4)_2S_2O_3+O_2=\!=\!=(NH_4)_2S_3O_6+(NH_4)_2SO_4$$

$$(NH_4)_2S_3O_6+2O_2+4NH_3+H_2O=\!=\!=(NH_4)_2SO_3\cdot NH_2+2(NH_4)_2SO_4$$

影响加压氨浸浸出速度和浸出速率的因素包括：浸出温度、氧分压、氨浓度和磨矿细度。高镍锍加压氨浸采用两段逆流操作。某厂第一段浸出技术参数如下：压力 0.82MPa，温度 85℃，时间 6~7h；第二段浸出压力 0.88MPa，温度 75℃，时间 13~14h；游离氨浓度都是 100g/L，液固比 4：1。第一段得到的浸出液成分为：Ni40~50g/L，Co0.7~1.0g/L，Cu 5~10g/L，$(NH_4)_2SO_4$120~180g/L，并有 5~10g/L 未饱和硫代硫酸铵［$(NH_4)_2S_2O_3$］和氨基磺酸铵［$(NH_4)_2SO_3\cdot NH_2$］，以及游离氨 85~100g/L。第一段浸出矿浆经过浓密过滤后，滤饼用氨水浆化并送入第二段加压釜中进行第二段浸出。

2. 蒸氨和除铜

当溶液蒸出部分氨后，铜呈硫化铜沉淀，反应如下

$$Cu^{2+}+S_2O_3^{2-}+H_2O=\!=\!=CuS+2H^++SO_4^{2-}$$

$$Cu^{2+}+S_2O_6^{2-}+2H_2O=\!=\!=CuS+4H^++2SO_4^{2-}$$

在浸出时保存一定数量的硫代硫酸根、连多硫酸根和氨基磺酸根，可以达到不加硫和充分除铜的效果。蒸氨除铜在密闭蒸罐中进行，用蒸气直接加热，操作温度 120℃，可得到含铜 0.1~0.5g/L 的氯化镍溶液，再通入 H_2S 可将铜降到 0.002g/L。

3. 氧化水解

使除铜溶液中未饱和的硫（如 $S_2O_3^{2-}$）氧化，以免影响氢还原镍粉的质量。氧化水解也是在高压釜中进行，维持总压力 4.9MPa，氧分压 0.69MPa，温度 220℃，氧化和水解反应为

$$(NH_4)_2S_2O_3+2O_2+H_2O+2NH_3=\!=\!=2(NH_4)2SO_4$$

$$(NH_4)_2S_2O_3+2O_2+2H_2O+4NH_3=\!=\!=3(NH_4)_2SO_4$$

$$NH_4SO_3\cdot NH_2+H_2O=\!=\!=NH_4{}^++SO_4^{2-}$$

可使硫代硫酸盐降到 0.005g/L 以下，氨基磺酸盐含量降到 0.05g/L。

4. 加压氢还原

在高压釜中，用高压氢作还原剂从溶液中还原镍，其反应为

$$Ni^{2+}+H_2 = Ni+2H^+$$

维持压力2.45~3.14MPa，温度200℃。最后得到含镍99.9%的镍粉。母液经过硫化氢沉钴后回收硫酸铵作肥料，钴渣为提钴原料。

5. 加压氨浸实践

澳大利亚克威那拉精炼厂采用高压氨浸处理高镍锍，原料来自卡尔古利镍冶炼厂，原料成分（质量分数）：Ni72%、Cu5%、Co0.6%、Fe0.7%、S20%，工艺流程包括：浸出、蒸氨除铜、氧化水解、液相氢还原、镍粉压块、烧结等工序。该厂第一段浸出温度为80~86℃，釜内压力0.8MPa，浸出时间7~9h，镍浸出率85%~90%。第二段浸出温度85~90℃，釜内压力0.85MPa，两段逆流镍浸出率95%~97%。蒸氨除铜在四台蒸氨除铜锅中进行，除铜温度为110℃，除铜后溶液含铜低于0.002g/L。氧化水解过程在氧化水解塔内进行，水解塔内温度245~250℃，压力4MPa，送入空气压力4.12MPa。液相还原料液成分为(g/L)：Ni50~60，Co1.0，$NH_3$30~35，$(NH_4)_2SO_4$为350，Cu0.001，不饱和硫0.005，氨基磺酸盐0.05，液相还原温度200~205℃，釜内压力3.1~3.4MPa。反应时间：初始长大时间5~10min，后期为30~40min，长大次数50~80次，一个周期3~5d。水洗、干燥后的镍粉成分为（质量分数）Ni99.8%以上，Cu0.006%，Co0.08%，Fe0.006%，S0.02~0.03%。镍粉密度4.3g/cm³，镍粉压实后，在950℃加热1.5h，随后，在保护气氛下冷却。澳大利亚克威那拉精炼厂工艺流程如图6-17所示，浸出设备见表6-14，浸出釜结构如图6-18所示。

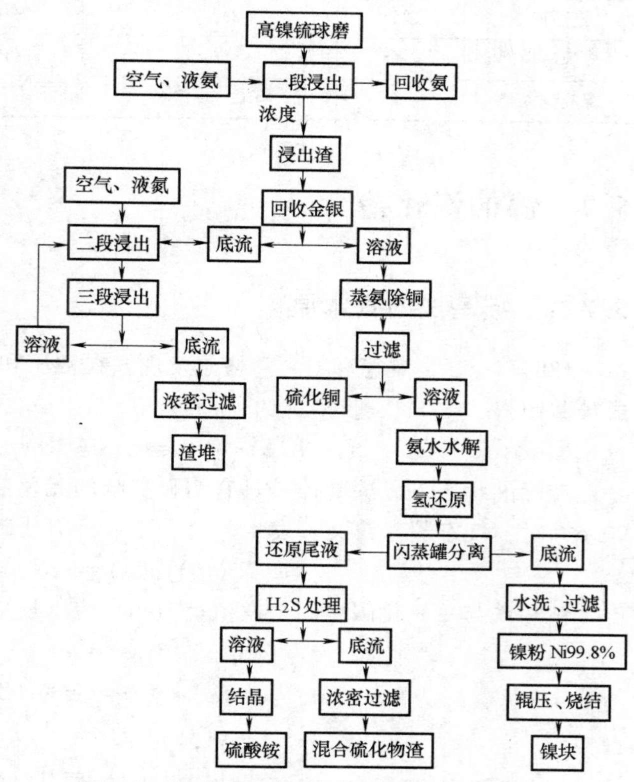

图6-17 澳大利亚克威那拉精炼厂工艺流程

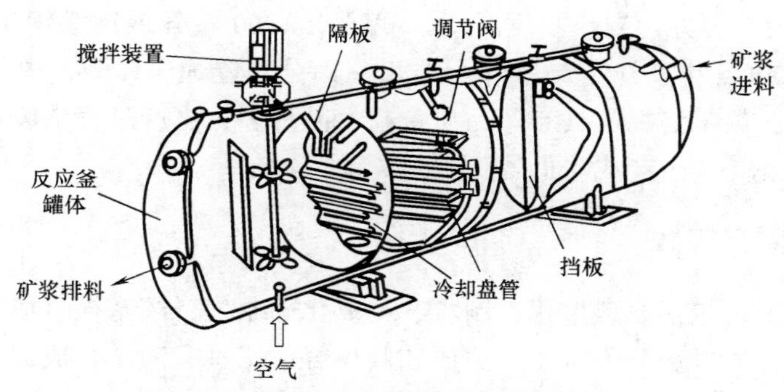

图6-18 高镍锍高压浸出釜结构示意图

表 6-14 氨浸法浸出高镍锍主要设备

设备	数量	尺寸	材料	备注
浸出釜	6 台	ϕ4.1×17.7	内衬 5mm 不锈钢	4 室配冷却管
蒸氨锅	4 台	ϕ2.75×3.36	钢板	串联,后 2 台配机械搅拌
氧化水解塔	1 座	ϕ1.68×18.3	钢板	
氢还原釜	5 台	ϕ2.3×9.6	内衬 5mm 不锈钢	并联、间歇、充满系数 60%
闪蒸槽	2 个	ϕ6×9	内衬 5mm 不锈钢	
螺旋洗涤槽	1 个	ϕ0.33×2.4	钢板	

6.7 镍的汽化冶金

6.7.1 羰基法的基本原理

1889 年，L·蒙德和 C·兰格尔发现：在常压和 38~93.5℃时，一氧化碳能与镍反应生成羰基镍 Ni（CO）$_4$，反应式为

$$Ni(s)+4CO \xlongequal{} Ni(CO)_4(g)\uparrow +163.6kJ$$

在标准状态下，羰基镍是具有明显臭味的无色液体，熔点-25℃，沸点 43℃。在常压和 90.6℃时，气态羰基镍又会发生分解，生成一氧化碳气体和金属镍，反应式为

$$Ni(CO)_4(g) \xlongequal{} Ni(s)+4CO\uparrow$$

钴和铁与一氧化碳之间也发生类似的反应，反应式为

$$2Co(s)+8CO \xlongequal{} Co_2(CO)_8(g)\uparrow$$

$$Fe(s)+5CO \xlongequal{} Fe(CO)_5(g)\uparrow$$

$$Co_2(CO)_8(g) \xlongequal{} 2Co(s)+8CO\uparrow$$

$$Fe(CO)_5(g) \xlongequal{} Fe(s)+5CO\uparrow$$

反应产物 $Co_2(CO)_8$为棕色晶体，熔点 324℃，分解温度 325℃；$Fe(CO)_5$为琥珀色液体，熔点 253℃，沸点 376℃，分解温度 523℃。而铜与铂族金属则不发生此类反应。利用 Fe、Co、Ni 与 CO 之间的羰化反应，以及反应产物熔点、沸点、分解温度与液氨作用性质的不同，实现 Fe、Co、Ni 的提取、分离和提纯，是镍的汽化冶金的理论基础。

1902 年，蒙德公司建立了世界第一座羰基法工业化生产厂，1973 年，国际镍业建成了年产 5.5 万 t 的镍粉、镍丸、镍铁粉生产线。我国于 1960 年开展羰基镍生产试验，20 世纪 80 年代中期建成 500t/a 生产线。2013 年，金川集团公司建成了 1 万 t 羰基法生产线。与传统镍精炼方法相比，羰基法提镍具有产品质量高、品种多，生产过程中废水、废气、废渣量少，生产自动化程度高、生产成本低等优点。

6.7.2 羰基法生产实践

羰基镍的生产工艺包括原料熔化、制粒、一氧化碳制气、羰基镍合成、精馏和分解等主要工序。羰基镍的合成方法分为常压、中压和高压合成三种。高压合成羰基镍的工艺流程如图 6-19 所示。

1. 原料制备

目前，羰基法生产的原料制备方法有两种。

1）加拿大铜崖精炼厂采用氧气顶吹转炉将高镍锍吹炼成金属镍，主要反应为

$$Ni_3S_2+7O_2 = 6NiO+4SO_2\uparrow$$

$$Ni_3S_2+4NiO = 7Ni+2SO_2\uparrow$$

吹炼过程依靠自热可维持在 1923K 的高温，吹炼得到的金属镍经水淬得到镍粒。

2）我国工厂是将高镍锍浮选产出的一次合金及部分杂料配入硫后，在电弧炉中进行还原熔炼，熔炼时间为 12h，熔炼过程分为加料熔化期和加硫还原期。熔炼温度达到 1300~1500℃时，加入石英造渣。熔炼结束时，加入适量的硫维持熔体中的 Cu : S = 4 : 1，加铝粉脱除熔体中的氧。在 1430~1470℃时，按照 3min 水淬 1t 的速度水淬制粒。为保证合成速度，要求制备的颗粒疏松并有一定的孔隙。颗粒直径 10mm 左右，堆密度为 3.6g/cm³。水淬颗粒化学成分为（质量分数,%）：Ni61~66，Cu13~17，Co1.2~1.6，Fe9~12，S4.0~4.8。

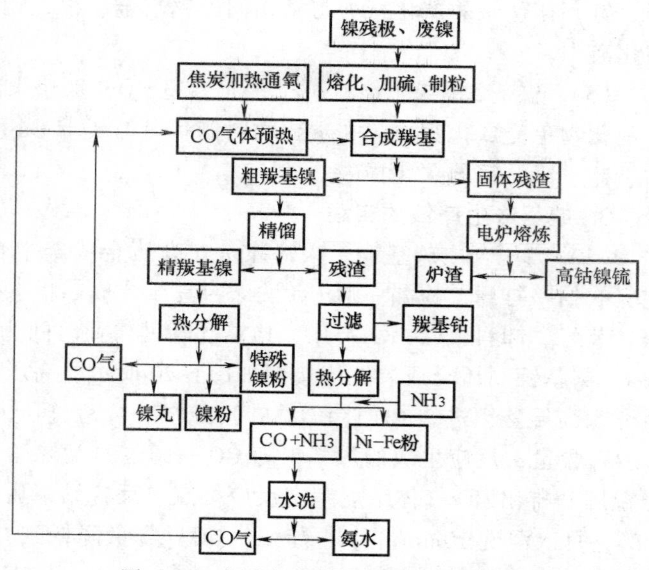

图 6-19 高压合成羰基镍原则工艺流程

2. 高压合成羰基镍时各元素的行为

（1）金属镍 金属镍极易与一氧化碳发生羰化反应，常压下可获得 95% 以上的羰化率。

（2）硫化镍 在羰化合成过程中，硫化镍可与铜发生置换反应，反应式为

$$Ni_3S_2+4Cu = 2Cu_2S+3Ni$$

生成的金属镍迅速地与 CO 发生羰化反应，在颗粒新鲜的表面，硫化镍也可与 CO 发生如下反应，反应式为

$$Ni_3S_2+14CO = 3Ni(CO)_4+2COS\uparrow$$

生成的羰基硫（COS）可与金属铜发生硫化反应，反应式为

$$COS+2Cu = Cu_2S+CO\uparrow$$

（3）铁 在常压下，铁的羰化反应速度很慢，随着压力升高反应速度加快。如在 7MPa 下铁的羰化率为 30%，在 20MPa 下羰化率可提高到 80%。以 FeS 形式存在的铁不参与反应。

（4）钴 在高压条件下，金属钴仅有少量参加羰化反应，反应式为

$$2Co+8CO = Co_2(CO)_8$$

$$4Co+12CO = Co_4(CO)_{12}$$

由于其熔点高，在净化作业中以晶体形式留在精馏残液中。

钌、铑、锇的羰化行为与钴相同，铜与金、银、铂、钯、铱不参与羰化反应，全部留在羰化渣中。

（5）硫　硫在羰化物料颗粒界面传递CO，加快反应速度；使铜、钴、铑、锇、钌转化为硫化物免受羰化损失。在羰化物料制备时，要求Cu：S≤4：1，以确保镍有效羰化，抑制钴、铑、锇、钌的羰化损失。

3. 羰基法生产镍的实践

（1）高压合成羰基镍　羰基镍是在高压合成釜中合成的，操作流程包括：装料→通高纯氮吹扫→打压、检漏→通CO洗涤→高压合成→粗羰基镍送精馏→合成塔通氮气吹扫→卸渣，装料、卸料、吹扫、打压、检漏等辅助作业时间为12~16h，高压合成反应时间为61~72h。羰基镍高压合成装置连接图如图6-20所示。高压合成的起始温度为150℃，CO经预热后通入高压釜，进气CO体积比浓度>60%，反应釜压力22.5MPa。生产中每6h分析一次$Ni(CO)_4$含量，反应生成的羰基镍随CO一道送过滤除尘工序，然后冷凝成液体。根据釜内反应温度和排出CO气体浓度判定反应终点。反应结束后，用5MPa的氮气反复清洗合成塔5~7次，每次清洗10min。待塔内$Ni(CO)_4$含量降低到0.005mg/m^{3}时，方可卸渣。残渣成分（质量分烽,%）：Ni8，Cu50.5，Co5，S17，Fe9，其他余量。残渣作为提炼铜、钴和贵金属的原料。

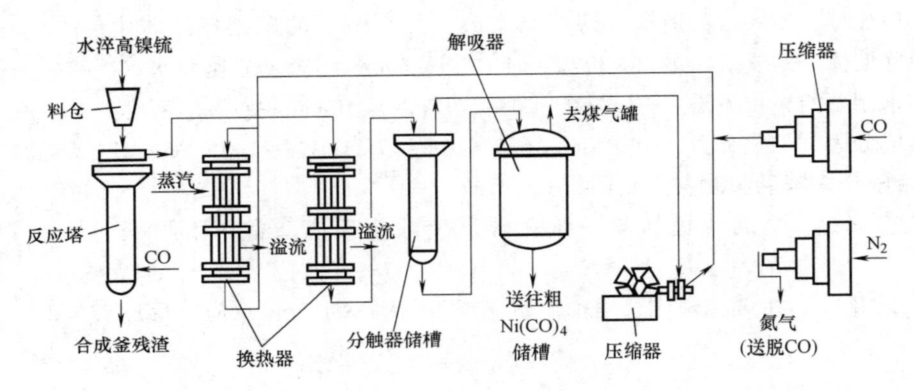

图6-20　羰基镍高压合成装置连接图

（2）羰基镍的精馏　精馏的原理是基于$Ni(CO)_4$沸点为43℃，$Fe(CO)_5$沸点103℃，$Co_2(CO)_5$在低于51℃时是固体，通过控制温度，就可将$Fe(CO)_5$和$Co_2(CO)_8$除去，达到提纯$Ni(CO)_4$的目的。

粗羰基镍的精馏在精馏塔中进行，控制温度为43~103℃，由塔下部加入液体$Ni(CO)_4$，精馏产品从上部呈气体排出，为纯度99.998%的羰基镍。塔底流出的为残留羰基铁。图6-21所示为二段逆流精馏羰基镍工艺流程。

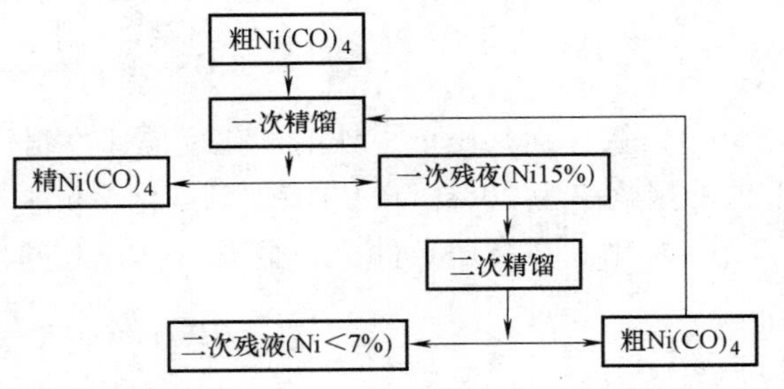

图6-21　二段逆流精馏羰基镍工艺流程

（3）羰基镍的分解　羰基镍可在不同的工艺、设备条件下，生产出上百种不同的产品，根据分解条件不同，可分为有晶种分解和无晶种分解。羰基镍无晶种条件下分解温度200~220℃，有晶种条件下分解温度180~200℃，分解反应为：

$$Ni(CO)_4(g) \xlongequal{} Ni(s)+4CO\uparrow$$

通过控制分解条件，可以得到不同牌号和不同用途的镍粉，改变反应塔的结构和分解工艺，可以生产镍丸、镍箔和不同基体的包覆粉。

1）镍粉的生产。精馏羰基镍在CO的压力下压入高位槽，自流至蒸发器中，通过90℃的热水间接加热使羰基镍汽化。控制蒸发器中的料液量，保证温度在43~45℃，$Ni(CO)_4$的气体压力为0.5kgf/cm²[⊖]。经过缓冲槽，进入600℃的反应塔中。刚进入反应塔的$Ni(CO)_4$气体的温度为300℃，分解产物为细小的镍微粒。随着$Ni(CO)_4$气体继续分解，出现新的晶种，先期生成的微细晶种逐渐长大，最后落入底部的料仓内。镍粉经螺旋输料机送至管道内，利用氮气输送至成品库。CO经两段布袋收尘净化，使气体中$Ni(CO)_4$的含量小于0.1mg/m³，排至CO储罐供循环使用。羰基镍分解设备连接图如图6-22所示。

密度和组织结构是镍粉质量的重要参数，通过控制$Ni(CO)_4$的供给速度、浓度和反应塔内的温度带，控制镍粉密度和物理结构。供给的$Ni(CO)_4$浓度低，产出的就是轻粉；供给的浓度高，产出的就是重粉。改变反应塔高度、结构和镍粉生长条件，可以生产出链状、树枝状等特殊结构的镍粉。

2）镍丸的生产。镍丸的生产是有晶种的分解，分解装置包括斗式提升机、混合室、管式加热器、反应塔和筛分机。将细颗粒镍丸在管式加热器中加热到200~240℃后进入反应塔，反应塔有三个喷嘴，将体积比浓度为10%的$Ni(CO)_4$喷入反应塔，保持0.5kg/cm²的气体压力。喷入的羰基镍在镍粒表面分解，分解产物镍镀覆在镍粒表面，长大的镍丸经斗式提升机送到顶部的混合室，循环往复。镍丸从直径0.5mm长大到直径10~13mm需要20d。筛分合格的镍丸，用氮气洗涤后包装。镍丸品位为99.97%。

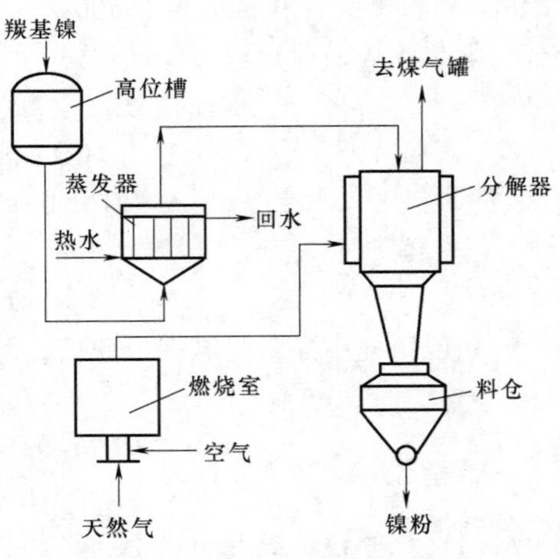

图6-22 羰基镍分解设备连接图

3）包覆粉的生产。包覆粉是羰基镍产品中最大的一类，包括耐热涂层类、热保护涂层类、耐磨涂层类、润滑涂层类等。包覆粉的生产过程和设备比较简单。精制$Ni(CO)_4$经水浴加热汽化，通过控制水浴温度控制蒸发量；将基体材料加入沸腾器中，将沸腾器升温到150℃时开始振动，升温到215℃时，将CO、$Ni(CO)_4$混合成含20%~30%$Ni(CO)_4$的气体，混合气体通入沸腾器中。$Ni(CO)_4$在基体材料表面分解，并形成镍包覆层。当镀层达到要求的厚度时，停止通入$Ni(CO)_4$，并降温至60℃停止振动，用氮气洗涤沸腾器和镍包覆粉，卸料包装。

羰基镍为剧毒物质，生长过程要特别注意安全防护，并需安装报警系统。

⊖ 1kgf/cm² = 0.098MPa。

6.8 红土镍矿炼镍

红土镍矿是含铁、含镁的蛇纹岩经长期风化、分解、富集形成的铁、钴、镍、铬和铝的氧化混合物，品位低且成分复杂。根据矿石成分和冶炼产品要求不同，红土镍矿可以用湿法冶炼，也可以用火法冶炼。采用电炉还原熔炼镍铁始于20世纪50年代，日本矿业公司左贺关冶炼厂、印度尼西亚阿妮卡坦邦公司、多米尼加鹰桥镍业公司、美国汉拿矿业公司以及我国贵州铁合金厂、湖南铁合金厂、吉林铁合金厂、横山钢铁厂、金川集团公司、吉林化工厂等单位均采用电炉熔炼镍铁合金。

6.8.1 红土镍矿的火法冶金

红土镍矿为氧化矿，缺少造锍熔炼所需的硫。氧化镍矿的火法冶炼主要是以炼镍铁为主，镍铁是生产不锈钢的主要原料。氧化镍矿可以在熔炼时配入元素硫生产镍锍，然后按照高镍锍的生产工艺精炼提纯。

1. 红土镍矿还原熔炼镍铁

硅酸盐型氧化镍矿，矿石一般含30%左右的结晶水，矿石在配料、熔炼之前，需经选矿和720~975℃煅烧脱水处理，配料原料包括红土镍矿精矿、含镍返回料、焦炭、石灰石、膨润土。

图6-23所示为某厂利用电炉生产镍铁合金的工艺流程。矿石块度20mm，在ϕ2700mm×73000mm回转窑煅烧氧化镍矿，回转窑以重油为燃料，矿石经850℃煅烧脱水，煅烧氧化镍矿配入4%的焦炭，从容量为10500kV·A电炉顶部加入炉中，镍、铁还原后，得到粗镍铁合金。氧化镍矿还原反应为

$$2C+O_2 = 2CO\uparrow$$
$$CO+2NiO = Ni+CO_2\uparrow$$
$$CO+NiSiO_3 = Ni+SiO_2+CO_2\uparrow$$
$$FeO+CO = Fe+CO_2\uparrow$$
$$Fe_2SiO_4+2CO = 2Fe+SiO_2+2CO_2\uparrow$$

粗镍铁在脱硫桶中加入纯碱造渣脱硫，脱硫桶脱硫可将硫含量降至0.02%。其反应为

$$NaCO_3 = Na_2O+CO_2\uparrow$$
$$2Na_2O+3S = 2Na_2S+SO_2\uparrow$$
$$Na_2O+SiO_2 = Na_2SiO_3$$

脱硫后的镍铁经转炉脱硅、除铬、除磷、除碳后得到精炼镍铁。除杂过程是通入空气氧化并加入氧化钙造渣完成的，反应式为

$$Si+O_2 = SiO_2$$
$$4Cr+3O_2 = 2Cr_2O_3$$
$$C+O_2 = CO_2\uparrow$$
$$4P+5O_2+6CaO = 2Ca_3(PO_4)_2$$
$$SiO_2+CaO = CaSiO_3$$

精炼镍铁直接铸造成镍铁合金铸锭，炉渣经水淬后送渣场，电炉烟气经收尘净化后，粉

尘作为配料原料使用，净化废气直接排空。电炉熔炼镍的直接回收率为93%。依据原料和熔炼设备等不同，熔炼每吨炉料的电极消耗1.7~7.8kg，熔炼每吨炉料的单位电耗500~815kW·h。转炉吹炼精炼镍铁成分要求见表6-15。

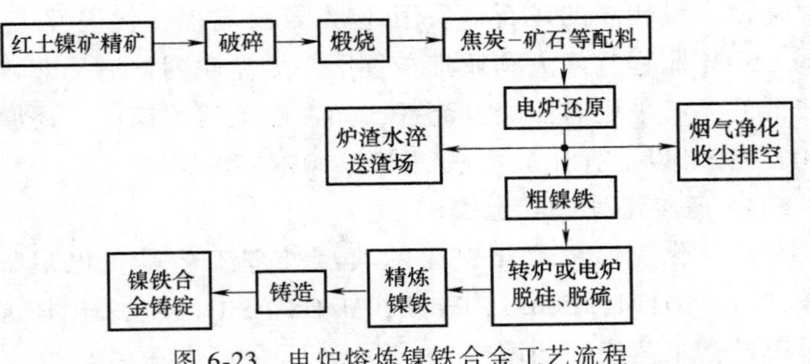

图6-23 电炉熔炼镍铁合金工艺流程

表6-15 精炼镍铁成分（质量分数） (%)

镍铁	Ni+Co	S	P	C	Si	Fe
一级镍铁	29	0.02	0.02	0.02	0.02	70.92
二级镍铁	26	0.03		1.5	1.5	70.97
三级镍铁	24	0.03		2	3	70.97

2. 红土镍矿硫化还原造锍熔炼

红土镍矿不含硫，不能直接进行造锍熔炼，通过加入硫化剂可以实现造锍的目的。某厂以氧化镍为原料，利用电炉生产镍锍的工艺流程如图6-24所示。

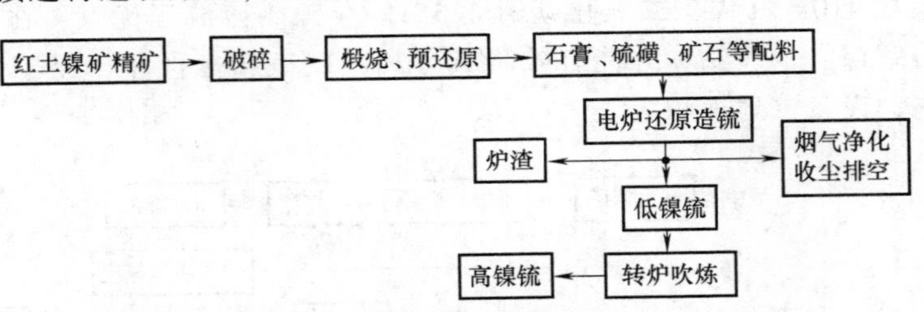

图6-24 电炉熔炼氧化镍矿生产镍锍工艺流程

经过煅烧脱水后的氧化镍矿，采用石膏、黄铁矿以及元素硫为硫化剂，在还原气氛下，使氧化镍矿先还原为金属，石膏还原为CaS，并发生交互硫化反应，反应式为

$$CaSO_4 \cdot 10H_2O = CaO + SO_3 + 10H_2O$$

$$3NiO + 9CO + 2SO_3 = Ni_3S_2 + 9CO_2 \uparrow$$

$$3NiSiO_3 + 9CO + 2SO_3 = Ni_3S_2 + 3SiO_2 + 9CO_2 \uparrow$$

$$FeO + 4CO + SO_3 = FeS + 4CO_2 \uparrow$$

$$NiO + Fe = Ni + FeO$$

$$2NiSiO_3 + 2Fe = 2Ni + Fe2SiO_4 + SiO_2$$

$$Fe_2SiO_4 + 8CO + 2SO_3 = 2FeS + SiO_2 + 8CO_2 \uparrow$$

$$3NiO + 2FeS + Fe = Ni_3S_2 + 3FeO$$

$$6NiSiO_3 + 4FeS + 2Fe = 2Ni_3S_2 + 3Fe_2SiO_4 + 3SiO_2$$

还原硫化造锍熔炼，获得低镍锍，其主要成分为（质量分数）：27%（Ni+Co），50%~67%Fe，18%~22%S。熔炼制备的镍锍是镍、铁、硫组成的合金，由于镍锍不含铜，无需进行镍、铜分离，镍锍吹炼的原理参阅本章6.3节。

6.8.2 红土镍矿的湿法冶金

在处理铜、钴含量较高的红土镍矿时，多采用湿法流程以利于综合回收各种有价金属。

氧化镁含量较高的矿石常采用还原-氨浸流程，代表性工厂有古巴尼加罗冶炼厂、美国矿务局 USBM 流程、澳大利亚雅布鲁厂、捷克谢列德厂、菲律宾苏里高镍厂等。处理氧化镁含量较低的矿石采用热压酸浸流程，如古巴毛阿湾镍厂。还原-氨（铵）浸法 Ni、Co 浸出率可达90%~95%以上，比酸浸法约高出 10%~20%。

1. 氨浸法处理红土镍矿

高氧化镁含量氧化镍矿的典型处理工艺是古巴尼加罗法，典型矿石成分为（质量分数,%）：Ni1.4，Co0.1，Fe38，MgO8，$SiO_2$14。采用还原焙烧-常压氨浸法处理高氧化镁含量镍矿，工艺流程如图 6-25 所示。还原焙烧在多膛炉中进行，用煤气加热控制还原气氛，还原焙烧温度 750~770℃，还原反应为

$$NiO+H_2 = Ni+H_2O\uparrow$$
$$NiO+CO = Ni+CO_2\uparrow$$

氨浸在常压下进行，采用氨气-碳酸氨水溶液为浸出液，浸出反应为

$$Fe+Ni+O_2+8NH_3+H_2O+3CO_2 = Ni(NH_3)_6{}^{2+}+Fe^{2+}+2NH^{4+}+3CO_3^{2-}$$

古巴尼加罗还原焙烧-常压氨浸法，镍总实收率为 70.4%，钴浸出率为 18%~20%，氨消耗 410kg/t 镍，二氧化碳消耗 551kg/t 镍。该流程优点：在常压条件下，碳酸铵能选择性溶解镍、铜、钴，并能有效将其分离；碳氨腐蚀性小，易于回收利用。缺点是，生产能耗高，设备占地面积大。

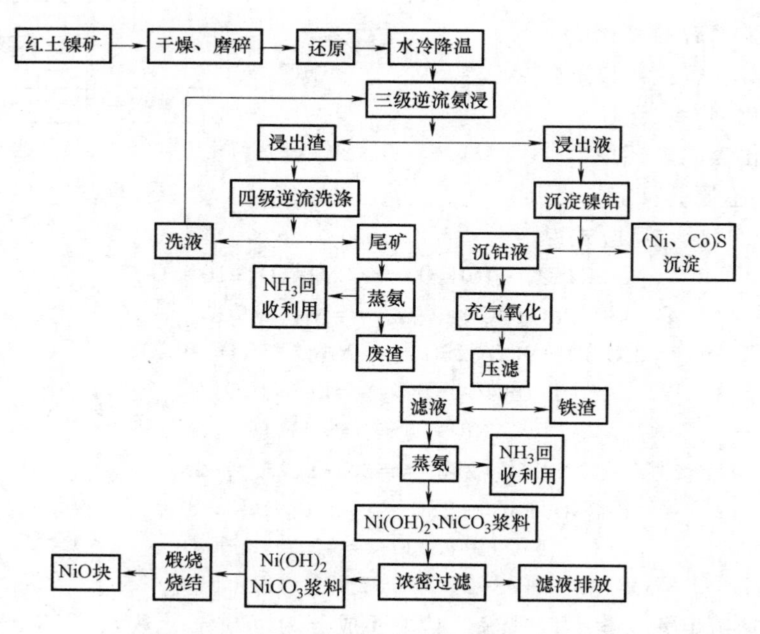

图 6-25　古巴尼加罗冶炼厂生产工艺流程

针对尼加罗法镍钴回收率低的问题，美国矿务局开发了一种还原焙烧-氨浸法处理红土矿的 USBM 流程，如图 6-26 所示。应用该流程处理含 Ni1%、Co0.2%的红土镍矿时，镍的回收率达到 90%，钴的回收率达到 85%。

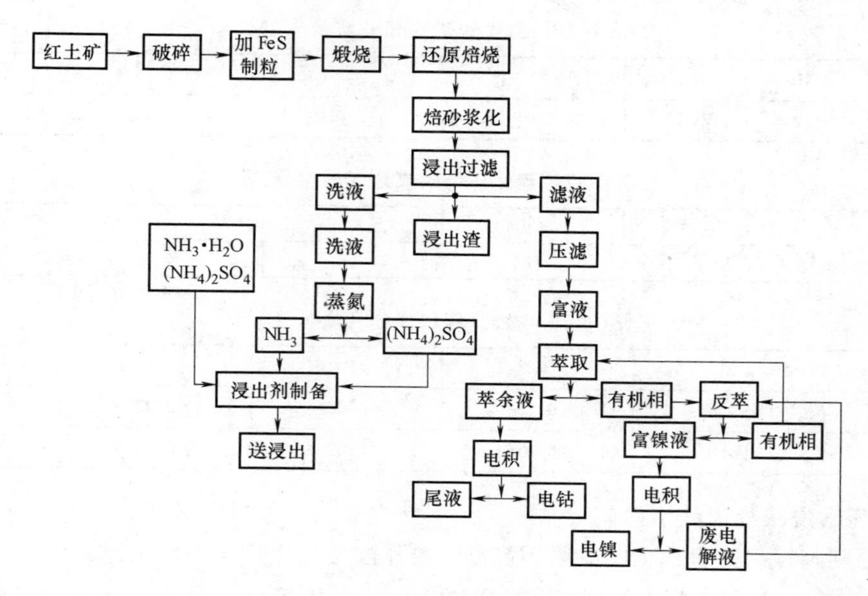

图 6-26 美国 USBM 法流程

菲律宾苏里高镍厂生产工艺流程如图 6-27 所示。该厂以红土镍矿、硫化矿为原料，设计生产能力 3500kt/a，产品为镍粉、镍块。该厂红土镍矿成分见表 6-16，硫化矿精矿成分见表 6-17，产品镍粉、镍块成分见表 6-18。

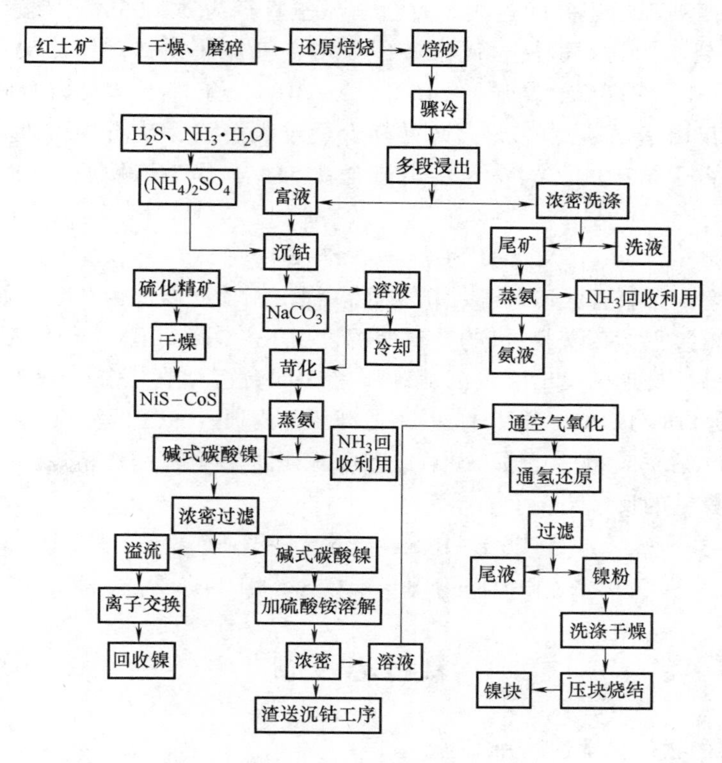

图 6-27 菲律宾苏里高镍厂生产工艺流程

表 6-16 红土镍矿成分（质量分数） (%)

元素	Ni	Co	Fe	Cr	Cu	Mn	Al	Zn
含量	1.2	0.12	38.5	1.6	0.012	4.0	3.0	0.034

表 6-17 硫化矿精矿成分（质量分数） (%)

元素	Ni	Co	Fe	S	Cu
含量	24.0	12	6	2	2

表 6-18 镍粉、镍块成分（质量分数） (%)

项目	Ni	Co	Fe	Cu	S
镍粉	99.8	0.15	0.02	0.02	0.03
镍块	99.8	0.15	0.02	0.02	0.01

2. 加压酸浸法处理红土镍矿

古巴毛阿湾镍厂是世界上唯一采用高温、高压酸浸法生产含镍红土矿的工厂，矿石成分为（质量分数）：1.35%Ni，0.146%C，0.02%Cu，0.04%Zn，47.5%Fe，0.8%Mn，2.9%Cr_2O_3，3.7%SiO_2，1.7%MgO，8.5%Al_2O_3，12.5%H_2O。

毛阿湾镍厂生产工艺流程主要包括浸出和镍钴回收两部分。浸出之前，将原矿筛选除去大于20目的物料，配制成含固体20%的矿浆，经浓密机浓密。

矿浆（固体33%~45%）预热至246℃，用高压泵送到高压釜内，每四台高压釜串联为一列，厂内有四列高压釜并联连接。每台高压釜直径为φ3.05m、高度15.8m，釜内衬6.4mm厚铅板，铅板内衬耐酸砖、碳素砖，采用空气加热搅拌。用浓硫酸为浸出液，硫酸与矿石比为1：4。在高温、高压（246℃，3.6MPa）条件下，浸出时间112min。红土镍矿中的镍、钴浸出率均超过95%，铁只有少量进入溶液，矿石中碱性氧化物少，浸出过程酸的消耗约占干精矿的22.5%。浸出渣含铁51%，作为炼铁原料回收利用。浸出反应为：

$$NiO+H_2SO_4 = Ni^{2+}+SO_4^{2-}+H_2O$$

浸出釜后设有四台束管式冷却器，矿浆在束管内流动，温度由246℃降到135℃。冷却矿浆送矿浆闪蒸槽（两台闪蒸槽并联），矿浆温度由135℃降到100℃。闪蒸槽后接6台浓密机，溢流送中和槽。处理的浸出液送沉淀高压釜（四台沉钴高压釜，卧式三室结构，涡轮搅拌），釜内温度118~121℃，压力1MPa。往高压釜内通入H_2S沉淀镍、钴、铜，产出含w（镍）55%、含w(钴）5.9%、含w(铜）1.0%的硫化物精矿产品送精炼厂。

硫化氢沉淀镍钴的反应为：

$$NiSO_4+H_2S = NiS\downarrow+H_2SO_4$$

$$CoSO_4+H_2S = CoS\downarrow+H_2SO_4$$

复习思考题

6-1 简述镍的物理化学性质和用途。

6-2 生产镍的原料主要有哪些？

6-3 简述镍的生产方法并比较各自的优缺点。

6-4 简述硫化镍精矿造锍熔炼的原理及主要的熔炼方法。

6-5 简述镍锍吹炼的原理，说明通常不将镍锍吹炼至金属镍的原因。

6-6 简述镍锍吹炼过程中各元素的行为。

6-7 处理高镍锍提取镍的工艺有哪些，各工艺的特点是什么？

6-8 简述高镍锍磨浮分选的原理。

6-9 简述高镍锍选择性浸出的原理和工艺过程。

6-10 简述硫化镍阳极电解提取镍的原理及工艺过程，写出硫化镍阳极电解的电极反应。

6-11 镍电解的阳极液如何净化？

6-12 简述羰基镍法生产镍的原理及产品特点。

6-13 简述氧化镍矿火法冶炼的方法及工艺流程。

6-14 简述氧化镍矿湿法冶炼的方法及工艺流程。

6-15 再生镍的原料有哪些，镍的再生有哪些方法？

第7章 钴 冶 金

7.1 概述

7.1.1 钴的物理性质

钴元素符号 Co，是一种具有银灰色金属光泽的硬质金属，具有一定的延展性。钴在元素周期表中位于第4周期第Ⅷ族，原子序数27，相对原子质量58.93，钴原子的电子排布为：$1s^2$、$2s^2$、$2p^6$、$3s^2$、$3p^6$、$3d^7$、$4s^2$。原子半径（金属半径）125.3pm，Co^{2+}半径7.2nm，Co^{3+}半径6.3nm。第一电离能763kJ/mol，电负性1.88。

钴有多种同位素，在自然界中只存在一种稳定的同位素^{59}Co，其他同位素都具有放射性。钴至少有两种同素异形体：α-Co和β-Co。α-Co具有密排六方晶格，在低温下稳定。β-Co具有面心立方晶格，在高温下较稳定。α-Co在430℃转变为β-Co，相变热为60cal㊀/g。钴的熔点为1768K，沸点为3143K。

钴的密度为8.9g/cm^3，莫氏硬度5.6，布氏硬度124。钴的电导率约为铜的27.6%。钴具有很强的磁性，居里点温度为1121℃。

7.1.2 钴的化学性质

钴的标准电极电势图如下：

$$\varphi_A^{\ominus}/V\quad CoO_2\xrightarrow{1.416}Co^{3+}\xrightarrow{1.82}Co^{2+}\xrightarrow{-0.277}Co$$

$$\varphi_B^{\ominus}/V\quad CoO_2\xrightarrow{0.62}Co(OH)_3\xrightarrow{0.17}Co(OH)_2\xrightarrow{-0.72}Co$$

从钴的电势图可以看出，钴是中等活泼的金属。在常温时，钴具有较好的耐蚀性能，水、湿空气、碱及有机酸均对钴不起作用。在加热时，特别是对粉末状的钴粉加热时，能与氧、硫、氯、溴激烈反应。

钴可以形成2价或3价化合物。对于简单钴离子，2价钴稳定，3价钴不稳定。但在某些配合物中，3价钴却非常稳定。

钴能被硫酸、盐酸、硝酸溶解生成二价钴盐，能与稀醋酸缓慢作用。钴在碱性溶液中稳定性较高。氢在钴电极上析出的超电压为0.22V。

7.1.3 钴的化合物

1. 钴的氧化物与氢氧化物

钴的常见氧化物有CoO和Co_3O_4。Co_2O_3不稳定，未制得过纯的Co_2O_3。

㊀ 1cal=4.1868J。

CoO为面心立方晶体，晶格参数为0.425nm，密度6.2~6.6g/cm^3，熔点1810℃，生成热为55.6~57.5kcal/mol。

CoO是钴的碳酸盐或钴的其他氧化物或Co（OH）$_3$在中性或微还原性气氛下煅烧的最终产品。纯CoO在室温下易于吸收氧生成Co_2O_3和Co_3O_4。煅烧温度越高，吸收的氧越少。如要制得高纯的CoO，煅烧温度必须高于1050℃，且煅烧后须在惰性气氛或弱还原气氛中冷却。CoO在高于850℃时稳定。随制取方法和纯度不同，CoO呈灰绿色、褐色、粉红色至暗灰色。

Co_3O_4为立方晶体，具有尖晶石结构，其中Co^{3+}占据八面体位，晶格常数$a=8.11\times10^{-10}$m。密度为6.0~6.2g/cm^3。

Co_3O_4呈黑色或灰黑色粉末，不溶于水、盐酸、硝酸、王水，能缓慢溶于热硫酸中。在400~900℃的空气中或在300~400℃的氧气中CoO氧化生成Co_3O_4。$CoCO_3$或含水三氧化二钴在空气中加热到高于265℃，低于800℃时也生成Co_3O_4。Co_3O_4在250~400℃的氧气中，由于连续氧化或可能由于化学吸附而变为Co_2O_3，但仍保持尖晶石结构。当高于450℃时离解或脱吸，回复成Co_3O_4。

由于钴的氧化物相互间生成固溶体，因而难于测定各自的离解压及稳定温度范围。空气中的Co_3O_4在910~920℃内大部分离解为CoO，至980℃离解完全，生成的CoO仍具有原Co_3O_4的尖晶石结构。

$Co(OH)_2$是难溶于水的弱两性化合物，溶度积1.6×10^{-18}。$Co(OH)_2$溶于酸并生成相应的盐。将NaOH加入钴盐溶液中即可生成$Co(OH)_2$，因颗粒大小、吸附离子、时间、温度和pH值等因素不同，可呈现蓝、绿和红等不同颜色。在室温和pH=6~7时，新析出的蓝色沉淀物为α-$Co(OH)_2$，老化则变为稳定的玫瑰色β-$Co(OH)_2$，两者溶度积均约为$10^{-12.8}$。

$Co(OH)_2$在常温下易被多种氧化剂或空气中的氧部分地氧化成棕褐色的$Co(OH)_3$。反应式为

$$2Co(OH)_2+NaClO+H_2O=2Co(OH)_3\downarrow+NaCl$$

$Co(OH)_3$是一种易吸水的不稳定化合物，难溶于水，溶度积为2.5×10^{-43}。较易溶于盐酸和亚硫酸中，难溶于硫酸中。$Co(OH)_3$是强氧化剂，能将Cl^-氧化成Cl_2。反应式为

$$2Co(OH)_3+6HCl=2CoCl_2+Cl_2\uparrow+6H_2O$$

2. 钴的硫化物

将H_2S气体通入钴盐溶液中，生成黑色CoS沉淀。CoS有α-CoS和β-CoS两种，α-CoS溶度积为5×10^{-22}，β-CoS溶度积为1.9×10^{-27}。CoS非常稳定，接近熔点（1160℃）时才开始离解，约650℃时水蒸气能使CoS分解。

在高于830℃的温度下用熔融法制得或在300~400℃下用氢还原固体CoS制得Co_4S_3，Co_4S_3为体心立方晶型。

在400~450℃温度下，在硫化氢气流中处理硫化钴10h制得Co_3S_4，高于480℃时开始析出硫。在630℃时分解为CoS和CoS_2。Co_3S_4为面心立方晶型。

CoS_2由CoS或CoO与过量的硫经长时间加热而制得，具有黄铁矿的晶型。此外还有人发现有Co_2S_3、Co_6S_5、Co_9S_8等钴的硫化物。

3. 钴的砷化物

钴与砷形成四种稳定的化合物：Co_5As_2、Co_2As、Co_3As_2和CoAs。CoAs无磁性，熔点

1180℃，当温度升高时，CoAs离解为低砷化合物。Co_5As_2是黄渣的主要组分。在加热时CoAs与浓盐酸、硫酸的反应都很微弱，但能生成极毒的砷化氢。CoAs易溶于硝酸和王水。

4. 氯化钴

无水$CoCl_2$是淡蓝色的菱形结晶，密度3.35g/cm³。熔点724℃，沸点1049℃。将金属钴或氧化钴、氢氧化钴、碳酸钴溶于盐酸，即可得到$CoCl_2$水溶液，蒸发结晶得到樱桃红色$CoCl_2 \cdot 6H_2O$。$CoCl_2 \cdot 6H_2O$在50℃以下稳定，通常市售氯化钴即为$CoCl_2 \cdot 6H_2O$。$CoCl_2 \cdot 6H_2O$脱水变为蓝色无水$CoCl_2$，$CoCl_2$能吸收空气中的水变为淡红色，在空气中加热至180℃分解。$CoCl_2$溶于某些有机溶剂中。氯化钴水溶液加浓盐酸、氯化物或有机溶剂变为蓝色。

在100℃下将$CoCl_2$溶液蒸干可制得$CoCl_2 \cdot H_2O$。将$CoCl_2 \cdot 6H_2O$放在50℃的盛有浓硫酸的干燥器中脱水即可得$CoCl_2 \cdot 2H_2O$。$CoCl_2$溶液在48~56℃结晶制得$CoCl_2 \cdot 4H_2O$。

氯化钴在陶瓷工业中用作着色剂，涂料工业用作油漆催干剂、化学反应的催化剂、变色硅胶及其他钴制品的原料。

5. 硝酸钴

硝酸钴为红色菱形结晶，易溶于水，易潮解，易溶于许多有机溶剂中。用稀硝酸溶解金属钴、钴氧化物、氢氧化钴或碳酸钴可得到$Co(NO_3)_2$的水溶液，浓缩结晶可得到$Co(NO_3)_2 \cdot 6H_2O$结晶。

硝酸钴用作颜料、催化剂、陶瓷工业着色剂及制造其他钴产品的原料。

6. 硫酸钴

$CoSO_4 \cdot 7H_2O$是玫瑰红色单斜晶系结晶，脱水后呈红色粉末，溶于水和甲醇，微溶于乙醇。将CoO、$Co(OH)_2$或$CoCO_3$溶于稀硫酸，得红色硫酸钴溶液，蒸发结晶后得到硫酸钴晶体。

硫酸钴用于电镀钴，制作电池材料，钴颜料、陶瓷、搪瓷、釉彩以及用作催化剂、催干剂及制造其他钴产品的原料等。

7. 碳酸钴

碳酸钴是一种红色单斜晶系结晶或粉末，几乎不溶于水、醇、乙酸甲酯和氨水，可溶于酸。把Na_2CO_3加入到钴盐溶液，生成的沉淀通常为碱式碳酸盐，但稍有CO_2存在时，则为紫红色的$CoCO_3 \cdot 6H_2O$。将碳酸钴置于管内密封加热至140℃，即变为淡红色粉末状$CoCO_3$，加热至400℃开始分解。

碳酸钴用于制作电池材料，钴颜料、催化剂、陶瓷着色剂以及制造其他钴产品的原料等。

8. 磷酸钴

磷酸钴是红色无定形粉末，密度2.769g/cm³，溶于无机酸，微溶于冷水，不溶于乙醇。磷酸钴加热至200℃时失去8个结晶水。磷酸钴可由氯化钴与磷酸氢二铵反应制得。陶瓷工业中所应用的磷酸钴盐$Co_3(PO_4)_2 \cdot 8H_2O$几乎不溶于水。磷酸钴用作陶瓷颜料，釉药，美术色料，树脂和塑料等的着色。

9. 硅酸钴

硅酸钴为紫罗兰色晶体，不溶于水，溶于盐酸，熔点1345℃，密度4.63g/cm³。把CoO

和 SiO_2 一起加热生成紫色偏硅酸盐（$CoSiO_3$）或正硅酸盐（Co_2SiO_4）。混合 $CoSO_4$ 和 Na_2SiO_3 溶液时，先析出蓝色并很快变成淡红色的沉淀（$CoSiO_3 \cdot 2H_2O$）。蓝色 $CoSiO_3$ 具有很强的染色性，0.1%或更少的 $CoSiO_3$ 能把玻璃染得很蓝。大青的成分为 $K_2O \cdot CoO \cdot 3SiO_2$，经常作为颜料应用。

10. 草酸钴

草酸钴是桃红色的二水化合物，密度 $3.021g/cm^3$，熔点 250℃，也有四水和无水形态。草酸钴几乎不溶于水，但溶于浓氨水中。草酸或草酸铵与可溶性钴盐在溶液中反应即可得到草酸钴。

11. 醋酸钴

醋酸钴即乙酸钴。$CoCO_3$ 与 CH_3COOH 反应可制得 $Co(CH_3COO)_2$ 水溶液，控制条件浓缩结晶制得醋酸钴。醋酸钴通常含有四个分子水，易溶于水。醋酸钴主要用作分析试剂、催干剂，在石油及人造纤维工业中用作催化剂，也用于陶瓷釉的配料。

12. 羰基钴

羰基钴纯品为橙红色的晶体，熔点 51~52℃，密度 1.87g/mL，不溶于水，可溶于多种有机溶剂。羰基钴易燃，暴露在空气中能自燃，高温分解，能与氧化剂、空气、溴强烈反应。由金属钴粉与一氧化碳经高压、加热合成，或由硫化钴（或碘化钴）在金属铜存在下与一氧化碳经高压加热反应而得。羰基钴是金属有机化学和有机合成中的试剂及催化剂。

13. 钴的配合物

钴能与许多不同的配位体形成具有不同立体化学构型的配合物，最常见的是四面体和八面体构型，也有正方形和某些五配位的配合物。除 Zn^{2+} 外，钴比其他任何过渡金属离子更容易形成四面体配合物 $[CoX_4]^{2-}$（X 一般是单齿阴离子配体如 Cl^-、Br^-、I^-、SCN^-、N^{3-}、OH^- 等）。向含 Co^{2+} 的溶液中加入硫氰化钾溶液生成蓝色的 $[Co(SCN)_4]^{2-}$ 配离子，反应式为

$$Co^{2+}+4SCN^- \xlongequal{} [Co(SCN)_4]^{2-}$$

向含 $[Co(SCN)_4]^{2-}$ 的溶液中加入 Hg^{2+}，则析出 $Hg[Co(SCN)_4]$ 沉淀，反应式为

$$Hg^{2+}+[Co(SCN)_4]^{2-} \xlongequal{} Hg[Co(SCN)_4]\downarrow$$

Co^{3+} 很不稳定，氧化性很强，反应式为

$$[Co(H_2O)_6]^{3+}+e^- \xlongequal{} [Co(H_2O)_6]^{2+}, \varphi^{\ominus}=1.84V$$

将过量的氨水加入到 Co^{2+} 的水溶液中时，生成不稳定的 $[Co(NH_3)_6]^{2+}$，易氧化成 $[Co(NH_3)_6]^{3+}$，反应式为

$$[Co(NH_3)_6]^{3+}+e^- \xlongequal{} [Co(NH_3)_6]^{2+}, \varphi^{\ominus}=0.1V$$

配位前的 $\varphi^{\ominus}=1.84V$，降至配位后 $\varphi^{\ominus}=0.1V$，这说明氧化态为+Ⅲ的钴由于形成了氨配合物而变得相当稳定。由于三价钴配合物比二价钴的配合物稳定，所以许多二价钴配合物容易被氧化而生成最终产物为三价钴的配合物。

其他有用的钴化合物还有环烷酸钴、硬脂酸钴、新癸酸钴和硼酰化钴等。

7.1.4 钴的用途

长期以来，钴的化合物一直用作陶瓷、玻璃、珐琅的釉料。20 世纪以来，高温合金、

硬质合金、磁性材料、精密合金、耐蚀合金等各种含钴合金在电机、机械、化工、航空航天等工业部门得到广泛应用。锂离子电池问世后，越来越多的钴用于制造锂离子电池。

1. 电池工业

钴用于制作锂离子电池的正极材料钴酸锂、镍钴锰酸锂等。由于锂离子电池优异的综合性能，其应用领域日益广泛，产量快速增长。目前锂离子电池已经成为钴最大的消费领域，一半以上的钴用于锂离子电池的制造。我国、日本和韩国是世界上锂离子电池产量最大的国家。

2. 硬质合金与高温合金

硬质合金是由难熔金属化合物（硬质相）和黏结金属（黏结相）通过粉末冶金工艺制成的一种组合材料。硬质合金具有硬度高、耐热、耐蚀、耐磨、强度和韧性较好等一系列优良性能。硬质合金广泛用作切削工具、刀具、钻具、耐压零部件和耐磨零部件，被誉为工业的牙齿。硬质合金中的黏结金属通常是钴金属，含钴50%以上的司太立特硬质合金即使加热到1000℃也不会失去其原有的硬度。

高温合金是指以铁、镍、钴为基，能在600℃以上的高温及一定应力作用下长期工作的一类金属材料。钴基超耐热合金是钴含量40%~65%（质量分数）的奥氏体高温合金，在730~1100℃下，具有一定的高温强度、良好的抗热腐蚀和抗氧化能力。含钴高温合金用作燃气轮机的叶片、叶轮、导管、喷气发动机、火箭发动机、导弹的零部件。因此钴在军事工业和航空工业中有不可替代的重要地位，是一种重要的战略金属。

3. 陶瓷与玻璃工业

钴蓝（$CoO \cdot Al_2O_3$）、钴紫［$Co_3(PO_4)_2$、$CoLiPO_4$］、钴黑［铁钴黑$(Fe,Co)Fe_2O_4$、铁钴铬黑$(Co,Fe)(Fe,Cr)_2O_4$］等是耐高温涂料、陶瓷、搪瓷和玻璃的着色剂。在不同的基础釉料中加入钴蓝、钴紫或钴黑等色料就可制备分别呈蓝色、蓝紫色、蓝绿色和黑色的钴系颜色釉。钴蓝颜料有鲜明的色泽，很高的着色强度，极强的耐候性、耐酸碱性，耐热可达1200℃以上。著名的景泰蓝就是含钴的釉料。

4. 催化剂

多种有机酸钴盐在高分子合成工业中用作催化剂。如醋酸钴用于人造纤维的催化剂，萘酸钴用作油漆的催干剂，Co-Mo-Al催化剂用于加氢、脱硫过程。合成金刚石的催化剂也含有钴。

5. 磁性材料

钴具有优良的磁性能。铁的居里点为769℃，镍为358℃，而钴的居里点高达1150℃。含有60%钴的磁性钢比一般磁性钢的矫顽磁力提高2.5倍。振动环境下，一般磁性钢失去差不多1/3的磁性，而钴钢仅失去2%~3.5%的磁性。由于钴优越的磁特性，大量应用于制造钐钴磁铁、铝镍钴磁铁等高性能磁性材料。

6. 其他

钴化合物用作动物饲料添加剂。人工合成的Co^{60}有强放射性，放射出γ射线，用于工业及治疗肿瘤。硅胶干燥剂中含有钴化合物，用于指示水含量。钴还是人与动物不可缺少的一种微量元素。一般成年人体内含钴量为1.1~1.5mg。含钴的维生素B_{12}（$C_{63}H_{88}CoN_{14}O_{14}P$）可以防治恶性贫血病。

7.2 钴原料及钴的生产

7.2.1 钴矿及炼钴原料

钴在地壳中的平均含量为0.0018%，地壳中已知的含钴矿物有上百种，但钴矿物赋存状态复杂，极少形成单独的钴矿。钴常以砷化物、硫化物和氧化物的形式伴生于铜镍等金属矿物之中。当这些矿物进行冶炼加工时，钴作为伴生金属进行回收。世界上主要的含钴矿藏类型有铜钴矿、含钴的硫化铜镍、氧化镍矿和含钴的多金属矿。钴矿的品位都很低，对全国50多个矿床的统计分析得知，钴的平均品位仅为0.02%。

世界主要的钴矿带分布在非洲，赞比亚的Copperbelt矿带及相邻的扎伊尔（刚果金）DRC矿带是世界著名的铜钴矿山。刚果南部、赞比亚北部，钴品位为0.1%~0.5%，最高达到2%~4%，集中了世界上将近50%的钴，是目前世界钴的主要来源。

含钴的硫化铜镍矿床，主要分布在加拿大、俄罗斯、澳大利亚，也是钴的重要来源，大部分集中在镍黄铁矿中。

氧化镍矿中由于含有氧化铁而呈红色，称为红土镍矿。红土镍矿主要分布在赤道线南北30°以内的热带国家，集中分布在环太平洋的热带—亚热带地区，主要地区有：美洲的古巴、巴西；东南亚的印度尼西亚、菲律宾；大洋洲的澳大利亚、新喀里多尼亚、巴布亚新几内亚等。红土矿具有储量大，埋藏浅，易开采的特点。但红土镍矿选矿比较困难，要直接冶金，品位比较低。随着硫化镍矿的逐渐消耗减少，红土镍矿越来越成为镍钴的重要来源。典型红土镍矿成分见表7-1。

表7-1 典型红土镍矿成分（质量分数） （%）

矿石类型	Ni	Co	Fe	MgO	SiO_2	CaO	Al_2O_3	Cr
新喀里多尼亚	2.43	0.04	9.3	28.8	42.2			
印尼红土矿	2.60	0.10	14.47	25.48	36.37			0.75
国际镍公司	2.0		19.3	17.4	33.3			
菲律宾-高铁	2.30	0.07	21.57	15.77	35.92			1.24
元江红土矿	1.24	0.08	24.6	19.4	31.84	0.34	6.9	
菲律宾	1.15	0.09	38	0.60	10.0			1.5
普列尼亚斯矿	0.89	0.06	42.9	2.67	13.86	2.31	5.90	
毛阿弯矿	1.35	0.15	47.5	1.7	3.7		8.5	1.98
阿尔巴尼亚矿	0.96	0.06	50.4	1.33	6.48	2.46	3.0	

还有一些含钴的多金属矿，主要分布在摩洛哥、加拿大，此外还有含钴的黄铁矿。世界钴资源矿床分布如图7-1所示。

海底锰结核是沉淀在大洋底的一种矿石，它表面呈黑色或棕褐色，形状如球状或块状，含有30多种金属元素。有经济价值的有锰（27%~30%）、镍（1.25%~1.5%）、铜（1%~1.4%）及钴（0.2%~0.25%）。据估计，全世界各大洋底锰结核的总量可能有3万亿t，光太平洋底锰结核就有17000亿t，其中含锰有4000亿t，镍164亿t，铜88亿t，钴58亿t。锰结核是钴的重要远景资源。

全球钴资源的分布很不平衡，刚果（金）是钴储量最多的国家，达到 340 万 t。澳大利亚储量 140 万 t，居第二位，古巴储量 100 万 t，居第三位。这三个国家储量之和占全球总储量的 83%。钴储量较多的国家还有赞比亚、菲律宾、加拿大、俄罗斯、新喀里多尼亚等国。

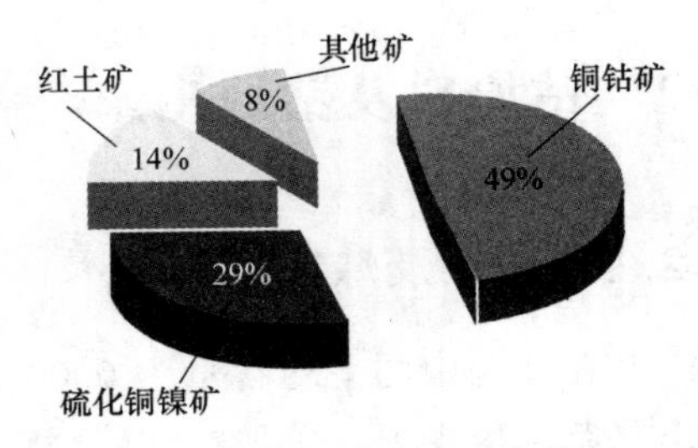

图 7-1　世界钴资源矿床分布

我国钴资源品位低，总量严重短缺。按照原国土资源部 1999 年公布的数据，储量只有 40 万 t 左右，平均钴品位为 0.02%，最高为 0.05%～0.10%。我国的钴资源主要集中于甘肃金川镍矿。金川铜镍（钴）硫化物矿钴品位为 0.021%～0.038%，湖北大冶铜录山夕卡岩型铜铁（钴）矿床钴平均品位为 0.0154%，四川会理拉拉厂铜钴矿钴平均品位为 0.02%，云南省元江—墨江红土镍（钴）矿矿石的钴品位为 0.030%～0.036%，海南省安定县居丁钴土矿钴平均品位为 1.63%。我国每年自产原生钴仅千吨级规模，但目前我国已经成为世界上钴精炼加工的主要地区和钴消费大国，产量占全球精炼钴产量的 50%。我国钴原料严重依存国外，90%以上的钴原料需要从海外进口。为保证国内所需，中国钴企业在刚果、赞比亚、菲律宾、澳大利亚、新喀里多尼亚等国家争取钴资源，使我国钴行业具备了可持续发展的基础。

许多含钴废料如废旧锂离子电池、高温合金、硬质合金、催化剂等物料中含有大量的钴金属，这些废旧物料也成为炼钴原料的重要来源。

7.2.2　钴的生产方法

自然界中的钴主要伴生于其他金属矿中，钴的赋存状态复杂，而且伴生的钴品位也很低，因此提取钴的工艺很复杂，回收率低。钴冶炼厂的原料通常来源于其他金属冶炼厂的含钴副产物。一半的钴来源于镍的副产品，一部分钴来源于铜及其他金属的副产品，只有很少量的钴来源于原生钴矿。钴的产量在很大程度上受铜镍矿产开发的影响。

德国和挪威最早生产了少量的钴。世界上真正工业意义上的氧化钴矿的开发始于 1874 年，当时出现了新喀里多尼亚的氧化钴矿。1903 年加拿大安大略省北部的银钴矿和砷钴矿开始生产，使钴的世界产量由 1904 年的 16t 猛增至 1909 年的 1553t。1920 年刚果（金）加丹加省的铜钴矿带开发后，钴产量一直居世界首位，赞比亚第二。1933 年后，摩洛哥用砷钴矿生产钴，产量居第三位，这段时期以火法生产钴为主。此后第二次世界大战前夕，芬兰从含钴黄铁矿烧渣中提钴，战后送到联邦德国氯化焙烧处理。1968 年芬兰建成的科科拉钴厂采用硫酸化焙烧提钴。比利时、日本、法国也有较大规模的钴精炼厂，用湿法工艺分别处理菲律宾、澳大利亚、摩洛哥、赞比亚等国的富钴中间产物。近年来，钴矿资源丰富的国家也相应建立了规模较大的钴冶金工厂。

我国的钴工业起步较晚。1952 年江西南昌五金矿业公司用简易鼓风炉熔炼钴土矿产出钴铁。1956 年按此工艺建设了江西冶炼厂，产出的钴铁送至上海三英电冶厂（上海冶炼厂前身）处理。1954 年沈阳冶炼厂用湿法炼锌钴渣为原料生产出首批电解钴。1958 年赣州钴冶炼厂从当地的钴土矿中生产出氯化钴。1960 年开始处理摩洛哥进口的砷钴矿，这是我国进口钴原料生产钴的开始。1966 年葫芦岛锌厂首告从钴硫精矿中回收钴，以后南京钢铁厂、淄博钴冶炼厂、湖北光化磷肥厂相继建成炼钴车间。甘肃金川、四川会理、吉林磐石铜镍矿开发后，硫化铜镍矿成为炼钴的重要资源。目前我国已成为全球主要的钴原料进口、加工和产品出口国。

钴的冶炼一般先用火法（焙烧、熔炼）将钴精矿、砷钴精矿、含钴硫化镍精矿、铜钴矿、钴硫精矿中的钴富集或转化为可溶性状态，然后再用湿法冶炼方法制成氯化钴溶液或硫酸钴溶液，再用化学沉淀和萃取等方法进一步使钴富集和提纯，最后得到钴化合物或金属钴。

由于各厂家钴生产原料的不同，采用的具体生产工艺各不相同。20世纪80年代，主要有以刚果（金）矿业公司希土鲁和卢易卢钴厂为代表的从铜钴精矿中回收钴的技术，以加拿大舍利特钴冶炼厂、芬兰奥托昆普公司科科拉钴厂等为代表的从混合硫化矿中回收钴的技术，以加拿大国际镍公司钴精炼厂和南非吕斯腾堡厂等为代表的从混合碳酸盐和氧化物中回收钴的技术等。

20世纪末，依靠科技进步和新材料、新技术的广泛应用，世界钴精炼技术取得了较大的进展，主要体现在溶剂萃取技术在钴湿法冶金中的大量应用、加压浸出技术的迅速发展和不溶阳极电积技术的成熟应用。

21世纪以来，由于电子信息等新兴产业的迅速发展，对钴的需求迅速增长，钴的提取工艺技术也得到迅速发展，主要表现在以下几个方面：直接浸出原矿的工艺代替传统的浮选-精矿浸出工艺，并逐渐在许多氧化铜矿处理中得以应用；生物堆浸技术的发展及其应用；加压浸出处理红土镍矿工艺的优化。红土镍矿加压浸出工艺的高压釜和辅助设备的发展，有力促进了这种储量丰富但是实际上非常难处理的物料使用湿法冶炼工艺的发展。

我国钴生产厂家众多，其生产流程因各厂实际情况及原料各异而互不相同。下面举出数例：①以钴硫精矿为原料，采用硫酸化焙烧→浸出→萃取→制取氧化钴或电钴的工艺；②以镍系统产出的钴渣为原料采用还原溶解→黄钠铁矾除铁→二次沉钴→煅烧→还原熔炼成粗钴阳极板→可溶阳极电解生产电钴的工艺；③以镍系统钴渣为原料采用钴渣还原溶解→除铁→萃取除杂质→草酸沉钴后煅烧，制取氧化钴粉或萃取除杂后溶液电积生产电钴。④以钴锍为原料采用加压氧化浸出→除铁→萃取除杂质→草酸沉钴→煅烧生产氧化钴的工艺流程；⑤以锌湿法冶炼过程中产生的含钴净化渣为原料，经稀硫酸浸出锌铜，过滤洗涤，干燥后在1000℃下煅烧，得到黑色氧化钴。还有些流程是从炼铜的转炉渣和含钴的合金中提钴。

铜钴矿作为最重要的钴矿资源之一，主要冶炼工艺有焙烧→浸出→电积法和电炉还原熔炼法。焙烧→浸出→电积法工艺是将硫化铜钴精矿硫酸化焙烧，焙砂与氧化铜钴矿一起酸浸，浸出液电积生产阴极铜，回收铜后的溶液中和除杂，然后电积生产电钴。电炉还原熔炼法一般用来处理高品位的氧化铜钴矿，铜钴矿首先进行烧结，烧结料电炉还原熔炼，得到两种铜钴合金再分别处理。一是铜冶炼过程中经转炉吹炼得到转炉渣，再经电炉还原熔炼水淬得到含铜、钴、铁、锰、硅等元素的合金；另一种是熔炼富集氧化钴矿和钴精矿的富铜产品。在电炉内用焦炭还原氧化钴矿产出两种合金，密度较大的铜含量高，合金外观主要表现为铜红色，称为红合金（铜含量70%以上，钴含量4%以上）；密度较小的铜含量低，外观呈白色略带黄色，称为白合金（铜含量约30%，钴含量约25%）。铜钴合金主要由两部分组成：一部分是以铜为主，含少量Si、Fe、Co的铜金属相；另一部分是以Fe、Co、Si为主，含少量Cu的铁钴合金相。两种铜钴合金中的其他杂质含量都较低。铜钴合金成为目前刚果

(金) 钴铜矿石粗加工产品中加工成本低廉主要形式之一。目前这种钴原料从该地区大量输入我国，是我国从非洲进口最重要的钴原料之一。

从含钴废料中回收钴也是钴冶炼的途径之一。含钴废料种类很多，主要有废高温合金、废硬质合金、废磁性合金、废催化剂和废旧电池等，这些废旧物料中通常还含有镍、钨、钼、钒、铌、钛、铜、锌、铝等，物料形态和化学成分复杂，在提取钴的同时也要综合回收其中的有价金属，因此，含钴废料回收的工艺流程很多。在处理含钴废料时，首先要按其物理化学性质初步分类，然后根据不同物料分别处理。用火法冶金处理这类物料往往有金属损失大、回收率低、产品质量不高，成本高等缺点。因此用湿法冶金流程或火法-湿法联合流程处理这类物料正日益受到重视。

7.2.3 钴产量与消费结构

全球精炼钴的产量总体上呈平稳增长的态势，2009 年全球钴产量约为 6 万 t，2013 年增长到 8.6 万 t，年均增长率达 9.9%，其中 2010 年和 2013 年增长较快。2015 年，全球钴产品产量已达到了约 10 万 t。

我国的钴产量除了 2010 年和 2012 年个别年份受经济下滑影响波动较大外，其他年份总体上保持平稳增长的态势。2009 年我国钴产品产量为 2.5 万 t，2013 年增长至 3.7 万 t，年均增长率达 10.3%，在全球钴市场所占的份额也温和上升，从 2009 年的 41.7%上升到 2013 年的 43.2%。2015 年，我国精炼钴产量已经达到 5.37 万 t，占全球总产量的 53.7%。

世界钴的消费领域主要包括锂离子电池、高温合金、硬质合金、催化剂、磁性材料、陶瓷色釉料等。全球钴的消费从 2004 年的 4.9 万 t 增长到 2013 年的 8.6 万 t，年均增长率达 6.3%。总体上，2005 年前，高温合金一直是钴产品的最大消费领域，随着锂离子电池的迅猛发展，电池取代高温合金成为钴产品的最大消费领域。2010~2015 年世界钴消费结构见表 7-2。从表中可见，电池领域钴的消费一直是上升的。

表 7-2 2010~2015 年世界钴消费结构 (单位：t)

序号	年份	2010 年		2011 年		2012 年		2013 年		2014 年		2015 年	
	行业	数量	占比	数量	占比	数量	占比	数量	占比	数量	占比	数量	占比
1	电池	17550	27%	22500	30%	29600	37%	34850	40.5%	37850	42.5%	41000	44.1%
2	高温合金	12350	19%	14250	19%	13600	17%	13800	16.%	14000	15.7%	14600	15.7%
3	硬质合金	8450	13%	9750	13%	10000	12.5%	10200	11.9%	11200	12.6%	11900	12.8%
4	催化剂	5850	9.00%	6750	9%	6400	8%	6050	7.03%	6000	6.73%	5800	6.24%
5	粘结剂等	3250	5.00%	3750	5%	4000	5%	5950	6.92%	6000	6.73%	6100	6.56%
6	磁性材料	4550	7.00%	5250	7%	5600	7%	5800	6.74%	5800	6.51%	5800	6.24%
7	陶瓷色釉	6500	10%	6750	9%	4800	6%	5100	5.93%	5100	5.72%	5200	5.59%
8	其他	6500	10%	6000	8%	6000	7.5%	4250	4.94%	3200	3.59%	2600	2.8%
合计		65000	100%	75000	100%	80000	100%	86000	100%	89150	100%	93000	100%

我国钴的消费一直保持着逐年递增的趋势。从 2004 年的 0.94 万 t 增长到 2013 年的 3.55 万 t，年均增长率达 15.8%，2015 年我国钴产品消费量达到了 4.54 万 t。2010~2015 年我国钴消费结构见表 7-3。从表中可见，电池和硬质合金是我国钴产品的两个主要钴消费领

域，2015 年国内钴消费结构中，电池领域约占 76.6%，硬质合金领域约占 7%。钴在电池领域中的消费比重一直是上升的。

表 7-3 2010~2015 年我国钴消费结构 （单位：t）

序号	年份	2010 年		2011 年		2012 年		2013 年		2014 年		2015 年	
	行业	数量	占比	数量	占比	数量	占比	数量	占比	数量	占比	数量	占比
1	电池	13299	61.8%	15970	63%	21200	66.9%	24500	69%	28055	72.4%	34801	76.6%
2	硬质合金	2567	11.9%	2718	10.7%	2570	8.11%		8.17%	3000	7.74%	3100	6.82%
3	磁性材料	1560	7.25%	1600	6.31%	1850	5.84%	1800	5.07%	1700	4.39%	1700	3.74%
4	玻陶色釉料	1500	6.97%	1600	6.31%	1600	5.05%	1800	5.07%	1700	4.39%	1600	3.52%
5	催化剂	1200	5.57%	1200	4.74%	1400	4.42%	1500	4.23%	1400	3.61%	1400	3.08%
6	高温合金	500	2.32%	955	3.77%	850	2.68%	750	2.11%	1200	3.1%	1200	2.64%
7	干燥剂	400	1.86%	450	1.78%	470	1.48%	500	1.41%	500	1.29%	480	1.06%
8	金刚石触媒	150	0.70%	140	0.55%	150	0.47%	180	0.51%	180	0.46%	160	0.35%
9	其他	350	1.63%	710	2.8%	1780	5.62%	1970	5.55%	1000	2.58%	1000	2.2%
合计		21526	100%	25343	100%	31700	100%	35500	100%	38735	100%	45441	100%

7.3 火法炼钴

通常情况下，火法炼钴并非单纯以提取钴为目的，而是在提炼其他金属时钴作为伴生有价金属被提取或富集。火法富集的钴还需进行湿法精炼。由于钴原料不同，火法流程也有区别，图 7-2 所示为某些含钴原料的火法提钴流程。

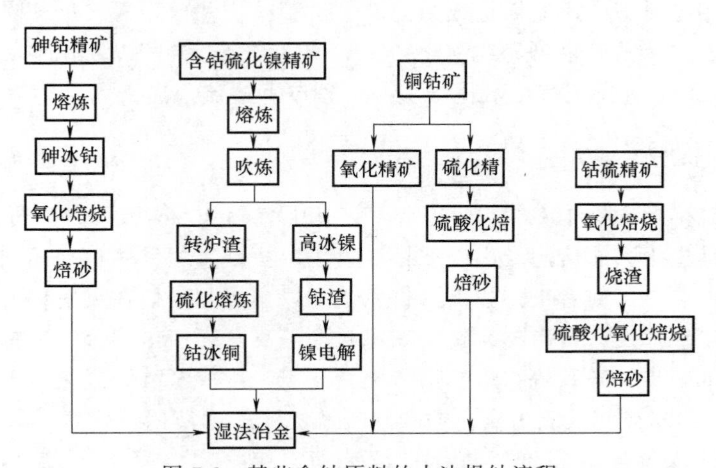

图 7-2 某些含钴原料的火法提钴流程

7.3.1 硫化镍矿提钴

硫化镍精矿一般含镍 4%~5%，含钴 0.1%~0.3%。镍的火法熔炼过程中，由于钴对氧和硫的亲合力介于铁、镍之间，在转炉吹炼高冰镍时，可控制冰镍中铁的氧化程度，使钴富集于高冰镍或转炉渣，分别用下述方法提取：

1）富集于高冰镍中的钴，在镍电解精炼过程中，钴和镍一起进入阳极液。在净液除钴过程中，钴以高价氢氧化钴的形态进入钴渣，钴渣含钴 6%~7%（质量分数），含镍 25%~30%。然后采用湿法冶金工艺进一步处理。

2）富集于炼镍转炉渣中的钴，在还原硫化熔炼过程中，与镍一起转入钴冰铜。转炉渣成分一般为（质量分数）：钴 0.25%~0.35%，镍 1.0%~1.5%；钴冰铜成分一般为（质量分数）钴 1.0%~1.5%，镍 5%~13%。钴冰铜可以直接浸取（常压或加压酸浸），也可以将钴冰铜焙烧成可溶性化合物后再酸浸。浸出液可按钴渣提钴工艺流程处理。

加拿大舍利特高尔顿公司（Sherritt Gordon Mines）用高压氨浸法处理硫化镍精矿和高冰镍时，钴留于镍的氢还原尾液中，通入硫化氢于尾液，得硫化钴和硫化镍的混合沉淀物。此混合物用硫酸高压浸出后进入湿法流程。

7.3.2 含钴黄铁矿提钴

世界上从含钴黄铁矿中提钴较有代表性的工厂是芬兰科科拉钴厂（Kok-kola Cobalt Plant）。精矿焙烧脱硫后，再配以部分精矿在流态化炉内进行硫酸化焙烧，再经浸出、浓密、洗涤，浸出液通硫化氢使钴呈硫化钴沉淀。再利用舍利特高尔顿的高压浸出法和高压氢还原法生产钴粉。

我国含钴黄铁矿的钴品位较低，仅为 0.02%~0.09%。浮选产出的钴硫精矿含钴0.3%~0.5%，硫 30%~35%，铁 35%~40%。钴硫精矿在流态化焙烧炉内于 580~620℃下进行硫酸化焙烧，使钴、镍、铜等金属转化为可溶性的盐类。焙砂用水或稀硫酸浸出，用氯酸钠将浸出液中的铁氧化成高价铁后，用萃取法依次萃取铁和铜。然后，通入氯气使钴氧化，加碱水解生成高价氢氧化钴沉淀而与镍分离。在反射炉内使氢氧化钴脱水、烧结，烧结块配以石油焦和石灰石在三相电弧炉内还原熔炼成粗金属钴。粗钴浇注成阳极，进行隔膜电解，得到纯度较高的金属钴。钴硫精矿也可先经 900~950℃氧化焙烧，再配以氯化钠或氯化钙以及少量的钴硫精矿于 680℃下进行硫酸化氯化焙烧。焙砂按上述流程提钴。

7.3.3 砷钴矿提钴

砷钴矿经选矿得到含钴 10%~20%的精矿，其中含砷 20%~50%。处理砷钴矿的方法主要有两种，一种是先用火法熔炼产出砷冰钴，再用湿法提钴。另一种是用加压浸出法制得含钴溶液，再从中提取钴。前者工艺如下：将精矿配以焦炭和熔剂在反射炉或电炉内熔炼，使部分砷呈三氧化二砷挥发，产出砷冰钴。如原料含硫高，还产出部分钴冰铜。砷冰钴和钴冰铜磨细后焙烧，进一步脱砷和硫；焙砂用稀硫酸浸出，用次氯酸钠氧化浸出液中的铁，再用碱调整 pH 值至 3~3.5，使铁成为氧化铁和砷酸铁沉淀。滤液用铁屑置换除铜后，用次氯酸钠使钴氧化，加碱水解生成高价氢氧化钴沉淀而与镍分离。所得氢氧化钴在反射炉内于 1000~1200℃下煅烧，获得氧化钴，并使其中的碱式硫酸盐分解，将硫除去。然后配入木炭，在回转窑内于 1000℃左右还原成金属钴粉。

加压酸浸法处理砷钴精矿属于湿法流程，其处理过程是将精矿用稀硫酸浆化，用高压釜浸出，操作压力 3.43MPa，浸出时间 3~4h，钴的浸出率 95%~97%。浸出液除去砷、铁、铜、钙等杂质后，加入液氨，使钴形成钴氨络合物，在高压釜内，用氢还原得到钴粉，操作压力 4.9～5.39MPa。

7.3.4　铜钴矿提钴

扎伊尔的卢伊卢厂（Luilu Cobalt Plant）是世界上处理铜钴矿最大的钴厂。铜钴矿经选矿获得氧化精矿和硫化精矿。氧化精矿品位为铜 25%，钴 1.5%；硫化精矿品位为铜 45%，钴 2.5%。首先将硫化精矿在流态化焙烧炉内进行硫酸化焙烧，然后将焙砂和氧化精矿一起用铜电解废液浸出。氧化精矿中的钴主要呈三价，在硫酸中溶解度很小，但在铜电解废液中可由其中的亚铁离子将钴还原为二价钴，溶于电解废液中：

$$Co^{3+} + Fe^{2+} \longrightarrow Co^{2+} + Fe^{3+}$$

钴的浸出率可达 95%～96%。含钴和铜的浸出液用电解法析出铜，而钴和其他金属杂质留在溶液中。除杂质后，将溶液中的钴用石灰乳沉淀为氢氧化钴，再溶于硫酸中，得到高浓度的硫酸钴溶液，最后用不溶阳极电积金属钴。

7.3.5　从含钴转炉渣中提钴

含钴转炉渣的处理一般是先经火法富集，再用湿法分别提取其中的钴镍和铜。其流程如图 7-3 所示。火法富集由转炉渣的贫化产出金属化钴锍及吹炼富集两个过程所组成，而其关键是转炉渣贫化过程。转炉渣中钴的存在形态以硅酸钴为主，铁酸钴和被磁性氧化铁溶解、包裹的氧化钴、硫化钴和金属钴占 20%～30%。

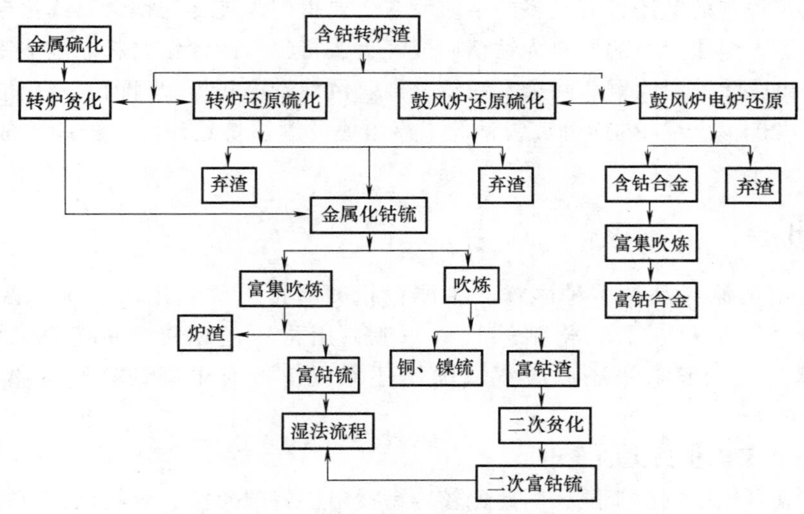

图 7-3　从含钴转炉渣中提钴流程

7.3.6　从红土镍矿中提钴

世界上 60%以上的镍资源存在于红土镍矿中，红土镍矿中伴生有少量的钴。从红土镍矿中提取镍钴越来越成为镍、钴的主要来源之一。红土镍矿分为两种类型，一种是褐铁矿类型，位于矿床的上部，铁高、镍低，硅、镁也较低，但钴含量比较高，这种矿石宜采用湿法冶金工艺处理。另一种为硅镁镍矿，位于矿床的下部，硅、镁的含量比较高，铁含量较低，钴含量也较低，但镍的含量比较高，这种矿石宜采用火法冶金工艺处理。而处于中间过渡的矿石可以采用火法冶金，也可以采用湿法冶金工艺。

红土镍矿的湿法处理有高压酸浸和还原焙烧-氨浸工艺。火法又可分为小高炉法、鼓风炉法、回转窑-电炉法等。还原焙烧-氨浸工艺是 Caron 教授发明的，称为 Caron 流程，古巴尼加罗镍厂用此法处理高氧化镁镍矿。红土矿中的镍和钴基本上呈铁酸盐形式存在，经还原焙烧后，镍、钴转变为金属或合金。焙砂用氨-碳酸铵混合溶液浸出，浸出液进入湿法流程。为了提高镍、钴浸出率，美国矿物局开发了还原焙烧-氨浸法新流程，其要点在于还原焙烧前加入了黄铁矿进行制粒，用一氧化碳还原，用萃取法实现镍、钴分离。用该法处理含镍1%、钴 0.2%的红土矿时，镍、钴回收率分别为 90%和 85%。

7.3.7 锌冶金含钴料提钴

少数钴处理厂以锌冶金过程中净化处理时得到的含钴料为原料提钴。澳大利亚的 Elect. ZincCorp. of Audtralia Ltd. 公司的 Risdon Zinc Plant 厂用 α-亚硝基 β 萘酚除钴得到的钴渣提钴，这种钴渣经过选矿获得钴精矿后煅烧得到氧化钴。意大利的 Monteponic Montevecchio SPA 公司的 Marghera Zinc Plant 厂则将 α-亚硝基 β 萘酚除钴得到的钴渣经过直接煅烧，然后用硫酸进行调浆、硫酸化焙烧，浸出后进入湿法流程提钴。

7.4 湿法炼钴

用火法工艺得到的钴还含有较多的杂质元素，要得到高纯度的钴金属或化合物通常还需要进行湿法精炼。湿法炼钴的原料为钴精矿或经火法富集后的含钴物料。湿法炼钴的主要工序通常包括浸出、除铁、除铜、除杂、镍钴分离、沉淀及电积等。目前，由硫酸浸出—黄钠铁矾法除铁→P204 除杂→P507 分离镍钴等工序组成的湿法炼钴流程已经相当成熟，在国内外广泛应用。

7.4.1 浸出

钴湿法冶金的原料品种多种多样，主要包括碳酸钴、氢氧化钴原料、钴氧化物、铜钴合金等。对于碳酸钴、氢氧化钴等物料一般采用常压还原浸出的方法进行处理；对于氧化钴类原料，一般采用还原酸浸或加压还原浸出；对于铜钴合金类物料可用氧化酸浸。

1. 碳酸钴、氢氧化钴类的浸出

碳酸钴、氢氧化钴可溶于酸，因此比较容易浸出。将碳酸钴、氢氧化钴原料加工业废水按一定的液固比浆化后，再缓缓加入浓硫酸，金属以硫酸盐形态进入溶液，浸出后期加入适量的还原剂（亚硫酸钠或二氧化硫）还原其中的高价钴，溶解终点 pH 值控制在 1.5~2.0，浸出液经浓密或压滤后送往下道工序，浸出渣经洗涤后回收一部分钴。下面以国内某企业为例介绍碳酸钴、氢氧化钴渣的溶解浸出。

该企业碳酸钴、氢氧化钴原料来源于非洲，经海运至港口，再以火车运至工厂。碳酸钴、氢氧化钴外观呈土状粉末，其成分见表 7-4。由于钴原料来源批次不同，钴及其他杂质金属含量通常波动较大。

表 7-4 碳酸钴、氢氧化钴原料化学成分（质量分数） (%)

元素	Co	Cu	Fe	Ca	Mg	Mn	Zn	水分
碳酸钴	20~30	0.1~0.5	1~5	3~8	1~5	10~15	0.1~0.5	40~60
氢氧化钴	35~45	0.5~3.0	0.1~3.0	0.5~5.0	1~5	1~5	0.1~0.5	40~60

浓硫酸市场供应量大，价格低廉，常用作为碳酸钴、氢氧化钴类原料的浸出剂。浸出工艺技术条件见表 7-5。

表 7-5 碳酸钴、氢氧化钴类原料浸出工艺条件

技术参数	搅拌强度	浆化液固比	浸出时间	终点 pH
数值	100~120r/min	(4~5) : 1	30~60min	1.5~2.0

浓硫酸溶于水放出大量的热，因此浸出过程中无需加热。钴原料中通常都含有高价钴化合物，高价钴难溶于酸，因此需将高价钴还原为低价钴。在浸出后期常加入一定量的 Na_2SO_3或 SO_2等作为高价钴的还原剂。为判断浸出是否完全，可以用小棒沾取一些溶液，对光观察，若溶液浑浊说明浸出未到终点，若溶液澄清透明，则表示浸出已经完成。

为了充分发挥设备生产能力，在溶解时要保证一定的钴浓度。由于钴原料成分波动，需要对钴原料成分进行分析，根据各种原料钴含量及杂质成分分析结果以及溶液要求，通过调整原料配比和浆化液固比，保证溶解液钴浓度及杂质含量满足生产要求。

最常用的浸出设备是浸出釜，辅助配套设施为各种储液罐、加料装置及过滤装置等。常用浸出釜为带机械搅拌的耐酸釜。加料口设置格栅，防止大块物料进入釜内。大块物料应先机械或人工破碎，以防堵塞管道或浸出不完全。在加入粉状物料时，为减少粉尘飞扬，可以预先将粉状物料淋湿，降低加料高度，或增加收尘装置。过滤装置常用压滤机。若浸出渣中有价金属仍然较高，应将浸出渣进行二次浸出或洗涤。

现代化的浸出釜容积达到几十立方米，形状为圆柱体，釜盖上设置搅拌装置、加料口及各种管线等。加料口兼有观察及取样作用。有些浸出系统先将钴原料浆化，然后在浸出釜中浸出。为加强浸出效果，可以串联多级浸出釜。用天车或起重机将大包构装粉末状钴原料吊起至加料口上方，将钴原料加入釜中。釜中预先加有自来水或工业废液，在搅拌器的搅拌下，钴原料被浆化，然后加入浓硫酸，钴被浸出。浸出完毕后，泵入浸出压滤机压滤。滤液即为浸出液进入下一道工序。浸出渣水洗并压滤，滤液并入浸出液或返回作为浆化液，滤渣外付。浸出系统示意图如图 7-4 所示。

在钴原料浸出过程中，需要特别注意下面几个问题：溶液 pH 值的控制，还原剂的加入，有害气体的控制和技术经济指标。

(1) 浸出液 pH 值控制 在溶解过程中控制好溶液 pH 值极为重要。溶解时不仅要保证足量的酸使有价金属彻底溶解，降低渣含钴，提高钴的回收率，同时也应该控制酸的加入量，以减少下道除铁工序的试剂加入量，在实际生产中，溶解终点 pH 值一般控制在 1.5~2.0 为宜。

(2) SO_2或 Na_2SO_3的加入量控制 钴原料中通常含有一些高价态的钴。高价钴不容易被酸溶解，必须先将高价钴还原为低价钴才能被溶解。在生产中常以 SO_2和 Na_2SO_3作还原剂，使高价的钴、镍等被还原成低价钴进入溶液。如 SO_2的加入量不足，高价钴就不能彻底

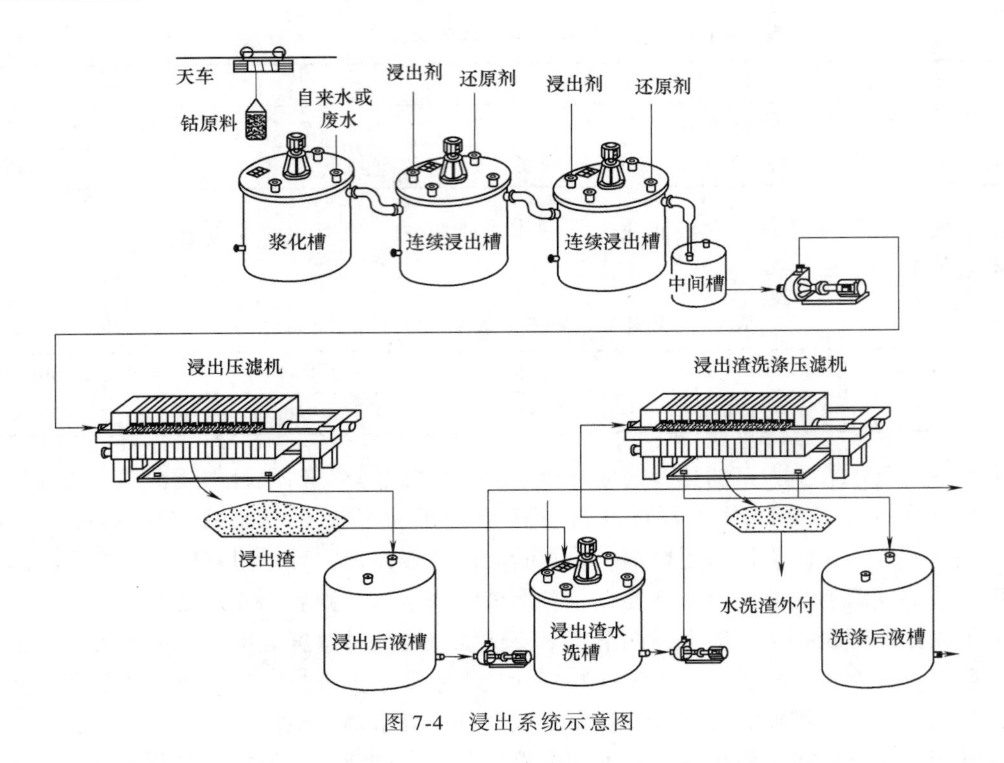

图 7-4　浸出系统示意图

溶解，过量则会使 Fe^{3+} 被还原为 Fe^{2+}，增加了除铁工序氯酸钠的加入量。SO_2 和 Na_2SO_3 加入量应以是否达到浸出终点为依据，判断浸出终点的方法前文已有述及。

(3) 有害气体的控制　某些工业废水中含有氯，在浸出过程中氯离子可能被高价钴氧化成氯气逸出。另外在加入亚硫酸钠或二氧化硫时，有部分 SO_2 气体逸出，这些有害气体必须通过碱吸收塔进行吸收净化处理。

(4) 经济技术指标控制与生产管理　浸出过程的技术经济指标主要是钴的直收率和回收率。钴的回收率与浸出渣钴含量、浸出渣量密切相关。为减少浸出渣钴含量，必须严格控制浸出液 pH 值、搅拌强度、浸出时间等工艺参数。对浸出渣实行多级逆流洗涤，可将浸出渣含钴量降至 0.5%以下。浸出渣进行洗涤处理后，钴总回收率可高于 99.5%。

投料过程中产生的物料损失对回收率也有较大影响，特别是水分含量较小的物料，在投料过程中容易产生扬尘，导致钴随飞扬物料损失并且使生产现场环境恶化。为了减少扬尘，可以采取增加水膜收尘装置、对钴原料预先加湿等措施以减小粉尘飞扬。

钴原料中通常还含有铜、镍等价值较高的金属，为达到对有价金属最大限度应用为目的，这部分金属也应该浸出而得到利用。

在浸出工序生产中因操作控制不当等原因可能出现冒罐，输液泵、管道堵塞等事故。

用酸浸出碳酸钴原料过程中，碳酸根变为二氧化碳气体放出。氢氧化钴原料中通常也混杂有碳酸钴及其他碳酸盐。酸加入过快时，会使反应过于剧烈，放出大量的热，溶液温度上升又导致反应进一步加速，短时间内产生的大量二氧化碳气体无法及时从溶液中排出，形成大量泡沫，致使溶液体积迅速膨胀，最终导致泡沫和溶液从溶解罐中大量溢出，造成冒罐现象，严重时泡沫夹杂着溶液可以从罐口喷出数米高。冒罐不仅造成金属流失，而且还会危及人身安全。

为防止发生冒罐现象，操作人员要勤观察罐内液面，控制好溶液液面高度；控制酸加入的速度。冒罐发生时立即向罐内喷洒消泡剂消除泡沫。

钴原料中往往含有一些石头、砖块、木条、包装袋碎片等不溶性杂物，不溶性杂物与未浆化完全的物料随溶液进入泵及管道中容易造成堵塞。为防止泵及管道堵塞，可采取如下一些预防措施：加料时预先将大块杂物清除；在加料口加装格栅，防止大块物料或杂物进入罐中；大块物料先粉碎；在溶液进入泵、管道之前，用网筛对溶液过滤，将不溶性杂物拦截下来，避免其进入泵及管道中；浆化时提高搅拌强度，增加搅拌时间，使物料充分浆化。

2. 白合金的浸出

白合金是目前钴铜矿粗加工产品的主要形式之一。这种合金渣目前作为钴原料从刚果(金)、赞比亚大量输入我国。白合金外观呈颗粒状，质坚硬，有金属光泽。白合金中钴铜铁含量较高，其次是硅，其成分分析见表7-6。

表7-6 白合金化学成分分析（质量分数） （%）

元素	Co	Cu	Fe	Pb	Zn	Ca	Ni	Mn	Si	S
样品1	25.15	19.00	37.85	0.0097	0.0046	0.012	1.13	1.08	9.48	0.37
样品2	26.75	16.00	38.70	0.014	0.012	0.026	1.15	1.18	10.18	1.02
样品3	27.89	19.20	34.93	0.05	0.028	0.022	1.17	0.55	9.83	0.95

白合金是骤冷产物，存在各金属相的相互包容现象。钴白合金中硅含量很高，且金属大部分以单质或合金或金属共熔体形式呈包裹状存在，由于反应过程生成硅酸胶体包裹于合金颗粒表面，阻碍了液固反应界面层氢离子和金属阳离子的扩散。另外，Fe-Co-Cu金属固溶体与其单质或氧化物比较具有稳定的结构，在热酸条件下其溶解也相当缓慢。由于钴白合金的这个特点，使其具有耐蚀、难溶解的特点，因此很难实现铜、钴的完全浸出，铜和钴的提取分离过程比较困难，处理成本高。直接酸浸时，钴的浸出率一般在50%以下，故需要采用氧化酸浸法使其中的金属单质或共熔体转化为氧化物形式，方有利于浸出的进行。

氯气具有强氧化性，在某些工厂中氯气是廉价的副产品，因此可以用氯气浸出白合金。在氯气浸出白合金反应中，氯气可能通过下述机理起作用。首先氯气分子在水合金属离子作用下解离为氯原子，即氯自由基 Cl *，氯自由基比氯气更加活泼，条件合适时 Cl * 就直接参与氧化还原反应。在该机理下，体系中 Cu^{2+} 的存在可加速反应进行，Cu^{2+} 在反应中作为催化剂。氯气分子解离为氯原子是吸收能量的过程，而体系内全反应过程是放热的。反应进行需要的条件有：$T \geq 85℃$、一定浓度的 Cu^{2+} 离子、浓度较高的氯气。由于使用有毒的氯气进行浸出，浸出容器必须密闭，勿使氯气泄漏。一种三隔室浸出釜结构示意图如图7-5所示。

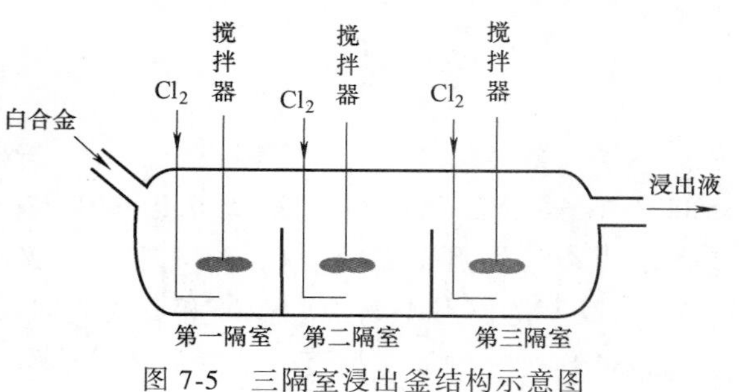

图7-5 三隔室浸出釜结构示意图

将白合金粉碎后筛分至-80目粉末，加入至浸出釜的第一隔室，向三隔室浸出釜内加入浓度为60~80g/L的盐酸溶液，在三隔室浸出釜各个隔室中通入氯气，充分浸出后得到浆料，将浆料打入板框压滤机过滤得到浸出液和滤渣，滤渣洗涤后回收洗液，铜、钴的浸出率可达到99%以上。

白合金中的硅是阻碍浸出反应的重要因素，在浸出液中加入一些可溶性氟盐能破坏白合金的结构，有利于浸出。

7.4.2 萃取除铜

浸出工序产出的溶解液进入除铁工序，但若溶解液中铜含量较多，应用铜萃取剂先将铜单独萃取出来作为一种产品。

胺及其他一些含氮萃取剂如伯、仲、叔、季铵盐，多元氮等都可以从氯化物溶液中萃取铜，属于阴离子萃取机理，即胺与溶液中的铜配阴离子反应，生成溶于有机相的胺铜萃合物。季铵盐萃取铜的反应式为

$$2R_4NCl+CuCl_4^{2-} = (R_4N)_2CuCl_4+2Cl^-$$

$$R_4NCl+CuCl_2^- = R_4NCuCl_2+Cl^-$$

负载有机相用水反萃即可得到氯化铜溶液。

20世纪60年代以来开发出的一系列螯合型萃取剂具有平衡pH值低，不需要碱中和，对铜选择性高的特点。螯合型萃取剂萃铜性能优良，是一类最重要的萃铜试剂，在生产中得到了广泛的应用。

铜萃取剂在使用中应注意以下几个问题：①萃取剂的选择要兼顾萃取与反萃两个方面。有些萃取剂萃取能力太强，导致反萃很困难，不利于萃取作业，加入一些萃取能力较弱的萃取剂可以达到合适的萃取与反萃能力。②为了调节萃取剂的性质，在配制有机相时，往往需要加入其他一些有机化合物，这些化合物称为改性剂。③溶液中强氧化性物质，如高价锰可能造成萃取剂降解破坏，产生絮凝物，降低萃取能力。④溶液中的固体悬浮物在萃取箱中可能产生大量絮凝物，影响生产，应避免大量固体悬浮物进入萃取箱，并定期清除絮凝物。

钴浸出溶液大多为硫酸盐体系，螯合型的羟肟类萃取剂用于萃取钴溶液中的铜是最合适的。下面介绍用Lix984萃取钴溶液中的铜。

1. Lix984萃取除铜原理

Lix984是Henkel公司生产的羟酮肟（2-羟基-5-壬基苯乙酮肟）和羟醛肟（2-羟基-5-十二烷基苯甲醛肟）的1∶1混合物。羟酮肟和羟醛肟的化学结构式为

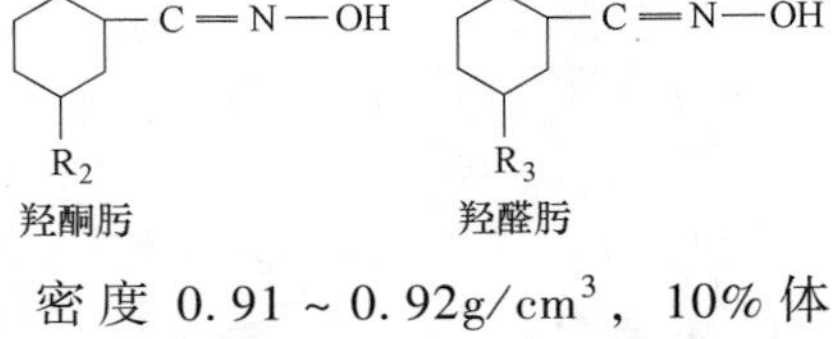

OH　R_1　C＝N—OH　R_2
羟酮肟

OH　H　C＝N—OH　R_3
羟醛肟

Lix984外观呈琥珀色液体，密度0.91～0.92g/cm³，10%体积分数Lix984最大铜负载5.2g/L，萃取等温点4.2g/L，Cu/Fe选择性≥2000，萃取动力学60s≥95%，萃取相分离时间≤70s，反萃等温点1.8g/L，反萃相分离时间≤80s，铜的净传递量2.7g/L。

Lix984作为一种混合型螯合萃取剂，其萃铜过程可用以下反应式来表示：

$$2C_{12}H_{25}-C_6H_3(-OH)(-CH=N-OH)+Cu^{2+}\longrightarrow C_{12}H_{25}-C_6H_3(-O-)(-CH=N(OH)\rightarrow)Cu^{2+}(\leftarrow N(HO)=CH-)(-O-)C_6H_3-C_{12}H_{25}+2H^+$$

$$2C_9H_{19}-C_6H_3(-OH)(-C(CH_3)=N-OH)+Cu^{2+}\longrightarrow C_9H_{19}-C_6H_3(-O-)(-C(H_3C)=N(OH)\rightarrow)Cu^{2+}(\leftarrow N(HO)=C(CH_3)-)(-O-)C_6H_3-C_9H_{19}+2H^+$$

在萃取过程中，酸性基团—OH失去H^+，然后与配位基团（一般是NOH，肟基）一起与铜形成一种具有环状结构（平面四方形结构）的、不溶于水的金属螯合物，从而实现萃取铜的目的。

理论上每1%的Lix984的铜净传递量为0.27g/L，根据浸出液的含铜浓度和pH值，选择适当的有机相配比、流比（O/A）和萃取、反萃流程，就可以将浸出液中绝大部分的铜萃取分离出来。

2. Lix984萃取除铜

当pH<1时，铜、铁、钴、镍等金属的萃取率均较低。在pH=2.0时，Lix984对Cu^{2+}的萃取率很高，Fe^{3+}被微量萃取，而Ni^{2+}、Co^{2+}则几乎不被萃取；当pH值达到5时，以上几种金属全部被强力萃取。因此，控制好萃取段水相pH值，就可以很好地将铜从溶液中分离出来。

在Lix984萃取铜过程中，有机相每萃取1mol铜离子，就会向水相中释放2mol的H^+，如果浸出液中铜含量比较高，则在离子交换过程中，水相中的H^+含量将会增加较多，导致水相pH值大幅下降，进而影响萃取铜效果。因此，在处理铜浓度较高的浸出液时，应当设置多级萃取，如有必要，还应当增加调节水相pH值的工序。

经过Lix984萃取铜处理后，浸出液中绝大部分铜进入有机相中，然后在反萃段富集，反萃后含铜40~50g/L，H_2SO_4 200g/L左右的富铜液可用于铜生产线，萃余液则进入下道处理工序。

为了防止由于相夹带等因素对铜萃取的影响，避免反萃段硫酸铜溶液被污染，有的还在萃取段和反萃段之间增加洗涤段。

图7-6　现代化的大型萃取箱

最常用的萃取设备为混合澄清槽。某厂Lix984工序采用3级萃取，2级反萃，1级洗涤，萃余液含铜小于0.5g/L。当钴浸出液中铜含量很低时，铜萃取工序可以停开，钴溶液直接进入下一道工序。现代化的大型萃取箱规模很大，设计时萃取箱主体在上，箱体密封，并接有排气管。各种储罐配置在下，如图7-6所示。

7.4.3　除铁

钴浸出溶液中所含杂质元素一般有铁、锌、锰、镍、铜、钙、镁、铝、镉、铅等。大部分铁可以用黄钠铁矾法除去。砷、镉、锑、铅等一般在除铁过程中一并除去。铜、锰、锌、镍、钙、铝、镁一般通过萃取分离方式进行分离。所以在钴溶液的实际生产中净化过程一般只包括沉淀除铁、萃取除杂两个主要过程。当对杂质含量要求高时，还可以增加离子交换树脂除杂。当溶液中铜含量较高时，应增加单独的除铜工序将铜提取出来进行回收。

铁通常是钴浸出液中含量最多的杂质元素。钴浸出液最常用的除铁方法是中和水解除铁和黄钠铁矾除铁，也有使用针铁矿方法除铁的。赤铁矿法除铁需要高温高压，对设备要求高、能耗高，这种除铁法已很少应用。

工业应用的除铁方法中，黄钠铁矾除铁产出的铁渣易过滤，但除铁深度有限。针铁矿型的铁渣晶型好，容易过滤，但针铁矿法除铁的工艺条件要求苛刻，难于控制和掌握。中和除铁深度最深，但是铁渣不易过滤，有价金属夹带较多。

1. 中和水解除铁

中和水解除铁利用三价铁发生水解反应生成溶度积很小的氢氧化铁沉淀而从溶液中分离。中和水解过程常加入的中和剂为碳酸钠。水解除铁按下式进行

$$2Fe^{3+}+3H_2O+3CO_3^{2-}=\!=\!=2Fe(OH)_3+CO_2\uparrow$$

一般在中和水解除铁过程或黄钠铁矾除铁过程均伴生有砷、镉、锑的水解反应。水解除砷、镉、锑、铅的主要原理是利用 Fe^{3+} 水解产生的胶状 Fe $(OH)_3$ 的强吸附作用，使砷、锑、镉等杂质离子产生共胶体沉淀而除去。因此，砷、锑、镉从溶液中脱除的深度，在很大程度上取决于溶液中的铁含量。

2. 黄钠铁矾除铁

中和水解除铁作为一种典型的除铁方法，其主要缺点是 $Fe(OH)_3$ 具有胶体性质，不仅沉淀速度慢，过滤困难，而且使一些有价成分被吸附而增大有价金属的损失。

实际生产中多使用黄钠铁矾除铁。Fe^{3+} 在较小的 pH 值条件下发生水解时产生一种浅黄色的复盐晶体。其化学式为 $Me_2Fe_6(SO_4)_4(OH)_{12}$（$Me=K^+$、$Na^+$、$NH^{4+}$ 等离子），俗称黄铁矾。生产中主要以黄钠铁矾 $Na_2Fe_6(SO_4)_4(OH)_{12}$ 为主。黄钠铁矾在水中的溶度积小，颗粒较大，沉淀速度快，过滤性能良好，在锌、镍、钴等有色金属生产中得到广泛应用。

（1）黄钠铁矾除铁基本原理　生成黄钠铁矾的铁离子是三价铁离子，因此首先应将溶液中的 Fe^{2+} 氧化成 Fe^{3+}，常用氧化剂为氯酸钠，其反应式为

$$6FeSO_4+NaClO_3+3H_2SO_4=\!=\!=3Fe_2(SO_4)_3+NaCl+3H_2O$$

黄钠铁矾成矾过程的反应很复杂，在有晶种及足够钠离子及硫酸根存在时，控制温度85℃以上，pH 1.6~2.4，Fe^{3+} 生成黄钠铁矾沉淀。其反应式为

$$3Fe(SO_4)_2+6H_2O=\!=\!=6Fe(OH)SO_4+3H_2SO_4$$

$$4Fe(OH)SO_4+4H_2O=\!=\!=2Fr_2(OH)_4SO_4+2H_2SO_4$$

$$2Fe(OH)SO_4+2Fe(OH)_4SO_4+Na_2SO_4+2H_2O=\!=\!=Na[Fe_2(SO_4)_3(OH)_{12}]+H_2SO_4$$

总反应式为

$$3Fe_2(SO_4)_3+Na_2SO_4+12H_2O=\!=\!=Na_2Fe_6(SO_4)_4(OH)_{12}\downarrow+6H_2SO_4$$

黄钠铁矾生成时有硫酸产生，1g 铁生成黄钠铁矾时产生 1.75g 硫酸，为了满足黄钠铁矾生成的最佳 pH 值，必须用碱中和反应中产生的酸，以保证黄钠铁矾有较快的生成速度，总的反应式如下

$$3Fe_2(SO_4)_3+6Na_2CO_3+6H_2O=\!=\!=Na_2Fe_6(SO_4)_4(OH)_{12}\downarrow+5Na_2SO_4+6CO_2\uparrow$$

（2）影响黄钠铁矾除铁的主要因素

1）一价阳离子（Na^+）的影响。黄钠铁矾成矾时，溶液中必须有一定量的 Na^+ 存在。若溶液中没有足够的碱金属阳离子或铵离子存在，则 Fe^{3+} 成矾时有可能和氢离子结合生成草黄铁矾，反应方程式为

$$3Fe_2(SO_4)_3+14H_2O = (H_3O)_2Fe_6(SO_4)_4(OH)_{12}\downarrow + 5H_2SO_4$$

草黄铁矾的沉降性能并不比氢氧化铁好多少，过滤和洗涤都不够理想，溶液中残留铁仍较多。所以在生产中应尽量避免草黄铁矾的生成。

根据黄钠铁矾的化学式计算，黄钠铁矾的钠量为铁量的13.69%。在实际生产中，加入的还原剂亚硫酸钠（Na_2SO_3）、氧化剂（$NaClO_3$）、中和剂纯碱（Na_2CO_3）都含有钠，浸出液中钠离子含量常达到5~8g/L，是铁含量10~15g/L的50%，足以提供 Fe^{3+} 成矾时所需的钠离子，因此这一因素通常不会对生产产生影响。

2）温度的影响。黄钠铁矾由溶液中析出的反应是一个吸热反应，提高温度对黄钠铁矾的形成是非常有利的，对渣型的物理性质也有决定性的作用，从图7-7所示可以看出，黄钠铁矾的成矾过程温度必须控制在85℃以上。如果成矾过程温度低于85℃，渣成褐色，过滤困难，而且渣含金属偏高。为保证反应快速进行及铁矾沉降速度快，渣含Ni、Co低，生产中从氧化阶段到除铁结束整个过程应保持90~95℃的温度。

3）pH值的影响。黄钠铁矾生成的最佳pH值为1.2~2.4，试验和生产证明，氧化前溶液的pH值不仅影响黄钠铁矾的生成速度，而且还会影响沉淀的组成和渣型。溶液pH值过低会使成矾速度减慢，反应时间拖长，而且除铁深度不够。pH值过高，则会有大量的胶体氢氧化铁生成，影响沉淀的过滤性能，铁渣中钴含量也较高。所以必须严格控制氧化前溶液的pH值，一般控制溶液pH值1~2。

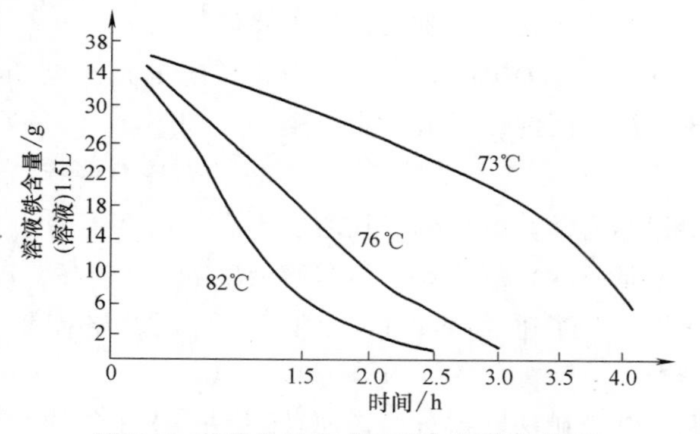

图7-7 黄钠铁矾生成速度与温度的关系

在成矾过程中，必须用碱中和成矾时产生的酸。生产中一般用7%~8%的碳酸钠溶液雾状均匀喷入除铁槽内。当加入不均匀，会造成局部溶液pH值过高，生成胶状氢氧化铁，使过滤困难，渣中有价金属上升。

4）Fe^{3+} 的影响。三价铁离子的浓度与pH值之间的关系可用下式表示

$$\lg(Fe^{3+}M) = 2.3-2.25pH$$

假如控制黄钠铁矾成矾时的pH值为2，则溶液中 Fe^{3+} 离子存在允许的最大浓度应为0.0063M。但此时也不至于形成氢氧化铁胶体，而是形成一些聚合度不等的氢氧化物聚合体。

根据黄钠铁矾成矾时的pH值，溶液中 Fe^{3+} 的平衡浓度不能太高。若操作不当，会生成 $Fe(OH)_3$ 胶体，影响黄钠铁矾的生成。

5）搅拌时间的影响。搅拌对黄钠铁矾的形成是有利的，搅拌能加快传质速度，增加溶液中各成矾离子碰撞机会，促使晶核成长。但过于强烈的搅拌会使黄钠铁矾的晶粒变细。

黄钠铁矾的晶体成长需要一定的时间，时间的长短与溶液的温度、反应的pH值等因素有关。一般生产条件下搅拌时间为1.5~2h。

6）晶种的影响。在同样条件下，加晶种时黄钠铁矾的生成速度比不加晶种时要快。在除铁过程中加入前次黄钠铁矾渣泥浆作晶种（不能用干渣）能加速黄钠铁矾的生成，不加晶种黄钠铁矾生成时间长，铁矾渣颗粒细，过滤性差。晶种的影响如图 7-8 所示。

黄钠铁矾法是一种良好的除铁方法，渣量比中和水解法少 1/3～3/4，铁渣沉淀快，过滤性能好，易于洗涤，渣含 Ni、Co 低，含钴不超过 0.5%，基本达到标准。渣量少也减轻了工人劳动强度，减少材料消耗，降低成本。

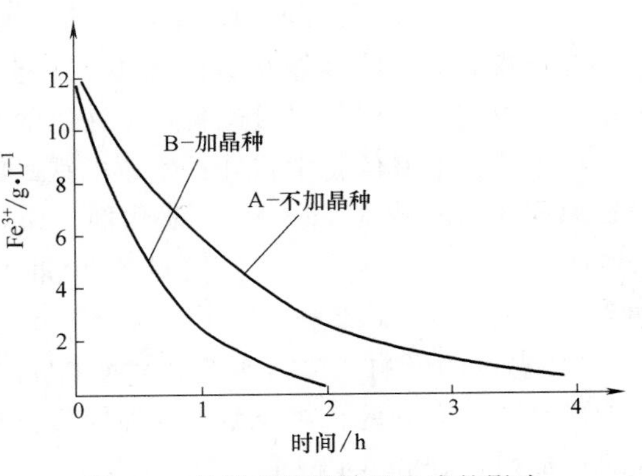

图 7-8　晶种对黄钠铁矾生成的影响

3. 针铁矿法除铁原理

针铁矿法渣量少，铁渣沉淀物呈晶体态，过滤性能良好，夹带有价金属少。针铁矿渣含铁高，经适当处理后可作为炼铁原料。针铁矿法是由比利时老山公司最先研发成功，1970 年即开始工业化应用，是湿法冶金中常用的除铁手段。

针铁矿是含水氧化铁的主要矿物之一，常称为 α 型一水氧化铁，它的组成为 $\alpha\text{-}Fe_2O_3\cdot H_2O$ 或 α-FeOOH，与纤铁矿（γ-FeOOH）为同质多相变体。针铁矿法除铁是使 Fe^{3+} 水解形成针铁矿沉淀，反应式为

$$Fe^{3+}+2H_2O = FeOOH\downarrow +3H^+$$

根据热力学数据计算，在酸度不高，温度不高于 140℃ 条件下，Fe^{3+} 的水解产物应是针铁矿而不是胶状氢氧化铁。但当溶液中 pH 值较高，Fe^{3+} 浓度较高时，水解产物大多是胶状氢氧化铁。为了避免产生 $Fe(OH)_3$，必须严格控制溶液的 pH 值和 Fe^{3+} 浓度，控制条件要求较严。

针铁矿法除铁分为还原-氧化法（V · M 法）和部分水解法（E · Z 法）。还原-氧化法是先把 Fe^{3+} 还原为 Fe^{2+}，再将 Fe^{2+} 缓慢氧化为 Fe^{3+}。为了控制溶液中 Fe^{3+} 的浓度，氧化速度不能大于水解速度，使溶液中铁含量始终低于 1g/L，生成针铁矿。生产中常用空气作氧化剂，反应式为

$$4Fe^{2+}+O_2+6H_2O = 4FeOOH\downarrow +8H^+$$

部分水解法是将含 Fe^{3+} 的溶液缓慢而均匀地加入到搅拌均匀的含铁低于 1g/L、具备水解条件的溶液中，加入速度不能大于 Fe^{3+} 的水解速度，使 Fe^{3+} 形成针铁矿沉淀。

针铁矿沉淀形成时伴随着酸度的提高，因此在操作时必须加入碱性物质进行中和。反应式为

$$2Fe^{2+}+H_2O_2+2H^+ = 2Fe^{3+}+2H_2O$$

$$Fe^{3+}+3OH^- = Fe(OH)_3$$

$$Fe(OH)_3 \xlongequal{\text{水热作用}} FeOOH+H_2O$$

$$Fe(OH)_n^{3-n}+(2-n)H_2O = FeOOH+(3-n)H^+ \text{（其中 } n=0,1,2,3,4\text{）}$$

针铁矿对于金属离子的吸附能力由强到弱的顺序是：$Pb^{2+}>Cu^{2+}>Zn^{2+}>Cd^{2+}>Ni^{2+}>Co^{2+}$。

针铁矿对重金属离子吸附主要是物理化学吸附，并可形成稳定化合物。

针铁矿对 Cu^{2+} 的吸附取决于 pH 值，存在一个较窄的 pH 值范围使吸附率急剧增至98%，并且随着 pH 值增大而呈稳定。在 pH 值为 4.3 时，Cu^{2+} 的吸附出现增高趋势，大于4.3 吸附率急剧上升，到 pH 值等于 7.3 时吸附率达到最大值。因此，在针铁矿吸附 Cu^{2+} 的过程中，pH 值为 4.3 是其吸附边界 pH 值。

对于铜、锌、镉，针铁矿主要是表现为表面吸附和离子交换吸附两种作用。pH 值对重金属的吸附作用有很大影响，对每一种重金属来说，都存在一个有利于吸附的最佳 pH 值范围，通过相图可以确定 pH 值的范围。

针铁矿对于镍、钴的吸附及交换性能较弱，在正常条件下，针铁矿铁渣中 Ni、Co 含量不大于 0.05%和 0.01%。

针铁矿和黄钠（钾）铁矾的生成条件有相近的地方，很容易因为控制不当，生成黄钠（钾）铁矾。主要问题出现在酸度控制方面，在一定条件下，pH 值过低会导致铁矾渣的生成。有晶种存在时，针铁矿沉淀时的 pH 范围会变宽，体系铁含量可以大于 1g/L，晶种会降低反应的活化能。

当大量针铁矿晶种存在时，铁离子迅速吸附在晶种表面，会快速水解并完成脱水过程，脱落形成新针铁矿晶核，或者直接长大成为大晶体。脱落的晶核彼此之间发生附聚或团聚，也会重结晶生成大晶体。在此过程中，如能维持反应体系的物料总量恒定，维持消耗铁离子浓度不变，则会一直持续生成大量针铁矿沉淀。

针铁矿法生产率相对较低，动力消耗大。过程中要始终控制 $Fe^{3+}<1g/L$，故首先要将浸出液中的三价铁还原成二价铁，然后在 pH4～5，90～95℃条件下，用空气逐渐氧化成三价铁，还原和氧化反复进行，周期长，渣量较大，蒸汽消耗量大，氧气利用率低，一般只有3%左右。

一般工业生产中，沉铁过程中要加入一定的针铁矿作为晶种。针铁矿最佳工艺条件：Fe^{3+} 低于 1g/L，溶液 pH 值 2.5～3.0，温度 85℃左右，搅拌时间 2h。除铁后溶液含铁可达 0.005g/L。

4. 赤铁矿法

赤铁矿法需要在温度 200℃，pH 2～3 及压力 1866～2063kPa 条件下进行，将二价铁氧化水解成赤铁矿需要衬钛材的特制高压釜。该法优点是产富铁渣（含铁 58%～62%），渣量少，沉淀中的铁含量较高且可回收利用，但需要高温高压设备。该法在实际生产中较少使用。

5. 除铁生产实践

在实际生产中一般将中和水解除铁和黄钠铁矾除铁两种方法结合起来，以达到最佳的效果。将钴溶液返入除铁釜中，先加入氧化剂将 Fe^{2+} 全部氧化为 Fe^{3+}，采用黄钠铁矾法除去大量的铁，但当溶液中残留铁降低至 0.05g/L 以下时，继续除铁比较困难，将溶液的 pH 值提高到 3.0～3.5，利用中和水解沉淀法，使 Fe^{3+} 水解沉淀，直到溶液含铁小于 0.01g/L。该过程称为综合除铁。

钴溶液含有大量钠离子，为采用黄钠铁矾除铁创造了条件。该法常用的氧化剂为 $NaClO_3$，其用量一般为 $NaClO_3 : Fe^{2+} = 0.5 \sim 1 : 1$，除铁过程中一般采用机械搅拌。采用蒸汽直接加温，蒸汽冷凝带入的水由溶液的蒸发而抵消。除铁工艺参数见表 7-7。

除铁所用主要设备为除铁釜，辅助配套设施为加热设备，加料装置及过滤装置等。常用除铁釜为普通耐酸釜，外表面衬保温层，带机械搅拌或空气搅拌。为保证除铁深度，常串联多级除铁釜。过滤装置常用压滤机。

表 7-7 除铁工艺参数

	除铁温度	溶液 pH 值	终点 pH 值	操作周期	除铁后溶液含铁	铁矾渣含钴
指标	≥85℃	1.5~2.0	3.0~3.5	4.5~6.0h	<0.01g/L	<1g/L

经除铜、除铁后的钴溶液除含有少量的残余铜、铁外，还含有一定量的 Ca、Mg、Pb、Zn、Mn、Ni 等杂质离子。为得到纯净的钴溶液必须进一步除杂净化，目前最方便有效的方法是使用溶剂萃取除杂。

用 P204 萃取除杂可以深度去除除镍、镁外的大多数杂质。经 P204 除杂后的溶液一般使用 P507 进行镍、钴分离，镍、钴分离后钴负载于萃取有机相与镍、镁分离，用酸反萃后即得到纯净的钴溶液。

7.4.4 P204 萃取除杂

钴浸出液除铁、除铜后，溶液中除了残存的少量 Cu、Fe 外，还含有一定量的 Ca、Mg、Pb、Zn、Mn、Ni 等杂质离子。为得到纯净的钴溶液必须进一步除杂净化，目前最方便有效的方法是使用 P204 萃取除杂。

P204 萃取剂是国内的通称，国外也称 D_2EHPA 或 DEHPA，化学名称是二（2-乙基己基）磷酸。P204 是一种无色透明较黏稠的液体，分子量 322.48，密度 $0.973g/cm^3$（25℃），黏度 3.47MPa·s，凝固点-60℃，不溶于水，低毒。P204 广泛用于稀土、有色金属的萃取分离。

1. P204 萃取过程的基本原理

P204 是一种酸性萃取剂，萃取三价、二价金属时的反应可用下式表示：

$$Me^{3+}+3(HX)=\!=\!=MeX_3+3H^+$$

$$Me^{2+}+2(HX)=\!=\!=MeX_2+2H^+$$

上式的萃取平衡常数 K 与萃取剂本身性质、萃取温度、稀释等因素有关。萃取的分配系数 D 可用下列关系式求得：

$$\lg D=\lg K+2\lg[HX]+2pH$$

从式中可以看出，对一定体系，分配系数 D 是 pH 的函数，即 P204 萃取过程的分配系数 D 取决于平衡水相中的 pH 值。P204 对各种金属阳离子的萃取平衡 pH 不同，如图 7-9 所示。硫酸介质中萃取金属的选择顺序是：$Fe^{3+}>Zn^{2+}>Ca^{2+}>Cu^{2+}\approx Mn^{2+}>Co^{2+}>Mg^{2+}>Ni^{2+}$，因此通过控制不同的 pH 值可以实现上述金属的分离。一定条件下，两种金属萃取平衡 pH 值差越大，它们越容易分离。由于条件差异，图中某些金属萃取曲线可能会发生交叉，这样在金属萃取分离时有可能发生共萃，至少两种金属平衡 pH 之差在 1 以内时是如此。P204 可有效地从钴溶液中将除镍、镁外的其他杂质元素除去，而且 P204 价格低廉，毒性小，因此在钴的生产中广泛用于钴溶液的除杂。P204 用于钴溶液除杂，萃取过程的 pH 值直接影响杂质元素的分离，对镍、钴萃取过程影响不大。这个特点也是选取其作为除杂萃取剂的重要因素之一。

用 P204 萃取金属时放出 H^+，导致 pH 值降低，影响萃取过程的继续进行。为保持 pH

值稳定，一般先将P204用碱预中和制皂，以便在萃取过程中维持所期望的pH。中和剂可用NH_4OH或NaOH，其反应式如下

$$HX+NaOH \longrightarrow NaX+H_2O$$

按上式计算，1gP204理论上需要0.124gNaOH或0.1087gNH_4OH。

在萃取过程中，用钠皂或氨皂与欲萃取水溶液接触，杂质金属如铜、锰等进入P204有机相。P204钠皂萃取铜的反应式如下

$$2NaX+CuSO_4 \longrightarrow CuX_2+Na_2SO_4$$

负载有机相可用硫酸、硝酸、盐酸等反萃。用盐酸反萃时的反应式如下

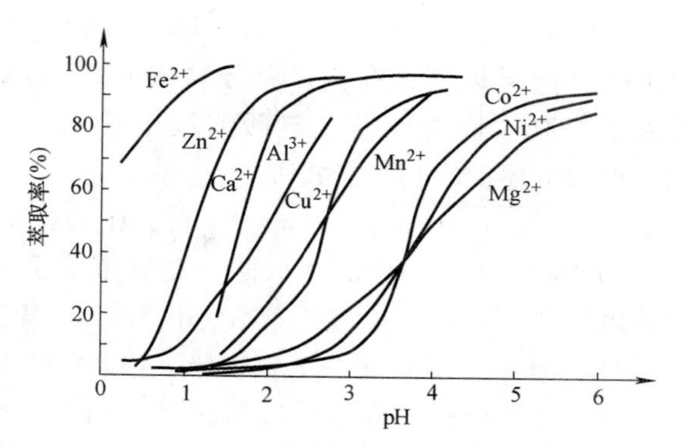

图7-9 硫酸盐溶液中P204对某些金属的萃取率与平衡pH的关系

$$CuX_2+2HCl \longrightarrow 2HX+CuCl_2$$

其他金属的萃取与反萃取过程与上述铜的萃取与反萃取过程类似。但P204-Fe^{3+}络合物很难反萃，用硫酸不能使铁反萃完全，需用6mol/L盐酸，或加入还原剂方能反萃干净。

实际上，P204的萃取过程远比上述情况复杂，这是因为：

1）金属的萃取物在有机相中以多聚物形态存在，萃取剂本身在非极性溶剂中也以二聚体形态存在。

2）用P204从含两种或两种以上金属离子的水溶液萃取时，实际上不可能用上述单一反应表示萃取的全过程。除简单的萃取外，还有金属的置换过程。

从图7-10所示可以看出，位于某一金属左边的存在于水相中的金属离子，可以从有机相中将位于右边的金属置换出来进入水相中。

在P204浓度为20%及25%，其余为260号溶剂油的有机相中，当平衡水相pH值为4.5及在25℃时，钴的饱和容量分别为17g/L及22g/L。

2. P204从$CoSO_4$液中萃取除杂质

1）P204的皂化。P204皂化一般采用NaOH或者NH_4OH，由于P204钠盐或铵盐在水中有一定的溶解度，所以用P204的260号溶剂油溶液与NaOH或NH_4OH溶液制皂时往往出现乳化现象和第三相。如在有机相中添加仲辛醇或磷酸三丁酯或在NaOH溶液中添加NaCl时，将不产生第三相，但添加剂的加入会降低许多金属的分配系数。另外也可以采用浓碱（500g/L）制皂，并不将水相分出即用于萃取。

2）P204萃取除铁。用D_2EHPA的260号溶剂油溶液从硫酸盐溶液中萃取三价铁时，分配系数与D_2EHPA浓度的关系如图7-10所示。

用P204的260号溶剂油溶液从$FeCl_3$的盐酸溶液中萃取Fe^{3+}的结果如图7-11所示。图中分配系数的变化可解释为在酸度低于4.5mol/L时，铁因阳离子交换反应被萃取并析出H^+。反应式为

$$2Fe^{3+}+5(HX)_2 \longrightarrow Fe_2X_{10}H_4+6H^+$$

在酸度高于4.5mol/L时则因溶剂化而铁被萃取，反应式为

$$Fe^{3+}+3Cl^{-}+m(HX)_2 = FeCl_3 \cdot (HX)_{2m}$$

以上研究结果说明，在浓度低于 4.5mol/L 的盐酸溶液中萃取三价铁以及在硫酸溶液中萃取三价铁时，可用下述反应的一般式表示：

$$nFe^{3+}+(2n+1)(HX)_{2有} = Fe_nX_{2(2n+1)}H_{n+2}+3nH^{+}$$

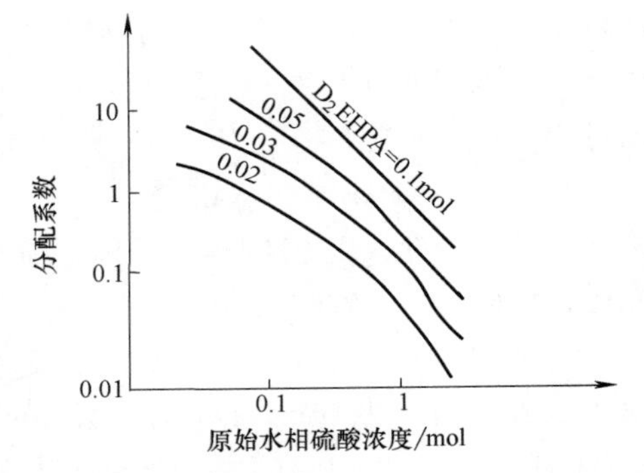

图 7-10　用 P204、260 号溶剂油溶液从硫酸盐中萃取 Fe^{3+}

3）在生产中，P204 萃取除杂是在混合澄清萃取箱内进行，采用逆流方式萃取，也有使用离心萃取器。P204 除杂萃取箱分为很多级，依各级作用不同可分为皂化段、萃取段、洗钴段、洗铜段、洗铁段等。

在皂化段，P204 与碱反应成皂。在萃取段，有机相与进入萃取箱的溶液接触后，Cu、Fe、Zn、Mn、Ca 等杂质元素均被萃取到有机相中，钴也有少部分被夹带或萃取到有机相中，Ni、Co、Mg 则随萃余液进入下一道工序。用稀盐酸洗涤有机相，钴被洗脱，随水相返回到前级溶液中，而铜、锰、钙、锌、铁洗脱很少。在洗铜段，用浓度较高的酸洗涤，铜、锰、钙、铁、锌随反洗溶液排出体系。在洗铁段，必须用 6mol/L 的盐酸才能将铁洗脱，洗去铁后的有机相不再含金属离子，即为再生有机相。再生后的有机相返回皂化段。

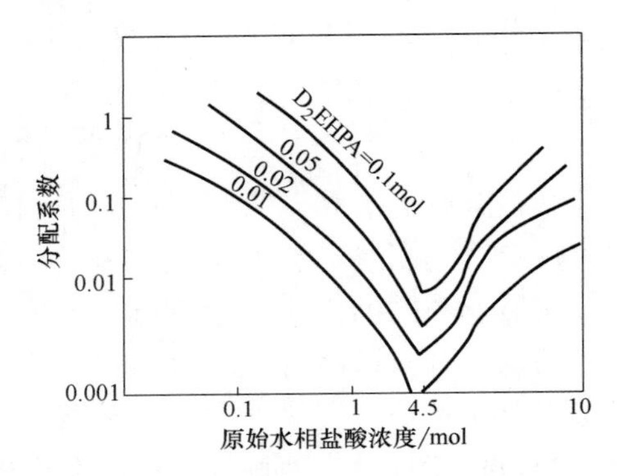

图 7-11　用 P204、260 号溶剂油溶液从盐酸中萃取 Fe^{3+}

某厂钴 P204 萃取操作技术条件如下：

① 萃取剂组成：10%～20% P204，80%～90% 稀释剂。

② 皂化率：55%～75%。

③ 物料流比：料液∶有机相＝1.0∶(0.8～2.5)。

反萃用酸可同级内循环使用，当洗铜酸降低到 0.3mol/L，洗铁酸降低到 4.5mol/L 时换酸，反萃酸流量依据杂质含量调整。P204 除杂后，溶液中杂质成分应符合表 7-8。

表 7-8　P204 萃取除杂后杂质含量　（单位：g/L）

元素名称	Cu	Fe	Ca	Mn
萃余液	<0.0003	≤0.002	<0.001	<0.002

钴冶炼萃取除杂及萃取分离镍、钴过程可以使用常规混合澄清萃取箱，也可使用离心萃取或其他萃取方式。混合澄清萃取箱一端采用机械搅拌将萃取剂与溶液混合，混合溶液流向另一端。在流动过程中，有机相与水相靠重力自然澄清分层，水相密度较大的在下层，有机相密度较轻的在上层。搅拌桨可用钛质或钢衬塑材质。这种萃取箱的优点是结构简单，组合灵活，易于放大，操作稳定性好，可以采用多种材料建造。其缺点是占地面积大，大型萃取箱占地面积可达到数百平方米，液体积存量大，设备及萃取剂投资也大。水相和有机相在萃取箱内的流向一般采用逆流设计。萃取箱可分为浅式和深式萃取箱，浅槽萃取箱可以节省很多萃取剂。常规混合澄清萃取箱基本结构如图 7-12 所示。萃取箱中流体流动方向如图 7-13 所示。

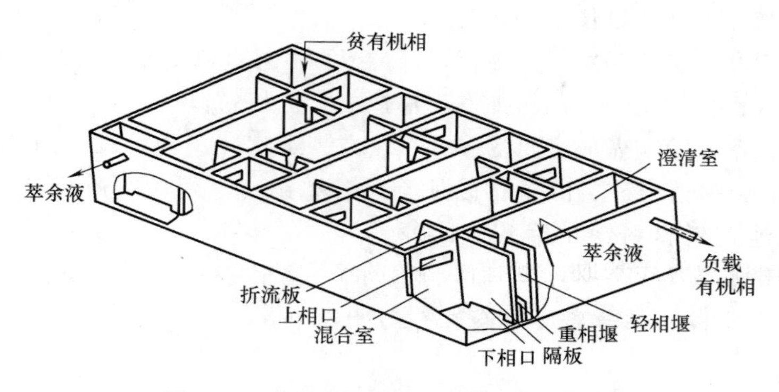

图 7-12 全逆流混合澄清萃取箱结构简图

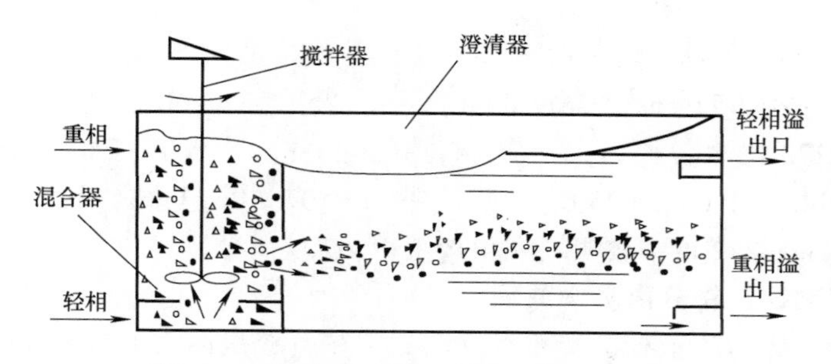

图 7-13 混合澄清萃取箱中流体流动方向

溶液中存在的钙在进 P204 萃取箱前的管道中和 P204 萃取箱中有时会生成硫酸钙晶体，堵塞管道和萃取箱，结晶严重时几乎将管道堵死，还会在混合室搅拌桨上结上厚厚的一层，严重影响生产的正常运行。为减轻硫酸钙的影响，可以预先设置一个硫酸钙结晶池，预先在结晶池里使一部分硫酸钙结晶。

萃取系统经长时间运行后都会产生絮凝状污物，这种絮凝状相间污物常位于澄清槽的水相和有机相之间。相间污物如果随水相或有机相进入下一工序，会导致出口溶液被杂质和有机相污染，或萃取剂在萃余液中流失。大量污物进入混合室有可能形成稳定的乳化，并扩散至全萃取系统，最终导致萃取系统无法运行而被迫停车。

相间污物由有机相、水相及固体组成，有时还有气体。固体成分不定，多包括所处理的矿石微粒以及硅酸盐。矿石中的可溶性硅化合物在溶液中逐渐聚合成硅溶胶，硅溶胶在界面上可能与萃取剂或改性剂相互作用，逐渐形成絮凝物而从溶液中析出。因此相间污物都含有很高的硅。虽然可以确认二氧化硅及含硅胶体是导致相间污物生成的重要因素，但是对于其作用机理尚无一致看法。

相间污物应及时从澄清槽中抽出集中处理，处理方法因各厂而异，目的均为破坏稳定的凝聚体结构，回收有机相。有的采用强烈搅拌，如通过一离心泵打入槽中静置澄清，有的加酸搅拌。也有的加固体脱水剂，搅拌后分相，然后收集上层有机相。还有的采用离心机或板框压滤机过滤，过滤时加入助滤剂能加快过滤速度。

减少相间污物生成的最关键因素是降低料液中的固体悬浮物，包括防止灰尘进入溶液。此外，还应避免或尽量少用有机高分子絮凝剂、消泡剂、电解添加剂等。在必须使用时，需先进行实验和筛选。当水相中有氧化剂时，如高价态的锰确实会导致醛肟萃取剂的氧化分解，产物使表面张力降低，延长了分相时间。

有机物萃取剂有一定的挥发性，稀释剂煤油或260号溶剂油也有挥发性，萃取箱内温度也较高，也导致有机物挥发。有机物挥发不仅造成有机相的损失，而且污染空气，恶化车间操作环境。因此，萃取箱应做成密封的，并尽量减少观察口（取样口）的开启次数。

经P204除杂后的钴溶液，除了钴以外，只含有镍、镁两种杂质元素。如果钴溶液作为合成锂离子电池正极材料镍钴锰酸锂的原料，则钴溶液没有必要进行镍、钴分离，只需除去溶液中的镁元素即可。通常用加入氟盐的方法除去镁。如果钴溶液用于电解钴或制取钴盐，则需要将镍、钴分离。可通过P507或Cyanex272萃取钴，使镍、镁留在水相而使镍钴分离。

7.4.5 P507萃取分离镍、钴

P507化学名称为2-乙基己基膦酸单2-乙基己基酯，是一种无色或淡黄色透明油状液体，分子量306.43，密度0.95g/cm^3，黏度34MPa·s（25℃），不溶于水，广泛用于有色金属的萃取分离。Cyanex272化学名称为二（2，4，4-三甲基）戊基磷酸，分子量290.43，密度0.92g/cm^3，黏度14.2MPa·s（25℃），酸性弱于P507。P507和Cyanex272都是优良的镍、钴分离萃取剂。Cyanex272价格较贵，在生产上P507使用较多。

1. P507萃取剂镍、钴分离基本原理

P507与P204一样均属于有机磷酸萃取剂，它在硫酸盐体系中对不同金属萃取能力的大小次序为$Fe^{3+} > Zn^{2+} > Cu^{2+} \approx Mn^{2+} \approx Ca^{2+} > Co^{2+} > Mg^{2+} > Ni^{2+}$，与P204大体一致。P507对金属的萃取率与平衡pH值关系如图7-14所示。在分子结构上，P507比P204少一个氧原子，导致钴、镍萃取曲线之间的距离拉大。P507与钴、镍的萃取率随pH值的升高而增大，但镍增加的趋势较小，所以控制适当的酸度，可实现钴与镍的有效分离。萃钴操作的pH值会共萃钙、锰和铝，有机相含铝会增大黏度。P507-Fe^{3+}络合物反萃稍易于P204，采用4mol/L的盐酸溶液就可以使铁反萃。

P507萃取也采用混合澄清槽，萃取箱结构与P204萃取箱结构类似，有混合室和澄清室，搅拌桨可使用钛质或钢衬塑材质。也分为很多级，依各级作用不同分为皂化段、萃取段、洗镍段、反萃钴段、洗铁段等。

萃取箱中各段主要反应如下（式中HX=P507）

制钠皂：
$$HX + NaOH = NaX + H_2O$$

制镍皂：
$$2NaX + NiSO_4 = NiX_2 + Na_2SO_4$$

萃取：
$$NiX_2 + Co^{2+} = CoX_2 + Ni^{2+}$$

反萃取：
$$CoX_2 + 2HCl = CoCl_2 + 2HX$$

洗铁：
$$FeX_3 + 3HCl = FeCl_3 + 3HX$$

2. P507萃取分离镍、钴过程

P507萃取分离镍、钴也是通过控制料液pH值而实现。各级水相和有机相随钴含量的不同而呈现不同的颜色，有经验的操作人员通过观察水相和有机相颜色就可以判断生产是否正常，通过对料液、有机相及洗镍酸流量进行调整，使镁、镍随硫酸镍溶液排出，钠则在制镍皂段随硫酸钠溶液排出。在处理含镍较低的钴原料溶解液时，不经过制镍皂段处理，钠进

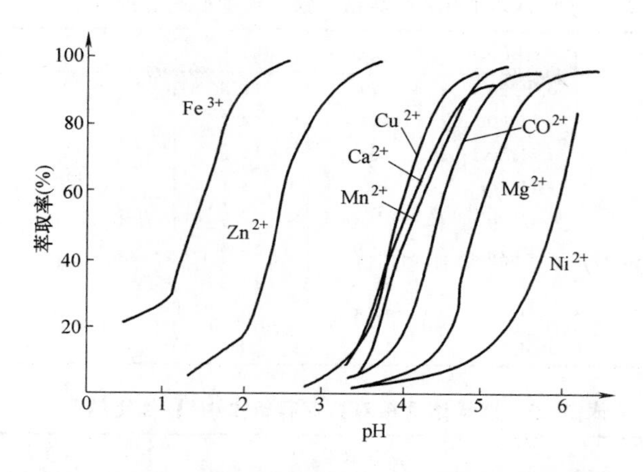

图 7-14 P507 对某些金属的萃取率与平衡 pH 的关系曲线

入稀硫酸镍溶液排出，含镍低的稀硫酸镍溶液送往沉镍工序处理。处理含镍高的钴溶解液时，P507 镍、钴分离工序产出的硫酸镍溶液则送往镍生产系统。其余微量的铜、铅、镉等在反萃钴段进入氯化钴溶液中，少量的铁则随氯化铁溶液排出。

试验及生产均发现，影响钴萃取除杂及钴、镍萃取分离过程的主要因素有 pH 值，温度和料液中的钴、镍浓度。几种因素对萃取过程的影响如下：

（1） pH 值的影响 P507 是一种优良的镍、钴分离萃取剂，适用于镍/钴比变化范围很大的各种硫酸盐、氯化物溶液。pH 值对 P507 萃取分离钴、镍的影响较大，镍、钴分离最佳 pH 值约为 4.8。

（2） 温度的影响 温度的影响显著，钴、镍分离系数 $\beta_{Co/Ni}$ 随温度的升高明显增大，因此在较高的温度下萃取对镍、钴分离有利。温度对萃取过程的影响如图 7-15 所示。

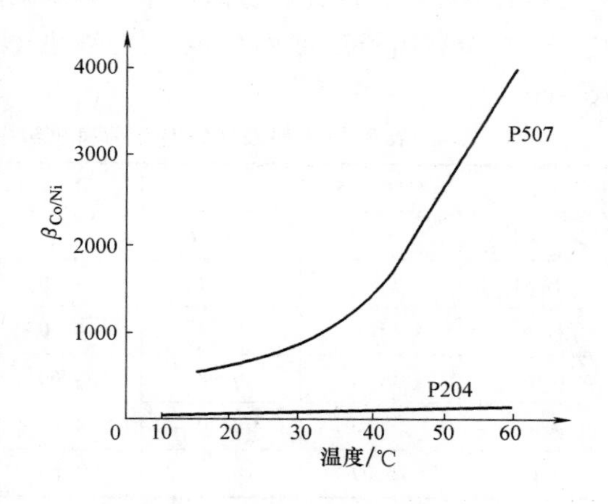

图 7-15 温度对 P204 和 P507 分离镍、钴的影响

P507 萃取分离镍、钴的过程中，钴的分配比随着温度的上升和料液中钴浓度的提高而增加。在温度和钴浓度都低的情况下，钴的络合物为粉红色的正八面体 $CoX_2 \cdot 2H_2O$；当提高温度和料液中钴浓度时，钴的络合物为蓝色正四面体结构；镍的络合物则没有这种变化，从而提高了镍、钴的分离系数。

（3） 萃取剂组成的影响 各种添加剂对 P507 萃取的影响数据见表 7-9。从中看出，往 P507 中加入中性磷类或长链醇类的添加剂都对镍、钴分离产生不利影响，但加入长链醇类能提高铜、钴的分离效果。

在萃取操作中选择合适的一相为连续相是很重要的。表 7-10 的生产数据表明，料液（含钴 9.38g/L，含镍 8.63g/L） 与 20% D_2EHPA + 5% TBP 接触，有机相连续比水相连续更好。

表 7-9 各种添加剂对 P507 分离钴、镍、铜的影响数据（O/A=1，25℃）

P507+添加剂(体积分数)	平衡 pH	$\beta_{Co/Ni}$	$\beta_{Cu/Co}$	条件
纯 P507	4.20	479	11.8	有机相为 0.73mol/L_{P507} 和 260 号溶剂油，溶液含钴 14.72g/L，镍 72.0g/L 及铜 4.1g/L
纯 P204	4.30	3.4	39.7	
P507+5%TBP	4.20	165	13.8	
P507+5%P350	4.20	125	13.1	
P507+5%TRPO	4.20	81.2	17.6	
P507+5%正辛醇	4.20	31.9	19.9	
P507+5%异辛醇	4.22	65.9	17.2	
P507+5%仲辛醇	4.25	51.5	20.4	
P507+5%癸醇	4.20	42.4	180	

表 7-10 选择连续相对负荷有机相中钴/镍比的影响

连续相	钴萃取率(%)	负载有机相中的钴/镍比
水相	98.0	7.3
有机相	97.7	17.4

选择合适的工艺条件以保持良好的相分离状态很重要。镍皂、铜皂的黏度不大，钴皂的黏度却比较大。相同浓度的 P204 与 P507 有机相黏度，对于 75%P507 煤油的有机相，当钴浓度达到 18g/L 时（相当于 83%的皂化率），黏度急剧增加，而相同浓度的 P204 却可以选用较高的皂化率。因此在实际操作中不应采用过高的皂化率。

（4）金属离子浓度的影响　料液中不同的钴、镍浓度对负荷有机相的影响数据见表7-11。

表 7-11 料液成分对负荷有机相中钴/镍比的影响数据（O/A=1，27℃）

料液			平衡 pH	负载有机相			$\beta_{Co/Ni}$
Co/g·L^{-1}	Ni/g·L^{-1}	Co/Ni		Co/g·L^{-1}	Ni/g·L^{-1}	Co/Ni	
27.51	1.79	15.4	4.60	13.98	0.109	128.3	22.6
21.68	4.22	5.14	4.60	13.05	0.36	36.3	15.4
10.56	10.74	0.98	4.60	7.34	3.31	2.22	4.7
4.47	22.03	0.20	4.60	2.41	8.24	0.29	2.0
2.63	25.07	0.11	4.60	1.41	9.14	0.15	2.0

P507 萃取钴在混合澄清萃取箱中进行。溶液中的 Co 进入有机相中，而镍、镁则基本不被萃取，留在水相中。有机相中少量的镍用稀盐酸洗涤返回进入水相。用不同浓度、不同种类的酸反洗钴即得相应的钴盐产品。以 Fe^{3+} 形式进入有机相的铁用 6mol/L 的盐酸反洗，有机相再生后返回制皂段。

某厂 P507 萃取操作技术条件如下：

1）萃取剂组成：20%～30%的 P507+70%～80%稀释剂。

2）皂化率：35%～70%。

3）物料流比：料液：有机相=1.0：(1.0～3.5)。

P507 萃取段也存在着类似 P204 萃取的相间污物及有机挥发的问题，其解决办法与 P204 相似。

7.5 电钴的生产

7.5.1 电钴生产方法

火法冶金产出的钴金属通常还含有少量杂质，要得到高纯度的金属钴需要进行电解精炼。在电解槽内，将火法冶金生产出的粗钴板作为阳极，钴始极板作为阴极，通电电解可得到纯度99.95%以上的钴板。这是钴的可溶阳极电解技术。

目前国内大部分电积钴的生产厂家采用了不溶阳极电积技术，阳极采用钛涂钌网，阴极采用薄的钴板。在电解过程中，钛涂钌网阳极本身不溶解，只有阴离子在其上放电，在阴极产出电积钴。

常用电解液为氯化钴溶液。通入直流电后，带正电荷的 Co^{2+}、H^+ 及其他杂质金属离子 Na^+、Ca^{2+}、Mg^{2+} 等移向阴极，Cl^-、OH^- 等带负电荷的离子移向阳极。Cl^- 比 OH^- 易于放电，因而 Cl^- 优先在阳极发生放电反应，反应式为

$$2Cl^- - 2e = Cl_2 \uparrow$$

氢在阴极有过电位，移向阴极的 Co^{2+} 优先在阴极发生放电反应，反应式为

$$Co^{2+} + 2e = Co$$

若钴离子浓度过低，溶液酸度过高，则 H^+ 可能放电。H^+ 放电是副反应，在生产中应避免此反应的发生，反应式为

$$2H^+ 2e = H_2 \uparrow$$

氯气有毒，阳极产生的氯气采用阳极加罩密封，经聚四氟抽液管吸出后进入氯气吸收塔，用碱液吸收后排空。

对于一些比较活泼的金属元素，如常见的 Na、Ca、Mg 等不会在阴极钴板上放电析出，其在氯化钴溶液中的含量不会影响钴板的化学质量，但其含量却影响电解液的物理性能，进而影响电解过程的效率和电积钴板物理外观质量，因此这些杂质离子浓度不能太高也不能太低。对于一些不活泼金属元素，大部分处于 Co 元素附近的金属元素，化合价比较单一，在阴极上析出的可能性高，如 Fe、Ni、Cu、Cd 等元素，其在氯化钴溶液中的含量将直接影响电积钴化学质量的稳定性，因此需要严格控制其含量。电钴化学成分见表7-12。

表7-12 电钴化学成分（质量分数） （%）

牌号	Al	As	Bi	C	Cd	Co	Cu	Fe	Mg
9998	0.001	0.0003	0.0002	0.004	0.0002	>99.98	0.001	0.003	0.001
9995	0.002	0.0007	0.0003	0.005	0.0005	>99.95	0.005	0.006	0.002
9980	0.003	0.001	0.0004	0.007	0.0008	>99.80	0.008	0.02	0.002
9998	0.001	0.005	0.0005	0.0003	0.001	0.0002	0.001	0.0003	0.001
9995	0.005	0.01	0.001	0.0005	0.001	0.0006	0.003	0.0005	0.002
9980	0.008	0.1	0.002	0.0007	0.002	0.001	0.003	0.001	0.003

7.5.2 电积钴生产设备

1. 电积槽

钴电积的主要设备为敞开式电解槽，其与传统的可溶阳极电解槽外形结构相似，材质可

采用耐蚀的砼衬玻璃钢，其主要优点是可根据产能设计电解槽的大小。使用钴始极片作为阴极，电流效率较高，出槽方便，但也存在着氯气逸散污染环境的不利影响，产出的氯气浓度低，给氯气回收带来了一定的困难。电积过程中，由于阳极产生氯气，故每一片阳极都必须设置由聚氯乙烯塑料板焊接成的防腐罩。阳极防腐罩浸没在电解液中，防腐罩上还套有涤纶布做成的阳极隔膜袋，阳极片即套在涤纶袋里面。防腐罩顶端接抽气管，把电积过程中阳极产出的氯气通过抽气管集中回收处理。此外，为了改善操作条件，可以在电积槽液面上铺上一层泡沫塑料小球，以减缓酸雾挥发和氯气从溶液表面扩散出来。电积槽槽沿设置有槽面抽气设施，以收集电积槽表面逸出的少量氯气和酸雾。

目前部分钴生产厂家正在研究使用密闭式电解槽进行钴的生产。密闭式电解槽将阳极、阴极及导电棒等所有部件密封起来，包括进出液管道也是密闭的，溶液的循环过程也在密闭环境中进行。钴电积过程在封闭空间内进行，电解槽上接有排气管将钴电积过程中产出的氯气导出到专门的处理设备中，因此在电积过程中没有氯气散逸出来。

密闭式电解槽主要的优点在于降低对现场环境的污染，改善现场作业环境。其主要缺点是电积钴出槽、装槽困难，电流效率比敞开式电积槽工艺低。

2. 电解槽的配置和供电线路

国内钴电积精炼车间的电解槽一般配置在同一个水平面上，构成供电回路系统。我国某厂有 18 个钴电解槽，为便于操作，每两个电解槽构成一列，共 9 列。在每列电解槽内，槽间依靠阳极导电头与相邻一槽的阴极导电片搭接实现导电。因此，在一个供电系统中，列与列、槽与格之间是串联电路，而每个电解槽内的阴、阳极则构成并联电路。

钴电解车间采用硅整流器实现钴电解槽的直流电供应。硅整流器整流效率高，操作维护方便，节电，是现在大多数工厂的首选设备。

3. 阳极

大多数工厂采用 $CoCl_2$溶液电积钴。为了减少阳极杂质的影响，要求阳极材料在电解液中稳定，氢超电势大。金川公司不溶阳极电解采用的是钛涂钌作阳极，阳极上端接有聚氯乙烯塑料焊成的阳极罩，罩下面放涤纶布做成的阳极隔膜袋以收集产生的氯气。

4. 阴极

与铜的电解精炼类似，阴极用的是薄的纯钴板，称为始极片。始极片的生产在种板槽内进行。种板槽实际上也是电解槽，只不过其阴极种板一般采用 2~4mm 厚的钛板做成。当钛板上电沉积了一层钴以后，将这一薄层钴板揭下来，订上极耳即成为始极片，生产电钴时将钴始极片挂在电解槽内作为阴极。

7.5.3 钴电积影响因素

1. 电解液的组成及钴的浓度

$CoSO_4$溶液和 $CoCl_2$溶液都可作钴电解液。由于使用氯化物电解液时可采用较大的电流密度，可以消除钴阳极钝化现象，避免溶液贫化，强化电解过程，从而可提高电解钴质量和降低电能消耗，大多数工厂都使用 $CoCl_2$溶液作为电解液。使用 $CoCl_2$溶液的最大缺点是会放出有毒的氯气，虽然可以采取一些阻止氯气逸出的措施，但氯气的逸出不可能完全避免，从而对车间内的空气造成污染。为了避免产生氯气，可以用硫酸钴溶液代替氯化钴溶液，这时 OH^-在阳极放电氧化放出氧气，不会对车间环境产生污染，同时也省掉了碱吸收。但硫酸钴电解体系耗电量比氯化钴体系高很多。

电解液中钴离子浓度大，有利于生成致密的阴极沉积物，有利于提高电流密度，防止氢离子放电，使用氯化物电解液时钴浓度可比硫酸盐电解液高，但是，电解液中钴浓度过大，也不利于钴的生产。因此，工业上电解阴极液中一般钴含量维持在40g/L以上。

2. 电流密度

电流密度是电解精炼过程中的最重要的技术条件之一。电流密度越大，通过的电流强度越大，电解沉积时间就越短，阴极出槽周期越短，产量越多，所以，提高电流密度是强化生产的一种有效手段。

提高电流密度，会加速电解液离子浓度的贫化，若金属离子得不到迅速补充，必然造成杂质离子在阴极上的析出。同时，在高电流密度下生产的阴极表面，总是比较粗糙，易于吸附杂质粒子，由此可见，提高电流密度受到种种条件的限制，要根据其他生产条件，把电流密度控制在适当的范围内。工业上一般采用的电流密度大于$200A/m^2$，而且电流密度必须稳定，否则阴极钴将会卷边。

3. 电解液的酸度

电解液的酸度不仅影响电流效率，而且影响钴沉积物的结构。

电解液酸度越大，氢就越容易在阴极上析出。在电解液pH值<2时，得到晶粒较细的钴沉积物，这是因为在低pH值时，氢离子放电使结晶的长大过程变得困难。当电解液pH值>2.5时，产出的阴极钴硬度大，弹性差，且易分层。而且不同pH值所得电钴的表面活性不一样，在低pH值下所得电钴的表面活性小，溶解性能也差，生产中$CoCl_2$溶液电积的阴极液pH值一般控制在小于2。

4. 电解液的温度

提高温度能促进电解液中钴离子的扩散，减少浓差极化，能加快阴极沉积物晶粒成长的速度，析出较大结晶的沉积物，提高温度会使电流效率提高，槽电压下降。但是温度过高，一方面需另行加热电解液，另一方面会降低氢超电压，有利于氢的析出，使溶液的酸度降低，从而出现碱式盐沉淀。若降低电解液温度，则带来相反的结果，并使阴极钴发黑，出现爆裂等现象，生产实践中一般控制电解液的温度为大于50℃。

5. 电解液添加剂

在生产中加入一些硼酸，能改善电钴质量，这是因为在电解过程中，阴极或多或少地均要析出氢气，使得靠近阴极表面的电解液pH值上升，导致金属离子水解，形成碱式盐沉淀吸附在阴极表面而影响产品质量。电解液中加入硼酸后，在溶液中存在电离平衡，若溶液的pH值升高，硼酸便电离出H^+，使pH值不致波动。

6. 电解液的循环

在电解过程中，为了消除或尽量减少电解液的浓差极化现象，除维持电解槽中电解液的必要温度外，还必须对电解液进行适当的搅动，通常采用电解液循环流动的办法来达到这个目的。通过电解液的循环，还可使电解液成分、温度均匀。电解液的循环速度与电流密度、电解液中钴浓度、电解液的温度及电解液的容积有关。当电解液中钴离子浓度一定时，电流密度越高，循环速度也应越大，因为电流密度高，金属离子沉积速度就快，需要补充的金属离子就多，若电流密度不变而电解液钴离子含量增加时，可适当减小循环速度，在提高电解液温度的情况下，也可以适当减小循环速度。应当指出的是，过大的循环速度对生产并不利，这不仅增加了净化量，增加了生产成本，产出过多的阳极液需返回处理。

7.5.4 电钴生产中常见故障及消除措施

1. 阴极沉积物表面结晶粗糙、枝状结瘤

在氯化钴溶液中电积时，一般电积钴表面都比较平滑。但若条件控制不当，沉积物表面也会出现长粒子、结晶粗糙、枝状结瘤等不良现象。研究表明，沉积物表面粒子的生长是从一点即从结晶中心开始的。因此在阴极表面上任何导电微粒的黏附或有利于三维晶核生成的因素，均可导致电力线局部集中而生成粒子，进而发展成为枝状结瘤。因而，凡能引起固体质点特别是一类导体微粒在阴极表面上吸附，以及电流密度分布不均等各种因素，均可导致沉积物上粒子的生长。在生产中最常见的有以下几种情况。

（1）固体颗粒在阴极表面上机械附着　若含有悬浮细小灰渣的溶液进入电解槽内，电解时这些细粒将均匀吸附在阴极表面，使电力线分布不均匀，这种情况一般在电解新开槽时容易产生。所以开槽通电前，必须细致地做好清洗工作，防止灰渣混入。

（2）阴极电流密度局部增大　阴阳极板不平行，极板之间距离不均匀时，粒子大多生长在阴极板下部和左右两侧边沿，这是由于电力线集中在电极边沿处的缘故。若始极片尺寸太小，则其边沿处电力线分配更多，钴析出更快，从而长出密密麻麻的细小圆粒子。若不及时解决，就会逐渐长成枝状结瘤，底部还会长有发黑气孔，最终可能损坏隔膜袋。因此，要求始极片尺寸稍大于阳极，同时严格装槽作业，摆正电极，保持相等的极距。

2. 钴阴极沉积物表面氧化色和夹层的形成

影响沉积物爆裂分层的因素较多，根据生产实践可归纳为下列几点：

（1）基底金属与表面状态的影响　若金属沉积在由同一种金属制成的清洁始极片上，由于它们的晶格类型和参数相同，析出的金属晶体能在始极片上连续生长，当然不会出现分层现象。但当始极片洗得不干净，表面有一层氧化膜时，由于钴和氧化钴结晶特征差异，析出的钴将产生夹层。

（2）电流密度的影响　当电流密度低时，氢的超电压低易析出，部分氢溶解在金属中，使钴沉积物晶格歪曲，内应力增大而产生爆裂、分层。所以一般采用高电流密度生产，以提高氢的超电压，减少氢的析出。但电流密度增大而电解液钴浓度未相应提高，则氢也将大量析出，造成阴极表面附近溶液 pH 值升高，沉淀物吸附在阴极表面也会产生爆裂、分层，这种分层多数夹带溶液。

（3）电解槽内溶液温度影响　新开槽时易出现夹层现象，主要是由于循环系统中的设备处于室温下，温度不能迅速提高之故。所以新开槽时一定要将加热槽内溶液温度提高，使电解槽内溶液温度较快达到规定数值，方可通电生产。正常电解时严格控制溶液温度。

（4）电解过程中直流电源中断的影响　电解时，若电解槽突然停电，而停电时间又比较长（60min 以上），再通电时会发现阴极钴板爆裂。这主要是电流中断时，镍、钴、铁等负电性金属易氧化，在钴板表面上形成一些氧化物膜，其晶格类型和参数不同于金属钴，造成爆裂、分层。因此要设置备用电源，避免长时间断电。

（5）电解液中有机物和钠离子浓度的影响　当电解液中有机物和钠离子浓度高时，溶液黏度增大，阴极表面易吸附一层有机物膜，影响氢气泡的脱离，使较多氢溶解于金属中，沉积物吸附有机物杂质，使其碳含量增加，这些都会使沉积物内应力增大，阴极板极易爆裂、分层。所以要严格控制电解液中钠离子浓度在45g/L以下，并防止油类等有机物进入电解液。

7.6 钴冶金生产中的三废处理

钴主要是作为其他金属矿的伴生元素进行回收的，其他金属冶炼的火法流程是钴的富集过程，火法产生的三废处理不在本节讨论。本节重点讨论湿法流程产生的三废处理。

7.6.1 粉尘

粉尘主要产生于粉末状原料加料过程。从国外进口的钴原料，由于需要减轻质量，降低运输成本，水含量控制得比较低。这些水含量低的粉末状钴原料常用吨包袋包装，每包质量700~800kg。在加入溶解釜时，原料粉末从一定高度落下很容易引起粉尘飞扬。可以采取如下措施减轻粉尘飞扬：

1）预先将原料用水浸湿，使原料水含量增大，可一定程度上减少粉尘飞扬。

2）设置溜槽进入溶解釜。加料时，原料顺着溜槽滑入溶解釜，可以减少粉尘飞扬。

3）设置除尘装置，当粉尘扬起时被吸入除尘装置，定期清理除尘装置中的粉尘，粉尘可作为钴原料重新加入溶解釜。

除上述几条措施外，厂房还应该保持良好的通风。

7.6.2 酸雾

酸雾产生于溶解、除铁、反萃酸等的挥发。酸雾的治理比较简单，只需在溶解釜、除铁釜、储酸罐及萃取箱等产生酸雾的设备上连接抽气管，将抽出的酸雾喷入碱吸收塔，与碱中和后排空。

7.6.3 有机挥发物

有机挥发物主要产生于萃取箱。为减轻有机物的挥发，萃取箱应设计成密封式，在萃取箱运行时应尽量减少打开观察口（取样口）的次数，保持萃取箱内温度在适当范围。为减少车间内空气被有机挥发物污染，萃取箱上应装有抽气管，萃取箱内空气保持微负压，使箱内含有机挥发物的空气不至于散逸出来。

7.6.4 萃取除杂液

P204段产生的反萃除杂液含有大量的铜和锰，以及锌、钙等金属和少量的钴，常称之为铜锰液，这种除杂液金属含量很高，具有很大的回收价值。有些研究者对这种溶液的回收利用进行了深入研究，其中北方工业大学朱远志教授开发出的回收工艺具有流程短、金属收率高，成本低，污染小的特点，此工艺已经申请了专利。其处理工艺流程如图7-16所示。

P204和P507的洗铁段还产生三氯化铁溶液，酸度较高，可以返回溶解工序作为浸出酸使用。

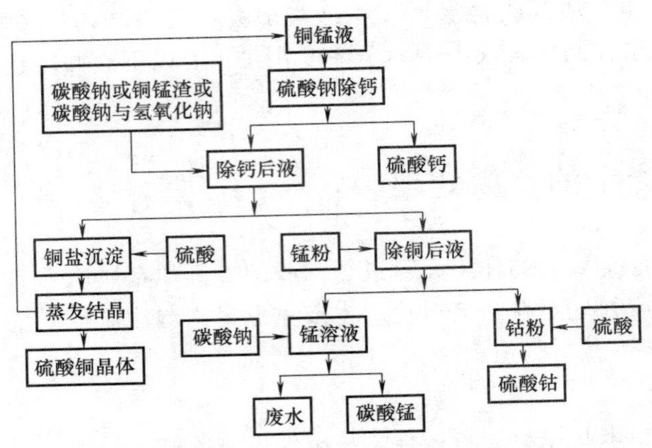

图 7-16　北方工业大学处理铜锰液工艺流程

7.6.5　氯气

电积钴的生产若采用氯化物体系不溶阳极电积工艺，钴离子在阴极析出，阳极则产出氯气。为防止氯气散逸污染现场作业环境，阳极被安装在阳极罩内，并用阳极袋包裹住。在阳极罩上安装有真空抽吸管，通过管道连接到真空泵，氯气从阳极罩中被抽出，使阳极罩内始终保持负压。抽出的氯气含有大量空气，含氯废气有如下几种处理方法：

1）将抽出的氯气用浓硫酸干燥，加压液化，制成液氯。

2）采用碱吸收法。氯气进入碱吸收塔，塔内装有填充料，用循环泵将吸收液打入吸收塔顶部，经分布板均匀向下喷淋，而含氯废气从吸收塔底部向上运行，与吸收液均匀接触，废气中的余氯经充分吸收后从塔顶部排出。为保证氯气吸收完全，可设置多级吸收塔。氢氧化钠和石灰乳都可以作为吸收液，但石灰乳容易堵塞管道。碱吸收的产物可作为漂白粉。用氢氧化钠溶液吸收余氯时，反应式为

$$2NaOH+Cl_2 = NaClO+NaCl+H_2O$$

还可以用亚硫酸钠或碱性亚硫酸钠作为吸收剂，其反应式如下

$$Cl_2+Na_2SO_3+H_2O = Na_2SO_4+2HCl$$

$$Na_2SO_3+Cl_2+2NaOH = Na_2SO_4+2NaCl+H_2O$$

3）铁屑吸收法。使用废铁屑还原氯化铁的方法吸收氯气，反应式为

$$Cl_2+2FeCl_2 = 2FeCl_3$$

$$2FeCl_3+Fe = 3FeCl_2$$

4）燃烧制盐酸。在一定温度环境下（1400℃），废气中的氯气与水蒸气合成氯化氢，反应式为

$$Cl_2+H_2O = 2HCl+0.5O_2\uparrow$$

含氯废气处理的基本原理是通过高温焚烧净化将废气中氯气转化成气态 HCl，然后通过冷却、吸收和洗涤等工艺过程使尾气排放符合环保要求，并制成一定浓度的盐酸，同时还可以

回收焚烧过程中产生的热量，生产蒸汽。

复习思考题

7-1 简述钴矿赋存特点及主要分布地。

7-2 简述钴冶金流程的特点。

7-3 简述湿法炼钴的基本工序。

7-4 举出至少两种钴原料浸出的方法。

7-5 简述应用于钴湿法冶炼中的除铁方法基本工艺参数。

7-6 P204 和 P507 在钴湿法冶金中的作用是什么？

7-7 电钴有哪些生产方法，简述其原理。

第8章 铅 冶 金

8.1 铅冶金概述

铅的熔点低、分布广、容易提取和加工，早在7000年前，人类就已经认识铅，是人类最早获得应用的六种古老金属之一。

8.1.1 铅的性质和用途

1. 铅的物理性质

铅是蓝灰色金属，断口具有明显的金属光泽。金属铅结晶属等轴晶系，为面心立方晶格，具有硬度小、密度大、熔点低、沸点高、展性好、延性差等特性。铅的导电、导热性能差，热导率仅为银的8.5%。铅的蒸气压较高，高温下易挥发，熔炼过程需配备完备的回收工艺和设备，以减少铅的损失，并预防工作人员铅中毒。铅的主要物理性质见表8-1。

表8-1 铅的主要物理性质

性 质	单位	数值	性 质	单位	数值
半径	pm	175	热导率(27℃)	W/(m·K)	35.3
熔点	℃	327.43	电阻率(20℃)	Ω·m	20.648×10^{-8}
沸点	℃	1525	比热容(-100℃)	J/(g·℃)	0.1505
熔化热	kJ/mol	5.121	莫氏硬度	kg/mm^2	-1.39×10^{-9}
汽化热	kJ/mol	174.06	表面张力	Pa/cm	44.4
密度(20℃)	kg/m^3	11344	黏度(340℃)	Pa·s	0.189

2. 铅的化学性质

铅属于重金属，为元素周期表中第ⅣA族元素，元素符号Pb，原子序数为82，价电子结构为$5d^{10}6S^26P^2$，相对原子质量为207.21。在形成化合物时可失去6p轨道上的2个电子，也可同时失去6s轨道上的2个电子，故铅有+2和+4两种价态，常温下以+2价为主。

常温时，铅在完全干燥的空气中，或在不含空气的水中，均不起化学变化；在潮湿、含有CO_2的空气中，表面生成次氧化铅（Pb_2O）薄膜，失去金属光泽而变成暗灰色。铅在空气中加热时，与氧生成四种化合物PbO、Pb_2O、Pb_3O_4和Pb_2O_3。最初氧化成PbO_2，温度升高时氧化成PbO；继续加热到330~450℃时，PbO又氧化为Pb_2O_3；在450~470℃时，形成Pb_3O_4（即2PbO·PbO_2），俗称铅丹。600℃时，Pb_2O_3和Pb_3O_4都会发生离解，反应式为

$$Pb_3O_4 = 3PbO + 1/2O_2\uparrow$$

PbO是最稳定的铅的氧化物，也是容易挥发的化合物，沸点1470℃，在800℃的空气中便显著挥发，是炼铅过程造成铅损失的主要原因之一。

铅易溶于硝酸、硼氟酸、硅氟酸、醋酸和硝酸银中，难溶于稀盐酸和硫酸。常温时，盐酸和硫酸与铅反应，表面生成难溶、致密的 $PbCl_2$ 及 $PbSO_4$ 保护膜，阻止内层金属与酸反应。

3. 铅的化合物

铅的化合物主要有硫化铅、氧化铅、硫酸铅和氯化铅等。

（1）硫化铅　硫化铅（PbS）具有金属光泽，密度 $7.40\sim7.64g/cm^3$，熔点 1135℃，在自然界中以方铅矿存在，呈黑色（结晶状态呈灰色）。PbS 中，$w(Pb)=86.6\%$。PbS 中的铅能被对硫亲和力大的金属置换，如温度高于 1000℃时，铁可置换 PbS 中的铅，反应式为

$$PbS+Fe \xlongequal{} FeS+Pb$$

上述反应为炼铅沉淀反应的原理。

（2）氧化铅（PbO）　氧化铝俗称密陀僧，氧化铅有两种同素异形体：正方晶系的红密陀僧和斜方晶系的黄密陀僧。熔化的密陀僧骤冷时呈黄色，缓冷时呈红色，前者在高温下稳定，两者的相变点为 450～500℃。密度 $8.86g/cm^3$，熔点 1472℃。氧化铅是稳定化合物，容易被碳和一氧化碳还原。氧化铅也是强氧化剂，能氧化硒、硫、砷、锑、铋和锌等。氧化铅又是两性氧化物，可与 SiO_2、Fe_2O_3 反应生成硅酸盐或铁酸盐，也可与 CaO、MgO 等反应生成铅酸盐。

（3）硫酸铅（$PbSO_4$）　硫酸铝是较稳定的化合物，密度 $6.34g/cm^3$，熔点 1170℃。硫酸铅分解温度 850～905℃。$PbSO_4$ 和 PbO 都能与 PbS 反应生成金属铅，这是硫化铅精矿直接熔炼的主要反应之一。

（4）氯化铅（$PbCl_2$）　氯化铅呈白色，熔点 498℃，沸点 954℃，密度 $5.91g/cm^3$。氯化铅能溶解于碱金属、碱土金属、氯化物（如 NaCl 等）的水溶液中。在 NaCl 等水溶液中的溶解度随温度升高、NaCl 浓度的增加而增大，当有 $CaCl_2$ 存在时，氯化铅的溶解度更大。

4. 铅的用途

铅是电气工业部门制造蓄电池、汽油添加剂和电缆的原材料，广泛用于化工设备和冶金工厂电解槽内衬，湿法冶金的惰性电极材料。铅能吸收放射性射线，所以用作原子能工业和医学中的防护屏。铅能与许多金属形成合金，所以铅也以合金的形式被广泛使用，如铅基轴承合金和焊料等。铅的化合物，如铅白、铅丹、铅黄及密陀僧等，广泛用于颜料。盐基性硫酸铅、磷酸铅和硬脂酸铅用作聚氯乙烯的稳定剂。铅主要用于制造合金，按照性能和用途，铅合金可分为：

（1）耐蚀合金　耐蚀合金用于蓄电池栅板、电缆护套、化工设备、管道和湿法冶金、氯碱化工惰性电极材料等。

（2）焊料合金　焊接合金用于电子工业、高温焊料、电解槽耐蚀件等。

（3）电池合金　电池合金用于生产干电池。

（4）轴承合金　轴承合金用于各种轴承的生产。

（5）模具合金　模具合金用于塑料、机械工业用模具。

8.1.2　铅冶金原料

炼铅原料包括铅矿石、二次铅物料。铅矿石分为硫化矿和氧化矿两大类。硫化矿中，方铅矿（PbS）分布最广，多与辉银矿（Ag_2S）、闪锌矿（ZnS）、黄铁矿（FeS）、黄铜矿（$CuFeS_2$）、硫砷铁矿（FeAsS）和辉铋矿（Bi_2S_3）等共生，脉石成分主要有石灰石、石英

石、重晶石等。矿石中还含有锑、镉、金及少量的铟、锗、铊、碲等。氧化矿主要由白铅矿（$PbCO_3$）和铅钒 $PbSO_4$组成，属次生矿，形成于原生矿经风化或含碳酸盐的地下水浸蚀，常出现在硫化矿上层，与硫化矿共存。二次铅物料主要有：回收的废蓄电池残片、填料，蓄电池厂及炼铅厂所产的铅浮渣，二次金属回收厂和有色金属生产厂所产的含铅炉渣、含铅烟尘、湿法浸出铅渣，以及铅消费部门产生的各种铅废料等。现代开采的铅矿石含铅一般为3%~9%，最低含铅为0.4%~1.5%，必须进行选矿富集，得到适合冶炼要求的铅精矿。国内铅精矿成分实例见表8-2。

表8-2　国内铅精矿成分实例（质量分数）　　（%）

成　分	Pb	Zn	Fe	Cu	Sb	As	S	MgO	SiO_2	CaO	$Ag/g\cdot t^{-1}$	$Au/g\cdot t^{-1}$
精矿Ⅰ	76.8	3.1	1.99	0.03		0.2	14.1	0.2		75		
精矿Ⅱ	59.2	5.74	9.03	0.04	0.48	0.08	19.2	0.47	1.55	1.13		
547精矿Ⅲ	46	3.08	11.1	1.6		0.22	17.6		4.5	0.48	800	10

8.1.3　铅的生产方法

从铅矿石中提取铅的方法有火法炼铅和湿法炼铅两种，湿法炼铅目前仅用于小规模生产和再生铅的回收。火法炼铅按冶炼原理不同分为氧化还原熔炼法、反应熔炼法、沉淀熔炼法、加碱熔炼法和焙烧-还原熔炼法等几种。世界约75%的矿产铅产量是采用烧结焙烧-鼓风炉还原熔炼生产的，约10%是用铅锌密闭鼓风炉生产的，约15%是用直接熔炼法生产的。

1. 氧化还原熔炼法

氧化还原熔炼法包括硫化铅精矿中硫化物高温氧化生成氧化物和氧化物还原得到金属两个过程，硫化铅在氧化还原熔炼时完成如下反应，反应式为

$$PbS+3/2O_2 = PbO+SO_2\uparrow$$

$$PbO+CO\ (C) = Pb+CO_2\ (CO)\ \uparrow$$

$$PbS+O_2 = Pb+SO_2\uparrow$$

传统的烧结焙烧-鼓风还原熔炼就是基于这一原理。

2. 反应熔炼法

反应熔炼是在适当温度和氧化气氛下，使铅精矿部分脱硫、氧化，氧化产物立即与未氧化的PbS反应生成金属铅，一部分PbO与C、CO等碳质还原剂作用生成金属铅的过程。主要反应式为

$$2PbS+3O_2 = 2PbO+2SO_2\uparrow$$

$$PbS+2O_2 = PbSO_4\uparrow$$

$$2PbO+PbS = 3Pb+SO_2\uparrow$$

$$PbSO_4+PbS = 2Pb+2SO_2\uparrow$$

$$PbO+CO(C) = Pb+CO_2(CO)\uparrow$$

硫化铅的氧化反应为放热过程，配入少量燃料即可维持自热熔炼。反应熔炼常在反射炉、膛式炉中进行。具有熔炼设备简单、粗铅质量高、燃料消耗少等优点，但只适合于处理高品位（含铅65%~70%以上）的铅精矿。单独处理硫化铅精矿的流程已完全淘汰，基本原理已用于众多新炼铅方法中，如QSL法等。

3. 沉淀熔炼法

利用铁等对硫亲和力大于铅的金属，从硫化铅中置换铅，沉淀熔炼即基于此原理，反应

如下

$$PbS+Fe=Pb+FeS$$

上述反应的进行是不彻底的，部分 PbS 与 FeS 结合成 PbS · 3FeS（铅冰铜），铁只能从 PbS 中置换出 72%~79%的铅。沉淀熔炼需加入过量的铁，过剩的铁会溶入铜锍中。沉淀熔炼法流程简单，易于操作，铅的挥发损失较低，但铁屑和燃料消耗大，回收率低，作为一种单独的炼铅方法已完全淘汰，目前，主要用于从废蓄电池中回收铅。

4. 加碱熔炼法

将纯碱、碳质燃料与铅精矿混合后，在反射炉或电炉中熔炼获得粗铅和熔渣的方法，反应式为

$$PbS+Na_2CO_3+C=Pb+Na_2S+CO+CO_2\uparrow$$

$$PbS+Na_2CO_3+CO=Pb+Na_2S+2CO_2\uparrow$$

在工业生产中，常将沉淀法与加碱法联合使用，称为曹达铁屑炼铅法，反应式为

$$2PbS+Na_2CO_3+Fe+2C=2Pb+Na_2S+FeS+3CO\uparrow$$

曹达铁屑炼铅法属直接炼铅或一步炼铅法，消除了二氧化硫对大气的污染，但该法需使用较昂贵的纯碱作熔剂，仅用于处理高品位精矿或废蓄电池铅的回收，也可用可于炼铅企业中间产品，如铅铜锍、铅浮渣、铅烟尘、铅浸出渣等的处理。

5. 传统铅冶金技术

烧结焙烧-鼓风炉熔炼法是用焦炭作还原剂，将铅的氧化物还原为精铅的方法。该法是目前应用最广的传统铅冶金技术，存在能耗较大、环境污染等问题，但其处理能力大，原料适应性强，加上长期生产积累的经验和不断的技术改造，使这一传统炼铅工艺还保持着活力。目前，世界上有 85%以上的铅矿是用烧结焙烧-鼓风炉还原熔炼法处理的。

鉴于传统炼铅法的种种弊端，世界各国开展了大量的研究，对现有烧结焙烧-鼓风炉熔炼工艺进行改进，研究了一些新的冶炼工艺以取代传统工艺。

（1）对烧结焙烧-鼓风炉熔炼工艺的改进　包括对烧结机进行改造、采用富氧鼓风技术、解决 SO_2的回收问题等，使炉子的生产能力提高 20%~30%，焦炭消耗降低 15%~25%。

（2）硫化铅直接熔炼法　硫化铅直接熔炼法是指硫化铅精矿不经过焙烧而直接生产出金属铅的熔炼方法，达到简化生产流程，降低生产成本，控制环境污染的目的。目前，该法尚不成熟。

6. 铅冶金新技术

近年来火法炼铅中逐渐开始采用一些强化熔炼的方法，已工业化的方法有基夫塞特熔炼法、QSL 熔炼法、奥斯麦特法和艾萨熔炼法以及我国的水口山（SKS）法，这是火法炼铅的新发展。

（1）基夫赛特法　基夫赛特法是指将硫化铅精矿、工业氧、闪速熔炼和熔融炉渣电热还原相结合，直接产出粗铅的铅熔炼方法，已在俄罗斯、哈萨克斯坦、玻利维亚和意大利获得工业应用。它将传统火法炼铅中的烧结焙烧、鼓风熔炼和炉渣烟化三个过程合并在单一、密闭的基夫赛特铅锌炉内进行。由于采用电热还原，电耗较高。在沉淀池熔体上设置一红热焦炭滤层以后，电耗会大大降低。

（2）QSL 法　QSL 法是指利用熔池熔炼的原理和浸没底吹氧气的强烈搅动，使硫化物精矿、含铅二次物料与熔剂等原料在反应器（熔池）内充分混合，迅速熔化和氧化，生成

粗铅、炉渣和SO_2烟气的方法。QSL法于1973年提出，已在德国斯托尔贝格（Stolberg）炼铅厂和韩国高丽锌公司温山（Onsan）冶炼厂取得成功。20世纪90年代，我国西北铅锌冶炼厂曾引进了一套QSL设备。

(3) 奥托昆普熔炼法　奥托昆普熔炼法是芬兰奥托昆普开发的一种熔炼法，与基夫赛特熔炼法设备结构很相似，氧化段为闪速炉，还原段为电炉，整个工艺分干燥、闪速熔炼、炉渣贫化和烟气处理几个部分。精矿中的硫被氧化为SO_2进入烟气，产出的熔融粗铅和炉渣在沉淀区沉积，粗铅含硫量低于0.1%，氧气利用率可达100%。奥托昆普法可将炼铅、炉渣贫化等过程放在一个设备中进行，粗铅的产出率较高，密闭性好，可处理湿物料。

(4) 顶吹旋转转炉法　顶吹旋转转炉法是采用转炉氧气顶吹熔炼富铅精矿，作业分为氧化和还原两段进行，氧化段自热，还原段需补加部分重油。熔炼时氧化和还原在一个炉子内进行，没有流态物料的转运。但该法烟气浓度时高时低，不利于SO_2的回收和利用。

(5) 艾萨法　艾萨法是由澳大利亚Mount Isa矿业有限公司和澳大利亚联邦工业研究组织（CSIRO）共同开发的一种完全连续的两段式熔炼新工艺。利用喷枪将气体经炉子上部输入熔体，铅精矿、石灰石、石英、焦粉等物料通过混合制粒后加入熔池，熔炼产出的富铅渣经溜槽送还原炉，烟气经除尘后送去制酸，粗铅和弃渣从还原炉排出，在电热前床中澄清分离。

(6) 水口山炼铅法（SKS法）　水口山炼铅法是我国自主开发的一种氧气底吹直接炼铅法，1993年列为国家攻关项目，由水口山矿务局和北京有色冶金设计研究总院等单位共同完成。该法将氧化、还原过程分别在两个熔炼炉中进行。氧化段采用氧气底吹熔池熔炼，产出部分粗铅和富铅渣，还原段采用工艺技术成熟的鼓风炉熔炼富铅渣。优点是对原料的适应性强、冶炼流程短；采用富氧底吹技术强化了冶炼过程；烟气SO_2浓度高，便于制酸。

8.2　硫化铅精矿的烧结焙烧

8.2.1　硫化铅精矿烧结焙烧目的与方法

1. 硫化铅精矿烧结焙烧目的

鼓风炉还原熔炼铅时，产出大量的铅冰铜，会降低铅的回收率。精矿中的砷、锑等硫化物熔炼时易形成黄渣，黄渣影响铅及贵金属的回收率。为便于鼓风炉熔炼，铅精矿的烧结焙烧需达到以下目的：除去铅精矿中的硫，使金属硫化物转变为金属氧化物；矿石若含砷、锑高时，部分脱除砷、锑；将精矿烧结成硬面多孔的烧结块，以适应鼓风熔炼作业的要求。

处理块状富含氧化铅矿时，无需烧结焙烧，只要将矿石破碎到一定的粒度即可直接熔炼，若为碎料，则应先烧结制团再进行熔炼。

2. 焙烧程度和脱硫率

烧结程度用焙烧产物中的硫含量表示，脱硫率是指硫化铅精矿焙烧时烧去的硫量与焙烧前炉料中总硫含量的百分比。硫化铅精矿焙烧程度取决于精矿中的锌含量和铜含量。ZnS在还原过程中部分溶于铅铜锍，部分溶解在渣中，使铅锍和炉渣分层困难，增加渣中金属损耗，此时，焙烧矿残留的硫应控制在1.5%～2.0%。当精矿含铜大于1%而含锌低时，烧结块中应残留一定量的锍，使铜以Cu_2S形态溶入铅铜锍，残硫量应保证能获得含铜10%～

15%的铅铜锍。当铅精矿含锌、铜都高时，可通过适当搭配低锌、低铜精矿，使铜、锌含量不超过限定值。也可以先对矿石进行死焙烧，然后在鼓风炉熔炼时直接往炉内加入FeS_2作硫化剂，鼓风熔炼时提高熔炼温度，可克服铜随温度降低从粗铅中析出形成炉结的危害，并提高铜的回收率。采用烧结机焙烧时，脱硫率一般为70%~80%，烧结块残硫一般为1.5%~2.5%。

3. 焙烧方法

烧结焙烧在古代采用堆烧法，20世纪初采用反射炉焙烧，后来采用烧结锅焙烧，现在主要使用烧结机焙烧。铅精矿一次烧结脱硫率为50%~75%，工业上多采用一次焙烧和两次焙烧两种操作法。铅精矿含硫通常为14%~24%，烧结设备的脱硫率最高不超过80%，只经过一次焙烧难以产出含硫1.5%~7.5%的烧结块。因此，要求铅精矿含硫为5%~7%。解决办法如下：

1）一次焙烧是将高硫铅精矿进行配料，可加入熔剂、水碎渣和返粉（即返料，为烧结块总量的60%~70%），使其含硫为5%~7%。此法的优点是操作简单，缺点是烧结块质量较差。

2）两次焙烧是先用熔剂、返粉、水碎渣配料，使含硫降到10%~13%，在850~900℃进行一次烧结焙烧，得含硫5%~8%半烧结块，将半烧结块破碎筛分后，在1000~1100℃进行二次烧结焙烧。此法得到的烧结块质量好、块率高，但操作复杂。

8.2.2 硫化铅精矿烧结焙烧的原理与过程

1. 硫化物氧化过程分析

硫化物烧结焙烧反应的通式为

$$2/3MeS+O_2 = 2/3MeO+2/3SO_2\uparrow$$

反应的$\Delta G^{\ominus}$与温度的关系如图8-1所示，位于图下方的硫化物容易氧化（因$\Delta G^{\ominus}$较负），且过程基本上不可逆。由图8-1所示可知，FeS、ZnS等易氧化，而PbS、Cu_2S则难氧化。

2. 硫化物的着火温度

金属硫化物的氧化都属于放热反应，因此氧化焙烧无需补充燃料，称自热培烧。反应所需的温度称着火温度（在某一温度下，硫化物氧化所放出的热，足以将氧化过程自发地扩展到全部物料，并使反应连续进行而无需外加燃料。这一温度称为着火温度）。

硫化物的着火温度越高，则越难焙烧。硫化物及氧化物的热容量及致密度越小，则着火温度越低，反之则高。硫化物的粒度越小，则表面积越大，有利于气固反应，则着火温度越低。在同一粒度下，ZnS及PbS的着火温度较高，而FeS_2及$CuFeS_2$的着火温度较低，说明前两者的稳定性大于后两者，即前两者难焙烧，且PbS又难于ZnS。

3. 炉料各组分在焙烧烧结时的反应

炉料各组分在焙烧烧结时的反应如下

（1）PbS反应

$$2PbS+3.5O_2 = PbO+PbSO_4+SO_2\uparrow$$

$$3PbSO_4+PbS = 4PbO+4SO_2\uparrow$$

$$PbS+2PbO = 3Pb+SO_2\uparrow$$

在氧化气氛下硫化铅加热时主要生成PbO，产物中Pb及$PbSO_4$很少，在实际生产中，熔剂

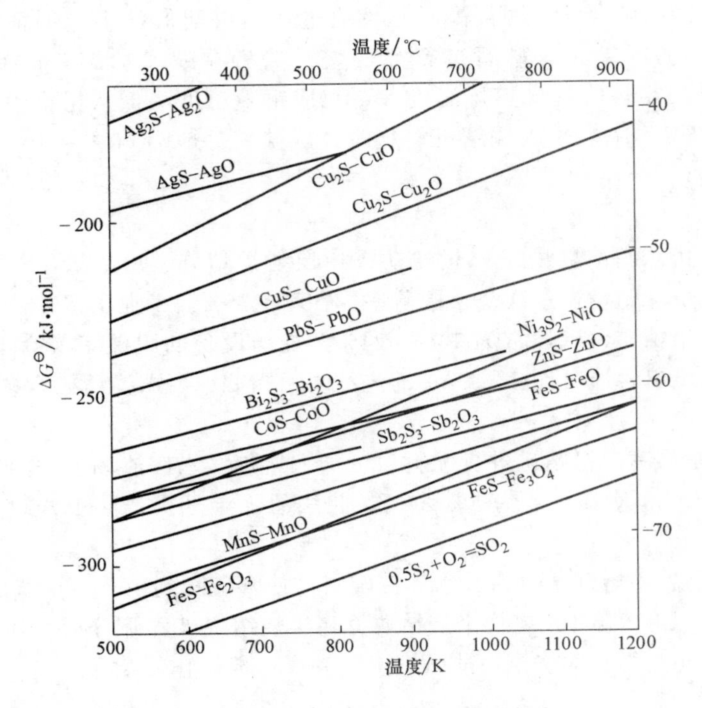

图 8-1　硫化物氧化的 $\Delta G^{\ominus}$-T 图

会促使 $PbSO_4$ 分解，反应式为

$$PbSO_4+CaO = PbO+CaSO_4$$

$$2PbSO_4+SiO_2(Fe_2O_3) = 2PbO \cdot SiO_2(Fe_2O_3)+2SO_2\uparrow +O_2\uparrow$$

烧结时，PbS 氧化生成的 PbO 与粘剂反应后，生成了低熔点的 $PbO \cdot SiO_2$ 和 $PbO \cdot Fe_2O_3$，它们可作为粉料的黏结剂。

（2）$PbCO_3$ 焙烧时的反应　在高温下 $PbCO_3$ 易分解成 PbO，PbO 也形成了 $PbO \cdot SiO_2$（Fe_2O_3）。

（3）Fe 的硫化物焙烧时的反应

$$FeS_2(Fe_nS_{n+1}) = FeS+S_2, \quad (t>300℃)$$

$$FeS+O_2 = FeO(Fe_2O_3、Fe_3O_4)+SO_2\uparrow, \quad (t=700\sim800℃)$$

最终产物主要是 Fe_2O_3、Fe_3O_4 以及各种硅酸盐和铁酸盐。

（4）铜的硫化物焙烧时的反应　铜的硫化物主要有 $CuFeS_2$、Cu_2S 和 CuS 等，焙烧结束的最终产品是游离和结合态的 Cu_2O。

（5）ZnS 焙烧时的反应　当 $t>850℃$ 时，ZnS 氧化生成 ZnO，ZnO 与 SiO_2、Fe_2O_3 反应生成 $ZnSiO_3$、$Fe_2(SiO_3)_3$，最终产品是 ZnO、硅酸锌和铁酸锌。

（6）砷与锑的硫化物焙烧时的反应　铅精矿中，砷以 FeAsS 和 As_2S_3 的形式存在，烧结焙烧的反应为

$$FeAsS = As+FeS(中性气氛), \quad 4As+3O_2 = 2As_2O_3\uparrow$$

$$As_2O_3(FeAsS)+O_2 = As_2O_3\uparrow+(Fe_2O_3)+SO_2(氧化气氛)\uparrow$$

锑的行为与砷相似，但挥发能力比砷小。

8.2.3　硫化铅精矿烧结焙烧实践

1. 铅精矿炉料的准备

炉料的准备主要是通过配料、混合等手段，使炉料在物理性质与化学成分方面满足烧结工艺要求。化学成分方面，精矿中的硫含量需满足焙烧和烧结时必需的温度要求。若炉料含硫偏低，硫化物氧化发热不足以维持焙烧，需在炉料中配入少量碳质燃料以补充热量；若炉料含硫较高，需采用两次焙烧才能达到烧结块残硫 1.0%～1.5%的要求。

炉料中的铅含量会影响烧结和熔炼过程的生产率。炉料含铅太高，烧结时容易熔结，导致熔炼困难。在实际生产时，炉料铅含量一般控制在 48%～52%。通常在炉料中配入适量的熔剂，以获得满足冶炼工艺要求的炉渣成分，受原料成分和冶炼工艺的影响，一般炉渣成分范围为（质量分数）：19%～25% SiO_2；28%～40% FeO；0%～20% CaO；0%～30% ZnO。熔剂的粒度以 2～3mm 为宜。

2. 硫化铅精矿烧结焙烧流程

硫化铅精矿及铅锌混合精矿的烧结工艺流程，随原料性质的不同和烧结块质量的不同有所差异。图 8-2 所示为铅精矿与铅锌混合精矿烧结的一般工艺流程。

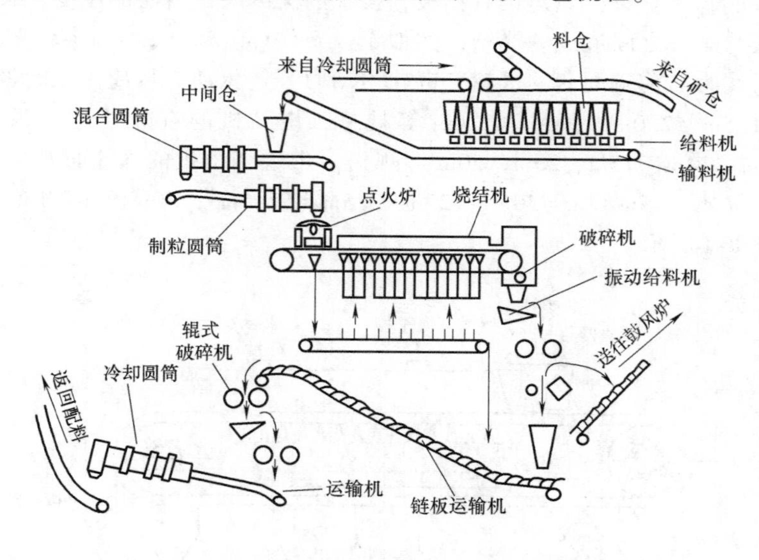

图 8-2　铅精矿与铅锌混合精矿烧结工艺流程图

3. 硫化铅精矿烧结焙烧设备

（1）仓式配料设备　铅冶金炉料的特点是配料时有大量烧结返粉，返粉与精矿粒度差别较大，我国多采用仓式配料。仓式配料装置的结构示意图如图 8-3 所示，将各种物料分别装入配料仓中，通过给料、称量设备，按一定的比例配合在一起。根据给料机和计量器工作的连续性或间断性，配料分为连续配料及间断配料。连续配料是使物料按给料先后次序分层铺在配料传送带上，连续配料的工作条件稳定，生产率高。间断配料是将各种物料间断、交替地铺在配料传送带上，可以选用各种可靠的计量设备，保证配料的准确度。

（2）制粒设备　为保证配料后炉料化学成分、粒度和水分均匀一致，需对炉料进行混合、润湿、制粒，防止各组分因密度和粒度的不同而发生偏析现象，并改善炉料的透气性。

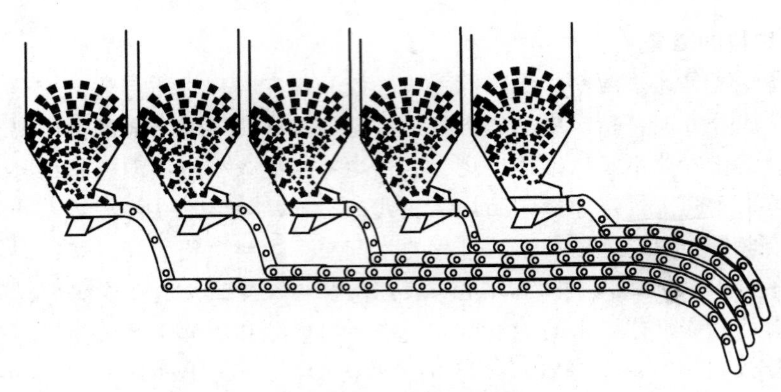

图 8-3　仓式配料示意图

常用的混合设备为鼠笼混合机、圆盘混合机、圆筒混合机等。

（3）带式烧结机　带式烧结机又称直线型烧结机，是由许多紧密拼在一起的小车组成。小车用钢铸成，底部有炉箅，短边设有挡板，挡板的高度决定料层的厚度，长边彼此紧密相连。由小车挡板与炉箅之间形成的浅槽，类似于一条作环形运动的运输带。机架的前端设有一对大链轮，后端为与前端配套的链轮，链轮由动力装置传动。目前使用的带式烧结机小车宽度有 1.0m、1.5m、2.0m、2.5m、3.0m 等规格，烧结机的有效长度（风箱上面小车短边）有 8m、12m、14m、15m、25m、50m 等规格。带式烧结机的大小按风箱尺寸长（m）×宽（m）表示。例如，$15m\times2m=30m^2$，$25m\times2.5m=62.5m^2$，$50m\times3m=150m^2$ 等。带式烧结机的结构如图 8-4 所示。

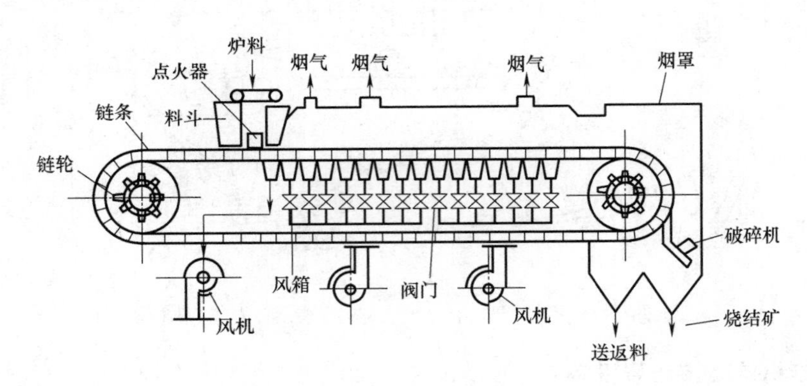

图 8-4　带式烧结机

从烧结机上倾倒下来的炽热烧结块矿，块度大、温度高，直接加入鼓风炉会造成鼓风炉“热顶”而恶化炉况，因此热烧结矿需进行冷却和破碎。我国目前的破碎方法，通常是在烧结机尾部下方配置一台单轴破碎机，在破碎机下方配置倾斜角为 350°左右的钢条筛，筛上产品送鼓风炉熔炼，筛下产品作为返料再送回配料。

4. 硫化铅精矿烧结焙烧

经配料、混合、制粒的炉料，通过布料机输送到烧结机移动着的小车内，车底由炉条组成，小车之间设有隔板。当装好炉料的小车来到点火炉下面便被点火燃烧，点火温度控制在

900~1000℃，点火后的小车沿吸风箱上的导轨向前移动。烧结过程是从料层上面逐渐向下移动，最后到达炉条为止。烧结过程是强氧化过程，需要大量的空气才能使料烧透，目前，每吨铅烧结的单位鼓风量（标态）约为 425m³。料层厚度为 330~360mm 时，控制风箱的风压为 4~5.5kPa。床层温度是指烧结机料层中的实际温度（也称料层温度），床层温度在烧结机的不同位置及料铺展的不同高度均不相同，一般通过床层阻力和烟气温度来判断。床层温度高，熔融液相层厚，则床层阻力相应增加。

8.2.4 硫化铅精矿烧结焙烧的主要技术经济指标

铅精矿烧结焙烧的经济技术指标主要包括以下几项：

（1）床能率　烧结机的床能率是指每平方米烧结机有效面积每昼夜处理的炉料量，铅烧结过程的床能率为 25~30t/(m²·d)，铅锌烧结过程的床能率为 21~27t/(m²·d)。

（2）烧结机利用系数　烧结机利用系数指每平方米烧结机有效面积每昼夜产出的烧结块量，铅烧结过程烧结机利用系数为 6~10t/m²。

（3）脱硫强度　脱硫强度是指每平方米烧结机有效面积每昼夜的脱硫量，铅烧结过程的脱硫强度为 0.8~2.1t/m²。

（4）脱硫率　脱硫率是物料烧结时的硫的脱除硫量，占装入物料携带硫的质量百分比。铅烧结过程脱硫率 70%~90%；铅锌烧结过程脱硫率为 80%~92%。

（5）成品块率　成品块率指烧结机产出合格烧结块量占烧结投料量的质量百分比。铅烧结过程成品块率 25%~35%；铅锌烧结过程成品块率为 20%~30%。

（6）金属回收率　金属回收率为烧结矿铅含量占原料铅含量（扣除返料铅含量）的质量分数。铅烧结过程金属回收率 98.5%~99.3%；铅锌烧结过程金属回收率为 96.5%~98%。

8.3 含铅原料的熔炼

铅鼓风炉熔炼的过程主要包括：碳质燃料的燃烧过程、金属氧化物的还原过程、脉石氧化物（含 ZnO）的造渣过程、造锍过程、造黄渣过程和锍渣熔体产物的沉淀分离过程。

鼓风炉炼铅的原料由炉料和焦炭组成。炉料主要为自熔性烧结块，占炉料组成的 80%~90%，根据作业要求，还需加入铁屑、返渣、黄铁矿、氟石等辅助物料。焦炭是熔炼过程的发热剂和还原剂，用量为炉料量的 9%~13%（焦率）。

8.3.1 铅烧结矿的鼓风炉熔炼

1. 铅烧结矿鼓风炉熔炼的目的

鼓风炉还原熔炼的目的包括：

1）最大限度地将烧结块中的铅还原出来，同时将金、银等贵金属富集在粗铅中。

2）烧结块含铜、硫都高时，使铜呈 Cu_2S 形态进入铅锍（铅冰铜）中，以便进一步回收。

3）炉料中含有银、钴时，使银、钴还原进入黄渣（俗称砷冰铜）。

4）将烧结块中的易挥发有价金属化合物（如锗、镉等）富集于烟尘中，以便综合回收。

5）使脉石（SiO_2、FeO、CaO、MgO、Al_2O_3）造渣，锌以 ZnO 形态入渣，以便回收。

2. 鼓风炉熔炼基本原理

铅鼓风炉还原熔炼过程是利用焦炭作还原剂，将铅的氧化物还原为金属铅的过程。在还原熔炼过程中，沿鼓风炉高度方向的不同区域，将发生不同的物理化学反应，按温度和反应特性不同可将鼓风炉分为 5 个区域，如图 8-5 所示。

（1）炉料预热区（100～400℃） 炉料预热区炉料吸附水被蒸发，易还原氧化物（含游离 PbO、Cu_2O 等）被还原。

（2）上还原区（400～700℃） 上还原区的炉料结晶水开始脱出，碳酸盐及部分硫酸盐开始分解，还原过程进一步进行。$PbSO_4$被 CO 还原成 PbS，还原析出的铅液滴聚集长大，在铅液向下流动过程中，捕集并溶解金、银，铁的高价氧化物被还原成低价氧化物。

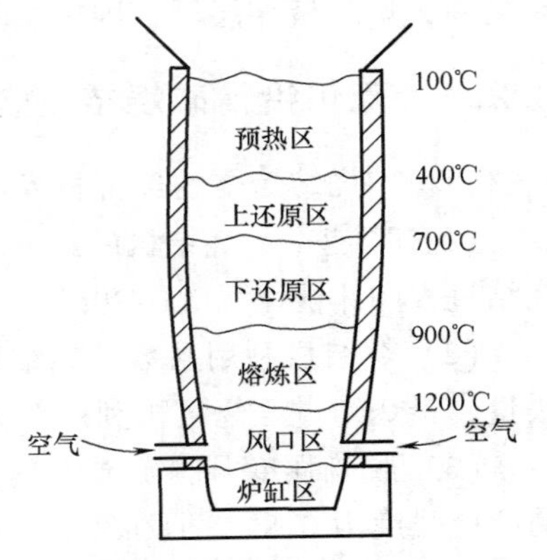

图 8-5 鼓风炉内不同温区发生物理化学反应示意图

（3）下还原区（700～900℃） CO 的还原作用强烈，碳酸盐、硫酸盐完全分解，$PbSO_4$和 PbO 完全还原，硫化物被还原沉淀，金属铜的硫化反应同期进行，砷、锑高价氧化物被还原为低价氧化物，硅酸铅熔融并开始被还原。

（4）熔炼区（900～1200℃） 下还原区未完成的分解、沉淀、还原反应等在此区域完成，SiO_2、FeO、CaO 等脉石成分造渣，Al_2O_3、MgO、ZnO、CaO、FeO 等熔于渣中，并置换渣中 $PbSiO_4$中的 PbO，PbO 被还原为金属铅。此区内，炉料完全熔融，形成的液体向下流动，经赤热的焦炭层过热，进入炉缸，而灼热的炉气与炉料逆向流动，发生强烈的还原反应。

（5）炉缸区 包括风口以下至炉缸底部区域。炉缸区上部温度 1200～1300℃，下部温度 1000～1100℃，流入炉缸的渣、锍、铅的混合物，继续完成还原、造锍、造渣反应，并按密度差分层，粗铅密度最大（密度约为 $11t/m^3$），位于最下层；黄渣密度较小（密度约为 $7t/m^3$），位于中层；铅锍密度小于黄渣（密度约为 $5t/m^3$），位于黄渣上层；炉渣密度最小（密度约为 $3.5t/m^3$），位于最上层。熔炼产物粗铅在炉缸区沉降过程中，经渣层、铅锍和黄渣层沉降，同时捕集溶解贵金属。澄清分层后，铅锍、黄渣、炉渣等从炉缸的排渣口排出，至前床或沉淀锅，而粗铅经炉缸区吸道排出铸锭或流入铅包送精炼工序。烧结块中的铜以 Cu_2O、$Cu_2O \cdot SiO_2$和 Cu_2S 的形态存在。鼓风炉内发生的主要反应为

$$C+O_2 = CO_2\uparrow +408kJ，C+CO_2 = 2CO\uparrow -162kJ$$

$$2C+O_2 = 2CO\uparrow +246kJ，PbO+CO = Pb+CO_2\uparrow$$

$$2PbO \cdot SiO_2+CaO+2CO = CaO \cdot SiO_2+2Pb+2CO_2\uparrow$$

$$PbSO_2+4CO = PbS+4CO_2\uparrow，PbSO_2+SiO_2 = PbO \cdot SiO_2+SO_2\uparrow +1/2O_2\uparrow$$

$$Cu_2O+FeS = Cu_2S+FeO，PbS+Fe = FeS+Pb$$

$$Fe_2O_3+CO = 2FeO+CO_2\uparrow，FeO+SiO_2 = FeO \cdot SiO_2$$

烧结矿中 Cu_2S 直接进入铅锍，Cu_2O 与其他金属硫化物反应生成 Cu_2S，或被还原进入

粗铅。烧结块中的 Fe_2O_3 还原为 FeO，FeO 与脉石反应形成性质良好的铁硅酸盐炉渣。锌在烧结块中主要以 ZnO 及 $ZnO \cdot Fe_2O_3$ 的状态存在。

砷在铅烧结块中以砷酸盐形式存在，在还原熔炼的温度和气氛下，砷酸盐被还原为 As_2O_3 和砷，As_2O_3 挥发到烟尘中，元素砷则一部分溶解于粗铅中，一部分与铁、钴等结合为化合物并形成黄渣。锑的化合物在铅还原熔炼过程中的行为与砷相似。

锡主要以 SnO_2 的形式存在，SnO_2 在还原熔炼过程中按下式反应

$$SnO_2+2CO = Sn+2CO_2\uparrow$$

还原后的锡大部分进入粗铅，小部分进入烟尘、炉渣和铅硫中。

镉主要以 CdO 形式存在，还原熔炼时，大部分镉进入烟尘中。

铋以 Bi_2O_3 形式存在，在鼓风炉还原熔炼时，被还原为金属铋进入粗铅中。

铅是金、银的捕收剂，熔炼过程中，大部分金、银进入粗铅，少部分进入铅锍和黄渣中。

炉料中的 SiO_2、CaO、MgO 和 Al_2O_3 等脉石成分与 FeO 一起形成炉渣。

3. 鼓风炉熔炼工艺流程

硫化铅精矿的烧结焙烧-鼓风炉还原熔炼生产工艺流程如图 8-6 所示。

4. 鼓风炉结构

目前，炼铅厂普遍采用上宽下窄的倾斜炉腹型鼓风炉，国外炼铅厂采用双排风口椅形水套炉，又称为皮里港式鼓风炉。图 8-7 所示为国内采用的倾斜炉腹型鼓风炉结构示意图。

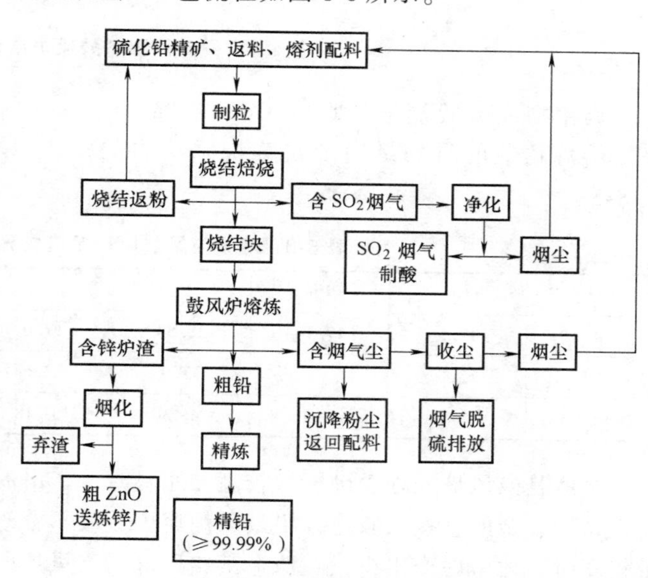

图 8-6　硫化铅精矿的烧结焙烧-鼓风炉还原熔炼生产工艺流程

铅鼓风炉由炉基、炉缸、炉身、炉顶和风管、水管系统及支架等组成。炉基一般用硅酸盐混凝土浇筑，高出地面 2~2.5m。炉缸砌筑在炉基上，常用厚钢板制成炉缸外壳，内衬耐火材料。炉身由多个水套拼装而成，水套之间用螺栓扣紧并固定于炉子的钢架上，水套内壁用厚度为 14~16mm 的锅炉钢板压制、焊接成形，外壁用厚度为 10~12mm 的普通钢板焊接成形。有炉缸的鼓风炉，熔炼产物主要在炉内进行沉淀分离，炉渣需进一步分离回收金属铅，而无炉缸的鼓风炉，熔炼产物在炉外进行分离。目前，大型炼铅厂均采用电热前床作为鼓风炉的附属分离设备。

5. 鼓风炉熔炼产品

因原料成分和熔炼条件不同，铅鼓风炉还原熔炼的产物可以是粗铅、炉渣、烟气和烟尘，也可能产出铅锍、黄渣、烟气和烟尘。

粗铅的成分因原料成分和熔炼条件的不同而变化很大，一般含铅 97% ~98%。铅炉渣一

般成分为（质量分数）：19%～35% SiO_2，28%～40% FeO，0%～20% CaO，0%～30% ZnO，MgO<3%～5%，Al_2O_3<3%～5%，渣含铅 1%～3.5%。炉渣经烟化法处理回收 Pb、Zn、In、Sn、Cd、Ge 等，废渣含 Zn<2%，含 Pb<0.2%。

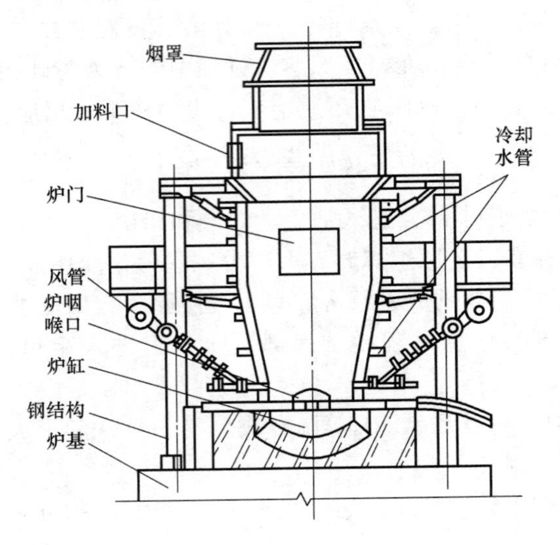

图 8-7 倾斜炉腹型鼓风炉结构示意图

硫化物或硫酸盐被还原成 Cu_2S、ZnS、FeS、PbS 等的金属硫化物共熔体，称为铅锍，熔炼铅锍的目的是为了富集烧结块中的铜，以便进一步出铜。典型的铅锍成分见表 8-3。

表 8-3 炼铅鼓风炉所产铅锍成分（质量分数） （%）

编号	Cu	Pb	Fe	S	Zn	As	Sb
1	12.5	17.18	28.54	17.6	12.76	—	—
2	15.0	9.1	37.9	23.6	5.4	—	—
3	18～24	12～18	24～30	15～18	7～8	0.5～2.5	0.5～0.8

黄渣是鼓风炉处理含砷、锑较高的原料时，产出的金属砷化物与锑化物的共熔体。为提高银、铅、金的直接回收率，铅鼓风炉熔炼一般不希望产出黄渣，只有当砷、锑或镍、钴含量较高时，才考虑产出少量黄渣。某铅厂炼铅鼓风炉所产黄渣成分见表 8-4。

熔炼所产烟尘化学成分为：45%～68% Pb，5%～20% Zn，0.3%～4.5% Cd 以及 In、Tl、Ge 等，可用于综合回收各种有价金属。由于铟、锗用途较广，价格较高，铅烟尘已成为铟回收的一种主要原料。

表 8-4 某些铅厂炼铅鼓风炉所产黄渣成分（成量分数） （%）

编号	As	Sb	Fe	Pb	Cu	S	Ni+Co	Au	Ag
1	17～18	1～2	25～35	6～15	20～34	1.3	0.5～1.0	0.012	0.2
2	23.4	6.5	17.8	11.2	24.3	3.5	11.3	0.001	0.077
3	35.00	0.6	43.3	4.6	7.8	4.4		0.0007	0.134

6. 鼓风炉冶炼的主要经济技术指标

国内炼铅厂铅鼓风炉冶炼的主要经济技术指标见表8-5。

表8-5 国内炼铅厂铅鼓风炉冶炼的主要经济技术指标

项目		单位	豫光金铅	株洲厂	水口山三厂	鸡街厂
风口区断面积		m^2	5.6	8.65	5.6	6.24
炉料铅含量		%	43	45~49	38~42	30~33
料柱高度		m	3.5~4.5	3~3.7	3~3.5	3.0
鼓风强度		$m^3/(m^2 \cdot min)$	40~45	44	25~35	37~40
炉渣成分（质量分数）	FeO	%	25~38	30.0~33.2	32~36	25~27
	SiO_2	%	21~30	17~19	20~24	16~17
	CaO+MgO	%	16~20	19~21	17.5~19.5	1.5
	Pb	%	≤2	3~5	2.5	3.34
	Zn	%	≤12	10~15	10~15	50
床能率		$t \cdot /(m^2 \cdot d)$	70	43~53	60~70	5~6
焦率		%	12	11~13	9.6~10	80~85
铅直收率		%	95	90~95	86~90	95~97
铅回收率		%	95	95.5~97.5	95.5~97.5	5.0~6.5
硫产出率		%	0~5		0.1~0.4	56~58
渣率		%	55~65	43~50		7~8
烟尘率		%	8	2~3	3	
作业时率		%	98	75~85	98	
金回收率		%	97	99	98	
银回收率		%	95	99	96	
粗铅成分（质量分数）	Pb	%	97	95.7~97.0	96~98	95~96.7
	Cu	%	≤0.5	0.7~2.5	0.5~1.5	0.1~0.3

烧结焙烧-鼓风炉还原熔炼这一传统的炼铅方法，处理能力大，原料适应性强，加之长期生产积累的丰富经验和不断地技术改造，使这一传统炼铅工艺还保持着活力。但该法存在：烧结过程中脱硫不完全，产出烟气浓度低而无法制酸，冶炼流程长、含铅物料运转量大、粉尘多，散发的铅蒸气严重污染车间和自然环境，能耗高、生产效率低等缺点。

目前，对烧结焙烧-鼓风炉还原熔炼工艺的改造和完善主要包括：

1）对烧结机结构进行改造，加大烧结机尺寸和提高密封效果。

2）采用富氧鼓风或热风技术，降低焦炭消耗。

3）解决烧结焙烧过程中的烟气回收问题，较为成功的有丹表的托普索法，其主要特点是不论烟气中二氧化硫浓度高低，均可用于产出93%~95%的硫酸。

8.3.2 硫化铅精矿的直接熔炼法

硫化铅精矿的直接熔炼法是指硫化铅精矿不经焙烧或烧结焙烧而直接生产出金属的熔炼方法。直接炼铅的基本原则是：在高氧势下使液态炉料完全脱硫，产出低硫的粗铅和富铅的熔渣，在低氧势下还原富铅熔渣，产出粗铅和低铅炉渣（铅低于 2%）。

铅的直接熔炼过程可以采用富氧或工业纯氧吹炼，铅精矿熔炼经历氧化和还原两个阶段。与传统的烧结焙烧-还原熔炼相比，直接熔炼法取消了烧结工艺，采用纯氧或富氧闪速熔炼或熔池熔炼强化氧化、造渣等熔炼过程，利用硫化矿反应热实现自热熔炼，工艺流程短，冶炼能耗低，环境污染大大减轻。为铅冶金降低生产成本、改善环保条件创造了良好的条件。已经取得突破性进展的直接熔炼方法包括：基夫赛特法、QSL 法、水口山法、艾萨法、奥斯麦特法、卡尔多法和科明科法。这些熔炼方法，按照富氧空气吹入方式不同，可以分为底吹法、顶吹法和侧吹法。

1. 氧气底吹炼铅法

氧气底吹炼铅是利用熔池熔炼的原理，使铅精矿、返料和熔剂等原料，在熔炼炉的熔池内混合、熔化、氧化、还原，并生成粗铅、炉渣和烟气的过程。QSL 法和我国的水口山炼铅法（SKS 法）即是利用氧气底吹的熔池熔炼原理熔炼铅精矿，其特点是氧、硫的利用率高，烟气二氧化硫浓度高，环保条件好，生产操作方便，生产成本低。

（1）QSL 法　QSL 法采用卧式炉炼铅，其结构示意图如图 8-8 所示。该炉沿长度方向分为氧化区、还原区，两区之间用隔墙隔开，隔墙下部设有熔体联接通道，方便炉渣和粗铅流动。炉体上开设有铅精矿、返料、粉煤、熔剂和富氧空气加入口，炉渣排放口、烟气排放口和粗铅虹吸通道。与诺兰达结构相似，炉体设有驱动装置，可使炉体沿轴线旋转 90°，便于停吹时将喷枪转至水平位置。

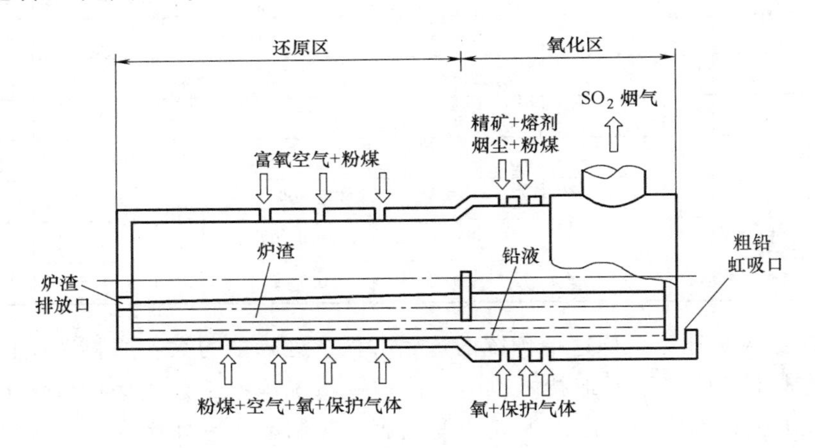

图 8-8　QSL 法炼铅示意图

QSL 法炼铅的优点包括：备料工序简单，炉料只需一次混合，一次成球，无需干燥即可入炉；熔炼设备简单，在一个密闭的熔炼炉内直接熔炼出粗铅；粗铅含硫低，精炼前的粗铅无需脱硫处理；通过控制炉内氧位梯度和温度梯度，实现炉渣成分、炉渣含铅和粗铅含硫等指标；硫回收率高，原料中的硫几乎全部进入烟气，环境卫生达到工业环保标准。

QSL 法的缺点是：氧化区和还原区相当集中；要求操作精细；喷枪使用寿命短，氧气喷枪使用寿命为 150~1600h，粉煤喷枪使用寿命为 2~3 个月，更换喷枪影响生产作业，增加生产费用；烟尘率高达 25%，必须返回处理；渣含铅高，炉渣需经烟化处理回收铅。

（2）水口山炼铅法（SKS 法）　水口山炼铅法是我国自主开发的具有自主知识产权的熔池熔炼新技术。具有冶炼强度高、能耗低、硫及伴生金属回收率高、环保条件好、投资省等优点，特别适合传统烧结-鼓风炉工艺改造。目前，我国50%的矿产精铅是用SKS法生产的。水口山炼铅法工艺流程如图 8-9 所示。

SKS 法与 QSL 法同属氧气底吹熔池直接炼铅，其熔炼炉上只设氧化区。SKS 法与 QSL 法的区别在于：前者在炉外（附设电炉）完成还原反应和高铅渣的贫化，后者在炉内的还原区完成还原过程和炉渣贫化。SKS 法采用富氧供风，硫的利用率高；原料适应范围广，可以处理各种品位的硫化矿、蓄电池铅膏、锌冶炼厂浸出渣、氧化矿等，取消了破碎工序，设备密封性能好，工厂环境得到极大改善。SKS 法存在的不足是：入炉精矿铅含量必须在 35%以上；产出的液态高铅渣需要铸成渣块，造成炉渣显热资源浪费。

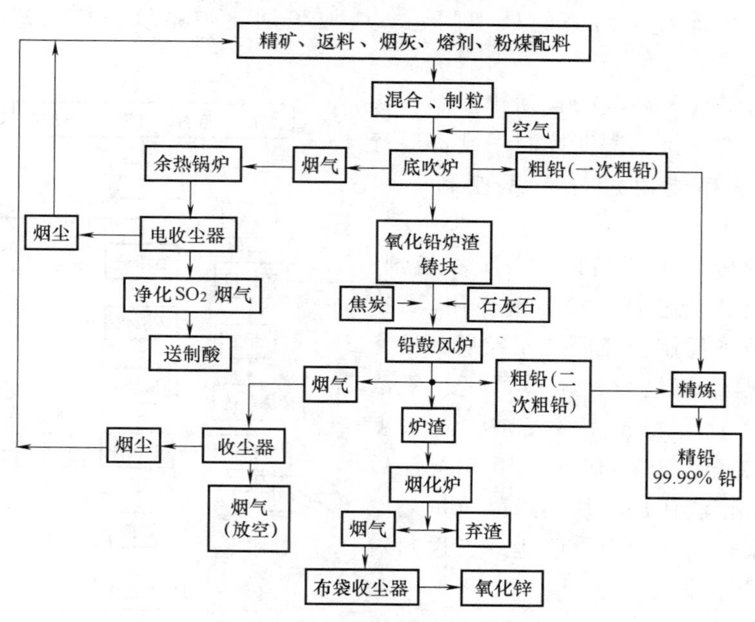

图 8-9　水口山炼铅法工艺流程

2. 氧气顶吹炼铅法

富氧顶吹炼铅法主要包括艾萨法和奥斯麦特熔炼法，该方法源自铜镍硫化矿造锍熔炼，喷枪是该方法的核心技术。顶吹浸没熔炼技术，也称浸没熔炼或沉没熔炼。

（1）艾萨/奥斯麦特法　艾萨-鼓风炉还原炼铅工艺是澳大利亚芒特-艾萨公司 ISA 与云南冶金集团股份有限公司共同研发的富铅渣鼓风炉熔炼技术，也称富氧顶吹熔炼-鼓风炉还原炼铅工艺。2005 年 6 月，云南冶金集团下属的驰宏锌锗股份公司，建成并投产了规模为 8 万 t/a粗铅的铅冶炼厂。2006 年，云南冶金集团与澳大利亚 Xtrata 公司（原 Mount Isa 公司），共同将该技术应用到哈萨克斯坦哈氏锌业公司，正式登记为 I-Y 铅冶炼方法［Y 为云南冶金集团股份有限公司英文名称缩写 YMG（现称 CYM-CO）的第一个字母］。

ISA 炉的喷枪采用多层同心套管结构，硫化铅精矿富氧顶吹熔炼期间，喷枪直接将炉料、熔剂、富氧空气送入熔池，熔体-炉料-富氧空气之间强烈搅拌和混合，大大强化了熔池内的热-质传递过程。通过计算机实现枪位自动调节控制，喷枪容易拆卸，更换快捷方便。炉体结构紧凑、操作简易、生产费用低。还原熔炼以鼓风炉熔炼为基础，增加热风技术、富氧供风技术和粉煤喷吹技术，形成独特的 YMG 炉还原技术，处理能力大幅度提高，焦炭消耗和渣含铅降低。

富氧顶吹熔炼-鼓风炉还原炼铅工艺（I-Y 铅冶炼方法）具有如下优点：

1）处理能力大，生产效率高，ISA 炉实际处理物料量为 550 ~760t/d。鼓风炉床处理能力达到 75t/(m^2 · d)。

2）原料适应性强，可处理优质铅精矿，含铜、锌严重超标的物料，含铅 25%的渣料，以及电铅铜浮渣等复杂物料。

3）环保效果较好，ISA 炉的密封性好，SO_2回收利用率高。

富氧顶吹熔炼-鼓风炉还原炼铅生产工艺利用了 ISA 炉氧化熔炼和鼓风炉还原熔炼的优点，并考虑了湿法炼锌浸出渣的处理问题，增加了烟化炉系统，其工艺流程如图 8-10 所示 。

艾萨炉熔炼实现了高度的自动化控制，从配料、上料、炉内气氛、温度控制、设备运行状况等的监控，都能通过分布式控制系统（DCS）完成。

熔炼的主要物料有铅精矿、石英石熔剂、烟尘返料、煤（作为燃料、还原剂使用）。物料通过平带秤精确控制，经混合制粒后，送艾萨炉熔炼。根据熔炼情况，调节风量、氧浓度、氧料比，产物为粗铅、富铅渣、高浓度 SO_2烟气（SO_2浓度约 8%~10%）。粗铅浇注后送精炼系统；富铅渣铸成渣块，送鼓风炉还原熔炼；烟气经余热回收、净化收尘后，送制酸系统。

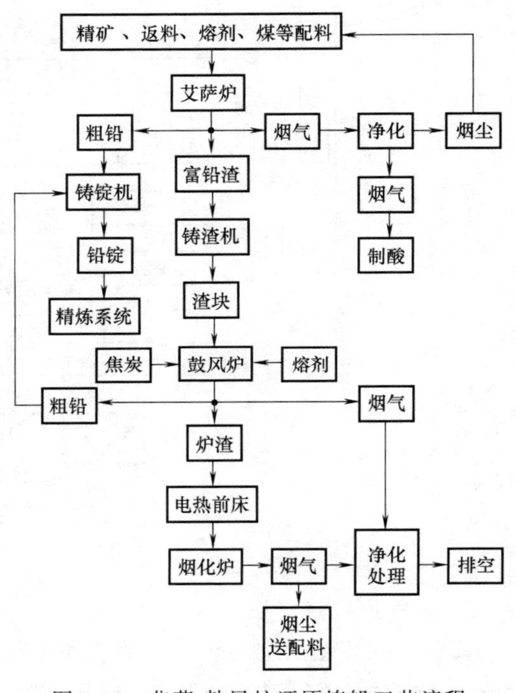

图 8-10　艾萨-鼓风炉还原炼铅工艺流程

ISA 炉氧化熔炼产物为：一次粗铅、富铅渣、烟尘。原料含铜高时，同时产出少量铅铜锍。ISA 炉产出的一次粗铅杂质少、纯度高，70%的粗铅含铅超过 98%，5%的粗铅含铅低于 96%。

（2）倾斜式旋转转炉法　倾斜式旋转转炉（又称卡尔多炉）直接炼铅法，由瑞典比利顿金属公司于 20 世纪 80 年代开始使用。该法的炉料加料喷枪和天然气（或燃料油）氧气喷枪设在转炉顶部，炉体可沿纵轴旋转，又称为顶吹旋转转炉法（TBRC 法）。

倾斜式旋转转炉［卡尔多炉（ Caldo)］由圆筒形炉缸和喇叭形炉口组成，炉体外壳为钢板焊接结构，内砌铬镁砖，如图 8-11 所示。倾斜式旋转转炉炼铅法先用氧枪将原料氧化，再用氧-油喷枪将熔体还原，倾斜式旋转转炉直接炼铅工艺流程如图 8-12 所示。

3. 基夫赛特炼铅法

基夫赛特炼铅法是苏联有色金属矿冶科学院开发的直接炼铅的方法，全称为氧气鼓风旋涡电热熔炼法，是一种较成熟的直接炼铅工艺。自 1986 年投产以来，经过不断改进，苏联、德国、意大利、玻利维亚和加拿大等国有 7 家工厂使用。

基夫赛特炼铅炉主要由安装有氧气-精矿喷嘴的反应塔，具有焦炭过滤层的沉淀池，贫化炉渣、蒸发锌的电热区，冷却并捕集高温烟尘的直升烟道（立式余热锅炉）四部分组成。生产时，含铅物料与工业纯氧一起喷入炉内，同时加入焦炭还原剂。炉料经一次冶炼成粗铅和弃渣，烟气经净化后制酸。在基夫赛特炼铅炉的反应塔内主要发生以下氧化反应

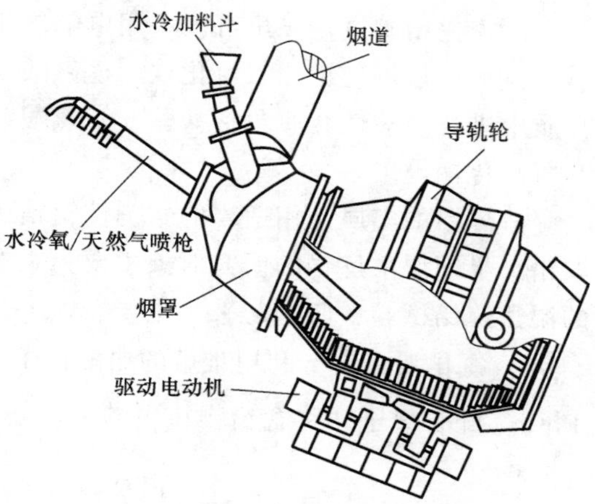

图 8-11　倾斜式旋转转炉示意图

$$Pb+1.5O_2 = PbO+SO_2\uparrow +420kJ$$

$$ZnS+1.5O_2 = ZnO+SO_2\uparrow +441kJ$$

$$FeS+1.5O_2 = FeO+SO_2\uparrow +426kJ$$

$$PbS+O_2 = Pb+SO_2\uparrow +202kJ$$

$$PbS+2PbO = 3Pb+SO_2\uparrow -217kJ$$

$$PbSO_4 = 3PbO+SO_2\uparrow +0.5O_2\uparrow -304kJ$$

在焦炭过滤层发生以下还原反应

$$PbO+CO = Pb+CO_2\uparrow +82.76kJ$$

$$PbO+C = Pb+CO\uparrow +108.68kJ$$

$$CO_2+C = 2CO\uparrow -165.8kJ$$

基夫赛特炼铅法主要技术指标为：反应塔温度 1350～1420℃，熔池温度 1000～1200℃，烟气 SO_2 浓度 20%～30%，铅回收率 97%，渣中铅含量 1.5%～2.0%，焦炭消耗 46kg/t，电耗 175kW · h/t。

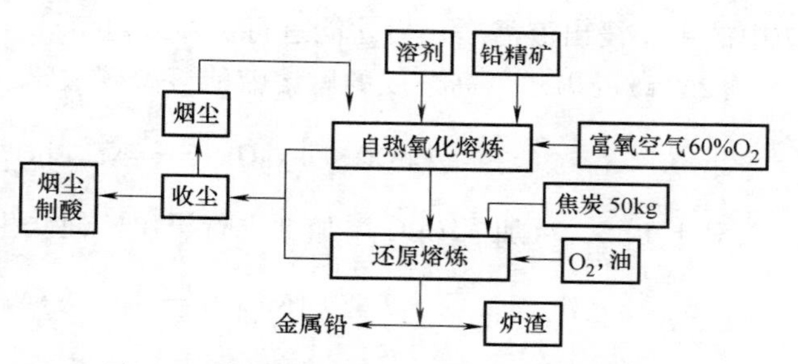

图 8-12　倾斜式旋转转炉直接炼铅工艺流程

基夫赛特炼铅法的优点是生产工艺稳定；设备使用寿命长（每个炉期可达 3 年）；原料的适应性强，可以处理不同品位的铅精矿、铅银精矿、铅锌精矿以及鼓风炉难以处理的硫酸盐残渣、湿法锌厂产出的铅银渣、废铅蓄电池糊、各种含铅烟尘等；焦耗少，精矿热能利用率较高，烟尘率低（仅为 5%）；金属和硫的回收率高。缺点是对原料的要求较高，入炉物料粒度要求小于 1mm，物料需干燥，电热沉淀耗电高，需要含氧浓度大于 90% 的工业氧，需配套建设制氧厂，一次投资较高。图 8-13 所示为基夫赛特炼铅炉结构示意图。

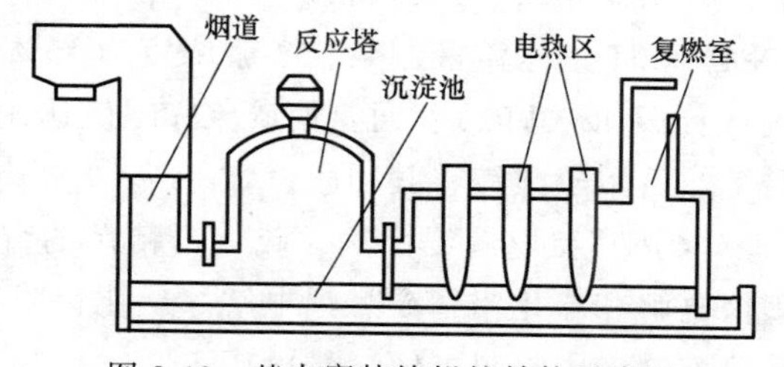

图 8-13　基夫赛特炼铅炉结构示意图

8.3.3　湿法炼铅工艺

湿法炼铅方法包括：硫化铅矿直接还原金属铅、硫化铅矿非氧化浸出和硫化铅矿氧化浸出三种。硫化铅矿直接还原是通过电解过程实现的，硫化铅矿非氧化浸出一般在盐酸溶液中

进行，而硫化铅矿氧化浸出可以采用电解氧化，也可采用氧化剂氧化。氧化剂包括空气、氧气、双氧水、过氧化铅、三氯化铁、硅氟酸铁等。氧化浸出可在酸性介质中进行，也可在碱性介质中进行。酸性介质包括盐酸、高氯酸、硫酸、硝酸、醋酸和硅氟酸等，碱性介质有碳铵和氢氧化钠等。

湿法炼铅的实质是用适当的熔剂使铅精矿中的铅浸出而与脉石等分离，然后从浸出液中提取铅。早期湿法炼铅的研究对象主要为难选的含铅矿物，近年来，对硫化铅矿也进行了大量的湿法炼铅试验，归纳起来，主要有以下几种：

（1）氯化浸出法　利用难熔的铅酸盐 $PbCl_2$、$PbSO_4$ 等在过量的氯化物溶液中形成可溶性 $PbCl_4^{2-}$ 配合离子，将含铅物料中的 PbS 转变为 $PbCl_4^{2-}$ 配合离子，其反应式为

$$PbCl_2+2NaCl = Na_2PbCl_4$$

$$PbSO_4+4NaCl = Na_2PbCl_4+Na_2SO_4$$

为消除 Na_2SO_4 引起的可逆反应，可同时加入 $CaCl_2$，生成 $CaSO_4$ 沉淀，采用 NaCl 和 $CaCl_2$ 混合溶液浸出时，先要将精矿中的 PbS 转变成 $PbCl_2$ 和 $PbSO_4$。氯化浸出法可回收铅精矿中的银，浸出液需净化后才能进行沉淀或电解。

（2）碱浸出法　高浓度的碱溶液能溶解碳酸铅、硫酸铅等生成亚铅酸盐，反应式为

$$PbCO_3+4NaOH = Na_2PbO_2+Na_2CO_3+2H_2O$$

对于 PbS，可加入 CuO 添加剂进行浸出，使之生成不溶性的硫化铜渣，反应式为

$$PbS+4NaOH = Na_2S+Na_2PbO_2+2H_2O$$

$$Na_2S+CuO+H_2O = CuS+2NaOH$$

在压力为 2.53×10^6Pa、NaOH 浓度为 350g/L、液固比为 3~8，PbS 粒度小于 0.076mm 的条件下，浸出 1h 便可使 PbS 完全分解。

（3）加压浸出法　加压浸出法包括加压酸浸法和加压碱浸法。在 110℃、142kPa 压力下，酸浸 6~8h，可使铅精矿中 95%的铅和锌进入溶液。碱浸是将铅精矿与含有 NH_4OH 和 $(NH_4)_2SO_4$ 的水溶液制浆，矿浆浓度为 15%~20%，在密闭的浸出槽中加热至 85℃左右，通氧（分压 42.6kPa）、通氨使矿浆 pH 值达 10，在 2h 内可使 90%左右的铅转变为碱式硫酸铅，然后用硫酸铵将其回收。

（4）直接电解浸出法　硫化铅精矿的直接电解有两种方法，即将铅精矿压制成硫化铅阳极电解和硫化铅精矿悬浮电解。硫化铅阳极电解时，阳极成形时配入 5.5%的石墨，在氯酸铅液溶液中隔膜电解。槽电压 1.29~1.79V、电流密度 $150A/m^2$、电解周期 150h，电流效率 80%，铅提取率 92.5%~99.6%。

硫化铅矿浆悬浮电解时，需将矿石细磨至 0.25mm，在隔膜电解槽中进行电解，产出元素硫和溶于电解液的氯化物。在电解温度为 80℃，电流密度 $129A/m^2$，2mol$AlCl_3$ 溶液作阴极液时，铅的电解回收率可达 97.7%，电解效率为 90%。

湿法炼铅正处在研究开发阶段，具有许多优点，也尚有一些问题需要解决。

8.4 粗铅精炼

粗铅常含有Au、Ag、Cu、As、Sb、Bi、Sn、Zn等杂质，杂质含量一般为2%~4%，国内外铅冶炼厂典型粗铅成分见表8-6。

表8-6 粗铅成分（质量分数） （%）

成分		Pb	Cu	As	Sb	Sn	Bi	Ag/g·t^{-1}	Au/g·t^{-1}
国内	一厂	96.37	1.631	0.494	0.35	0.017	0.089	1844.4	5.5
	二厂	96.016	2.028	0.446	0.66	0.019	0.11	1798.6	5.9
	三厂	96.85	1.16	0.957	0.47	0.043	0.0174	1760.1	6.2
国外	一厂	96.67	0.94	0.26	0.82		0.068	5600	
	二厂	98.92	0.19	0.006	0.72		0.005	1412	
	三厂	96.7	0.94	0.45	0.85	0.21	0.0166		

粗铅精炼的目的是除去杂质、回收贵金属，我国制定的精铅国家标准见表8-7。

表8-7 GB/T 469—2013 铅锭化学成分标准

牌号	化学成分(质量分数,/%)									
	Pb(≥)	杂质(≤)								
		Ag	Cu	Bi	As	Sb	Sn	Zn	Fe	总和
Pb99.994	99.994	0.0008	0.0101	0.004	0.0005	0.0008	0.0005	0.0004	0.0005	0.006
Pb99.990	99.990	0.0015	0.001	0.010	0.0005	0.0008	0.0005	0.0004	0.0010	0.010
Pb99.985	99.985	0.0025	0.001	0.015	0.0005	0.0008	0.0005	0.0004	0.0010	0.015
Pb99.970	99.970	0.0050	0.003	0.030	0.0010	0.0010	0.0010	0.0005	0.0020	0.030
Pb99.940	99.940	0.0080	0.005	0.060	0.0010	0.0010	0.0010	0.0050	0.0020	0.060

粗铅的精炼方法有火法精炼和电解法精炼两种。目前世界上采用火法精炼的厂家较多，约占世界精铅产量的70%，只有加拿大、秘鲁、日本和我国的一些炼铅厂采用电解法精炼。

8.4.1 粗铅的火法精炼

粗铅火法精炼的基本原理是利用粗铅中杂质金属与主金属（铅）在高温熔体中物理性质或化学性质方面的差异，使之形成与熔融主金属不同的新相（如精炼渣），并将杂质金属富集其中将其分离，从而达到精炼的目的。

粗铅火法精炼过程与采用的精炼流程有关，对于电解精炼，火法精炼只是初步除去粗铅中的铜、锡、锑，浇注成成分、质量和尺寸满足要求的阳极板。全火法精炼是除去粗铅中的铜、锡、砷、锑、银、锌、铋等杂质，将粗铅提纯为合格的精铅产品。粗铅火法精炼的主要工艺流程如图8-14所示。

1. 粗铅除铜

粗铅精炼除铜有熔析和加硫两种方法。初步脱铜用熔析法，深度脱铜用加硫法。

熔析法的原理是基于在低温下铜及其砷锑化合物在铅液中的溶解度小，从图 8-15 所示的 Cu-Pb 相图中可知，在铅的一侧，当铅的温度为 326℃时，可得到含 Cu 0.06%的共晶，这是熔析除铜的理论极限。当粗铅含有砷、锑时，铜和砷、锑能形成 Cu_3As（熔点 830℃）、Cu_3As_2（710℃分解）、Cu_3Sb（585℃分解）化合物、固溶体和共晶，这些化合物不溶于铅，混入固体渣中而上浮，使铅中含铜降至 0.02%~0.03%。在熔析除铜过程中，Fe、Co、Ni、S 等杂质也被脱除。熔析有加热熔析和冷却熔析两种作业方法，加热熔析是将粗铅放在反射炉或者熔析锅内，低温熔化粗铅，使铅与杂质分离。冷却熔析是将液体粗铅泵送至熔析锅内，逐步降温使铅与杂质分离，生产上多采用冷却熔析法除杂。熔析温度对铅中铜含量有重要影响，一般操作温度为 550~600℃至 330~350℃。

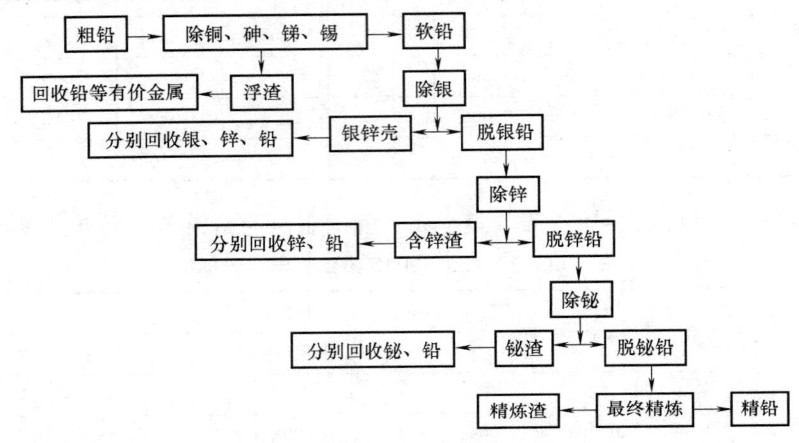

图 8-14 粗铅火法精炼工艺流程

2. 加硫除铜

熔析除铜后的铅液，实际上往往含有 0.1%左右的铜，可采用加硫除铜法进行深度脱铜。

加硫除铜可在熔析除铜锅中进行。把经过熔析除铜后的铅液温度控制在 330~350℃，借助机械搅拌，向铅液中加入粉状硫黄，硫首先与铅作用生成硫化铅，反应式为

$$Pb+S = PbS$$

由于铜对硫的亲和力大于铅对硫的亲和力，硫化铅中的铅很快被铜置换，反应式为

$$PbS+2Cu = Pb+Cu_2S$$

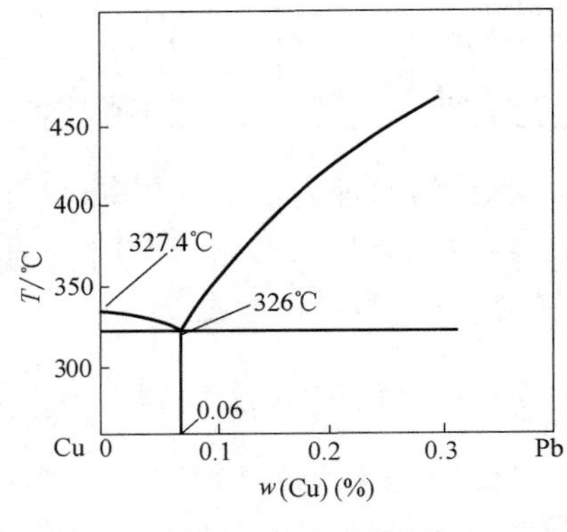

图 8-15 Cu-Pb 相图

在作业温度下，生成的 Cu_2S 不溶于铅，且密度较小，呈固体浮在铅液表面，形成硫化渣而被除去。理论上可将铅液中的铜含量降至百万分之几，实上只能降到 0.001%~0.002%。

除铜作业是在铸钢精炼锅中进行，精炼锅容量为 30~300t 粗铅，精炼锅使用寿命可超过两年。加热锅的炉灶称为炉台，它由燃烧室、加热室（即锅腔）、支撑座、挡火墙和烟道组成。燃料可用块煤、重油或煤气。在进行除铜作业时，首先将粗铅装入锅内加热熔化，粗铅质量好时，加热到 500℃就可用捞渣机捞渣。捞完渣后淋水降温，分 2~3 次淋水，每加一次

水撇一次稀渣，最后把铅液降至330℃左右，撇净稀渣并打净锅帮后，搅拌加入硫黄粉进一步除铜。当粗铅质量不好，特别是含铜高时，浮渣量较大，为了降低渣率和渣的铅含量，要把铅液温度加热到650~700℃，并用压渣坨压渣，以提高渣温度，降低渣的铅含量。压渣后捞渣，容量为50t的锅产渣量4~8t。

有些工厂采用连续除铜作业，其操作是在如图8-16所示粗铅连续脱铜炉中进行。该炉的特点是炉膛较深（1.2~1.8m），在距炉底500mm的水平面上装设冷却水管。在深熔池中，熔体自上而下温度逐步降低，形成一定的温度梯度，粗铅液加入熔池上部，低温铅液自熔池底部虹吸池放出，铅液自上而下运动，底层温度控制在400~450℃。随着温度的降低，铅中溶解的铜自下而上移动，浮到熔池上层，向铅液加入PbS硫化剂形成铜锍，定期放出炉渣和铜锍。放铜锍前加入铁屑，以降低铜锍中铅含量。自底部放出的低温铅液铜含量在0.06%左右。粗铅连续脱铜炉是把处理铜浮渣的反射炉置于熔铅锅上方的联合冶金装置。

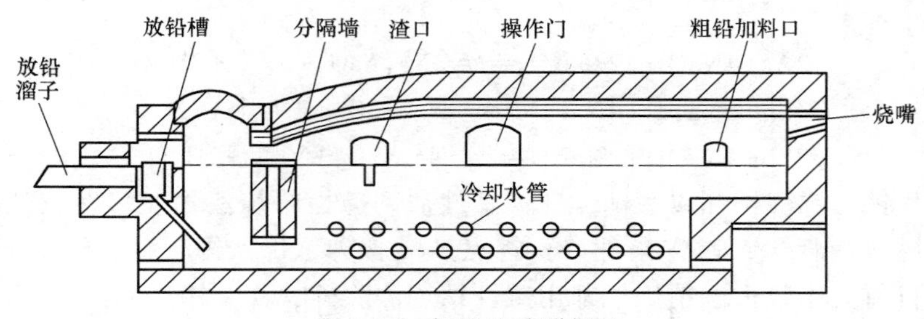

图8-16 粗铅连续脱铜炉

熔析除铜产出的浮渣一般含铜（w）10%~20%，含铅（w）60%~80%，用苏打（Na_2CO_3）-铁屑反射炉熔炼法专门处理铜浮渣。

配入苏打是为了降低炉渣和锍的熔点，形成钠锍，降低渣铅含量，并使砷、锑形成砷酸钠、锑酸钠而造渣，脱除部分砷、锑，反应式为

$$4PbS+4Na_2CO_3 = 4Pb+3Na_2S+Na_2SO_4+4CO_2\uparrow$$

$$As_2O_5+3Na_2CO_3 = 2Na_3AsO_4+3CO_2\uparrow$$

$$Sb_2O_5+3Na_2CO_3 = 2Na_3SbO_4+3CO_2\uparrow$$

配入焦炭是为炉内维持还原气氛，防止硫化物氧化，并能还原PbO。配入PbO可使部分砷挥发，减少黄渣的生成，提高铅回收率，当浮渣含砷、硫低时可不加入PbO。铁屑是在放渣后分批加入并搅拌，使其与锍反应，降低锍中铅含量。反应式为

$$PbS+Fe = Pb+FeS$$

该法的优点是铅回收率高，可达95%~98%，铅锍含铅低，铜铅比达4~8，铜回收率达85%~90%。

3. 粗铅除砷、锑、锡

除铜后的粗铅要进行除砷、锑、锡，其方法有氧化精炼法和碱性精炼法。

（1）氧化精炼法 氧化精炼法是依据氧对杂质亲和力大于铅的原理。在精炼温度下，金属氧化的顺序是锌、锡、铁、砷、锑、铅、铋、铜、银，在铅以前的金属杂质都可用氧化法除去。采用精炼锅进行氧化精炼时，精炼温度800~900℃，自然通风氧化。采用反射炉进行氧化精炼时，其精炼过程是连续进行的，被精炼的铅液从炉头连续注入而从炉尾不断流出，其注入速度应保证铅液流至炉尾时，杂质能充分氧化除去。精炼温度750℃，采用鼓风

氧化。

氧化精炼法虽然设备简单、操作容易、投资少，但缺点是铅的损失大、直接回收率低、作业时间长、劳动条件差、燃料消耗高，精炼后残锑高，故很少采用。

（2）碱性精炼法　粗铅碱性精炼的实质是使粗铅中杂质氧化并与碱造渣而与铅分离，该过程可在比氧化精炼较低温度（400~450℃）下进行，氧化剂是硝石（$NaNO_3$）。其原理是利用杂质元素砷、锑、锡对氧的亲和力大于金属铅，从而优先将锡、砷、锑氧化为高价氧化物，高价氧化物与NaOH形成相应的钠盐从而与铅分离。该法反应速度快，锡、砷、锑等杂质在铅中的残留量都较低。

往粗铅液中加入硝石后，硝酸钠溶于熔体，在450℃的高温下分解析出O_2，其反应为：

$$2NaNO_3 = Na_2O + N_2\uparrow + 2.5O_2\uparrow$$

硝石分解析出的O_2使杂质氧化，并形成相应的钠盐，如砷酸钠、锡酸钠和锑酸钠，其反应式为

$$2As + 4NaOH + 2NaNO_3 = 2Na_3AsO_4 + N_2\uparrow + 2H_2O$$

$$5Sn + 6NaOH + 4NaNO_3 = Na_2SnO_3 + 2N_2\uparrow + 3H_2O$$

$$2Sb + 4NaOH + 2NaNO_3 = Na_3SbO_4 + N_2\uparrow + 2H_2O$$

反应生成的砷酸钠、锑酸钠和锡酸钠，即为碱性渣。碱性精炼法作业可在较低温度下进行，金属损失小，燃料消耗少，操作条件好，终点产品含砷、锑、锡较低，试剂NaOH和NaCl可部分再生，目前大多数火法精炼厂都用碱性精炼法除砷、锑、锡。

4. 粗铅除银

锌对银具有较大的亲和力，能形成密度比铅小，熔点比铅高，且在被锌饱和的铅液中不会溶解的金属间化合物。在操作过程中，逐渐形成渣壳——银锌壳，浮于铅液表面，从而与铅分离。锌与金、银能形成一系列难熔而质轻的化合物，进入银锌壳。溶解于粗铅中的锌，与银发生如下反应，反应式为

$$2Ag + 3Zn = Ag_2Zn_3,\quad 2Ag + 5Zn = Ag_2Zn_5$$

因Ag_2Zn_3、Ag_2Zn_5熔点高，分别为665℃和636℃，它们在铅液中的溶解度很小，铅液中的银汇集于银锌壳中。除金的原理与除银相似，因金对锌的亲和力大于银，故首先形成金锌化合物进入富银锌壳中。

加锌除银操作在精炼锅中进行，作业周期包括加含银铅、加入返料贫化银锌壳，加温、搅拌、降温和捞渣（银锌壳）等，其中加锌反应仅20~30min。作业周期主要取决于升温和降温速率，降温速率为10~ 12℃/h，每锅需15~20h。

富银锌壳的产回率为粗铅的1.5%~2.0%，成分为（质量分数）：银6%~11%，金0.01%~0.02%，锌25%~30%，铅60%~70%。

除银后的铅含银3~10g/t，金微量，锌0.6%~0.7%，对于含银为1~2g/t的粗铅，每吨铅的除银耗锌量为8~15kg。

5. 粗铅除锌

加锌除银后的铅液含0.5%~0.6%的锌，在最后除铋前需将锌除去。除锌的方法有氧化法、氯化法、碱法、真空法和加碱联合法。

氧化除锌是一种较古老的方法。在750~800℃的温度下向精炼锅中吹入空气、水蒸气或纯氧，由于PbO的分解压大于ZnO，PbO是锌的氧化剂，使锌大部分氧化造渣，小部分挥

发进入烟尘。

氯化精炼法除锌是在 380~400℃温度下进行的，向铅液中通入氯气，锌和其他金属杂质变为氯化物，$ZnCl_2$进入浮渣，$AsCl_3$（沸点 122℃）、$SbCl_3$（沸点 220℃）和 $SnCl_4$（沸点 114℃）则挥发除去，银和铋不被氯化而留在铅中。铅虽被氯化，但又被锌置换，所以铅的氯化损失很少。由于置换反应为可逆反应，除锌不彻底，故须加 NaOH 及 NaCl（联合法）除锌。

精炼时，用铅泵使铅液在反应缸内循环，通入氯气使杂质氯化造渣和挥发，随后降温撇渣，在 430℃下加入 NaOH 或 NaOH 和 NaCl 的混合物除去残余杂质。每吨铅消耗量为 9~10kg Cl_2、0.9kg NaOH、0.115kg NaCl。渣率为 2%~3%。

碱法除锌的设备和操作与碱法除砷、锑、锡基本相同。锌是靠空气中的氧氧化，生成的 ZnO 与 NaOH 反应生成锌酸钠（Na_2ZnO_2）。NaCl 主要是降低浮渣的熔点，作业温度由开始的 390~400℃上升至 460℃，除去 1t 锌消耗 1t NaOH、0.75t NaCl。碱法精炼的缺点是碱的回收再生作业麻烦且费用高。

上述除锌各种方法的共同缺点是锌以化合物形态进入精炼渣，不能以金属态的冷凝锌回收再返回除银工序。因此考虑用物理的方法——真空蒸馏法除锌，已被较多工厂采用。

真空法除锌是基于锌比铅更容易挥发的原理，使锌、铅分离。理论计算表明，对于含 0.5%锌的铅锌合金，在 600℃时分离率可提高 960 倍，即锌进入气相，铅留在液铅中。

真空脱锌作业实践表明，在残压 67Pa、温度为 600~620℃时，除锌率为 85%，铅液残锌为 0.1%。真空度继续提高至残压 6 ~7Pa、温度 580~590℃时，130~140t 铅液经 5h 作业，除锌率达 90%，铅液残锌为 0.06%，但进一步降低残锌比较困难，最后要用碱法除去残锌。

澳大利亚皮里港铅的连续真空脱锌过程控制残压 2~2.7Pa，温度 600 ~630℃，铅液残锌 0.05%以下，每小时生产铅 16~37t。

6. 粗铅除铋

在铅烧结块还原熔炼过程中，原料中的铋几乎都进入粗铅。粗铅含铋一般为 0.1%~0.5%，部分工厂产出粗铅含铋为 0.005%以下，可以不设除铋工序，经除铋后的铅便可以浇注成商品铅锭出售。

粗铅火法精炼除铋是一个较困难的过程，粗铅含铋高时，选用电解法精炼比较适宜。火法精炼通用的是加钙、镁及锑除铋，还有加钾、镁的除铋法。

加钙、镁除铋的基本原理是钙、镁与铅液中的铋生成不溶于铅液的化合物 Bi_2Ca_3（熔点 928℃）和 Bi_2Mg_3（熔点 823℃），这些化合物密度比铅小，可上浮至铅液表面与铅分离，但由于这些化合物呈微细颗粒悬浮于铅液中，不易除去，影响除铋效果。若加入适量的锑，由于锑和钙、镁分别形成易上浮的 Sb_2Ca_3、Sb_2Mg_3和 Mg_2CaSb_2颗粒，能将悬浮的 Mg_2CaBi_2微粒夹带浮至表面而除去。

除铋作业在精炼锅中进行，作业时间依锅的容量而定，150t 的锅作业周期为 8~10h，260t 的锅则为 12h。过程的温度控制在 350℃左右，加钙、镁时为 360℃，捞铋渣时为 330~340℃。

一般锑的消耗量为铋含量的 30 倍。粗铅经除砷、锡、锑、银、锌和铋等杂质，可能还残留钙、镁、锑、钾、钠等加入试剂，在铸锭之前应进行最终精炼，即在原精炼锅中加入铅的质量分数为0.3%左右的NaOH和铅的质量分数为0.2%左右的$NaNO_3$，搅拌2~4h进行碱性精炼，捞完渣后，即可浇注成精铅锭。火法精炼铅的主要经济技术指标见表8-8。

表8-8 火法精炼铅的主要经济技术指标

回收率和生产率	指标	备注	吨铅单耗		备注
铅直收率	90%	到精铅	电能	32kW·h	
铜直收率	95%	到商品硫	水	12.3m^3	
银直收率	97%	到金银合金	燃料	2.55×10^6kJ	75m^3天然气
金直收率	98%		锌锭	9.1kg	
铋直收率	87.8%	到金属铋	碱试剂	25.8kg	wNaOH 7.6%，$w$$Na_2CO_3$ 4.4%，$w$$NaNO_3$13.8%
劳动生产率	2.8/t·(人·h)$^{-1}$		金属添加剂	4.2kg	wCa 1.2%；wNa 0.1%，wMg 2.8%；wSb 0.1%

8.4.2 粗铅的电解精炼

我国炼铅厂的粗铅精炼大都采用粗铅火法精炼-电解精炼的联合工艺流程。火法精炼除去铜、锡，产出的阳极粗铅一般含98.0%~98.5%的铅、1.5%~2.0%的杂质。粗铅被浇注成阳极板后电解，进一步脱除有害杂质，回收粗铅中贵金属。

1. 基本原理

铅电解精炼时，可视为如下化学系统：$Pb_{(纯)}$ | $PbSiF_6$，H_2SiF_6，H_2O | $Pb_{粗}$电解。

电解液各组分在溶液中离解为Pb^{2+}、SiF^{2-}、H^+、OH^-，利用铅与杂质的电位差异，通入直流电，粗铅阳极发生电化学溶解，阴极附近的铅离子在阴极上电化析出。贵金属和部分杂质进入阳极泥，大部分杂质则以离子形态保留在电解液中，从而实现了铅与杂质的分离。

（1）电解过程的电极反应

1）阳极反应（氧化反应）。在阳极上可能发生下列反应，反应式为

$$Pb-2e = Pb^{2+}，\phi(Pb^{2+}/Pb) = -0.13V$$

$$2SiF_6^{2-}+2H_2O-2e = 2H_2SiF_6{}^{2-}+O_2\uparrow$$

$$Me-2e = Me^{2+}，\phi(Me/Me^{2+}) < -0.13V$$

式中，Me代表铁、镍、锌、钴、镉等比铅更负电性的金属，它们从阳极上溶解进入溶液，但不会在阴极析出；在实际条件下，SiF_6^{2-}放电的可能性很小。

在铅电解精炼过程工艺条件下，阳极主反应为

$$Pb-2e = Pb^{2+}（阳极铅溶解）$$

2）阴极反应（还原反应）。在阴极上可能发生的反应，反应式为

$$Pb^{2+}+2e = Pb，\phi(Pb^{2+}/Pb) = +0.34V$$

$$2H^++2e = H_2\uparrow，\phi(H^+/H_2) = 0$$

$$Me^{2+}+2e = Me，\phi(Me/Me^{2+}) > 0.34V$$

在正常情况下，H^+在铅电极上具有很大的超电压，使氢的放电电位比铅负得多，故H^+不会在阴极析出，只有Pb^{2+}还原反应发生。而放电电位大于Pb^{2+}的Me在阳极很少溶解，由于浓

度低，很少会在阴极析出。在铅电解精炼工艺条件下，阴极主反应式为：

$$Pb^{2+}+2e = Pb \text{（阴极铅析出）}$$

在铅电解精炼过程中，主要反应是粗铅在阳极上溶解和铅离子在阴极上的析出。

（2）杂质在电解过程中的行为　在粗铅阳极中，通常含有金、银、铜、锑、砷、锡、铋等金属杂质，以单质、固溶体、金属间化合物、氧化物和硫化物等形态存在，根据标准电位不同，可将阳极中杂质分为三类：

1）第一类　锌、铁、镉、钴、镍等杂质。由于这类杂质含量低，且电位比铅负，正常情况下不会在阴极上放电析出。

2）第二类　锑、铋、砷、铜、银、金等杂质。第二类杂质很少进入电解液，而是残留在阳极泥中，作为回收贵金属的原料。

3）第三类　这类杂质电位与铅相近，如锡。阳极中锡含量<0.01%时，可获得合格的阴极铅。锡的标准析出电位是-0.14V，与铅的电位非常接近。粗铅中的锡不能通过电解精炼法去除，一般采用氧化精炼法除锡。

2. 铅电解精炼工艺流程

铅电解精炼通常包括阳极铸造、阴极制作、电解精炼、电解液制备、电解液净化与阳极泥处理等工序。铅电解精炼工艺流程如图 8-17 所示。

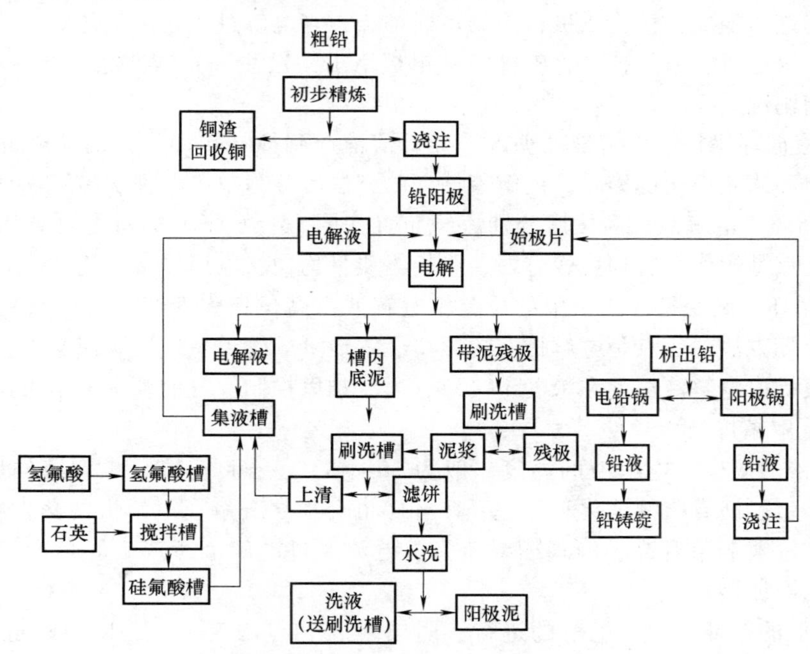

图 8-17　铅电解精炼工艺流程

3. 粗铅电解精炼实践

（1）主要设备

① 电解槽　铅电解槽大多为钢筋混凝土预制结构，电解槽壁厚 80mm，电解槽长度 2～3.8m。槽宽视阴极宽度，两边各留 50～80mm 的间隙，以利于电解液循环，一般槽宽为 700～1000mm。槽体深度一般为 1000～1400mm。电解槽的防腐衬多为 5mm 厚的软聚氯乙烯塑料，使用寿命可达 50 年。

② 电解槽电路连接　一般采用复联法，即每个电解槽内的全部阳极（比阴极少一块）并列相连，全部阴极也并列相连，而槽与槽之间则为串联联接。

③ 电解液循环系统。电解生产过程中，电解液不断循环流动。循环系统的主要设备有集液槽、高位槽、分配槽、供液管道、换热器和过滤设备等。

④ 铅电解精炼配套设备。除上述设备外，电解车间还有阴极、残极洗极机、洗泥机、极板加工设备、泥浆泵等配套设备。

（2）主要操作

① 阳极制作及加工。阳极在装入电解槽以前，要经过清理和平整，去掉飞边、毛刺、表面夹杂物及氧化铅渣，阳极外形尺寸比相应阴极尺寸小，一般长度小 20~40mm，宽度小 40~60mm。

② 阴极制备。阴极是用电铅铸成的基底薄片，它在电解精炼时作为阴极，使铅离子在其表面析出，故又称其为始极片。始极片的尺寸较阳极尺寸略大，一般始极片尺寸为长 900~1300mm，宽 670~800mm，厚 1 ~2mm，质量为 11~13kg。对始积片的物理质量要求是：表面平直无开口、无孔洞、无卷角，表面光滑无夹渣，阴极导电棒光亮平直，厚薄均匀。现代铅电解使用铝基永久阴极代替铅基始积片。

③ 出、装槽。电解槽内装好阴极、阳极、电解液，通入直流电，电解开始进行。随着阳极不断溶解逐渐变成残极，阴极析出物不断增加，当电解过程达到工艺要求的周期时，开始出装作业。出槽时，通过行车将整槽阴极铅板吊出，送往洗涤槽洗涤，然后将残极吊出，送残极刷洗槽刷洗。

④ 电解液循环操作。电解液的循环，能对溶液起到搅拌作用，并消除电解精炼过程中产生电极极化和浓差极化的影响。电解液循环的方法可分为单级循环和多级循环。

a. 单级循环。电解液由高位槽分别流经布置在同一个水平面的每个电解槽后，汇集流回循环槽。优点是操作和管理比较方便，阴极铅质量均匀，应用非常广泛。

b. 多级循环。利用每一级槽中的位差，电解液由高位槽先后流经每一级槽，再流回循环槽。多级循环方法的优点是电解槽布置紧凑、占地少、管道短、酸泵流量小、能耗低。缺点是上、下级槽内电解液温度和浓度不一致，质量难以控制。目前基本上不采用多级循环。

（3）铅电解精炼技术条件

1）电解液的温度。电解液的温度一般为 30~45℃。温度升高，电解液的比电阻下降，但温度过高会引起沥青槽的软化和起泡，H_2SiF_6也会加快分解，电解液的蒸发损失也增大。温度太低，电解液电阻升高，沥青槽衬龟裂。电流通过电解液所产生的热量，可使温度达 30℃以上，无需加热。

2）电解液的循环。随着电解的进行，阴极附近 Pb^{2+}浓度下降，阳极附近 Pb^{2+}浓度上升，产生浓差极化，使槽电压升高。为消除这些现象，就必须进行电解液的循环。循环速度决定于阳极电流密度 D_k和阳极成分，一般更换一槽电解液需 1.5h。

3）电解液组成及成分控制。电解液的组成一般为（g/L），Pb 60~120，游离 H_2SiF_6 60~100；总酸（SiF_6^{2-}）100~190，还含有少量的杂质及添加剂。电解液加入适量的添加剂可以提高析出铅的质量，主要的添加剂包括：明胶、骨胶、皮胶和 β-萘酚等。

4）电流密度。电流密度是指单位阴极板面积上通过的电流强度，是铅电解生产中最重要的技术指标之一，也是影响金属沉积物结构和性质的主要因素。电解槽的生产能力随 D_k

的上升而增大，铅电解电流密度一般在 120~220A/m^2。随着技术的不断进步，铅电解电流密度朝着大极板、高对流密度方向发展。

5）槽电压。铅电解槽电压随技术条件的变化而波动，一般在 0.35~0.55V。槽电压是通入电解槽的电流强度与电解槽系统的电阻的乘积，电流的大小决定产量的高低，通过调整电流降低槽电压显然没有意义。降低槽电压必须降低电解系统的电阻，电解系统的电阻主要由导体电阻、导体与电极接触点的电阻、电解液电阻、泥层与浓差极化电阻等组成。导体电阻和接触点电阻都比较小，不到总电阻的 15%，电解液电阻约占 62%，泥层与浓差极化电阻约占 25%。随着电解过程的进行，阳极泥层逐渐变厚，泥层电阻与浓差极化电阻均相应增大，所以槽电压随送电时间的延长是逐渐升高的，一般要升高 20%~30%。因此，应当根据阳极质量、电流密度、操作制度等电解条件，合理确定阳极周期。

6）电流效率。阴极上实际析出的金属量与理论析出量的质量百分比称为电流效率。理论析出量是按法拉第定律计算出来的，电流效率的计算公式为

$$\eta=\frac{G}{3.867ItN}\times 100\%$$

式中，t 为电解通电时间（h）；G 为通电时间内 N 个电解槽的阴极实际析出量（g）；I 为通过电解槽的电流强度（A）；N 为电解槽个数（个）；3.867 为铅的电化当量［g/(A · h)］。

7）电能消耗。电能消耗是指电解过程中阴极析出单位质量金属所消耗的能量，通常用产出 1t 阴极金属所消耗的直流电能表示，也称直流电耗。其计算式为

$$W=\frac{IVt}{qIt\eta}=\frac{V}{q\eta}\times 10^3$$

式中，W 为电能消耗（kW · h/t）；V 为槽电压（V）；η 为电流效率（%）；q 为电化当量［g/(A · h)］。

8.5　铅资源再生与物料综合利用

废铅资源回收利用，不仅减少了原生铅矿资源的消耗，保护了环境，并且与原生铅相比，再生铅具有回收率高、冶炼能耗和成本较低、资源潜力大的优势。目前世界上再生铅（又称二次铅）的产量已超过原生铅（又称矿产铅）的产量，根据 2015 年统计，再生铅占世界精铅总产量的 56%。我国是世界第一的铅生产、消费大国，2015 年铅产量占世界铅产量的 40%，其中，再生铅产量占我国铅产量的 50.9%。

8.5.1　铅再生原料

再生铅的原料包括铅冶炼产生的烟尘、铅渣和废铅，废铅主要来自蓄电池极板、湿法冶金废电极、电缆铠装护套、铅管、铅弹、铅板、印刷合金、铅基轴承合金、铅焊料等，废铅蓄电池约占废铅原料的 90%。我国含铅废料产生来源大致分为四类：第一类是各种机动车、电动车、点火照明用铅酸蓄电池；第二类是发电厂、通信、船舶、医院等单位后备电源，即工业蓄电池；第三类是电缆铅、印刷字铅及硬杂铅；第四类是铅酸蓄电池厂生产中报废铅渣、铅灰，钢厂、锌厂收尘铅灰等。目前进入回收渠道的主要是第 1 类和第 2 类。汽车、摩

托车、电动自行车用蓄电池一般每两年更换一次，则 2014 年理论上有 3.85 亿只蓄电池报废。通信用蓄电池根据通信电源设计规范和各运营单位运行维护标准，按每个基站配两组，每组 24 只计算，每四年更换一次，2008 年建成的 53 万个通信基站，到 2014 年理论上有 2544 万只蓄电池报废。2014 年交通和通信领域报废铅酸蓄电池的总量约为 4 亿只，重约 500 万 t，实际报废量不足 350 万 t，主要是由于蓄电池超期服役和正规回收体系缺失所致。汽车用铅酸蓄电池是我国最大的含铅废料来源。目前我国汽车保有量每年增速超过 10%，未来随着我国汽车保有量的不断增长，再生铅原材料供给量将大幅增长。

8.5.2 铅再生方法

铅再生过程一般包括熔炼前的预处理、熔炼和精炼三个阶段。

1. 熔炼前预处理

熔炼前预处理包括废铅分类、清洗、拆卸、分选、检测和碎料烧结等工序。以蓄电池预处理为例，按组成铅蓄电池的物质划分，整个铅蓄电池是由四类物质组成的：

1）正、负极板栅，化学成分为铅及铅锑合金，质量占 35% ~ 40%，平均密度 $9.4g/cm^3$。

2）正、负极填料，为铅及其氧化物、硫酸盐，质量占 40%，平均密度 $3.3g/cm^3$。

3）有机物质，包括壳体与隔板。有机物的质量占 20% ~ 25%，平均密度 $1.44g/cm^3$。

4）电解液为硫酸溶液。

废铅蓄电池预处理有两种典型的预处理方法，可以做到将蓄电池中的硬铅物料、铅膏物料和有机物完全分离开来。一种是苏联采用的重介质分选技术，另一种是意大利开发的，目前为世界大多数国家采用的水力分选技术。

（1）自生重介质分选法　由于废金属和废合金的密度大，要制备特殊悬浮液作重选介质，在分选过程中，废料中密度小的组分浮在上部，密度大的沉入下部。重介质分选所用加重剂是废铅的铅泥组分，称为自生重介质。重介质分选的主要设备有滚筒重介质分选机（用于分选 10 ~ 300mm 块度的物料）和重介质旋流器（用于分选 <10mm 粒度的物料）。

废蓄电池先经锤式破碎机破碎，碎料进行湿式筛分，分为三种粒级的产物：细粒部分（-1mm）以填料为主，一部分干燥之后送冶炼，一部分作加重剂，用于中粗物料和粗块物料的重介质分选。中粗物料（+4mm ~ 1mm）和粗块物料（+4mm ~ -60mm），都含有密度差别较大的有机物组分和硬铅组分，可通过不同的重介质旋流器将它们分离，分离产物单独堆放、分别处理。重介质分选废铅蓄电池，铅的总回收率为 98.9%，锑回收率为 99.5%。

（2）水力分选法　目前国外处理废蓄电池工厂大多采用意大利开发的破碎-水力分选预处理废铅蓄电池技术。方法为：带壳的废蓄电池经穿孔流出电解液，锤式破碎机将带壳的废蓄电池击碎并粉碎至小于 20mm 的粒度，水平螺旋输送机将破碎料送往水力分级箱，将碎料按密度分级。密度大的“金属”沉入分级箱底部，由螺旋机取走。密度小的“氧化物”、有机物随水流往固定筛，筛下物为粒度较小的“氧化物”，筛上的有机物进一步分级为塑料和橡胶，铅产品的回收率在 99% 以上。目前我国已有三家再生铅厂采用这种设备（CX-I 型），处理废蓄电池能力为 8 ~ 10t/h。

2. 废铅熔炼

废铅的熔炼依原料种类不同而采用不同的熔炼方法，以回收熔炼废蓄电池为例，可以采用反射炉、鼓风炉、短窑、回转窑和电炉熔炼，产出硬铅和粗铅。也可在铅精矿冶炼厂，将废铅与铅精矿混合配料熔炼，熔炼方法包括艾萨法、奥斯麦特法、基夫赛特法、水口山法、QSL 法等直接炼铅方法。

8.5.3 从废铅蓄电池再生铅

1. 废铅蓄电池的反射炉熔炼

我国处理废铅蓄电池的方法主要采用反射炉熔炼，以块煤为燃料，燃烧室和熔炼室中间有一道火墙分开，火焰通过挡火墙反射到熔炼池，反射炉熔池的面积大小随生产量而定，目前我国再生铅生产最大的反射炉熔池面积达 10.2m^2，熔池深度在 0.4m 以上。反射炉熔炼加铁屑和煤粉作还原剂，其炉料配比一般是废蓄电池（去壳）：煤粉：铁屑=100：（2~3）：（10~12）。熔炼温度不低于 1200℃。熔炼过程中需不断搅拌熔池以保证反应完全。熔炼产物有粗铅、难熔浮渣、炉渣和烟尘，产率分别为 43.3%、19.5%、16.0%和 21.1%。粗铅转入精炼工序生产精铅或配制铅合金，贫铅炉渣（Pb≤2%）填埋或作建筑材料，富铅炉渣以及浮渣和铅尘返回反射炉配料或单独处理。

2. 废铅蓄电池的鼓风炉熔炼

废铅蓄电池的细粒物料的烧结过程不需脱硫，工艺相对简单。高铅炉料会降低烧结块强度，配料时，要严格控制炉料含铅在 30%~35%的范围，要添加鼓风炉水淬渣以稀释铅。烧结配料的比例（%）一般为含铅的粉料 22，水淬炉渣 16，黄铁矿烧渣 5，焦粉 2，返粉 55。烧结块成分（质量分数,%）一般为 22%~32%，19%~22% SiO_2，19%~24% FeO，10%~14%CaO，6%~8%Al_2O_3。烧结块中铅回收率 97%，锑回收率 94%，其余铅、锑进入烧结烟尘中。熔炼再生铅原料（团矿或烧结块）的鼓风炉炉型可以为矩形，也可为圆形，风口区温度可达 1200~1400℃，炉顶温度在 400℃左右。熔炼产生的液态铅、锍和炉渣，汇集于炉缸中澄清，炉渣从放渣口放出，粗铅从放铅口放出。

3. 废铅蓄电池 SB 熔炼炉熔炼

SB 熔炼炉是丹麦某公司开发的一种与鼓风炉炉型相似的处理废铅蓄电池的熔炼炉，与传统鼓风炉相比，SB 熔炼炉的特点是：

1）炉身较宽，能直接处理未经分离的废铅蓄电池，省去了破碎分离和细粒物料的烧结工序。

2）炉顶两侧设有 U 形烟道（俗称“狗窝”烟道），使有机物在此处预热、分解、燃烧，降低燃料消耗。

3）宽炉膛使热气流上升缓慢，炉顶保持冷状态，烟尘率仅为 2%。

该公司每年用 SB 炉处理废铅蓄电池 600kt，炉料配比（%）为：不分离的蓄电池 25.2，分离壳体的蓄电池 31.8，烟尘 3.2，浮渣 3.2，返渣 22.1，焦炭 5.7，铁屑 1.9，氧化铁皮 6.3，石灰石 0.9。生产每吨粗铅的燃料消耗为：天然气 36~40m^3，焦炭 0.15t。

4. 反射炉-鼓风炉联合流程处理废铅蓄电池

美国 RSR 公司将鼓风炉与反射炉配合使用，采用两段联合流程处理废铅蓄电池，工艺流程如图 8-18 所示。

废铅蓄电池经切割、破碎、重介质分选预处理后分成酸液、含铅物料和电池壳体几部分。酸液经澄清过滤，滤液加石灰中和，达标后排放；泥渣与含铅物料及返回烟尘，配5%的还原剂（粉煤、焦粉、碎硬橡胶壳等），经混料室混合，送干燥窑（烧油或天然气）干燥至含 $H_2O<4\%$，然后连续加入第一台反射炉，进行还原熔炼，产出一次粗铅和一次渣。一次粗铅送去精炼得精铅。一次渣成分为（质量分数,%）：65%～75% Pb、7%～10% Sb、0.5% As、1.5%～3.0% S，送第二台反射炉熔炼，产出二次粗铅和二次渣。第二台反射炉炉床面积与第一台一样大小，均为2.4m×10m。二次渣成分为（质量分数）：含Pb 50%～65%、Sb 10%～18%、As 0.8%～1.6%，配焦炭、石灰石、铁屑入鼓风炉熔炼，产出Sb 15%～25%、As 1%～3%的鼓风炉粗铅。这种粗铅与二次粗铅（含Sb 0.2%～0.5%）一起送去精炼，鼓风炉渣成分为（质量分数）：含Pb 1%～3%，As 0.5%～1%，达到废弃程度。鼓风炉烟气经补充燃烧器燃烧后再进入冷却塔冷却，与一段反射炉的烟气混合进布袋收尘室，收集的烟尘又返回一段反射炉配料。该流程的最大特点是尾气、弃渣、废水排放均达到环保要求；可分别得到精铅和铅锑合金，金属总回收率高。

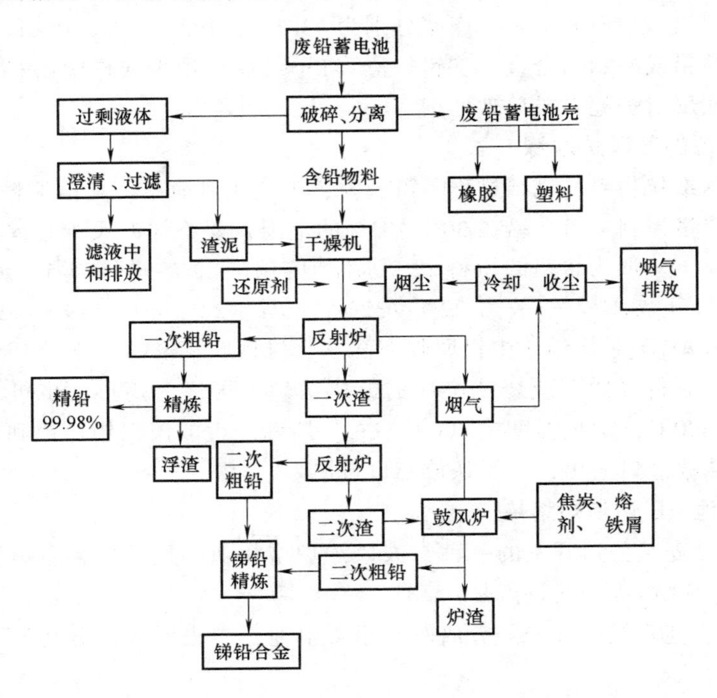

图8-18　美国RSR公司处理废铅蓄电池的反射炉-鼓风炉联合工艺流程

5. 废铅蓄电池的电炉熔炼

废铅料电炉熔炼主要进行还原、造锍与造渣反应，为了降低炉渣熔点，提高电导率，炉料中常配有苏打。电炉熔炼过程发生的主要反应式如下

$$PbO+Na_2CO_3+C \xlongequal{} Pb+Na_2O+CO_2\uparrow+CO\uparrow$$

$$PbSO_4+Na_2CO_3+3C \xlongequal{} Pb+Na_2S+3CO_2\uparrow+CO\uparrow$$

$$3PbO+Na_2S \xlongequal{} 3Pb+Na_2O+SO_2\uparrow$$

$$PbSO_4+2C = PbS+2CO_2\uparrow$$

$$PbS+FeS+Na_2S = PbS\cdot FeS\cdot Na_2S\ (锍)$$

$$PbS+Fe = Pb+FeS,\quad Sb_2S_3+3Fe = 2Sb+3FeS$$

$$Na_2CO_3+nSiO_2 = Na_2O\cdot nSiO_2+CO_2\uparrow$$

$$mNa_2O\cdot nSiO_2+CaO = mNa_2O\cdot nSiO_2\cdot CaO\ (渣)$$

电炉熔炼的熔渣成分（质量分数,%）为：28%~42% SiO_2，28%~40% Na_2O，15%~24% CaO，10%~20% FeO；粗铅产率73%~76%，锍-渣熔体产率12%~16%，烟尘率5%~7%，每吨铅消耗电能380~620kW·h，金属回收率（包括锍和烟尘处理）达96%~97%。

6. 湿法冶金方法处理废铅蓄电池

将废铅蓄电池进行预处理，得到硬铅、铅膏、硬橡胶和塑料四种产物；将铅膏湿法转化，硫酸铅被转化成碳酸铅，转化料用浸出-电解方法处理。

转化法所采用的转化剂有碳酸钠、碳酸铵或碳酸氢铵等。用碳酸氢铵转化在常温下即可进行，其反应式为

$$PbSO_4+Na_2CO_3 = PbCO_3+Na_2SO_4$$

$$PbSO_4+2NH_3HCO_4 = PbCO_3+(NH_4)_2SO_4+H_2O+CO_2\uparrow$$

$$PbSO_4+2(NH_4)_2CO_3 = PbCO_3+(NH_4)_2SO_4$$

转化设备包括耐酸不锈钢搅拌槽、板框压滤机和回收副产品的浓缩罐等。

转化料用电解过程再生的废电解液进行浸出：

$$PbO+H_2SiF_6 = PbSiF_6+H_2O$$

为了防止 $PbSiF_6$水解，在浸出液中应保持一定浓度的游离 H_2SiF_6存在。浸出液中的 $PbSiF_6$浓度可达150g/L，称为富铅液。浸出过程一般采用两段浸出，用板框压滤机过滤。滤渣中的铅主要是未转化好的 $PbSO_4$，因此该过程铅的浸出率主要取决于转化过程的转化率和脱硫率。

复习思考题

8-1　简述铅的物理化学性质与用途。

8-2　简述硫化铅精矿烧结焙烧的目的和焙烧方法。

8-3　简述硫化铅精矿烧结焙烧的原理与过程。

8-4　鼓风炉炼铅的目的是什么？熔炼产物有哪些？

8-5　简述鼓风炉熔炼的原理。

8-6　什么是直接炼铅，直接炼铅的方法有哪些？

8-7　硫化铅精矿直接炼铅的基本原则是什么？

8-8　与烧结焙烧-鼓风炉还原熔炼工艺相比较，直接炼铅有哪些优点？

8-9　简述粗铅火法精炼的主要过程。

8-10　简述粗铅熔析除铜、加硫除铜和连续脱铜的基本原理。

8-11　简述粗铅除银过程与主要的反应。

8-12　简述铅电解精炼的基本原理和各杂质在电解时的行为。

8-13　再生铅的原料有哪些，铅再生有哪些方法？

第9章 锌 冶 金

9.1 锌冶金概述

9.1.1 锌的性质和用途

1. 锌的物理性质

锌为银白略带蓝灰色的金属，六方体晶体。锌是元素周期表中第 IIB 族元素，原子序数 30，相对原子质量 65.39，锌的熔点 419.58℃，沸点 906.97℃。25℃时，密度为 $7.14g/cm^3$；20℃时，比热容为 0.383J/(g·℃)，汽化热 1755J/g，莫氏硬度 2.5kg，标准电位-0.763V。

锌在常温下性脆，延展性甚差，加热到 100~105℃时就具有很高的延展性，能压成薄板或拉成丝；当加热至 250℃时，锌失去延展性而变脆。常温下加工时，会出现冷作硬化现象，故锌的机械加工常在高于其再结晶的温度下进行，一般在 373~423℃时加工最适宜。锌的电导率为银的 27.9%，热导率为银的 24.2%。

2. 锌的化学性质

锌的原子外层电子排列为 $3d^{10}4S^2$，正常价态是 Zn（+2），在常温下不被干燥的空气或氧气氧化，在湿空气中生成保护膜 $ZnCO_3 \cdot 3Zn(OH)_2$，保护内部不受侵蚀。纯锌不溶于纯 H_2SO_4或 HCl，但工业纯锌却极易溶解在两种酸中，工业纯锌也可溶于碱中。锌可与水银生成汞齐，熔融的锌能与铁形成化合物留在钢铁表面，保护其免受侵蚀。

CO_2+H_2O 可使 Zn（g）迅速氧化为 ZnO，此反应是火法炼锌工艺中的关键反应。锌在电化学次序中位置很高，可置换许多金属，在湿法炼锌中能起净液作用。

3. 锌的主要用途

锌用途广泛，在国民经济中占有重要的地位。锌能与很多金属形成合金，如与铜形成合金（黄铜、锡锌青铜）等，广泛用于机械制造、电器、卫浴、国防等领域。锌的熔点较低，熔体流动性好，广泛用于制造各种铸件。锌的耐蚀性能好，常作为钢材的保护层，如镀锌板、管等，其消耗量占锌消耗量的 50%。锌板也用于屋顶盖、火药箱、家具、储存器、无线电装置、电动机等的零件。锌还用于锌 锰电池的负极材料，用量较大。高纯锌 银电池具有体积小、容量大的优点，用作飞机、宇宙飞船的仪表电源等。

9.1.2 锌的主要化合物

（1）硫化锌（ZnS） 自然界中硫化矿以闪锌矿存在，是炼锌的主要原料。纯硫化锌为白色粉末，呈多晶半导体，在紫外线、阴极射线激发下，能发出可见光或紫外光、红外光。硫化锌熔点 1850℃，在 1200℃时显著挥发，密度为 $4.083g/cm^3$。硫化锌可用于涂料、油漆、白色和不透明玻璃、橡胶、塑料等领域。

（2）氧化锌（ZnO） 氧化锌（ZnO）俗称锌白，为白色粉末。ZnO 在 1400℃时显著挥发，熔点1973℃，密度5.78g/cm^3。氧化锌可用作油漆颜料和橡胶填充料，医药上用于软膏、锌糊、橡皮膏等，治疗皮肤伤口，起止血作用。ZnO也用作营养补充剂，食品及饲料添加剂等。

（3）硫酸锌（$ZnSO_4$） $ZnSO_4$在自然界中发现很少，易溶于水，加热时易分解，用于生产其他锌盐的原料，也用于制立德粉，并用于媒染剂、收敛剂、木材防腐剂，电镀、电焊及人造纤维、电缆等工业。$ZnSO_4$也是一种微量元素肥料、饲料添加剂，还可用来防治果树苗圃病害等。

（4）氯化锌（$ZnCl_2$） $ZnCl_2$易溶于水，其熔点318℃，沸点730℃。$ZnCl_2$主要用于制作干电池、钢化纸，并用作木材防腐剂、焊药水、媒染剂和石油净化剂等。

（5）碳酸锌（$ZnCO_3$） 自然界中，碳酸锌（$ZnCO_3$）以菱锌矿的状态存在。碳酸锌在350~400℃时分解成ZnO及CO_2。碳酸锌极易溶解于稀硫酸，也易溶于碱或液氨中。

9.1.3 炼锌原料和资源

1. 锌冶炼的主要原料

按矿中所含矿物不同，一般将锌矿石分为硫化矿和氧化矿两类。

（1）硫化矿 Zn主要以ZnS和nZnS · mFeS存在，是炼锌的主要原料。多与其他金属硫化矿伴生，最常见的是铅锌矿，其次为铜锌矿、铜铅锌矿、锌镉矿等。矿物中常含有Cu、Pb、Zn、Au、Ag、As、Sb、Cd等有价金属和脉石。

（2）氧化矿 Zn主要以$ZnCO_3$和$ZnSO_4 \cdot H_2O$存在，是硫化矿床上部长期风化的矿物。精矿含有Zn、Pb、Cu、Fe、S、Cd、SiO_2、Al_2O_3、$CaCO_3$、$MgCO_3$及Mn、Co、In、Au、Ag等。通过选矿富集，品位约为38%~62%。

2. 锌资源情况

锌在地壳中丰度为0.004%~0.200%，已知的锌矿物为55种，具有工业价值的含锌矿物主要有异板矿（$ZnCO_3$、$ZnCO_3+Zn_2SiO_4$），锌钒矿（$ZnSO_4 \cdot 7H_2O$），铁闪锌矿[ZnS（立方）+>20%FeS]，菱锌矿（$ZnCO_3$），闪锌矿（ZnS），红锌矿（ZnO），碳酸锌矿（$ZnCO_3$）。目前，锌冶炼的主要原料为闪锌矿、铁闪锌矿、氧化锌矿和菱锌矿等。

世界锌资源较丰富国家是澳大利亚、中国、秘鲁、墨西哥、印度、美国、哈萨克斯坦等国家，2015年底世界主要锌资源国家的储量见表9-1。到2015年底，世界锌储量230000kt。我国的锌资源主要分布在云南、内蒙古、甘肃、四川、广东等省，占全国锌资源总量的59%，其中云南锌矿资源储量最大，广西、湖南、贵州等省也有锌资源。

表9-1 2015年世界主要锌资源储量 （单位：kt）

国别	锌储量(金属量)	国别	锌储量(金属量)
澳大利亚	62000	印度	11000
中国	43000	美国	10000
秘鲁	29000	哈萨克斯坦	10000
墨西哥	16000	世界总计	230000

9.1.4 锌冶炼的主要方法

锌冶炼的方法主要有火法炼锌法、湿法炼锌法以及再生锌的回收等。

1. 火法炼锌

锌的火法冶炼是在高温下，用碳作还原剂，从氧化锌物料中还原提取锌的过程。其基本原理是：因 ZnS 不易直接还原（T>1300℃开始），而 ZnO 则较易发生，因此，首先将 ZnS 经过焙烧得到 ZnO，再将 ZnO 在高温（1100℃）下用碳质还原剂还原，并利用锌沸点较低的特点，使锌以蒸气挥发，然后冷凝为液态锌。火法炼锌技术主要有竖罐炼锌、密闭鼓风炉炼锌、电炉炼锌等几种工艺。火法炼锌的特点是：工艺成熟，产品质量较差、综合回收率较低。

2. 湿法炼锌

湿法炼锌是指用酸性溶液从氧化锌焙砂或其他物料中浸出锌，再用电解沉积技术从锌浸出液中制取金属锌的方法。湿法炼锌的主要工艺过程有硫化锌精矿焙烧、锌焙砂浸出、浸出液净化除杂、锌电解沉积等。湿法炼锌工艺流程如图 9-1 所示。湿法炼锌的优点是：产品质量好（锌的质量分数为 99.99%），锌回收率高达 97%~98%，伴生金属回收效果好，易于实现自动化，易于控制对环境影响。

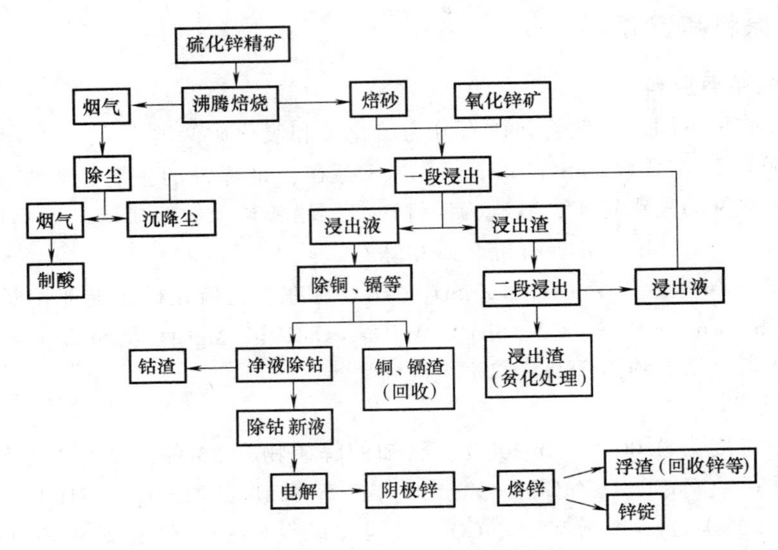

图 9-1 湿法炼锌工艺流程图

9.1.5 锌的再生

锌的再生主要是利用热镀锌厂、钢铁生产产生的渣、含锌烟尘、锌废品、废件、废料等含锌原料，采用平罐蒸馏炉、竖罐蒸馏炉、电热蒸馏炉等设备，将废料火法熔炼、蒸馏、还原蒸馏、还原挥发，对锌进行回收。

9.1.6 锌产品牌号分类

我国工业用锌牌号及化学成分见表 9-2（GB/T 470—2008）。

表 9-2 工业用锌牌号及化学成分（质量分数） （%）

牌号	化学成分									
	Zn (≥)	杂质含量(≤)								
		Pb	Cd	Fe	Cu	Sn	Al	As	Sb	总和
Zn99.995	99.995	0.003	0.002	0.001	0.001	0.001				0.0050
Zn99.99	99.99	0.005	0.003	0.003	0.002	0.001				0.010
Zn99.95	99.95	0.020	0.020	0.010	0.002	0.001				0.050

（续）

牌号	化学成分									
	Zn（≥）	杂质含量（≤）								
		Pb	Cd	Fe	Cu	Sn	Al	As	Sb	总和
Zn99.5	99.5	0.3	0.07	0.04	0.002	0.002	0.010	0.005	0.01	0.50
Zn98.7	98.7	1.0	0.20	0.05	0.005	0.002	0.010	0.01	0.02	1.30

9.2　硫化锌精矿的流态化焙烧

9.2.1　硫化锌精矿沸腾焙烧原理

火法炼锌厂的焙烧是纯粹的氧化焙烧，湿法炼锌厂的氧化焙烧需要保留少量的硫酸盐，以补偿浸出和电解过程中损失的硫酸，焙烧过程中产出含 SO_2 的烟气送去生产硫酸。焙烧的主要作用是：

使 ZnS 精矿氧化成 SO_2 和 ZnO，分别用于制酸和酸溶浸出。同时使焙烧矿中形成少量 $ZnSO_4$，以补偿电解与浸出时循环系统中酸的损失。经验证明，焙烧矿中含 2.8%～4.0%的硫（硫酸根形式）可以满足硫平衡要求，使 As、Sb 氧化，挥发入烟尘，尽可能少地生成铁酸锌（影响浸出率）。焙烧后，得到粒度为 0.004～0.074mm 的焙烧矿。

硫化锌精矿沸腾焙烧的原理：利用流态化技术，使空气自下而上地吹过固体料层，使固体炉料处于悬浮状态，保证固体矿粒与氧化介质充分接触、反应，大大强化了焙烧过程。焙烧可采用反射炉、多膛炉、复式炉，沸腾焙烧炉是当前生产中采用的主要焙烧设备。

硫化锌精矿的焙烧过程是在高温下借助鼓入空气中的氧进行的。当温度升高到 250℃时，ZnS 开始与 O_2 反应生成 ZnO 和 SO_2，并放出大量热，通过控制锌精矿的加入量控制焙烧温度。硫化锌精矿的焙烧可分为：硫酸化焙烧（820～900℃）和氧化焙烧（1000～1100℃）。湿法炼锌一般采用硫酸化焙烧，使金属硫化物氧化，得到含少量硫酸盐的氧化物焙砂，以减少浸出过程中硫酸的消耗。

（1）硫化锌　硫化锌以闪锌矿或铁闪锌矿（nZnS · mFeS）的形式存在于锌精矿中。焙烧时，硫化锌主要发生如下反应，反应式为

$$ZnS+2O_2 = ZnSO_4$$

$$2ZnS+3O_2 = 2ZnO+2SO_2\uparrow$$

$$2SO_2+O_2 = 2SO_3\uparrow$$

$$ZnO+SO_3 = ZnSO_4$$

调节焙烧温度和气相成分，就可以在焙砂中获得所需要的氧化物或硫酸盐。

（2）二氧化硅　硫化锌精矿中往往含有 2%～8%的 SiO_2，多以石英形态存在，焙烧时易形成可溶性的硅酸盐，浸出时形成硅酸胶体，对澄清和过滤不利。铅能促使其生成硅酸盐，但硅酸铅易熔、妨碍焙烧过程进行。焙烧时，对入炉精矿中铅、硅含量应严格限制。

（3）硫化铅　铅以方铅矿形式存在，焙烧时可被氧化为 $PbSO_4$ 和 PbO，反应式为

$$PbS+2O_2 = PbSO_4$$

$$3PbSO_4+PbS = 4PbO+4SO_2\uparrow$$

$$2SO_2+O_2 = 2SO_3 \uparrow$$
$$PbO_3+SO_3 = PbSO_4$$

硫化铅和氧化铅在高温时都具有较大的蒸气压，可采用高温焙烧汽化脱铅。铅的化合物熔点较低，易使焙砂黏结，影响沸腾焙烧作业，生产时，精矿中铅含量控制在1.5%以下。

（4）铁的硫化物　锌精矿中铁的硫化物为硫化铁，包括黄铁矿（FeS_2）、磁硫铁矿（Fe_nS_{n+1}）和复杂硫化铁矿等，焙烧产物为 Fe_2O_3 与 Fe_3O_4。200℃以上时，焙烧生成的 ZnO 与 Fe_2O_3 反应形成铁酸锌，湿法浸出时，由于铁酸锌不溶于稀硫酸而造成锌的损失。对于湿法炼锌，应尽量避免焙烧时生成铁酸锌。可采用以下措施防止铁酸锌生成：

1）缩短焙烧反应时间，以减少焙烧时 ZnO 与 Fe_2O_3 颗粒接触时间。

2）增大炉料的粒度，减小 ZnO 与 Fe_2O_3 颗粒的接触面积。

3）升高焙烧温度并对焙砂快速冷却。

4）采用双室沸腾炉对锌焙砂进行还原焙烧，用 CO 还原铁酸锌析出 ZnO，反应为：

$$3(ZnO \cdot Fe_2O_3)+CO = 3ZnO+2Fe_2O_3+CO_2 \uparrow$$

（5）铜的硫化物　铜在锌精矿中以辉铜矿（Cu_2S）、黄铜矿（$CuFeS_2$）、铜蓝（CuS）等形式存在，高温焙烧时生成 Cu_2O、$Cu_2O \cdot Fe_2O_3$ 及 CuO。

（6）硫化镉　镉在锌精矿中以硫化镉的形式存在，焙烧时被氧化成 CdO 和 $CdSO_4$，$CdSO_4$ 高温分解生成 CdO，与 CdS 挥发进入烟尘，成为提镉原料。

（7）砷、锑化合物　砷、锑以硫砷铁矿（即毒砂 FeAsS）、硫化砷（As_2S_3）、辉锑矿（Sb_2S_3）等形式入炉，焙烧时生成 As_2O_3、Sb_2O_3 以及砷酸盐和锑酸盐，As_2S_3、Sb_2S_3、As_2O_3、Sb_2O_3 容易挥发进入烟尘，砷酸盐和锑酸盐残留于焙砂中。

（8）Bi、Au、Ag、In、Ge、Ga 等的硫化物　在焙烧过程中生成氧化物　存留于焙烧产物中，Au 和 Ag 主要以金属态存在于焙烧产物中。

9.2.2 沸腾焙烧流程及主要设备

1. 硫化锌精矿焙烧工艺流程

硫化锌精矿沸腾焙烧工艺流程如图9-2所示。由图9-2可以看出，锌精矿在沸腾炉内进行流态化焙烧，硫化锌大部分转变成氧化锌，而硫生成二氧化硫烟气，部分硫呈硫酸盐状态，用以补偿浸出、电积过程中硫酸的损失。烟气经余热利用和收尘后送去制酸，烟尘则送去浸出工序。

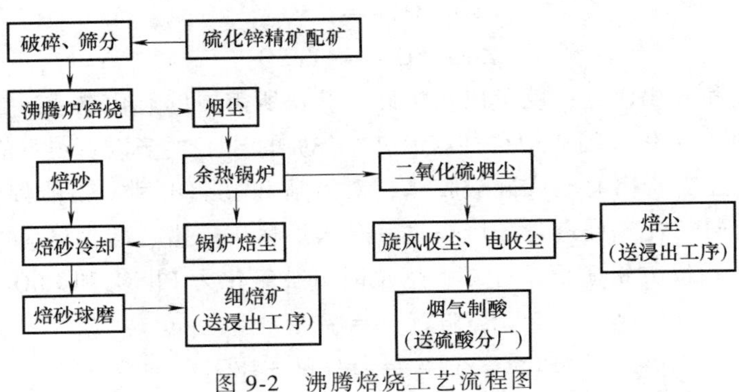

图9-2　沸腾焙烧工艺流程图

2. 沸腾焙烧炉及其附属设备

目前，采用的沸腾焙烧炉有带前室的直型炉、道尔型湿法加料直型炉和鲁奇炉三种类型，大多厂家采用扩大型的鲁奇炉（又称为VM炉），图9-3所示为上部扩大的鲁奇炉示意图。焙烧系统由沸腾炉、加料与排料系统、炉气与收尘系统等部分组成，其中，沸腾炉由炉床、炉身、进风箱等构成。

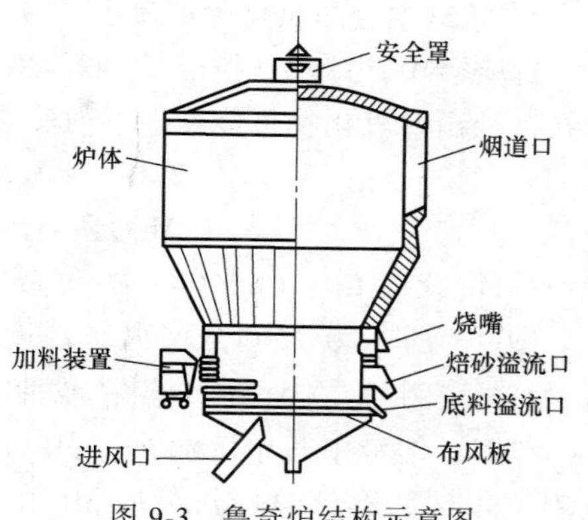

图9-3 鲁奇炉结构示意图

沸腾焙烧的产物主要是焙烧矿（包括焙砂及烟尘）和烟气。

（1）焙烧矿　焙烧产物中的溢流焙砂和烟尘总称为焙烧矿，可全部作为湿法炼锌的物料。某厂焙烧矿的成分为（质量分数）：$S_{不} \leqslant 1.5\%$，$SiO_{2可} \leqslant 3.8\%$，$SO_2 \geqslant 2.5\%$，烟气含尘（标态）$\leqslant 300mg/m^3$。其物理规格如下：球磨后，锌焙砂粒度180μm以下（-80目）的达100%。

（2）烟气　烟气主要成分为SO_2、O_2、N_2、H_2O、CO_2等。一般焙烧烟气中SO_2浓度为8%～11%。

炉气排出温度在850～1050℃。沸腾焙烧的烟尘率很大，酸化焙烧时为40%～50%，氧化焙烧时为20%～25%。

9.2.3 硫化锌精矿流态化焙烧的主要技术经济指标

硫化锌精矿流态化焙烧的主要技术经济指标如下：

（1）床能力　指焙烧炉单位炉床面积每昼夜处理的干精矿量，一般为5～7t/($m^2 \cdot d$)。高温焙烧时为2.5～8.0t/($m^2 \cdot d$)。

（2）脱硫率　精矿在焙烧过程中氧化脱除进入烟气中的硫量占精矿中硫量的百分数。一般为82%～95%。

（3）焙砂可溶锌率　焙烧矿中可溶于稀硫酸锌量占总锌量的质量分数，一般为90%～95%。

（4）锌回收率　焙烧矿与烟尘中回收的锌量占总锌量的质量分数，一般大于99%。

（5）焙砂产出率及烟尘率　焙砂产出率及烟尘率分别为30%～55%和20%～40%。

9.3 湿法炼锌

湿法炼锌过程包括：焙烧、浸出、净化、电解和熔铸五个阶段。湿法炼锌浸出是以稀硫酸（废电解液）作为溶剂溶解含锌物料，如焙烧矿、氧化锌烟尘等物料中的锌。浸出的目的是使物料中的锌尽可能地全部溶解到浸出液中，使有害杂质尽可能地进入渣中，以达到锌杂分离的目的。

9.3.1 湿法炼锌浸出原理、流程、设备与技术指标

锌焙砂的浸出过程是焙烧矿氧化物在稀硫酸和硫酸盐水溶液中的溶解过程。

1. 焙砂中金属氧化物的浸出

锌焙砂中，锌及其他金属元素大部分以氧化物形态存在，少部分以铁酸盐、硅酸盐形态存在，浸出时氧化物可能发生下列反应，生成相应的硫酸盐。

$$ZnO_{(s)} + H_2SO_{4(aq)} \xlongequal{} ZnSO_{4(aq)} + H_2O$$

$$MeO + H_2SO_{4(aq)} \xlongequal{} MeSO_{4(aq)} + H_2O$$

式中，Me 代表 Cu、Cd、Co、Fe 等金属。

图 9-4 所示为 25℃ 金属离子活度为 1 时，Zn-H_2O 系电位-pH图。图中②线为锌溶解度曲线，当溶液中 Zn^{2+} 为 1mol/L时，溶液中开始沉淀 $Zn(OH)_2$ 的 pH 值为 5.5；当温度为 70℃时，$Zn(OH)_2$ 沉淀的 pH 值为 5.47，这就是中性浸出时，控制溶液 pH 值为 4.8~5.4 的理由。

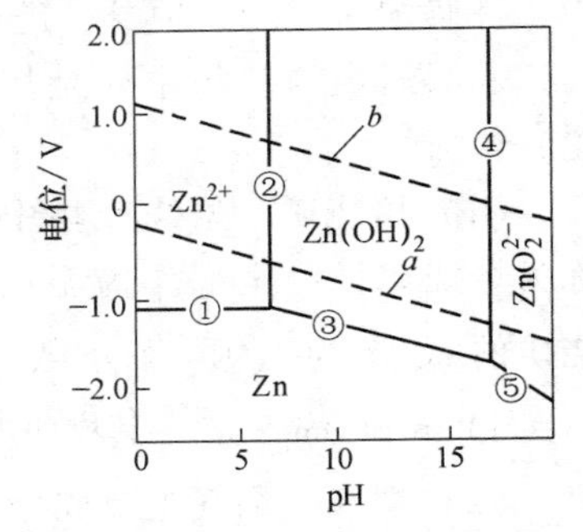

图 9-4 Zn-H_2O 系电位-pH 图

中性浸出时，焙烧矿中各组分行为如下：

1）ZnO、NiO、CoO、CuO、CdO 等与硫酸作用生成 $MeSO_4$进入溶液。

2）Fe_2O_3、As_2O_3、Sb_2O_3 等与硫酸作用生成 $Me_2(SO_4)_3$进入溶液，通过水解进入浸出渣。

3）PbO、CaO、MgO、BaO，$PbSO_4$不入溶液，$CaSO_4$、$MgSO_4$、$BaSO_4$大部分入渣，但它们消耗了硫酸，因此，不希望精矿中其含量过高。

4）ZnS、Fe_3O_4、SiO_2、Au、Ag 等不与硫酸反应而入渣。

5）Ga、In、Ge、Tl 等，在热酸浸出时入溶液，在中性浸出时入渣。

6）MeO、SiO_2、As_2O_5、Sb_2O_5结合态的 SiO_2等，以硅胶（H_2SiO_3）进入溶液，通过水解大部分进入渣中，影响溶液的澄清与分离。砷、锑五氧化物以正酸盐（如 AsO_4^{3-}）溶入溶液，然后通过水解进入渣中。

由以上讨论分析可知，浸出后将得到下列物质：

溶液以 $ZnSO_4$为主，含有溶解金属 Ni、Co、Cu、Cd 及少量的 Fe、As、Sb 和硅胶。渣以脉石为主，含有不溶金属。

2. 铁酸锌的浸出

在传统酸浸工艺条件（终点H_2SO_4的质量浓度为 1~5g/L、温度 80℃）下，ZnO · Fe_2O_3仍难以浸出，渣中的锌主要以 ZnO · Fe_2O_3形态存在，因此，提高浸出率的关键是解决 ZnO · Fe_2O_3 的浸出问题。从热力学分析可知：ZnO · Fe_2O_3在 25℃ 和 100℃ 时的 $pH^{\ominus}$ 值分别为 0.68 和 −0.15，溶液硫酸的质量浓度应维持较高，不应低于 30~60g/L。分离酸性溶液中金属离子的最简单方法是中和沉淀法。

3. 湿法炼锌浸出过程的工艺流程

图 9-5 所示为锌焙砂浸出的一般工艺流程。浸出过程分为中性浸出、酸性浸出和 ZnO 粉浸出。中性浸出过程中为了使铁和砷、锑等杂质进入浸出渣，终点 pH 值宜控制在 5.0~5.2。浸出的目的是使精矿中的锌化合物尽可能迅速而完全地溶于溶液中，浸出后期控制适当的终点 pH 值，使已溶解的 Fe、As、Sb 等水解除去，以利于矿浆的澄清和硫酸锌溶液的净化。浸出的结果是得到一种含多种杂质的溶液和不溶固体物，称之为矿浆。矿浆进行固液

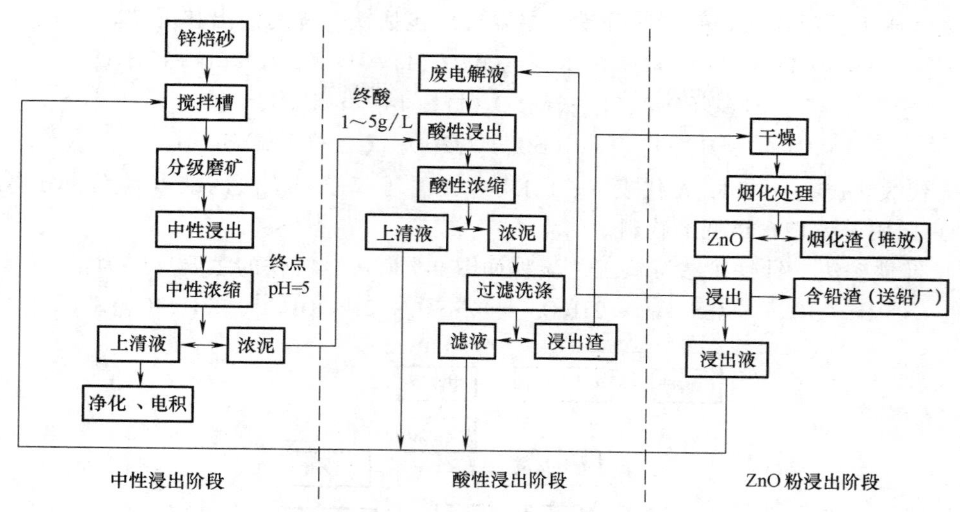

图 9-5 锌焙砂浸出的一般工艺流程

分离，分离的办法有：浓缩、过滤。最后得到的是不含固体物质的上清液，送净化处理工序。

浸出渣还含有 20%左右的锌，须进一步提取锌及有价金属。20 世纪 70 年代以前，浸出渣采用烟化挥发法处理，以氧化锌粉形态回收渣中的不溶锌和氧化锌中的稀散金属铟。火法回收浸出渣中不溶锌工艺流程复杂、生产成本高。为解决传统火法处理浸出渣的不足，各种除铁方法相继研制成功。

锌焙烧热酸浸出法的缺点是有大量的铁、砷等杂质进入浸出液，铁的含量高达 30g/L，不适合采用中和水解法除铁，可以黄钾铁矾法、转化法、针铁矿法、赤铁矿法等新方法除铁。

（1）黄钾铁矾法　黄钾铁矾法是目前国内外普遍采用的除铁方法。渣中锌主要以 $ZnFe_2O_4$ 形式存在，当溶液中有碱金属硫酸盐存在时，在 pH 值为 1.5 左右、温度为 90℃ 以上时，会生成一种碱式复式盐沉淀——黄钾铁矾结晶。生成黄钾铁矾结晶的反应为：

$$3Fe_2(SO_4)_3 + 2(A)OH + 10H_2O = 2(A)Fe_3(SO_4)_2(OH)_6 + 5H_2SO_4$$

式中，A 为 K^+、Na^+、NH_4^+、Ag^+、Rb^+、H_3O^+ 和 1/2 Pb^+。溶液中一部分 Fe^{2+} 需氧化成 Fe^{3+}，氧化剂可用 MnO_2。

黄钾铁矾法的优点是：生成的黄钾铁矾为晶体，易过滤洗涤；铁矾中只含少量的 Na^+、K^+、NH_4^+ 等，所以试剂消耗少；沉铁过程中产生的硫酸少，中和剂用量少。黄钾铁矾法沉铁工艺流程如图 9-6 所示。

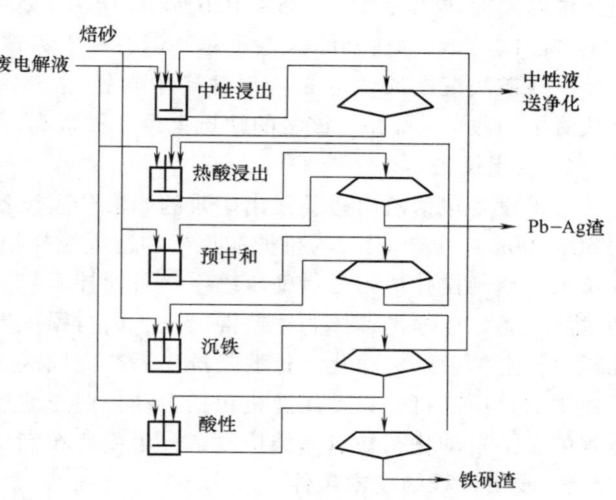

图 9-6 黄钾铁矾法沉铁工艺流程图

（2）转化法　转化法是一种改进的黄钾铁矾法，该法的特点在于使溶液中的三价铁离子浓度高于平衡曲线，在大气压下浸出铁酸锌并同时除铁，主要反应包括铁酸锌的浸出和沉铁。

$$3MO \cdot Fe_2O_3(s) + 12H_2SO_4 \xlongequal{} 3MSO_4(l) + 3Fe_2(SO_4)_3(l) + 12H_2O$$

$$3Fe_2(SO_4)_3(l) + xA_2SO_4(l) + (14-2x)H_2O \xlongequal{}$$
$$2(A)_x(H_3O)_{1-x}[Fe_3(SO_4)_2(OH)_6](s) + (5+x)H_2SO_4$$

式中，M 代表 Zn、Cu、Cd；A 代表 Na^+、K^+、NH_4^+等离子。该法的缺点是无法分离出 Pb-Ag 渣，只适用于处理含铅低的物料。

（3）针铁矿法　针铁矿法沉铁工艺流程如图 9-7 所示，沉铁的主要反应为：

$$Fe_2(SO_4)_3 + ZnS + O_2 + 2H_2O \xlongequal{} ZnSO_4 + 2FeOOH\downarrow + 2H_2SO_4 + S$$

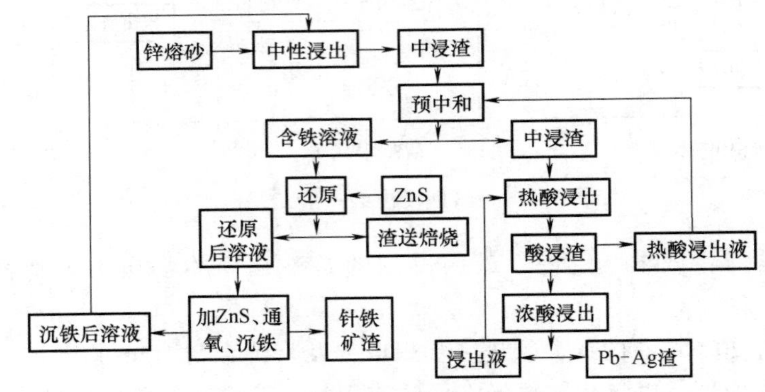

图 9-7　针铁矿法沉铁工艺流程

针铁矿法沉铁的条件是：溶液中的 Fe^{3+}浓度要小于 2g/L；溶液 pH 值控制在 3~4；溶液温度高于 90℃。针铁矿法除铁优点是：沉铁较完全，沉铁后溶液中含铁小于 1g/L；针铁矿晶体的过滤性能好；沉铁过程中不需要加入其他试剂。缺点是：溶液中 Fe^{3+}的还原和 Fe^{2+}的氧化操作比较复杂；在渣的存放过程中，渣中的一些离子，如 SO_4^{2-}，有可能渗漏造成污染。

（4）赤铁矿法　赤铁矿法沉铁反应式为

$$Fe_2(SO_4)_3 + 3H_2O \xlongequal{} Fe_2O_3\downarrow + 3H_2SO_4$$

当沉铁温度为 473K，1823.85~2026.5kPa 压力下，在高压釜中反应 3h 后，沉铁后溶液中含铁 1~2g/L，沉铁率达 90%。温度越高越有利于赤铁矿的生成。

赤铁矿法沉铁的优点是：赤铁矿中含铁达 58%，可作为炼铁原料；渣的过滤性能好；可从渣中回收 Ga 和 In。该法的缺点是设备投资高。

4. 浸出设备

浸出设备包括浸出槽、浸出矿浆的固液分离设备。浸出槽是浸出的重要设备，容积一般为 50~400m³。浸出槽分为机械搅拌槽和空气搅拌槽。机械搅拌槽借助动力驱动螺旋桨来搅拌矿浆，空气搅拌槽则是借助压缩空气来搅拌矿浆。浸出矿浆的固液分离设备包括浓缩设备和过滤设备。浓缩槽槽体为钢筋混凝土，内衬铅皮等耐酸材料，槽底为漏斗形，浓泥自锥底孔排出，上清液送去净化。过滤是浸出后浓泥固液分离的一种方法，目前，在湿法炼锌中主要使用的是压滤机。自动压滤机包括自动板框压滤机和自动箱式压滤机，优点是实现了操作过程的全部自动化，缺点是结构复杂，更换滤布麻烦，滤布损耗大。

5. 浸出过程的技术条件

图 9-8 所示为某厂锌焙砂浸出生产工艺流程。为确保浸出质量和提高浸出率，浸出过程

技术条件包括：中性浸出点控制、浸出过程平衡控制和浸出技术条件控制。

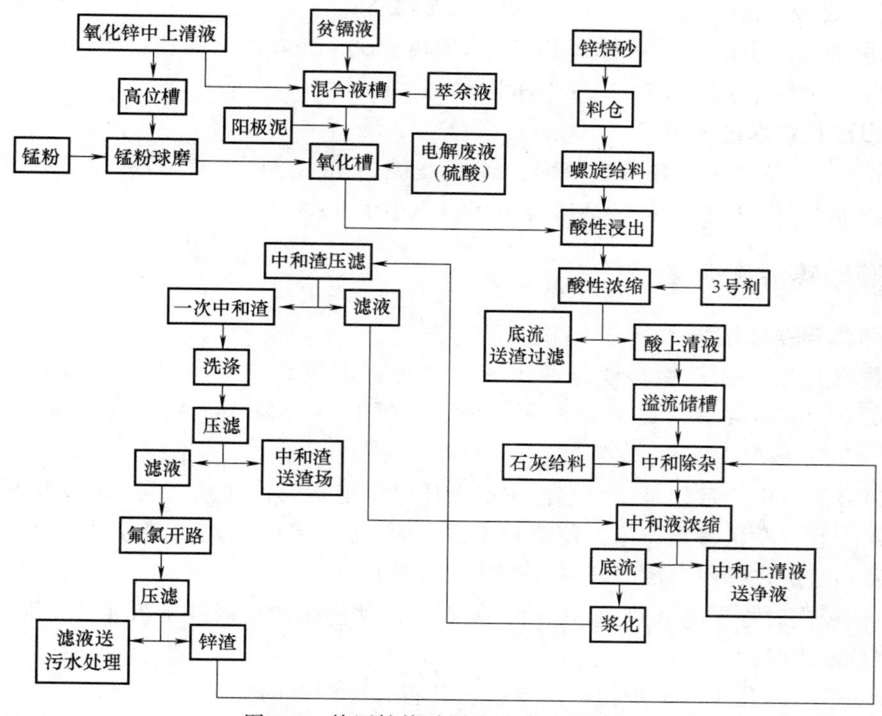

图9-8 某厂锌焙砂浸出生产工艺流程

（1）中性浸出点控制　中性浸出时，控制终点的pH值为5.2~5.4，使三价铁呈$Fe(OH)_3$水解并与硅、砷、锑等一起凝聚沉降，从而得到矿浆沉降速度快、溶液净化程度高的溶液。控制终点的方法通常有两种：一种是用试纸、试剂或仪器测定；另一种仅凭经验用肉眼观察。

（2）浸出过程的平衡控制　湿法炼锌的溶液是闭路循环，保持液体体积平衡、金属量平衡和渣平衡是浸出过程的基本内容。

1）水平衡（溶液体积平衡）。水分蒸发、渣带走以及跑、冒、滴、漏等损失使溶液减少，洗渣、洗滤布、洗设备、地面等收集的含酸、含锌废水被带进系统，二者必须保持平衡。为保持溶液体积平衡，须严格控制各种洗水量，保持水量平衡。

2）锌平衡（金属平衡）。浸出锌平衡是指浸出过程中投入的焙砂，经浸出后进入溶液的金属量与锌电解过程析出的金属保持平衡，投入的金属量与析出的锌量不平衡，将影响正常生产。

3）渣平衡。渣平衡是指焙砂经两段浸出后所产出的渣量，与从系统中通过过滤设备排出渣量的平衡。浸出、产出的渣不能及时从系统中排走，浓缩槽的浓泥体积增大，会影响上清液的质量，无法保持浸出过程连续稳定进行。

（3）技术条件控制　一段中性浸出的技术条件控制如下：

1）连续中性浸出的技术条件。温度：60~75℃；液固比：（10~15）：1；始酸：30~40g/L；终酸：pH值5.0~5.2；时间：1~2h。

2）间断中性浸出的技术条件。温度：60~75℃；液固比：（7~9）：1；始酸：70~120g/L；终酸：pH值5.2~5.4；时间：1~2h。

二段中性浸出的技术条件控制为：

1）二段中性浸出的技术条件（间断）。温度：70~90℃；液固比：（6~9）：1；始酸：80~120g/L；终酸：pH 值 5.2~5.4；时间：2.5~3.5h。

2）二段酸性浸出的技术条件（连续）。温度：60~80℃；液固比：（7~9）：1；始酸：80~120g/L；终酸：pH 值 2.5~3.5；时间：2~2.5h。

6. 浸出过程技术经济指标

锌浸出率：约 80%；矿粉浸出渣率：50%~55%；酸浸渣含全锌：不大于 21%；硫酸单耗：300kg/t 析出锌；中性浓密上清液合格率：不小于 90%。

9.3.2 硫酸锌溶液净化

1. 湿法炼锌净化过程

锌焙砂或其他的含锌物料经过浸出后，锌进入溶液，而其他杂质，如 Fe，As，Sb，Cu，Cd，Co，Ni，Ge 等，也大量进入溶液，须通过净化除杂，将合格的净液送锌电解工序。

硫酸锌溶液净化的目的是：将溶液中的杂质除至电积允许含量范围，确保电积产出较高等级的电锌。通过净化富集作用，使原料中铜、镉、钴、铟、铊等元素富集，便于进一步回收有价金属。湿法炼锌浸出液要经过 3 个净化过程：

1）中性浸出时控制溶液终点 pH 值，使能够水解的杂质从浸液中沉淀（中和水解法）。

2）酸性浸出时除铁。

3）针对进入净化工序的中浸液除杂，使其符合电积锌的要求。

按照净化原理可将净化方法分为两类：

1）加锌粉置换除铜、镉，或同时除去镍、钴。该方法又可分为锌粉-砷盐法、锌粉-锑盐法、合金锌粉法等净化方法。

2）加有机试剂除钴，如黄药和亚硝基 β-萘酚等。

2. 硫酸锌溶液除铁、砷、锑

（1）中和水解法除铁　硫酸锌溶液中杂质铁的净化是在中性浸出中完成的，即控制浸出终点 pH 值在 5.2 ~5.4，使锌离子不发生水解，而绝大部分铁离子以氢氧化物 $Fe(OH)_2$ 形式析出，从而达到除铁目的。

锌浸出液中，存在有不同的 $Me\text{-}H_2O$ 系电位-pH 值图，现以图 9-4 所示的 $Zn\text{-}H_2O$ 系电位-pH 值图予以说明。如图 9-4 中所示各线的反应如下：

①线：
$$Zn^{2+} + 2e = Zn$$
通式：
$$Me^{n+} + Ne = Me$$
$$\varphi = \varphi^{\ominus} + \frac{1}{n}0.06\lg[Me^{n+}]$$

②线：
$$Zn^{2+} + H_2O = Zn(OH)_2 + 2H^+$$
通式：
$$Me^{n+} + NH_2O = Me(OH)_n + NH^+$$
$$pH = pH^{\ominus} - \frac{1}{n}\lg[Me^{n+}]$$

③线：
$$Zn(OH)_2 + 2H^+ + 2e = Zn + 2H_2O$$
通式：
$$Me(OH)_n + NH^+ + Ne = NH_2O + Me \qquad \varphi = \varphi^{\ominus} - 0.06pH$$

由图9-4所示可知，①、②、③线将整个Zn-H_2O系划分为Zn^{2+}、$Zn(OH)_2$、Zn三个区域，而这三个区域也就构成了湿法冶金的浸出、净化、电积所要求的稳定区。

1）水解净化。调节溶液的pH值，使主体金属不水解，而杂质金属离子因pH值超过②线，呈$Me_m(OH)_n$沉淀析出。

2）电积过程。创造条件使主体金属离子Me^{n+}转入Me区，如Zn^{2+}就是借助在电积上施加电位，使Zn^{2+}通过①线还原成Zn。

通过以上分析，若要除去浸出液中的杂质，就必须使杂质Zn^{2+}在Zn②线的左边，即$pH_{Me_m(OH)_n}<pH_{Zn(OH)_2}$。

同样，如果把体系中所有Me-H_2O的电位-pH值图绘制并叠合在一起，就能够得到采用中和水解法除杂的条件和应采取的必要措施，如图9-9所示。

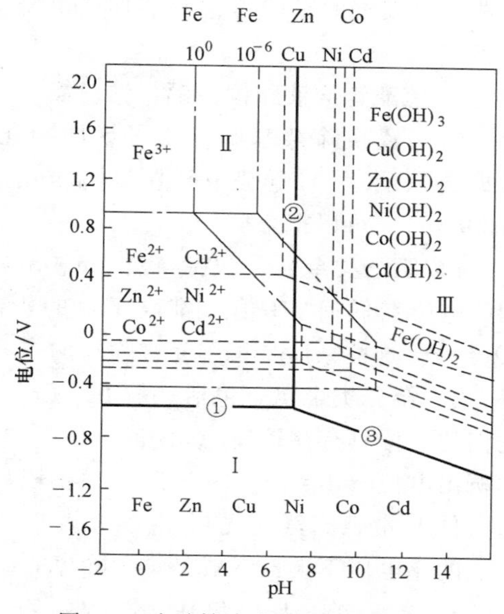

图9-9 硫酸锌溶液的电位-pH值图

3）除铁过程。溶液中加入二氧化锰氧化剂和石灰石中和剂，这些固体颗粒为$Fe(OH)_3$的沉淀提供了核心，明显降低了$Fe(OH)_3$的临界形核半径，有利于$Fe(OH)_3$胶体形成。

在$Fe(OH)_3$沉淀过程中，溶液中存在Fe^{2+}氧化为Fe^{3+}，Fe^{3+}水解生成$Fe(OH)_3$微颗粒和石灰中和水解产生的游离酸等过程，其反应式为

$$MnO_2+2Fe^{2+}+4H^+ = Mn^{2+}+2Fe^{3+}+2H_2O$$

$$Fe^{3+}+3H_2O = Fe(OH)_3+3H^+$$

$$Fe^{2+}+H_2SO_4+CaCO_3+4H_2O = CaSO_4\cdot 5H_2O\downarrow +CO_2\uparrow$$

4）从含铁高的浸出液中沉铁。工业上常用的沉铁方法有黄钾铁矾法[$KFe_3(SO_4)_2(OH)_6$]、针铁矿法（FeOOH）、赤铁矿法（Fe_2O_3）等。

（2）共沉淀法除砷、锑　共沉淀法的应用分为两类：即共晶沉淀和吸附共沉淀。

1）共晶沉淀。在两种共存的难溶的电解质溶液中，当它们的晶体结构相同时，可以生成共晶一起沉淀下来，称为共晶沉淀。例如，为了降低锌电解液中的铅含量，可向电解液中加入碳酸锶，生成硫酸锶与硫酸铅难溶硫酸盐，它们的晶体结构相同，晶格大小相似，可以形成共晶而沉淀下来。

2）吸附共沉淀。利用胶体吸附特性除去溶液中其他杂质的过程称为吸附共沉淀净化法。锌焙砂中性浸出时，当$Fe(OH)_3$胶粒在浸出矿浆中形成时，可以优先吸附溶解在溶液中的砷、锑离子，加入凝聚剂，当$Fe(OH)_3$胶体凝聚沉降时，便把原先吸附的砷、锑凝聚在一起共同沉降，达到净化除砷、锑的目的。砷、锑与铁共沉淀的生产实践表明，砷、锑除去的完全程度，主要取决于溶液中的铁含量，铁含量越高，溶液中的砷、锑除去得越完全。一般要求溶液中的铁含量为砷、锑含量的10~20倍。

将某些有机物加入胶体溶液中，能使很小的胶体粒子很快凝聚成大颗粒，达到迅速沉降的目的，在湿法冶金中常用的凝聚剂是聚丙烯酰胺（3号凝聚剂）和各种动物胶。

在选择凝聚剂时，除考虑它能加速沉降效果外，还必须考虑对整个湿法冶金过程有没有危害。

3. 硫酸锌溶液除铜、镉、钴、镍

（1）置换除杂基础 为了说明净化原理，根据金属-水系的电势-pH 值置换净化原理图（图 9-10），可以把金属分为三类：

1）第一类金属。包括 Ag、Cu、As 等，它们的电位在任何 pH 值下都高于氢的析出电位（ⓑ线），这类杂质是很容易被除掉的。

2）第二类金属。包括 Pb、In、Co、Cd 等，它们的电位只有在较高的 pH 值条件下才高于氢的析出电位（ⓑ线）。因此，只有在较高的 pH 值条件下才能比氢优先析出。Co 属惰性金属，对氢的超电压不大，一般是难于除掉的。

3）第三类金属。包括 Sb、As、Zn 等，它们的电位在任何 pH 值下都低于氢的析出电位（ⓑ线），极少用置换法从溶液中沉淀这类金属。

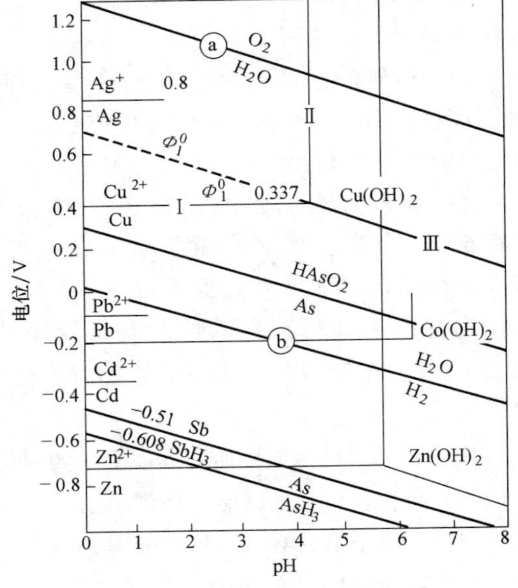

图 9-10 置换净化原理

在锌湿法冶金中，广泛使用锌粉置换除去中性浸出液中的铜、镉、钴和镍。该法除铜较容易，当锌粉的使用量为铜量的 1.2~1.5 倍时，就能将铜彻底除尽，但该法除镉较困难，除钴和镍更困难。

用锌粉置换镉时，若提高温度，在置换的同时析出的氢也增多，一般在 40~60℃ 下除镉，使用 2~3 倍当量的锌粉。

钴和镍比镉电性正，钴和镍具有很高的金属析出超电位，用锌粉置换钴和镍较困难。为了有利于锌对钴的置换，作业温度要提高到 80~90℃，且加锌很难彻底置换钴。使用含锑的合金锌粉具有更大的活性，有利于锌对钴的置换。

（2）置换除杂过程 从图 9-10 所示可以看出，硫酸锌溶液中的铜、镉、钴、镍可以用锌粉脱除，锌粉置换法的反应式如下：

$$Zn+Cu^{2+}=\!=\!=Zn^{2+}+Cu\downarrow$$

$$Zn+Cd^{2+}=\!=\!=Zn^{2+}+Cd\downarrow$$

$$Zn+Co^{2+}=\!=\!=Zn^{2+}+Co\downarrow$$

$$Zn+Ni^{2+}=\!=\!=Zn^{2+}+Ni\downarrow$$

湿法炼锌厂浸出液含锌一般在 150g/L 左右，锌电极反应平衡电位为−0.752V，那么上述置换反应就可以一直进行到 Cu、Cd、Co、Ni 等杂质离子的平衡电位达到−0.752V 时为止，即从理论上讲，这些杂质金属离子都能被置换得很完全，这与实际情况有很大偏差。如前所述，Co 难以被锌粉置换除去，甚至几百倍理论量的锌粉也难以将 Co 除到满足锌电积的要求，因此，在生产上需要通过采取其他的措施，将钴从溶液中置换沉淀出来。

影响置换过程的因素包括锌粉质量、搅拌速度、温度、浸出液的成分、副反应的发生等。

（3）置换沉淀法除杂流程 湿法冶金工厂，由于原料差异，有的工厂中性浸出液含铜高，故采用二段净化分别沉积铜，但大部分工厂都在同一净化段同时除铜、镉。一般来说，铜、镉渣含 w（锌）38%～42%，含 w（铜）4%～6%，含 w（镉）8%～16%，产出的铜、镉渣送综合工序回收铜、镉和其他有价金属。

置换法除钴、镍工艺流程：澳大利亚里斯顿电锌厂采用逆锑净化流程，经过实验室和半工业试验进行了许多改进，其净化流程如图9-11所示。该流程的主要特点为：

1）第一段。80℃以上的高温下加锌粉除铜，以保证被置换出来的镉迅速返溶，产出高品位的铜渣，进一步处理后获得硫酸铜产品。产出的铜渣成分为（质量分数）：80% Cu，2.3% Zn（总），0.3% Zn，（1%～2%）Cd，0.3% Co，1.2% Pb。

2）第二段。80～82℃条件下，加细锌粉和锑活化剂进行净化，除去钴、镉、镍和残余的铜。锑活化剂加入量为0.65～1.3mg/L，溶液中的 Pb^{2+}（呈 $PbSO_4$）控制在10～20mg/L。产出的第二次置换渣成分为（质量分数）：19% Cd，1.0% Co，55% Zn，送去生产镉。

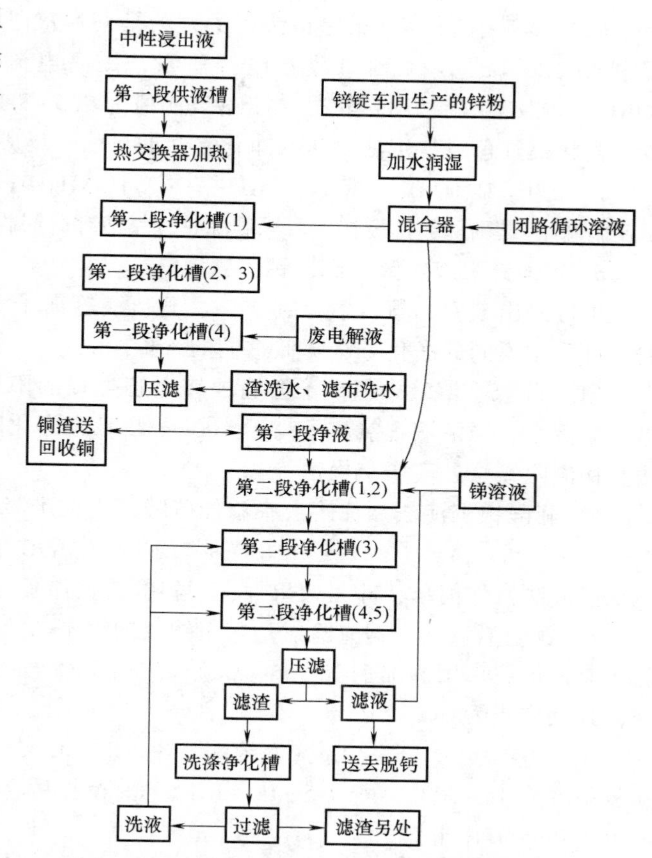

图9-11 澳大利亚里斯顿电锌厂两段逆锑净化流程

注：（1、2、3、4、5）代表某段净化工序槽号。

3）锌粉加水润湿后呈悬浮状态加入，应严格根据在线分析溶液成分来控制加入量。

4. 加特殊试剂净化法

加特殊试剂的目的主要是除钴，其次是除氟、氯。

（1）黄药除钴法　黄药是一种有机试剂，其中黄酸钾（C_2H_5OCSSK）和黄酸钠（$C_2H_5OCSSKNa$）应用于湿法炼锌的净化除钴，Cu^{2+}、Cd^{2+}、Fe^{3+}、Co^{3+}的黄酸盐比锌的黄酸盐难溶，加入黄药可以除去锌浸出液中此类杂质离子。黄药除钴是在硫酸铜存在的条件下，溶液中的硫酸钴与黄药反应，生成难溶的黄酸钴沉淀，反应式如下：

$$8C_2H_5OCS_2Na + 2CuSO_4 + 2CoSO_4 = Cu_2(C_2H_5OCS_2)_2\downarrow + 2Co(C_2H_5OCS_2)_3\downarrow + 4NaSO_4$$

由上式可以看出，$CuSO_4$使二价钴氧化为三价钴，$Fe_2(SO_4)_3$和 $KMnO_4$也可起到氧化剂的作用，但它们会给溶液带来新的杂质。向净化槽中鼓入空气，除钴效果更好。为减少黄药试剂消耗，除钴前首先将铜、镉、铁杂质尽可能地除去。

黄药除钴的最佳温度为35～40℃，溶液pH值为5.2～5.4。为加速反应进行，黄药预先用冷水配制成10%的水溶液。黄药除钴时，黄药加入量为钴量的10～15倍，硫酸铜加入量为黄药的1/5。黄药试剂较为昂贵，净化渣酸洗时散发臭味，国内仅少数厂采用。

（2）α-亚硝基-β-萘酚除钴法　β-萘酚是一种灰白色薄片，略带苯酚气味。湿法炼锌过程中加入少量的β-萘酚可改善电锌质量，提高电流效率。在弱酸性溶液中，β-萘酚与$NaNO_2$生成α-亚硝基-β-萘酚，当溶液pH值为2.5~3.0时，α-亚硝基-β-萘酚与Co^{2+}反应生成蓬松状褐红色络盐沉淀，达到净化除钴的目的，反应式为：

$$13C_{10}H_6ONO^- + 4Co^{2+} + 5H^+ \longrightarrow C_{10}H_6NH_2OH + 4Co(C_{10}H_6ONO)_3\downarrow + H_2O$$

α-亚硝基-β-萘酚除钴速度快，可深度除钴，钴渣综合回收便利，试剂消耗量为钴量的13~15倍。

5. 硫酸锌溶液除氟、氯、钙、镁

中性浸出液中的氟、氯、钾、钠、钙、镁等离子含量如超过允许范围，会造成不利影响，可采用不同的净化方法降低它们的含量。

（1）除氯　溶液中氯离子会腐蚀锌电解过程的阳极，使电解液中铅含量升高而降低析出锌品级率，当溶液含氯离子高于100mg/L时应净化除氯。常用的除氯方法有硫酸银沉淀法、铜渣除氯法、离子交换法等。

1）硫酸银沉淀法。往溶液中添加硫酸银生成难溶的氯化银沉淀，反应式为：

$$Ag_2SO_4 + 2Cl^- = 2AgCl\downarrow + SO_4^{2-}$$

该方法操作简单，除氯效果好，但银盐价格昂贵，银的再生回收率低。

2）铜渣除氯法。铜渣除氯是基于铜及铜离子与溶液中的氯离子相互作用，形成难溶的氯化亚铜沉淀。用海绵铜渣［w（Cu）25%~30%、w（Zn）17%、w（Cd）0.5%］作沉氯剂，其反应式为：

$$Cu\text{（海绵铜）} + 2Cl^- + Cu^{2+} = Cu_2Cl_2\downarrow$$

除氯温度为45~60℃，酸度5~10g/L，5~6h搅拌后，可将溶液中的氯离子从500~1000mg/L降至100mg/L以下。

3）离子交换法。利用离子交换树脂的可交换离子与电解液中待除去的离子反应，待除离子吸附在树脂上，树脂上相应的离子进入溶液。国内某厂采用国产717强碱性银离子，除氯效率达50%。

（2）除氟　氟离子会腐蚀锌电解的阴极铝板，使电锌难以剥离，当溶液中氟离子>80mg/L时，需净化除氟。可在浸出过程中加入少量石灰乳，使氢氧化钙与氟离子形成不溶性氟化钙（CaF_2），再与硅酸聚合，经水淋洗脱氟，该法除氟率达26%~54%。

由于从溶液中脱除氟、氯的效果不佳，一些工厂采用预先火法焙烧脱除锌烟尘中的氟、氯，并同时脱去砷、锑，使氟、氯不进入湿法系统。

（3）除钙、镁　电解液中，K^+、Na^+、Mg^{2+}等碱土金属离子总量可达20~25g/L，如果含量过高，将使硫酸锌溶液的密度、黏度及电阻增大，引起澄清过滤困难及电解槽电压上升。

溶液中的K^+、Na^+离子，如果除铁工艺采用黄钾铁矾法沉铁，则它们参与形成黄钾铁矾的反应而随渣排出系统。

锌电积时，镁应控制在10~12g/L，镁浓度过大，硫酸镁结晶析出会阻塞管道及流槽，多数工厂是抽出部分电解液除镁，换含杂质低的新液。

1）氨法除镁。用25%的氢氧化铵中和中性电解液，其组成为（g/L）：Zn 130~140，Mg 5~7，Mn 2~3，K 1~3，Na 2~4，Cl^- 0.2~0.4，控制温度50℃，pH值为7.0~7.2，经1h反应，锌呈碱式硫酸锌［$ZnSO_4\cdot 3Zn(OH)_2\cdot 4H_2O$］析出，沉淀率为95%~98%。杂质元素中

98%~99%的 Mg^{2+}，85%~95%以上的 Mn^{2+}和几乎全部 K+、Na^+、Cl^-离子都留在了溶液中。

2）石灰乳中和除镁。用石灰乳沉淀出氢氧化锌，将含大部分镁的滤液丢弃，可阻止镁在系统中的积累。

3）电解脱镁。采用隔膜电解脱镁工艺，包括：隔膜电解、石膏回收、中和处理等工序。

9.3.3 锌电解沉积技术

1. 锌电解沉积原理

用电解沉积的方法从硫酸锌水溶液中提取锌，是湿法炼锌的最后一道工序。将已净化的溶液（$ZnSO_4+H_2SO_4$）连续不断地从电解槽进液端送入电解槽，以 Pb-Ag 合金（或其他合金）板作阳极，铝板作阴极，通直流电，在阳极上放出 O_2，阴极上析出金属 Zn。

随着电沉积不断进行，电解液中锌含量不断减少，而 H_2SO_4不断增加，高酸电解液从电解槽出液端溢出，送浸出工序。每隔一定周期（24h）剥离阴极锌，送熔化工序制成成品铸锭。反应式为

$$ZnSO_4 + 2H_2O = Zn + H_2SO_4 + 0.5O_2\uparrow$$

2. 锌电解工艺流程

（1）锌电解过程的电极反应　阳极反应和阴极反应分别为：

阳极反应（氧化反应）

$$2H_2O - 4e = O_2\uparrow + 4H^+, \quad \varphi = 1.229V$$

阴极反应（还原反应）

$$Zn^{2+} + 2e = Zn, \quad \varphi(Zn^{2+}/Zn) = -0.763V$$

（2）锌和氢在阴极上的析出　Zn^{2+}与 H^+哪一个优先放电，由以下 3 个因素决定：

1）Zn^{2+}与 H^+在电位序中的相对位置，即电位较正的离子优先放电。

2）Zn^{2+}与 H^+在溶液中的离子浓度，浓度越大越易放电析出。

3）与阴极材料有关，即取决于它们在阴极上超电位的大小，超电位越大越易放电，这是主要因素。

因 $\varphi(Zn) = -0.763V, \varphi(H) = 0$，而两者在溶液中的浓度以 H^+更多，因此应是 H^+优先放电，但由于 H^+在阴极铝板上析出的超电位很大，锌在铝板上的超电位很小，使得 H^+的实际析出电位比锌更负，因此，Zn^{2+}优于 H^+在阴极放电析出。

（3）杂质在电解过程中的行为　电解液中存在的杂质，根据它们各自电位的大小及电积条件的不同，在阴极或阳极放电。

1）电位比锌更正的杂质。

① $Fe_2(SO_4)_3$。$Fe_2(SO_4)_3$即 Fe^{3+}离子，它与阴极锌反应，使锌反溶，反应式为：

$$Fe_2(SO_4)_3 + Zn = 2FeSO_4 + ZnSO_4$$

生成的 $FeSO_4$在阳极又被氧化，即：

$$4FeSO_4 + 2H_2SO_4 + O_2 = 2Fe_2(SO_4)_3 + 2H_2O$$

由上可见，溶液中的铁离子反复在阴极上还原又氧化，这样白白消耗电能，降低了电效。因此，要求溶液中铁离子含量小于 20mg/L。

② Co、Ni、Cu。Co^{2+}、Ni^{2+}、Cu^{2+}对电沉积过程危害较大，它们在阴极析出后与锌形

成微电池，造成锌的反溶（即烧板），从而降低电效，其烧板特征分别为：

Co 由背面往正面烧，背面有独立的小圆孔，当溶液中 Sb、Ge 含量高时，会加剧 Co 的危害作用，而当 Sb、Ge 及其他杂质含量较低时，适量的钴对降低阴极含铅有利，要求钴的质量浓度小于 3mg/L。

Ni 由正面往背面烧，正面呈葫芦形孔，要求镍的质量浓度小于 2mg/L。

Cu 由正面往背面烧，呈圆形透孔，要求铜的质量浓度小于 0.5mg/L。

③ As、Sb、Ge。As^{3+}、Sb^{3+}、Ge^{4+}这类杂质对电解过程危害最大，它们在阴极析出时产生烧板现象，能生成氢化物，并发生氢化物生成与溶解的循环反应，使电效急剧降低。

Sb 在阴极析出后，因氢在其上的 η_{H_2} 较小，因而在该处析出的氢使锌反溶，同时形成锑化氢（SbH_3），此 SbH_3 又被电解液还原，析出氢气，即：

$$SbH_3 + 3H^+ \xlongequal{} Sb^{3+} + 3H_2\uparrow$$

锑的烧板特征是表面为粒状，且阴极锌疏松发黑，不仅严重降低电效，也降低锌的物理质量。要求锑含量<0.1mg/L。

Ge 烧板特征是由背面往正面烧，为黑色圆环，严重时形成大面积针状小孔，并伴随有如下循环反应：

$$Ge^{4+} + 4e \xlongequal{} Ge$$

$$Ge + 2H_2 \xlongequal{} GeH_4\text{（锗甲烷）}$$

$$GeH_4 + 4H^+ \xlongequal{} Ge^{4+} + 4H_2\uparrow$$

要求溶液中锗的含量小于 0.04mg/L。

As 的危害作用小于 Sb、Ge，烧板特征是表面为条沟状，生成的 AsH_3 逸出，要求含砷小于 0.1mg/L。

Pb、Cd。Pb^{2+}、Cd^{2+}都能在阴极放电析出，但因氢在两者上的超电压很大，故不会形成 Cd(Pb)-Zn 微电池，不影响电效，只影响阴极锌的化学质量，要求镉的含量小于5mg/L，铅的含量小于 2mg/L。

2）电位比锌更负的杂质。

① K、Na、Mg、Ca、Al、Mn。这一类杂质不会在阴极放电析出，因而对电锌质量无影响，但它们使电解液黏度增加，增大了电解液的电阻，使电能消耗略有增加。当钙含量较多时，易形成硫酸钙与硫酸锌结晶，堵塞输液管道。

② Cl。Cl^-腐蚀阴极，使 $Pb \rightarrow Pb^{2+}$进入溶液，影响锌质量，要求 Cl^-含量<100mg/L。

③ F。F^-腐蚀阴极的 Al_2O_3膜，使锌在铝板上析出后形成 ZnAl 合金，造成剥锌困难，增加铝板消耗，要求 F^-的含量<50mg/L。

3. 锌电解沉积设备

锌电解沉积包括阳极制作、阴极制作、电解、净液等工序。生产流程如图 9-12 所示。

在锌电解车间，通常设有几百甚至上千个电解槽，电解槽采用串联直流供电方式，电解槽中电解液不断循环，在电解液循环系统中，通常设有加热装置。

（1）电解槽　电解槽是电解车间的主体生产设备，为一长方形槽，长度由生产规模决定，一般长为 1.5~3m，宽为 0.9~1m，深度应保证电解液的正常循环，出液端有溢流堰和溢流口。电解槽采用软聚氯乙烯塑料衬里的钢筋混凝土结构。槽内交替安放阳极和阴极，槽内附设有供液管、排液管（斗）和出液斗和液端调节堰板等。

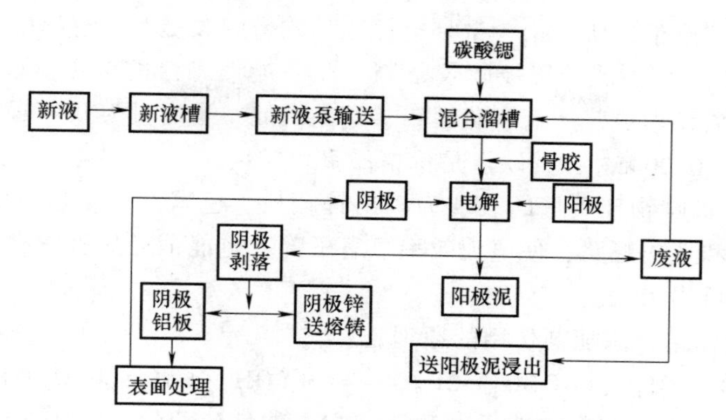

图9-12　锌电解沉积工艺流程

（2）阴极　阴极材质为工业纯铝或者6061铝板，厚2.5~5mm，阴极由极板、导电棒（硬铝制）、导电片（铜片、铝片）、提环（钢制）和绝缘边（聚乙烯塑料条粘压）等组成。通常阴极长和宽尺寸比较阳极大20~30mm，这是为了减少在阴极边缘形成树枝状沉积。

（3）阳极　阳极由阳极板、导电棒和导电头组成。阳极材质为铅银、铅银钙、铅银钙锶等铅基合金，或者钛基阳极。阳极导电棒为T2工业纯铜，外包与阳极板材质一致的铅材，以防止铜腐蚀。

（4）电解槽的供电设备　在电积系统中，槽与槽之间是串联电路，而每个电解槽内的阴、阳极则构成并联电路，供电设备为整流器。

（5）电解液冷却设备　在电积过程中，电热效应使电解液温度升高，必须对其进行冷却，使电解液温度为35~45℃，以保证正常生产。冷却方式包括：蛇形管冷却、空气冷却塔集中冷却、真空蒸发冷却。

（6）电解液循环系统设备　电解生产过程中，电解液必须不断循环，在循环过程中进行电解液温度调节和溶液过滤。循环系统的主要设备包括循环液储槽、高位槽、供液管道、换热器和过滤设备等。

4. 锌电解沉积技术条件

（1）锌电解沉积技术经济指标　锌电解沉积的技术条件对生产正常进行、经济指标和电锌质量都有决定性影响。锌电解沉积技术条件的选择，取决于各工厂的阳极成分和其他具体条件。

1）电解液成分。电解液成分为Zn 50~60g/L，含H_2SO_4为100~110g/L。

2）电流效率。目前，实际生产中的电流效率η约为88%~93%。影响电流效率的因素包括：电解液中的杂质含量、电解液温度、析出锌的状态和析出周期等。

3）槽电压。槽电压包括硫酸锌的分解电压、电解液欧姆压降、线路和阴、阳极以及接触点的电阻压降。槽电压与电积能耗直接相关。影响槽电压的因素主要有：温度、酸度、电流密度、极间距。温度升高，槽电压下降，且电流效率下降。电解液酸度增加，槽电压下降，且电流效率下降。电流密度升高，槽电压增加，电流效率增加。极间距增加，槽电压增加。一般情况下，锌电积的槽电压为3.3~3.5V。

（2）添加剂的作用与析出锌的质量

1）析出锌的质量。析出锌的质量包括析出锌的化学质量和物理质量。

① 化学质量是指锌中杂质含量的多少和锌的等级。电锌中，Fe、Cu、Cd都易达到要

求，唯有铅不易达到要求，所以铅含量是电锌化学质量的关键。电解液中的铅来自铅阳极的溶解，MnO_2与PbO_2共同形成的阳极膜较坚固，锰还能使悬浮的PbO_2粒子沉降而不在阴极析出。还可添加碳酸锶形成硫酸锶、硫酸铅共结晶沉淀，当用量为0.49g/L时，电锌中铅含量可降至0.0038%~0.0045%，其缺点是价格昂贵。

② 物理质量。影响物理质量的表现为析出锌疏松、色暗有孔，呈海绵态状。这种锌表面积大，容易返溶和造成短路，使电流效率显著下降，电能消耗显著增高。产生的原因是电解液中杂质多，氢析出量大。

(3) 添加剂的作用　添加剂作用的原理是：

$$K(SbO)C_4H_4O_6 + H_2SO_4 + 2H_2O \longrightarrow Sb(OH)_3 + H_2C_4H_4O_6 + KHSO_4$$

反应生成的$Sb(OH)_3$为一种冷胶性质的胶体，它在酸性硫酸锌溶液中带正电，于是移向阴极，并黏在铝板表面形成薄膜，为电锌的剥离创造了条件。

9.4　火法炼锌

火法炼锌是用碳还原ZnO得到金属锌的过程，在强还原和高于锌沸点的温度下，被还原的锌蒸气冷凝得到液体锌。还原蒸馏法包括竖罐炼锌、平罐炼锌和电炉炼锌。密闭鼓风炉炼锌（简称ISP）法是一种适合于冶炼铅锌混合矿的炼锌方法，产出铅和锌两种产品。

9.4.1　火法炼锌原理

1. ZnO还原过程

ZnO被碳还原的过程如下

$$ZnO(s) + CO(g) \longrightarrow Zn(g) + CO_2(g)\uparrow \qquad \Delta G^{\ominus} = 178020 - 111.67\ (J)$$

$$C(s) + CO_2(g) \longrightarrow 2CO_2(g)\uparrow \qquad \Delta G^{\ominus} = 170460 - 174.43\ (J)$$

$$ZnO(s) + C(s) \longrightarrow Zn(g) + CO(g)\uparrow$$

从上述反应可知，ZnO还原成金属锌，需要大量的热量，补充热量可以采用间接加热法，也可以采用直接加热法。氧化锌碳还原过程的气相-温度曲线如图9-13所示。图中各曲线分别是下列反应在不同条件下平衡p_{CO_2}/p_{CO}-T的关系曲线：

$$ZnO(s) + CO(g) \longrightarrow Zn(g) + CO_2\uparrow \qquad (9\text{-}1)$$

$$C(s) + CO_2(g) \longrightarrow 2CO(g)\uparrow \qquad (9\text{-}2)$$

如图9-13中所示A、B两条线，其设定条件为：

A线：　$p_{CO} + p_{CO_2} = 20265Pa$

B线：　$p_{CO} + p_{CO_2} = 60795Pa$

铁氧化物的还原：

曲线a：$Fe_3O_4(s) + 4CO(g) \longrightarrow 3Fe(\gamma) + 4CO_2(g)\uparrow$

曲线b：$Fe_3O_4(s) + CO(g) \longrightarrow 3FeO(s) + CO_2(g)\uparrow$

曲线c：$FeO(s) + CO(g) \longrightarrow Fe(\gamma) + CO_2(g)\uparrow$

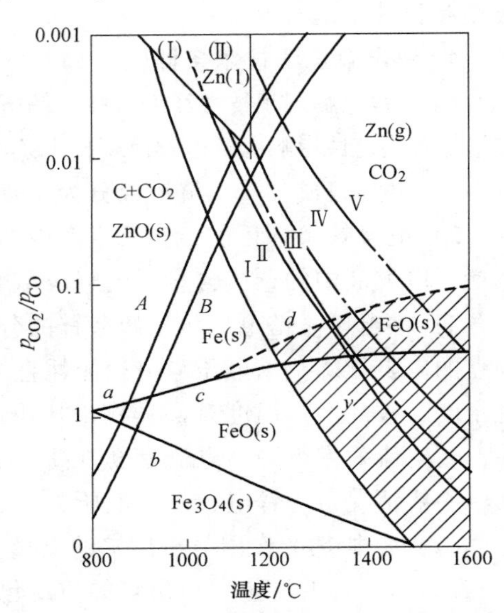

图9-13　ZnO碳还原过程的气相-温度曲线

曲线 d：$FeO(l)+CO(g)═══Fe(\gamma)+CO_2(g)\uparrow$

Zn(l)的稳定范围：

曲线（Ⅰ）：$ZnO(s)+CO(g)═══Zn(l)+CO_2(g)\uparrow$

曲线（Ⅱ）：$Zn(l)═══Zn(g)$

2. 间接加热时锌的还原挥发

如图9-13所示，氧化锌还原温度在1170K以上（曲线Ⅱ和曲线 B 的交点），FeO被还原成金属铁，分散在蒸馏残渣中。

3. 直接加热时锌的还原挥发

鼓风炉炼锌时，燃烧气体和还原产出的锌蒸气混在一起，气相中Zn蒸气浓度为5%～7%，平衡炉气成分为如图9-13中所示曲线Ⅰ与曲线 A 所包围的区域。锌的还原挥发与残留在液态炉渣中ZnO的活度有关。炉渣中FeO活度为0.4左右，FeO还原的平衡反应曲线为如图9-13所示的 d 线。只有炉内气相组成在 d 线以下时，渣中FeO才不被还原，因此炉内气氛应控制在Ⅰ线和 d 线所包围的区域内。渣含锌较高是鼓风炉炼锌不可避免的缺点。

当炉气温度下降时，锌蒸气再氧化成ZnO，包裹在锌液滴的表面，形成蓝粉，降低冷凝效率。应尽可能在高温下直接将锌蒸气导入冷凝器内，使之激冷，即如图9-13所示左上部分。

9.4.2　火法炼锌的生产方法

1. 平罐炼锌

平罐炼锌是20世纪初采用的主要炼锌方法，其装置如图9-14所示。平罐炼锌时，一座蒸馏炉约有300个罐，生产周期为24h，每罐一周期生产20～30kg锌，残渣锌含量为5%～10%，锌的回收率只有80%～90%，该法已基本被淘汰。

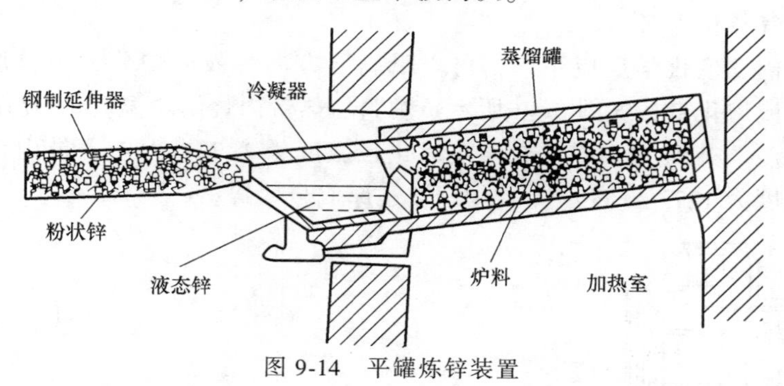

图9-14　平罐炼锌装置

2. 竖罐炼锌

竖罐炼锌法于20世纪30年代应用于工业生产，现已基本被淘汰，目前在我国的锌生产中仍占有一定的地位。生产过程包括焙烧、制团、焦结、蒸馏和冷凝5个阶段。竖罐炼锌采用连续作业方式，具有生产率、金属回收率、机械化程度都很高的优点，但制团过程复杂。

3. 电炉炼锌

电炉炼锌的特点是直接加热炉料，得到锌蒸气和熔体产物，如冰铜、熔铅和熔渣等，可处理多金属锌精矿。锌回收率约为90%，电耗3000～3600kW·h/t锌。图9-15所示为电阻炉电热炼锌示意图。电阻炉为圆形断面的竖式炉，中部设有中空的锌蒸气环。利用石墨电极和炉料自身电阻对炉料加热。被还原的锌蒸发，蒸气通过锌蒸气环进入冷凝室。电阻炉炼锌的炉料主要由氧化锌烧结矿、焦炭组成。

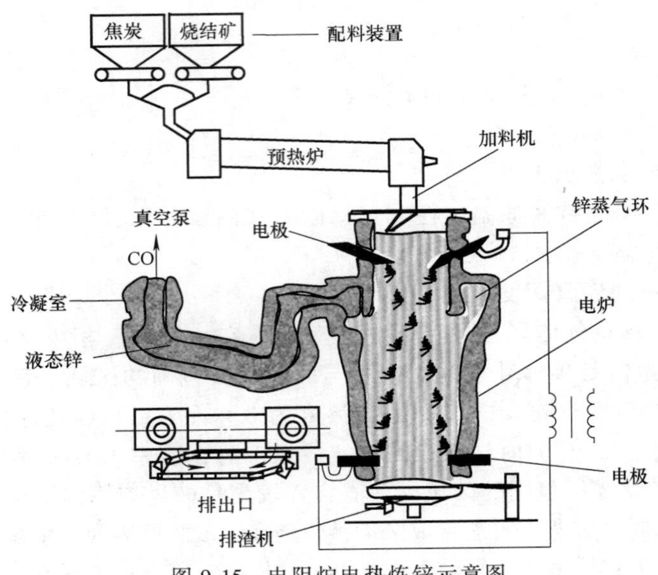

图 9-15　电阻炉电热炼锌示意图

4. 鼓风炉炼锌

密闭鼓风炉炼锌法又称为帝国熔炼法或 ISP 法，合并了铅和锌两种火法冶炼流程，是处理复杂铅锌物料的理想方法，ISP 法炼锌鼓风炉如图 9-16 所示。鼓风炉炼锌时，焦炭燃烧产生的 CO、CO_2，鼓入空气中的 N_2 和还原的 Zn 蒸气混在一起，炉气组分含 Zn 5%~7%、CO_2 11%~14%、CO 18%~20%，进入冷凝器的炉气温度高于 1000℃。采用高温密封炉顶和铅雨冷凝器防止锌蒸气氧化为 ZnO。

按照鼓风炉内发生化学反应不同，可以沿高度方向将鼓风炉分为炉料加热带、再氧化带、还原带和炉渣熔化带，如图 9-17 所示。炉料加热带内烧结块温度为 673K 左右，炉气对料块加热使其温度上升到 1273K 左右。在氧化带温度为 1273K 左右，带内锌蒸气氧化成氧化锌。还原带温度为 1273~1573K，氧化锌被还原成金属锌。

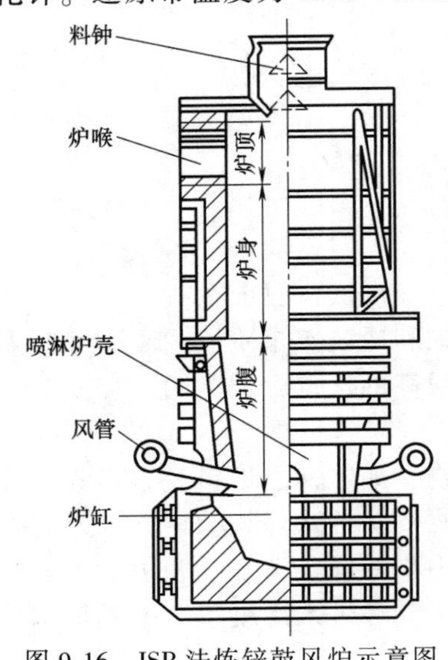

图 9-16　ISP 法炼锌鼓风炉示意图

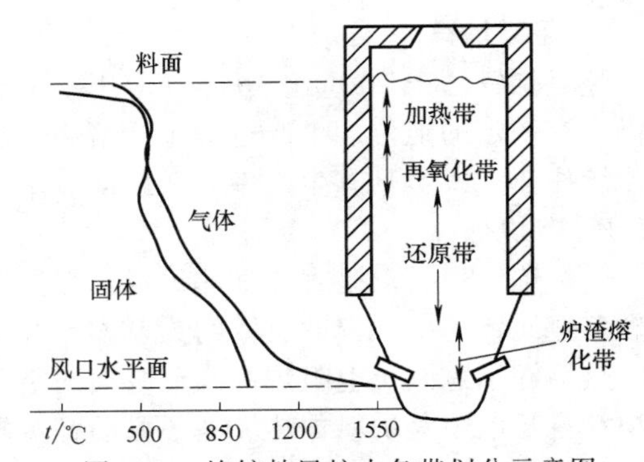

图 9-17　炼锌鼓风炉内各带划分示意图

图 9-18 所示为 ISP 炼锌法设备流程图，主要设备包括：鼓风炉炉体、铅雨冷凝器、冷凝分离系统以及铅渣分离的电热前床等。鼓风炉由炉基、炉缸、炉腹、炉身、炉顶、水冷风口等部分组成。冷凝分离系统可分为冷凝系统和铅、锌分离系统两部分。鼓风炉炼锌的优点是：对原料适应性强，可处理成分复杂铅锌矿以及铅锌氧化物残渣和中间物料，简化了选冶工艺流程，提高了选冶综合回收率；生产能力强，热效率高，生产成本低，基建投资费用少，有利于实现机械化和自动化；可综合利用原矿中的有价金属。缺点是：技术条件要求较高，烧结块硫含量要低于 1%（质量分数），精矿的烧结过程控制复杂；炉内和冷凝器内部需要定期清理，劳动强度大。存在 SO_2、铅蒸气和粉尘对环境污染的问题。

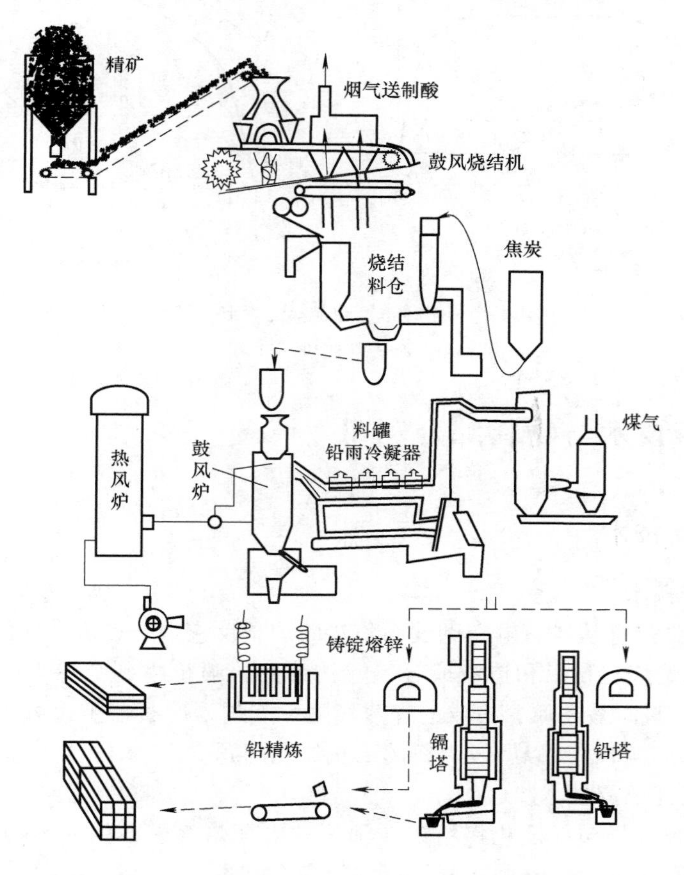

图 9-18　ISP 炼锌设备流程图

9.4.3　锌的火法精炼

图 9-19 所示为 Pb-Zn 系和 Fe-Zn 系状态图。在熔融状态下，铅、锌能相互部分溶解，熔体分上下两层，上层为含少量铅的锌，下层为含少量锌的铅。从图 9-19 所示还可以看出，随着温度的降低，锌和铅的分离较完全。当含铁的粗锌冷却时，析出的 $FeZn_7$ 结晶因密度差沉于锌熔池底部，形成糊状硬锌。熔析法炼锌可得到含锌 99%（质量分数）的精炼锌，锌的回收率仅为 90%。熔析法仅能除去锌中的铅和铁。

为了较完全地除去锌中的杂质，可采用蒸馏法精炼锌。精馏设备是连续作业的精馏塔，包括铅塔和镉塔。铅塔用来分离沸点较高的 Pb、Cu、Fe 等杂质，镉塔利用金属沸点和蒸气压的差异分离锌和镉，铅塔的温度比镉塔高，但精馏过程类似，如图 9-18 所示下部。此法除了能得到很纯的锌之外，还可得到镉灰、含铟的铅、含锡的铅等，从副产物中可制得镉、铟和焊锡等，可大大降低精馏法成本。

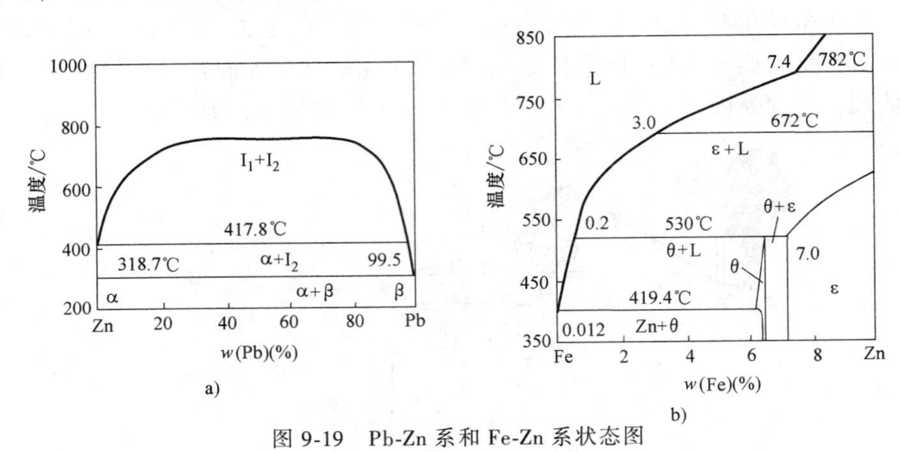

图 9-19　Pb-Zn 系和 Fe-Zn 系状态图

a）Pb-Zn 系　b）Fe-Zn 系

9.5　锌冶金新技术与物料综合利用

9.5.1　锌冶金新技术

1. 等离子炼锌技术

等离子发生器将热量从风口输送到装满焦炭的炉子反应带，在焦炭柱的内部形成一个高温空间，粉状 ZnO 焙烧与粉煤和造渣成分一起被等离子喷枪喷到高温带，反应带的温度为 1700~2500℃，ZnO 瞬时被还原，生成的锌蒸气随炉气进入冷凝器被冷凝为液体锌。由于炉气中不存在 CO_2和水蒸气，所以，没有锌的二次氧化问题。

2. 锌焙烧矿闪速还原技术

锌焙烧矿的闪速还原包括硫化锌精矿在沸腾炉内死焙烧、在闪速炉内用碳对 ZnO 焙砂进行还原熔炼和锌蒸气在冷凝器内冷凝为液体锌三个基本工艺过程。

3. 喷吹炼锌技术

喷吹炼锌是在熔炼炉内装入底渣，用石墨电极加热到 1200~1300℃使底渣熔化，用 N_2 将-0.074mm 左右的焦粉与氧气通过喷枪喷入熔渣中，与通过螺旋给料机送入的锌焙砂进行还原反应的过程，产出的锌蒸气进入铅雨冷凝器被冷凝为液体锌。

4. 湿法炼锌新方法

湿法炼锌的新方法主要有硫化锌精矿的直接电解、Zn-MnO_2同时电解、溶剂萃取-电解法以及热酸浸出-萃取除铁法等。

（1）硫化锌精矿直接电解法　在酸性溶液中，使用 70%硫化锌精矿与 30%石墨粉为阳极，铝板为阴极，电解生产锌：

阴极反应为 $Zn^{2+} + 2e = Zn$

阳极反应为 $ZnS - 2e = Zn^{2+} + S$

阳极电流效率为96.8%左右，阴极电流效率91.4%~94.8%，阴极锌纯度达99.99%以上。

（2）$Zn\text{-}MnO_2$同时电解法　将锌精矿磨细至200目，ZnS/MnO_2按化学式计量配入并用硫酸浸出，浸出液净化后用铅银（1%银）合金为阳极、铝板为阴极，在硫酸体系中电解：

阴极反应为 $Zn^{2+} + 2e = Zn$

阳极反应为 $Mn^{2+} + 2H_2O - 2e = MnO_2 + 4H^+$

总反应为 $ZnSO_4 + MnSO_4 + 2H_2O = Zn + MnO_2 + 2H_2SO_4$

槽电压2.6~2.8V，阴极电流效率89%~91%，阳极电流效率80%~85%。阴极锌纯度达99.99%，阳极产出$\gamma\text{-}MnO_2$，品位>91%，产品比$Zn : MnO_2 = 1 : 1.22$，节能50%~60%。双电解废液再进行锌的单电解，进一步回收锌、锰。

目前开发的炼锌新方法还有硫化锌精矿的加压浸出法，该法是目前使用最多、污染最少的炼锌方法。在温度为150~155℃，硫酸含量为60%~65%时，锌的回收率达到95%~96%。加压浸出法在很大程度上克服了常压浸出放出H_2S气体和设备腐蚀严重等缺点。

（3）氧化锌矿的直接浸出法　氧化锌矿的特点是品位低而含硅高，直接浸出容易产生胶体，给液固分离带来困难。未经焙烧的氧化锌矿夹带碳酸盐多，直接浸出时始酸不能太高，否则产生的大量气体易造成冒槽，使生产无法进行。氧化锌矿直接浸出工艺在国外已有巴西的InGa公司和澳大利亚的Risdon等厂采用。我国某冶炼厂处理高硅氧化锌矿，该矿含$w(SiO_2)$ 15%~16%，含$w(Zn)$ 25%，采用控制pH值沉硅，已取得成功。锌的总回收率为75%~80%，经济效益较好。

（4）硫化锌矿的直接浸出法　硫化锌精矿氧压浸出新工艺于1959年由加拿大舍利特·高顿公司首先试验成功。特点是锌精矿可不经过焙烧，在一定压力和温度条件下，利用氧气直接酸浸获得硫酸锌溶液和元素硫，因而无需建设配套的焙烧车间和硫酸厂。该工艺浸出效率高，适应性好，与其他炼锌方法相比，在环保和经济方面都有很强的竞争能力。氧压浸出实质上是将锌精矿焙烧过程发生的氧化反应和锌焙砂浸出过程发生的酸溶反应合并在一起进行，反应温度为110~160℃，由于所用氧浓度增大，锌精矿的氧化反应速度也大大提高了。

9.5.2 锌冶金物料的综合回收

1. 浸出渣的挥发窑还原挥发

（1）基本原理　在1100~1300℃的高温下，浸出渣中的锌、铅、铜、锗等有价金属，被一氧化碳还原为金属，挥发进入烟气，在烟气中被氧化成氧化锌等进入收尘器内，主要化学反应为：

在料层内

$$C + O_2 = CO_2\uparrow$$

$$CO_2 + C = 2CO\uparrow$$

$$ZnO + CO = Zn\uparrow + CO_2\uparrow$$

$$ZnO + C = Zn\uparrow + CO\uparrow$$

$$Fe_2O_3 + CO = 2FeO + CO\uparrow$$

$$FeO + CO = Fe + CO\uparrow$$

$$ZnO+Fe = Zn\uparrow + FeO\uparrow$$

在料层上部

$$2Zn+O_2 = 2ZnO$$

$$2CO+O_2 = 2CO$$

（2）影响氧化还原反应速度的因素　影响氧化还原反应速度的因素主要有：

1）CO 在反应带产出的速度，CO_2和锌蒸气的排出速度。CO 产出速度和 CO_2及锌蒸气排出速度越大，氧化物的还原速度越快。

2）还原温度越高，还原速度越快。

3）炉料粒度。要求炉料与气体接触面积大，透气性好，炉料粒度适当。

4）还原气体分压。CO 分压增大，对炉料表面吸附能力加强，可使料层中焦粉迅速燃烧成 CO 而增大其分压，加速还原过程。

2. 从锌精矿焙烧或烧结烟气中回收汞

当锌精矿中含较多的汞时，氧化焙烧时，汞随烟气进入烟气冷却净化系统，部分汞进入硫酸车间污染硫酸产品。从烟气中回收汞，不仅减少汞对环境的污染，也提高了硫酸的质量。

葫芦岛锌厂处理含汞 0.1%左右的锌精矿、韶关冶炼厂处理含汞凡口矿时，采用直接冷却法、碘络合-电解法回收汞，烟气除汞效率99%，精制汞纯度 99.99%，除汞后烟气制酸含汞由原来 100~170μg/g 降到 1μg/g 以下，汞的总回收率达到 45.3%。

3. 从浸出渣中回收银

湿法炼锌时，银富集在酸浸渣中。在铅锌冶金联合企业，酸浸渣送铅系统处理，使银富集在粗铅中，铅电解时转入阳极泥，通过处理阳极泥分离提取银。也可以采用浮选法从浸出渣中回收银。

浮选法回收银的原理：在浮选原矿中加入硫化物捕收剂丁基胺黑药（即二丁基二硫代磷酸胺），使原矿矿浆形成大量已受丁基胺作用的气泡，硫化银矿粒附着于气泡上浮，富集在矿浆表面，形成矿化泡沫层，由刮板连续刮出得到精矿，达到从锌浸出渣中富集银的目的。

4. 从净化的铜、镉渣中回收镉

湿法炼锌厂中，净化工序产出的铜、镉渣是提镉的主要原料，采用置换法和电积法从铜、镉渣中提取镉。

5. 从锌浸出渣或铁矾渣中回收铟、锗、镓

在锌焙烧常规浸出流程中，铟、锗、镓富集在酸性浸出渣中，将酸浸渣用回转窑烟化时，铟、锗、镓挥发进入氧化锌粉中，氧化锌粉用于提锌和回收铟、锗、镓。我国广西大厂矿区产出的锌精矿富含铟，用黄钾铁矾法处理锌精矿，锌焙砂中 95%的铟进入热酸浸出液中，以黄钾铁矾沉淀铁时，铟和铁共沉淀，得到含铟铁矾渣，铟可以从沉铁以前的热酸浸出液中回收，也可以从含铟铁矾渣中回收。

（1）P-M 法回收铟、锗、镓　最早从湿法炼锌系统中回收铟、锗、镓的是意大利玛格海拉港（Potro-Marghera）电锌厂与都灵冶金中心（Torino Metallury Centre），它们于 1969 年联合采用火法和湿法冶金方法从含 w（Ga）0.02%~0.04%、含 w（In）0.04%~0.09%、含 w（Ge）0.06%~0.09%的锌浸出渣中同时回收铟、锗、镓三种金属。这种用火法和湿法冶金工艺从锌浸出渣中分别提取铟、锗、镓的过程，称为 P-M 法，所采用的工艺流程包括预处理、提取锗、提取铟、提取镓。

（2）综合法回收铟、锗、镓　此法是以锌浸出渣为原料，经浸出、丹宁沉淀锗和溶剂萃取制得铟、锗、镓的过程。主要包括预处理、提取铟和提取镓等工序，此法于 1975 年在我国研究开发成功，回收铟的工艺已用于工业生产。

复习思考题

9-1　写出锌的相对原子质量、熔点、化合价，锌的主要化合物有哪些？

9-2　什么是湿法炼锌？湿法炼锌的工艺过程主要有哪些？优点是什么？

9-3　简述硫化锌精矿焙烧的作用和原理。

9-4　沸腾焙烧过程中，应采取什么措施减少铁酸锌的生成？

9-5　什么是浸出？浸出的目的和作用是什么？

9-6　绘出锌浸出采用的传统与现代生产流程图。

9-7　写出锌浸出过程的主要化学反应式？中性浸出过程的实质及反应？

9-8　中和水解的基本原理是什么？

9-9　中性浸出过程中除掉了哪些杂质？控制 pH 值的原因？

9-10　硫酸锌溶液中铁的除去方法主要有哪些？

9-11　浸出技术控制的三大平衡是哪三大平衡？

9-12　简述影响锌粉除铜、镉的因素。

9-13　简述黄药除钴、锌粉置换的原理。

9-14　湿法炼锌主要采用哪几种方法除铁？

9-15　锌电解的目的和原理是什么？使用的设备主要有哪些？

9-16　绘出锌电解工艺流程图。

9-17　锌电解沉积的主要技术条件是什么？

9-18　简述火法炼锌的基本原理与方法。

9-19　密闭鼓风炉炼锌有哪些优缺点？

9-20　怎样回收冶炼副产品中的有价元素？

第 10 章　金、银及铂族金属冶金

10.1　金、银及铂族金属概述

10.1.1　贵金属的发展历史

金、银是人类最早发现的金属，被称为古代金属。公元前 3000 年，埃及人已经采集金、银制成饰物。我国商代前就有黄金的淘洗和加工技术，金、银的发现，距今已有 5000 年。

铂族金属的发现迄今只有 200 多年的历史。1735 年，西班牙人尤罗阿（Unoa）在秘鲁平托（Pinto）河金矿发现了铂，经英国人华生（Watson）研究，1748 年铂作为新元素被确认。

1803 年，英国人沃拉斯顿（Wollaston），用王水溶解粗制的铂块，发现乳黄色沉淀 [$Pd(CN)_2$]，洗涤灼烧后，得到银白色海绵状金属钯（Palladium）。同年，沃拉斯顿在处理铂矿时，发现元素铑（Rhodium）。

1803 年，英国人坦内特（Tenant）将粗铂溶于王水，发现一些黑色沉淀物。1804 年，坦内特用酸和碱交替处理黑色沉淀物，分离出元素铱（Iridium）和锇（Osmium）。

钌是铂族金属中最晚被发现的。1840 年，俄国人克劳斯（Kzayc）在研究用王水处理铂矿的残渣时，用氧化氨处理蒸馏残渣，得到氯钌化氨，煅烧之后得到海绵状金属钌(Ruthenium)。

贵金属在地壳中含量少、分布分散，很少有集中的矿床，开采、提炼相当困难，具有成本高、价格贵的特点，贵金属在地壳中平均含量见表 10-1。

表 10-1　贵金属在地壳中平均含量

元素	Ag	Pd	Au	Rh	Ir	Ru	Os	Pt
含量/$g \cdot t^{-1}$	0.1	0.01	0.005	0.01	0.001	0.001	0.001	0.005

10.1.2　贵金属元素种类划分

金（Au）、银(Ag) 及铂族金属 [铂（Pt）、钯（Pd）、铑（Rh）、铱（Ir）、锇（Os），钌（Ru）]八种金属，通称为贵金属。贵金属在元素周期表上的位置见表 10-2。

表 10-2　贵金属在元素周期表上的位置

周期	ⅧB 族			I B 族
4	26　Fe $3d^64s^2$ 铁 55.84	27　Co $3d^74s^2$ 钴 58.93	28　Ni $3d^64s^2$ 镍 58.7	29　Cu $3d^64s^2$ 铜 63.54
5	44　Ru $3d^74s^1$ 钌 101.1	45　Rh $3d^84s^1$ 铑 102.9	46　Pd $4d^{10}$ 钯 106.4	47　Ag $4d^{10}5s^1$ 银 107.87
6	76　Os $5d^66s^2$ 锇 190.2	77　Ir $3d^76s^2$ 铱 192.2	78　Pt $5d^96s^1$ 铂 195	79　Au $5d^{10}6s^1$ 金 196.97

金、银与铜位于周期表 I B 族，通常称为铜族元素；位于第ⅧB 族的九个元素中第四周期的铁、钴、镍称为铁族元素，第五、六周期的钌、钯、锇、铱、铂、铑六个元素，称为铂

族金属。铂族金属中第五周期的钌、铑、钯的密度约为 $12g/cm^3$，属于稀贵金属；第六周期的锇、铱、铂的密度约为 $22g/cm^3$。

10.1.3　贵金属产品与应用领域

贵金属均具有稳定的物理化学性质，瑰丽的色泽，是理想的首饰、美术、工艺品及货币材料。金、银及铂族金属或者对电、热、光有特殊的效应，或者对某些气体有很大的吸收能力，在现代科学、尖端技术领域得到了广泛应用，成为十分贵重的金属材料。贵金属有良好的加工性能，能轧成极薄的箔和极细的丝，可加工成任何形状的零件，可制成各种浆料。根据 2009 年世界黄金消费统计，首饰用黄金 1759t，占黄金消费 50.54%；工业、牙科用金 373t，占黄金消费 10.72%；金条、金币投资 503t，占黄金消费 14.45%；交易所交易黄金 617t，占黄金消费 17.73%；其他投资 228t，占黄金消费 6.55%。

“金银天然不是货币，但货币天然是金银”（《马克思全集》13 卷 143 页）。今天，金、银主要用作储备、支付手段，成为世界货币，一个国家拥有金、银的数量，是财力的标志。

金、银在现代科技、工业领域的用途如下：

（1）电接触材料　银及其合金是最重要的电接触材料，在大、中负荷电器中广泛应用。如银-氧化镉合金是理想的高负荷电接触材料，金基合金可用作开关接点和滑动接触材料。

（2）电阻材料　金、银及其合金，常用作高档、精密电阻材料，如银-锰（锡）合金标准电阻。

（3）测温材料　金、银、铂、钯、铱、铑组成的合金，可作热电偶测温元件。

（4）焊接材料　贵金属及其合金是重要的焊接材料，如银基合金钎焊料在各种介质中有良好的耐蚀性、导电性；AuNi8、AgMn15 合金用来钎接喷气发动机涡轮叶片和燃烧室零件等。

（5）氢净化材料　钯对氢（及其同位素）具有选择透过性，金、银与钯组成的钯基合金，是极好的氢净化材料。

（6）厚膜浆料　银浆的导电性、可焊性、端接性和与陶瓷的附着力都比较好，是厚膜工艺中使用最早者；金浆料应用在微波领域；金钯系浆料用于高度可靠性或多层厚膜的电路上。

（7）催化剂　贵金属催化剂用于燃料电池或金属-空气电池；含 Au 0.3%～0.6%，Pd 0.5%～1.0% 的钯催化剂及 Au-Ag 网，可用作石油化工催化剂。

（8）电镀贵金属　纯银电镀，一般用于防腐，装饰、电工仪器、接触零件、反光器材、化学器皿等。

（9）其他用途　宇航服镀上一层万分之二毫米厚的黄金，可免受辐射和太阳热。金基合金或化合物广泛应用于制药、理疗、镶牙材料。银盐是重要的感光材料。

贵金属因具有上述宝贵的使用性能和昂贵的价格而得名。

我国银锭化学成分见表 10-3，金锭化学成分见表 10-4。

表 10-3　我国银锭化学成分（质量分数）（GB/T 4135—2016）　（%）

牌号	化学成分							
	银含量≥	杂质含量,不大于						
		Bi	Cu	Fe	Pb	Sb	Pd	总和
IC-Ag 99.99	99.99	0.0008	0.0025	0.001	0.001	0.001	0.001	0.01
IC-Ag 99.95	99.95	0.001	0.025	0.002	0.015	0.002		0.05
IC-Ag 99.90	99.90	0.002	0.05	0.002	0.025			0.1

表 10-4 我国金锭化学成分（质量分数）(GB/T 4134—2015)　(%)

牌号	化学成分							
	金含量≥	杂质含量,不大于						
		Ag	Cu	Fe	Pb	Sb	Bi	总和
IC-Au99.99	99.99	0.005	0.002	0.002	0.001	0.001	0.002	0.01
IC-Au99.95	99.95	0.020	0.015	0.003	0.003	0.002	0.002	0.05
IC-Au99.50	99.50	—	—	—	—	—	—	0.5

10.2 金和银的性质与资源概述

10.2.1 金和银的性质

1. 金、银的物理性质

纯金具有瑰丽的金黄光泽，故称黄金，银为银灰色金属。金的纯度可用试金石鉴定，称为“条痕比色”。所谓“七青、八黄、九紫、十赤”，意思是条痕呈青、黄、紫、红色，金含量分别为70%、80%、90%、纯金。

金、银均为面心立方金属，具有极好的延展性。金可以加工成0.001mm的细丝，轧制成厚度为0.0001mm的薄箔。1g金可以拉成长达8000m的金丝，轧成厚度只有20nm的金箔。银可以碾压成厚度只有125nm的透明箔，1g银可以拉成约2000m长的细丝。

金和银均具有优良的导电、导热性能，银是导电性最好的金属，金的导电性次于银和铜，居第三位。金和银可以形成一系列连续的固溶体。金、银的主要物理性质见表10-5。

表 10-5 金、银的主要物理性质

性质	金	银
原子序数(原子量)	79(196.97)	47(107.87)
密度/g·cm^{-3}(20℃)	19.32	10.49
晶格常数/nm	0.40786	0.40862
原子半径/nm	0.134	0.144
熔点/℃	1064.18	961.78
沸点/℃	2856	2212
比热容/kJ·(kg·K)$^{-1}$	0.13	0.24
热导率/W·(m·K)$^{-1}$(25℃)	315	433
熔化热/kJ·(kg·K)$^{-1}$	368	285
电阻率/μΩ·cm(25℃)	2.42	1.61
莫氏硬度	2.5	2.1

2. 金、银的化学性质

（1）金的化学性质　金的化学性质稳定，在水溶液中电极电位极高：

$$Au \rightarrow Au^{+} + e \quad \varphi^{-} = +1.73V$$

$$Au \rightarrow Au^{3+} + 3e \quad \varphi^{-} = +1.58V$$

因此，金不与空气、水、硝酸、硫酸、盐酸、氢氟酸、碱液（NaOH、KOH）、硫化氢、醋酸等反应；在高温下，金不与氢、氧、碳、氮、硫反应。在有强氧化剂存在时，金能溶解于某些无机酸，如碘酸、硝酸。在有二氧化锰存在时，金能溶解于硫酸、热的无水硒酸。金能溶于王水、饱和氯的盐酸、氨水、溴水、溴化氢、碘化钾溶液、含有氧的碱金属和碱土金属氰化物溶液。金与溴在室温下能起反应，而氟、氯、碘在加热时才与金反应。氯化铁溶液、氰化物溶液、高于 147℃的氯、高于 480℃乙炔、硫代硫酸盐、硫脲等也能与金反应。

金溶解形成相应的配合物、化合物易被还原，凡比金具有更负电性的金属（如镁、锌，铁等）、双氧水、二氯化锡等，还原性有机酸（如甲酸、联氨等），还原性气体（如氢、一氧化碳等）都可作为还原剂。

金的氯化物有三氯化金（$AuCl_3$）和一氯化金（AuCl）。金在氯气中加热到 240℃生成 $AuCl_3$，$AuCl_3$升华并冷凝成红色晶体，溶于水形成络合物 $HAuOHCl_3$，呈棕红色。三价金具有形成络阴离子的趋势，当把 HCl 加入 $AuCl_3$水溶液时，生成金氯氢酸 $HAuCl_3$，溶液蒸发时金氯氢酸结晶成 $HAuCl_3 \cdot 4H_2O$。金氯氢酸和它的盐均溶于水，这一性质通常用来精炼金。$AuCl_3$与其他氯化物形成络合物，如 M（AuCl）、H（$AuCl_4$）等，生成稳定的 $AuCl_4^-$，用亚铁盐、二氧化硫、草酸等，可从含金氯化液中沉淀金，这是氯化提金法的依据。

$$3Cl_2+2Au \longrightarrow 2AuCl_3$$

$$AuCl_3+H_2O \longrightarrow HAuOHCl_3$$

$$HAuOHCl_3+HCl \longrightarrow HAuCl_4+H_2O$$

$$3Cl_2+2Au+HCl \longrightarrow 2HAuCl_4$$

$$2AuCl_4^-+3H_2C_2O_4 \longrightarrow 2Au+6CO_2+8Cl^-+6H^+$$

$$2AuCl_4^-+6H_2O+3C \longrightarrow 2Au+3CO_2+8Cl^-+12H^+$$

$$2AuCl_4^-+6H_2O+3SO_2 \longrightarrow 2Au+3SO_4^{2-}+8Cl^-+12H^+$$

$$2AuCl_4^-+3H_2O_2 \longrightarrow 2Au+8Cl^-+6H^++3O_2\uparrow$$

$$2HAuCl_4+3SnCl_2 \longrightarrow Au+3SnCl_4+2HCl$$

金的氰化物有一氰化金（AuCN）、二氰化金[$Au(CN)_2$]，盐酸或硫酸与金氰酸钾[$KAu(CN)_2$]反应可得到不溶于水的氰化亚金柠檬黄结晶，AuCN 能溶于氨、多硫化铵、碱金属氰化物及硫代硫酸盐中。在有氧存在时，金在氰化液中能形成络合物 $Au(CN)_2^-$，$Au(CN)_2^-$中的金容易被还原、沉淀，这是氰化法提金的理论基础。反应式为

$$2Au+4NaCN+O_2+2H_2O = 2Au(CN)_2+4NaOH$$

金在氧化剂作用下，可与硫脲形成稳定的金络离子 $Au[CS(NH_2)_2]_2^+$，用浓氨水处理 Au_2O_3或 $H(AuCl_4)$溶液时，产生爆金（因易爆炸而得名）。金溶于含 Fe^{3+}硫脲酸性水溶液，制取金的硫脲络合物对金的湿法冶金有指导意义。反应式为

$$Au+4CS(NH_2)_2+Fe^{3+} = 2Au[CS(NH_2)_2]_2+Fe^{2+}$$

金的硫化物有 Au_2S、Au_2S_2和 Au_2S_3。Au_2S 能溶于 KCN 溶液及碱金属的硫化物中。Au_2S_3是黑色粉末，200℃以上分解为金和硫。金的氧化物有 Au_2O、Au_2O_3，后者为不溶于水的暗棕色粉末，加热到 260℃时分解为单质金。氢氧化金[$Au(OH)_3$]呈两性，且酸性特征占优势，通称金酸。向沸腾的 $AuCl_3$溶液中加 K_2CO_3可制取 $Au(OH)_3$；也可用浓碱从金氰酸$H[Au(CN)_2]$稀溶液中沉淀 $Au(OH)_3$。可用金酸溶于强碱溶液中制得金酸盐。反应式为

$$Au(OH)_3+NaOH = NaAu(OH)_4$$

$$Au(OH)_3+KOH = KAu(OH)_4$$

（2）银的化学性质　银不能直接与氧、氮、氢、碳、水、碱溶液反应。加热时，银可

与氧、硫、磷反应，200℃时银与氧反应生成氧化银（Ag_2O），至400℃分解。红热状态下，分别与磷、硫反应生成磷化物和硫化银。室温下，银能与硫化氢反应生成黑色硫化银。银可以直接与卤素氯、溴、碘反应生成卤化物，能溶于强氧化性酸，如浓硫酸、硝酸；易溶于王水、饱和氯的盐酸；饱和空气的碱金属氰化物溶液中；溶于含有三价铁离子的酸性硫脲溶液中。反应式为

$$4Ag+8CN+O_2+2H_2O = 4Ag(CN)_2^-+4OH^-$$

$$Ag+4CS(NH_2)_2+Fe^{3+} = 2Ag[CS(NH_2)_2]_2+Fe^{2+}$$

银的卤化物中除AgF外，其他卤化物均难溶于水。氯化银是白色结晶，熔点455℃、沸点1550℃，1000℃时明显挥发。AgCl能溶解于硫代硫酸盐溶液、氩硫酸盐溶液、氨液、氰化物、浓盐酸和其他氯化物溶液中。反应式为

$$AgCl+2CN^- = Ag(CN)_2+Cl^-$$

$$AgCl+2S_2O_3^{3-} = Ag(S_2O_3)^{2-}+Cl^-$$

$$AgCl+2NH_4OH = Ag(NH_3)^++Cl^-+H_2O$$

$$AgCl+Cl^- = AgCl_2{}^-$$

悬浮于稀硫酸中的AgCl易被金属锌、铁等置换而还原成金属银，反应式为

$$2AgCl + Fe = 2Ag \downarrow + FeCl_2$$

这是工业上广泛应用的一种提银方法。

溴化银易溶于氨盐、硫代硫酸盐、亚硫酸盐和氰化物的水溶液中，易被金属还原。碘化银是最难溶的卤化银，不溶于氨水，能溶于氰化物、硫代硫酸盐溶液。卤化银均具有极强的感光性能，AgBr是生产照像材料的主要原料。

氰化银（AgCN）是一种白色结晶，不溶于水和稀酸，可溶于氨、铵盐、硫代硫酸盐、碱金属氰化物水溶液中。在氧化剂作用下，溶于碱金属氰化物溶液，生成稳定的银氰络离子$Ag(CN)^{2-}$。

银的硫化物有Ag_4S、Ag_2S。Ag_4S不溶于水，干燥时会分解成Ag_2S。Ag_2S极难溶于水，400℃分解成金属银。Ag_2S与H_2SO_4反应生成硫酸银（Ag_2SO_4）。Ag_2S不溶于稀酸，可溶于硝酸、浓硫酸和氰化物溶液中。

硝酸银是无色透明晶体，熔点208.5℃，350℃分解，易溶于水，在0℃时每100g水可溶解122g。在有机物存在条件下，硝酸银因部分还原而发黑。硝酸银用作制备其他银化合物的原料，水溶液用作银精炼的电解液。硫酸银（Ag_2SO_4）为无色结晶，660℃熔化，高于1000℃分解，在25℃水中，每100g水可溶解0.8g。

氧化银为黑棕色粉末，微溶于水，悬浮液呈碱性，受热或者受光照分解为银和氧。氧化银可被双氧水还原成金属银，与氨水作用生成络合物，反应式为

$$Ag_2O+4NH_4OH = Ag(NH_3)_2OH\downarrow+3H_2O$$

溶液在存放期间，能生成（Ag_3N、Ag_2NH）沉淀，它是一种黑色粉末，稍经触动、碰击、摩擦、加热，即会引起分解而发生爆炸。

10.2.2 金、银资源概况

1. 金矿资源

金在自然界中以自然金存在，金矿分砂金矿和脉金矿。工业矿物有自然金、金银矿、银

金矿、方金锑矿和各种碲化物。海水中含有大量的金，但浓度过低。

世界黄金资源最丰富的是南非，其次是澳大利亚和美国。砂金易于开采，水洗即可提金，目前，砂金矿产已经枯竭，脉金矿是黄金矿石主要来源。我国黄金储量居世界第四位，在探明地质储量中，脉金占 43.5%，伴生金占 45.6%，砂金占 10.9%。脉金主要集中在胶东、秦岭、黑龙江和吉林，矿石平均含金 6.15～15.7g/t。砂金集中在黑龙江，平均品位 0.223～0.34g/t。生产黄金的资源还有含金多金属矿，如铜矿、镍矿、铅锌矿等。

2. 银矿资源

银在自然界中大部分与铜、铅、锌、金矿伴生，已知有 60 多种银矿，包括自然银和银金合金、辉银矿（Ag_2S）、银铜矿（AgCuS）、深红银矿（$AgSbS_2$）、脆银矿（Ag_5SbS_4）、锑银矿（Ag_3Sb）、碲银矿（Ag_2Te）、碲金银矿（Ag_2AuTe_2）和角银矿（AgCl）等。世界上最主要的产银国是墨西哥，已探明储量 2300 万 t。俄罗斯、秘鲁、加拿大、美国也盛产白银。我国白银主要是从重有色冶金生产中综合回收，尚无专门的炼银厂，近年来先后在陕南、湖北探明了一些大型银矿。

10.3　金、银生产概况

黄金生产已有五千年历史，银的生产稍晚。据统计，数千年来人们从金矿中提炼的黄金累计九万多吨。从矿物中提取金、银的工艺流程取决于以下因素：①金的粒度和赋存状态。②矿石的物相组成。③与金结合的矿物特征，石英或者硫化物、氧化程度、泥质等。④矿石中其他有价成分。⑤使处理工艺复杂的组成（如碳、砷、锑）。

金的粒度是最重要的选别指标。根据选金过程中的行为，将金的粒度分为三类：粗粒金（>0.070mm）、细粒金（0.010～0.070mm）和微粒金（<0.001mm）。粗粒金用重选提取，细粒金用浮选法提取，微粒金则需要用专门的方法提取。从矿石中提取金、银过程包括矿石准备（破碎、磨矿）、选矿（重选、浮选）和冶金（混汞、氰化、焙烧、熔炼等）。

从含金、银矿石中提取金、银的方法有矿石直接提取和有色金属生产综合回收两类。砂金提取金、银一般用重力选矿法；如品位不高，金粒又细，则宜用浮选、混汞及氰化法。从脉金矿中提取金、银要经过选矿、混汞、氰化等流程。

混汞法是一种古老的提金方法，氰化法是中外金矿广为采用的方法。湿法提取金、银的过程，在原来氰化溶金、加锌沉金基础上，向堆浸、炭浆、离子交换树脂等新工艺发展。硫脲法是一种湿法提金新工艺。从炼铜、炼镍、炼铅工艺综合回收金、银，一般将贵金属富集到阳极泥中，最后从阳极泥中提取金、银。

随着科技不断进步，工业用金、银量的增加，从含金、银的废液、废渣、废料中回收金、银是当前金、银生产的重要课题。

10.3.1　混汞法

1. 混汞法基本原理

利用汞对金的湿润性并形成汞膏，将金、银从矿石中分离出来的方法，称为混汞法。混汞是汞对金的湿润和汞齐化过程。混汞法提金已有 2000 多年的历史。

（1）汞对金的湿润过程　混汞是将汞与矿浆混合，汞对金、银微粒的湿润是在水介质中进行的。混汞体系中，有水、汞和金矿三相，汞在矿浆中湿润金粒的过程如图 10-1 所示。从图可以看出，金粒与汞、水之间存在三相接触点 O。过 O 点有三个作用力，即水与汞界面张力 $\sigma_{水\text{-}汞}$，水与金界面张力 $\sigma_{水\text{-}金}$，汞与金界面张力 $\sigma_{汞\text{-}金}$。根据力的平衡条件，三个界面张力应服从下列关系：

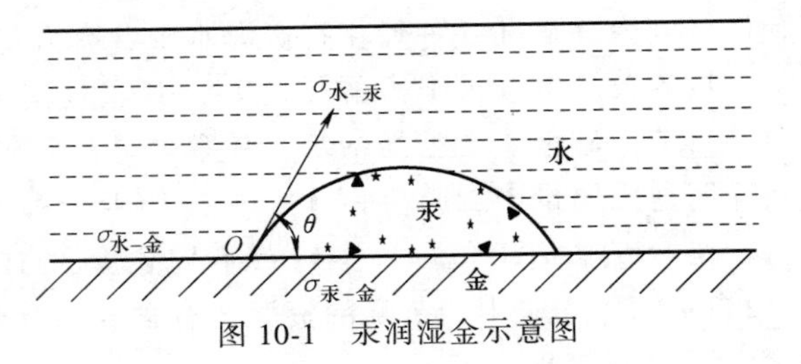

图 10-1　汞润湿金示意图

$$\sigma_{水\text{-}金}=\sigma_{汞\text{-}金}+\sigma_{水\text{-}汞}\cos\theta$$

$$\cos\theta=\frac{\sigma_{水\text{-}金}-\sigma_{汞\text{-}金}}{\sigma_{水\text{-}汞}}$$

式中，σ 为界面张力；θ 为接触角。

由图可直观地看出，θ 越小，汞对金的湿润越好，水-汞反之越差。

若 $\sigma_{水\text{-}金}>\sigma_{汞\text{-}金}$，则 $\cos\theta>0°$，$\theta<90°$，湿润性较好。若 $\sigma_{水\text{-}金}<\sigma_{汞\text{-}金}$，则 $\cos\theta<0°$，$\theta>90°$，湿润性差。因此，要使混汞效果良好，$\sigma_{汞\text{-}金}$应尽可能小，并使金粒尽量暴露于矿石表面。

汞对金的湿润作用与汞液中溶解的微量金、银、铜、铅有关，微量金属能提高汞的湿润性。随着温度升高，汞金界面张力降低，有利于汞对金的湿润。汞对银的湿润性略差于金，银多以辉银矿（Ag_2S）、角银矿（AgCl）存在，用混汞法提银时，应加入还原剂，使银还原而与汞形成汞膏。加入铁还原，再利用汞提炼角银矿，反应式为

$$2AgCl + Fe = 2Ag\downarrow + FeCl_2$$

角银矿也可被汞还原，反应式为

$$2AgCl + 2Hg = 2Ag\downarrow + 2Hg_2Cl_2$$

提炼辉银矿应加入硫酸铜、食盐及铁，反应式为

$$CuSO_4 + 2NaCl = Na_2SO4 + CuCl_2$$

$$Fe + CuCl_2 = Cu\downarrow + FeCl_2$$

$$Cu + CuCl_2 = 2CuCl_2$$

$$Ag_2S+2CuCl = 2Ag\downarrow +CuS\downarrow +CuCl_2$$

在自然界中，金、银或共生或伴生，混汞时得到的汞膏都含有金、银。

混汞法提铂比较困难，铂表面容易钝化，不易被汞湿润，在酸性或氨水介质中，加入起活化作用的加锌汞膏，利用酸溶解铂表面氧化膜，锌与酸反应产生氢还原氧化膜，铂的表面洁净了，就容易被汞所湿润。

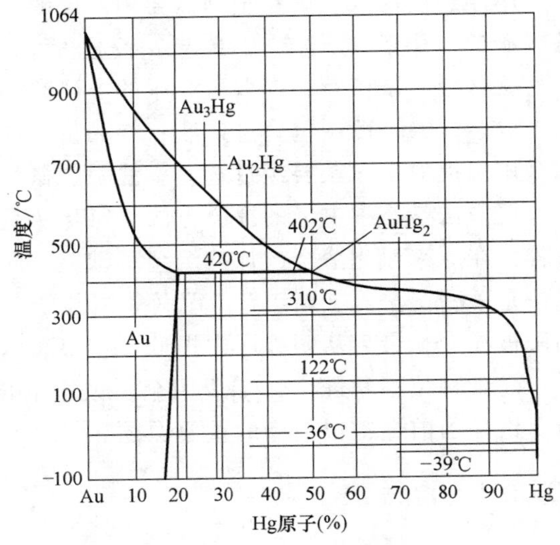

图 10-2　Au-Hg 二元系相图

（2）汞齐化过程　汞湿润金、银表面并向内部扩散形成合金的过程称为汞齐化过程。汞与金、银、铂形成合金，可用相应的二元相图解释。图 10-2 所示为 Au-Hg 二元系相图，由图看出，金和汞在液态时无限互溶。常温下，可形成 Au_3Hg、Au_2Hg 和 $AuHg_2$ 等化合物。

这些化合物受热易分解，Au_3Hg 在 420℃分解，Au_2Hg 在 402℃分解，$AuHg_2$ 在 310℃分解。Hg 溶解于金中形成固溶体（Au），在 420℃时最大溶解度含汞近 20%（原子）。汞湿润于金粒表面后，向内部扩散，形成各种 Au-Hg 化合物的过程，可以用图10-3所示描述。金粒最外层被汞包围，形成 $AuHg_2$；汞向金粒内部扩散，在次外层形成 Au_2Hg；进一步向金粒内部扩散，在第三层形成 Au_3Hg；第四层只有少量汞渗入，与金形成金基固溶体，金粒内核未与汞接触，仍为纯金。

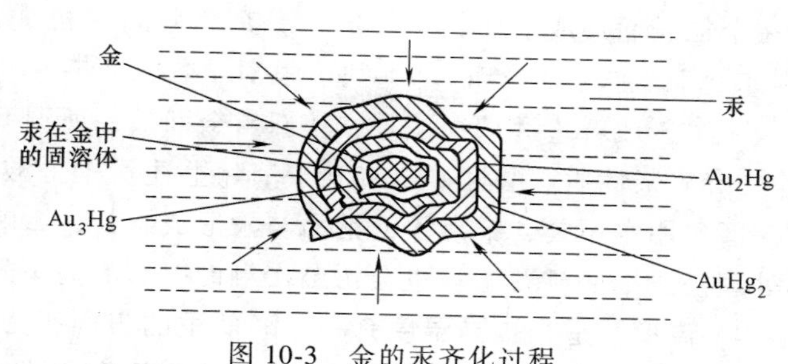

图 10-3　金的汞齐化过程

银的汞齐化过程与金相似，Ag-Hg 系相图如图 10-4 所示。由图可知，银与汞在液态时互相溶解，固态时汞溶解于银形成银基固溶体，最大溶解度含汞 53%。汞与银还形成两种化合物 β 和 γ。β 在 276℃分解，γ 在 127℃时分解。

图 10-5 所示为 Pt-Hg 系相图，铂与汞形成铂基固溶体和三种金属间化合物。金属间化合物不稳定，PtHg 在 480℃时分解，$PtHg_2$ 在 245℃时分解，$PtHg_4$ 在 160℃时分解。铂基固溶体最大含汞量为 18%（原子分数）。

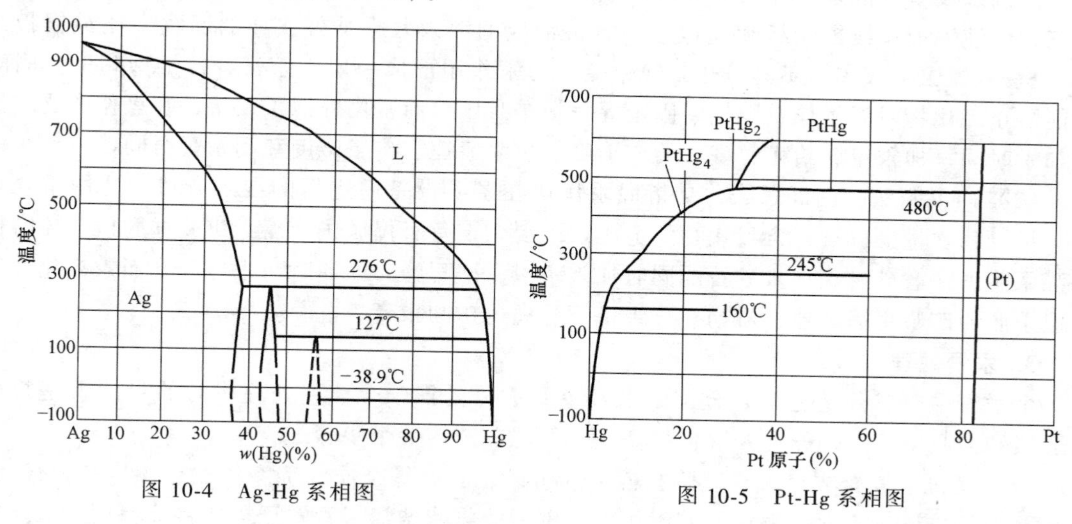

图 10-4　Ag-Hg 系相图　　图 10-5　Pt-Hg 系相图

由 Au-Hg、Ag-Hg 和 Pt-Hg 系相图可知，用混汞法产出的金汞膏、银汞膏和铂汞膏，都是汞与这些金属组成的固溶体和化合物。汞膏易与矿浆中其他金属化合物和脉石分离，达到富集贵金属的目的。

（3）影响混汞的因素　影响混汞的因素，包括影响汞湿润金粒和汞向金粒内部扩散的因素。

1）汞液成分。纯汞对金的湿润效果不好，含有少量金、银或碱金属的汞液能降低表面张力，改善湿润效果。过量的碱金属易于在汞珠表面形成氧化膜，降低汞对金的润湿性能。汞中含金 0.1%~0.2%时，可以加速金的汞齐化过程；含银 0.17%时，汞对金的润湿能力提高 0.7 倍；当金、银含量达 5%时，汞对金的润湿能力提高两倍。

2）接触面洁净度。金粒表面洁净有利于汞湿润。但金矿中常伴生有银、铜等化合物，易在金粒表面形成薄膜；磨矿时，铁屑、脉石和机油也污染金粒表面，污染物使汞珠易于“粉末化”，称为“汞病”，不利于汞对金粒湿润。防止和消除“汞病”的方法是防止污物进入矿浆，或者边磨矿边混汞，使新鲜金面被汞所湿润。

3）矿浆性质。酸性矿浆有利于消除上述污染，酸性过高妨碍矿泥凝聚，矿泥也是污染源。磨矿用水不要含铜离子，铜易与汞形成汞膏，影响金汞膏纯度并使之变硬变脆，不便收集处理。过细的矿石微粒也会污染接触面，影响混汞效果。

4）温度。适当提高温度有利于降低汞的表面张力，湿润金粒并向金粒内扩散，加速汞齐化过程；温度过高，会使矿浆中易溶杂质污染汞液，加剧汞蒸发。

5）汞相表面阴极化。当汞相表面阴极化时，能大大改善汞对金表面的湿润作用，并使混汞过程放出氢气，有利金表面活化，从而有利于混汞。

2. 混汞法实践

混汞作业可分三种类型：外混汞法、内混汞法和特殊混汞法。我国采用的是前两种。

（1）外混汞法　外混汞法是先磨矿后混汞，混汞作业在磨矿作业之外区域进行。磨矿、混汞设备无结构上的联系，适用于处理含金的多金属矿，用以捕集其中的粗金粒。在选金厂中很少单独采用，往往与浮选、重选和氰化法联合使用。外混汞法所用的磨矿设备，与一般选矿厂相同。

外混汞设备分混汞板和其他混汞机械。混汞板又分固定混汞板和振动混汞板。汞板材质有三种，纯铜板、镀银铜板和纯银板。镀银铜板的混汞效果最好，金的回收率比纯铜板高3%~5%。镀银铜板表面不易氧化，镀银层易与汞作用形成一层银汞膏，使铜板耐磨、耐酸并能防止硫化物对混汞作业干扰。固定混汞板是我国目前常用外混汞设备，在操作中要掌握好加汞时间、加汞量、给矿粒度、给矿浓度、矿浆流速、矿浆碱度和刮汞膏时间。

（2）内混汞法　内混汞法，是指混汞作业在磨矿设备内进行的混汞方法。适用于处理铜、铅、锌含量少，且不含硫化物的金矿。内混汞设备有捣矿机、碾盘机、球磨机、棒磨机和混汞筒。在磨矿过程加入矿石的同时加入汞液，矿石磨碎的同时与汞珠混合而汞齐化。经内混汞后的矿浆用捕集器、流槽、分级机等分离尾矿和汞膏。

3. 汞膏处理

金汞膏主要成分是金汞合金，银汞膏主要成分是银汞合金，处理汞膏的目的就是提取金、银和回收汞。处理作业一般包括洗涤、压滤和蒸馏三个步骤。

（1）洗涤　汞膏先经洗涤以除去混杂的重砂、脉石等杂质。洗涤作业在操作台上进行，操作台为长方形，表面铺铜板，四周用木条围沿。将待洗涤汞膏置于操作台上，用水反复搓揉、冲洗，直至汞膏洁净。

（2）压滤　经洗涤的汞膏仍含有大量游离汞，可用压滤法除去。压滤设备视生产规模定，生产规模小，用手工压滤即可。将洗涤后的汞膏用滤布包紧，人工挤压即可挤出游离的汞液。生产规模较大时，可用压滤机作业，压滤出来的汞液含金0.1%~0.2%，可供混汞作业利用，滤饼送蒸馏处理。

（3）蒸馏　压滤后的汞膏仍含有20%~50%的汞，可用蒸馏法脱除汞。由Au-Hg、Ag-Hg系相图可知，加热到35℃可使游离汞汽化；加热至420℃可使金、银、汞化合物分解；加热至800℃可使固溶体分解。生产规模小时可用蒸馏罐，规模大时则用蒸馏炉进行蒸馏作业。蒸馏后，金、银以固态形式存留在蒸馏罐内，成为海绵金。

10.3.2　氰化法

1. 氰化法概述

根据选用络合剂的不同，湿法浸出金的方法可分为：氰化法、硫脲法和水溶液氯化法。氰化法是指以碱金属氰化物（KCN、NaCN）水溶液作溶剂，浸出矿石中的金、银，然后从浸出液中提取金、银的方法。自 1887 年氰化法首次用于提取金之后，在世界各地的金、银矿山迅速普及。尽管氰化物有剧毒，但氰化法具有生产成本低、金的回收率高、对矿石适应性强等优势，仍然是占统治地位的提金方法。

2. 氰化过程物理化学

（1）氰化过程热力学　金、银的氰化过程可以写成下列依次发生的两个反应，反应式为

$$2Me+4CN^-+O_2+2H_2O \longrightarrow 2Me(CN)_2^-+2OH^-+H_2O_2 \tag{10-1}$$

$$2Me+4CN^-+H_2O_2 \longrightarrow 2Me(CN)_2^-+2OH^- \tag{10-2}$$

对于 Au，溶出过程主要按式（10-1）进行，反应式为

$$2Au+4CN^-+O_2+2H_2O \longrightarrow 2Au(CN)_2^-+2OH^-+H_2O_2 \tag{10-3}$$

对于 Ag，溶出反应可以写成

$$4Ag+8CN^-+O_2+2H_2O \longrightarrow 4Ag(CN)_2^-+4OH^- \tag{10-4}$$

反应式（10-4）是反应式（10-1）、式（10-2）的总和。根据热力学理论，金在水溶液中的标准电位是 1.73V，$Au^+ + e \longrightarrow Au$，工业上常用的氧化剂不能使金氧化。氰化物溶液呈碱性，在碱性介质中常用氧作为氧化剂，根据能斯特方程，金属在溶液中的电位与其离子的活度有关，25℃时，金的电位方程为

$$\varepsilon = 1.73 + 0.059\lg[a_{Au}]^+ \tag{10-5}$$

即金的电位随金离子活度降低而降低，是金能溶解于氰化物的理论依据。

Au^+和 CN^-形成非常牢固的络合离子 $Au(CN)_2^-$，它的离解平衡为

$$Au(CN)_2^- \rightleftharpoons Au^+ +2CN^- \tag{10-6}$$

反应式（10-6）的平衡常数为 1.1×10^{-41}，说明在有 CN^-存在时，金离子的活度非常低。根据反应式（10-6）计算金离子活度，并代入金的电位方程式（10-5）中，可以求出在有游离 CN^-离子存在的溶液中金的电位

$$Au+2CN^- \rightleftharpoons Au(CN)_2^-+e \tag{10-7}$$

式（10-7）半电池标准电位为−0.686V。根据标准电位和热力学数据，可以计算：按照反应式（10-1）溶解金的化学反应平衡常数和 $\Delta G_{298}^{\ominus}$为：$K=1.1\times10^{18}$，$\Delta G_{298}^{\ominus}=-103.4\text{kJ}$。

按照反应式（10-2）溶解金的化学反应平衡常数和 $\Delta G_{298}^{\ominus}$为：$K=2.5\times10^{55}$，$\Delta G_{298}^{\ominus}=-315.7\text{kJ}$。

可见，反应式（10-1）、反应式（10-2）溶解金，在热力学上是可能的。

按照反应式（10-1）溶解银化学反应平衡常数和 $\Delta G_{298}^{\ominus}$为：$K=3\times10^5$，$\Delta G_{298}^{\ominus}=-30.9\text{kJ}$。

按照反应式（10-2）溶解银化学反应平衡常数和 $\Delta G_{298}^{\ominus}$为：$K=5\times10^{42}$，$\Delta G_{298}^{\ominus}=-243\text{kJ}$。

必须指出：从热力学上讲，金的溶解过程按照反应式（10-1）、式（10-2）均能进行，从动力学角度分析，反应式（10-2）很难实现，实际反应按照式（10-1）进行。

在工业生产条件下，氰化物溶解金、银的过程，可以用如图 10-6 所示的 Au(Ag)-CN^--H_2O 系电位-pH 图进行分析。图中各线分别表示下列电位方程，方程式为

$$O_2 + 4H^+ + 4e = 2H_2O,\quad \varepsilon = 1.228 - 0.0591P_H{}^+ + 0.0147\lg P_{O_2} \tag{10-8}$$

$$2H^+ + 2e = H_2,\quad \varepsilon = 0.0591P_H{}^+ + 0.0295\lg P_{H2} \tag{10-9}$$

$$O_2 + 4H^+ + 4e = 2H_2O_2,\quad \varepsilon = 0.68 - 0.0591P_H{}^+ + 0.0295\lg(P_{O_2}/a_{H_2O_2}) \tag{10-10}$$

$$H_2O_2 + 2H^+ + 2e = 2H_2O,\quad \varepsilon = 1.77 - 0.0591P_H{}^+ + 0.0295\lg a_{H_2O_2} \tag{10-11}$$

$$Au^+ + e = Au,\quad \varepsilon = 1.73 + 0.059\lg a_{Au^+} \tag{10-12}$$

$$Ag^+ + e = Ag,\quad \varepsilon = 0.8 + 0.059\lg a_{Ag^+} \tag{10-13}$$

$$Au^+ + 2CN^- = Au(CN)_2^-,\quad p_{CN} = 19 + 0.5\lg[a_{Au^+}/a_{Au(CN)^{2-}}] \tag{10-14}$$

$$Ag^+ + 2CN^- = Ag(CN)_2^-,\quad p_{CN} = 9.4 + 0.5\lg[a_{Ag+}/a_{Ag(CN)^{2-}}] \tag{10-15}$$

$$Au(CN)_2^- + e = Au + 2CN^-,\quad \varepsilon = -0.68 + 0.118p_{CN} + 0.0591\lg[a_{Au(CN)^{2-}}] \tag{10-16}$$

$$Ag(CN)_2^- + e = Ag + 2CN^-,\quad \varepsilon = -0.31 + 0.118p_{CN} + 0.0591\lg[a_{Ag(CN)^{2-}}] \tag{10-17}$$

$$H^+ + CN^- = HCN,\quad p_{CN} + p_H = 9.4 - \lg a_{HCN} \tag{10-18}$$

$$Zn^{2+} + 2e = Zn,\quad \varepsilon = -0.76 + 0.0295\lg a_{Zn^{2+}} \tag{10-19}$$

$$Zn(CN)_4^{2-} = Zn^{2+} + 4CN^-,\quad p_{CN} = 4.2 + 0.25\lg[a_{Zn^{2+}}/a_{Zn(CN)_4^{2-}}] \tag{10-20}$$

$$Zn(CN)_4^{2-} + 2e = Zn + 4CN^-,\ p_{CN} = -1.261 + 0.118p_{CN} + 0.0295\lg[a_{Zn(CN)_4^{2-}}] \tag{10-21}$$

图中横坐标代表 p_{H^+}值或 p_{CN^-}，两者可以换算，对应关系见表 10-6。

表 10-6　p_{H^+}值与 p_{CN^-}数值对照表

p_H	0	2	4	6	8	9.4	10～16
p_{CN}	11.4	9.4	7.4	5.4	3.4	2.3	2

由图 10-6 所示可以看出：

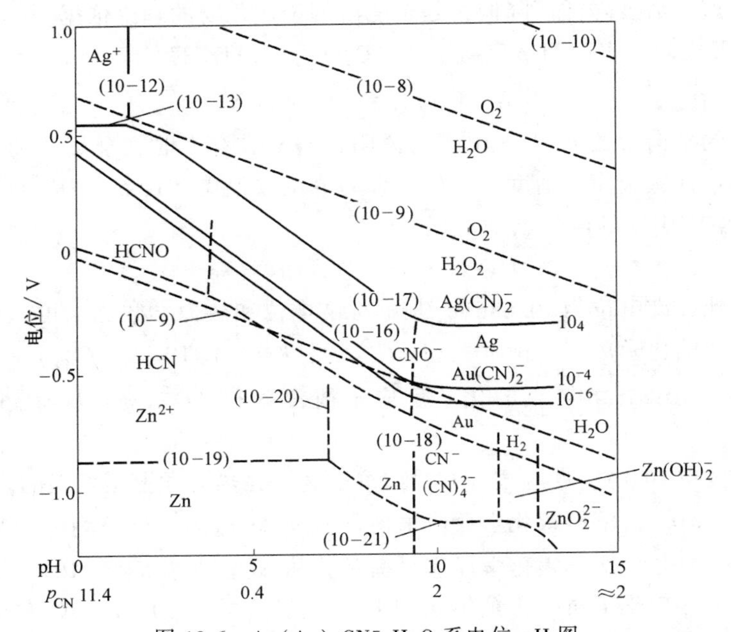

图 10-6　Au(Ag)-CN^--H_2O 系电位-pH 图

1）用氰化物溶液溶解金、银，生成的络合离子的还原电极电位比游离金、银离子低得多，氰化物溶液是金、银的良好溶剂和络合剂。

2）金、银的氰化物络合离子 $Au(CN)_2^-$、$Ag(CN)_2^-$在水溶液中是稳定的。

3）游离金离子的还原电位高于银离子，络合金离子的还原电位低于络合银离子，说明氰化物溶解金比溶解银容易。

4）在 pH≤9~10 范围内，提高 pH 值有利于溶解金、银。超出该范围，pH 对金、银的溶解过程无影响。

5）氰化物溶金的曲线及其下边的平行曲线说明，在 pH 相同时，金的络合物离子的电极电位，随络离子活度降低而降低。银也遵从该规律。

6）O_2/H_2O、O_2/H_2O_2是推动金、银溶解的氧化剂。

（2）氰化过程动力学　金、银和氰化物溶液的反应发生在固液界面上，反应速度遵从多相反应动力学规律。氧浓度高时，反应速度取决于氰化物离子通过扩散层向矿石金粒表面扩散速度；氰化物浓度高时，反应速度取决于氧通过扩散层向受腐蚀金粒相邻区域扩散速度；在固定氧压下，反应速度随氰化物浓度的增高而增大。氰化物浓度和氧分压对金溶解速度的影响如图 10-7 所示。

金氰化反应速度常数 K 与温度 T 的关系为：$\lg K=-3.423-(762/T)$，反应的活化能为 15kJ/mol，在高氰化物浓度条件下，氰化反应活化能为 6kJ/mol，这表明金的氰化过程受扩散过程控制。金、银在氰化物中的溶解机理是一个电化学腐蚀过程，腐蚀过程的两个相邻表面分别为阳极（矿物中的金粒）、阴极（与金粒相邻的矿物表面）。金粒腐蚀过程的微电池模型如图 10-8 所示。金粒腐蚀过程的半电池反应为：

阴极区：$O_2+2H_2O+2e \longrightarrow H_2O_2+2OH^-$

阳极区：$2Au+4CN^- \longrightarrow 2Au(CN)_2+2e$

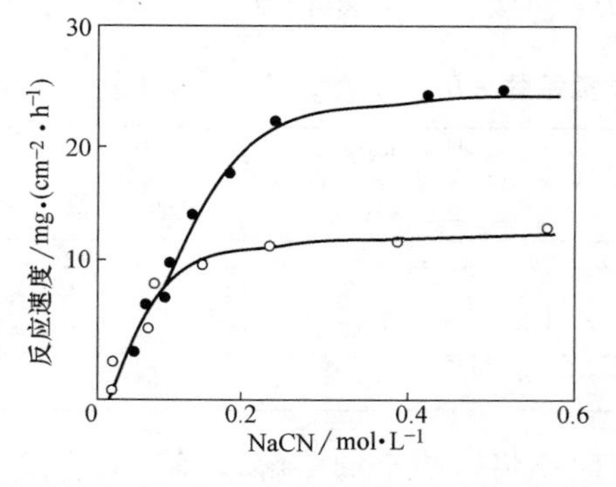

图 10-7　氰化物浓度和氧分压对金溶解速度的影响

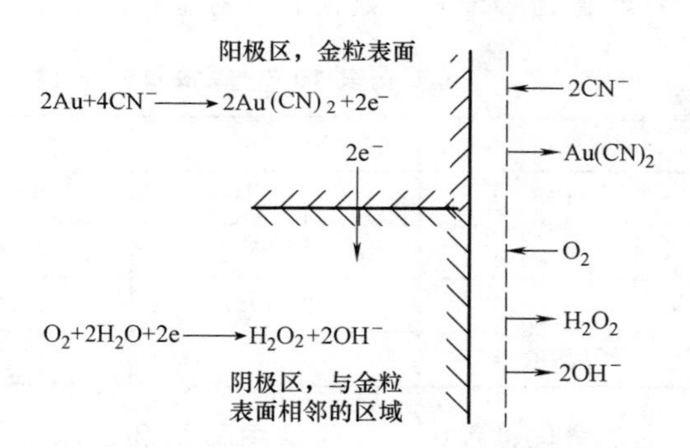

图 10-8　金粒腐蚀过程的微电池模型

在氰化腐蚀的微电池系统中，影响阴极、阳极极化最大的因素是浓差极化，浓差极化过程可由菲克定律确定。在阳极液中，CN^-向金粒表面扩散速度为：

$$\frac{d[CN^-]}{dt}=\frac{D_{CN^-}}{\delta}A_2([CN^-]-[CN^-]_i),mol/s$$

式中，D_{CN^-}为 CN^-的扩散系数（cm^2/s）；δ 为扩散层厚度（cm）；［CN^-］为扩散层外 CN^-浓度（mol/s）；$[CN^-]_i$为层内 CN^-浓度（mol/s）；A_2 为系数。

在阴极液中，氧向金粒表面扩散速度为

$$\frac{d[O_2]}{dt}=\frac{D_{O_2}}{\delta}A_2([O_2]-[O_2]_i),mol/s$$

式中，D_{O_2}为O_2的扩散系数（cm^2/s）；δ为扩散层厚度（cm）；［O_2］为扩散层外O_2浓度（mol/s）；$[O_2]_i$为扩散层内O_2浓度（mol/s）。

由反应式（10-3）可知，金溶解速度为氧的消耗速度的2倍，为氰消耗速度的1/2，以$v_金$表示金溶解速度，当溶液中［CN^-］很低时

$$v_金=\frac{1}{2}\frac{AD_{CN^-}}{\delta}[CN^-]$$

令

$$\frac{1}{2}\frac{AD_{CN^-}}{\delta}=K_1$$

即

$$v_金=K_1[CN^-]$$

也即是说，当溶液中氰根的浓度很低时，金的溶解速度只随氰根的浓度而变化。当溶液中氰根的浓度很高时，金的溶解速度取决于氧的浓度。

$$v_金=2\frac{AD_{O_2}}{\xi}[O_2]$$

令$2\frac{AD_{O_2}}{\xi}=K_2$，即$v_金=K_2[O_2]$。

氰化物溶金时，氰根和氧对金粒的扩散系数（D_{O_2}、D_{CN^-}）见表10-7。

表10-7 氰根和氧对金粒表面的扩散系数（D_{O_2}、D_{CN^-}）

温度/℃	KCN(%)	$D_{CN^-}/cm\cdot s^{-1}$	$D_{O_2}/cm\cdot s^{-1}$	D_{O_2}/D_{CN^-}
18		1.72×10^{-2}	2.54×10^{-2}	1.48
25	0.03	2.01×10^{-2}	3.54×10^{-2}	1.76
27	0.0175	1.75×10^{-2}	2.20×10^{-2}	1.26
平均值		1.83×10^{-2}	2.76×10^{-2}	1.5

在氰化过程中，氰化液中氰根和氧浓度的比值大小将影响金的溶解过程，最佳比值是6，即$[CN^-]=6[O_2]$。可见，一味加氰或者通氧均不能有效提高溶金速度。

（3）影响氰化速度的因素　工业生产中，氰化液中往往含有大量杂质，实际氰化速度与实验数据并不完全吻合。

1）氰化物浓度和氧浓度。分析表明：在室温和大气环境下，浸出金的最佳游离氰化物浓度为0.01%，浸出银最佳游离氰化物浓度为0.02%。实际生产中，浸出金的游离氰化物浓度控制在0.02%~0.05%或者更高，主要与氰化物中含有降低溶液活性的杂质，矿石中伴生有造成氰化物无谓损耗的杂质等因素有关。氧的浓度会影响氰化溶金速度，矿石中含有易氧化的矿石组分时（如磁铁矿、黄铁矿），需要特别注意补充氧。往往在浸出之前向碱性矿浆中通入大

量空气，或者在高压条件下通氧（如氧分压达到 7atm[⊖]），可以提高金的浸出率。

2）搅拌。金、银氰化过程的控制环节是扩散，加强搅拌可以强化金、银氰化溶出过程。

3）温度。提高温度可以提高扩散系数，有利于氰化溶出；温度升高也降低氧在氰化液中的溶解度，不利于氰化溶出。两者作用可相互抵消。温度过高会促进氰化物水解、增加氰化成本，降低浸出液纯度（贱金属溶出），造成环境污染。工业生产中，一般将矿浆温度控制在 15~20℃。

4）金粒大小和形状。金粒大小和形状是决定氰化速度最重要的因素之一。粗金粒比表面小，溶解速度小、溶解时间长、增加氰化成本。金的韧性高，磨矿很难降低金粒的粒度。对于粗金粒矿，一般采用重选或者混汞的方法辅助回收金。在闭路磨矿系统中，可将氰化液加入磨矿机中，以提高粗金粒回收率。对于粒度为 1~70μm 的细粒金，通过磨矿和氰化浸出，可以有效回收矿石中的金粒。我国精矿氰化处理大多要求磨矿细度-325 目占 80%~95%。全泥氰化厂磨矿细度-325 目占 60%~80%。颗粒低于 1μm 的微粒金，磨矿很难从包裹体中分离或者暴露金端面，不宜用氰化法直接回收。可采用浮选富集、精矿焙烧、火法冶炼、氰化处理复合工艺处理。

5）矿浆黏度。矿浆的黏度会影响氰化物和氧的扩散速度，黏稠的矿浆阻碍金粒与溶液间的相对流动。黏度高会大大降低金的溶出速度，这类矿石需要在 20%以下的低矿浆浓度条件下氰化，含泥高的矿浆不能用常规氰化工艺处理。

6）金粒表面薄膜。金粒表面的薄膜妨碍金粒与溶剂接触，降低溶金速度。金粒表面形成薄膜与以下因素有关：①氰化液中硫离子浓度达到 5×10^{-7}mol/L 时，在金粒表面形成硫化亚金薄膜；②用氢氧化钙作保护碱，当溶液 pH≥11.5 时，在金粒表面生成 CaO_2薄膜；③过多的铅盐在金粒表面生成 $Pb(CN)_2$薄膜；④当浮选药剂（黄药）浓度超过 4×10^{-4}%时，在金粒表面生成黄源酸金薄膜。上述薄膜的组成、结构等尚待进一步研究、证实。

（4）氰化物水解　溶金用的氰化物在水溶液中水解，生成挥发性的弱酸（HCN）和 OH^-。水解增加药剂消耗，毒化车间环境，氰化钠的水解反应为：

$$NaCN+H_2O \xlongequal{} NaOH+HCN\uparrow \tag{10-22}$$

25℃时，反应式（10-22）的平衡常数为 $K_a=1.26\times10^{-5}$。

氰化钠的水解率：

$$h=-(K_a/2C_0)+[(K_a^2/4C_0^2)+(K_a/C_0)]^{0.5} \tag{10-23}$$

式（10-23）可以用来计算氰化物的水解率。在生产条件下，氰化钠的水解可以达到 5%~10%，加入保护碱则可抑制水解过程。从氰化过程电位-pH 图（图 10-6）来看，维持 pH 在线（10-18）右侧，即 pH>9.4 即可。碱会影响加锌沉金作业，加减量要由试验确定，生产中 CaO 浓度控制在 0.03%~0.05%。

3. 氰化物溶液与伴生矿物作用

金、银矿石中的石英及硅酸盐等矿物，一般不与氰化液反应；碱金属硫化物、硫酸盐、氢氧化物等，大部分与氰化物反应，妨碍金、银溶解，增加氰化物消耗。

1）铁矿物。氰化物与硫铁矿以及硫铁矿分解、氧化产物反应：

$$FeS_2+NaCN \xlongequal{} FeS\downarrow + NaCNS$$

⊖　1atm=101325Pa。

$$Fe_5S_6+NaCN \longrightarrow FeS\downarrow + NaCNS$$
$$S+NaCH \longrightarrow NaCNS$$
$$FeS+2O_2 \longrightarrow FeSO_4$$
$$FeSO_4+6NaCN \longrightarrow Na_4[Fe(CN_6)]+Na_2SO_4$$
$$H_2SO_4+2NaCN \longrightarrow Na_2SO_4+2HCN$$
$$Fe(OH)_2+2NaCH \longrightarrow Fe(CN)_2+2NaOH$$

含硫化铁的金矿石，在氰化之前需进行焙烧、洗矿和碱浸，除去硫化铁；磨矿设备磨损带来的铁也会影响氰化过程。

2）铜矿物。铜的氧化矿、硫化矿都能与氰化物反应，消耗氰化物，妨碍金的溶解，主要反应包括

$$2Cu_2S+4NaCN+2H_2O+O_2 \longrightarrow Cu_2(CN)_2+Cu_2(CNS)_2+4NaOH$$
$$2CuSO_4= 4NaOH \longrightarrow Cu_2(CN)_2+ 2Na_2SO_4+ (CN)_2$$
$$2Cu(OH)_2+ 8NaCN \longrightarrow 2Na_2Cu(CN)_3+ 2Na_2CO_3+ (CN)_2$$
$$2CuCO_3+ 8NaCN \longrightarrow 2Na_2Cu(CN)_3+ 2Na_2CO_3+ (CN)_2$$

生成的 $Cu_2(CN)_2$、$Cu_2(CNS)_2$ 还进一步与氰化物发生作用，反应式为

$$Cu_2(CN)_2+ 4NaCN \longrightarrow 2Na_2CU(CN)_3$$
$$Cu_2(CNS)_2+ 6NaCN \longrightarrow 2Na_3Cu(CNS)\cdot(CN)_3$$

3）汞及铅的化合物。汞的化合物在氰化过程中，容易氰化溶解；氯化汞在氰化时解离出金属汞，金属汞也易氰化，反应式为

$$HgO + 4NaCH_4+ H_2O \longrightarrow Na_2Hg(CN)_4+ 2NaOH$$
$$2HgCl_2+ 4NaCN \longrightarrow Hg + Na_2Hg(CN)_4+ 2NaCl$$
$$Hg + 4NaCN + H_2O + 1/2O_2 \longrightarrow Na_2Hg(CN)_4+ 2NaOH$$

方铅矿与氰化物长时间作用生成 Na_2CNS 和 Na_2PbO_2，消耗氰和氧。汞与铅的化合物，可与金形成局部电池，使金阳极溶解，但铅、汞含量不宜过多。

4）砷、锑矿物。砷、锑矿物对氰化过程有害，使氰化过程无法进行。金矿中的砷以雄黄（As_2S_2）、雌黄（As_2S_3）或毒砂（$FeAs_5$）等状态存在，在氰化过程中的反应比较复杂，反应式为

$$2As_2S_3+ 6Ca(OH)_2 \longrightarrow Ca_3(AsO_3)_2+ Ca_3(AsS_3)_2+ 6H_2O$$
$$Ca_3(AsS_3)_2+ 6Ca(OH)_2 \longrightarrow Ca(AsO_3)_2+ 6CaS + 6H_2O$$
$$6As_2S_2+ 3O_2+18Ca(OH)_2 \longrightarrow 4Ca_3(AsO_3)_2+ 2Ca_3(AsS_3)_2+ 18H_2O$$
$$2CAS + 2NaCN + 2H_2O + O_2 \longrightarrow 2NaCNS + 2Ca(OH)_2$$
$$Ca_3(AsS_3)_2+ 6NaCN + 3O_2 \longrightarrow 6NaCNS + Ca_3(AsO_3)_2$$

雄黄、雌黄在氰化过程中与氰、氧、保护碱均反应。毒砂本身不易氰化，但氧化成 As_2O_3 后，则易与氰化物作用，既消耗氰化物，又污染环境，反应式为

$$As_2O_3+ 6NaCN + 3H_2O \longrightarrow 2Na_3AsO_3+ 6HCN$$

辉锑矿（Sb_2S_3）不直接与氰化液反应，下列反应也消耗氰化物和氧，反应式为

$$Sb_2S_3+ 6NaOH \longrightarrow Na_3SbS_3+ Na_3SbO_3+ 3H_2O$$
$$2Na_3SbO_3+ 3NaCN + 3H_2O + 3/2H_2O \longrightarrow Sb_2S_3+ 3NaCNS + 6NaOH$$

综上所述，砷、锑化合物消耗氰，形成的砷、锑盐类易在金粒表面形成薄膜，妨碍金溶解。

可预先氧化焙烧，使砷、锑以氧化物形态挥发，再进行氰化处理。

5）其他化合物。金、银矿石中可能还含有硒化合物，在常温下能生成硒氰钠（NaCNSe）。碲常以 $AuTe_2$、Bi_2Te 形态存在于金矿石中，溶解后生成 Na_2Te，继而生成碲酸盐，使氰化物分解，并消耗氰化液中氧。可以在氰化前将矿石磨细加入过量石灰，使碲溶解除去；也可预先对金精矿进行氧化焙烧以除去碲。

金矿中有时含有石墨。氰化溶金时溶液中的金络离子 $Au(CN)_2^-$ 被碳吸附，使已氰化溶出的金又随碳粒返回矿浆中，降低金的回收率。可在氰化前加入少量煤油，以抑制碳的吸附作用，或通过焙烧烧掉碳。

6）氰化溶剂的选择。工业上可用作溶金、银的氰化物有氰化钾、氰化钠、氰化铵（NH_4CN）和氰化钙四种。上述四种氰化物对金的相对溶解能力见表 10-8。

表 10-8 氰化物对金的溶解能力

名称	相对分子质量	化合价	获得同等溶解能力相对消耗量	相对溶解能力（以 KCN 为 100g）
NH_4CN	44	1	44	147.7
NaCN	49	1	49	132.6
KCN	65	1	65	100.0
$Ca(CN)_2$	92	2	46	141.3

由表可知，溶金能力大小顺序为 $NH_4CN>Ca(CN)_2>NaCN>KCN$。在含有 CO_2 的空气中稳定性的大小顺序为 KCN、NaCN、NH_4CN、$Ca(CN)_2$。工业上一般用氰化钠，理论上氰化物的消耗量每溶解 1g 金需耗氰化钠 0.5g，实际消耗量常为理论量的 20 倍甚至 200 倍。

4. 氰化溶金实践

氰化法浸出金的工艺，由槽浸法发展到堆浸法；从含金氰化液中提取金，由加锌沉淀法，发展到活性炭吸附法和离子交换树脂法；近来，还有从氰化矿浆中直接用活性炭吸附金的炭浆法。本节介绍槽浸法。槽浸法又分渗滤法和搅拌法，渗滤法适用于砂矿和疏松多孔物料；搅拌法适用于粒度<0.4mm 的物料。

（1）渗滤法 渗滤法可使氰化液自然或强制地渗过矿粒层，使液固接触，达到溶金的目的。在渗滤之前，必须除泥以利于溶剂的渗透。

渗滤槽渗滤氰化，通常在木槽、铁槽和水泥槽中进行，结构如图 10-9 所示。槽底为水平或稍微倾斜的平面，槽直径或边长一般为 5～12m。槽高则根据溶液对矿砂的渗滤能力来决定。通常为 2～2.5m。槽容积一般为 75～150t。滤底又称假底，在沉槽底 100～200mm 处，用方木条组成格子，上铺滤布。池底和假底之间的槽壁处，设有放出滤液的管道。槽底高出地面，以便在槽下操作。

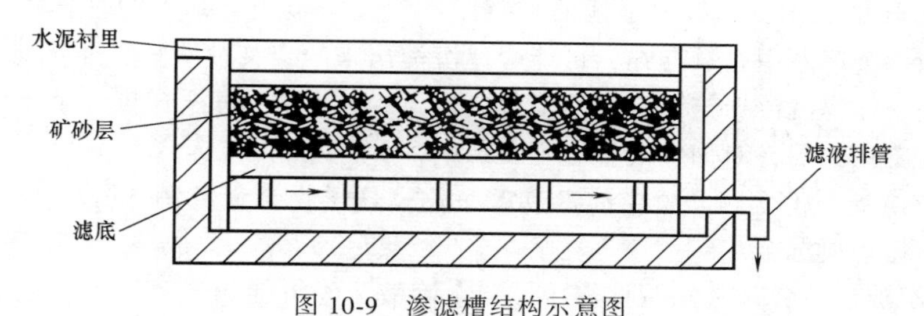

图 10-9 渗滤槽结构示意图

料矿装入渗滤槽的要求是分布均匀，使粒度、疏松度达到一致，保证渗滤情况良好。装料分干法和湿法，干装料适用于含水低于20%的砂矿，湿装料又称水力装料，其优点是矿浆不必脱水，缺点是料层中充气不足。

槽中氰化液流向可上进下出，溶液从槽顶注入，由上而下通过矿砂层；也可下进上出，溶液靠压力作用，由下而上通过矿砂层。渗滤速度应保持在50~70mm/h。供液有间歇、连续两种方式。用苛性钠作保护碱时，在供液的同时将碱溶解于氰化液，注入槽中。一般用浓度逐渐降低的氰化液浸出，开始用0.1%~0.2%的NaCN，再用0.05%~0.08%，最后用0.03%~0.06%氰化液。每吨矿砂耗氰化钠0.25~0.75kg，石灰1~2kg或苛性钠0.75~1.5kg。

我国某厂处理含金石英氧化矿，原矿含金8~10g/t，经混汞并用摇床选出粗金后，矿砂含金3.48g/t，用干法加料，间歇供液，上进下出，氰化液浓度为0.5%，pH9~10，矿砂渗滤时间5天，浸出率为81.3%，尾矿含金0.64g/t。

（2）搅拌氰化法　搅拌氰化法是将矿石磨碎、分级、浓缩后得到的矿浆置于浸出槽中，在注入氰化液、搅拌、充气的情况下浸出。适用于处理粒度<0.4mm的物料。当矿石含有大量黏土、微粒金时，可采用完全搅拌氰化法（全泥氰化），以节省氰化物并加速溶金速度。根据搅拌方式不同，分机械搅拌浸出槽、空气搅拌浸出槽和机械 空气联合搅拌浸出槽。

（3）含金溶液与尾矿的分离　常用的分离流程包括氰化矿浆浓缩、过滤和用脱金溶液或水在过滤机上洗涤滤饼。连续倾析法适用于处理沉淀物料，按逆流原则洗涤，即矿浆由前向后依次流入浓缩槽，洗涤液由后向前依次返回，洗涤液为上一次浓缩的溢流。可用串联几台单层浓缩机或多层浓缩机洗涤。

5. 从氰化物溶液中沉淀金、银

氰化浸出、液固分离所得含金溶液，金以络合物离子[$Au(CN)_2^-$]存在，如氰化处理银矿，则含银溶液中银以[$Ag(CN)_2^-$]存在。从溶液中提取金、银的过程，称为金、银的沉淀。沉淀金、银的方法有金属置换沉淀法、活性炭吸附法，树脂交换法和电解沉积法等。我国氰化厂多采用加金属锌沉淀金的方法。

（1）金属锌沉淀金（银）的基本原理　由图10-6可知，往含金、银溶液中加入金属锌，则有如下沉淀金、银的反应，反应式为

$$2Au(CN)_2^- + Zn = 2Au\downarrow + Zn(CN)_4^{2-}$$

$$2Ag(CN)_2^- + Zn = 2Ag\downarrow + Zn(CN)_4^{2-}$$

锌置换金、银达到提取金、银的目的，锌在氰化物水溶液中发生如下反应

$$Zn + 4CN^- + 2H_2O = Zn(CN)_4^{2-} + 2OH^- + H_2\uparrow$$

当pH≥9.4时，金属锌作无效溶解，产生$Zn(OH)_2$沉淀，对沉淀金不利。

由图10-6还能看出，氧线与金线的垂直距离，大于金线与锌线的垂直距离，说明加锌沉淀金时，如含金溶液中有氧存在，可能会使沉淀出来的金又被溶解。加锌前，含金溶液要进行脱气处理。加锌沉淀金与温度有关，温度低于100℃时，沉金速度显著下降；氰化液中含有碱金属、硫化物等，对加锌沉金有不良影响。

（2）加锌沉淀金的实践　置换前贵液需净化，悬浮物含量控制5mg/L以下，净化贵液可用锌丝、锌粉置换沉金。

1）锌丝沉淀法。锌丝放在沉淀箱中，含金溶液流经沉淀箱，贵液与锌丝发生置换沉淀反应，金粉沉到箱底，图10-10所示为锌丝沉淀置换箱结构示意图。置换沉淀箱用木板、钢材或水泥制成，用横间壁分成若干格，间壁与箱底相连，相邻两间形成浸出液流入锌箱的通

道。浸出液在每个格子中，由下部流进，从上部流出。每产出 1kg 金，需消耗锌丝 4 ~ 20kg，该法近年来逐渐被锌粉法所代替。

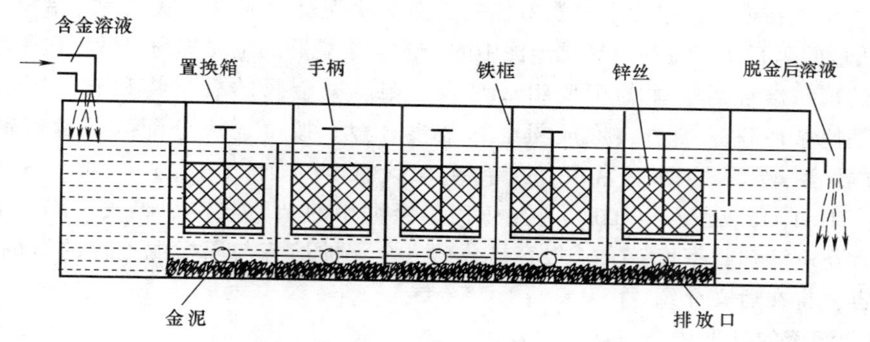

图 10-10　锌丝沉淀置换箱结构示意图

2）锌粉沉淀法。锌粉法是将锌粉与含金溶液混合、过滤，被置换出来的金粉与过剩的锌粉进入滤饼，与脱金后溶液分离。为减少贵液中氧对锌粉沉金的副作用（耗锌，金反溶），贵液在加锌粉前要脱气，脱气塔与真空泵相连。浸出液由进液管进入塔内，喷洒在木格条上，形成小液滴，受真空泵的负压作用，气体由液滴中溢出，由排气口排出。脱气液滴汇集于塔体下部，由离心泵送去加锌粉沉金。脱气后溶液送锌粉沉金设备沉金，带脱气塔的锌粉沉金设备结构如图 10-11 所示。由图可知，带脱气塔的锌粉沉淀设备由真空泵、脱气塔、混合槽和锌粉沉淀器等部分组成。离心泵将脱气后溶液打入混合槽，锌粉给料器加锌粉和铅盐。含金液与锌粉在槽内混合成浆，自流入锌粉沉淀器。沉淀器中部安有滤框，以有孔 U 形管为骨架，外包滤布，管子一端堵死，一端接真空泵。搅拌后的锌浆，在真空泵的抽力作用下，溶液经排出管抽出，金粉与过剩的锌粉沉积在滤布上。锌粉沉金的金泥，送下一工序处理；脱金后溶液返回氰化系统，或经净化后排放。

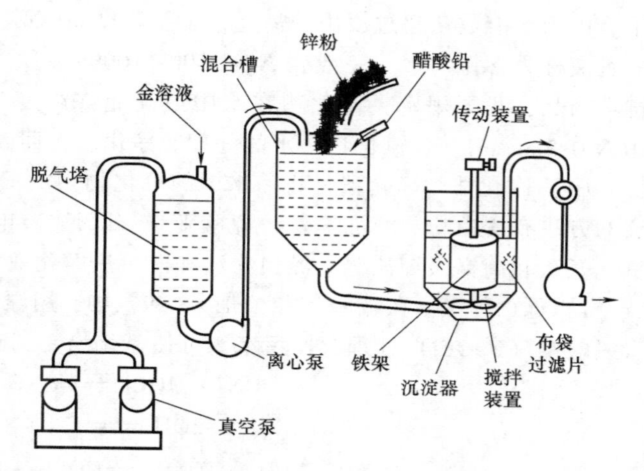

图 10-11　带脱气塔的锌粉沉金设备结构示意图

6. 金泥的处理

加锌沉淀产出的金（银）泥含金不超过 20%（质量分数），金泥处理的目的主要是除锌、铅及硫等杂质，处理步骤包括酸溶、焙烧和熔炼三步。

（1）酸溶　酸溶就是以稀硫酸（10% ~ 15% H_2SO_4）为溶剂，洗涤、溶解金泥，使锌、铜等成分溶解，实现金、杂分离。为减少金泥中的锌量，酸洗前可用筛子将较粗的锌粒丝筛去。如金泥含砷会产出砷化氢或氢氰酸有毒气体，酸溶槽宜密封并设烟罩。硫酸消耗为锌质量的 1.5 倍。酸溶时间 3h、澄清 3h。酸溶后的金泥，金含量升高，锌含量降低，铅含量升高，液固分离后，再经水洗、压滤成为滤饼。

（2）焙烧　焙烧是为了除去滤饼中的水分，使硫化物、硫酸盐变成氧化物。焙烧温度控制在碳酸盐、硫酸盐以及氰化物能解离的范围内，并防止固体物料熔化，一般焙烧温度控制在600℃左右。可先在铁盘内壁涂上石灰等涂料，避免金泥受热而黏在铁盘上。焙烧时，可往滤饼里加入适量的硝石作氧化剂，氧化金泥中的杂质。焙烧后的金泥称为焙砂，送去熔炼。

（3）熔炼　焙烧后金泥的主要组成是金、银、碱金属的氧化物和非金属氧化物。熔炼的目的是使杂质进入炉渣，形成粗金和金银合金。按金泥成分配入适量熔剂，用小型反射炉或小型转炉熔炼。常用的熔剂有碳酸钠（Na_2CO_3）、石英（SiO_2）、硼砂（$Na_2B_4O_7 \cdot 10H_2O$）或萤石（CaF_2）。熔炼时，金泥中的杂质与熔剂组成炉渣，金、银组成合金，两者互不溶解，密度差大，很容易分离。金泥的熔炼与阳极泥处理的熔炼过程相似，这部分内容，将在后文介绍。

7. 脱金溶液的处理

加锌沉淀的后溶液称为脱金溶液，又称贫液，可在调整氰化物浓度后，返回氰化工序使用。由于贫液数量超过浸出的需要，杂质浓度高，必须引出部分贫液除杂、外排。准备排放的贫液称为含氰污水，一般含NaCN500～1000mg/L，硫代氰酸盐500～900mg/L。氰化物是剧毒药品，我国规定，氰化物在水中最高允许浓度为0.05mg/L，车间空气中最大允许含HCN 0.3mg/m^3。含氰化物污水的处理有净化法、回收法两种。

（1）净化法　净化法是将污水中的氰化物中的C与N分离，使之失去毒性。C与N分离的方法有漂白粉法、液氯法、硫酸亚铁-石灰法、电解法、液滴薄膜法、炉渣吸附法、过氧化氢法和高锰酸钾法等。漂白粉法和液氯法净化效果最佳，下面加以介绍。

1）漂白粉法。在碱性介质（pH=8～9）中，用漂白粉（$CaOCl_2$）、漂白精[$Ca(OCl)_2$]或次氯酸钠（NaOCl）处理含氰污水，可使氰化物受到破坏，反应式为

$$CN^- + HOCl = CNCl + OH^-$$

$$CNCl + 2OH^- = CNO^- + Cl^- + H_2O$$

$$2CNO^- + 3Cl^- + H_2O = CO_2\uparrow + N_2\uparrow + 3Cl^- + 2OH^-$$

加入漂白粉产生HOCl，然后把CN^-逐步氧化，最后以CO_2和N_2无毒物质出现而被除去。漂白粉理论用量为$CN^- : Cl_2 = 1 : 2.73$，实际应为理论量的3～8倍。

2）液氯法。液氯法是在加碱（石灰或氢氧化钠）和氯气的情况下进行的，净化原理与漂白粉法相同。通常先加碱后通氯，为防止Cl_2、CNCl气体污染大气，净化作业宜在密封装置中进行。

（2）再生回收法　再生回收法是将脱金后溶液中氰化物再生、回收，包括：硫酸法和硫酸锌-硫酸法。

1）硫酸法。硫酸法是目前应用最广的氰化物回收方法。往脱金后溶液中加H_2SO_4（或通SO_2），CN^-转化为HCN，常温时，生成的HCN从溶液中逸出，用碱[NaOH或$Ca(OH)_2$]吸收HCN，得含氰浓度为20%～30%氰化物溶液。主要化学反应包括

$$NaCN + H_2SO_4 = NaSO_4 + 2HCN\uparrow$$

$$Na_2Zn(CN)_4 + 3H_2SO_4 = ZnSO_4 + 2NaHSO_4 + 4HCN\uparrow$$

$$Zn(CN)_2 + H_2SO_4 = ZnSO_4 + 2HCN\uparrow$$

$$Na_2Cu(CN)_3 + 2H_2SO_4 = CuCN\downarrow + 2NaHSO_4 + 2HCN\uparrow$$

$$HCN + NaOH = NaCN + H_2O$$

或

$$2HCN + Ca(OH)_2 = Ca(CN)_2 + 2H_2O$$

2）硫酸锌-硫酸法。硫酸锌-硫酸法是将硫酸锌加入含氰污水中，使氰化物和铜、锌的氰络合物转变成氰化锌白色沉淀，过滤获得氰化锌。氰化锌用硫酸处理，氰化氢逸出，用碱液吸收，获得氰化物溶液。主要化学反应为

$$2NaCN + ZnSO_4 = Zn(CN)_2\downarrow + Na_2SO_4$$

$$Na_2Zn(CN)_4 + ZnSO_4 = Zn(CN)_2\downarrow + Na_2SO_4$$

$$2Na_2Cu(CN)_2 + ZnSO_4 = Zn(CN)_2\downarrow + Cu_2(CN)_2\downarrow + Na_2SO_4$$

$$Zn(CN)_2 + H_2SO_4 = ZnSO_4 + 2HCN\uparrow$$

再生氰化物溶液可以重用，硫酸锌可用来处理另一批含氰化物的污水。

10.3.3　从矿石中提取金银

1. 硫脲法

针对氰化法存在生产成本高、环境污染重、对含 Cu、As、Sb 等金矿浸出困难等问题，探索出硫脲法无氰工艺，该法采用硫脲作溶剂，浸出矿石中的金、银。

（1）硫脲的性质　硫脲又名硫化尿素，相对分子量 76.12，是具有白色光泽的菱形面晶体，味苦，密度 $1.405g/cm^3$，熔点 180～182℃，易溶于水，水溶液呈中性，在碱性溶液中不稳定，易分解为硫化物和氨基氰。反应式为

$$SC(NH_2)_2 + 2NaOH = Na_2S + CN(NH_2) + 2H_2O$$

反应产物氨基氰可转变为尿素，反应式为

$$CNNH_2 + H_2O = CO(NH_2)_2$$

硫脲在酸性溶液中具有还原性，可被氧化成多种产物，在室温酸性溶液中，氧化产物为二硫甲脒（$(SCN_2H_3)_2$）。二硫甲醚是活泼氧化剂，可进一步分解为硫脲、氨基氰和元素硫。硫脲在酸性、碱性溶液中加热至 60℃时均会水解，反应式为

$$SC(NH_2)_2 + 2H_2O = H_2S + 2NH_3 + CO_2\uparrow$$

（2）硫脲溶金（银）的原理　在氧化剂存在条件下，金、银可溶于酸性硫脲溶液中，反应式为

$$Au + 2CS(NH_2)_2 = Au(SCN_2H_4)_2^+ + e^-,\quad \phi^\ominus = 0.38V$$

$$Ag + 2CS(NH_2)_2 = Ag(SCN_2H_4)_2^+ + e^-$$

$$Ag + 3CS(NH_2)_2 = Ag(SCN_2H_4)_3^+ + e^-,\quad \phi^\ominus = 0.25V$$

25℃时，金溶解的标准电位与硫脲氧化标准电位接近。硫脲溶金时，溶液中有氧存在是有利的：

$$Au + 2SCN_2H_4 + 0.25O_2 + H^+ = Au(SCN_2H_4)_2^+ + H_2O$$

与氰化溶金、银相似，溶液中硫脲浓度与氧的浓度应保持一定的比值，才能使金以最大速度溶解，在室温条件时比值为 10～20。

硫脲溶解金、银时，溶液中的氧化剂为溶解的氧和高铁离子，且高铁离子的浓度比氧的

浓度要高得多，硫脲溶金、银比氰化溶金速度快。

图 10-12 所示为酸性硫脲法和氰化法提取细磨金矿溶金速度比较。图 10-13 所示为酸性硫脲法和氰化法提取细磨银矿溶银速度比较。由图可知，在浸出时间相同时，酸性硫脲法溶解金、银，比氰化法快。铜、铅、锌、铋、镉等金属，在酸性硫脲溶液中的溶解速度要比在氰化液中小得多，是酸性硫脲法的优点。酸性硫脲法浸出金溶液成分为：硫脲 1%～2%；pH＝1～1.5；Fe^{3+}：1～2g/L。

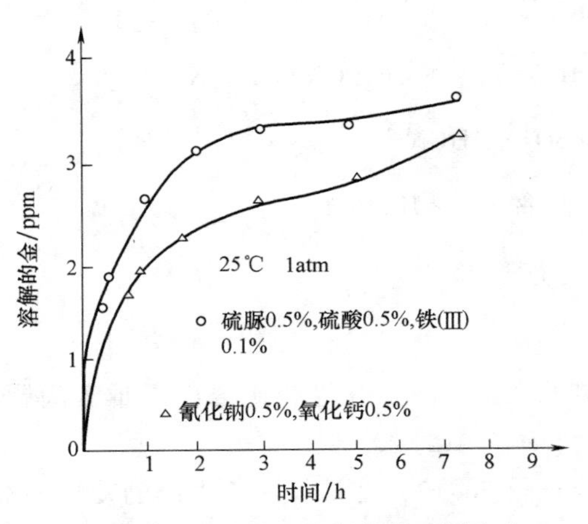

图 10-12 酸性硫脲法和氰化法浸出金效果比较

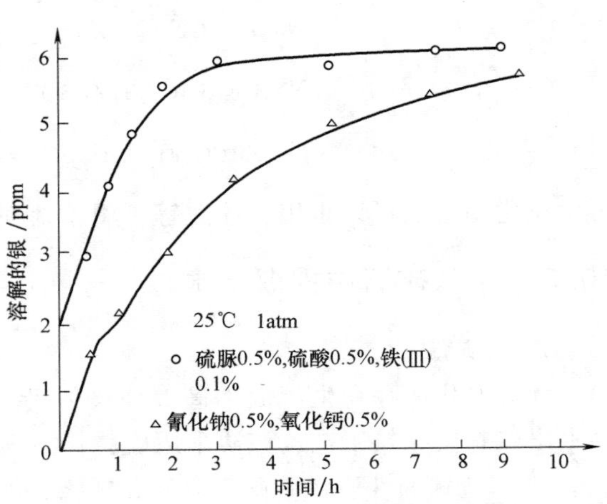

图 10-13 酸性硫脲法和氰化法浸出银效果比较

(3) 硫脲法实例 硫脲法由苏联冶金学家普拉克辛于 1941 年提出，我国已进行近 30 年研究。我国某企业采用酸性硫脲法浸出含金硫化铁精矿，矿相组成：黄铁矿、黄铜矿、方铅矿、闪锌矿、孔雀石及自然金等。精矿经细磨、浓密、过滤后调浆，预分级，溢流进入浸出、置换系统。浸出条件：精矿经浓密后再磨至－320 目占 90%，硫脲初始浓度 0.2%～0.3%，pH1～1.5，液固比 2∶1；浸出时间 36～40h；铁板面积 $3m^2/m^3$ 矿浆，金泥刮洗周期 2h。技术经济指标：硫脲消耗 4kg/t 矿，硫酸消耗 50kg/t 矿，铁板消耗 6kg/t 矿，金浸出率 94.5%，置换率为 99.15%，金的回收率为 93.89%。

硫脲法的优点：毒性低，脱金后溶液易处理，可再生重用；对金矿杂质不太敏感；浸出速度快，尤其适合于处理银矿。存在的问题：硫脲价格较高，消耗量也较大，因而成本高；硫酸对设备腐蚀严重；不适合于处理碱性矿石。

从硫脲浸出液中提取金、银，除铁板置换外还可用吸附法、电解法。

2. 堆浸法

堆浸法是直接处理低品位金矿的办法，与氰化提金原理基本相同。

堆浸法是把破碎后的金矿与保护碱（石灰）混合，堆置在不渗的地面上，氰化液淋洒在矿堆上，依靠重力由上而下渗透料层，浸出的含金液经集液地沟进入沉淀池澄清。矿堆与地面设防渗隔层，材质为沥青、混凝土或塑料膜。

美国一金矿厂采用堆浸法提金，隔层铺设沥青，矿石粒度 12.7mm，堆高 1.8～6m，氰化液浓度 0.02%～0.10%，用石灰调整 pH 在 10.5 左右，淋洒量为 $24～120L/m^2$。处理金矿含金 0.7～2g/t，堆浸回收率 67%～95%。

苏联采用堆浸处理含金1.5~3.0g/t金矿，堆底隔层用塑料薄膜，堆高1~1.5m，氰化液浓度0.05%~0.10%，pH9~10，溶液中渗氧7.8~8mg/L，通过压力箱喷洒溶液，渗出时间9~10昼夜。砂矿石金回收率为80%，砂质黏土矿金回收率64.5%。

堆浸的浸出液经收集澄清后，可用活性炭、离子交换树脂富集，含金富液用置换沉淀法或电积法提取金，银。脱金后溶液经调整氰化物浓度和pH值后回用，脱金后的活性炭、离子交换树脂可再生重用。堆浸法的优点：可处理低品位金矿，处理量大；氰化液几乎是闭路循环，对环境污染较轻；设备较简单，加工成本低。

3. 碳浆法

用活性炭从矿浆中吸附已溶金（银）的方法，称为炭浆法。该法是莱扎斯基于1847年首次提出，1897年约伦斯顿取得活性炭吸附金专利，1939年美国一教授用木炭从氰化液中沉淀金，1973年，炭浆法在美国投产。近年来，各国对炭浆法又进行了大量的研究、改进，成为很重要的氰化提金新工艺。

（1）活性炭吸附金的基本原理　有人认为，用活性炭从碱性氰化液中吸附金，$Au(CN)_2^-$不发生化学变化，以中性络合物保留在炭上，如活性炭灰分含50% CaO，则金吸附按下式进行

$$2KAu(CN)_2+Ca(OH)_2+2CO_2 = Ca[Au(CN)_2]_2+2KHCO_3$$

如用不含金属离子的糖炭吸附，则按下式进行

$$KAu(CN)_2+H_2O+CO_2 = HAu(CN)_2+KHCO_3$$

在酸性溶液中吸附金，金氰络离子则吸附在活性炭孔隙里，反应式为

$$Au(CN)_2^-+H^+ = AuCN+HCN$$

银的吸附反应为

$$Ag(CN)_2^-+H^+ = AgCN+HCN$$

综上所述，活性炭对氰亚金酸盐吸附可概括为三类，即以$Au(CN)_2^-$、AuCN和Au的状态被吸附。

（2）炭浆法工艺　炭浆法工艺一般包括预处理、吸附和解吸三个主要过程。

1）预处理。预处理包括矿浆和活性炭的预处理。氰化矿浆在吸附前，须进行筛分以除去砂砾、木屑、杂物。活性炭在吸附之前要进行预磨，防止吸金炭磨损造成金的损失。

2）吸附。吸附在炭浆槽中进行，对于含泥较细的矿浆，宜采用普通多尔型槽；如处理粒度较粗的矿浆，宜用帕已卡空气搅拌槽。

3）解吸。从脱金矿浆中分离出来的载金活性炭，需解吸脱金，解吸方法为：

① 氰化液解吸法。用含1%NaCN、1%NaOH溶液，浸洗载金活性炭，加热至80~90℃，金即被溶解。

② 酒精解吸法。用酒精、苛性钠配成含1%NaOH溶液，浸洗载金活性炭，加热至82℃，金即被解吸。

③ 热压解吸法。用0.1% NaCN、1% NaOH水溶液，在加压（$3.5kgf/cm^2$）、加温（160℃）条件下，保持5~6h，解吸得到含金富液。

解吸后的活性炭，经酸洗、碱中和后，用水冲洗干净，装入回转窑经活化处理，成为再生活性炭重用。某金矿厂用炭浆法处理含泥多的氧化矿，技术条件：矿浆浓度33%~40%，

NaCN 浓度 0.03%，浸出时间 24h，pH = 10.5，用杏核炭作四段连续吸附，吸附炭载金量 5mg/g 炭；解吸液成分 NaCN 5%、NaOH 2%，解吸时间 16h，电解法沉金。试验结果：金浸出率 91.5%，吸附率 99.68%，解吸率 99.43%，电解回收率 99.95%，金总回收率 90.25%。炭浆法优点：占地面积小，生产成本低，不需要液固分离，能处理高泥黏土矿。缺点是矿石都要经过筛选；金随尾矿、炭末流失多。

4. 树脂矿浆法

1949 年，英国用弱碱性阴离子交换树脂 IR-4B，成功地从碱性氰化液中提取金、银。该法原用于处理氰化浸出过滤后的含金上清液，现发展成为直接处理氰化矿浆，成为所谓树脂矿浆法。

（1）树脂矿浆法原理　树脂矿浆法是利用离子交换树脂和氰化液进行离子置换反应，从矿浆中富集金。离子交换过程包括吸附和解吸两个过程。含金的水溶液通过离子交换树脂柱时，金从水相转移到树脂相，最后达到饱和。解吸过程是向已饱和的树脂柱内，引入适当溶液淋洗出金离子，得到含金富液，送去提取金。适合于从氰化含金液中提取金的有两种较好的树脂，717 号强碱性苯乙烯型树脂、704 号弱碱性乙烯型树脂。7l7 号强碱性树脂吸附杂质铜、锌和铁，均为 100%；704 号弱碱性树脂吸附上列杂质各为 10%~25%。各种金属离子对树脂亲和力大小顺序为：$CN^- > Fe(CN)_6^{4-} > Cu(CN)_3^{2-} > Zn(CN)_4^{2-} > Cu(CN)_2^- > Ag(CN)_2^- > Au(CN)_2^-$。

离子交换树脂对金、银氰化络合物的吸附反应，即离子置换反应反应式为

$$RCl+NaAu(CN)_2 = RAu(CN)_2+NaCl$$

$$RCl+NaAg(CN)2 = RAg(CN)_2+NaCl$$

R 表示载有 Cl^- 的树脂的阳离子骨架，离子交换树脂对其他金属离子的吸附反应通式为

$$nRCl+M(CN)_i^{n-} = RnM(CN)_i+nCl^-$$

M 表示溶解的其他金属，n 表示络阴离子化合价，i 表示配位数。

氰化液中游离氰化物也被吸附，反应式为

$$RCl+NaCN = RCN+NaCl$$

从载金、银的树脂中，用选择性洗提法使金、银与其他碱金属分离，同时使树脂再生。选择性洗提过程如下：

在 50~60℃ 条件下，用氰化钠溶液淋洗载金、银树脂，洗脱铜、铁；用硫酸淋洗载金、银树脂，回收锌、镍及再生的氰化物；在 50~60℃ 条件下，用盐酸、硫脲淋洗载金、银树脂提取金、银；最后，用 40g/L 氢氧化钠溶液使树脂再生。

往淋洗所得的含金富液中加铅以提取金、银。反应式为

$$2Au[CS(NH_2)_2]_2^+ +Pb = 2Au\downarrow +Pb[CS(NH_2)_2]_2$$

也可以用电解法提取金、银。

（2）树脂矿浆法的实例　树脂矿浆提金流程如图 10-14 所示，试验用含金较高的硫化矿（Au54g/t、S33%）。先磨矿至-200 目占 97.5%，矿浆浓度 33%，同时往矿浆中加入含 NaCN 0.08%、pH9.5 的氰化液以及强碱性 717 号和弱碱性 704 号苯乙烯型树脂，使氰化溶金与离子交换同时进行。树脂吸附金饱和后与矿浆分离，用电解法从饱和树脂上脱金。电解液由

16N 硫氰酸钠和 0.1N 苛性钠组成，以石墨作阳极，铅板作阴极，电流密度 380A/m^2，槽电压 3.2V。实验金总回收率 91.1%～95.4%。

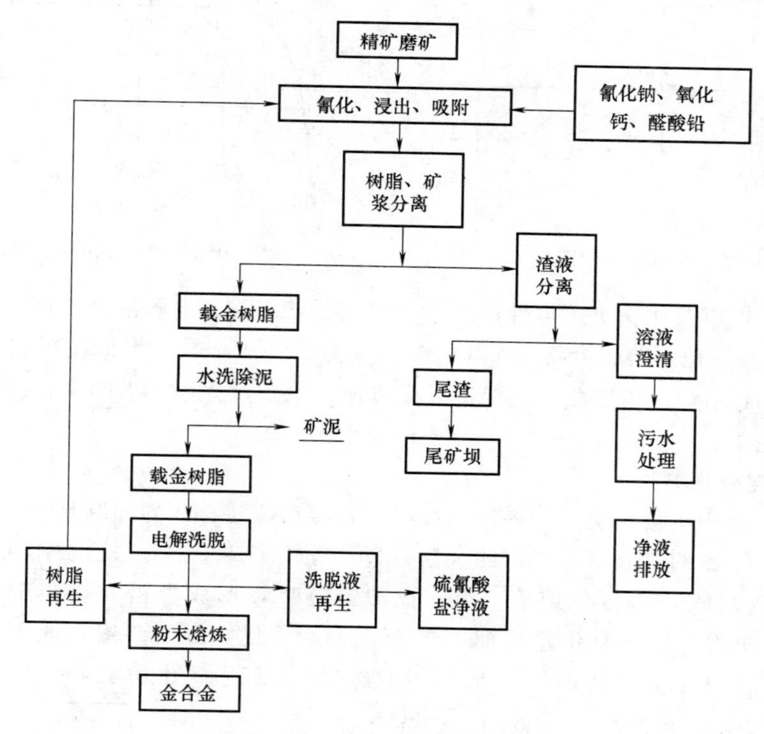

图 10-14　树脂矿浆提金流程图

10.3.4　从阳极泥中提取金银

1. 概述

铜、镍、铅、锑等重有色金属矿石中，都含有贵金属，精矿中的贵金属，火法冶炼随主体金属进入半成品中，电解精炼进入阳极泥，阳极泥成为提取金银等贵金属的重要原料。利用火法炼铜、铅、镍富集金银，是生产贵金属的重要方法。我国黄金产量的 1/4，白银产量的绝大部分，是靠有色金属综合回收的。

2. 铜阳极泥特征

贵金属在熔炼时被溶解进入冰铜（硫化亚铜、硫化亚铁的熔融体），有资料介绍，1tCu_2S可溶解金 75kg，1tFeS 可溶解金 52kg。冰铜吹炼期间贵金属溶解到粗铜中。

粗铜经火法精炼、铸造，贵金属进入阳极板。金、银在铜中的溶解行为，可用 Au-Cu、Ag-Cu 二元系相图解释。

图 10-15 所示为 Au-Cu 系相图，由图可知，液态时金与铜无限互溶，粗铜中的金均溶解于铜熔体中；凝固时金与铜也互溶形成固溶体，因此，金能均匀地分布于阳极板中。Ag-Cu 系相图如图 10-16 所示，由图可知，银与铜在液态时互溶；固态时银溶解于铜形成固溶体，因此，在粗铜和阳极板中银均是均匀分布的。

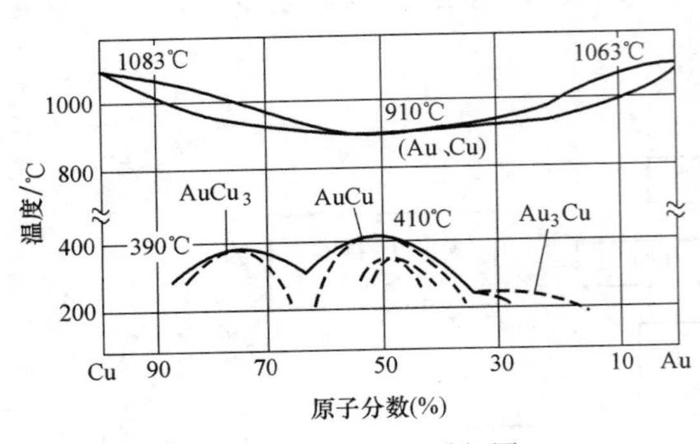

图 10-15 Au-Cu 系相图

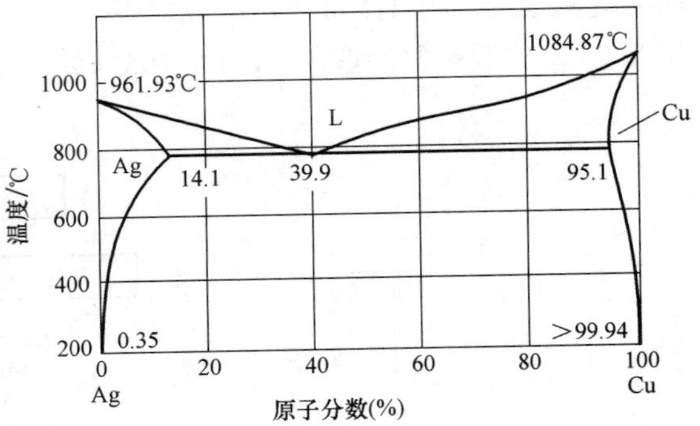

图 10-16 Ag-Cu 系相图

铜电解时，铜以及比铜更负电性的元素，以离子状态进入电解液；比铜更正电性的元素（如金、银）以及其他不溶化合物（如 Cu_2S、Cu_2Te、Ag_2Se 等）形成阳极泥。电解液中存在 Cl^-时，银形成 AgCl，铅形成硫酸铅进入阳极泥。电解过程中产生的铜粉、铜粒、难溶铜盐均混进阳极泥中。

3. 铜阳极泥处理方法

用直接熔炼法或直接吹灰法处理铜阳极泥。直接熔炼法存在的问题是：冶炼形成冰铜和炉渣，以降低金、银的直收率，产出的金银合金含有较多杂质，此法已被淘汰。直接吹灰法是将阳极泥投入灰吹炉中氧化熔炼，金、银被铅液吸收形成贵铅（铅与金、银组成的合金），贵铅经过灰吹，铅被氧化除去而产出金银合金。优点是金、银直收率高，合金质量高；缺点是耗铅量大，作业周期长。传统的阳极泥处理流程如图 10-17 所示，由图可知，铜阳极泥处理主要分三步：脱铜、脱硒，熔炼合金和电解。

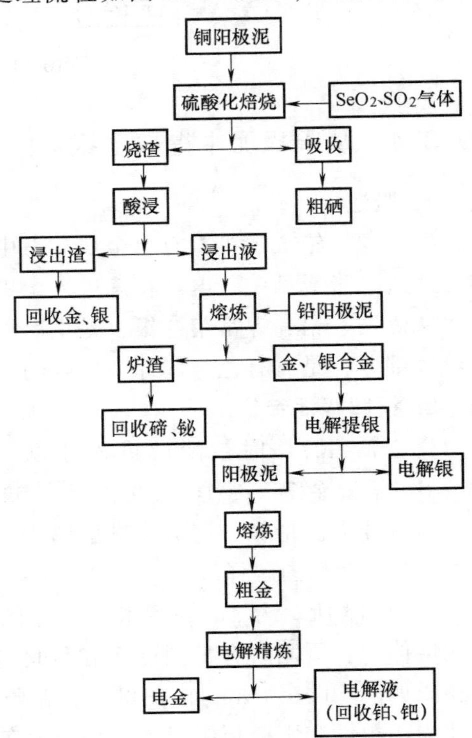

图 10-17 处理阳极泥的传统工艺流程

阳极泥中的铜和硒，必须先行除去。脱铜、脱硒的方法有直接酸浸法、氧化焙烧-酸浸法和硫酸焙烧-酸浸法三种。直接酸浸法脱铜、脱硒均不完全，且不便回收铜、硒。氧化焙烧-酸浸法焙烧时烟尘大，硒难以回收，浸出液含杂质较多，不利于返回铜电解车间使用。硫酸化焙烧-酸浸是目前较流行的方法，此法分两步进行：①硫酸化焙烧；②用稀硫酸浸出。硫酸化焙烧的目的，是将阳极泥中的铜变成可溶性的氧化物和硫酸盐，同时使硒氧化成 SeO_2 挥发、回收。焙烧前，将阳极泥与浓硫酸混合成浆料，一般硫酸质量与阳极泥质量之比为 1∶(0.75～1)，硫酸化焙烧化学反应式为

$$Cu+2H_2SO_4 = CuSO_4+H_2O+SO_2\uparrow$$

$$Cu_2S+6H_2SO_4 = 2CuSO_4+6H_2O+4SO_2\uparrow$$

银也有少量溶解并形成硫酸银，反应式为

$$2Ag+2H_2SO_4 = Ag_2SO_4+2H_2O+SO_2\uparrow$$

阳极泥中硒以 Cu_2Se、Ag_2Se 存在，硒化物与硫酸作用时，先形成硒酸盐，硒酸盐分解成 SeO_2 而升华。实践证明，在硫酸化焙烧时，有 98%以上的硒以 SeO_2 进入炉气，可利用吸收塔吸收 SeO_2 生产硒酸，反应式为

$$SeO_2+H_2O = H_2SeO_3$$

硫酸化焙烧时，炉气中的 SO_2 可以还原硒酸得到元素硒，反应式为

$$H_2SeO_3+2SO_2+H_2O = Se\downarrow+2H_2SO_4$$

排出吸收塔中沉淀的粗盐，过滤、洗涤后，送精馏工序以生产纯硒。

经硫酸化焙烧后的阳极泥送酸浸。浸出过程中，固液比为 1：(1.5~2.5)，温度 80~90℃，搅拌 2~3h。浸出结束后，进行固液分离。浸出液送去沉银，浸出渣送去熔炼金、银合金。

4. 熔炼

熔炼的目的是将阳极泥中的金、银富集起来成为金、银合金，为进一步分离金、银作准备。阳极泥的熔炼分一段熔炼和两段熔炼。一段熔炼是将阳极泥配以适量的熔剂，在一台炉内连续完成贵铅熔炼和氧化精炼，并产出金、银合金。优点是设备单一，劳动条件好；缺点是作业时间过长（约 120h），燃料消耗大，设备利用率低，适用于处理高品位阳极泥。两段熔炼是先将阳极泥熔炼成贵铅（贵金属达 30%~50%），贵铅经氧化精炼成金、银合金（含贵金属 95%以上）。火法处理阳极泥的工厂多采用两段熔炼法。

（1）熔炼贵铅　铅熔体是金、银的良好捕集剂，铅液溶解金、银而形成贵铅。

1）配料、熔炼、除杂。将氧化铅还原成适量的金属铅，使之与金、银形成贵铅。根据阳极泥成分、造渣成分及渣量确定加入溶剂的种类及数量。炉渣成分的选择原则是，要使炉渣熔点既不低于贵铅熔点，也不高于造渣反应所需的温度；渣量少，密度小，流动性好，对贵金属溶解能力低。熔炼贵铅所用的熔剂一般为苏打、石英、石灰、氟石等，同时加入铁屑和焦炭粉作为还原剂。某些工厂熔剂配合的实例见表 10-9。

表 10-9　某些工厂熔剂配合实例（质量分数）　　（%）

厂别	原料情况	焦炭粉	苏打	石灰	铁屑	氟石
1	铜阳极泥混合	2~3	3~4	3~4	2~3	3~4
2	铜阳极泥	6~10	8~14		2~4	3~4
3	铜阳极泥	6	16		1	4
4	铜、铅阳极泥	2~4	5~10		2~3	

2）熔炼反应。阳极泥与熔剂配合后，炉料熔化并发生氧化造渣反应

$$Na_2CO_3 = Na_2O+CO_2\uparrow$$

$$Na_2O+As_2O_5 = Na_2O\cdot As_2O_3$$

$$Na_2O+Sb_2O_5 = Na_2O\cdot Sb_2O_5$$

$$Na_2O+SiO_2 = Na_2O\cdot SiO_2$$

$$PbO+SiO_2 = PbO\cdot SiO_2$$

$$CaO+SiO_2 = CaO\cdot SiO_2$$

同时发生还原反应

$$2PbO+C \longequal 2Pb\downarrow +CO\uparrow$$

$$PbO+Fe \longequal Pb\downarrow +FeO$$

$$PbSO_4+4Fe \longequal Fe_3O_4+FeS\downarrow +Pb\downarrow$$

$$PbS+Fe \longequal Pb\downarrow +FeS$$

$$Ag_2S+Fe \longequal 2Ag\downarrow +FeS$$

阳极泥中金、银被还原出来的铅熔体溶解形成贵铅，反应式如下

$$Pb+Ag+Au=Pb(Ag+Au)$$

3）熔炼产物。熔炼产物有贵铅、炉渣、烟尘和冰铜。贵铅中含金、银（Au +Ag）为35%~55%，含铅10%左右，余量为铜、砷、铋、锑等。

（2）氧化精炼　氧化精炼的目的是将贵铅中杂质氧化造渣，以得到含金、银在95%以上的金、银合金。氧化精炼过程是往贵铅熔池表面鼓风，并加入氧化剂，使铅和其他杂质氧化为不溶解金、银的浮渣而与金、银分离。氧化精炼时铅优先氧化，反应式为

$$2Pb+O_2 \longequal 2PbO$$

PbO 充当氧的传递剂氧化贵铅中的砷、锑，反应式为

$$2Sb+3PbO \longequal Sb_2O_3+3Pb$$

$$2As+3PbO \longequal As_2O_3+3Pb$$

砷、锑的低价氧化物易于挥发而随烟气排放；进一步氧化成高价氧化物（Sb_2O_5、As_2O_5），则与碱性氧化物（PbO、Na_2O）等造渣，反应式为

$$3PbO+Sb_2O_5 \longequal 3PbO\cdot Sb_2O_5$$

铜、铋、硒、碲等是较难氧化的金属，砷、锑、铅氧化除去后，继续精炼，铋会被氧化，反应式为

$$4Bi+3O_2 \longequal 2Bi_2O_3$$

在熔炼温度下，氧化铋能与 PbO 形成低熔点、流动性好的稀渣。加硝石（KNO_3）等强氧化剂可以彻底氧化铜、硒、碲，反应式为

$$2KNO_3 \longequal K_2O+2NO_2\uparrow +(O)$$

$$2Cu+(O) \longequal Cu_2O$$

硒在硫酸焙烧时已被除去，余量的硒和碲能与铜反应，反应的通式为 Me_2Te、Me_2Se。阳极泥中的碲大部分进入贵铅，在氧化精炼加入硝石时，才被氧化。反应式为

$$Me_2Te+8KNO_3 \longequal 2MeO+4K_2O+8NO_2\uparrow +TeO_2$$

$$Me_2Se+8KNO_3 \longequal 2MeO+4K_2O+8NO_2\uparrow +SeO_2$$

TeO_2易挥发，应加入苏打使之形成碲酸钠，即所谓苏打渣（碲渣），反应式为

$$TeO_2+Na_2CO_3 \longequal Na_2TeO_3+CO_2\uparrow$$

苏打渣是提取碲的重要材料。

贵铅中的银不易氧化，氧化精炼后期，可能有 Ag_2O 形成，合金中有铜、铋存在时，Ag_2O 又会被还原，反应式为

$$2Cu+Ag_2O \longequal 2Ag\downarrow +Cu_2O$$

$$2Bi+3Ag_2O \longequal 6Ag\downarrow +Cu_2O_3$$

贵铅氧化精炼的产物是金、银合金，金、银合金是进一步分离金、银的原料。合金化学成分见表10-10。

表 10-10　金、银合金的化学成分（质量分数）　（%）

厂别	Au	Ag	Cu	Pb	Bi	As	Pt	Pd
1	1.32	96.94	1.21	0.081	0.14	0.039		
2	0.5~1.0	97.5	≈1	0.01~0.10	<0.2			
3	0.04~0.93	94.2~98.2	0.28~4.90	0.13~0.83	0.06~0.84		<0.015	0.07

贵铅氧化精炼在分银炉中进行，氧化精炼操作包括配料、熔化、造渣、出渣和出炉等步骤。将贵铅升温至 900℃以上，往熔池表面吹空气，使杂质氧化形成浮渣；清除浮渣直至合金含金、银达 80%~85%；加入苏打形成苏打渣，此时炉温控制在 1000℃左右。造碲渣两次，碲渣排出后，加入硝石使合金中的铜氧化成铜渣，控制炉温在 1200℃左右，合金含金、银达到 95%以上即可出炉。

5. 金、银合金分离方法

金、银合金含金约 1%，含银 94%~97%。合金中金、银分离的方法有化学法和电解法，化学法又包括硝酸分离法、硫酸分离法和氯化法。氯化法是根据各种金属与氯作用的化学亲和力不同，选择性地氯化杂质金属，各金属的氯化顺序为：锌、铅、铜、银、铋、金。利用金属氯化物具有不同的熔点和沸点，用控温的方法，达到杂质与金、银分离的目的。氯化过程易污染环境，产出的金、银纯度不高，一般只用做辅助过程。用硫酸分离金、银是基于合金中的银和杂质易溶于浓硫酸而金不溶的特点达到分离金、银的目的。此法无法回收合金中的铂族金属，且金、银锭品位不高，只宜小规模使用。用硝酸分离金、银时，银与杂质易溶于硝酸而金不溶。浓硝酸与银反应，反应式为

$$Ag+2HNO_3 = AgNO_3+NO_2\uparrow+H_2O$$

稀硝酸与银反应，反应式为

$$3Ag+4HNO_3 = 3AgNO_3+NO\uparrow+2H_2O$$

此法的优点是工艺简便，金、银锭纯度较高；缺点是环境污染严重。目前多采用电解法分离金、银，工艺流程如图 10-18 所示。电解时，先以金、银合金作阳极进行电解提银，金进入阳极泥中；再将银阳极泥熔铸成阳极，进行电解提金。

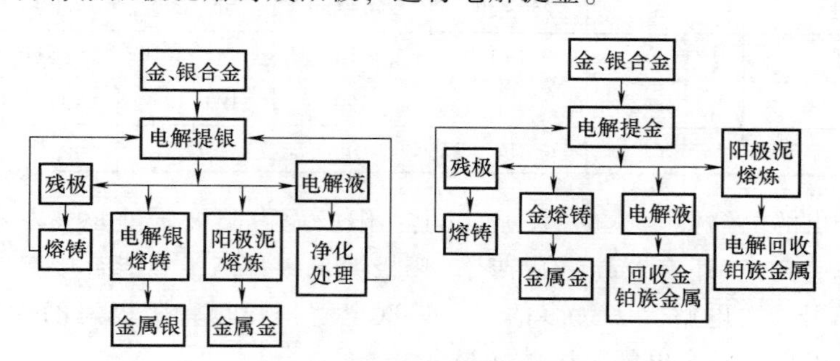

图 10-18　金、银电解工艺流程

6. 银电解精炼

（1）银电解精炼原理　银电解精炼是以金、银合金作阳极，以银片、不锈钢片作阴极，以硝酸、硝酸银水溶液作电解液，通直流电电解提银。可用下列电化系统表示银电解过程：

$$Ag(纯)\mid AgNO_3, HNO_3, H_2O \mid Ag(粗)$$

在直流电的作用下，阳极溶解，反应式为

$$Ag-e = Ag^+$$

在阴极上，银离子放电析出金属银，反应式为

$$Ag^+ + e = Ag$$

银电解精炼一般采用较高的电流密度，阴极上析出的银呈疏松、片状、针状或树枝状，易于从阴极板上提取。金、铂族金属以固体形态形成阳极泥，Ag_2Te、Ag_2Se、Cu_2Te、Cu_2Se 等杂质也进入阳极泥中。

（2）电解液　电解液由 $AgNO_3$、HNO_3 的水溶液组成，国外某厂的电解液含 Ag 100～150g/L，含 HNO_3 2～8g/L，Cu 不超过 60g/L。游离硝酸能改善电解液导电性，导电性过高会促使阴极析出银溶解，加入 KNO_3、$NaNO_3$ 可以抑制银溶解。电解液的配制称为造液，反应式为

$$Ag + 2HNO_3 = AgNO_3 + H_2O + NO_2 \uparrow$$

造液得到硝酸银溶液，含银 600～700g/L，硝酸<50g/L，可加入适量的水调整酸度。银电解槽有卧式电极电解槽和立式电极电解槽两种，目前，国内较常用的是立式电极电解槽。

（3）电解技术经济指标　电解银用无 Cl^- 水洗涤、烘干后，熔化铸锭，银电解精炼的主要技术条件见表 10-11。

表 10-11　银电解精炼的主要技术条件

项目		单位	厂别				
			1	2	3	4	5
阳极成分（质量分数）	Au+Ag	%	≥97	≥97	>95	>96	≥98
	Cu		<2	<2		2.5～3.5	<0.5
电解液成分	Ag^+	g/L	80～100	100～150	60～80	60～80	120～260
	HNO_3		2～5	2～8	3～5	3～5	3～6
	Cu^{3+}		<50	<60	<40	<50	<60
电解温度		℃	3～50	30～50	38～45	35～45	常温
阴极电流密度		A/m^2	250～300	270～450	200～290	280～300	300～329
电解液循环量		L/槽·min	0.8～1.0	不定期	1～2	0.5～0.7	
极距		mm	160	150	100～125	100～110	120
周期		h	36	48	72	72	48

电解精炼产出的电解银含银在 99.9%以上；阳极泥占阳极质量 89%左右，含金 50%～70%，含银 30%～40%，还有少量铜等杂质。阳极泥含银过高，不能直接熔铸成阳极进行电解提金，一般采用二次电解除去过多的银，二次电解提银后，阳极泥的含金量约为 90%，阳极泥熔铸成阳极板，送金电解工序精炼提金。

7. 金电解精炼

二次提银后的阳极泥含 Au90%以上，铸成阳极板，电解精炼以产出电金。金电解电解液可用氯化络合物或络合物水溶液，但前者较安全，为各厂所采用。

（1）金电解精炼原理　金电解精炼以粗金作阳极，以纯金片作阴极，以金的氯化络合物水溶液和游离盐酸作电解液。电解过程用下列电化系统来表示：

$$Au(纯) \mid HCl, HAuCl_4, H_2O \mid Au(粗)$$

电解液中的 $HAuCl_4$ 是由氯化金和盐酸作用生成的。在通电条件下，阴、阳离子做定向移动，并发生一系列电化反应。

1）阳极反应

$$2HO^- - e = H_2O + 1/2\ O_2 \uparrow$$

$$Cl^- - e = 1/2\ Cl_2 \uparrow$$

$$Au - 3e = Au^{3+}$$

$$Au - e = Au^+$$

2）阴极反应

$$Au^{3+} + 3e = Au$$

$$Au^+ + e = Au$$

3）杂质行为。阳极上的银、铜、铅及铂族金属溶解进入电解液，铑、钌、锇、铱等铂族金属进入阳极泥。铜析出影响电金质量，阳极中的铜控制不超过 2%。银是阳极中有害成分，为解决银危害，往电解槽中输入直流电和交流电，形成非对称性的脉动电流。一般要求交流电比直流电大，其比值为 1.1～1.5。

（2）金电解精炼的实践

1）阴极片制作。阴极片用纯金制成，可用轧制法或电积法制取。目前，广泛采用轧制法制取阴极片。

2）电解液。制取金电解液有两种方法，用王水溶金或者隔膜电解。王水溶金法是用王水溶解金片，然后除去硝。隔膜电解法是用粗金作阳极，用纯金作阴极，用稀盐酸作电解液，通入脉动电流，阳极粗金溶解，受坩埚隔膜阻碍，Au^{3+} 不能进入阴极电解液，而在阳极液中积聚起来，最后可制得含金 25～300g/L、含盐酸约 250g/L、密度为 1.33～1.4 的金电解液。

3）电解操作。往电解槽中注入电解液，装入阳极、阴极，槽内两极间并联，槽与槽之间串联，最后电解。金电解精炼技术经济指标见表 10-12。

表 10-12 某工厂金电解技术经济指标

项目		厂别		
		1	2	3
阳极含金(质量分数,%)		90	>88	96～98
电解液含金	Au g/L	250～300	250～350	250～350
	HCl g/L	250～300	150～200	200～300
电解液温度/℃		30～50	50～70	50～70
阴极电流密度/A·m^{-2}		200～250	500～700	450～500
极距/mm		80～90	120	90
电流效率(%)		95		>98
槽电压/V		0.2～0.3	0.3～0.8	0.4～0.6
残极率(%)		20		15～20
阴极金品位(质量分数,%)		99.96	99.95	99.99

（3）金电解精炼产品及处理

1）电金。出槽后的阴极金称为电金，应先用净水冲洗表面的电解液，电金送去铸锭。

熔铸在坩埚炉中进行，熔化温度为1300℃。熔化后的金液表面宜用火硝覆盖（勿用炭覆盖）。铸模宜预热，熏上一层烟灰，以利脱模。金锭脱模后，要用稀盐酸淬洗，并用洁净纱布蘸上酒精擦拭金锭表面至发亮。

2）残极。电解一定时间后，取出残极并收集表面的阳极泥，残极与二次黑金粉一起熔铸成新的阳极。

3）阳极泥。金电解精炼阳极泥产出率为阳极质量的20%~25%，主要成分为金、银和少量铂族金属。阳极泥与一次、二次黑金粉一道熔铸，当铂族金属积聚到一定程度时，阳极泥作为回收铂族金属的原料处理。

4）电解液。电解液中含金250~300g/L，加锌置换和加试剂还原回收金，电解液中铂、钯含量超过50~60g/L时，送铂、钯工序回收铂、钯。

10.3.5 从废料中回收金银

1. 概述

（1）金银回收的意义　随着国民经济不断发展，金银材料应用领域不断扩大，金银产量往往不能满足国民经济增长的需要，如我国银产量仅能满足工业用银的1/2，95%的铂族金属依靠进口。贵金属及其合金材料在使用中大量进入废料，电子元件所用金锑合金，75%进入到废料中；电影胶片洗印时，70%的银进入废液中。从废料中回收贵金属是非常必要的，国外贵金属回收与从矿产资源中提炼贵金属同样受到重视，美国回收黄金占当年矿产金的30%，再生白银是矿产银的1.1倍。

（2）金银废料的分类　贵金属废料品种繁多，来源复杂，成分不一，为方便回收，将我国贵金属废料来源分类如下：

1）废液。包括电镀、化学镀的废液及洗液，废定影液等。

2）废金属及其边角料。如金锑、金硼钯、金锑砷铋、金硼钯铋，金镓、金银、金镍、金铜、金与铂族金属合金等；银合金，如银铜、银铜锌、银锡、银镉、银钨、银石墨、银铅锑、银镁镍、银与铂族金属合金等。

3）废镀件。包括镀金银件、印制电路、集成电路、可阀引线以及贴金器皿等。

4）废管芯、废原件。包括硅二极管、晶体管、可控硅、硅整流、瓷介电容等，晶体管原件的废管芯、半成品或废件等。

5）感光胶片、底片，各类金坩埚、金蒸发器、银烧杯、银坩埚等废器皿，贵金属盐的浆料，废金银首饰、货币等。

2. 金的回收

（1）从含金废液、含金废王水中回收金

1）从含金废液中回收金。根据镀金工艺的不同，酸性镀金液含金4~12g/L，中性镀金液含金4g/L，碱性镀金液含金20g/L。可采用电解、置换、吸附等方法回收镀金液中的金。

2）电解法。电解设备可用开槽或闭槽电解。开槽电解是指废镀液在敞开式电解槽中，以不锈钢为电极，槽电压5~6V，液温70~90℃条件下电解。闭槽电解是采用如图10-19所示封闭电解槽进行电解，废镀金液先装入循环罐，槽电压2.5V。镀液含金达到规定浓度以下，停止电解，电解尾液经净化达标后排放。

采用铅作不溶阳极进行二级电解，可使废液含金降至1mg/L以下。一级电解5~10h，电流密度 1.5～3A/dm^2；二级电解 25～50h，电流密度 0.5A/dm^2。电解电能消耗为 15～20kW·h/kg 金。

3）置换法。用锌片或锌粉置换废液中的金生成黑金粉，反应式为

$$2KAu(CN)_2+Zn = K_2Zn(CN)_4+2Au\downarrow$$

为加速置换过程，溶液应当稀释，适当酸化，控制 pH=1～2。置换产物过滤后，用硫酸溶浸多余的锌，再经洗涤、烘干，浇注粗金锭。

4）活性炭吸附法。用活性炭吸附废液中 $NaAu(CN)_2$，活性炭的粒度有-10～+20 目和-20～+40 目两种，作业过程包括吸附、解吸、活性炭反洗再生和从反洗液中提金。用 10% NaCN 与 1%NaOH 混合液解吸，用去离子水反洗。活性炭对金吸附容量达 29.4g/kg，吸附率 97%。

5）离子交换法。用树脂从氰化废液中的离子交换金，用硫脲盐酸溶液提金。

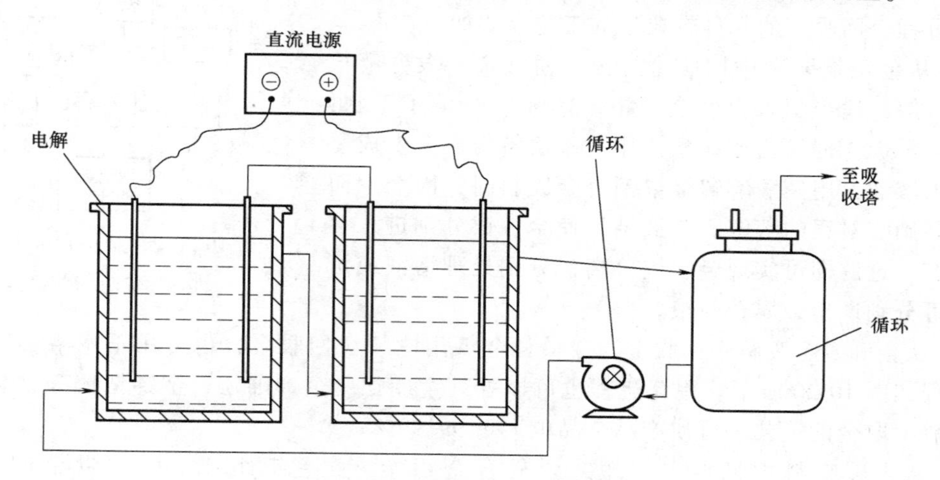

图 10-19　闭槽电解提金装置

6）溶剂萃取法。多种有机溶剂可用来萃取金。对金的氯络离子可选用乙酸乙酯、醚、二丁基卡必醇等萃取金，选用磷酸三丁酯（TBP）、三辛基磷氧化物（TOPO）、三辛基甲胺盐等都可以从含金溶液中萃取金。

（2）从含金废王水中回收金　含金废王水可选择以下方法回收金：

1）硫酸亚铁还原法。用 $FeSO_4$还原金有如下反应

$$3FeSO_4+HAuCl_4 = HCl+FeCl_3+Fe_2(SO_4)_3+Au\downarrow$$

还原产出金的品位达 98%以上，但此法作用缓慢，终点不易判断，尾液中的金不易被还原彻底，尚需锌粉进一步处理尾液。

2）亚硫酸钠还原法。亚硫酸钠与酸作用生成二氧化硫，用二氧化硫作还原剂，可将金氯络离子还原产出金，反应式为

$$Na_2SO_3+2HCl = SO_2\uparrow+2NaCl+H_2O$$

$$2HAuCl_4+3SO_2+6H_2O = 2Au\downarrow+8HCl+3H_2SO_4$$

废王水在还原前需加热赶硝，向溶液中加入 0.3～30g/L 聚乙烯醇作凝聚剂，有利于漂浮金粉沉降。

3）锌粉置换法。锌可将金氯络离子还原，产出金属金，其反应式为

$$2HAuCl_4+3Zn=2Au\downarrow+3ZnCl_2+2HCl$$

置换前，要求料液赶硝，提高金的直收率。置换过程中控制 pH 1~2，能防止锌盐水解，有利于产物澄清过滤。

4）亚硫酸氢钠（$NaHSO_3$）法。此法是美国专利，先用碱金属或碱土金属氢氧化物或碳酸盐调整废王水 pH=2~4，加热至 50℃，添加亚硫酸氢钠以沉淀金。

5）生产电子元件时，用碘液腐蚀金，产出含金碘腐蚀液。用亚硝酸钠回收金，当饱和的亚硝酸钠溶液加入料液时，碘液由紫红色转为浅黄色，自然澄清过滤，即得到粗金粉。

（3）从合金废料中回收金　从废合金中回收金银的工艺，包括造液、金属分离富集、富集液的净化与金属提取等主要过程。回收金的几种较典型的工艺介绍如下。

1）从金银铜合金中回收金、银。通常金、银合金很难造液溶解，适当配入银使金：银=3：1 时可溶于王水；使银：金=3：1 时可溶于硝酸。用王水溶解时，金生成氯金酸进入溶液，用硝酸溶解金银铜合金废料时，因金少而不会阻碍硝酸对银的溶解。造液结果使金、银分别进入溶液或沉淀，过滤即可实现金、银分离，分别处理溶液或沉淀，即可分别产出金属金与银。

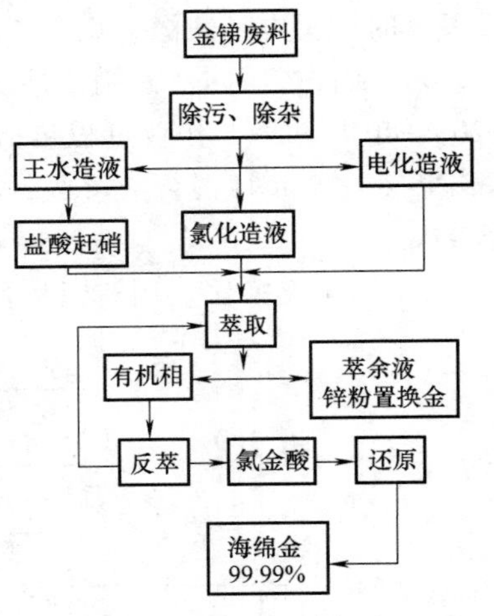

图 10-20　从金锑合金中回收金参考流程图

2）从金锑合金废料中回收金。金锑合金可用电解法回收金，也可用王水溶解回收金，回收流程如图 10-20 所示。用此流程也可以处理金硼钯、金锑砷铋、金锑钯铋等含金废料。采用乙醚萃取金的工艺，可使产品金品位大于 99.99%。

3）从牙科废料中回收金、银。牙科合金由金、银、钯组成，回收贵金属流程如图 10-21所示，分别产出海绵金、钯粉和粗银。

（4）从废镀金件上回收金　从这类含金物料上回收金的方法很多，如铅熔退金法、热膨胀退镀法、化学退镀法等。碘-碘化钾溶液退镀金方法，其化学反应如下

$$Au+I=AuI$$

$$AuI+KI=KAuI_2$$

产物 $KAuI_2$ 能被多种还原剂，如铁屑、锌粉、二氧化硫、草酸、甲酸及水合肼等还原，也可用活性炭吸附、阳离子树脂交换等方法从 $KAuI_2$ 溶液中提取金。

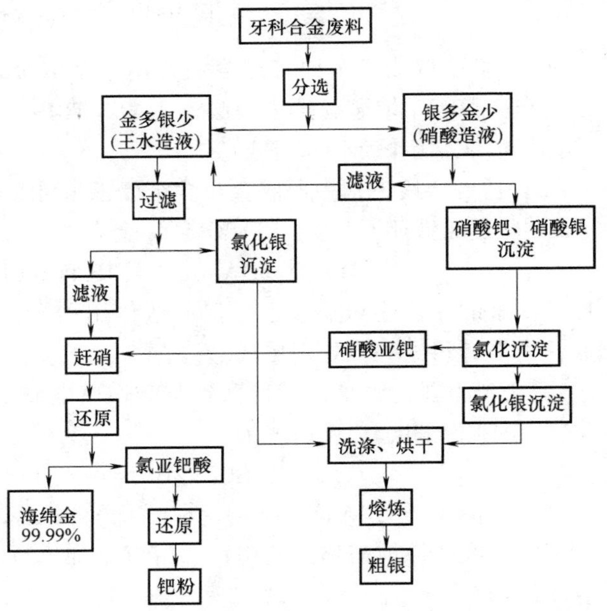

图 10-21　从牙科合金废料中回收金银钯参考流程图

（5）从其他废料中回收金

1）从废管芯中回收金。可控硅、

硅整流块及硅晶体管管芯，可用前面已介绍方法回收金。

2）从金刷、金水瓶上回收金。陶瓷描金使用的毛刷、用完金水的残存玻璃瓶，都饱和浸透了金水浆料凝结物，可采用煅烧-浸出的工艺回收金。

3）从贴金件上回收金。根据贴金基体不同，处理方法各异。从铜或黄铜表面贴金回收金时，可采用电解法回收。用硫酸作电解液，电流密度 120～180A/m²，槽电压数十至250V，金层呈阳极泥富集于槽底，收集处理阳极泥即可产出产品金。

4）从合金抛灰中回收金。金件抛光、金箔碎屑、首饰抛光等的抛灰，可通过火法灰吹处理。处理前按抛灰：氧化铅：碳酸钠：硝石=100：150：30：20 比例，并配入适量的面粉与硼砂。面粉作为还原剂，硼砂则为低熔点酸性熔剂。贵铅在氧化炉内灰吹，贵金属合金珠即可用来分离提取回收金。

3. 银的回收

（1）从含银废液中回收银

1）从废定影液中回收银。我国感光材料年用银量达 100t 以上，废定影液中，银以 $Ag(S_2O_3)_2^{3-}$、$Ag(S_2O_3)_3^{4-}$、$Ag(S_2O_3)_4^{5-}$ 存在，含银浓度达 0.5～9g/L。向废定影液中加入硫化钠，生成硫化银沉淀，从硫化银黑色沉淀中回收银。可以利用铁粉、锌粉、铝粉作为还原剂，采用置换法还原定影液中的硫代硫酸银，这种方法定影液不易再生。日本小西六照相工业公司采用铝镁合金屑从废定影液中回收银的技术是采用孔板将 18L 的塑料容器隔成上下两层，上层装入铝镁合金屑（含铝 94.3%、含镁 5.6%、屑尺寸约 1mm×3mm×30mm），废定影液（含银 6～7g/L，pH 4.5）以 135mL/min 的流速从容器下部引入，上层发生还原银的反应，反应产物银粉透过隔板小孔而聚集于下层。通入废定影液 320L，能沉淀出银粉 1950g，品位 96%。

近年来，国内外研制了更高效率的提银机。我国制成一种提银机，具有石墨阳极，不锈钢阴极，溶液在机内密闭循环。电解的技术条件如下：

槽电压：2～2.2V；电流密度：175～193A/m²；液温：20～35℃；循环速度：4.82m/s；电解时间：含银 3～4g/L 时，3～4h；含银 5～6g/L，5～6h。电银品位：90%～93%。

2）从银电镀废液中回收银。电镀废液含银 10～20g/L，总氰 80～100g/L，可采用氯化沉淀法、锌粉置换法、活性炭吸附法回收银。电解法可在敞口槽内作业，阴极用不锈钢板，阳极用石墨，通直流电后，阴极析出银而阳极放出氧气。随着银离子减少，阳极还进行脱氰过程，反应式为

$$4OH^- - 4e = 2H_2O + O_2\uparrow$$

$$CN^- + 2OH^- - e = CNO^- + H_2O$$

$$CNO^- + 2H_2O = NH^{4+} + CO_3^{2-}$$

$$2CNO^- + 4OH^- - 6e = 2CO_2\uparrow + N_2\uparrow + 2H_2O$$

阴极反应式为

$$Ag^+ + e = Ag \qquad 2H^+ + 2e = H_2\uparrow$$

（2）从银合金废料中回收银

1）从银合金中回收银。合金中的银远大于金，可用电解法分离银，金富集于阳极泥中。若合金中 Ag：Au<3：1，应熔融配银，使 Ag：Au 接近 3：1。银在硝酸中造液，按以下

反应溶解

浓硝酸 $$Ag+2HNO_3 = AgNO_3+NO_2\uparrow +H_2O$$

稀硝酸 $$6Ag+8HNO_3 = 6AgNO_3+2NO\uparrow +4H_2O$$

稀硝酸溶解银能防止 NO_2产生，减少硝酸消耗，适当加热可加速银溶解。

氯化银加碳酸钠熔炼生产金属银时，反应式为

$$2AgCl+NaCO_3(\text{加热}) = Ag_2CO_3\downarrow +2NaCl$$

$$Ag_2CO_3\ (\text{加热}) = Ag_2O\downarrow +CO_2\uparrow$$

$$Ag_2O\ (\text{加热}) = 2Ag\downarrow +0.5O_2\uparrow$$

可加适量硼砂和碎玻璃改善炉渣性质，降低渣含银，银品位可达 98%。

2）从银铜、银铜锌等合金废料中回收银。银铜、银铜锌是焊料，含银 50%~95%，银镉（或银氧化镉）是接点材料，含银约 85%。属于接点材料还有银钨、银石墨、银镍等。品位高达 80%的这类合金废料，可铸成阳极直接电解，电银品位 99.98%以上。含银 72%银铜也可直接电解，电银品位达 99.95%。银铜或其他低银合金，可按图 10-22 所示流程回收银。

3）从银铅锑合金废料中回收银。银铅锑合金是生产电子元件的重要材料，含银 75%，含铅达 24%。可采用灰吹-电解工艺产出电银。

4）从银锡、银铅锡废料中回收银。银锡、银铅锡焊料含银仅 10%，可采用如下工艺综合回收：银锡铸成阳极，外套布袋，在硫酸锡溶液中电解，锡从阳极溶解，在阴极析出，银进入阳极泥直接回收。银铅锡中含锡 1%，可采用加锌除银的方法，使银富集在银锌壳中，铅富集于锅底，收集处理银锌壳，即可回收银。

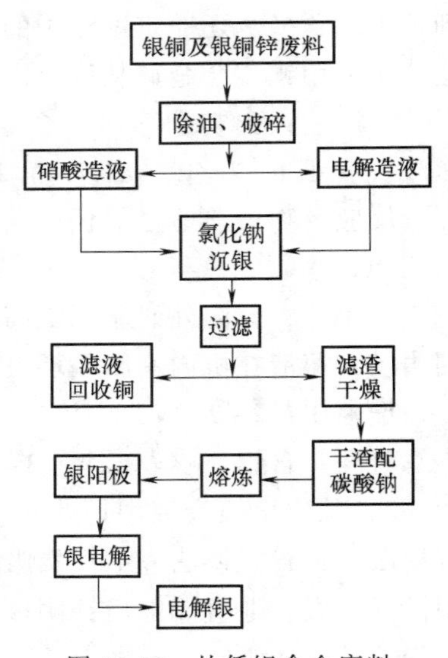

图 10-22 从低银合金废料中回收银的流程

（3）从镀银件、银镜片、废感光胶片中回收银

1）从镀银件上回收银。从镀银件回收银方法如下：

① 浓硫酸-硝酸溶解法。本方法的作业条件为：a. 溶剂。浓硫酸 95%，硝酸或硝酸钠 5%；b. 温度。控制在 40℃以下；c. 时间。时间为 5~10min。镀银件退镀后，快速取出漂洗，减少基体溶解，用置换法、氯化沉淀法回收溶液中的银。

② 双氧水-乙二胺四乙酸（EDTA）法从磷青铜上退银，可使镀银层在 5~10min 内与基体分离。

③ 四水合酒石酸钾钠溶液（罗谢尔盐）电解法。选用表 10-13 配方的电解液，阴极为不锈钢，镀件作阳极，电解几分钟后，即可使厚度达 5μm 的镀层完全退去。

2）从银镜片中回收银。一般保温瓶、银镜都镀有很薄一层银，基体均为玻璃。处理银镜可直接用稀硝酸溶解，用食盐沉银。氯化银沉淀与碳酸钠一道熔炼得到粗银，粗银用硝酸溶解，浓缩结晶即可产出工业纯的结晶硝酸银。

表 10-13　罗谢尔盐电解液配方

配　方	NaCN	NaOH	Na_2CO_3	罗谢尔盐
Ⅰ(g/L)	44.9	14.9	14.9	37.4
Ⅱ(g/L)	22.4~44.9	11.2~22.4	11.2~22.4	37.4~52.4

3）从含银乳剂中回收银。

① 从感光废乳剂中回收银。在生产感光胶片时，使用感光涂布乳剂处理废乳剂，可用焙烧-熔炼法回收银。也可采用类似微生物处理感光胶片的流程，用蛋白酶溶解，水解沉淀，$Na_2S_2O_3$浸出后再电解提银。

② 从废银浆中回收银。生产瓷介电容的银浆废料也可用焙烧-熔炼法处理，焙烧时氧化脱除有机物，熔炼时加入硝酸钠作为氧化剂。

10.4　铂族金属的提取

10.4.1　铂族金属概述

1. 铂族金属的性质

（1）物理性质　铂族金属的主要物理性质见表 10-14。

表 10-14　铂族金属物理性质

物理特性		铂	钯	铑	铱	锇	钌
元素符号		Pt	Pd	Rh	Ir	Os	Ru
颜色	致密状	银白	银白	银白	银白	银白	银白
	粉状	灰	灰	灰	灰	灰	灰
密度/$g \cdot cm^{-3}$,20℃		21.45	12.02	12.41	22.65	22.61	12.45
熔点/℃		1769	1552	1966	2443	3000±100	2250
沸点/℃		3827±100	2927	3727±100	3827±100	≈5000	3900
硬度(退火)HV		40~42	40~42	100~102	200~240	300~670	200~350

0~700℃，铂电阻率遵从：$\rho=9.847\times(1+0.3963\times10^{-2}t-0.5389\times10^{-6})t^2$，微量杂质对铂电阻温度系数影响是十分敏感，常用此系数衡量金属铂纯度。

高纯铂在 1200℃时标准热电势为-10mV，微量杂质对铂热电势的影响也十分明显，除金外，其热电势随杂质含量的增加而增大。

钯具有大量吸附氢并迅速扩散的能力，每体积钯能吸附 2800 体积以上的氢。

铑对可见光谱具有大而均匀的反射能力，仅次于银，但银在空气中会因硫化而变暗，铑却能持久地保持较大的反射率。

铱受中子轰击后，成为放射性同位素，半衰期 74 天。放射性铱主要应用在射线照相和医学领域。锇、钌是铂族金属中硬度最大的金属。

铂族金属中，加工性能最好的是铂、钯，可将它们拉成 0.001mm 的细丝，加工成厚度为 0.127μm 的箔片。但纯铂、纯钯强度较低，铂中加铑、铱，而钯中加银、铜，可提高铂、钯强度，改善其抗蠕变性能。

铑与铱不能进行冷加工，锇和钌几乎不能加工而仅用来生产合金。

铂族金属在高温下长时间加热时，除锇外，钌具有最大的挥发性。图 10-23 所示为铂族金属在 1300℃空气中长期加热时的失重情况。

(2) 化学性质　铂族金属具有极好的耐蚀及抗氧化性，且熔点高，因而是最好的高温耐蚀材料，图 10-24 所示为在无络合剂存在条件下，铂族金属理论腐蚀、免蚀、钝化区。铂的耐蚀性能很强，室温时，铂不与盐酸、硝酸、硫酸及有机酸作用，加热时硫酸稍与铂反应，王水可溶解铂，熔融碱或熔融氧化剂能腐蚀铂。在 100℃的氧化条件下，各类卤氢酸或卤化物起络合剂作用，能使铂络合溶解。若铂中有铑、铱存在时，将增强其耐蚀性能。

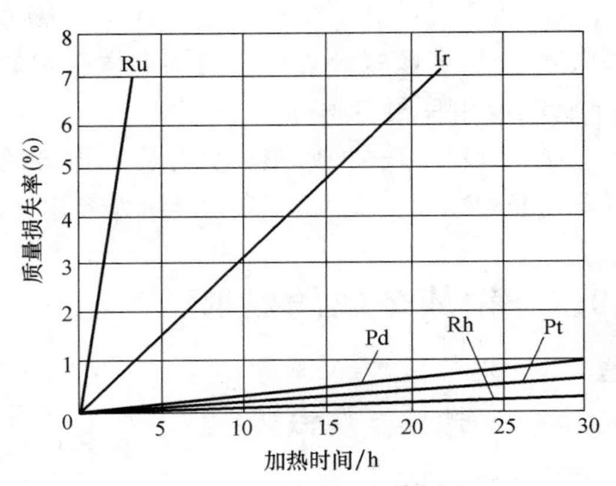

图 10-23　铂族金属的挥发性

钯是耐蚀性最差的铂族金属，硝酸能溶解钯，存在氯化物络合剂时，如王水，钯更易腐蚀。热浓硫酸、熔融硫酸氢钾都能溶解钯。若钯中含有其他铂族元素，耐蚀性增强。

铑、依在铂族金属中化学稳定性最好，热王水也不易溶解。碱金属过氧化物与碱熔融，可氧化铑、铱，铑、铱被氧化后能被络合剂溶解，熔融的酸式硫酸盐也能溶解铑。铂族金属均易溶于液体铅、锌、锡中，对碎化铂族金属起重要作用。

铂族金属在空气中加热时，钯在 790~3150℃，铱和铑在 600~1000℃时，表面生成氧化层，高于此温度则氧化层分解，表面又恢复金属光泽。铱是唯一可在氧化条件下应用到 2300℃时也不发生严重损伤的金属。

锇的抗氧化性能最差，在空气中加热时，能迅速生成对眼睛有严重刺激作用的四氧化锇。钌在空气中加热到 450℃以上，缓慢生成弱挥发性二氧化钌。用氯或溴处理碱金属钌盐，生成挥发性的四氧化钌。过氧化钠、硝酸钾、亚硝酸钠等溶盐，能与锇、钌作用生成可溶性盐。高温时，碳能溶解于铂、钯，使铂、钯变脆。熔融的铂、钯不能与碳接触，常选用刚玉或氧化锆作坩埚，在真空或惰性气体保护下熔炼铂族金属及其合金。

2. 铂族金属的用途

铂族金属拥有许多优良性能，包括高度的催化活性，良好的高温抗氧化、耐蚀性能，热电稳定性高等。随着科学技术的发展，铂族金属在石油、化工、国防、航空航天等领域的应用范围不断扩大。根据英国统计，美国 58%的铂用于汽车废气净化用催化剂，12%用于石油化工，10%用于电子工业；46%的钯用作催化剂，40%用于电气电子工业；铑主要用作催化剂；钌主要用于电气电子工业。铂族金属的用途归纳如下：

1）石油及化学工业大量采用铂、铱、钌、铑、钯作为催化剂，用量极大。

2）化学工业中，生产硝酸的铂网触媒，占铂消费量中相当大的比重；铂族金属镀层衬

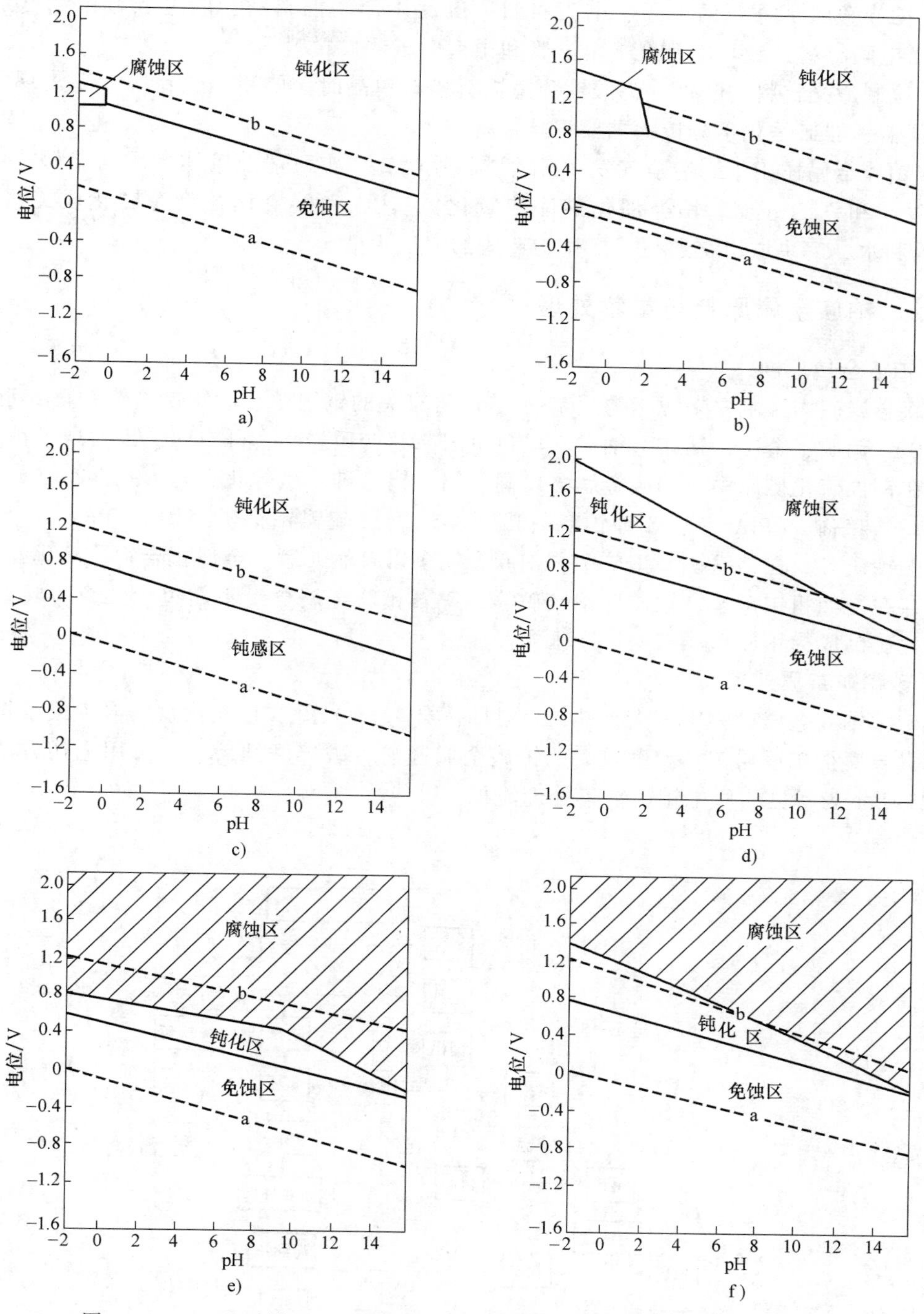

图 10-24　25℃时铂、钯、铑、铱、锇、钌的理论腐蚀、免蚀、钝化区

里是化工设备重要防腐材料。生产人造纤维时需要铂合金喷丝头；用钯膜或钯管作过滤元件，可生产高纯甚至超纯氢气；以铂族金属为材料的燃料电池已成为一种具有广泛发展前途的电源装置。铂作为最好的阳极材料，用于电化学耐蚀，广泛用于氯、氯酸盐、过氧化物、高氯酸盐和氯化氢等电解生产过程。

3）铂族金属是重要的电子、电工材料，广泛用作测温材料；弱电领域中精密触头材料；精密电阻材料；磁与电磁线、电子管和微型电子器件材料等。

4）拉制激光材料铌酸钾、钨酸钙和镱铝石榴石单晶时，要用铂铑铱等大型坩埚；铂制坩埚、仪器、器皿是化学分析的重要工具。

5）铂族金属还用于制造喷气发动机的燃料喷嘴，宇宙飞船前锥体的耐高温保护层，用于重水生产和钚的分离。铂类催化剂能使氧化氮、CO 和碳氢化合物等转化成无害的氮、氧、CO_2和水，解决城市交通与工厂排污造成的大气污染。

10.4.2 铂族金属原料与富集处理

1. 铂族金属原料

铂族金属矿物，主要来源于与超基性-基性岩有关的铜镍矿、砂铂矿、铬铁矿。近年来，各种铜矿、钼矿、金矿、锡矿、铀矿、黑色页岩、超变质岩和古砾石内，也发现了铂族金属矿物。在铜镍硫化矿床中，铂族金属多以锑、铅、锡、砷、硫等化合物形式存在，如锑铂矿（$PtSb_2$）、砷铂矿（$PtAs_2$）、硫砷铂矿（$Pt[AsS]_2$）、硫镍铂钯矿（[Pt·Pd·Ni] S）和含铂钯磁铁矿等。在铬铁矿型铂矿中，铂族金属多以自然元素、金属化合物、硫化物、砷化物形式存在，如粗铂矿、铱铂矿、锇铱矿等；矿石铂族金属含量不超过十几克每吨。目前，铜镍硫化矿已成为铂族金属主要矿产来源。

2. 砂铂矿富集处理

砂矿中铂族金属矿物密度大，在-200 目时单体分离较好，用淘汰盘、混汞或重选方法，可选出贵金属精矿或粗铂。粒度较大的铂族金属脉矿，破碎磨细后，也可用上述方法处理。图 10-25 所示为常见的原生铂矿富集处理流程。

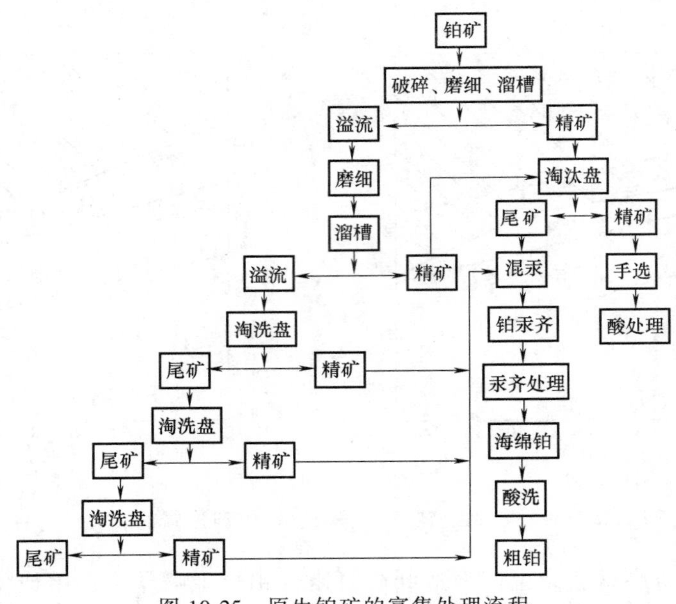

图 10-25 原生铂矿的富集处理流程

3. 铜镍硫化矿冶炼贵金属富集

铜镍硫化精矿通常采用熔池熔炼工艺，产出低冰镍（$Ni_3S_2+Cu_2S+FeS$），再用转炉吹炼，使硫化亚铁氧化造渣，而镍、铜硫化物及少量铜-镍合金组成高冰镍。经上述处理，原矿中的铂族金属富集于高冰镍中。国际镍业公司汤姆逊厂，采用传统分层熔炼法和羰基法处理高冰镍。分层熔炼法是将硫酸氢钠或硫化钠加入高冰镍中，生成由硫化亚铜和硫化钠组成的顶层与二硫化三镍底层，分别处理顶层与底层，即可产出铜、镍。铂族金属和金主要进入底层，用电解法处理底层，贵金属进入镍阳极泥；用电解法处理顶层，银与残留的贵金属进入铜阳极泥。羰基法使用一氧化碳还原原料中的镍，生成挥发性的 $Ni(CO)_4$，反应式为

$$Ni+4CO = Ni(CO)_4 \uparrow$$

处理收集到的 $Ni(CO)_4$，即可获得高品位金属镍。贵金属则残留于羰化残渣中，焙烧和用硫酸浸出残渣，可获得贵金属品位达 20% 的浸出渣，代表成分为（质量分数）：Pt1.85%；Rh0.2%；Ag15.42%；Au0.56%；Pd1.91%；Ir0.04%；Ru0.16%。

金川公司用物理选矿法处理高冰镍，熔融的高冰镍在冷却时，因组成物结晶温度相差较大（Cu_2S 为 912℃，Ni_3S_2 约 725℃），缓慢冷却可获得稳定的粗大晶粒，磨碎、分选产出镍精矿、铜精矿，最终获得富集贵金属的阳极泥。硫化镍电解阳极泥成分：$w(S)$90%；$w(Ni)$1.1%～1.9%；$w(Cu)$1.2%～1.8%；$w(Fe)$1%；Pt 60～70g/t；Pd 25～30g/t；Au 50～70g/t；$w(SiO_2)$0.7%。

加拿大舍利特·高尔顿（sherrittGordon）矿业公司用酸浸法处理高冰镍获得良好效果。南非英帕拉（LmPala）铂有限公司引进舍利特技术，建成年产镍 2724t 工厂，伴生贵金属 31.1t，其中年产精制铂 3.11t，该厂从高冰镍中富集贵金属流程如图 10-26 所示。

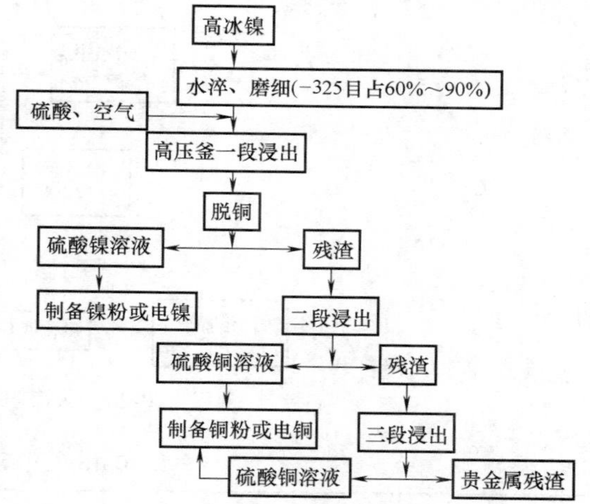

图 10-26 南非英帕拉酸浸处理高冰镍富集贵金属流程

高冰镍中贵金属大多富集于铜镍合金中，从铜镍合金中提取贵金属比从阳极泥中提取更为简单。铜镍合金密度大、带磁性，可采用磨矿、磁选法分离铜镍。从高冰镍中分离富集贵金属的铜镍合金流程如图 10-27 所示。产物产出率如下：一次合金 11%；镍精矿 63%；铜精矿 25%。

4. 镍阳极泥中贵金属富集

镍阳极泥中贵金属含量低，需经如图 10-28 所示流程处理以富集贵金属。

（1）镍阳极泥热滤脱硫　脱硫前，先洗涤阳极泥，洗涤前后阳极泥成分见表 10-15。

从含硫物料中提取硫的方法包括：焙烧、蒸馏、浮选、加压浸出、溶剂萃取及热过滤等。萃取法脱硫率高，汤姆逊厂采用热滤法处理含硫达 95% 的阳极泥，脱硫率达 80%。热滤脱硫是先将镍阳极泥放入热滤器中，用蒸汽加热到 145℃，使硫熔化后过滤，热滤渣率 18%～24%，脱硫率 87%。热滤渣处理包括：二次电解、加压浸出-水溶液氯化、返回吹炼制取二次合金法等。

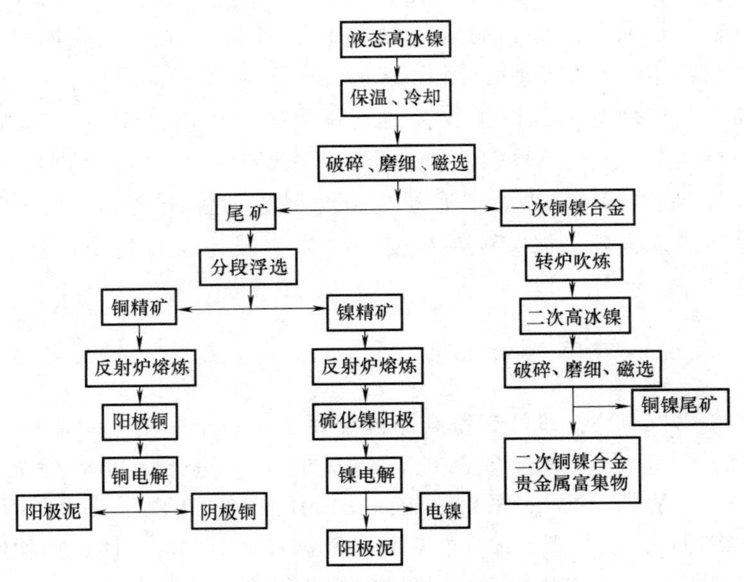

图 10-27 贵金属在铜镍合金中富集流程

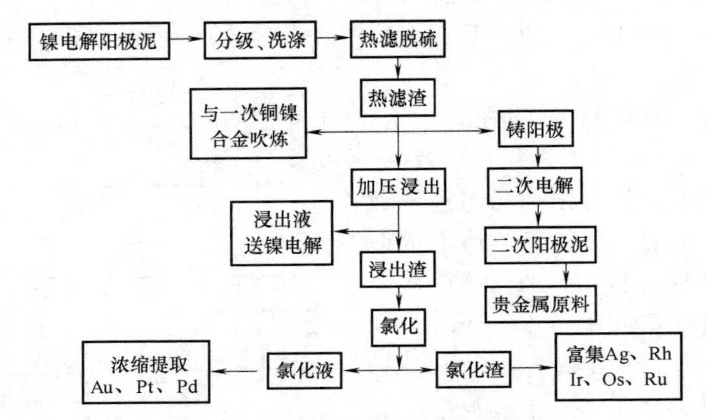

图 10-28 从镍阳极泥中富集贵金属

表 10-15 阳极泥洗涤前后成分

组分	$Pt/g\cdot t^{-1}$	$Pd/g\cdot t^{-1}$	$Au/g\cdot t^{-1}$	Cu(质量分数,%)	Fe(质量分数,%)	Ni(质量分数,%)	S(质量分数,%)	SiO_2(质量分数,%)	Na(质量分数,%)
洗涤前	65	29	64	1.8	0.67	0.9	81	0.67	2.5
洗涤后	80	33	73	1.9	0.70	0.88	90		

(2) 二次电解富集法 反射炉熔化热滤渣、铸成阳极，在硫酸溶液中电解，阴极析出海绵铜，贵金属进入二次阳极泥。表 10-16 表明，二次阳极泥中贵金属品位已富集提高。

表 10-16 二次电解阳极与二次阳极泥成分变化（质量分数） (%)

成分	Pt	Pd	Au	Cu	Ni	Fe	S	Na
阳极	0.039	0.018	0.044	25.8	37.8	5.08	25.8	1.8
二次阳极泥	0.14~0.17	0.063~0.075	0.14~0.18	12.5	0.75	1.58	85~95	

二次电解作业技术条件为：电解液成分：H_2SO_4 40g/L；Cl 5g/L；电流密度 200～600 A/m^2；槽电压 3V；阳极泥产出率 22%～27%；贵金属富集倍数 3.4～4.2。二次阳极泥需热滤脱硫。

（3）加压浸出-水溶液氧化

1）加压浸出富集贵金属。阳极泥热滤渣含硫以硫化物形态存在，将热滤渣放入浸出槽，调整液固比 8～10，温度 150℃，控制氧分压 7kg/cm^2，浸出反应为

$$NiS+2O_2 = NiSO_4$$

$$CuS+2O_2 = CuSO_4$$

$$Cu_2S+2.5O_2 = CuSO_4+CuO$$

$$2FeS+4O_2+SO_4^{2-} = Fe_2(SO_4)_3$$

$$FeS+4.5O_2+(n+2)H_2O = Fe_2O_3 \cdot 2H_2SO_4 \cdot nH_2O$$

$$S+1.5O_2+H_2O = H_2SO_4$$

硫氧化产生大量的酸，提高酸度有利于除去渣中的铁、铜和镍，常采用两段浸出。第一段控制高酸度（100g/L）；第二段加入大量氢氧化镍控制低酸度（20g/L），分别除去热滤渣中的杂质，实现贵金属在浸出渣中富集。

2）水溶液氯化-氯气浸出。氯化是借氯气强氧化作用，将高压浸出渣中的贵金属溶解造液。

① Cl-H_2O 系电位 pH 图。图 10-29 所示为 Cl-H_2O 系标准电位-pH 图，各线代表反应分别为

$$HClO = ClO^-+H^+,\ Cl_{2溶}+2e = 2Cl^-$$

$$HClO+H^++2e = Cl^-+H_2O,\ ClO^-+2H^++2e = Cl^-+H_2O$$

$$2H^++2e = H_2,\ O_2+4H^++4e = 2H_2O$$

由图 10-29 可知：Cl^-稳定存在区扩展到 pH 全部刻度上，覆盖水的稳定存在区，在很大 pH 范围内能直接或间接地将常见金属与化合物氧化。氯气只在 pH 值较低的酸性介质中稳定存在。在碱性介质中转化为次氯酸，次氯酸能够使水和酸性介质中氯化物氧化，生成氧和氯。

② 氯化浸出贵金属。氯能将除金以外的所有贵金属氧化生成氯化物。贵金属被氯气氧化的反应如下

$$Pt+2Cl_2+2HCl(2NaCl) = H_2PtCl_6(PtCl_6)$$

$$Pd+Cl_2+2HCl(2NaCl) = H_2PdCl_4(Na_2PdCl_4)$$

$$2Au+3Cl_2+2HCl(2NaCl) = 2HAuCl_4(2NaAuCl_4)$$

$$Ag+Cl_2 = 2AgCl\downarrow$$

③ 氯化浸出作业。常温氯化时，贵金属氯化率比镍、铁高，金氯化率达 97%以上，加入一定量的硝酸，可使氯化速度大幅度增加。氯化后溶液酸度 3～4N。水溶液氯化作业条件是：液固比 5，物料粒度小于 1mm，HCl 浓度 3N，NaCl 浓度 10%，通氯 8h，作业温度 80～90℃。一次氯化后氯化渣含铂 0.3%～0.4%，二次氯化时间 4h，氯化渣尚需回收其中贵金属银、铑、铱、锇和钌。

3）氯化液处理。氯化液中 w（Cu）<0.2%、w（Fe）<0.65%时，可先浓缩再分别提取金、钯、铂等。也可用锌粉置换贵金属，产物用盐酸脱锌，用硫酸高铁脱铜，作为贵金属精矿提取贵金属。

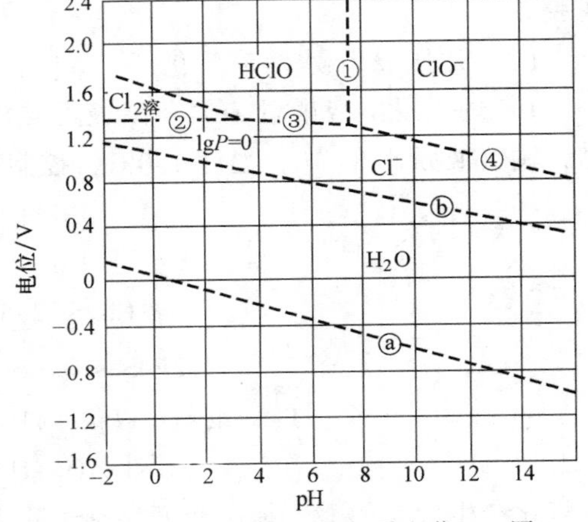

图 10-29　25℃时 Cl-H_2O 系电位-pH 图

5. 二次铜镍合金中贵金属富集

以富集贵金属的二次铜镍合金为原料生产贵金属精矿，工艺流程如图 10-30 所示。贵金属精矿生产过程包括：盐酸-硫酸浸出溶解铜镍铁；用有机溶剂溶解硫。选用盐酸和热浓硫酸作溶剂浸出铜、镍、铁的作业条件是：液固比 6，温度 80℃浸出时间 12h。合金粉脱去铜、镍、铁后，采用有机萃取法脱硫。萃取剂选用四氯乙烯。萃取作业条件为：液固比 5，温度 90～100℃，脱硫率达 98%。某厂生产的贵金属精矿成分见表 10-17。

表 10-17　贵金属精矿成分（质量分数）

组分	Cu	Ni	Pt	Pd	Rh	Ir	Os	Ru	Au
%	1.10	4.03	2.84	0.83	0.185	0.28	0.18	0.41	0.55

10.4.3　铂族金属分离

1. 蒸馏分离锇、钌

贵金属精矿含有各种贵金属，为综合提取铂族金属，国内外采取了多种生产流程。英国阿克统铂族金属精炼厂，利用各种贵金属固有的物理、化学特性，采用如图 10-31 所示流程分离提炼铂族金属，精矿中的所有贵金属都得到提取。

该工艺是将精矿中含量较多的贵金属，如铂、钯、金等先行分离，然后分离铑、铱，最后才提取锇、钌。锇、钌分散到先期提取的金属的成品、半成品中，增加了分离工艺的复杂性，也降低锇、钌的回收率，这是传统工艺和阿克统流程的弊端。为克服上述弊端，采用蒸馏法先行分离锇、钌。

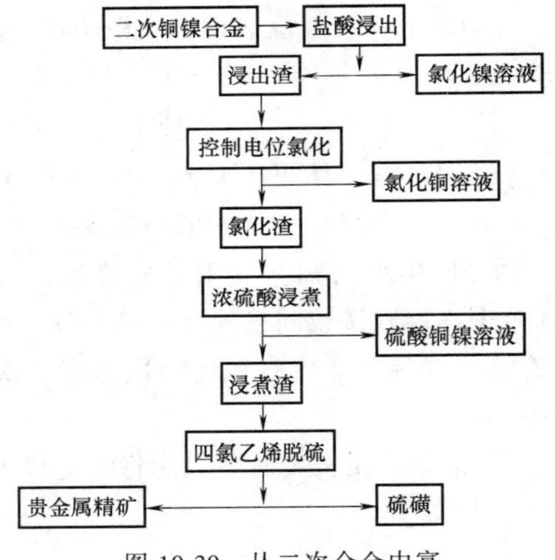

图 10-30　从二次合金中富集贵金属工艺流程图

（1）蒸馏分离锇、钌原理　锇、钌在强氧化剂（氯、氧）作用下，生成四氧化锇（OsO_4）、四氧化钌（RuO_4）。四氧化锇又称锇酐，常温下为固体，近似无色或浅绿色，39.5℃熔化，120℃汽化，有烧碱味，遇氢或有机物还原成黑色二氧化锇。四氧化钌，常温下为黄色针状体，有烧碱味，25℃时转变为棕色细粒，熔点 27℃，液态四氧化钌 65℃时汽化。

上述氧化物具有极大挥发性，使用蒸馏法分离。四氧化钌与盐酸反应生成 $RuCl_3$，与钾盐作用生成可溶的氯钌酸钾（K_2RuCl_5），反应为：

$$2RuO_4+16HCl = 2RuCl_3+8H_2O+5Cl_2\uparrow$$

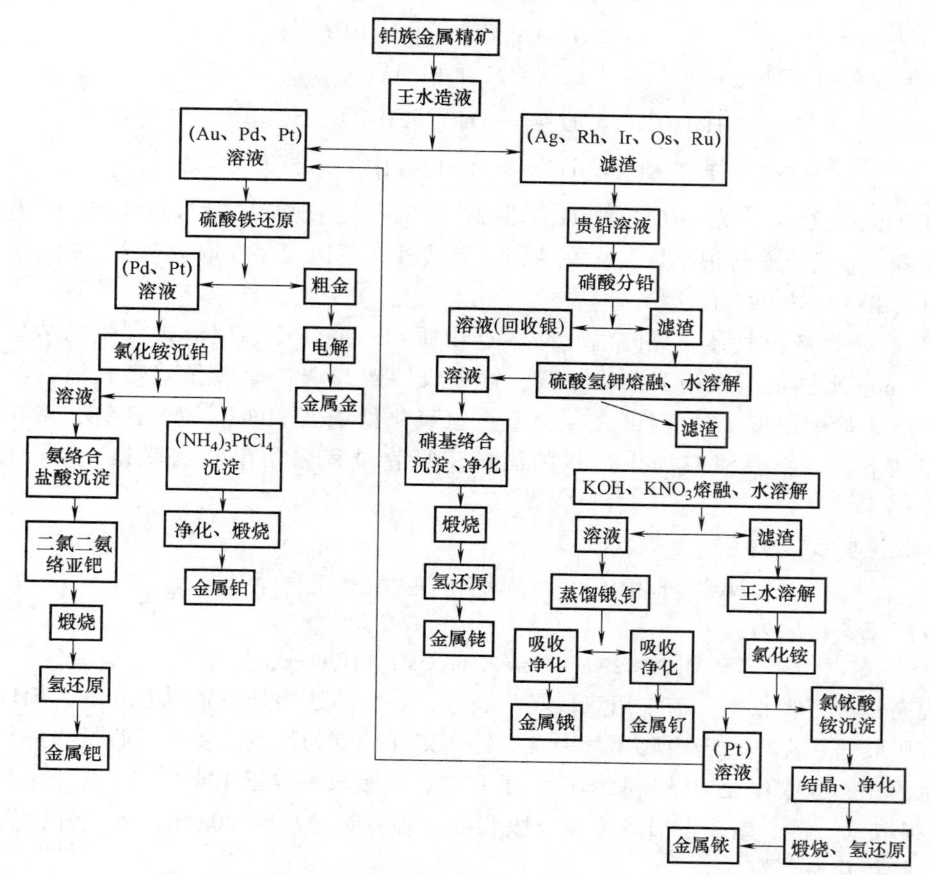

图 10-31　阿克统精炼厂冶炼铂族金属的原则流程

$$RuCl_3+2KCl = K_2RuCl_5$$

四氧化锇不溶于盐酸，在硫酸存在条件下可与碱液反应，生成紫色的锇酸盐或钌酸盐溶液，通式为 Me_2OsO_4或 Me_2RuO_4。上述性质为从四氧化锇、四氧化钌的混合物中分离锇、钌提供了依据。

锇与硫脲盐酸作用，可生成红色 $Os[CS(NH_2)_2]6Cl_3OH$，盐酸酸化了的钌盐溶液，与硫脲作用则为深蓝色。以上变色特性，有利于直观观察锇、钌的回收情况，防止有害的四氧化锇与四氧化钌对人体造成危害。

（2）分离作业过程

1）造液。贵金属精矿可在耐酸搪瓷釜中硫酸浆化，液固比 1 : 5，蒸汽加热脱去料液中的有机夹杂。加入精矿量 1~1.5 倍氯酸钠使浆料溶解，氯酸钠在硫酸介质中发生以下反应：

$$3NaClO_3+H_2SO_4 = Na_2SO_4+NaCl+9[O]+2HCl$$

$$2HCl+[O] = 2[Cl]+H_2O$$

生成的氯［Cl］与氧［O］能将精矿中贵金属氧化、络合、溶解，反应式为

$$Os+2HCl+3[Cl] = H_2OsCl_5, Ru+2HCl+3[Cl] = H_2RuCl_5$$

$$Pt+2HCl+4[Cl] = H_2PtCl_6, Pd+2HCl+2[Cl] = H_2PdCl_4$$

$$Au+HCl+3[Cl] = HAuCl_4, Rh+2HCl+4[Cl] = H_2RhCl_6$$

$$Ir+2HCl+4[Cl]=\!=\!=H_2IrCl_6$$

生成的氯锇酸和氯钌酸进一步氧化生成四氧化锇和四氧化钌，反应式为

$$H_2OsCl_5+4[O]=\!=\!=OsO_4+2HCl+1.5Cl_2\uparrow$$

$$H_2RuCl_5+4[O]=\!=\!=RuO_4+2HCl+1.5Cl_2\uparrow$$

控制过程温度约100℃，则OsO_4、RuO_4不断汽化挥发，实现锇、钌与蒸残液——其他贵金属溶液分离。蒸残渣送转炉吹炼二次高冰镍，蒸残液送下道工序提取贵金属。锇、钌在上述过程中的蒸出率可达99%以上。

2）吸收蒸馏产出气体。先降温，高沸点物质和水—气冷凝回流进入蒸馏装置，其余气体在-20mm水柱负压作用下被导入锇、钌吸收装置。选择盐酸作钌吸收液，氢氧化钠作锇吸收液。盐酸浓度4N，温度25~35℃；氢氧化钠浓度20%。为保证钌、锇在吸收液中能更好地溶解，吸收液应加入适量的酒精。吸收过程采用串联法联接，前段吸收钌，后段吸收锇。

钌吸收主要反应式为

$$2RuO_4+20HCl=\!=\!=2H_2RuCl_5=\!=\!=8H_2O+5Cl_2\uparrow$$

锇吸收主要反应为：

$$OsO_4+2NaOH=\!=\!=Na_2OsO_4+H_2O+O_2\uparrow$$

为提高锇、钌吸收率，需采用三段吸收装置，在管路适当处放置仅有硫脲的棉球，以检查锇、钌吸收是否完全。若吸收尾气中含有钌，则棉球变为红色。要求吸收过程进行到棉球不变颜色为止，吸收作业中锇吸收率可大于97%，钌吸收率接近100%。

3）提取锇、钌。先缓慢加热浓缩钌吸收液，控制钌浓度为30g/L，将三价钌氧化为四价钌后，加氯化铵沉钌：

$$H_2RuCl_6+2NH_4Cl=\!=\!=(NH_4)_2RuCl_6+2HCl$$

生成的$(NH_4)_2RuCl_6$（氯钌酸铵）沉淀为暗红色，用酒精洗至无色后烘干，经430℃煅烧，850℃时氢还原得钌粉。

加氢氧化钾沉锇，反应式为

$$2Na2OsO_4+4KOH=\!=\!=2K_2OsO_4\downarrow+4NaOH$$

生成的K_2OsO_4（锇酸钾）沉淀呈紫红色，用盐酸溶解后，再经25kgf/cm^{2}压力氢还原，还原温度125℃，水解2h，按下反应产出海绵锇：

$$K_2OsO_4+2HCl+3H_2=\!=\!=Os\downarrow+2KCl+4H_2O$$

海绵锇经干燥、高温氢保护退火产出锇粉。也可加氯化铵沉淀锇，反应式为

$$Na_2OsO_4+4NH_4Cl=\!=\!=[OsO_2(NH_3)_4]Cl_2\downarrow+2NaCl+2H_2O$$

锇盐沉淀要立即过滤，滤饼洗涤干燥，于700~800℃煅烧，用氢还原，在氮气中冷却后得到锇粉，品位99%以上。

2. 选择沉淀金、钯

贵金属精矿经氯化造液、蒸馏分离锇、钌后汇集于蒸残液，其组成见表10-18。蒸残液中铜、镍含量较高，应先除去部分杂质，选择沉淀提取金、钯，余液用来提取铂、铑、铱。选择沉淀金、钯、铂的工艺流程如图10-32所示。

表 10-18　蒸残液组成　（单位：g/L）

组分	含量	组分	含量	组分	含量	组分	含量
Ru	0.00032	Pd	2.80	Ir	0.413	Pt	7.66
Ni	11.20	Au	1.32	Os	0.00019	Rh	0.41

（1）蒸残液预处理　预处理破坏蒸残液中氧化剂氯酸钠；脱除 Ni、Cu。

1）加盐酸分解氯酸钠。向蒸残液中加入盐酸，直到不产生黄烟，表明氯酸钠已完全分解。残存的氧化剂按下式分解：

$$2NaClO_3+2HCl = 2NaCl+2HClO_3$$

$$2HClO_3 = H_2O+Cl_2\uparrow+5[O]$$

$$[O]+2HCl = H_2O+Cl_2\uparrow$$

在物料富集反应条件下，原料合金所含硅易生成胶体硅酸盐，影响料液澄清和沉降，加入凝胶剂脱硅以消除胶体硅的有害影响。

2）富集贵金属。溶液中富集贵金属可采用硫化沉淀法、置换法等。

① 硫化沉淀法：向蒸残液加入 10%硫化钠溶液，控制 pH=7~9，煮沸 1h，再调整 pH=0.5，保温搅拌 1h，静置沉淀，贵金属硫化物沉淀率可达 100%。铜、镍等生成硫化物与贵金属共沉淀，上述黑色硫化物沉淀放入 NH_4Cl 溶液中浸煮，铜、镍硫化物溶解生成相应氯化物，两段酸溶，铜、镍可除去 80%以上，贵金属可富集提高近十倍。

② 置换法。选择锌、镁、铝粉作还原剂，贵金属盐被置换生成游离金属粉，反应为

$$Na_2MeCl_6+2Zn = Me+2NaCl+2ZnCl$$

置换作业后要静置过夜，料液保持 pH1~2。过量的还原剂降低沉淀中贵金属品位，选用盐酸溶解沉淀中的还原剂，选用硫酸高铁进一步脱铜：

$$Zn(Al、Mg)+2HCl = ZnCl_2(AlCl_3、MgCl_2)$$

$$Cu+Fe_2(SO_4)_3 = CuSO_4+2FeSO_4$$

置换法具有较高的直收率，操作简单、过程易控，沉淀酸溶后，贵金属品位可达 90%。

3）造液。贵金属造液包括化学溶解法、电化溶解法、氯化造液法、熔盐熔解法和封管造液法等。常采用王水造液，王水溶解贵金属反应如下

$$HCl+HNO_3 = Cl_2+NOCl+2H_2O,\quad Pt+4NOCl = PtCl_4+4NO$$

$$Pt+2Cl_2 = PtCl_4,\quad PtCl_4+2HCl = H_2PtCl_6$$

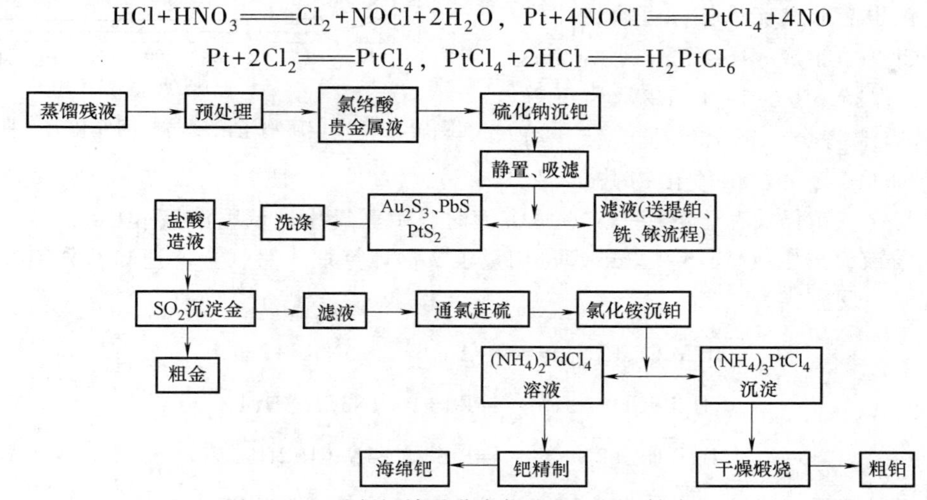

图 10-32　选择沉淀及分离提取金、钯、铂流程

王水造液生成氯铂酸（H_2PtCl_6）、氯钯酸（H_2PdCl_6）和氯亚钯酸（H_2PdCl_4）、氯金酸（$HAuCl_4$）等。造液结束后，需要去除硝，去除硝应缓慢加入浓盐酸，促使硝酸分解，直到没有棕红色 NO_2 溢出时结束去除硝作业。

氯化造液常选用盐酸作溶剂，用双氧水（或 Cl_2、NaClO、$NaClO_3$）代替硝酸作氧化剂。[Cl] 将贵金属氧化，在盐酸存在条件下，生成氯络酸或氯络酸盐。反应式为

$$2HCl+H_2O_2 = 2H_2O+2[Cl],Me_{贵} = 4[Cl]=Me_{贵}Cl_4$$

$$Me_{贵}Cl_4+2HCl(NaCl) = H_2Me_{贵}Cl_6(Na_2Me_{贵}Cl_6)$$

除银以外的各种贵金属（或贵金属硫化物），放入（$HCl+H_2O_2$）溶液中，在加热条件下，发生如下反应：

$$2Au(Au_2S_3)+8HCl+3H_2O_2 = 2HAuCl_4+6H_2O+(3S)$$

$$Pt(PtS_2)+6HCl+2H_2O_2 = H_2PtCl_6+4H_2O+(2S)$$

$$Pd(PdS)+4HCl+H_2O_2 = H_2PdCl_4+2H_2O+(S)$$

$$2Rh(Rh_2S_3)+10HCl+3H_2O_2 = 2H_2RhCl_5+6H_2O+(3S)$$

$$2Ir(Ir_2S_3)+10HCl+3H_2O_2 = 2H_2IrCl_5+6H_2O+(3S)$$

硫化物造液，过滤除去单体硫。混合贵金属原料造液，产出贵金属氯络酸的混合溶液。

（2）选择沉淀金、钯　贵金属离子与硫离子化合能力由大变小的顺序是：Au^{3+}、pd^{2+}、Cu^{2+}、Pt^{4+}、Rh^{3+}、Ir^{3+}。NaS 与 $HAuCl_4$、H_2PdCl_4反应最为迅速，H_2PtCl_6次之，铑、铱则难于生成硫化物沉淀，如图 10-33 所示。

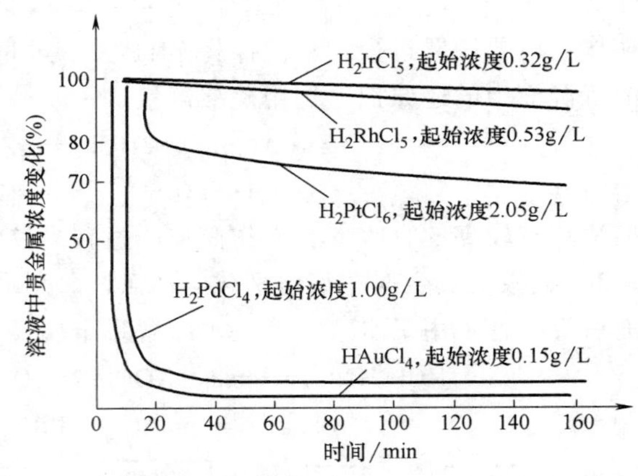

图 10-33　贵金属离子浓度与时间变化关系曲线

定量加入硫化钠时，铂、铑、铱可能首先只发生配位基交换；当硫化钠加入太快，或数量增多，或 pH 值不当时，都可能生成可溶性硫代盐（$Na_3[Me_{贵}S_3]$）：

$$Na_2S+H_2Me_{贵}Cl_6 = Na_2Me_{贵}Cl_2+H_2S\uparrow$$

$$3Na_2S+Na_2Me_{贵}Cl_2 = Na_2(Me_{贵}S_2)+6NaCl$$

金、钯也能形成硫代盐，可溶性硫代盐能被 HCl 分解生成 MeS 沉淀。控制 Na_2S 加入量，保持 pH 0.5～1，在常温下就可能有选择地将金、钯氯络酸沉淀。约 20%～30% 的铂与金、铂硫化物共沉淀，其余的铂与铑、铱仍残存于溶液中。选择沉淀时，用氢氧化钠调整溶液 pH 0.5～1，硫化钠配成 10%溶液，按生成 Au_2S_3、PdS 理论用量 1.7 倍计算加入量，金、钯和部分铂按以下反应硫化沉淀，反应式为

$$2HAuCl_4+3Na_2S = Au_2S_3\downarrow+6NaCl+2HCl$$

$$H_2PdCl_2+Na_2S = PdS\downarrow+2NaCl+2HCl$$

$$H_2PtCl_6+2Na_2S = PtS_2\downarrow+4NaCl+2HCl$$

沉淀作业后，静置、过滤，金、钯沉淀率可达 99%～100%，铂共沉淀率约 20%～30%。滤液

后送分离铂、铑，铱工序。

（3）金、铂、钯分离

1）金与铂、钯分离。Au_2S_3、PdS、PtS_2为黑色粉状沉淀，洗涤后用 $HCl+H_2O_2$造液，产出 $HAuCl_4$、H_2PtCl_4、H_2PtCl_6混合溶液。王水造液时，需将硝基赶尽，否则会造成金属反溶。可用还原剂从氯络酸混合液中提取金，包括：硫酸亚铁（$FeSO_4$）、甲酸（HCOOH）、草酸（$H_2C_2O_4$）及二氧化硫（SO_2）等。还原剂还原能力不能太强，不能带入杂质。常采用 SO_2还原金，反应为

$$2HAuCl_2+3SO_2+6H_2O = 2Au\downarrow+3H_2SO_4+8HCl$$

还原要求料液含金 20~40g/L，控制通气速度并保持溶液温度 80~90℃，可获得絮状大颗粒海绵金，品位大于 99%，用草酸还原获得金粉品位达 99.99%。选择沉淀金、钯以前，用二丁基卡必醇（简称 DBC）萃取金，解决从稀溶液中一次提金这一技术难题。

2）铂、钯分离。先用氯化铵将氨络酸转变为铵盐，通过价态转变以实现铂、钯分离，称为氯化铵沉淀法。铑、铱等贵金属在氯化铵中也能生成相应的铵盐沉淀，蒸馏分离锇、钌，选择沉淀金、钯，是采用氯化铵沉淀法分离铂、钯的必要前提，既防止铑、铱、锇、钌与铂共沉，又减少铑、铱、锇、钌分散损失。料液经 SO_2还原金后，应通入氯气赶尽 SO_2，否则料液中的铂将被还原生成 $PtCl_4^{2+}$，反应式为

$$H_2PtCl_6+SO_2+2H_2O = H_2PtCl_4+H_2SO_4+2HCl$$

通入氯气还使铂、钯氯络酸盐保持高价态，反应式为

$$H_2PtCl_2+Cl_2 = H_2PtCl_6,\ H_2PdCl_2+Cl_2 = H_2PdCl_6$$

若将溶液加热至沸腾并快速冷却，上述钯的反应平衡向左移动，Pd^{4+}分解为 Pd^{2+}，而铂仍以 Pt^{4+}存在。向溶液中加入氯化铵，则产生以下化学反应

$$H_2PdCl_6+2NH_4Cl = (NH_4)_2PtCl_6\downarrow+2HCl$$
$$Na_2PtCl_6+2NH_4Cl = (NH_4)_2PtCl_6\downarrow+2NaCl$$
$$H_2PdCl_4+2NH_4Cl = (NH_4)_2PdCl_4+2HCl$$
$$Na_2PdCl_4+2NH_4Cl = (NH_4)_2PdCl_4+2NaCl$$

生成氯铂酸铵［$(NH_4)_2PtCl_6$］为淡黄色沉淀，微溶于热水而不溶于冷氯化铵溶液；氯亚钯酸铵［$(NH_4)_2PdCl_4$］能溶于水，沉淀经 NH_4Cl 水溶液洗涤，可使铂进入沉淀而与钯分离。应当指出，有 Pt^{2+}和 Pd^{4+}存在时，与 NH_4Cl 作用能生成氯亚铂酸铵［$(NH_4)_2PtCl_4$］桔黄色沉淀，易溶于水，Pt^{2+}进入溶液而 Pd^{4+}沉淀，严重干扰了铂、钯的分离。为此，料液在加入氯化铵前，应适当氧化以保证铂以 Pt^{4+}存在。控制 pH=1，并加热至 80℃，缓慢搅拌下加入氯化铵，直到溶液不再生成黄色沉淀，急冷至常温，静置澄清后吸滤，滤饼用浓度为 10%的氯化铵常温溶液洗涤 2~3 次，沉淀中钯含量<1%，铂沉淀率可达 98%~99%，洗液与滤液合并，送去提钯，沉淀用来制铂。

3）铂、钯提取。氯铂酸铵沉淀一般先制成粗铂、再精炼。提取粗铂作业包括干燥、煅烧。煅烧在坩埚炉中进行，360℃时瓷皿中的氯铂酸铵开始分解，反应式为

$$(NH_4)_2PtCl_6(\text{加热}) = PtCl_4+2NH_4Cl_2PtCl_4(\text{棕褐色})(\text{加热}) = 2PtCl_3+Cl_2\uparrow$$

370℃时　$$2PtCl_3(\text{暗绿色})(\text{加热}) = 2PtCl_2+Cl_2\uparrow$$

435℃时　$$PtCl_2(\text{绿棕色})(\text{加热}) = Pt+Cl_2\uparrow$$

由于氯气与氯化铵相互作用，总反应式如下

$$3(NH_4)2PtCl_6(加热)═══3Pt+16HCl+2NH_4Cl+2N_2\uparrow$$

煅烧要缓慢升温，360℃恒温 2h，450℃恒温 2h，750℃恒温 3h，生成浅灰色海绵铂。

从溶液中提取钯时，应将溶液浓缩至钯含量为 40g/L。料液中的钯以氯亚钯酸存在，向料液通入氯气时，亚钯离子氧化成具有 Pd^{4+}的氯钯酸铵黄色沉淀，反应式为

$$(NH_4)_2PdCl_4+Cl_2═══(NH_4)_2PdCl_6\downarrow$$

料液中残存铑、铱离子，在氯气作用下，以高价态铵盐与钯共沉。采用本工艺时要求预先除去铑、铱。氯钯酸铵沉淀吸滤后，用常温氯化铵溶液洗涤，沉淀在 500~700℃时煅烧，反应式为

$$3(NH_4)_2PdCl_6(加热)═══3Pd+16HCl+2NH_4Cl+N_2\uparrow$$

煅烧温度下，生成的金属钯又将氧化成黑色的氧化亚钯，氧化亚钯通氢还原。氢还原可在坩埚炉中进行，温度 500℃，氧化亚钯还原后转变为灰色。停电降温，继续通氢至 200℃后，改通氩气，以防止海绵钯氧化燃烧。待降至常温，快速取出海绵钯封存，钯纯度约为 99%。氯钯酸铵也可采用水合联胺，又称水合肼［化学式为（$NH_2)_2 \cdot H_2O$］还原。先将沉淀浆化并煮沸溶解，在搅排条件下定量加入工业纯水合肼，生成黑色粉状金属钯：

$$(NH_4)PdCl_6+4(NH_2)_2\cdot H_2O═══Pd\downarrow+6NH_4Cl+2N_2+H_2O$$

与煅烧-氢还原法相比，水合肼还原无需高温作业，过程简单、操作时间短。但水合肼还原能力强，料液杂质被还原进入产品钯，应煅烧除去有机夹杂。

提取铂、钯后的尾液，还含有少量贵金属，可用硫化法、锌置换法进行处理。

3. 铂与铑、铱分离

（1）工艺流程　选择沉淀金、钯时，部分铂与金、钯共沉，大部分铂与铑、铱进入滤液。采用水解法在滤液中进行铂与铑、铱分离。水解分离铂与铑、铱流程如图 10-34 所示。为研究铂氢氧化物等的生成条件，须对有关反应过程进行热力学分析，图 10-35 所示为铂-氯-水系电位-pH 图。

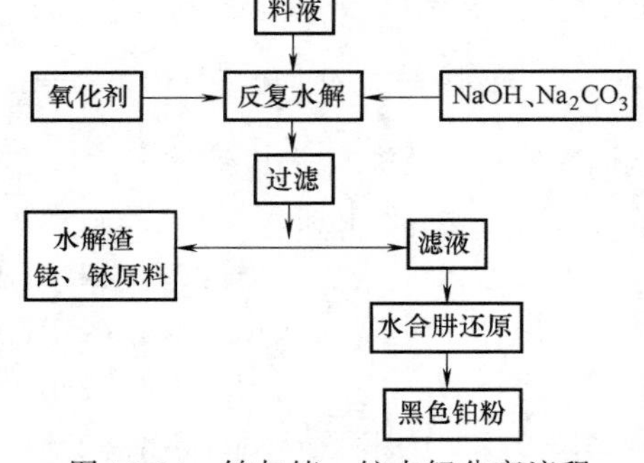

图 10-34　铂与铑、铱水解分离流程

（2）水解原理　如图 10-35 所示，铂氯络离子 $PtCl_6{}^{2-}$应先于低价态 $PtCl_4^{2-}$水解，反应式为

$$PtCl_6^{2-}+4H_2O═══4H^++6Cl^-+Pt(OH)_4\downarrow$$

Pt（OH）$_4$与水结合，生成 H_2Pt（OH）$_6$［或 Pt（OH）$_4$］黄色针状体沉淀，在 pH＝4. 29 时，$PtCl_4^{2-}$按下式水解，反应式为

$$PtCl_4^{2-}+2H_2O═══2H^++4Cl^-+Pt(OH)_2\downarrow$$

生成 Pt（OH）$_2$胶体沉淀，加热煮沸，则生成 $Pt(OH)_2\cdot 2H_2O$ 黄色沉淀。

研究表明，铂族金属络离子水解最适宜的 pH 值分别为：锇 pH＝1. 5~6（以 4 为佳）；铱 pH＝4~6（甚至在 pH≈8 时，不会妨碍铱水解沉淀），钌 pH＝6，钯与铑 pH＝6~8。

在铂与铑、铱水解分离工艺中，控制 pH＝8~9，铑、铱氯络离子很快水解生成氢氧化

物沉淀，而 Pt^{4+} 不生成沉淀，实现了铂与铑、铱分离。但由于 Pt^{2+} 的存在，pH = 4.3~6 时，$PtCl_4^{2-}$ 也水解沉淀，降低了铂的直收率，使提取铑、铱时增添了脱铂工艺，在水解前，应将铂族金属氯络离子氧化为高价状态。

（3）铂与铑、铱分离的作业过程

铂与铑、铱分离的作业过程一般包括以下步骤：

1）氧化。其目的是将料液中贵金属氯络离子保持高价状态，以使铑、铱及贵、碱金属水解生成稳定的氢氧化物沉淀，而铂不水解，实现与铑、铱分离。

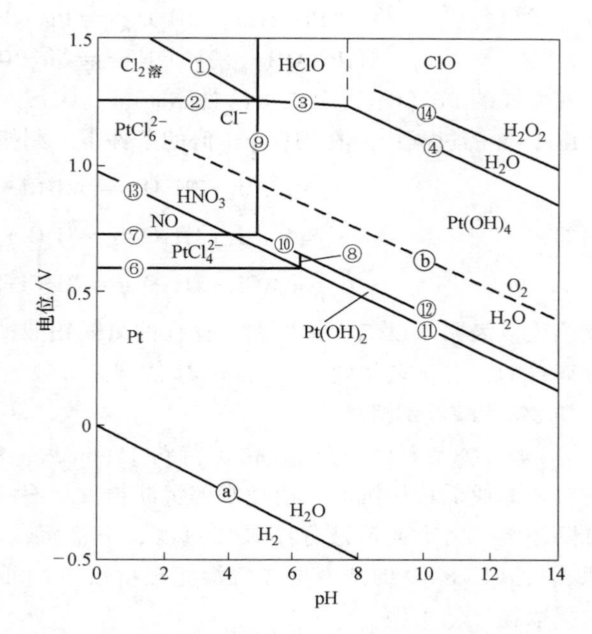

图 10-35　25℃时 Pt-Cl-H_2O 系电位-pH 图

氧化剂可用氯气（或氯气水溶液）、双氧水、纯氧以及硝酸等，氧化反应式为

$$PtCl_4^{2-}+2Cl_2溶+2Cl^- = PtCl_6^{2-}$$

$$Pt+H_2O_2+4H^++6Cl^- = PtCl_6^{2-}+4H_2O$$

$$3Pt+4HNO_3+12H^++18Cl^- = 3PtCl_6^{2-}+4NO+8H_2O$$

用双氧水作氧化剂时，加入量难于控制；纯氧氧化能力较弱；硝酸可能使沉淀反溶。用氯气或溴酸钠作氧化剂获得了广泛应用。溴酸钠在加热时容易按下式分解，并夺取盐酸介质中的氢而释放出［Cl］，反应式为

$$NaBrO_3(加热) = NaBr+3[O]$$

$$[O]+2HCl = H_2O+2[Cl]$$

氯比氧具有更大的氧化活性，很容易将低价贵金属盐氧化成高价盐，反应式为

$$H_2PtCl_4(Na_2PtCl_4)+2[Cl] = H_2PtCl_6(Na_2PtCl_6)$$

$$H_2PdCl_4+2[Cl] = H_2PdCl_6$$

$$H_2RhCl_5+[Cl] = H_2RhCl_6$$

以溴酸钠为氧化剂的氧化作业，要先将料液加热至沸腾态，控制料液铂离子浓度在50g/L左右，加入质量分数为20%氢氧化钠溶液，调整料液 pH 值为 1，配制 10%溴酸钠溶液，按料液含铂量 9%分两次加入溴酸钠，进行氧化。

2）水解。水解作业于第一次加入溴酸钠、调整 pH = 5 时就开始了，第二次加入溴酸钠溶液后，再用 8%的碳酸氢钠调整料液 pH = 8~9。水解氧化前应延长加热赶氯化氢时间，当料液 pH 值调至 8~9 时，水解反应已大部分完成，反应式为

$$Na_2RhCl_6+4H_2O = 4HCl+2NaCl+Rh(OH)_4\downarrow$$

$$Na_2IrCl_6+4H_2O = 4HCl+2NaCl+Ir(OH)_4\downarrow$$

$$Na_2PtCl_6+4H_2O = 4HCl+2NaCl+Pt(OH)_4\downarrow$$

$$Pt(OH)_4+2H_2O=\!=\!=Pt(OH)4\cdot 2H_2O[或 H_2Pt(OH)_6]$$

$$H_2Pt(OH)_6+2NaOH=\!=\!=Na_2Pt(OH)_6(Na_2PtO_3\cdot 3H_2O)+2H_2O$$

水解生成的 Pd $(OH)_4$生成可溶性 $Na_2Pd(OH)_6$（羟钯酸钠）。低价氯络离子，在调整 pH 值由 1~8 的过程中，在相应 pH 值的条件下，则按下列反应水解沉淀，反应式为

$$NaPtCl_4+2H_2O=\!=\!=2HCl+2NaCl+Pt(OH)_2\downarrow$$

$$NaRhCl_5+3H_2O=\!=\!=3HCl+2NaCl+Rh(OH)_3\downarrow$$

$$Na_2IrCl_5+3H_2O=\!=\!=3HCl+2NaCl+Ir(OH)_3\downarrow$$

上述反应表明，以二价铂氯离子存在的氯亚铂酸钠容易与铑、铱一同水解、沉淀，这违背了分离目的，在工艺作业中，料液 pH 值调到 8~9 后，要求经常监测 pH 值，若 pH 下降，应补加 8%碳酸氢钠溶液。

3）过滤与赶溴终点 pH 值保持约 15min 后，料液要快速冷却，急剧降至常温，防止高价铂还原成低价铂沉淀，避免水解沉淀物重新溶解。料液冷至常温，静置一夜，使料液自然沉降澄清，将上面清液仔细吸出过滤，下部沉淀移入 200~800mm 的大瓷漏斗中，自然过滤。用 pH=8~9 的洗液洗涤沉淀滤出物数次，沉淀中富集了铑、铱氢氧化物，盐酸溶解后送提取铑、铱工序。

富集了铂的滤液和洗液合并，溶液赶溴。赶溴作业时，先用盐酸将溶液酸化 pH=0.5，然后加热使溴化物分解。溴蒸气具有较强的腐蚀作用，要求在负压通风橱中作业。

4）赶溴后的含铂溶液通常直接进行铂的提取，产出粗铂送去精炼提纯，从溶液中提取铂有多种方法，用氯化铵沉淀-煅烧法提取铂，已在铂与金、钯分离一节中进行了介绍。用还原剂还原提取铂，是所有方法中最简单的一种。选用水合肼作还原剂，还原反应式为

$$Na_2PtCl_6+4[(NH_2)_2\cdot H_2O]=\!=\!=Pt\downarrow+2NaCl+4NH_4Cl+2N_2\uparrow+4H_2O$$

产物为黑色铂粉。由于水合肼还原能力强，铂的回收率可达 99%以上，但水合肼还原容易带入杂质，产品铂粉品位常在 99%以下，尚须进一步精制。

水合肼还原作业时，为减少还原剂的消耗，料液 pH 控制在 3~4 为宜。

4. 铑铱分离

铑、铱化学特性相近，最难彻底分离。下面介绍用工业烷基氧化膦分离铑、铱，料液在用 TAPO 萃取前需进行预处理。

（1）铑、铱富集液的预处理　铑、铱富集液是贵金属精矿分离提取锇、铑、金、钯、铂后的溶液，残留有少量贵金属和普通金属，采用 TAPO 萃取铱分离铑前，应对料液预处理，使杂质在不同过程中分别除去。预处理流程如图 10-36 所示。

1）离子交换除铜、铁、镍。选用 H^+型-732 阳离子树脂，进行离子交换除铜、镍、铁。H 型-732 阳离子树脂的母体，为苯乙烯与二乙烯苯的共聚物（用 R 表示），交换容量为 4~5mg/g。离子交换时，按以下反应交换铜、镍、铁，反应式为

$$2(R-SO^{3-}H^+)+Cu^{2+}=\!=\!=(R-SO_3)_2Cu$$

$$2(R-SO^{3-}H^+)+Ni^{2+}=\!=\!=(R-SO_3)_2Ni+2H^+$$

$$2(R-SO^{3-}H^+)+Fe^{2+}=\!=\!=(R\text{-}SO_3)_2Fe$$

交换时控制料液 pH=1~1.5，交换速度约 2~3mL/min。当阳离子树脂交换容量接近饱和时，可用 4%~6%的盐酸进行反洗，使树脂再生。

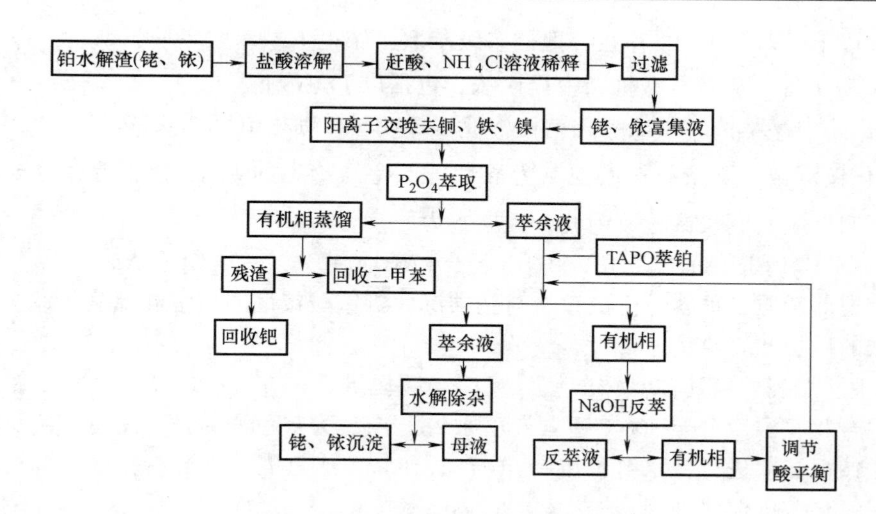

图 10-36　铑铱萃取分离的预处理流程

2）P204 萃取除钯。选用 P204（二硫代磷酸二丁酯）作萃取剂，二甲苯作稀释剂，控制 P204 浓度为 0.25mol/L，调整料液盐酸含量为 2N，进行二级萃取，钯进入有机相，有机相的蒸残渣返回钯流程回收钯，铑、铱等则进入萃余液（水相）。

3）TAPO 萃取分离铂。TAPO 能溶解铂离子，但不溶解低价铑、铱，在 P204 萃取钯时，已将铑、铱还原为三价，若选用 TAPO 萃取剂萃取，铂进入有机相。低价铑、铱残留于萃余液中，实现了微量铂与铑、铱的分离。

4）水解法。用水解法将还原性杂质从料液中除去，水解作业时控制 pH = 8，铑、铱水解进入沉淀，使杂质与铑、铱分离。

（2）TAPO 萃取分离铑、铱　TAPO 萃取工艺流程如图 10-37 所示。

① 萃取剂。工业烷基氧化磷在室温下为油状黄色液体，须用磺化煤油稀释剂溶解，稀释时需加入添加剂仲辛醇［$CH_3(CH_2)_5CHOHCH$］，以消除生成第三相的有害影响。萃取剂的配制，按体积分数计：TAPO30%，磺化煤油 50%，仲辛醇 20%。

② 料液准备。为提高 TAPO 对铱的萃取率，需控制铱为高价态。选用氯气或氯酸钠作为氧化剂，用量为 Ir : NaClO = 1 : 3，经一级萃取，铱萃取率达 99%。

③ 萃取条件。温度为常温；有机相与水相体积之比 1；混相时间：5 ~ 10min；萃余液进行两级以上萃取，用 TAPO 萃铱，影响铱萃取率的关键是料液铱的价态。当铱以 $IrCl_6^{2-}$ 存在时，经两级萃取即可使铱萃

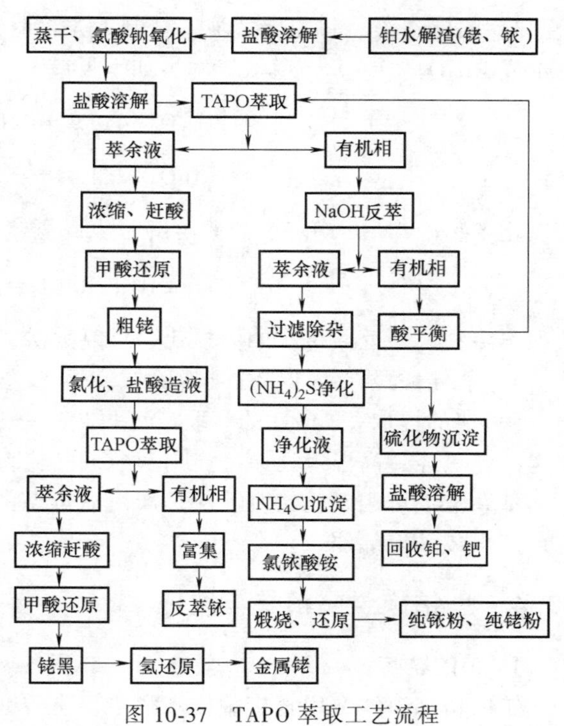

图 10-37　TAPO 萃取工艺流程

取率达99%以上，若以$IrCl_5^{2-}$存在，即使多级萃取，铱也不易萃取完全。

（3）铱粉制备　从载铱有机相中提取铱，包括以下过程：

1）有机相中反萃铱。用氢氧化钠稀溶液从TAPO有机相中反萃取铱。

2）氯化铵沉铱。沉铱前料液控制为酸性，保持高价态的$IrCl_6^{2-}$，然后急冷至常温，加氯化铵按下例反应生成氯铱酸铵沉淀，反应式为

$$H_2IrCl_6(Na_2IrCl_6)+2NH_4Cl \xlongequal{} (NH_4)_2IrCl_6\downarrow+2HCl\ (2NaCl)$$

料液含铂、钯等杂质，也容易生成铵盐与铱共沉，氯铱酸铵沉淀用常温稀氯化铵溶液洗涤数次，提高铱的质量和直收率。

3）烘干、煅烧、氢还原氯铱酸铵。沉淀经缓慢烘干，在600℃煅烧生成三氯化铱和氧化铱黑色混合物，温度升至900℃通氢气还原2h。产品为灰色海绵铱，品位可达90%。反萃液可在氯化铵沉淀前进行铱水解，控制pH=8，使铱生成氢氧化物沉淀，水解沉淀物用盐酸溶解，再用氯化铵沉淀法处理。

（4）铑的制备　TAPO萃铱常采用三级萃取，工艺过程如下：

1）萃余液浓缩。将萃余液浓缩至干燥态，用水溶解、过滤、除有机杂质，调制溶液。

2）甲酸还原。料液用氢氧化钠溶液中和，调pH为弱碱性，溶液加热至80℃，加入定量的甲酸还原，铑离子按以下反应生成金属铑，反应式为

$$2HCOOH+H_2RhCl_6 \xlongequal{} Rh\downarrow+2CO_2\uparrow+6HCl$$

$$3HCOOH+2H_2RhCl_5 \xlongequal{} 2Rh\downarrow+3CO_2\uparrow+10HCl$$

加入甲酸时，容易冒槽，应在加保护套的容器中作业。随着pH下降，用10%NaOH溶液将料液pH调整至8，直至铑离子完全被甲酸还原为止。料液中所含铱和其他贵金属杂质，也被还原进入产品铑，称为粗铑。

3）粗铑造液。将粗铑造液、精制。先将粗铑粉加热至600~700℃，与加入的氯酸钠作用生成Rh_2O_3、RhO_2，通氯气发生如下反应

$$Rh_2O_3+4Cl_2 \xlongequal{} 2RhCl_4+1.5O_2\uparrow$$

$$RhO_2+2Cl_2 \xlongequal{} RhCl_4+O_2\uparrow$$

待氯化产物冷却后，用5N盐酸溶解，生成氯铑酸溶液：

$$2HCl+RhCl_4 \xlongequal{} H_2RhCl_6$$

盐酸不溶物，须返回再次中温氯化，反复数次，直至大部分铑溶解。

4）氯铑酸经二级TAPO萃取除铱。

5）铑的提取。TAPO的萃取液可再进行一次精制，先除去有机杂质，再加甲酸还原得铑黑。铑黑经过高温氢还原，产出灰色成品铑粉，品位可达99%。

萃余液也可用氯化铵沉淀法，产出高价态的氯铑酸铵沉淀，再经烘干、煅烧、氢还原，也可产出成品海绵铑。

10.4.4　铂族金属精炼与提纯

1. 铂的精炼

铂的精炼提纯常用直接载体水解法、溴酸钠水解法、氯铂酸铵反复沉淀法等。

（1）铂的载体水解法

1）铂常用的造液方法有王水造液、通氯气盐酸溶解造液、加双氧水盐酸溶解造液和电化溶解造液。王水造液及赶硝作业在如图 10-38 所示减压装置中进行。通氯气或双氧水的盐酸溶解造液时，用 6N 盐酸浆化，液固比 5~6，在 80~90℃ 时通氯气 2~3h，或加双氧水，即可使金属铂溶解生成氯铂酸溶液。电化溶解造液是将铂作为阳极，套有阴极隔膜铂片作为阴极，通入直流电进行电化溶解。电解液含铂 80g/L 时，可通入部分交流电防止阳极钝化。

2）除金。牌号为 Hpt-1 的海绵铂金含量为 0.003%，高纯铂要求含金 $<1\times10^{-4}\%$，铂料中杂质金的去除方法包括：

① 二价铁还原法。还原剂的加入量分别为 Au : $FeSO_4$ = 1 : (5~6)；Au : ($FeCl_2 \cdot 4H_2O$) = 1 : (3~3.2)。还原剂使金离子还原成固体沉淀，反复作业 2~3 次，产品铂中金含量可降至 0.01% 以下。三价铁离子可水解脱除。

② 二氧化硫还原法。通入 SO_2 后，金络离子被还原，并使溶液颜色变黑：

$$2HAuCl_4+3SO_2+6H_2O \xlongequal{} 2Au\downarrow+3H_2SO_4+8HCl$$

溶液静置过滤，滤液需赶尽亚硫酸，冷至 40~50℃，加双氧水使二价铂氧化成四价铂。二氧化硫还原法可使铂中金降至 0.004% 以下。

③ 萃取法。控制料液盐酸浓度 1.2~1.5N，醋酸乙酯（$CH_3COOC_2H_5$）萃取，或乙醚（$H_5C_2OC_2H_5$）萃取，使金进入有机相，用此法可除金至 0.004% 以下。

3）直接载体水解、溴酸钠载体水解法除各类杂质（参阅铂与铑、铱分离），可反复进行三次水解作业，产品铂品位可达 99.99% 以上。生产高纯铂时，应采用优级纯试剂和去离子水，采用分段载体水解工艺，一般水解七次。通过分段载体七次水解后，对料液进行中间分析，杂质氧含量总和 $<10^{-3}\%$ 时送下步处理，产出品位为 99.999% 高纯铂。

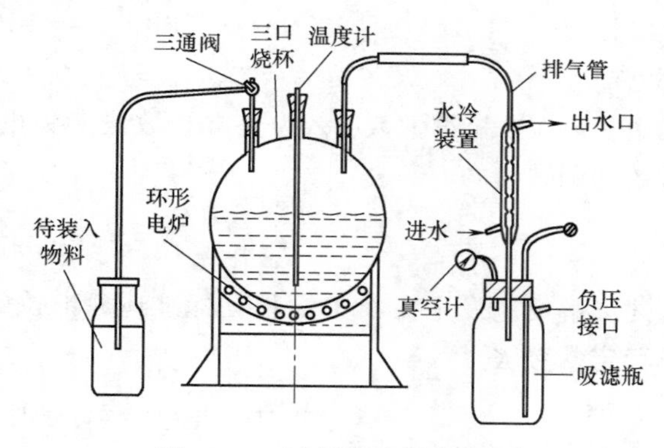

图 10-38　减压造液赶硝装置

4）除钯。用丁二酮肟能有效地除去溶液中的钯。丁二酮肟溶液配制方法：用 20% 氢氧化钠溶解丁二酮肟，稀释制成含丁二酮肟 10% 溶液，称为钯试剂。

铂料液用钯试剂除钯：调整料液 pH=2，向料液加入钯试剂，生成 Pd（$C_4H_7O_2N_2$）$_2$ 亮黄色沉淀，直到溶液不再生成亮黄色沉淀为止。除钯过程中，要经常监测 pH，用盐酸调整 pH 值使之稳定在 4~5。料液停止加钯试剂后，静置 4h，加热至 70℃，溶液中亮黄色沉淀即可迅速凝聚沉入槽底。吸滤沉淀并洗涤数次后，送去回收钯。滤液水解除杂质。

5）阳离子树脂交换。用阳离子交换法将杂质除到小于 $10^{-4}\%$。当料液 pH=1~1.5 时，铂以 $PtCl_6^{2-}$ 阴氯络离子存在，其他贵金属杂质也以阴氯络离子形式存在。将料液引入阳离子交换柱，铜、锌、镍、钴、铁、铅等被阳离子树脂吸附，贵金属阴氯络离子仍留于溶液中。上述作业，要严格控制 pH=1~1.5。

6）氯化铵沉淀、煅烧制取海绵铂。经净化精制的氯铂酸溶液与氯化氨作用，生成氯铂酸铵黄色沉淀：

$$H_2PtCl_6+2NH_4Cl = (NH_4)_2PtCl_6\downarrow +2HCl$$

$$Na_2PtCl_6+2NH_4Cl = (NH_4)_2PtCl_6\downarrow +2NaCl$$

产出的氯铂酸铵沉淀洗涤干燥后，进行煅烧，总反应如下，反应式为

$$3(NH_4)_2PtCl_6(加热) = 3Pt+16HCl+2NH_4Cl+2N_2\uparrow$$

煅烧设备采用管式炉，产品为浅灰色海绵铂，冷却出炉后用热去离子水反复洗涤数次，以洗净可溶性钠盐，经烘干后，即得到要求纯度的海绵铂。

（2）氯铂酸氨反复沉淀精炼法　用氯化铵沉铂的反复精炼铂的工艺，适用于处理成分不复杂（如铂合金废料）而产品铂品位要求在99.99%以下的铂料，在回收部门应用较广。氯化铵易与铂族金属氯络离子作用，生成相应的铵盐，这些盐的共同特点是：当铂族金属离子呈高价态时，都生成难溶的氯络酸铵沉淀，如氯铂酸铵［$(NH_4)_2PtCl_6$］、氯钯酸铵［$(NH_4)_2PdCl_5$］、氯铑酸铵［$(NH_4)_2RhCl_6$］、氯铱酸铵［$(NH_4)_2IrCl_5$］、氯锇酸铵［$(NH_4)_2OsCl_6$］和氯钌酸铵［$(NH_4)_2RuCl_6$］。铂族金属离子呈低价态时，则生成可溶性氯亚络酸铵盐，如氯亚铂酸铵［$(NH_4)_2PtCl_4$］、氯亚钯酸铵［$(NH_4)_2RhCl_5$］、氯亚铑酸铵［$(NH_4)_2RhCl_5$］、氯亚铱酸铵［$(NH_4)_2IrCl_5$］及三价钌的氯络酸铵［$(NH_4)_2RuCl_5$］。利用这一特性，可使铂族金属与普通金属分离，也可使四价铂与其他低价贵金属杂质分离。铂族金属离子氧化难易程度具有如下顺序：$E^0 Pt/Pt^{4+} > E^0 Ir/Ir^{3+} > E^0 Pd/Pd^{2+} > E^0 Rh/Rh^{3+} > E^0 Pt/Pt^{2+} > E^0 Ru/Ru^{3+}$。铂族金属氯络离子离解反应，可列出如下标准电极电位平衡关系

$$PtCl_4{}^{2-} = Pt^{2+}+4Cl^-$$

25℃时，

$$E^{\ominus}_{Pt^{2+}/Pt} = E^{\ominus}_{Pt^{2+}/Pt}+2.303/ZF\lg K_{不}$$

式中，F 为法拉第常数；Z 为得电子数或者失电子数；$K_{不}$ 为不稳定常数，其值为反应平衡常数的倒数

$$K_{不} = a\mathrm{Pt}_2 + a^4_{Cl^-}/a_{PtCl^{2-}}$$

上述离解反应发生在25℃，根据标准还原电位的平衡关系式，可由下式算出该离解反应的不稳定常数 $K_{不}$

$$K_{不} = a\mathrm{Pt}_2 + \cdot\ a^4_{Cl^{-1}}/a_{PtCl_4^{2-}}10^2(E^{\ominus}_{PtCl_4^{2-}}-E^{\ominus}_{Pt^{2+}/Pt/0.0591})$$

热力学分析表明，标准还原电极电位越大越难氧化，不稳定常数越大越易离解。氯络离子与氯化铵作用必然也存在差异。通常铂的四价盐较稳定，而钯与铂的四价盐相比，二价钯盐较稳定，铑、铱与铂性质相近。用氯化铵沉淀铂氯络离子时，铂最易沉淀，铑、铱次之，钯共沉淀较差。根据这一特性，用氯化铵反复沉淀数次，部分铑、铱与大部分钯能与铂分离。控制铂为高价，铑、铱、钯为低价时，其分离效果最好。必须指出，原液中若有一定数量的金氯络离子存在时，不能加入铵盐或通入氨，否则易生成爆炸性的金氮化合物。

氯铂酸铵反复沉淀法精炼铂的工艺作业，包括以下过程：

① 料液的准备。原料可为粗分后的贵金属氯络酸溶液，或粗铂、铂合金废料造液后的溶解液，控制溶液中的含铂浓度50~100g/L。料液经氧化处理，使铂氯络离子保持高价，其他贵金属杂质保持低价。

② 氯化铵沉铂。氯化铵与氯铂酸作用的化学反应如下：

$$H_2PtCl_6+2NH_4Cl = (NH_4)_2PtCl_6\downarrow +2HCl$$

$$Na_2PtCl_6+2NH_4Cl = (NH_4)_2PtCl_6\downarrow+2NaCl$$

高价钯、铑、铱等与氯化铵作用，有类似反应的铵盐沉淀；低价钯、铑、铱则生成可溶性的铵盐而进入溶液。普通金属氯化物仍残留于溶液中。经过澄清、过滤、洗涤数次，滤液与洗液合并，合并液用锌条置换回收贵金属。

③ 氯铂酸铵沉淀造液。黄色氯铂酸铵沉淀洗涤后加水浆化，控制浆化液浓度5%~8%，用王水溶解或通入二氧化硫使其还原溶解。用王水造液，须赶硝、加氯化铵再次沉淀。用二氧化硫造液则具有更多的优点，其化学反应如下

$$(NH_4)_2PtCl_6+SO_2+2H_2O = (NH_4)_2PtCl_4+H_2SO_4+2HCl$$

浆化液应加热至90~100℃，有利于提高反应速率和氯亚铂酸铵溶解。

④ 通氯气氧化氯亚铂酸铵。向深红色氯亚铂酸盐通入氯气时，氯亚铂酸铵被氧化，生成黄色的氯铂酸铵沉淀，反应如下

$$(NH_4)_2PtCl_4+Cl_2 = (NH_4)_2PtCl_6\downarrow$$

氯亚钯酸铵等贵金属和普通金属氯化物留于溶液中，使铂与部分杂质分离。

⑤ 沉淀、还原。沉淀、还原反复进行3次，最后过滤洗涤产出的黄色氯铂酸铵沉淀，经烘干、高温煅烧即可产出海绵铂，品位可接近99.99%。

利用反复沉淀法处理含铂30~100g/L的料液，铂的直收率达99%。

（3）电解精炼铂　以粗铂作阳极，含游离盐酸氯铂酸作电解液，游离盐酸200~300g/L，氯铂酸50~100g/L，电解温度60℃，通入有交流电的直流电，电流密度2~3A/dm^2，槽电压1~1.5V，阴极析出铂品位可达99.98%。

2. 钯的精炼

钯精炼提纯方法有二氯二氨络亚钯沉淀法、氯钯酸铵反复沉淀法等。氯钯酸铵反复沉淀法是从钯中除去普通金属杂质的有效方法，但铂族金属杂质较难除净。二氯二氨络亚钯沉淀法则能有效地除去各类贵金属杂质。

（1）二氯二氨络亚钯沉淀精炼法

① 粗钯造液。经初步分离的氯亚钯酸、硝酸钯、硫酸钯等溶液，粗钯或钯合金废料等均可作原料，原料粗钯或钯合金废料在精炼前必须造液溶解。

a. 硝酸溶解法。钯在浓硝酸作用下，进行以下反应

$$Pd+4HNO_3 = Pd(NO_3)_2+2NO_2\uparrow+2H_2O$$

钯在稀硝酸作用下，按下式进行反应

$$8Pd+8HNO_3 = 3Pd(NO_3)_2+2NO\uparrow+4H_2O$$

稀硝酸避免了生成NO_2，选择稀硝酸造液是可取的，作业后期应适当加热。

硝酸造液时，贵金属杂质多为硝酸不溶物而进入残渣，有利于贵金属分离和综合提取。但溶液中的硝酸根及游离硝酸，对下步进行的二氯二氨络亚钯沉淀法精炼有害，应进行赶硝作业除去溶液中的硝酸根与游离硝酸。

b. 王水溶解法。钯在王水中将按下式反应进行化学溶解，反应式为

$$4HNO_3+18HCl+3Pd = 3H_2PdCl_6+8H_2O+4NO\uparrow$$

生成的氯钯酸（H_2PdCl_6）在煮沸时转化为稳定的氯亚钯酸（H_2PdCl_4），钯料中的银及铱等进入残渣，其他贵金属和普通金属溶解后进入溶液。对含银、铱多的钯料以及含大量金、铂的原料不宜采用王水溶解法造液。王水造液后，过滤除去不溶物，不溶物送去回收

银、铱等。滤液与洗液合并赶硝。

c. 水溶液氯化造液。氯气、次氯酸，氯酸钠、双氧水等，尤其是当有络合剂氯离子存在时，也能有效地氧化钯，通过控制电极电位，可实现选择溶解。

d. 电化造液法。与金电化造液相似，装于布袋中的原料钯阳极，在直流电的作用下不断溶解，电极电位较正的金属杂质进入阳极泥。阴极上套有阴离子隔膜，溶解的钯阳离子不能穿过阴离子隔膜，在电解液中积累，阴极反应仅放出氢。

当原料的阳极钯含有大量银或金时，选用硝酸电解液。提取钯前用单独作业进行金、钯分离。硝酸电解液在提钯前尚须赶硝，溶解的银也须脱除。用盐酸作电解液可不进行赶硝作业，但溶液中的贵金属多呈络阴离子，用阳离子隔膜时个别阳离子则易通过隔膜而在阴极上析出，这将妨碍电解液中的贵金属离子的富集。某厂采用电解溶解造液法克服了上述缺点，获得了较好的效益。电解溶解法造液，其装置如图 10-39 所示。

钯的电解溶解造液不用阴极隔膜，造液中发生如下反应：

阳极框中的钯料：　　$Pd-2e \rightarrow Pd^{2+}$

阴极上：　　$Pd^{2+}+2e \rightarrow Pd$

由于阳极电化溶解，阴极电化析出，故阴、阳极都生成了新鲜表面，上述新鲜表面活性极强的钯能很快按下式反应溶解：

$$Pd+2HNO_3 = Pd(NO_3)_2+H_2\uparrow$$

钯溶解的化学反应是放热反应，放出的热量足以使槽内溶液温度上升到 60℃，石英加热器的作用是保持电解液恒温。电解造液过程中，电化溶解促进了化学溶解，电化溶解又控制了化学溶解，此工艺可对造液速度进行调节，控制生产能力。实践表明，其生产能力可达单纯电化溶解的数倍甚至十倍。

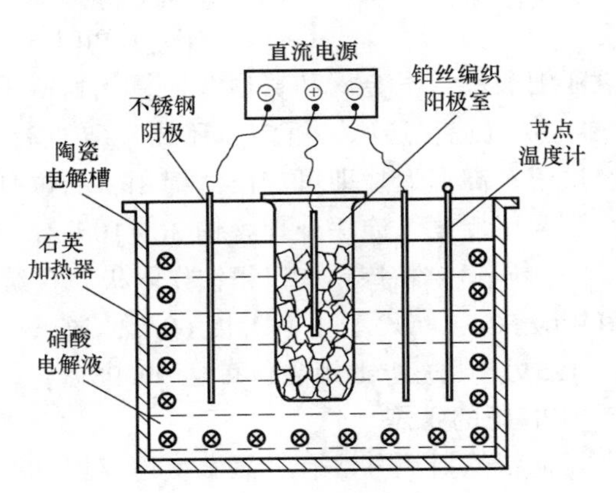

图 10-39　钯电解溶解法造液装置

电解溶解造液的作业条件为：电流密度 $2A/dm^2$，槽电压 2V，电解液温度 60℃，电解液密度 $1.5g/cm^3$，生产能力 8kg/槽・班。

除银、赶硝电解溶解的阳极泥，成分为金、铂、铑、铱，电解液主要成分为硝酸亚钯及溶解的硝酸银，澄清过滤后首先除银。可采用氯化沉淀-氨络合的工艺方法，按下列反应将银以氯化银状态沉淀出来：

$$AgNO_3+NaCl = AgCl\downarrow +NaNO_3$$

氯化钠的加入量，按溶液不再生成白色沉淀时为止。静置、澄清、过滤，滤液中含银即可达规定水平以下。滤饼洗涤后成为白色沉淀，但因洗涤稀释过程中，部分钯盐水解，沉淀夹裹了部分钯盐，使氯化银由白色变为肉黄色。将沉淀浆化并加入氨水，控制 pH=8~9，再加热至沸，钯盐被氨水络合溶解而与沉淀分离。

氨水络合溶解的钯溶液含有银氨络离子，可加入适量盐酸，控制 pH=5~6，银以氯化银沉淀形式分离。沉淀银后的络合液则并入主流程溶液，进行钯精炼。造液产出硝酸亚钯所含银在允许范围内，不进行除银作业，直接送赶硝工序，赶硝结束后，溶液加水稀释，继续加热至沸，赶去游离盐酸。这时，溶液中硝酸亚钯转化为氯亚钯或氯亚钯酸钠，直接送钯精炼工序。

② 氨水络合。其目的是进一步除去料液中的金属杂质。方法是料液中加浓氨水，控制 pH=8~9，与水解作业相似，杂质离子生成相应的氢氧化物或碱式盐沉淀。

③ 酸化沉淀。酸化沉淀是基于酸性条件下，二氯四氨络亚钯将转化为二氯二胺络亚钯 $Pd(NH_3)_2Cl_2$ 黄色沉淀，杂质仍留在溶液中，实现钯与杂质分离。

酸化作业时氨络合液中钯浓度控制在 80g/L，加入 12N 的浓盐酸，调整 pH=1~1.5，二氯四氨络亚钯按如下反应生成黄色絮状沉淀，反应式为

$$Pd(NH_3)_4Cl_2+2HCl \longrightarrow Pd(NH_3)2Cl_2\downarrow+2NH_4Cl$$

过滤黄色沉淀实现钯盐与杂质分离，反复数次，才能将杂质除去到允许限度以下。每公斤钯约消耗 1.5L 12N 盐酸。洗涤沉淀的洗液，事前应用盐酸酸化，滤液与洗液合并，含钯量达 1g/L 以上，可用锌棒置换回收贵金属。

④ 煅烧、还原。将精制的二氯二氨络亚钯沉淀烘干，高温煅烧使其分解生成氧化钯，氧化钯高温氢还原，产出粉状金属钯——通称海绵钯。煅烧初期应在 200℃下恒温数小时，缓慢升温至 600℃，待逸出白烟显著减少后，停电自然冷却。黑色氧化亚钯取出后，用热水洗净氯离子，在如图 10-40 所示的装置中进行氢还原。黑色氧化亚钯在管式炉中加热至 500℃，通入惰性气体 15min，通入经洗涤干燥的氢气，炉料与氢气还原生成金属钯，反应式为

$$PdO+H_2 \longrightarrow Pd+H_2O$$

通氢气过程中，炉内保持 500~600℃恒温，炉料由黑色变为灰色，快速降温至 100℃，改通 CO_2 至常温，产品海绵钯含钯 99.99%以上。二氯二氨络亚钯沉淀，也可浆化后用水合肼还原成钯粉，还原前将原料中的杂质降至所需限度，用水合肼还原，省去了高温煅烧和氢还原过程，产品钯品位可达 99%。

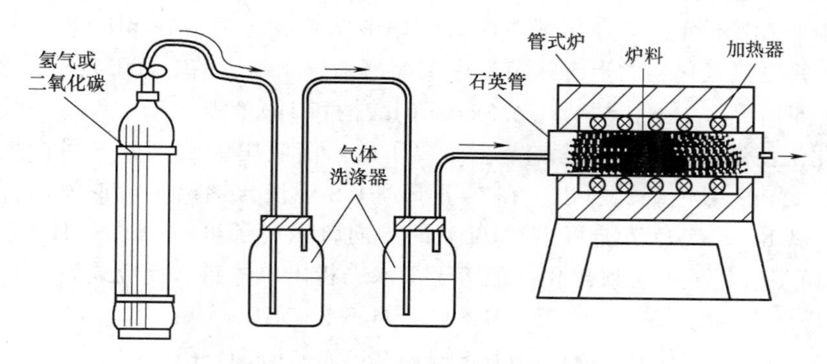

图 10-40　氧化亚钯氢还原装置

（2）氯钯酸胺沉淀精炼法　氯钯酸铵沉淀造液与二氯二氨络亚钯精炼法相同。料液控制含钯约 100g/L，有氧化剂存在并缓慢加热，每升料液加 200~250g 氯化铵，反应式为

$$H_2PdCl_4+Cl_2+2NH_4Cl \longrightarrow (NH_4)_2PdCl_6\downarrow+2HCl$$

$$Na_2PdCl_4+Cl_2+2NH_4Cl \longrightarrow (NH_4)_2PdCl_6\downarrow+2NaCl$$

其他铂族金属氯络离子，生成铵盐并与氯钯酸铵共沉。四价钯氯钯酸铵很不稳定，在长时间加热或还原剂存在的条件下，还原成氯亚钯酸铵暗红色溶液。精炼过程中要避免生成可溶性亚钯盐，同时还应利用这一特性，反复用还原剂、氧化剂作用该沉淀，实现反复沉淀精

炼。可与氨络合-酸化沉淀精炼法串联使用，氯钯酸铵沉淀用20%NH_4Cl冷溶液洗涤。干燥后，高温煅烧、氢还原产出海绵钯。

3. 铑的精炼

TAPO反复萃取分离铑、铱，能达到铑精炼的目的。下面介绍亚硝酸钠络合-硫化除杂-亚硫酸铵除铱-离子交换提纯铑工艺，可提取品位99.90%~99.99%海绵铑。

（1）铑的造液　铑较难化学溶解造液，造液前需碎化以增大反应表面积。用4~5倍铑量的锌与铑锭共熔成合金，铸成片状块，用盐酸溶去合金中的锌产出铑粉，用热浓王水溶解，铑以氯络酸形态进入溶液。王水溶解时，部分铑进入王水不溶物，需用300~400℃硫酸氢钠在坩埚中熔融处理，使铑转变为水溶性硫酸铑，用热水溶出硫酸铑，反复数次，直到铑全部溶出，不溶渣送去提取铱、钌、锇等贵金属。

用氢氧化钠中和水溶硫酸铑的浸出液，使铑呈氢氧化铑沉淀析出，过滤洗涤直至洗净硫酸根。用盐酸溶解氢氧化铑沉淀，生成氯铑酸溶液，反应式为

$$Rh(OH)_3+5HCl = H_2RhCl_5+8H_2O$$

$$Rh(OH)_4+6HCl = H_2RhCl_6+4H_2O$$

（2）亚硝酸钠络合　铂族金属能与亚硝酸钠络合，生成可溶性亚硝酸钠络合物，调整溶液pH值，使普通金属水解沉淀。料液中，铑浓度控制在50g/L左右，加热至80~90℃，调整pH=1.5，向料液中加入固体亚硝酸钠，铑氯络离子按下式络合，反应式为

$$H_2RhCl_5+5NaNO_2 = NaRh(NO_2)_5+3NaCl+2HCl$$

$$H_2RhCl_5+5NaNO_2 = NaRh(NO_2)_5+5NaCl$$

其他铂族金属杂质也络合生成类似的亚硝酸络合物。$[Pd(NO_2)_4]^{2-}$在pH≤8时煮沸不分解，pH=10时，生成钯的氢氧化物沉淀。$[Pt(NO)_4]^{2-}$、$[Ru(NO_2)_5]^{2-}$、$[Ir(NO_2)_5]^{2-}$于pH =10时，煮沸不分解。镍、钴能形成亚硝酸络合物，前者在pH=8、后者在pH=10时完全分解，并以氢氧化物的形态从溶液中沉淀出来。亚硝酸钠络合工艺中，络合剂消耗量约为理论量1.5倍，每1kg铑约消耗6.3kg亚硝酸钠和1kg食盐。

（3）硫化沉淀法除杂质　在含铂族金属离子的水溶液中，通入H_2S可产生PdS黑色沉淀，大部分铂呈PtS_2黑色沉淀析出。在常温下，H_2S能使含铑离子溶液浑浊，加热至80~90℃，铑离子以Rh_2S_3黑色沉淀析出。100℃时，向含铱离子溶液中通入H_2S，生成暗褐色$Ir_2S_3 \cdot 3H_2O$沉淀。生成的金属硫化物能溶于王水，析出单体硫。反应式为

$$MeCl_2+H_2S = MeS\downarrow+2HCl$$

$$Na_2Pd(NO_2)_4+H_2S = PdS\downarrow+2NaNO_2+2HNO_2$$

用稀Na_2S水溶液代替H_2S作硫化剂时，操作上将方便得多。用Na_2S作硫化剂加入金属离子溶液中，将发生如下硫化反应，并使溶液的pH略有升高，反应式为

$$MeCl_2+Na_2S = MeS\downarrow+2NaCl$$

$$Na_2Pd(NO_2)_4+Na_2S = PdS\downarrow+4NaNO_2$$

根据金属硫化物溶度积，可推算出能硫化沉淀除去的杂质种类和极限量。室温下硫化时，形成MeS的能力由大到小顺序为：普通金属>Au>Pd >Cu >Rh>Ir。在80℃以上溶液中，铂、铱比铑易硫化，普通金属难硫化沉淀，普通金属杂质多时，宜于低温硫化沉淀，含贵金属杂质多时，宜于高温硫化沉淀，该性质可控制铑与贵金属杂质的分离。

（4）亚硫酸铵精制法除铱　亚硫酸铵可与铑氯络离子反应，生成三亚硫酸络铑酸铵乳

白色沉淀，反应式为

$$Na_2RhCl_5+3(NH_4)SO_3 = (NH_4)_3Rh(SO_3)_3\downarrow+3NH_4Cl+2NaCl$$

三亚硫酸络铑酸铵沉淀，易溶于煮沸和过饱和的 $(NH_4)_2SO_3$ 溶液中，易溶于浓盐酸，生成针状樱桃红色的可溶性氯铑酸铵：

$$(NH_4)_3Rh(SO_3)_3+6HCl(NH_4)_3RhCl_6+3SO_2\uparrow+3H_2O$$

精制作业前，控制料液含铑 50g/L，调整 pH=1~1.5，每升料液加入浓度为25%的亚硫酸铵0.75L，煮沸，数分钟后产生白色 $(NH_4)_3Rh(SO_3)_3$ 沉淀，控制反应终点至 pH=6.4 左右。过滤、洗涤沉淀，用浓盐酸溶解沉淀，每 1g 铑约需 12N 盐酸 5ml。滤液反复用亚硫酸铵沉淀数次，可将铱除到要求程度以下。用亚硫酸铵法沉淀精制铑，对分离除去钯、金也有较好效果。研究表明，一次沉淀精制铑，可使料液中含铱从 0.02%降至几个 0.0001%，且一次沉淀精制的铑直收率达 95%。

（5）氯化铵沉淀　铑液不含铱时可直接用氯化铵沉淀，否则须用亚硫铵精制除铱，再用本法处理。用氯化铵沉淀时，将料液冷却至 18℃以下，用醋酸酸化至微酸性，加氯化铵 100~150g/L，产出六亚硝基络铑酸钠铵 [$(NH_4)_2NaRh(NO_2)_6$] 白色沉淀，反应式为

$$Na_3Rh(NO_2)_6+2NH_4Cl = (NH_4)_2NaRh(NO_2)_6\downarrow+2NaCl$$

铱也生成白色的 $(NH_4)_2NaIr(NO_2)_6$ 沉淀，所以要将铱先期脱除。六亚硝基络铑酸钠铵沉淀用 5%的氯化铵溶液洗涤，迅速过滤以减少铑盐在滤液中的溶解损失。

（6）铑的还原　铑盐沉淀先用 6N 盐酸溶解，控制 pH=1.5~2，通过阳离子交换，除去料液中普通金属和银等杂质，用甲酸或水合肼还原，生成金属铑黑，反应式为

$$3HCOOH+2Na_3Rh(NO_2)_6 = 2Rh+6HNO_2+3CO_2\uparrow+6NaNO_2$$

用水洗净氯离子，烘干后经氢还原得到铑粉。白色六亚硝基络铑酸钠沉淀可直接煅烧，再用氢还原出铑粉，洗净钠离子成为成品。

4. 铱的精炼

铑、铱分离后，采用氯铱酸铵反复沉淀法精制铱，并辅以硫化除杂工艺。

（1）铱的造液　铱是铂族金属中最难溶解的金属，除高温氯化造液外，还可采用碱金属盐类混合熔融的方法。用硝石、苛性钠、过氧化钠等混合盐（或单用过氧化钠）与铱熔融，使铱转化为可溶盐。向精铱粉中加入等量脱水后的苛性钠和三倍的过氧化钠，在 600~750℃条件下熔化，搅拌加热 60~90min，熔融产物冷却碎化，用冷水浸出，原料中锇、钌大部分进入浸出液，大部分铱呈氧化物或钠盐留于浸出残渣中。残渣用次氯酸钠处理，可将残渣中的钌全部溶解分离。残渣最后用盐酸加热溶解铱，不溶物要反复用碱溶、盐酸溶，直至铱全部进入溶液。

（2）氯铱酸铵沉淀　纯净的氯铱酸铵为黑色结晶，含有铂、钌、铑等杂质，则沉淀略显褐色或带红色。按上述过程反复沉淀，可除去大部分杂质，但铂、钌仍不易除去。纯黑色氯铱酸铵沉淀经冷却、澄清、过滤，用 15%氯化铵溶液洗涤并送下道工序处理。

（3）氯铱酸铵的还原　用还原剂将四价铱还原为三价铱，铱呈 $(NH_4)_2IrCl_3$ 溶解。用二氧化硫作还原剂，将有部分铱生成 $(NH_4)_3Ir(SO_3)_3$ 乳白色沉淀。用水合肼作还原剂处理时，先使氯铱酸铵沉淀浆化，保持料液含铱约 50g/L，在 pH=1~1.5、温度 80℃条件下，按每 1g 铱加入水合肼 1mL，待铱全部还原生成三价铱盐后，溶液冷却过滤。

（4）硫化铵除杂质　用含 $(NH_4)_4S$ 为 16%的溶液作硫化剂，每 1g 铱约加入 0.3~

0.4mL，硫化除杂。含普通金属杂质多的料液，宜于室温下硫化；含贵金属杂质多的，宜于80℃时硫化。这时杂质生成硫化物沉淀，小部分铱进入硫化物沉淀，过滤沉淀后，硫化物送综合回收贵金属工序。滤液是被提纯的三价铱盐。

（5）氯铱酸铵再沉淀　在室温下缓慢加入 H_2O_2，充分搅拌以破坏过剩的水合肼，滤液加热到80℃，恒温3h，加氧化剂使三价铱氧化为四价铱，再次生成氯铱酸铵黑色沉淀。经反复还原、硫化、氧化处理，可除去大部分杂质，得到纯净的氯铱酸铵沉淀。

（6）煅烧、氢还原　精制氯铱酸铵沉淀用王水和浓度为10%的氯化铵溶液溶解、洗涤，每1kg沉淀约消耗30~40mL王水和1.5L氯化铵溶液。在60~70℃时搅拌处理3h，用浓度为12%的氯化铵洗涤两次，经检验无铁离子后将黑色氯铱酸铵沉淀烘干。

烘干的沉淀移入管式炉加热，在200℃、500℃、600℃各恒温2h，煅烧生成三氯化铱和氧化铱的黑色混合物。600℃时先通二氧化碳赶尽空气，再改通氢气，升温至900℃时还原2h。降温至500℃以下后改通二氧化碳，待温度降至150℃以下出炉，得灰色海绵铱。海绵铱用王水煮洗30min，再用无离子水洗至中性后烘干。成品海绵铱品位可达99.90%~99.99%。

复习思考题

10-1　哪些元素通称为贵金属？

10-2　简述金、银物理化学性质与主要用途。

10-3　简述制备金、银的原料与主要生产方法。

10-4　简述汞提炼金、银的原理，什么是汞齐化过程？

10-5　什么是汞膏，简述外混汞法、内混汞法以及影响混汞的因素。

10-6　什么是氰化法、硫脲法、水溶液氯化法？

10-7　金在氰化物水溶液中的反应有哪些？

10-8　沉淀金、银的方法有几种，写出主要反应。

10-9　简述硫脲法、碳浆法、树脂法的优缺点以及三种工艺各包括哪些主要过程。

10-10　为什么铜、铅阳极泥是提取金、银及贵金属的原料？

10-11　画出处理铜阳极泥的传统流程。

10-12　简述金电解精炼的基本原理与操作。

10-13　含金、银等贵金属的废料有哪些？

10-14　简述铂族金属性质与主要用途。

10-15　画出湿法处理高冰镍富集贵金属原则流程图。

10-16　铂与铑、铱分离的作业过程一般包括哪些步骤？

10-17　简述从溶液中富集贵金属的硫化沉淀法。

10-18　简述氯铂酸铵反复沉淀法精炼铂的工艺过程。

参考文献

[1] 《中国大百科全书》总编辑委员会矿业编辑委员会. 中国大百科全书：矿冶 [M]. 北京：中国大百科全书出版社，1998.

[2] 《中国冶金百科全书》总编辑委员会有色金属冶金编辑委员会. 中国冶金百科全书：有色金属冶金 [M]. 北京：冶金工业出版社，1999.

[3] 邱定蕃. 资源循环利用对有色金属工业发展的影响 [J]. 矿冶，2003，12 (4)：34~36.

[4] 左铁镛，戴铁军. 有色金属材料可持续发展与循环经济 [J]. 中国有色金属学报，2008，18 (5)：755~763.

[5] 乐颂光，鲁君乐. 再生有色金属生产 [M]. 长沙：中南工业大学出版社，1994.

[6] 中国有色金属工业协会专家委员会. 中国锂、铷、铯 [M]. 北京：冶金工业出版社，2013.

[7] 张江峰. 2016 年中国锂工业发展现状分析 [J]. 新材料产业，2017，(4)：47-52.

[8] SWAIN B. Recovery and recycling of lithium：A review [J]. Separation and Purification Technology，2017，172：388-403.

[9] 李铭谦. 国外锂铷铯工业 [M]. 北京：中国工业出版社，1965.

[10] 肖木. 锂、铷和铯的分析 [J]. 上海有色金属，1989，(1)：61.

[11] XIAO J，LI J，XU Z. Recycling metals from lithium ion battery by mechanical separation and vacuum metallurgy [J]. Journal of Hazardous Materials，2017，338：124-131.

[12] LIU W，XU H，SHI X，et al. Fractional crystallization for extracting lithium from Cha′erhan tail brine [J]. Hydrometallurgy，2017，167：124-128.

[13] 许德美，秦高梧，李峰，等. 国内外铍及含铍材料的研究进展 [J]. 中国有色金属学报，2014，24 (05)：1212-1223.

[14] VINCENT R，CATANI J，CRÉAU Y，et al. Occupational exposure to beryllium in French enterprises：a survey of airborne exposure and surface levels [J]. Annals of occupational hygiene，2009，53 (4)：363-372.

[15] 全俊，李诚星. 我国铍冶金工艺发展概况 [J]. 稀有金属与硬质合金，2002，30 (3)：48-49.

[16] SAMOILOV V I，BORSUK A N，KULENOVA N A. Industrial methods for the integrated processing of minerals that contain beryllium and lithium [J]. Metallurgist，2009，53 (1)：53-56.

[17] 吴炳松. 美国近几年铍冶金工业简介 [J]. 金属材料与冶金工程，1981 (3)：51-54.

[18] 中国有色金属工业协会专家委员会组织编写. 中国铍业 [M]. 北京：冶金工业出版社，2015.

[19] KARDASHEV B K，KUPRIYANOV I B. Elastic，micro-and macroplastic properties of polycrystalline beryllium [J]. Physics of the Solid State，2011，53 (12)：2480-2485.

[20] 东北工学院轻金属冶炼教研室. 专业轻金属冶金学　第 3 册：镁、铍冶金 [M]. 北京：中国工业出版社，1961.

[21] BABUN A V，Neklyudov I M，Azhazha V M，et al. Powder metallurgy of beryllium：The developments of the national scientific center“Khar’ kov physicotechnical institute” [J]. Powder Metallurgy and Metal Ceramics，2006，45 (3)：207-213.

[22] BOWDEN D，POKROSS C，Kaczynski D，et al. Characterization of aluminum-beryllium alloy sheet [C] //Materials science forum. Trans Tech Publications，2000，331：901-906.

[23] 布申斯基 (Г. И. Бушинский). 铝土矿地质学 [M]. 王恩孚译. 北京：地质出版社，1984.

[24] 廖士范. 中国铝土矿地质学 [M]. 贵阳：贵州科技出版社，1991.

[25] 赵祖德. 世界铝土矿和氧化铝工业 [M]. 北京：科学出版社，1994.

[26] BELYAEV V V. Mineralogy, spread, and use of bauxites [J]. Russian Journal of General Chemistry, 2011, 81 (6): 1277-1287.

[27] NI J W, LI Z Y, WU Y, et al. Research Advance on Comprehensive Utilization of High Iron Bauxites [C] //Advanced Materials Research. Trans Tech Publications, 2013, 785: 1072-1075.

[28] G. LANG K. SOLYMAR. 世界铝土矿与氧化铝工业节能综述 [M]. 张西平，王留柱译. 北京：中国有色金属工业总公司《轻金属》编辑部，1986.

[29] 方启学，黄国智，郭建，等. 铝土矿选矿脱硅研究现状与展望 [J]. 矿产综合利用，2001 (2): 26~30.

[30] 冯其明，卢毅屏，欧乐明，等. 铝土矿的选矿实践 [J]. 金属矿山，2008 (10): 1-4.

[31] 张云海，魏明安. 铝土矿反浮选脱硅技术研究 [J]. 有色金属 (选矿部分)，2012 (5): 37-39.

[32] 叶列明. 氧化铝生产过程与设备 [M]. 王廷明译. 北京：冶金工业出版社，1987.

[33] 王庆义. 氧化铝生产 [M]. 北京：冶金工业出版社，1995.

[34] 《联合法生产氧化铝》编写组. 联合法生产氧化铝：高压溶出 [M]. 北京：冶金工业出版，1974.

[35] 《联合法生产氧化铝》编写组. 联合法生产氧化铝：熟料烧结 [M]. 北京：冶金工业出版社，1975.

[36] 《联合法生产氧化铝》编写组. 联合法生产氧化铝：氢氧化铝焙烧 [M]. 北京：冶金工业出版社，1976.

[37] 《联合法生产氧化铝》编写组. 联合法生产氧化铝：原料制备 [M]. 北京：冶金工业出版社，1977.

[38] Bray E L. Bauxite and alumina [J]. Mining Engineering, 2011, 63 (6): 44-45.

[39] 陈聪. 氧化铝生产设备 [M]. 北京：冶金工业出版社，2006.

[40] 付高峰，程涛，陈宝民. 氧化铝生产知识问答 [M]. 北京：冶金工业出版社，2007.

[41] 王捷. 氧化铝生产工艺 [M]. 北京：冶金工业出版社，2006.

[42] 杨重愚. 氧化铝生产工艺学 [M]. 2版. 北京：冶金工业出版社，1993.

[43] 李安平，贾志军. 氧化铝回转窑修理技术 [M]. 北京：海洋出版社，2005.

[44] 吕鲜翠，唐海红. 氧化铝质量的改善及其对铝电解的影响 [J]. 中国有色冶金，2006 (4): 1~17.

[45] 王捷. 电解铝生产工艺与设备 [M]. 北京：冶金工业出版社，2006.

[46] 邱竹贤. 铝电解 [M]. 北京：冶金工业出版社，1995.

[47] 杨升，杨冠群. 铝电解技术问答 [M]. 北京：冶金工业出版社，2009.

[48] 格里奥特海姆，米尔奇. 铝电解技术 [M]. 邱竹贤，李德祥译. 北京：冶金工业出版社，1985.

[49] HAN H Q, LU H M, QIU D P. Research status on TiB2-based inert cathode in aluminium electrolysis [J]. RARE METAL MATERIALS AND ENGINEERING, 2002, 31: 390-392.

[50] KOLÅSS, STϕRE T. Bath temperature and AlF_3 control of an aluminium electrolysis cell [J]. Control Engineering Practice, 2009, 17 (9): 1035-1043.

[51] 刘业翔. 现代铝电解 [M]. 北京：冶金工业出版社，2008.

[52] 黄永忠. 铝电解生产 [M]. 长沙：中南工业大学出版社，1994.

[53] 邱竹贤. 铝电解原理与应用 [M]. 徐州：中国矿业大学出版社，1998.

[54] 格里奥特海姆. 铝电解原理 [M]. 邱竹贤，沈时英，郑宏译. 北京：冶金工业出版社，1982.

[55] 杜科选. 铝电解及铝合金铸造生产和安全 [M]. 北京：冶金工业出版社，2012.

[56] 邱竹贤. 铝电解中界面现象及界面反应 [M]. 沈阳：东北工学院出版社，1986.

[57] 梁学民. 大型预焙铝电解槽节能与提高槽寿命关键技术研究 [D]. 中南大学，2012.

[58] 刘海石. 延长大型铝电解槽寿命的研究 [D]. 沈阳：东北大学，2006.

[59] 何允平，段继文. 铝电解槽寿命的研究 [M]. 北京：冶金工业出版社，1998.

[60] 全国能源基础与管理标准化技术委员会. 铝电解用预焙阳极单位产品能源消耗限额：GB 25325—2014 [S]. 北京：中国标准出版社，2010.

[61] 冯乃祥. 铝电解槽热场、磁场和流场及其数值计算 [M]. 沈阳：东北大学出版社，2001.

[62] 邱竹贤. 预焙槽炼铝 [M]. 3版. 北京：冶金工业出版社，2005.

[63] 丁吉林，张红亮，刘永强，等. 大型预焙阳极铝电解槽内衬结构优化 [J]. 中南大学学报：自然科学版，2011，21（7）：3365.

[64] 刘业翔，梁学民，李劼，等. 底部出电型铝电解槽母线结构与电磁流场仿真优化 [J]. 中南大学学报：自然科学版，2011，42（12）：1695.

[65] MONDOLFO L F. Al-Fe-Mu Aluminium-Irom-Manganese system [J]. Aluminium Alloys. 1976：529~530.

[66] SPARWALD V. Importance of the physics Qualities of Aluminium Oxide for Aluminium Produltion by electrolysis [J]. Aluminium，1978，(10)：629-631.

[67] 张中林. 三层液精铝电解研究 [D]. 沈阳：东北大学，1991.

[68] 韦斯特. 铜和铜合金 [M]. 陈北盈，译. 长沙：中南工业大学出版社，1987.

[69] 刘纯鹏. 铜的湿法冶金物理化学 [M]. 北京：中国科学技术出版社，1991.

[70] 钟佳伟. 铜加工技术实用手册 [M]. 北京：冶金工业出版社，2007.

[71] 肖恩奎，李耀群. 铜及铜合金熔炼与铸造技术 [M]. 北京：冶金工业出版社，2007.

[72] 李宏磊，娄花芬，马可定. 铜加工生产技术问答 [M]. 北京：冶金工业出版社，2008.

[73] 吴国贤. 铜、镍、铅、锌、锡火法冶炼工技能鉴定培训教程 [M]. 兰州：甘肃教育出版社，2007.

[74] 彭容秋，任鸿九. 铜冶金 [M]. 长沙：中南大学出版社，2004.

[75] Davenport W G，King M J，Schlesinger M E，et al. Extractive metallurgy of copper [M]. Elsevier，2002.

[76] ZHANG S，YANG Y，STOROZUM M J，et al. Copper smelting and sediment pollution in Bronze Age China：A case study in the Hexi corridor，Northwest China [J]. Catena，2017，156：92-101.

[77] 王祝堂，田荣璋. 铜合金及其加工手册 [M]. 长沙：中南大学出版社，2002.

[78] 韩卫光，刘海涛. 铜及铜冶金熔炼与铸造技术问答 [M]. 长沙：中南大学出版社，2012.

[79] ZHAO Z，WANG G，ZHANG Y，et al. Effects of Sc and Zr on microstructure and mechanical properties of Al-Zn-Mg-Cu aluminum alloy [J]. Journal of northeastern university (natural science)，2011，11：013.

[80] 朱祖泽，贺家齐. 现代铜冶金学 [M]. 北京：科学出版社，2003

[81] GRIGORIEV S A，DUNAEV A Y，Zaikov V V. Chromites：An indicator of copper ore source for ancient metallurgy [C] //Doklady earth sciences. Springer，2005，400：95-98.

[82] 陈新民. 火法冶金过程物理化学 [M]. 北京：冶金工业出版社，1984.

[83] 北京有色冶金设计研究总院. 重有色金属冶炼设计手册：铜镍卷 [M]. 北京：冶金工业出版社，1996.

[84] 朱屯. 现代铜湿法冶金 [M]. 北京：冶金工业出版社，2006.

[85] 北京有色冶金设计研究总院，金川有色金属公司. 铜镍矿电炉熔炼 [M]. 北京：冶金工业出版社，1981.

[86] 陈海廷，李振武. 精铜冶炼 [M]. 北京：中国有色金属工业总公司职工教育教材编审办公室，1985.

[87] ZHOU X，Yi D，NYBORG L，et al. Influence of Ag addition on the microstructure and properties of copper-alumina composites prepared by internal oxidation [J]. Journal of Alloys and Compounds，2017，722：962-969.

[88] 蒋继穆. 氧气底吹连续炼铜新工艺及其装置 [J]. 中国有色建设，2009，1：20-22.

[89] 唐尊球. 铜PS转炉与闪速吹炼铜新工艺及其装置 [J]. 有色金属（冶炼部分），2003，1：9-11.

[90] 崔志祥，申殿邦，王智，等. 高富氧低吹熔池炼铜新工艺 [J]. 有色金属（冶炼部分），2010，3：17-20.

[91] 黄其兴. 镍冶金学 [M]. 北京：中国科学技术出版社，1990.
[92] 小博尔德，等. 镍提取冶金学 [M]. 金川有色金属公司译. 北京：冶金工业出版社，1977.
[93] 栾心汉，唐琳，李小明. 镍铁冶金技术及设备 [M]. 北京：冶金工业出版社，2010.
[94] 何焕华. 中国镍钴冶金 [M]. 北京：冶金工业出版社，2000.
[95] 彭容秋. 镍冶金 [M]. 长沙：中南大学出版社，2005.
[96] 彭容秋. 再生有色金属冶金 [M]. 沈阳：东北大学出版社，1994.
[97] 邱定蕃. 有色金属资源利用 [M]. 北京：冶金工业出版社，2006.
[98] 任鸿九，王立川. 有色金属提取冶金手册：铜镍 [M]. 北京：冶金工业出版社，2000.
[99] 包尔巴特. 镍钴冶金新方法 [M]. 北京：冶金工业出版社，1981.
[100] 马保中，杨玮娇，王成彦，等. 红土镍矿处理工艺的现状及发展方向 [J]. 稀有金属与硬质合金，2011，(3)：62-66.
[101] 马小波. 红土镍矿焙烧——还原熔炼生产镍铁的研究 [D]. 长沙：中南大学，2010.
[102] 世界镍钴生产公司及厂家编委会. 世界镍钴生产公司及厂家 [M]. 北京：冶金工业出版社，2000.
[103] 金川有色金属公司. 镍冶炼 [M]. 北京：中国有色金属工业总公司职工教材编审办公室，1988.
[104] 王成彦，尹飞，陈永强. 国内外红土镍矿处理技术及进展 [J]. 中国有色金属学报，2008，18（专辑 1)：1-8.
[105] NESTLE F O，SPEIDEL H，Speidel M O. Metallurgy：high nickel release from 1-and 2-euro coins [J]. Nature，2002，419（6903)：132-132.
[106] 肖安雄. 美国金属杂志对世界有色金属冶炼厂的调查第三部：镍红土矿 [J]. 中国有色冶金，2008（4)：1-12.
[107] 肖安雄. 美国金属杂志对世界有色金属冶炼厂的调查 第四部：硫化镍 [J]. 中国有色冶金，2008（6)：1-19.
[108] 肖安雄. 当今最先进的镍冶炼技术——奥托昆普直接镍熔炼工艺 [J]. 中国有色冶金，2009（3)：1-7.
[109] HASSAN S F. Microstructure and mechanical properties of nickel particle reinforced magnesium composite：impact of reinforcement introduction method [J]. International Journal of Materials Research，2017，108（3)：185-191.
[110] SHEVCHUK Y F，ROIK T A. Heat-Resistant Antifrictional Composites with a Highly Alloyed Nickel Matrix [J]. Powder Metallurgy and Metal Ceramics，2002，41（5)：273-277.
[111] LINDSLEY B，MURPHY T. DIMENSIONAL CONTROL IN COPPER/NICKEL-CONTAINING FERROUS POWDER METALLURGY ALLOYS [J]. International Journal of Powder Metallurgy，2007，43（1).
[112] 傅建国，刘诚. 红土镍矿高压酸浸工艺现状及关键技术 [J]. 中国有色冶金，2013，(2)：6-13.
[113] BERNIER F，PLAMONDON P，Baïlon J P，et al. Microstructural characterisation of nickel rich areas and their influence on endurance limit of sintered steel [J]. Powder Metallurgy，2011，54（5)：559-565.
[114] 赵天从. 重金属冶金学 [M]. 北京：冶金工业出版社，1981.
[115] 乐颂光. 钴冶金 [M]. 北京：冶金工业出版社，1987.
[116] TENGZELIUS J，GRINDER O. POWDER METALLURGY IN DENMARK，FINLAND，AND SWEDEN [J]. International Journal of Powder Metallurgy，2008，44（3).
[117] 刘兴锋. 含锌、铜、镍、砷的钴废渣利用研究及生产实践 [D]. 北京：中国地质大学，2008.
[118] ZENG G，XIE G，YANG D，et al. The effect of cadmium ion on cobalt removal from zinc sulfate solution [J]. Minerals engineering，2006，19（2)：197-200.
[119] 丰成友，张德全. 世界钴矿资源及其研究进展述评 [J]. 地质论评，2002（6)：627-633.
[120] 卢国俭，雒焕翠. 钴渣的综合利用研究 [J]. 有色金属（冶炼部分)，2004（1)：501-505.

[121] 罗伟雄. 湿法炼锌的钴渣处理研究 [J]. 湖南有色金属, 2006 (2): 22-23.

[122] ABDUL MALEK R, HANG Y C. Characterization of Different Additives of Sintered Cobalt F-75 Alloy in Biomaterial Applications [M]. New York: Trans Tech Publications, 2014.

[123] 彭容秋. 铅锌冶金学 [M]. 北京: 科学出版社, 2003.

[124] 王吉坤, 冯桂林. 铅锌冶炼生产技术手册 [M]. 北京: 冶金工业出版社, 2012.

[125] 彭容秋. 重金属冶金学 [M]. 2版. 长沙: 中南大学出版社, 2004.

[126] 陈国发, 王德全. 铅冶金 [M]. 北京: 冶金工业出版社, 2000.

[127] 陈国发. 重金属冶金学 [M]. 北京: 冶金工业出版社, 1992.

[128] 张乐如. 铅锌冶炼新技术 [M]. 长沙: 湖南科学技术出版社, 2006.

[129] JINK W, YING D, GUILIN F. The Progress in ISA-YMG Smelting New Process for Lead Bullion [J]. Engineering Science, 2005, s1.

[130] 翟秀静. 重金属冶金学 [M]. 北京: 冶金工业出版社, 2011.

[131] 宋兴诚, 潘薇. 重有色金属冶金 [M]. 北京: 冶金工业出版社, 2011.

[132] 彭容秋. 有色金属提取冶金手册: 锌镉铅铋 [M]. 北京: 冶金工业出版社, 1992.

[133] Matyas A G, Mackey P J. Metallurgy of the direct smelting of lead [J]. JOM, 1976, 28 (11): 10-15.

[134] U. S. DEPARTMENT OF THE INTERIOR, U. S. GEOLOGICAL SURVEY. Mineral Commodity Summaries 2013 [M]. Washington: U. S. Geological Survey, 2013.

[135] 中华人民共和国国土资源部. 2011年中国矿产资源报告 [M]. 北京: 地质出版社, 2011.

[136] RAMUS K, HAWKINS P. Lead/acid battery recycling and the new Isasmelt process [J]. Journal of power sources, 1993, 42 (1-2): 299-313.

[137] 吴卫国, 李东波, 蒋继穆. 全国重有色金属冶炼资源综合回收利用及清洁生产技术经验交流会论文集 [C]. 深圳: 中国有色金属学会重有色金属冶金学术委员会, 2011: 1-10.

[138] 梅光贵, 王德润, 周敬元, 等. 湿法炼锌学 [M]. 长沙: 中南大学出版社, 2001.

[139] BODAS M G. Hydrometallurgical treatment of zinc silicate ore from Thailand [J]. Hydrometallurgy, 1996, 40 (1): 37-49.

[140] MEI G G, Wang D R, Zhou J Y, et al. Hydrometallurgy of zinc [J]. Central South University Publishers, Changsha, 2001: 342-343.

[141] 魏昶. 湿法炼锌理论与应用 [M]. 昆明: 云南科技出版社, 2003.

[142] 徐鑫坤, 魏昶. 锌冶金学 [M]. 昆明: 云南科技出版社, 1996.

[143] 彭容秋. 锌冶金 [M]. 长沙: 中南大学出版社, 2005.

[144] 东北工学院. 锌冶金 [M]. 北京: 冶金工业出版社. 1978.

[145] 徐采栋, 等. 锌冶金物理化学 [M]. 上海: 上海科学技术出版社, 1979.

[146] 赵天从. 重金属冶金学 (下) [M]. 北京: 冶金工业出版社, 1981.

[147] 张乐如. 铅锌冶炼新技术 [M]. 长沙: 湖南科学技术出版社, 2006.

[148] LIANG D, WANG J, WANG Y. Germanium recovery by co-precipitation of germanium and iron in conventional zinc metallurgy [J]. Journal of the Southern African Institute of Mining and Metallurgy, 2008, 108 (11): 715-718.

[149] 董英, 王吉坤, 冯桂林. 常用有色金属资源开发与加工 [M]. 北京: 冶金工业出版社, 2005.

[150] XIANZHONG H, YANJIE G. The Monitoring System of Zinc Metallurgy Leaching Process [C] //Computational Intelligence and Design, 2009. ISCID'09. Second International Symposium on. IEEE, 2009, 2: 489-492.

[151] CHEN W, CHAI L, MIN X, et al. Recycling of valuable metals from spent zinc-manganese batteries by vacuum metallurgy [J]. Transactions of the Nonferrous Metals Society of China, 2003, 13 (5):

1213-1216.

[152] 韩龙，杨斌，杨部正，等. 热镀锌渣真空蒸馏回收金属锌的研究［J］. 真空科学与技术学报，2009，29（增刊）：101-104.

[153] 徐宝强，杨斌，刘大春，等. 真空蒸馏法处理热镀锌渣回收金属锌的研究［J］. 有色矿冶，2007，23（4）：53-55.

[154] HÖRZ G，KALLFASS M. The treasure of gold and silver artifacts from the Royal Tombs of Sipán，Peru——a study on the Moche metalworking techniques［J］. Materials Characterization，2000，45（4）：391-419.

[155] MALUSEL V A，Popa I F，Goldstein J，et al. Gold and silver extraction technology：U. S. Patent 9，175，411［P］. 2015-11-3.

[156] 孙戬，等. 金银冶金［M］. 2 版. 北京：冶金工业出版社，1998.

[157] RAUB C J. The metallurgy of gold and silver in prehistoric times［J］. Prehistoric gold in Europe，Springer Netherlands，1995：243-259.

[158] 黄礼煌，等. 金银提取技术［M］. 3 版. 北京：冶金工业出版社，2012.

[159] 李培铮，等. 金银生产加工技术手册［M］. 长沙：中南大学出版社，2003.

[160] YANNOPOULOS J C. The extractive metallurgy of gold［M］. New York：Springer Science & Business Media，2012.

[161] CRUNDWELL F K. Extractive metallurgy of nickel，cobalt and platinum group metals［M］. New York：Elsevier，2011.

[162] 刘时杰. 铂族金属冶金学［M］. 长沙：中南大学出版社，2013.

[163] 刘时杰. 铂族金属提取冶金技术发展及展望［J］. 中国有色冶金，2002，31（3）：4-8.

[164] 贺小塘. 铑的提取与精炼技术进展［J］. 贵金属，2011，32（4）：72-78.

[165] LEVITIN G，SCHMUCKLER G. Solvent extraction of rhodium chloride from aqueous solutions and its separation from palladium and platinum［J］. Reactive and functional polymers，2003，54（1）：149-154.